Springer

[日] 石井护(Mamoru Ishii)
日引俊(Takashi Hibiki) 著
潘良明 译

两相热流体动力学

THERMO-FLUID DYNAMICS OF TWO-PHASE FLOW

—原书第2版—
Second Edition

重庆大学出版社

First published in English under the title
Thermo-Fluid Dynamics of Two-Phase Flow
by Mamoru Ishii and Takashi Hibiki, edition: 2

版贸核渝字(2023)第115号

图书在版编目(CIP)数据

两相热流体动力学:原书第2版/(日)石井护,
(日)日引俊著;潘良明译. --重庆:重庆大学出版社,
2024.4

书名原文: Thermo-fluid dynamics of two-phase
flow Second Edition

ISBN 978-7-5689-4463-2

Ⅰ.①两… Ⅱ.①石… ②日… ③潘… Ⅲ.①流体—
热传导—动力学 Ⅳ.①O351

中国国家版本馆CIP数据核字(2024)第075412号

两相热流体动力学

LIANGXIANG RELIUTI DONGLIXUE

[日] 石井护(Mamoru Ishii)
日引俊(Takashi Hibiki) 著

潘良明 译

策划编辑:杨粮菊

责任编辑:陈 力 版式设计:杨粮菊

责任校对:邹 忌 责任印制:张 策

*

重庆大学出版社出版发行

出版人:陈晓阳

社址:重庆市沙坪坝区大学城西路21号

邮编:401331

电话:(023)88617190 88617185(中小学)

传真:(023)88617186 88617166

网址:http://www.cqup.com.cn

邮箱:fxk@cqup.com.cn(营销中心)

全国新华书店经销

重庆升光电力印务有限公司印刷

*

开本:720mm×1020mm 1/16 印张:21.5 字数:411千

2024年4月第1版 2024年4月第1次印刷

ISBN 978-7-5689-4463-2 定价:198.00元

为译者序

这是一部关于两相流动力学理论的著作，源于 Ishii 教授 1975 年在法国 CEA 做访问学者时，由 EYROLLES 出版的 *Thermo-Fluid Dynamic Theory of Two-Phase Flow* 一书。20 世纪 90 年代初期，作为 Ishii 教授的博士研究生，我拜读了这部难啃的经典，当时书中公式均为 Ishii 教授手写的，颇有点上他课的感觉。毕业后得知 Ishii 教授和 Hibiki 教授在此基础上发表新作，立即购得一部，细细学习。我个人认为这是一部最为完整的两相流动力学著作。它从几个经典守恒定律入手，系统地推导出两相流的时间平均模型，并全面地阐述了界面模型的设想和实践，力图以界面浓度来量化两相流流型变化，消除流型突变带来的不连续性和数值分析上的不稳定性。潘良明教授的这部译作，定将造福于中文阅读者，为两相流专家学者提供了一部有价值的参考资料。潘教授作为 Ishii 教授的学生，翻译文字流畅，用词准确，忠实原著，充分展现了潘教授在两相流动力学方面的深厚底蕴，令人钦佩。

在 20 世纪六七十年代，由于核反应堆和石油化工业的蓬勃发展，对两相流的动力学分析提出了更高的要求，两流体模型于是应势而起。当时比较主流的模型均来自于体积平均法。然而 Ishii 教授却独辟蹊径，从时间平均法入手，推导出两相流在空间点上的守恒方程式，成就了 Ishii 教授在两相流领域的学术地位。由于该方法只对时间平均，两相流的界面处出现了奇点叠加项，成为当时的一大难点。Ishii 教授随即引入狄拉克函数，并给出界面浓度时间平均量的物理解释，完成了时间平均的两流体模型，并完美佐证了空间平均两流体模型。读者能从该书全面掌握两流体模型的建立逻辑和步骤，为两相流模型的工程应用和数值分析建立坚实的理论基础。

新书用了较大篇幅介绍界面浓度模型的各种尝试，涉及到我和一些同学在研究生时期的工作，让我深感荣幸！Ishii 教授一直认为以流型图为基础的本构方程在理论上是不完善的，它仅仅是解决实际工程问题的权宜之策，因为以流型图为基础的本构关系式会带来人为的不连续性，从而造成数值分析中的震荡和不稳定性。同时，为了减少这个缺陷带来的诸多问题，人为的扩散项被迫引入，使得应用程序不能涵盖压力波在两相流中的传播，从而限制了程序对瞬态过程的模拟能力。因此，Ishii 教授坚信界面浓度的量变和传播应该可以表述两相流型的变化，是未来两流体模型的发展方向。这方面的研究工作已经持续了近三十年,现在仍然激励着不少学者寻求更为完美而又实用的解决方案。

值得特别推荐的是本书对漂移流模型的推导和总结,其详细程度超越了任何一部专著。漂移流模型虽然始于 Zuber 教授团队在六十年代的实验观察,也经过 Wallis 教授拓展和推广,但它最为全面的推导和完善工作是 Ishii 教授在 ANL 实验室期间完成的。本书的漂移流模型部分源自 Ishii 教授作为第一作者的几篇 ANL 报告,详细诠释了漂移模型的假设条件,并给出了各个系数的物理意义。这无疑将提升读者对漂移流模型的理解和兴趣。目前由于实验手段的局限,绝大多数本构关系式均来自于一维测量数据,导致三维两流体模型迄今还不能达到成熟应用的要求。因此,漂移流模型仍然被广泛用于各种两相流系统分析程序中,不断完善,具有良好的实用价值。这部专著应该是描述漂移流模型理论最为详尽的参考书。

吴樵

美国俄勒冈州立大学核科学与工程学院教授

序

两相热流体动力学为我们所追求的通过相态、物性和微观几何结构等变化发生质变的过程理解流体迈进了一大步。就像罗马神话中的两面神雅努斯一样,流体分为液体和气体,现代科学对每一种状态都已经有了充分了解,但即便是对最机敏和最有洞察力的科学大脑来说,要破译它们之间的动态变化,都是一个巨大的挑战。

这一挑战部分源于两相流现象所跨越的多个量级的几何尺度。在分子动力学的微观纳米尺度和仪表测量的宏观尺度之间,存在着一个模糊和难以捉摸的介观尺度。所有物质都处于一种永恒的交换状态,一种赫拉克利特式的易变状态,在这种状态下,任何事物都不可能保持不变,只有牢牢把握住问题的基本原理,才可能真正理解这些问题的过程和基本现象。

这一主题是在本书作者对基本原理的透彻把握中所产生的。在他们已经发表的大量关于两相流基础理论方面的论文反映了一个科学传统,即认为理论和实验与外在和真实一样具有二重性。在这方面,该书不同于流体科学的其他专著。例如,贯穿于两相流的主要概念是界面速度。这个概念在建模和测量等方面都需要不断改进。在介观尺度上,产生了新的界面科学,除了问题的复杂性和结构的模糊性之外,它还为建立优雅、简约的方程提供了足够的空间,为工程应用提供了前景。两相流理论的封闭定律与实验研究密切相关。这方面的需求产生了巨大的技术潜力,用于数据的测量和动态模型的验证,反之亦然。由此产生的技术在广泛的领域中得到了越来越多的应用,涵盖了包括下一代核装备、航天发动机到制药、食品技术、能源和环境修复等多个领域的应用。

这是一门有趣的学科,正确理解它需要运用严谨的数学工具。本书作者欢迎广大的科学工作者、工程师、技术专家、教授和学生等都来参与这门学科的发展。

我非常荣幸能将这本关于两相热流体动力学的书籍纳入智慧能源系统系列丛书"从毫瓦到太瓦"之中,因为其科学价值及优雅特性,这项工作将能够经受住时间的考验。

Lefteri H. Tsoukalas, Ph. D.
美国普渡大学核学院
2005 年 9 月于西拉法叶

前　言

本书旨在为研究生、科学工作者和本领域的工程师介绍两相流的热流体动力学理论。它可作为核工程、机械工程和化学工程等专业领域以两相流为重点研究对象的研究生课程的教材,也可作为相关工程领域研究人员和工程师查阅两相流基本公式的参考书。

目前,对单相流的流体动力学和传热基本理论的掌握已比较透彻,但因为两相流存在着移动和变形的界面及两相间的相互作用,两相热流体动力学是一个远比单相流问题更为复杂的课题。然而,鉴于两相流问题在核能、化工和先进传热系统等现代工程技术实践中的重要性,近年来,经过学者们的艰苦努力,已经开发出关于两相流精确的通用界面输运方程、界面结构的机理模型和求解预测模型的计算方法。

本书着重介绍如何理论推导各个两相流公式的方法,这些公式描述了两相流的基本物理原理,如发生在主流和界面上的各种输运机制下的守恒定律和本构关系。基于单相流模型,本书详细讨论了对界面进行显式处理、基于各种平均化方法的宏观连续介质假设下所得到的局瞬方程。宏观方程是根据两流体模型和漂移流模型提出的,这两种模型是实际工程问题中最准确和最有用的模型。

通过界面面积浓度输运方程,可以对两相流的界面结构进行动态建模。这是一种可以取代稳态和不准确的基于流型转变判据的新方法。在大多数两相流问题中,界面结构和其动量输运控制着热流体动力学行为,本书对界面动量输运模型进行了非常详细的讨论。本书还讨论了一些其他必要的本构关系,如湍流模型、瞬态作用力和升力等。

Mamoru Ishii 博士
美国普渡大学核学院

Takashi Hibiki 博士
美国普渡大学核学院
2010 年 8 月于于西拉法叶

致　谢

作者借此机会向那些为编写本书做出贡献的人士表示衷心的感谢。感谢 N. Zuber 教授和 J. M. Delhaye 教授对发展多相流热体流体动力学基本理论的早期研究和所进行的讨论。要感谢美国核管会 F. Eltawila 博士长期以来对我们所从事的两相流基本理论研究的支持。这些研究得到了书中的一些重要成果。我之前的多位学生,如吴樵教授、Seungjin Kim 教授、孙晓东教授和 X. Y. Fu 博士,S. Paranjape 和 B. Ozar、刘阳和 D. Y. Lee 等,他们都通过他们的博士论文工作做出了巨大的贡献。也要感谢在读的博士生 J. Schlegel,S. W. Chen,S. Rassame,S. Miwa 及 C. S. Brooks 等对全文的校对。作者还要感谢 Lefteri Tsoukalas 教授邀请我们在新的系列图书"智慧能源系统:从毫瓦到太瓦"下撰写这本书。

目　录

第1章 绪 论

1.1 与多相流相关的工程领域

编写本书主要是为涉及两相流热流体动力学理论的问题提供一本基本的参考书。在广泛的工程系统的优化和分析设计中，两相或多相流问题变得越来越重要。然而，它绝不局限于当今的现代工业技术，多相流现象还可以在许多生物系统和自然现象中观察到，这需要对其有更好的理解。下面列出了一些关于多相流问题的重要应用。

动力系统

沸水和压水核反应堆；液态金属快中子增殖核反应堆；有锅炉和汽包的常规电厂；基于朗肯循环的液态金属冷却空间发电系统；MHD 发电机；地热发电厂；内燃机；喷气发动机；液体或固体燃料推进剂火箭；两相推进器等。

传热系统

热交换器；蒸发器；冷凝器；喷雾冷却塔；干燥器、冰箱和电子冷却系统；低温换热器；薄膜冷却系统；热管；直接接触式热交换器；热储存器等。

工艺系统

萃取和蒸馏装置；流化床；化学反应器；脱盐系统；乳化剂；相分离器；雾化器；洗涤器；吸收器；均质器；搅拌反应器；多孔介质等。

输送系统

气举泵；喷射器；气体和油混合物、泥浆、纤维、小麦和粉状固体颗粒的管道输送；气蚀泵和水翼船；气动输送机；公路交通流量和控制等。

信息系统

液氦的超流性；导电或带电液膜；液晶等。

润滑系统

两相流润滑；低温轴承冷却等。

环境控制

空调器;冰箱和冷藏器;集尘器;污水处理厂;污染物分离器;空气污染控制;空间应用的生命支持系统等。

地质气象现象

沉积;土壤侵蚀和风的输送;海浪;雪漂移;沙丘形成;雨滴的形成和移动;冰形成;河流洪水、滑坡和雪崩;云、河流或浮冰覆盖的海洋等的物理机制;空气悬浮物等。

生物系统

心血管系统;呼吸系统;胃肠道;血流;支气管和鼻腔流;毛细血管输送;出汗体温控制等。

可以说,上面列出的所有系统和部件基本上都受相同的质量、动量和能量守恒方程所控制。很明显,随着工程技术的快速发展,对感兴趣的系统进行精确预测的需求持续增加。随着系统规模越来越大,运行条件也达到新的极限,深入理解这些多相流系统的物理机制对系统安全和经济运行不可或缺。这意味着设计方法需要从完全基于稳态实验关系式的方法转向可以预测系统动态行为的数学模型,如瞬态响应和稳定性问题。很明显,多相流问题在各种工程技术中具有极其重要的意义。对大量重要系统的优化设计、运行极限预测和安全控制,往往取决于是否有真实准确可用的两相流数学模型。

1.2 多相流特性

前文提到了很多多相流系统的例子。乍一看,各种两相流或多相流系统及其物理现象几乎没有共同点。正因为如此,人们倾向于分析特定系统、部件或过程,开发基于特定系统的模型及具有有限通用性和适用性的关联式。因此,两相流热流体动力学的通用方程发展缓慢,预测能力还远没有达到目前单相流的水平。

设计工程系统和对其性能进行预测的能力取决于可用的实验数据和概念模型,这些概念模型可用于在满足精度要求下对物理过程进行描述。两相流的各种特性和物理性质,必须在理论基础上进行建模和描述,并有精细的科学实验的支撑。根据描述质量、动量、能量、电荷等守恒定律的场方程,建立了描述单相流的概念模型,并采用适当的本构关系对这些场方程进行补充和封闭。这包括热力学状态、应力、能量传递、化学反应等方程。这些本构方程确定了特定组成物质的热力学、输运和化学性质。

因此可以预测,多相流的概念模型也应该用适当的场方程和本构关系来确定。然而,多相流方程的推导远比单相流复杂。两相流或多相流的复杂性源于大量可变形和持续运动界面的存在,并伴随有界面附近流体性质和复杂流场的显著不连续性。通过对界面结构和界面输运的研究发现,许多两相体系具有共同的几何拓扑结构。单相流动可根据流动的结构分为层流、过渡流和湍流,相比之下,两相流可以根据界面结构分为几个主要的流型,包括分层流动、过渡流或混合流、弥散流等流型。可以预测,当流型相同时,两相流系统应表现出一定程度的物理相似性。然而,一般来说,两相流流型的概念是基于宏观体积或长度等尺度来定义的,该尺度通常可以与系统等尺度相比较。这意味着两相流流型相关模型的概念需要引入较大的长度尺度和相关限制。因此,依赖于流型的模型可能导致无法机理性地处理发生在参考长度尺度以下的物理过程和现象。

针对大多数两相流问题,采用基于具有显式运动界面的单相流公式的局瞬方程在数学上和数值求解上遇到了不可克服的困难,它并不是一种现实的方法。这就需要一个基于适当平均的宏观公式,可以有效消除界面的不连续性,给出两相流连续介质模型的公式。该公式的实质是通过级联建模方法(cascading modeling approach)考虑各种尺度的物理性质,将微观和介观尺度引入宏观连续介质模型中。

上述讨论指出了深入理解多相流的困难的根源,以及分析多相流的广义方法。两相流物理本质上是多尺度的,在两相流的控制方程和封闭关系中,必须考虑不同尺度下各种物理问题的级联效应。在多相流中,至少有 4 种不同的重要尺度,它们是:①系统尺度;②连续介质假设所需的宏观尺度;③与局部结构相关的介观尺度;④与精细结构和分子输运相关的微观尺度。在最高层级上,所关注的尺度是以系统瞬变和部件相互作用为主要关注点的系统。例如,核反应堆事故和瞬态分析需要专门的系统程序。在下一个层级,如界面的结构和质量、动量和能量的输运等宏观物理特性都需要涉及。然而,描述守恒原理的多相流的场方程需要附加的本构关系来封闭其体积输运。这包括动量和能量的湍流效应及质量、动量和能量输运的界面输运,这些是需要深入研究的介观尺度的物理现象。由于界面输运速率可以看作是界面通量与有效界面面积的乘积,因此建立界面面积浓度模型至关重要。在两相流分析中,空泡份额和界面面积浓度代表了两个基本的一阶几何参数,它们与两相流流型密切相关。然而,因为两相流流型通常是一个接近于系统尺度上所定义的概念,很难在局部点进行数学量化。

这表明,用输运方程直接描述界面面积浓度的变化,比用流型转变准则和与流型相关的界面面积浓度本构关系等常规方法更为有效。这对于两相流的三维方程尤其适用。多相流下一个较低的物理尺度与局部微观现象有关,如壁面核化或冷凝、气泡聚并和破裂以及液体的夹带和沉积等。

1.3　两相流分类

根据两相组合及界面结构,可以对两相流进行不同的分类。两相混合物的特点是存在一个或多个界面及界面的显著不连续性。根据两相的组合很容易对两相混合物进行分类,因为在标准条件下,只有 3 种物质状态,至多有 4 种物质状态,即固态、液态和气态,可能还有等离子体。在这里,只考虑前 3 个相,因此有:

①气固混合物;

②气液混合物;

③液固混合物;

④不相溶液体混合物。

显然,第四组并不是严格意义上的两相流,但就其实际应用而言,它可视为两相混合物。

表 1.1　两相流分类(Ishii, 1975)

类别	典型流型	几何结构	结构	应用举例
分层流动	膜状流	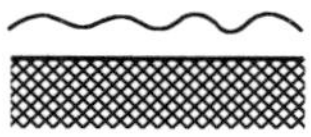	气相中的液膜 液相中的气膜	膜状凝结 膜态沸腾
	环状流	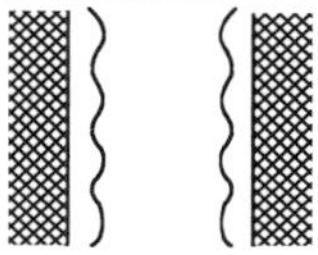	液芯气膜 气芯液膜	膜态沸腾 锅炉水冷壁
	射流	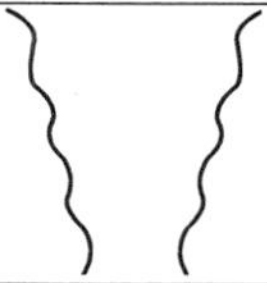	气相中的液体射流 液相中的气体射流	雾化器 喷雾凝结器
混合或过渡流动	帽状、弹状和搅混流		液体中的气弹	强迫对流中的钠沸腾
	泡环状流		带气芯液膜中的气泡	有表面核化的蒸发器
	液滴环状流	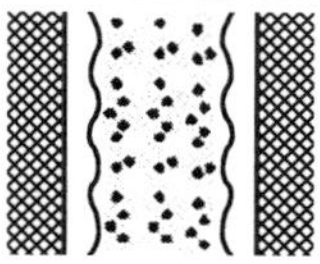	夹带液滴的气芯并有液膜	蒸汽发生器
	泡状滴状环状流	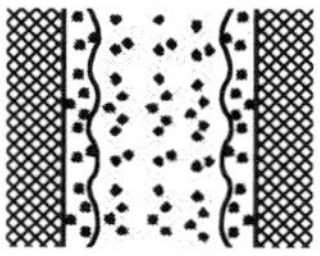	夹带液滴的气芯,液膜有气泡	沸水核反应堆的堆芯通道

续表

类别	典型流型	几何结构	结构	应用举例
弥散流动	泡状流	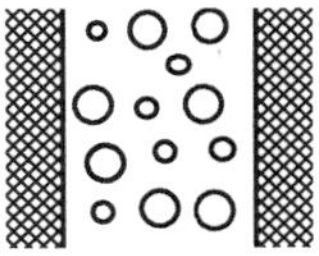	液相中有气泡	化学反应器
	液滴流	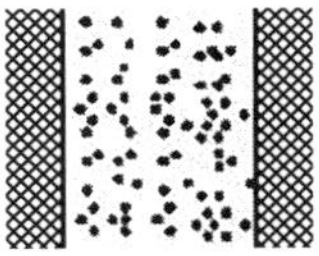	气相中有液滴	喷雾冷却
	颗粒流	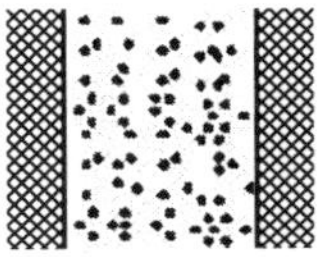	气相或液相中有固体颗粒	固体颗粒的气力输送

由于界面结构的不断变化，基于界面结构和各相形貌的第二种分类方法更为困难。这里，遵循 Wallis（Graham B. Wallis，1969）、Hewitt 和 Hall Taylor（Hewitt & Hall-Taylor，1970）、Collier（Collier，1972）、Govier 和 Aziz（Govier & Aziz，1972）综述的标准流程，以及 Zuber（Zuber，1971）、Ishii（Ishii，1971）和 Kocamustafaogullari（Gunol Kocamustafaogullari，1971）的主要分类。两相流按界面的几何形态可分为分层流动、混合流动或过渡流动和弥散流动三大类，见表 1.1。

根据界面类型的不同，分层流动可分为平面流和准轴对称流两类，每一类又可分为两种流型。因此，平面流包括膜状流和分层流，而准轴对称流包括环状流和射流。两相和不相溶液体的各种流型结构见表 1.1。

弥散流动也可分为几种类型。根据界面的几何形状不同，可以考虑球形、椭球形、颗粒等几种状态。但是，通过考虑弥散相来细分弥散流更方便。因此，可以区分 3 种状态：泡状流、液滴或雾状和颗粒流。在每种状态下，弥散相的几何结构可以是球形、类球状、扭曲状等。相与混合物组分间的各种结构见表 1.1。

如上所述，界面结构的变化是逐渐发生的，因此还有第三类，其特点是既有分层流动又有弥散流动。当沿通道有相变发生时，液-汽混合物的变化频繁发生。在这里，根据弥散相对混合流进行细分也更方便。因此，可以区分 5 种流动状态，即帽状、弹状或搅混流，泡环状流、液滴环状流、泡状液滴环状流和有夹带的膜状流。各相和混合物组分之间的各种结构见表 1.1。

图 1.1 和图 1.2 分别显示了竖直管道直径分别为 25.4 mm 和 50.8 mm 中观察到的典型空气-水的流型。从左至右图像的流型分别为泡状流、帽泡状流、弹状流、搅混流和环状流。图 1.3 示出了在竖直矩形通道中所观察到的典型空气-水流型，

流道间隙为 10 mm，宽度为 200 mm。从左到右图像中的流型分别为泡状流、帽泡状流、搅混流和环状流。图 1.4 示出了用湍流水射流模拟的绝热反环状流，从封闭在环形气相中的大长径比喷嘴向下流动(De Jarlais, Ishii, & Linehan, 1986)。从左到右四幅图像分别表示对称射流不稳定性、弯曲射流不稳定性、大表面波和裙面形成以及强烈的湍流射流不稳定性。图 1.5 示出了入口液体速度为 10.5 cm/s、入口气相(氮气)速度为 43.7 cm/s，入口液体 Freon-113 温度为 23 ℃、壁温接近 200 ℃时的反环状流的典型图像(Ishii & De Jarlais, 1987)。通过在加热石英管内同轴居中的薄壁管状喷嘴将试验流体引入试验段，而在液体喷嘴和加热石英管之间的间隙中引入蒸汽或气体形成向上的反环状流。每幅图像的垂直尺寸为 12.5 cm。从左到右可视化的位置高度要高些。

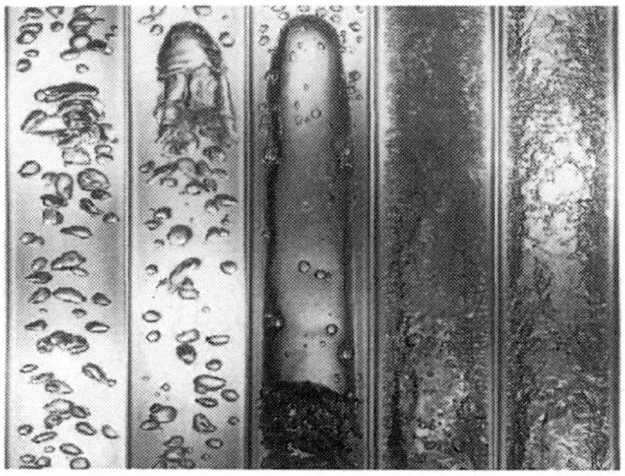

图 1.1 直径 25.4 mm 圆管内观察到的典型空气-水两相流图像

(a) 泡状流 (b) 帽泡状流 (c) 弹状流 (d) 搅混流 (e) 环状流

图 1.2 直径 50.8 mm 圆管内观察到的典型空气-水两相流图像

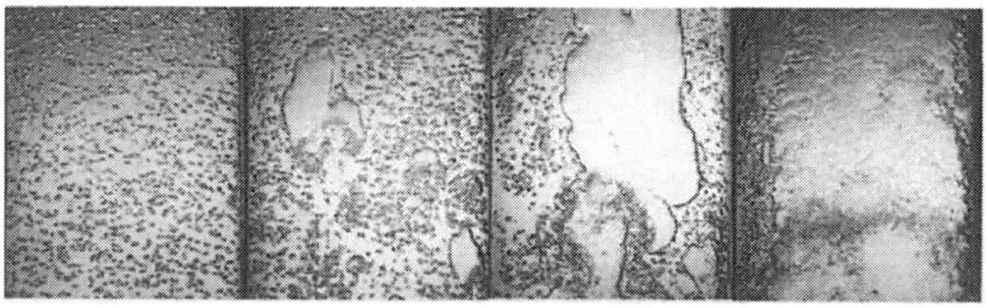

(a) 泡状流 (b) 帽泡状流 (c) 搅混流 (d) 环状流

图 1.3 200 mm × 10 mm 矩形通道内观察到的典型空气-水两相流图像

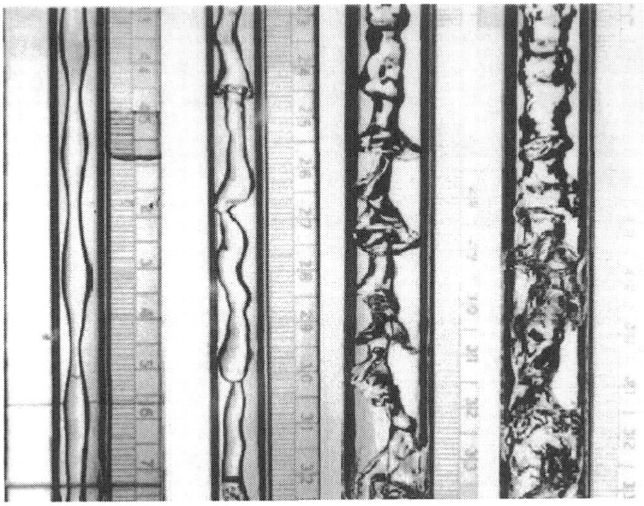

(a)对称射流不稳定性　(b)弯曲射流不稳定性　(c)大表面波和裙面形成　(d)强烈的湍流射流不稳定性

图1.4　模拟的空气-水反环状流典型图像(同向向下)

图1.5　反环状流的轴向发展(同向向上)

1.4　本书结构

本书的目的是提出使用机理模型经理论推导和开发所得到的两相流方程。本书是作者(Ishii, 1975)早期工作的延伸,特别强调了用界面面积浓度输运方程和流体动力学本构关系对界面结构进行建模。然而,对于复杂的两相流物理现象的方程和数学模型的建立,在工程分析中具有现实性和实用性。本书重点讨论了基于质量、动量和能量守恒定律的两相流各种数学模型的一般性通用方程。

在第一部分,基于单相流连续介质公式,给出了两相流的局瞬方程,考虑界面显式存在而得到的两相流基本方程。讨论了守恒方程、本构关系、界面跳跃条件和界面特殊的热动力学关系封闭的数学系统方程。

基于这种局瞬方程,在第二部分,使用以积分变换方法为主的各种平均化技术得到的宏观两相连续介质公式。用时间平均得到了一般性的三维方程,有效地消除了界面的不连续性,使两相能够同时考虑。在平均微分守恒方程中,界面不连续性被以界面输运所表达的源项和汇项所取代。

第三部分详细介绍了三维两相流模型,主要讨论了两流体模型、漂移流模型、界面面积浓度输运和界面动量输运等。

第四部分从两流体模型和漂移流模型出发,给出了较为实用的两相流一维方程。提出了在控制体积内考虑结构材料的两流体模型,即多孔介质模型。

第 2 章　局瞬方程

两相或两种不相混物质混合物的典型特性是存在一个或多个分隔相或组分的界面。这种流动可以在大量的工程系统以及各种各样的自然现象中找到。对包括核、机械和化工及环境和医学等领域所涉及的两相系统的流动和传热过程的理解已经变得越来越重要。

在分析两相流时，首先应遵循连续介质力学的标准方法来进行。可以认为两相流是一个场，它可细分为具有相间移动边界的单相区域。有适当跳跃和边界条件的标准微分守恒方程适用于每个子区域，以匹配这些微分方程在界面处的解。因此，从理论上讲，可以用局瞬变量，即 $F = F(\boldsymbol{x}, t)$ 来表示两相流问题，这种方程称为局瞬方程，以区别于基于各种平均方法所得到的方程。

由于场与边界条件的耦合，这种方程将导致界面位置未知的多边界问题。实际上，使用这种局瞬方程所遇到的数学困难是相当大的。在绝大多数情况下，这个困难可能完全无法克服。然而，局瞬方程有两个重要作用。第一个重要作用是可直接应用于分层流动，如膜状流、分层流、环状流和射流等的研究，见表 1.1。该种方程可用于研究压降、传热、相变、界面的动态特性和稳定性以及临界热流密度等。除上述应用外，可使用此类方程的重要例子包括单个或多个气泡的动力学问题、单个气泡或液滴的生长或溃灭，以及冰的形成和融化等。

局瞬方程的第二个重要作用是作为各种使用平均值的宏观两相流模型推导的基础。当界面形成的每个子区域都可以看作一个连续体时，局瞬方程在数学上是严格的。因此，两相流模型应通过适当的平均从该公式推导得到。本书提出并讨论了基于局瞬变量的两相流系统的一般性公式。应注意的是，单组分单相流的守恒方程已经建立了一段时间（Bird, Stewart, & Lightfoot, 2006; C. Truesdell & Toupin, 1960）。然而，包括状态方程在内的一般本构定律的公理结构被专家们（Bowen, 1967; B. D. Coleman, 1964; C. Truesdell, 1969）纳入了严格的数学范围。Muller（Muller, 1968）对单相扩散混合物也采用了类似的方法。

在详细推导和讨论局瞬方程之前，先回顾与连续介质力学有关的数学物理方法。图 2.1 示出了获取物理系统数学模型的基本过程。可以看出，物理系统首先被数学系统所取代，引入数学概念、一般性公理和本构公理。在连续介质力学中，这对应于变量、场方程和本构方程，而在奇异表面，数学系统需要有界面条件。后者不仅适用于两相间的界面，也适用于限制系统运行的外部边界。还可以看到，连续介质公式由 3 个基本部分组成，即场方程、本构方程和界面条件等。

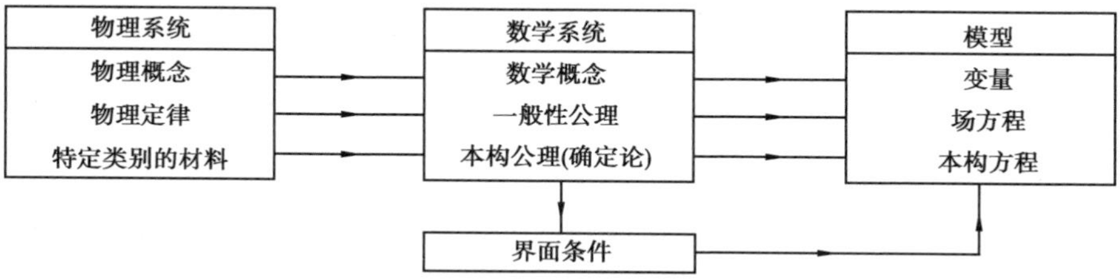

图 2.1 物理问题模型化方法

现在来讨论求解特定问题的基本步骤。图 2.2 总结了该标准流程。利用连续介质方程，用理想化的几何结构、边界条件、初始条件、场和本构方程来表示物理问题。很显然，在两相流系统中，在系统内有可以用一般界面条件表示的界面。这些解可以在一些理想化或简化的、假设的基础上通过求解这些微分方程组得到。对大多数具有实际意义的问题，实验数据起着关键作用。首先，为了封闭模型参数而得到实验数据，判断测量的可行性。将模型的解与实验数据进行比较，可以反馈给模型本身和它的假设。这种反馈结果还将改进实验方法和模型的解。模型的有效性一般通过求解一些简单的物理问题来表达。

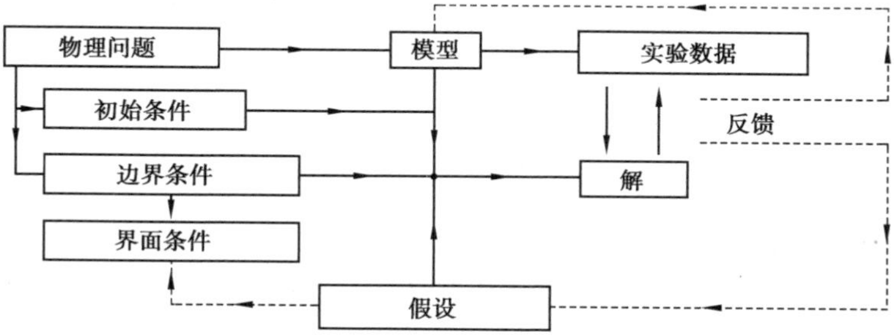

图 2.2 求解特定物理问题的基本步骤

在单相流体力学中，连续介质假说得到了广泛认可，其有效性也得到了充分证明。因此，如果两相系统中各界面所限定的子区域都可以看作是连续的，那么局瞬方程的有效性是显而易见的。基于该假设来推导和讨论场方程、本构关系和界面条件。界面是连续场的间断面，在界面的两侧有两个不同的条件。对应于场方程界面上的平衡，称为跳跃条件。任何与空间本构定律相对应的附加信息，在界面上也是必要的，称为界面边界条件。

2.1　单相流守恒方程

2.1.1　一般性守恒方程

微分守恒方程的推导如图 2.3 所示。一般的积分守恒可以通过引入流体密度 ρ_k、通量 J_k 和以单位质量定义的参量 ψ_k 的体积源 ϕ_k 来表示，于是有

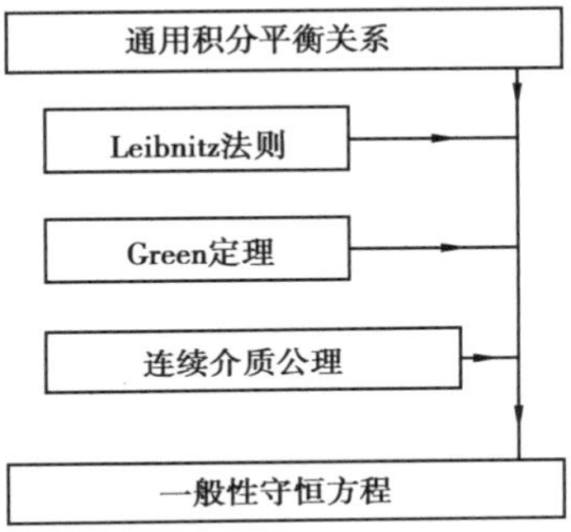

图 2.3　微分守恒方程的推导过程

$$\frac{\mathrm{d}}{\mathrm{d}t}\int_{V_m}\rho_k\psi_k\mathrm{d}V = -\oint_{A_m}\boldsymbol{n}_k\cdot\mathcal{J}_k\mathrm{d}A + \int_{V_m}\rho_k\phi_k\mathrm{d}V \tag{2.1}$$

式中，V_m 为物质表面 A_m 所包含的物质体积。该式表达了在体积 V_m 中 $\rho_k\psi_k$ 的时间变化率等于从表面 A_m 的净流入通量加上体积源项。下标 k 表示 k 相。如果式(2.1)中的函数足够平滑，则存在物质坐标和空间坐标之间的雅可比变换，从而可以得到守恒方程的常见微分形式。这可通过雷诺输运定理(Aris, 1962)实现

$$\frac{\mathrm{d}}{\mathrm{d}t}\int_{V_m}\mathbb{F}_k\mathrm{d}V = \int_{V_m}\frac{\partial\mathbb{F}_k}{\partial t}\mathrm{d}V + \oint_{A_m}\mathbb{F}_k\boldsymbol{v}_k\cdot\boldsymbol{n}\mathrm{d}A \tag{2.2}$$

式中，$\boldsymbol{v}_k$ 为流体质点速度。格林公式给出了体积分和面积分之间的变换。因此有

$$\int_V\nabla\cdot F_k\mathrm{d}V = \oint_A\boldsymbol{n}\cdot F_k\mathrm{d}A \tag{2.3}$$

因此，根据式(2.2)和式(2.3)，得到

$$\frac{\mathrm{d}}{\mathrm{d}t}\int_{V_m}F_k\mathrm{d}V = \int_{V_m}\left[\frac{\partial F_k}{\partial t} + \nabla\cdot(\boldsymbol{v}_kF_k)\right]\mathrm{d}V \tag{2.4}$$

此外，注意到雷诺输运定理是下式给出的莱布尼兹法则的特例

$$\frac{\mathrm{d}}{\mathrm{d}t}\int_V F_k\mathrm{d}V = \int_V\frac{\partial F_k}{\partial t}\mathrm{d}V + \int_A F_k\boldsymbol{v}\cdot\boldsymbol{n}\mathrm{d}A \tag{2.5}$$

式中，$V(t)$ 是以 $A(t)$ 为边界的任意体积，$\boldsymbol{v}\cdot\boldsymbol{n}$ 为 $A(t)$ 的表面位移速度。

根据式(2.1)、式(2.3)和式(2.4)，可以得到微分一般性守恒方程

$$\frac{\partial \rho_k \psi_k}{\partial t} + \nabla \cdot (\boldsymbol{v}_k \rho_k \psi_k) = -\nabla \cdot \mathcal{J}_k + \rho_k \phi_k \tag{2.6}$$

上式左边的第一项为单位体积内该量的时间变化率，而第二项为单位体积内的对流变化率。右边的两项分别表示表面通量和体积源项。

2.1.2 守恒方程

连续性方程

质量守恒方程可以在微分方程中设定如下的量

$$\psi_k = 1, \quad \phi_k = 0, \quad \mathcal{J}_k = 0 \tag{2.7}$$

对于固定的质量体积，没有表面和体积源项。因此根据一般性守恒方程得到

$$\frac{\partial \rho_k}{\partial t} + \nabla \cdot (\rho_k \boldsymbol{v}_k) = 0 \tag{2.8}$$

动量方程

引入表面应力张量$\mathcal{T}_k$和体积力$\boldsymbol{g}_k$，从式(2.6)得到动量守恒方程，设定

$$\begin{aligned} \psi_k &= \boldsymbol{v}_k \\ \mathcal{J}_k &= -\mathcal{T}_k = p_k \mathcal{I} - \mathcal{C}_k \\ \phi_k &= \boldsymbol{g}_k \end{aligned} \tag{2.9}$$

式中，$\mathcal{I}$为单位张量。在这里，将应力张量分解为压力项和黏性应力项$\mathcal{C}_k$。根据式(2.6)得到

$$\frac{\partial \rho_k \boldsymbol{v}_k}{\partial t} + \nabla \cdot (\rho_k \boldsymbol{v}_k \boldsymbol{v}_k) = -\nabla p_k + \nabla \cdot \mathcal{C}_k + \rho_k \boldsymbol{g}_k \tag{2.10}$$

角动量守恒方程

如果假设没有体积扭矩或耦合应力，那么所有的扭矩都是由表面应力和体积力所产生的。在这种情况下，角动量守恒简化为

$$\mathcal{T}_k = \mathcal{T}_k^+ \tag{2.11}$$

式中，$\mathcal{T}_k^+$表示转置应力张量。对非极性流体，上述表述是正确的，但是对于极性流体，应该引入一个固有的角动量。在这种情况下，角动量方程是不同的(Aris, 1962)。

能量守恒方程

能量守恒可以通过考虑总能量的守恒来得到。设定

$$\begin{aligned} \psi_k &= u_k + \frac{v_k^2}{2} \\ \mathcal{J}_k &= \boldsymbol{q}_k - \mathcal{T}_k \cdot \boldsymbol{v}_k \\ \phi_k &= \boldsymbol{g}_k \cdot \boldsymbol{v}_k + \frac{\dot{q}_k}{\rho_k} \end{aligned} \tag{2.12}$$

式中，u_k，q_k 和 $\dot{q}_k$ 分别为内能、热流密度和体积释热率。可以看到通量部分和体积热源都包括热效应和机械能效应。将式(2.12)代入式(2.6)中得到总能方程

$$\frac{\partial \rho_k\left(u_k+\frac{v_k^2}{2}\right)}{\partial t}+\nabla\cdot\left[\rho_k\left(u_k+\frac{v_k^2}{2}\right)\boldsymbol{v}_k\right] = -\nabla\cdot\boldsymbol{q}_k+\nabla\cdot(\mathcal{T}_k\cdot\boldsymbol{v}_k)+\rho_k\boldsymbol{g}_k\cdot\boldsymbol{v}_k+\dot{q}_k \tag{2.13}$$

这里总共有 4 个局瞬方程，即式(2.8)、式(2.10)、式(2.11)和式(2.13)，表达了 4 个基本的关于质量、动量、角动量和能量守恒关系。为了求解这些方程，必须明确通量和源项及基本的状态方程。这些都将在本构定律下讨论。除了这些本构定律外，注意到上述方程还有几个重要的变换。Bird 等(Bird et al.，2006)对变换方程进行了很好的综述。下面给出了几个重要的变换。

质点导数变换

根据连续性方程，可以得到

$$\frac{\partial \rho_k\psi_k}{\partial t}+\nabla\cdot(\rho_k\psi_k\boldsymbol{v}_k) = \rho_k\left(\frac{\partial\psi_k}{\partial t}+\boldsymbol{v}_k\cdot\nabla\psi_k\right)\equiv\rho_k\frac{\mathrm{D}_k\psi_k}{\mathrm{D}t} \tag{2.14}$$

这种特殊的时间导数称为物质导数或质点导数，因为它表示观察者随流体运动的时间变化率。

运动方程

采用上面的质点导数变换，动量方程变为运动方程

$$\rho_k\frac{\mathrm{D}_k\boldsymbol{v}_k}{\mathrm{D}t} = -\nabla p_k+\nabla\cdot\mathcal{T}_k+\rho_k\boldsymbol{g}_k \tag{2.15}$$

这里要注意 $\mathrm{D}_k\boldsymbol{v}_k/\mathrm{D}t$ 为流体的加速度，因此运动方程表达了牛顿第二运动定律。

机械能方程

将运动方程与速度矢量点乘，得到

$$\frac{\partial}{\partial t}\left(\rho_k\frac{v_k^2}{2}\right)+\nabla\cdot\left(\rho_k\frac{v_k^2}{2}\boldsymbol{v}_k\right) = -\boldsymbol{v}_k\cdot\nabla p_k+\boldsymbol{v}_k\cdot(\nabla\cdot\mathcal{T}_k)+\rho_k\boldsymbol{v}_k\cdot\boldsymbol{g}_k \tag{2.16}$$

对于对称应力张量，有

$$\mathcal{T}_k:\nabla\boldsymbol{v}_k\equiv(\mathcal{T}_k\cdot\nabla)\cdot\boldsymbol{v}_k=\nabla\cdot(\mathcal{T}_k\cdot\boldsymbol{v}_k)-\boldsymbol{v}_k\cdot(\nabla\cdot\mathcal{T}_k) \tag{2.17}$$

因此，式(2.16)变为

$$\frac{\partial}{\partial t}\left(\rho_k\frac{v_k^2}{2}\right)+\nabla\cdot\left(\rho_k\frac{v_k^2}{2}\boldsymbol{v}_k\right) = -\boldsymbol{v}_k\cdot\nabla p_k+\nabla\cdot(\mathcal{T}_k\cdot\boldsymbol{v}_k)-\mathcal{T}_k:\nabla\boldsymbol{v}_k+\rho_k\boldsymbol{v}_k\cdot\boldsymbol{g}_k \tag{2.18}$$

这个机械能方程是一个标量方程，因此它只代表了一部分由动量方程控制的流体运动的物理定律。

内能方程

从总能方程中减去机械能方程,得到内能方程

$$\frac{\partial \rho_k u_k}{\partial t} + \nabla \cdot (\rho_k u_k \boldsymbol{v}_k) = -\nabla \cdot \boldsymbol{q}_k - p_k \nabla \cdot \boldsymbol{v}_k + \mathcal{T}_k : \nabla \boldsymbol{v}_k + \dot{q}_k \tag{2.19}$$

焓方程

引入焓的定义

$$i_k \equiv u_k + \frac{p_k}{\rho_k} \tag{2.20}$$

焓方程可以写为

$$\frac{\partial \rho_k i_k}{\partial t} + \nabla \cdot (\rho_k i_k \boldsymbol{v}_k) = -\nabla \cdot \boldsymbol{q}_k + \frac{D_k p_k}{Dt} + \mathcal{T}_k : \nabla \boldsymbol{v}_k + \dot{q}_k \tag{2.21}$$

2.1.3 熵不等式与本构定律的原理

本构定律建立在 3 个不同的基础之上。熵不等式可以看作对本构定律的一种限制,无论物质的响应如何,都应该由适当的本构方程来满足。除了熵不等式外,还有一组重要的本构公理,它们一般都将理论中所有物质的响应和行为理想化。在连续介质力学中经常使用确定论原理和局部作用原理。

上述本构定律的两个基础定义了理论上所允许的本构方程的一般形式。本构定律的第三个基础是基于实验观测的关于一组流体材料响应的数学模型。利用这 3 个基础,得到可用于求解场方程的具体本构方程。很明显,守恒方程和适当的本构方程形成了一组数学上封闭的方程组。

下面继续讨论熵不等式。为了阐明热力学第二定律,有必要引入温度 T_k 和比熵 s_k 的概念。有了这些变量,热力学第二定律就可以写成如下的不等式

$$\frac{d}{dt}\int_{V_m} \rho_k s_k dV + \oint_{A_m} \frac{\boldsymbol{q}_k}{T_k} \cdot \boldsymbol{n}_k dA - \int_{V_m} \frac{\dot{q}_k}{T_k} dV \geqslant 0 \tag{2.22}$$

假设变量足够光滑,则有

$$\frac{\partial}{\partial t}(\rho_k s_k) + \nabla \cdot (\rho_k s_k \boldsymbol{v}_k) + \nabla \cdot \left(\frac{\boldsymbol{q}_k}{T_k}\right) - \frac{\dot{q}_k}{T_k} \equiv \Delta_k \geqslant 0 \tag{2.23}$$

式中,Δ_k 为单位体积的熵产速率。在这种形式中,式(2.23)似乎没有给出与守恒方程相关的明确物理或数学意义,因为 s_k 和 T_k 与其他相关变量之间的关系没有确定。也就是说还没有给出本构方程。因此,熵不等式可以视为对本构定律的限制,而不是对过程本身的限制。

从上一节可以明显看出,变量的数量超过了场方程的数量,因此具有适当边界条件的质量、动量、角动量和总能守恒方程还不足以得出任何具体的解。因此,有必要定义某种理想材料的各种本构方程对其进行补充。因此,本构方程可以视为一组

特定材料的数学模型。它们是根据表征物质特定行为的实验数据以及控制它们的假设原则而确定的。

从物理意义上讲,可以将各种本构方程分为3类:

①力学本构方程。

②能量本构方程。

③状态本构方程。

第一组本构方程确定应力张量和质量力,而第二组给出热流密度和体积释热。最后一组给出了随体坐标下流体的熵、内能和密度等热力学性质之间的关系。如果它不依赖于流体质点,则称为热力学均质,这意味着流场由相同的物质组成。

如前所述,本构定律一般形式的推导遵循熵不等式、确定论、物质标架无关性和局部作用原理等假设原则。其中最重要的是确定论原理,它大致描述了从过去历史到当前状态的可预测性。物质标架无关性原理是指物质响应独立于参照系或观察者。熵不等式要求本构方程无条件满足不等式(2.23)。在通量本构方程中,常引入变量等存在性(principle of equipresence)等进一步限制条件,即$\mathcal{T}_k$和$\boldsymbol{q}_k$。

2.1.4　本构方程

将注意力集中在流体力学中最重要和应用最广泛的特定材料类型和本构方程上。

基本状态方程

热力学均质流体基本状态方程的标准形式是由与熵和密度相关的内能函数给出的,因此有

$$u_k = u_k(s_k, \rho_k) \tag{2.24}$$

则温度和热力学压力为

$$T_k \equiv \frac{\partial u_k}{\partial s_k}, \qquad -p_k \equiv \frac{\partial u_k}{\partial\left(\frac{1}{\rho_k}\right)} \tag{2.25}$$

因此,基本状态方程用微分形式表达为

$$du_k = T_k ds_k - p_k d\left(\frac{1}{\rho_k}\right) \tag{2.26}$$

吉布斯自由能、焓和亥姆赫兹自由能函数分别定义为

$$g_k \equiv u_k - T_k s_k + \frac{p_k}{\rho_k} \tag{2.27}$$

$$i_k \equiv u_k + \frac{p_k}{\rho_k} \tag{2.28}$$

$$f_k \equiv u_k - T_k s_k \tag{2.29}$$

这些可以视为勒让德(Legendre)变换①(Callen, 1960),它将自变量从原始变量变为一阶导数。因此在热力学的情形下,有

$$g_{\mathrm{k}} = g_{\mathrm{k}}(T_{\mathrm{k}}, p_{\mathrm{k}}) \tag{2.30}$$

$$i_{\mathrm{k}} = i_{\mathrm{k}}(s_{\mathrm{k}}, p_{\mathrm{k}}) \tag{2.31}$$

$$f_{\mathrm{k}} = f_{\mathrm{k}}(T_{\mathrm{k}}, \rho_{\mathrm{k}}) \tag{2.32}$$

以上这些也是基本的状态方程。

由于温度和压力是基本状态方程 u_{k} 的一阶导数,式(2.24)可由热和量热状态方程(Bird et al., 2006; Callen, 1960)的组合代替,由式(2.33)和式(2.34)得出:

$$p_{\mathrm{k}} = p_{\mathrm{k}}(\rho_{\mathrm{k}}, T_{\mathrm{k}}) \tag{2.33}$$

$$u_{\mathrm{k}} = u_{\mathrm{k}}(\rho_{\mathrm{k}}, T_{\mathrm{k}}) \tag{2.34}$$

温度和压力是容易测量的量。因此,从实验中得到这两个状态方程用于公式中更为实际。不可压缩流体是这些状态方程的一个简单例子:

$$\begin{aligned} \rho_{\mathrm{k}} &= \text{常数} \\ u_{\mathrm{k}} &= u_{\mathrm{k}}(T_{\mathrm{k}}) \end{aligned} \tag{2.35}$$

在这种情况下,压力不能用热力学来定义,因此使用水力学压力,它是法向应力的平均值。此外,理想气体还满足状态方程:

$$\begin{aligned} p_{\mathrm{k}} &= R_{\mathrm{M}} T_{\mathrm{k}} \rho_{\mathrm{k}} \\ u_{\mathrm{k}} &= u_{\mathrm{k}}(T_{\mathrm{k}}) \end{aligned} \tag{2.36}$$

式中,R_{M} 为理想气体常数除以分子量。

力学本构方程

最简单的流变本构方程是无黏流体的本构方程,表示为

$$\mathcal{T}_{\mathrm{k}} = 0 \tag{2.37}$$

大多数流体都满足牛顿黏性定律。Navier-Stokes 的广义线性黏性流体的本构方程(Bird et al., 2006)为

$$\mathcal{T}_{k} = \mu_{\mathrm{k}}[\nabla \boldsymbol{v}_{\mathrm{k}} + (\nabla \boldsymbol{v}_{\mathrm{k}})^{+}] - \left(\frac{2}{3}\mu_{\mathrm{k}} - \lambda_{\mathrm{k}}\right)(\nabla \cdot \boldsymbol{v}_{\mathrm{k}})\,\mathbb{I} \tag{2.38}$$

---

① 如果我们有

$$y = y(x_1, x_2, \cdots, x_n); P_i \equiv \frac{\partial y}{\partial x_i}$$

则勒让德变换用下式给出

$$Z = y - \sum_{i=1}^{j} P_i x_i$$

$$Z = Z(P_1, P_2, \cdots, P_j, x_{j+1}, \cdots, x_n)$$

因此,有

$$\mathrm{d}Z = -\sum_{i=1}^{j} x_i \mathrm{d}P_i + \sum_{i=j+1}^{n} P_{\mathrm{i}} \mathrm{d}x_{\mathrm{i}}$$

式中,μ_k 和 λ_k 分别为 k 相的分子黏性和第二黏性(膨胀黏度)。

体积力是由外力场和与周围物体或流体颗粒相互作用而产生的。力的来源包括牛顿万有引力、静电力和电磁力。如果相互作用的力很重要,则体积力不能仅视为自变量 x 和 t 的函数。在这种情况下,不能应用局部作用原理。然而,对大多数问题,与重力 $\boldsymbol{g}$ 相比,这些相互作用力可以忽略。所以有

$$\boldsymbol{g}_k = \boldsymbol{g} \tag{2.39}$$

能量本构方程

接触传热用热流密度向量 $\boldsymbol{q}_k$ 表示,其本构方程规定了接触传热的性质和机理。大多数流体都遵循广义傅立叶热传导定律,有如下形式:

$$\boldsymbol{q}_k = -\mathbb{K}_k \cdot \nabla T_k \tag{2.40}$$

二阶张量$\mathbb{K}_k$ 是考虑材料各向异性的热导率张量。对各向同性流体,本构定律可用一个单系数表示:

$$\boldsymbol{q}_k = -K_k(T_k)\,\nabla T_k \tag{2.41}$$

这是傅立叶热导热定律的标准形式,标量 K_k 称为热导率。

体积释热 $\dot{q}_k$ 来自于外部能量和相互作用。能量可以由核裂变产生,也可以通过辐射、导电和磁感应从远处传递而来。能量的相互作用或传递以流体两部分间的热辐射最为典型。在大多数情况下,与接触加热相比,这些相互作用项可以忽略。在高温下,辐射换热变得越来越重要,在这种情况下,影响不是局部的。如果热辐射效应可以忽略,且不存在核、电或磁加热,则体积释热的本构定律简化为

$$\dot{q}_k = 0 \tag{2.42}$$

这个关系式已经应用于大量实际问题的求解中。

最后,注意到熵不等式要求输运系数 μ_k,λ_k 和 K_k 非负。因此,黏性应力起到流体运动阻力的作用,不做功。此外,热量只从温度高处向低的方向传递。

2.2　界面平衡和边界条件

2.2.1　界面平衡(跳跃条件)

在前几节中推导的标准微分守恒方程可以应用于界面内的各相,但不能跨越界面。需要一种特殊形式的守恒方程应用于界面,以考虑其奇异特性,即各种变量的急剧变化(或不连续性)。将界面看作流体密度、能量和速度存在跳跃不连续性的奇异面,建立所谓的跳跃条件。这些条件规定了通过界面的质量、动量和能量的交换,并将其作为两相间必不可少的匹配条件。此外,由于单相流动问题中的固体边界也构成了一个界面,频繁使用了各种简化形式的跳跃条件而没有太关注这个问题。由

于它的重要性，我们将详细讨论跳跃条件的推导和物理意义。

尽管许多研究者早就提出了一些特例，Kotchine(Kotchine, 1926)首次提出将无任何表面性质的界面跳跃条件作为激波不连续处的动力相容条件引入一般性形式中。它可以从积分守恒方程推导而来，假设它适用于具有不连续面的物质体积。多位学者(J. Delhaye, 1968; Kelly, 1964; Scriven, 1960; J. C. Slattery, 1964; Standart, 1964)试图扩展 Kotchine 定理。包括界面线通量的引入，如表面张力、黏性应力、热流密度或物质表面特性。对这一问题有几种解决方法，但上述学者的研究结果并不完全一致。Delhaye(J. M. Delhaye, 1974)对这一主题进行了详细讨论，并进行了全面分析，说明了以往研究中各种差异的来源。特别强调了能量跳跃和界面熵产的正确形式。

考虑到有限厚度界面对两相流场的时间平均较为方便，可在控制容积分析的基础上推导一般性的界面守恒方程。如图2.4 所示，假设界面由一数学曲面$f(\boldsymbol{x}, t)=0$所描述。界面对物理变量的影响仅限于该界面的邻域区域，影响域由界面两侧分别为δ_1 和 δ_2 的薄层 δ 给出。用 A_i 表示界面上的一个简单连通域，则由 A_i 的延伸面与一个垂直于 A_i 的曲面 $\boldsymbol{\Sigma}_i$ 形成控制体，A_i 和 $\boldsymbol{\Sigma}_i$ 的交线是一条闭合曲线 C_i。侧面的 $\boldsymbol{\Sigma}_i$ 形成一个宽度为 δ 的环，而界面两侧厚度方向的边界用 A_1 和 A_2 表示。控制容积 V_i 由 $\boldsymbol{\Sigma}_i$、A_1 和 A_2 封闭围成。

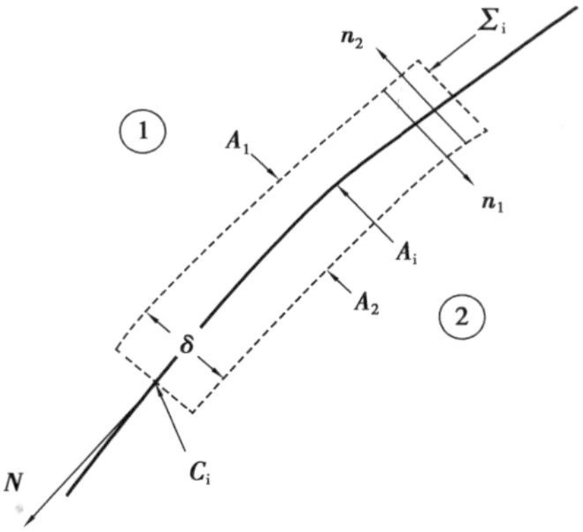

图 2.4 界面 (Ishii, 1975)

假设 δ 的量级远低于面积 A_i 上的几何长度，因此可以认为

$$\boldsymbol{n}_1 = -\boldsymbol{n}_2 \tag{2.43}$$

式中，$\boldsymbol{n}_1$ 和 $\boldsymbol{n}_2$ 分别为体积流体面向 1 相和 2 相的单位法向向量。与 $\boldsymbol{\Sigma}_i$ 相垂直的外法向单位向量表示为 $\boldsymbol{N}$，然后可以得到控制容积 V_i 的广义积分守恒方程为

$$\frac{\mathrm{d}}{\mathrm{d}t}\int_{V_i}\rho\psi\mathrm{d}V = \sum_{k=1}^{2}\int_{A_k}\boldsymbol{n}_k\cdot[(\boldsymbol{v}_k-\boldsymbol{v}_i)\rho_k\psi_k+\mathscr{J}_k]\mathrm{d}A - \int_{C_i}\int_{-\delta_2}^{\delta_1}\boldsymbol{N}\cdot[(\boldsymbol{v}-\boldsymbol{v}_i)\rho\psi+\mathscr{J}]\mathrm{d}\delta\mathrm{d}C+\int_{V_i}\rho\phi\mathrm{d}V \tag{2.44}$$

右边的前两个积分分别考虑了表面 A_1,A_2 和 $\boldsymbol{\Sigma}_i$ 的通量。为了将体积积分守恒转换为表面积分守恒,还需要引入由下面关系所定义的表面性质。

表面平均颗粒速度 $\boldsymbol{v}_s$ 由下式给出:

$$\rho_s\boldsymbol{v}_s\delta \equiv \int_{-\delta_2}^{\delta_1}\rho\boldsymbol{v}\mathrm{d}\delta \tag{2.45}$$

式中,ρ_s 为平均密度,它与平均单位表面积密度 ρ_a 的关系定义为

$$\rho_a = \rho_s\delta \equiv \int_{-\delta_2}^{\delta_1}\rho\mathrm{d}\delta \tag{2.46}$$

ψ 和 ϕ 的密度加权平均值为

$$\rho_a\psi_s \equiv \int_{-\delta_2}^{\delta_1}\rho\psi\mathrm{d}\delta \tag{2.47}$$

和

$$\rho_a\phi_s \equiv \int_{-\delta_2}^{\delta_1}\rho\phi\mathrm{d}\delta \tag{2.48}$$

在这里,单位界面质量和单位表面积的量分别用下标 s 和 a 表示。

控制面速度可分为切向分量和法向分量,因此有

$$\boldsymbol{v}_i = \boldsymbol{v}_{ti} + \boldsymbol{v}_{ni} \tag{2.49}$$

其中,

$$\begin{aligned}\boldsymbol{v}_{ti} &= \boldsymbol{v}_{ts}\\ \boldsymbol{v}_i\cdot\boldsymbol{n} &= -\frac{\frac{\partial f}{\partial t}}{|\nabla f|}\end{aligned} \tag{2.50}$$

因此,法向分量为表面位移速度,切向分量由平均切向颗粒速度 $\boldsymbol{v}_{ts}$给出。由于单位向量 $\boldsymbol{N}$ 在切平面上,并且垂直于 C_i,因此有

$$\boldsymbol{N}\cdot\boldsymbol{v}_i = \boldsymbol{N}\cdot\boldsymbol{v}_s \tag{2.51}$$

因此,根据式(2.45)到式(2.51),得到

$$\int_{-\delta_2}^{\delta_1}\rho\boldsymbol{N}\cdot(\boldsymbol{v}_i-\boldsymbol{v})\mathrm{d}\delta = 0 \tag{2.52}$$

和

$$\int_{-\delta_2}^{\delta_1}\rho\psi\boldsymbol{N}\cdot(\boldsymbol{v}_i-\boldsymbol{v})\mathrm{d}\delta = \int_{-\delta_2}^{\delta_1}\rho\psi\boldsymbol{N}\cdot(\boldsymbol{v}_s-\boldsymbol{v})\mathrm{d}\delta \tag{2.53}$$

根据式(2.44)和式(2.53),可以定义沿 C_i 的平均线通量为

$$\mathscr{J}_a \equiv \int_{-\delta_2}^{\delta_1}\{\mathscr{J}-(\boldsymbol{v}_s-\boldsymbol{v})\rho\psi\}\,\mathrm{d}\delta \tag{2.54}$$

利用上述定义，界面区域的积分守恒变成

$$\begin{aligned}\frac{\mathrm{d}}{\mathrm{d}t}\int_{A_i}\rho_a\psi_s\mathrm{d}A &= \sum_{k=1}^{2}\int_{A_k}\boldsymbol{n}_k\cdot[(\boldsymbol{v}_k-\boldsymbol{v}_i)\rho_k\psi_k+\mathscr{J}_k]\mathrm{d}A - \\ &\int_{C_i}\boldsymbol{N}\cdot\mathscr{J}_a\mathrm{d}C+\int_{A_i}\rho_a\phi_s\mathrm{d}A\end{aligned} \tag{2.55}$$

在上述场方程推导的例子中，需要两个数学变换，即表面输运定理和表面格林定理（Aris, 1962；McConnell, 1957；Weatherburn, 1927）。表面输运定理为

$$\frac{\mathrm{d}}{\mathrm{d}t}\int_{A_i}\mathbb{F}\,\mathrm{d}A = \int_{A_i}\left\{\frac{\mathrm{d}_s}{\mathrm{d}t}(\mathbb{F})+\mathbb{F}\nabla_s\cdot\boldsymbol{v}_i\right\}\mathrm{d}A \tag{2.56}$$

式中，$\mathrm{d}_s/\mathrm{d}t$ 表示随体导数，表面速度 $\boldsymbol{v}_i$ 由式（2.50）定义，∇_s表示表面散度算子。表面格林定理由下式给出

$$\int_{C_i}\boldsymbol{N}\cdot\mathscr{J}_a\mathrm{d}C = \int_{A_i}A^{\alpha\beta}g_{ln}(t_\alpha^n\,\mathscr{J}_a^{l*})_{,\beta}\mathrm{d}A \tag{2.57}$$

式中，$A^{\alpha\beta}$，g_{ln}，t_α^n 和$(\ )_{,\beta}$分别表示表面度量张量、空间度量张量、混合张量和表面协变导数（Aris, 1962）。

在空间坐标中，表面通量$\mathscr{J}_a$ 表达为$\mathscr{J}_a^{l*}$，表示质量、能量的空间矢量，动量平衡的空间张量。上述张量符号的基本概念在下面给出。

首先，若笛卡儿空间坐标表示为(y_1, y_2, y_3)，一般坐标系下表示为(x_1, x_2, x_3)，则空间度量张量定义为

$$g_{ln} \equiv \sum_{k=1}^{3}\frac{\partial y^k}{\partial x^l}\frac{\partial y^k}{\partial x^n} \tag{2.58}$$

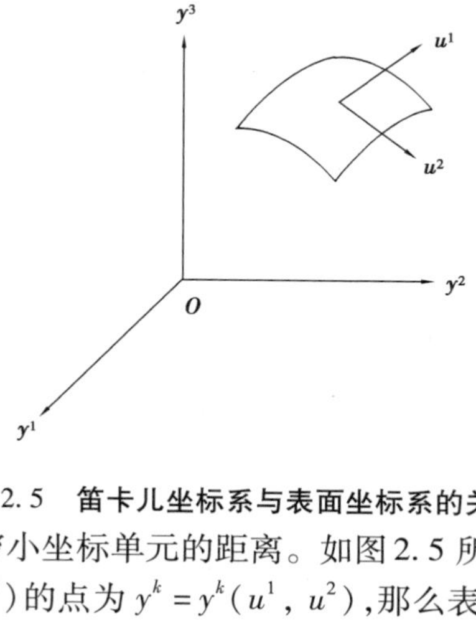

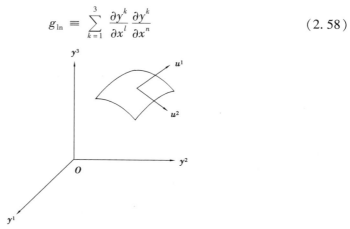

图 2.5　笛卡儿坐标系与表面坐标系的关系

它关系到两个系统间无穷小坐标单元的距离。如图 2.5 所示，如果笛卡儿坐标 y^k 给出一个表面坐标为(u^1, u^2)的点为 $y^k=y^k(u^1,\ u^2)$，那么表面度量张量定义为

$$A^{\alpha\beta} = \sum_{k=1}^{3} \frac{\partial y^k}{\partial x^\alpha} \frac{\partial y^k}{\partial x^\beta} \tag{2.59}$$

微元距离 $\mathrm{d}s$ 为

$$(\mathrm{d}s)^2 = (\mathrm{d}y^1)^2 + (\mathrm{d}y^2)^2 + (\mathrm{d}y^3)^2 = A^{\alpha\beta}\mathrm{d}u^\alpha \mathrm{d}u^\beta \tag{2.60}$$

引入一般空间坐标系,表面位置由 $x^i = x^i(u^1, u^2)$ 给出。混合张量定义为

$$t_\alpha^i = \frac{\partial x^i}{\partial u^\alpha} \tag{2.61}$$

表面协变导数$(\ )_{,\beta}$与空间导数类似,但也考虑到了弯曲坐标的效应。此外,在表面张力的情况下,如果 $\boldsymbol{N} \cdot \mathscr{J}_a$ 只有切向分量,$A^{\alpha\beta} g_{ln} t_\alpha^n \mathscr{J}_a^{lm} = t_\alpha^m \mathscr{J}_a^{\alpha\beta}$。因此,表面通量的贡献可以写为$(t_\alpha^m \mathscr{J}_a^{\alpha\beta})_{,\beta}$或$(\boldsymbol{t}_\alpha \mathscr{J}_a^{\alpha\beta})_{,\beta}$,其中 $\boldsymbol{t}_\alpha$ 表示用矢量表示法表示的混合张量。需要注意的是,对于动量输运,主导的界面动量通量是各向同性的表面张力 σ。则有$\mathscr{J}_a^{\alpha\beta} = \sigma A^{\alpha\beta}$。在这种情况下,表面通量贡献为

$$(\boldsymbol{t}_\alpha \sigma A^{\alpha\beta})_{,\beta} = 2H\sigma \boldsymbol{n} + \boldsymbol{t}_\alpha A^{\alpha\beta}(\sigma)_{,\beta} \tag{2.62}$$

右边第一项表示曲面的净效应,以平均曲率 H 给出法向分力,而第二项表示因表面张力梯度而产生的切向力。

假设 δ 足够小,表面 A_1 和 A_2 在几何上与 A_i 重合。因此式(2.55)变为

$$\begin{aligned}&\int_{A_i}\left\{\frac{\mathrm{d}_s}{\mathrm{d}t}(\rho_a\psi_s) + \rho_a\psi_s \nabla_s \cdot \boldsymbol{v}_i\right\}\mathrm{d}A \\ &= \int_{A_i}\left\{\sum_{k=1}^{2}[\rho_k\psi_k\boldsymbol{n}_k \cdot (\boldsymbol{v}_k - \boldsymbol{v}_i) + \boldsymbol{n}_k \cdot \mathscr{J}_k] - A^{\alpha\beta}g_{ln}(t_\alpha^n \mathscr{J}_a^{l*})_{,\beta} + \rho_a\phi_s\right\}\mathrm{d}A\end{aligned} \tag{2.63}$$

该守恒方程对于满足 $A_i \gg \delta^2$ 的界面上任意部分都成立,因此得到微分守恒方程

$$\begin{aligned}&\frac{\mathrm{d}_s}{\mathrm{d}t}(\rho_a\psi_s) + \rho_a\psi_s \nabla_s \cdot \boldsymbol{v}_i \\ &= \sum_{k=1}^{2}[\rho_k\psi_k\boldsymbol{n}_k \cdot (\boldsymbol{v}_k - \boldsymbol{v}_i) + \boldsymbol{n}_k \cdot \mathscr{J}_k] - A^{\alpha\beta}g_{ln}(t_\alpha^n \mathscr{J}_a^{l*})_{,\beta} + \rho_a\phi_s\end{aligned} \tag{2.64}$$

该结果与 Delhaye(J. M. Delhaye, 1974)推导结果的形式完全相同,尽管使用的方法和表面速度 $\boldsymbol{v}_i$ 的定义不同。定义表面量和单位表面积的源项分别为

$$\psi_a \equiv \rho_a\psi_s \tag{2.65}$$

和

$$\phi_a \equiv \rho_a\phi_s \tag{2.66}$$

则表面守恒方程变为

$$\begin{aligned}&\frac{\mathrm{d}_s}{\mathrm{d}t}(\psi_a) + \psi_a \nabla_s \cdot \boldsymbol{v}_i \\ &= \sum_{k=1}^{2}[\rho_k\psi_k\boldsymbol{n}_k \cdot (\boldsymbol{v}_k - \boldsymbol{v}_i) + \boldsymbol{n}_k \cdot \mathscr{J}_k] - A^{\alpha\beta}g_{ln}(t_\alpha^n \mathscr{J}_a^{l*})_{,\beta} + \phi_a\end{aligned} \tag{2.67}$$

方程左边表示观察者以 $\boldsymbol{v}_i$ 速度移动时 ψ_a 的时间变化率和表面膨胀的影响。而方程右边的 3 项分别是主流相的通量、沿界面的线通量和面积源项。注意,式(2.6)和式(2.67)控制着主流相和界面的物理定律。

为了得到一个更简单的界面跳跃量表达式,与薄层假设相一致做进一步的假设,有

$$\delta^2 \ll A_i \tag{2.68}$$

首先,界面密度 ρ_a 可以忽略不计,因此其动量和机械能也可以忽略。其次,忽略了所有沿该线的分子扩散通量,即没有表面黏性应力或表面热流密度。此外,忽略了所有表面源项,即除了重力外,没有任何其他的体积力,也没有辐射效应。

下面的分析包含了热力学张力和界面能,因此从确定论原理出发,假设表面状态方程存在。在这些假设下,得到:

界面质量平衡

$$\sum_{k=1}^{2} \rho_k \boldsymbol{n}_k \cdot (\boldsymbol{v}_k - \boldsymbol{v}_i) = 0 \tag{2.69}$$

定义 k 相流出界面的质量流量为

$$\dot{m}_k \equiv \rho_k \boldsymbol{n}_k \cdot (\boldsymbol{v}_k - \boldsymbol{v}_i) \tag{2.70}$$

则根据式(2.69)得到

$$\sum_{k=1}^{2} \dot{m}_k = 0 \tag{2.71}$$

该方程很简单地说明在界面处没有质量蓄积,相变是两相之间的纯质量交换。

界面动量平衡

$$\sum_{k=1}^{2} [\rho_k \boldsymbol{n}_k \cdot (\boldsymbol{v}_k - \boldsymbol{v}_i)\boldsymbol{v}_k - \boldsymbol{n}_k \cdot \mathbb{T}_k] + (\boldsymbol{t}_\alpha A^{\alpha\beta}\sigma)_{,\beta} = 0 \tag{2.72}$$

式(2.72)是主流流体动量通量和界面张力之间的平衡。

界面能量平衡

用单位表面积的界面能 u_a 代替 ψ_a,由式(2.67)得到

$$\frac{\mathrm{d}_s u_a}{\mathrm{d}t} + u_a \nabla_s \cdot \boldsymbol{v}_i = \sum_{k=1}^{2} \left[\rho_k \boldsymbol{n}_k \cdot (\boldsymbol{v}_k - \boldsymbol{v}_i)\left(u_k + \frac{v_k^2}{2}\right) + \boldsymbol{n}_k \cdot (-\mathbb{T}_k \cdot \boldsymbol{v}_k + \boldsymbol{q}_K)\right] + (\boldsymbol{t}_\alpha A^{\alpha\beta}\sigma \cdot \boldsymbol{v}_i)_{,\beta} \tag{2.73}$$

左侧表示表面能的变化速率,而右侧表示界面两侧的体积能量传递和表面张力作功。

2.2.2 界面上的边界条件

对于三维场方程,表面守恒方程应补充各种本构关系。为了建立确定性原理,

首先引入了一个简单的状态方程。由于界面的质量可忽略不计,有

$$u_a = u_a(s_a) \tag{2.74}$$

式中,u_a 和 s_a 分别是单位表面积的比内能和比熵。

热力学张力由下式确定

$$\sigma \equiv -T_i s_a + u_a \tag{2.75}$$

式中,温度 T_i 定义为

$$T_i \equiv \frac{\mathrm{d}u_a}{\mathrm{d}s_a} \tag{2.76}$$

因此,式(2.76)以微分形式可写为

$$\mathrm{d}u_a = T_i \mathrm{d}s_a \tag{2.77}$$

Gibbs-Duhem 关系由下式给出

$$s_a \mathrm{d}T_i + \mathrm{d}\sigma = 0 \tag{2.78}$$

界面焓定义为

$$i_a = u_a - \sigma \tag{2.79}$$

由式(2.78),有

$$\frac{\mathrm{d}\sigma}{\mathrm{d}T_i} = -s_a \tag{2.80}$$

因此,由式(2.77)和式(2.80),得到

$$\mathrm{d}u_a = -T_i \mathrm{d}\left(\frac{\mathrm{d}\sigma}{\mathrm{d}T_i}\right) \tag{2.81}$$

将式(2.75)、式(2.79)和式(2.80)合并,得到

$$u_a = -T_i\left(\frac{\mathrm{d}\sigma}{\mathrm{d}T_i}\right) + \sigma; \quad i_a = -T_i\left(\frac{\mathrm{d}\sigma}{\mathrm{d}T_i}\right) \tag{2.82}$$

因此,状态热方程

$$\sigma = \sigma(T_i) \tag{2.83}$$

已经为相关的热力学性质提供了足够的信息。将式(2.81)代入式(2.73),得到以表面张力表达的能量跳跃条件

$$\begin{aligned} & -T_i\left\{\frac{\mathrm{d}_s}{\mathrm{d}t}\left(\frac{\mathrm{d}\sigma}{\mathrm{d}T_i}\right) + \left(\frac{\mathrm{d}\sigma}{\mathrm{d}T_i}\right)\nabla_s \cdot \boldsymbol{v}_i\right\} \\ & = \sum_{k=1}^{2}\left[\dot{m}_k\left(u_k + \frac{v_k^2}{2}\right) + \boldsymbol{n}_k \cdot (-\mathbb{T}_k \cdot \boldsymbol{v}_k + \boldsymbol{q}_k)\right] + (\boldsymbol{t}_\alpha A^{\alpha\beta}\sigma)_{,\beta} \cdot \boldsymbol{v}_i \end{aligned} \tag{2.84}$$

界面熵不等式

根据前面的讨论,假定存在一个表面温度 T_i,可以重写界面的熵不等式。因此,在没有表面热流密度和源项的条件下,有

$$\Delta_a = \frac{\mathrm{d}_s s_a}{\mathrm{d}t} + s_a \nabla_s \cdot \boldsymbol{v}_i - \sum_{k=1}^{2}\left(\dot{m}_k s_k + \frac{\boldsymbol{n}_k \cdot \boldsymbol{q}_k}{T_k}\right) \geqslant 0 \tag{2.85}$$

利用能量方程(2.73)和状态方程(2.77),可以消除上述不等式中的熵 s_a,得到

$$
\begin{aligned}
T_i\Delta_a = \sum_{k=1}^{2}\Big\{\dot{m}_k\Big[u_k - s_k T_i + \frac{|\boldsymbol{v}_k - \boldsymbol{v}_i|^2}{2} + \frac{p_k}{\rho_k}\Big] - \\
\boldsymbol{n}_k \cdot \mathcal{T}_k \cdot (\boldsymbol{v}_k - \boldsymbol{v}_i) + \boldsymbol{n}_k \cdot \boldsymbol{q}_k\Big(1 - \frac{T_i}{T_k}\Big)\Big\} \geqslant 0
\end{aligned} \tag{2.86}
$$

注意到,这个表达式与 Delhaye(J. M. Delhaye, 1974)获得的表达式具有相同的形式。Standart(Standart, 1968)没有考虑表面性质和表面张力,但包括了化学反应的影响,也得出了类似结果。

一般来说,界面跳跃条件式(2.69)、式(2.72)和式(2.84)还没有构成充分的封闭条件,而这些封闭条件是使问题的解唯一所必需的前提。因此,它们应该由各种限制两相间运动学、动力学和热关系的边界条件来补充。这些关系也可以看作是界面本构关系,满足熵不等式(2.86)的限制。它们可以从不可逆热力学的标准论证中得到。为此,首先在不等式(2.86)中假定通量和势适当结合,然后通量根据势线性外推得到。在这里,通常使用等存在原理和扩张系数之间的对称关系。De Groot 和 Mazur(De Groot & Mazur, 1962)等详细讨论了一般系统的标准流程,并应用于 Standart (Standart, 1968)及 Bornhorst 和 Hatsopoulos(Bornhorst & Hatsopoulos, 1967)的界面解中。Standart 以正确的跳跃条件和熵不等式为基础,谨慎地获得了界面本构关系,尽管他从一开始就忽略了两相体系中普遍重要的所有表面性质和表面张力。Bornhorst 的结果仅限于一些特殊的情况,其论证基于活塞、容器、均质系统等经典热力学工具。

基于界面本构关系的分析对两相系统的详细研究具有重要意义。然而,它们通常过于复杂,无法用作边界条件。此外,在整个系统中,势的影响,即温度、化学势、切向速度等的不连续性,作为物理量传递的驱动力,或由此产生的界面热阻、动量和质量传递的阻力,在整个系统中相对来说是微不足道的。

因此,能够提供必要边界条件的更简单理论才是可取的。作为一个极限情况,可以考虑当界面 Δ_a 的熵产为零时的情况。这意味着物理量在界面传递没有阻力。因此,两相之间的传递受两侧主流流体的条件控制,但不受界面本身的影响。此外,从经典热力学观点来看,界面处的传递是可逆的。但对于单相流中存在激波不连续性的情况下,这个假设就不成立。

将式(2.86)的熵产设为零,得到

$$
\begin{aligned}
\sum_{k=1}^{2}\frac{\dot{m}_k}{T_i}\Big(g_k + \frac{|\boldsymbol{v}_k - \boldsymbol{v}_i|^2}{2} - \frac{\tau_{nnk}}{\rho_k}\Big) - \sum_{k}\frac{\boldsymbol{\tau}_{tk}}{T_i}\cdot(\boldsymbol{v}_{tk} - \boldsymbol{v}_{ti}) + \\
\sum_{k=1}^{2}(\boldsymbol{n}_k \cdot \boldsymbol{q}_k + \dot{m}_k s_k T_k)\Big(\frac{1}{T_i} - \frac{1}{T_k}\Big) = 0
\end{aligned} \tag{2.87}
$$

此外,假设式(2. 87)中的 3 项对于质量流速、切应力和热流密度的各个组合都独立为零。

热边界条件

假设式(2. 87)中的最后一项独立为零,得到界面上的热平衡条件为

$$T_{1i} = T_{2i} = T_i \tag{2.88}$$

这与界面状态方程(2. 87)和式(2. 83)的假设是一致的。根据式(2. 82)和式(2. 84),该热边界条件设定了界面上的能量水平。与上述方程相比,能量跳跃条件(2. 73)设定了界面间能量传递的关系。此外,式(2. 88)中的热平衡条件消掉了一个变量 T,并将其作为界面各相温度的相容条件。注意到实际上界面处的温度是存在不连续性的,这可以从动力学理论(Hirschfelder, Curtiss, & Bird, 1954)中估计到。但是,与绝对温度相比,除了例如液态金属(Brodkey, 1967)等少数例外外,它的值对于大多数物质来说都非常小。因此,在一般条件下,界面温度跳跃对界面传递的影响可以忽略不计。

无滑移条件

从界面速度 $\boldsymbol{v}_i$ 的定义来看,式(2. 50)中的切向速度 v_{ti} 是一个未知数,而法向分量与界面位置直接相关。它还出现在熵不等式(2. 86)和式(2. 87)的耗散项中。因此,正如前面讨论的那样,很自然地想到在切向应力 $\boldsymbol{\tau}_{tk}$ 和切向相对速度 $v_{tk} - v_{ti}$ 之间需要有本构关系。在目前的分析中,同样假定界面熵产为零,将式(2. 87)的第二项独立取为零,得到无滑移条件

$$v_{t1} = v_{t2} = v_{ti} \tag{2.89}$$

目前已经很好地建立了与固体壁面接触的运动黏性流体的无滑移条件(Goldstein, 1938; Serrin, 1959),称为经典的黏附性条件。该条件已经通过实验和动力学理论得到了证明。式(2. 89)给出的关系式可以用来消掉界面切向颗粒速度,然后将其作为界面的速度边界条件。

但这里应该注意的是,对于无黏流体,由于动量跳跃条件的切向分量式(2. 72),无滑移条件(2. 89)不是必须满足的,因此一般不能满足。这与我们的分析完全一致,因为式(2. 87)中的黏性耗散项对于无黏流体来说同样是零,并且不出现在熵不等式中。因此,无法获得式(2. 89)。此外,在无滑移条件下,在切向和法向上的动量跳跃条件式(2. 72)变成

$$\sum_{k=1}^{2} \boldsymbol{\tau}_{tk} = A^{\alpha\beta} \boldsymbol{t}_{\beta}(\sigma)_{,\alpha} \tag{2.90}$$

$$\sum_{k=1}^{2} \left(\boldsymbol{n}_k \frac{\dot{m}_k^2}{\rho_k} + \boldsymbol{n}_k p_k - \boldsymbol{\tau}_{nk} \right) = -2H_{21} \boldsymbol{n}_1 \sigma \tag{2.91}$$

其中,法向和切向黏性应力为

$$\boldsymbol{n}_{\mathrm{k}} \cdot \mathscr{T}_{\mathrm{k}} = \boldsymbol{\tau}_{\mathrm{nk}} + \boldsymbol{\tau}_{\mathrm{tk}} = \boldsymbol{n}_{\mathrm{k}} \tau_{\mathrm{nnk}} + \boldsymbol{\tau}_{\mathrm{tk}} \tag{2.92}$$

从第 2 相到第 1 相取平均曲率为 H_{21}，也就是说，如果界面在第 1 相形成凸面，则有 $H_{21} > 0$。

化学(相变)边界条件

与前面的讨论类似，化学(或相变)边界条件可以通过将式(2.87)的第一项对所有 $\dot{m}_{\mathrm{k}}$ 值独立设为零而得到。这意味着相变的熵产为零，因此假设相变不是由于非平衡力而发生的传递，而是状态的平衡转变。

将热平衡条件式(2.88)代入式(2.87)的第一项并令其为零，得到

$$(g_1 - g_2) = \left(\frac{|\boldsymbol{v}_2 - \boldsymbol{v}_{\mathrm{i}}|^2}{2} - \frac{|\boldsymbol{v}_1 - \boldsymbol{v}_{\mathrm{i}}|^2}{2}\right) - \left(\frac{\tau_{\mathrm{nn2}}}{\rho_2} - \frac{\tau_{\mathrm{nn1}}}{\rho_1}\right) \tag{2.93}$$

由上述方程给出的相变条件表明，化学势差补偿了相对动能差和法向应力的力学效应。这里需要注意的是，这种相变条件仅适用于可能通过界面的质量传递。换言之，如果质量传递在所有条件下都等于零，就像在两种不混溶的非反应性液体中一样，那么边界条件应该是

$$\dot{m}_{\mathrm{k}} = 0 \tag{2.94}$$

该式替换了化学反应势的条件。

2.2.3 简化的边界条件

在前面的章节中，给出了界面跳跃条件和补充边界条件。重要的是要认识到热平衡条件式(2.88)、动量跳跃条件的法向分量式(2.91)和相变边界条件式(2.93)与静热力学(Gibbs, 1948)的标准热、力学和化学平衡条件相对应。不同之处在于，目前的分析考虑了传质和法向应力在力学和相变边界条件下的动态效应。动力学分析结果与静热力学理论之间的这些所关注的特性总结在表 2.1 中。

表 2.1 热力学势的界面关系

条件 \ 分析	静热力学	当前的动力学分析
热条件	$T_1 - T_2 = 0$	$T_1 - T_2 = 0$
力学条件	$p_1 - p_2 = 0$	$p_1 - p_2 = -2H_{21}\sigma - \dot{m}_1^2\left(\frac{1}{\rho_1} - \frac{1}{\rho_2}\right) + (\tau_{\mathrm{nn1}} - \tau_{\mathrm{nn2}})$
化学(相变)条件	$g_1 - g_2 = 0$	$g_1 - g_2 = -\frac{\dot{m}_1^2}{2}\left(\frac{1}{\rho_1^2} - \frac{1}{\rho_2^2}\right) + \left(\frac{\tau_{\mathrm{nn1}}}{\rho_1} - \frac{\tau_{\mathrm{nn2}}}{\rho_2}\right)$

从表中可以看出，除了热界面条件外，这些界面关系在许多实际应用中仍然非

常复杂。这主要是因传质和法向应力所产生的。前者是由于力学边界条件下的密度变化而产生的推力,也是化学(相)边界条件下的冲击动能变化。后者引入了复杂的流场与界面热力学性质的耦合效应。然而,在一般条件下,压力项的法向分力可以忽略不计,这大大简化了力学边界条件式(2.91)。同样的假设也适用于化学边界条件,因为 ρg 项的量级是 p_k,因此式(2.93)中的法向应力项也可以忽略。同样,尽管对于大传质速率或膜态沸腾等问题很重要,但在大多数实际问题中传质项则很小。

在场方程的标准公式中,吉布斯自由能 g_k 并没有显式地出现,因此需要将化学边界条件[式(2.93)]中的变量 g_k 转换为已用于场方程的其他变量。为了这个目的,在这里不妨回忆一下吉布斯自由能可以表示为温度和压力的函数,它是一个基本的状态方程(2.30),因此有

$$g_k = g_k(T_k, p_k) \tag{2.95}$$

和

$$dg_k = -s_k dT_k + \frac{1}{\rho_k} dp_k \tag{2.96}$$

静热力学的相平衡条件由下式给出

$$T_1 = T_2 = T^{sat}; p_1 = p_2 = p^{sat}; g_1 = g_2 \tag{2.97}$$

因此由式(2.95)和式(2.97),得到

$$g_1(T^{sat}, p^{sat}) = g_2(T^{sat}, p^{sat}) \tag{2.98}$$

该式化简为经典的饱和条件

$$p^{sat} = p^{sat}(T^{sat}) \tag{2.99}$$

该关系表明,准静态热力学平衡条件与各相的热力学势唯一相关。此外,式(2.99)的微分形式被称为克劳修斯-克拉珀龙方程,可以从式(2.27)、式(2.28)、式(2.96)和式(2.97)中得到

$$\frac{dp^{sat}}{dT^{sat}} = \frac{i_1 - i_2}{T^{sat}\left(\frac{1}{\rho_1} - \frac{1}{\rho_2}\right)} \tag{2.100}$$

式中,右边所有的值按式(2.99)给出的饱和线来计算。

假设各相界面压力与界面温度 T_i 对应的饱和压力之差与压力水平之差足够小,则吉布斯自由能函数可在静态饱和点附近展开。所以有

$$g_k(p^{sat}, T_i) \doteq g_k(p_k, T_i) - \frac{\delta p_k}{\rho_k(p_k^{sat}, T_i)} \tag{2.101}$$

其中,δp_k 定义为

$$\delta p_k \equiv p_k - p^{sat}(T_i) \tag{2.102}$$

因为有

$$g_1(p^{sat}(T_i),T_i) = g_2(p^{sat}(T_i),T_i) \tag{2.103}$$

式(2.93)可变为

$$\frac{\delta p_1}{\rho_1} - \frac{\delta p_2}{\rho_2} \doteq -\frac{\dot{m}_1^2}{2}\left(\frac{1}{\rho_1^2} - \frac{1}{\rho_2^2}\right) + \left(\frac{\tau_{nn1}}{\rho_1} - \frac{\tau_{nn2}}{\rho_2}\right) \tag{2.104}$$

而按照 δp_k 的定义，力学边界条件(2.91)则变为

$$\delta p_1 - \delta p_2 = -2H_{21}\sigma - \dot{m}_1^2\left(\frac{1}{\rho_1} - \frac{1}{\rho_2}\right) + (\tau_{nn1} - \tau_{nn2}) \tag{2.105}$$

上述两个方程可用于求解饱和压力的压力偏差为

$$\begin{aligned} \delta p_1 &= -2H_{21}\sigma\left(\frac{\rho_1}{\rho_1 - \rho_2}\right) + \frac{\dot{m}_1^2}{2}\left(\frac{1}{\rho_2} - \frac{1}{\rho_1}\right) + \tau_{nn1} \\ \delta p_2 &= -2H_{21}\sigma\left(\frac{\rho_2}{\rho_1 - \rho_2}\right) + \frac{\dot{m}_1^2}{2}\left(\frac{1}{\rho_1} - \frac{1}{\rho_2}\right) + \tau_{nn2} \end{aligned} \tag{2.106}$$

该结果表明两相都不在式(2.99)所给出的饱和条件下。压力与 p^{sat} 的偏差取决于平均曲率、表面张力、传质速率和法向应力。如果只考虑表面张力的影响，而忽略了通常可以忽略的其他小项，就会得到一个有趣的结果。在这种情况下，可以近似写出

$$\delta p_g = 2H_{fg}\sigma\left(\frac{\rho_g}{\rho_f - \rho_g}\right)$$

和 (2.107)

$$\delta p_f = 2H_{fg}\sigma\left(\frac{\rho_f}{\rho_f - \rho_g}\right)$$

由于液相平均曲率 H_{fg} 对于液滴为正，对于气泡为负，对于雾状流，界面处的相压力都超过了饱和压力，对于泡状流，它们都低于饱和压力。

从定温时的压力偏差，即准静态热力学中状态方程的不稳定点，想到液体加热或蒸汽冷却超过饱和条件也存在极限。因此可以写出

$$\begin{aligned} \delta p_g &\leqslant \delta p_{g\,max}(T_i) \\ \delta p_f &\geqslant \delta p_{f\,max}(T_i) \end{aligned} \tag{2.108}$$

该关系示于图2.6。

图2.6示出了对应于克劳修斯-克拉珀龙方程或式(2.99)的饱和线以及亚稳态液相和汽相的极限。这两个极限可以从范德瓦尔斯状态方程得到

$$\left\{p + \frac{a}{(M/\rho)^2}\right\}\left(\frac{M}{\rho} - b\right) = RT \tag{2.109}$$

式中，R 和 M 分别为气体常数和分子量。a 和 b 为经验常数。热力学理论指出，固有的热力学稳定性要求有

$$\left.\frac{\partial p}{\partial(1/\rho)}\right|_T < 0 \tag{2.110}$$

因此,利用范德瓦尔斯方程,可以找到$\partial p/\partial(1/\rho)=0$ 的点。这些点实际上代表两个极限,即过热液体极限和过冷蒸汽极限。这两个点由图 2.6 中的虚线表示。

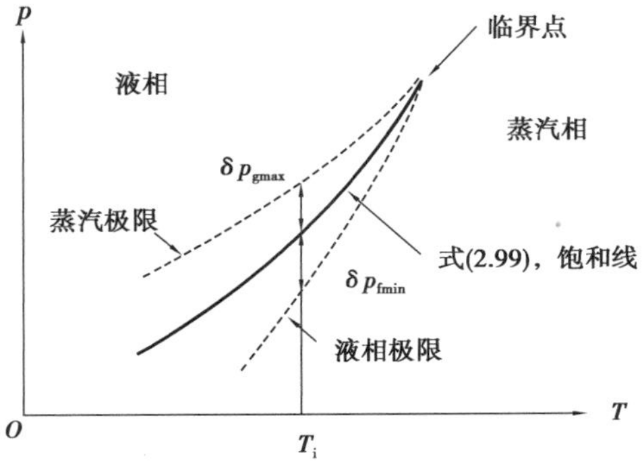

图 2.6　p-T 图

有趣的是,式(2.107)在式(2.108)的限制条件下给出了最小的液滴和气泡尺寸。换句话说,在统计意义上,这些尺寸是扰动存在的最低自然水平。超过这些限制,液相或汽相必然发生相变,因为统计学的脉动产生了一个成核核心,可以生长为气泡或液滴。

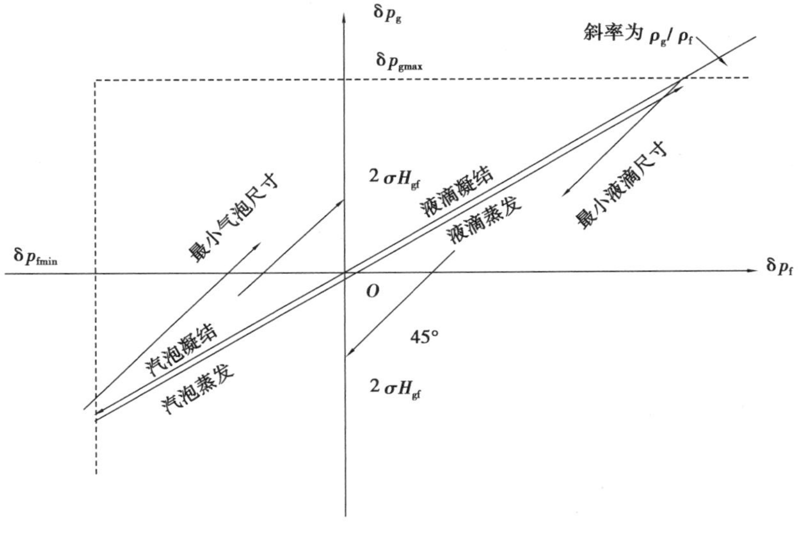

图 2.7　δp_g-δp_f 的关系

式(2.107)在式(2.108)在温度 T_i 下给出的关系如图 2.7 所示。广泛使用的界面条件为蒸汽界面压力等于在温度 T_i 下的饱和压力 p^{sat},可以对式(2.107)作进一步近似。由于在较小的临界压力比下,即 $p/p_c \ll 1$ 时,其中 p_c 是临界压力,两相的密

度比很大,式(2.107)可近似为

$$\begin{aligned}&\delta p_{\mathrm{g}}\approx 0,\quad p_{\mathrm{g}}\approx p^{sat}(T_{\mathrm{i}})\\&\delta p_{\mathrm{f}}\approx 2H_{\mathrm{fg}}\sigma,\quad p_{\mathrm{f}}\approx p^{sat}(T_{\mathrm{i}})+2H_{\mathrm{fg}}\sigma\end{aligned}\tag{2.111}$$

2.2.4 外部边界条件和接触角

外部边界条件是跳跃条件和补充界面边界条件的一个特例,在前一节中已经讨论过。对于标准的单相流问题,因为传质速率 $\dot{m}_{\mathrm{k}}$、表面张力的影响和固体壁界面的速度都设为零,这些条件变得简单。两相流系统可以用同样的简化方法,但是这里应该考虑两个特殊的性质。它们是:

①壁面微观结构对气泡核化的影响。

②相界面与外部边界的交点。

第一个特性表征了考虑表面成核点存在的必要性,这些成核点具有偏离标准理想化壁面边界的不规则几何形状。这些微观结构和这些位置的气相含量往往决定了气泡成核条件和热力学不平衡程度。第二个特性是两个不同的界面相遇产生的奇异性,如图 2.8 所示。当气泡或液滴与外部边界接触时,汽-液界面附着在壁面上,在相交处形成一条奇异曲线。当该接触线形成时,通过液体测得的接触角 θ 表征了沿曲线的情况。也可以对这条奇异线进行类似于界面的分析。在这种情况下,由于主流流体的输运面积是界面厚度 δ,因此可以忽略质量传递和流体通量的影响。因此,只有表面通量和可能的特性与曲线相关,即接触线的能量,这才是重要的。通过只考虑表面通量,可以得到关于法向平面上奇异曲线的力平衡

$$\cos\theta=\frac{\sigma_{\mathrm{gs}}-\sigma_{\mathrm{fs}}}{\sigma_{\mathrm{fg}}}\tag{2.112}$$

式中,σ_{fg},σ_{gs},σ_{fs}分别表示蒸汽-液体、蒸汽-固体和液体-固体之间的表面张力。

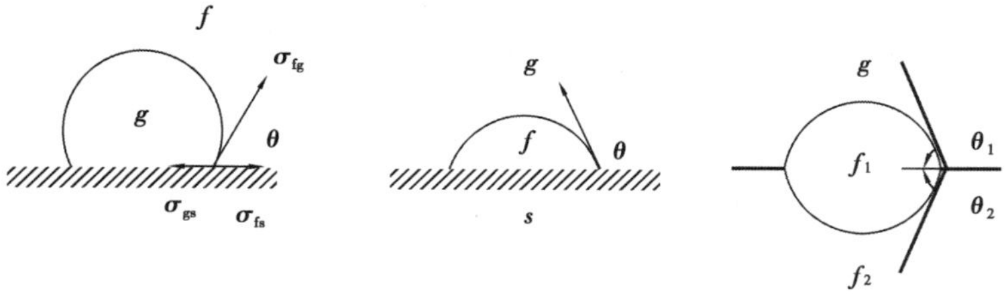

图 2.8 接触角(Ishii,1975)

这里注意到式(2.112)与跳跃条件一致,如果忽略了与奇异曲线相切的张力,从而忽略了曲线的热能。如果忽略这些影响,式(2.112)是与跳跃条件同时获得的唯一条件。因此,如前所述,接触角 θ 表征了这一现象,如果不能得到 σ_{gs} 和 σ_{fs},则应给出适当的本构关系。对静态接触角 θ 可以很容易测量并制成各种界面的图表。但实际上,接触角还受到表面粗糙度、表面异物沉积和流体本身的纯度等因素很大的影响。

此外,动界面的动态接触角与静界面的接触角有很大的不同。然而,在动态条件下 θ 的本构关系尚不完善的情况下,在实际问题中也往往采用静态值。通常认为静态和动态接触角之间的明显差异是表面张力 σ_{fg} 和奇异曲线法向滑动速度的函数(Phillips & Riddiford, 1972; Schwartz & Tejada, 1972)。

对本节总结,下面列出了固体壁面的标准外部边界条件:

外部边界位置

$$f_w(x) = 0 \tag{2.113}$$

无质量输运条件

$$\boldsymbol{v}_{nk} = \boldsymbol{v}_{nw} = 0 \tag{2.114}$$

黏性流体无滑移条件

$$\boldsymbol{v}_{tk} = \boldsymbol{v}_{tw} = 0 \tag{2.115}$$

动量跳跃条件的力平衡

$$\boldsymbol{n}_k \cdot \mathbb{T}_k + \boldsymbol{n}_w \cdot \mathbb{T}_w = 0 \tag{2.116}$$

能量跳跃条件的能量平衡

$$\boldsymbol{n}_k \cdot \boldsymbol{q}_k + \boldsymbol{n}_w \cdot \boldsymbol{q}_w = 0 \tag{2.117}$$

热平衡条件

$$T_k = T_w \tag{2.118}$$

上述条件适用于流体与壁面相接触的情况。但是它不能应用于与固体边界相交的界面上。在这种奇异曲线上,应给出接触角 θ 的本构方程。最后,图 2.9 总结了两相流系统的局瞬方程。

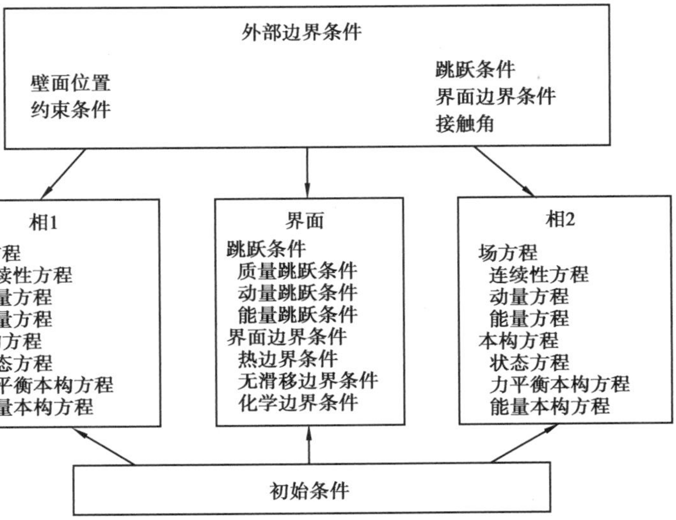

图 2.9　两相流系统的局瞬方程

2.3 局瞬方程在两相流问题中的应用

2.3.1 作用在非常缓慢流动流体中球形颗粒上的阻力

作为一个将局瞬方程应用于两相流问题的例子,我们来研究速度非常缓慢的 U_0(蠕流)中半径为 r_d 的实心球的阻力本构方程(Schlichting, 1979; Stokes, 1851)。为了分析这一问题,假设①具有恒定黏度的牛顿黏性流体;②不可压缩流动(流体密度为常数);③雷诺数非常小($Re_d \equiv 2r_d\rho_c U_0/\mu_c \ll 1$),在动量方程中黏性效应占主导,惯性项可以忽略。这样,连续性方程(2.8)和动量方程(2.10)可线性化为

$$\nabla \cdot \boldsymbol{v}_c = 0 \tag{2.119}$$

$$\nabla p_c = \mu_c \nabla^2 \boldsymbol{v}_c \tag{2.120}$$

因为不考虑流体静力学效应的压力场而忽略掉重力项。在固体球无滑移边界条件下,推导出球坐标系(r,θ)中 $\theta=0$ 时 U_0 方向的各速度分量和压力为

$$v_{rc} = U_0\cos\theta\left(1 - \frac{3}{2}\frac{r_d}{r} + \frac{1}{2}\frac{r_d^3}{r^3}\right) \tag{2.121}$$

$$v_{\theta c} = -U_0\cos\theta\left(1 - \frac{3}{4}\frac{r_d}{r} - \frac{1}{4}\frac{r_d^3}{r^3}\right) \tag{2.122}$$

$$p_c = p_\infty - \frac{3\mu_c r_d U_0}{2r^2}\cos\theta \tag{2.123}$$

式中,p_∞ 是均匀自由流的压力。作用在实心球上的剪应力 $\tau_{r\theta c}$ 由下式得出

$$\tau_{r\theta c}\big|_{r=a} = \mu_c\left(\frac{1}{r}\frac{\partial v_{rc}}{\partial\theta} + \frac{\partial v_{rc}}{\partial r}\right)\Bigg|_{r=r_d} = \frac{3\mu_c U_0}{2r_d}\sin\theta \tag{2.124}$$

因此,作用在固体球上的总阻力 F_D 通过对球表面周围的压力和剪切应力积分得到

$$\begin{aligned} F_D &= \int_0^\pi \tau_{r\theta c}\sin\theta \mathrm{d}A - \int_0^\pi p_c\cos\theta \mathrm{d}A \\ &= 4\pi r_d\mu_c U_0 + 2\pi r_d\mu_c U_0 = 6\pi r_d\mu_c U_0 \end{aligned} \tag{2.125}$$

式中,A 为表面积。该式表明,即使在这种黏度主导的流动中,阻力仍然由压力和剪切力组成。将阻力系数 C_D 定义为

$$C_D \equiv \frac{F_D}{\frac{1}{2}\rho_c U_0^2 A_p} \tag{2.126}$$

式中,A_p 为颗粒的投影面积。因此得到

$$C_D = \frac{24}{Re} \tag{2.127}$$

Rybczynski(Rybczynski, 1911)和 Hadamard(Hadamard, 1911)将此分析扩展到无限 Navier - Stokes 流体中球形流体颗粒的蠕流(Brodkey, 1967; Soo, 1967)。因此,作用于流体颗粒的总作用力由下式得出

$$F_{\mathrm{D}} = 6\pi r_{\mathrm{d}}\mu_{\mathrm{c}}(v_{\mathrm{c}\infty} - v_{\mathrm{d}})\left\{\frac{2\mu_{\mathrm{c}} + 3\mu_{\mathrm{d}}}{3(\mu_{\mathrm{c}} + \mu_{\mathrm{d}})}\right\} \tag{2.128}$$

然后,定义曳力系数 $C_{\mathrm{D}\infty}$ 为

$$C_{\mathrm{D}\infty} \equiv \frac{F_{\mathrm{D}}}{\frac{1}{2}\rho_{\mathrm{c}}(v_{\mathrm{c}\infty} - v_{\mathrm{d}})^2 A_{\mathrm{p}}} \tag{2.129}$$

颗粒雷诺数为

$$Re_{\mathrm{d}} \equiv \frac{2r_{\mathrm{d}}\rho_{\mathrm{c}}(v_{\mathrm{c}\infty} - v_{\mathrm{d}})}{\mu_{\mathrm{c}}} \tag{2.130}$$

很明显,$v_{\mathrm{c}\infty}$ 和 v_{d} 分别是无扰流动速度和颗粒速度。因此有

$$C_{\mathrm{D}\infty} = \frac{24}{Re_{\mathrm{d}}}\left\{\frac{2\mu_{\mathrm{c}} + 3\mu_{\mathrm{d}}}{3(\mu_{\mathrm{c}} + \mu_{\mathrm{d}})}\right\}; Re_{\mathrm{d}} < 1 \tag{2.131}$$

Rybczynski 和 Hadamard 给出的阻力定律在雷诺数最高为 1 时预测结果很好。

2.3.2　Kelvin-Helmholtz 不稳定性

作为将局瞬方程应用于两相流问题的另一个例子,让我们来研究 Kelvin-Helmholtz 不稳定性(von Helmholtz, 1868;Kelvin, 1871; Lamb, 1945)。在水平管道中,以上下两层的平均速度分别为 v_1 和 v_2 流动的两个密度为 ρ_1 和 ρ_2 的流体层在界面处出现 Kelvin-Helmholtz 不稳定性。为了分析这个问题,假设:①无黏流动(黏性力可忽略不计);②不可压缩流(流体密度恒定);③无旋流动。使用直角坐标(x,y)很方便,其中 x 和 y 分别表示水平方向的坐标和从两个流体层的平均界面起算的垂直方向的坐标。速度分量由速度势 ϕ_{k} 表示为

$$v_{x\mathrm{k}} = -\frac{\partial\phi_{\mathrm{k}}}{\partial x}, v_{y\mathrm{k}} = -\frac{\partial\phi_{\mathrm{k}}}{\partial y} \tag{2.132}$$

因此,若将连续性方程(2.8)表达为速度势,则有

$$\frac{\partial^2\phi_{\mathrm{k}}}{\partial x^2} + \frac{\partial^2\phi_{\mathrm{k}}}{\partial y^2} = 0 \tag{2.133}$$

动量方程式(2.10)写为

$$\frac{p_{\mathrm{k}}}{\rho_{\mathrm{k}}} + \frac{1}{2}v_{\mathrm{k}}^2 + gy = \frac{\partial\phi}{\partial t} + F(t) \tag{2.134}$$

式中,$F(t)$为 t 的函数。两相界面的形状用正弦波近似表示为

$$\eta = \eta_0\sin\{k(x - Ct)\} \tag{2.135}$$

式中，η_0，k 和 C 分别为振幅、波数和波速。然后，在上下管道壁面无流体穿透的边界条件和小扰动假设下，推导出上($k=1$)、下部($k=2$)流体的速度势为

$$\phi_1 = -v_1 x + \eta_0(v_1 - C)\frac{\cosh\{k(h_1 - y)\}}{\sinh(kh_1)}\cos\{k(x - Ct)\} \tag{2.136}$$

$$\phi_2 = -v_2 x - \eta_0(v_2 - C)\frac{\cosh\{k(h_2 + y)\}}{\sinh(kh_2)}\cos\{k(x - Ct)\} \tag{2.137}$$

式中，h_1 和 h_2 分别为上下流体层的平均厚度。将式(2.136)和式(2.137)代入式(2.134)，并假设 $v_{yk} \ll v_{xk}$，得到界面上各相的压力为

$$p_{i1} = -\rho_1\{(v_1 - C)^2 k\coth(kh_1) + g\}\eta_0\sin\{k(x - Ct)\} + p_i \tag{2.138}$$

$$p_{i2} = \rho_2\{(v_2 - C)^2 k\coth(kh_2) - g\}\eta_0\sin\{k(x - Ct)\} + p_i \tag{2.139}$$

式中，p_i 为光滑表面的压力。两流体层之间的界面压差是因表面张力所致，可以用下式近似：

$$p_{i2} - p_{i1} = -\sigma\frac{\partial^2\eta}{\partial x^2} \tag{2.140}$$

然后波速可由式(2.135)和式(2.138)—式(2.140)得出

$$C = \frac{\rho'_1 v_1 + \rho'_2 v_2}{\rho'_1 + \rho'_2} \pm \sqrt{\frac{\sigma k + (\rho_2 - \rho_1)g/k}{\rho'_1 + \rho'_2} - \rho'_1\rho'_2\left(\frac{v_1 - v_2}{\rho'_1 + \rho'_2}\right)^2} \tag{2.141}$$

式中，$\rho'_k \equiv \rho_k\coth(kh_k)$。在 $h_1/(2\pi/k)$，$h_2/(2\pi/k) > 0.25$ 的深水假设下，ρ'_k 接近于 ρ_k。在这种情况下，式(2.141)可以简化为

$$C = \frac{\rho_1 v_1 + \rho_2 v_2}{\rho_1 + \rho_2} \pm \sqrt{C_\infty^2 - \rho_1\rho_2\left(\frac{v_1 - v_2}{\rho_1 + \rho_2}\right)^2} \tag{2.142}$$

其中，

$$C_\infty^2 = \frac{g}{k}\frac{\rho_2 - \rho_1}{\rho_1 + \rho_2} + \frac{\sigma k}{\rho_1 + \rho_2} \tag{2.143}$$

当波速 C 表达式中的根具有非零虚部时，界面扰动可以呈指数增长。因此，如果满足下式，流动将不稳定：

$$\frac{g}{k}\frac{\rho_2 - \rho_1}{\rho_1 + \rho_2} + \frac{\sigma k}{\rho_1 + \rho_2} < \rho_1\rho_2\left(\frac{v_1 - v_2}{\rho_1 + \rho_2}\right)^2 \tag{2.144}$$

在这一稳定性准则中，有几个重要问题需要澄清。首先，该模型忽略了流体的黏性，因此雷诺数对该界面不稳定性没有影响。系统的稳定性受 3 个因素影响，即重力、表面张力和相对运动。相对运动项总是因伯努利效应的惯性力而失稳。由于平面界面具有最小的表面积，表面张力始终使系统趋于稳定，表面张力还抵抗任何对平衡结构的变形作用。只有当上层流体比下层流体轻时($\rho_2 > \rho_1$)，重力项才是稳定的。

在没有流动的情况下，波传播速度 C_∞(或稳定性准则左侧)是波数 k 的函数。

因此，当波长 $\lambda = 2\pi/k$ 由零变为无穷大时，波速先减小到最小值，然后增大。C_{∞}^2 的最小值 $C_{\infty 0}^2 = 2[\sigma g(\rho_1 - \rho_2)/(\rho_1 + \rho_2)^2]^{1/2}$ 在 $k_c^2 = g(\rho_2 - \rho_1)/\sigma$ 时给出。这相当于 $\lambda_c = 2\pi/k_c$ 的临界波长。这就是泰勒波长，**它是两相流中最重要的内部尺度之一。**如果相对速度足够小，所有波长的小扰动都满足下式时，系统才是稳定的

$$(v_1 - v_2)^2 < \frac{2(\rho_1 + \rho_2)}{\rho_1 \rho_2}\sqrt{\sigma g(\rho_2 - \rho_1)} \tag{2.145}$$

对于大于这个极限的相对速度，系统只在一定波长范围内有条件地稳定。当波长较大时，式(2.143)中 C_{∞}^2 的值主要由重力项决定。相反，如果 λ 足够小，毛细力控制波的运动。

此外，可以根据一维两相流方程(Graham B. Wallis, 1969, Gunol Kocamustafaogullari, 1971;)开发类似的稳定性准则。值得注意的是，除了高黏性流体，Kelvin-Helmholtz 不稳定性理论倾向于高估初始生成表面波的临界相对速度(Miles, 1957)。然而，Kelvin-Helmholtz 不稳定机制在波传播现象中很重要，特别是对于受限通道中的流动更是如此(Kordyban, 1977)。在分析的基础上，Kelvin 提出了“纹波(Ripple)”这个词来描述波长小于 $\lambda_c = 2\pi\sqrt{\sigma/g(\rho_2 - \rho_1)}$ 的波。

对于波长较大($\lambda \gg \lambda_c$)的重力控制的流动，可以忽略表面张力效应。考虑有限通道流动，式(2.141)可以给出不稳定性的判据为

$$\frac{g}{k}\frac{\rho_2 - \rho_1}{\rho_1' + \rho_2'} < \rho_1'\rho_2'\left(\frac{v_1 - v_2}{\rho_1' + \rho_2'}\right)^2 \tag{2.146}$$

采用泰勒展开，只保留双曲函数的一阶项，可以得到一个简化但有用的准则

$$(v_1 - v_2)^2 > \frac{g}{k}\frac{(\rho_2 - \rho_1)(\rho_1' + \rho_2')}{\rho_1'\rho_2'} \approx \frac{g(\rho_2 - \rho_1)h_1}{\rho_1} \tag{2.147}$$

将该准则与某通道弹状流形成的实验数据进行比较，高估了临界相对速度近 2 倍。这种差异可以通过引入有限振幅或波前传播方法的理论分析来解释(Mishima & Ishii, 1980; Wu & Ishii, 1996)。

2.3.3　Rayleigh-Taylor 不稳定性

Rayleigh-Taylor 不稳定性是在重力场中分层或垂直于界面加速的两种不同密度流体之间的界面不稳定性。通常观察到，如果上层流体密度 ρ_1 大于下层流体密度 ρ_2，则静止的两个分层流体层之间的边界不稳定。由于 Rayleigh-Taylor 不稳定性会导致单个共同界面破坏，因此它在气泡或液滴的形成中起着重要作用。特别是由相关稳定性分析预测的临界波长是两相流最重要的长度尺度之一。

Rayleigh-Taylor 不稳定性可以看作是零流量和 $\rho_1 > \rho_2$ 的 Kelvin-Helmholtz 不稳定性的一个特例。因此，传播速度可通过式(2.142)假设 $v_1 = v_2 = 0$ 获得

$$C^2 = \frac{g}{k}\frac{\rho_2 - \rho_1}{\rho_1 + \rho_2} + \frac{\sigma k}{\rho_1 + \rho_2} \tag{2.148}$$

如果传播速度的根具有一个非零虚部,则系统不稳定。因此,式(2.148)表明重力对$\rho_1 > \rho_2$起不稳定作用,而表面张力起稳定作用。存在一个临界波长λ_c,波长低于该值,C^2始终为正。该波长由$\lambda_c = 2\pi\sqrt{\sigma/g(\rho_2 - \rho_1)}$给出。如果扰动的波长大于临界波长($\lambda > \lambda_c$),则$C^2$变为负值,界面变得不稳定。对于侧向不受限制的流体,扰动的波长可以变得足够大。因此,这种系统总是不稳定的。但是,如果流体受到侧向限制,则最大波长限制为系统尺寸的2倍。这意味着,如果横向特征尺寸小于临界波长λ_c的1/2,则系统是稳定的。对于空气-水系统,该特征尺寸为0.86 cm。在稳定性分析中,利用极坐标可以从垂直圆柱内的流体中获得相似的尺寸。

对于不稳定系统,波长大于λ_c的任何扰动都会随时间而增长。然而,主导波是那些具有最大生长因子的波。由于波幅随$\exp(-ikCt)$增大,因此主导波长应为

$$\lambda_m = 2\pi\sqrt{\frac{3\sigma}{g(\rho_1 - \rho_2)}} \tag{2.149}$$

这些不稳定的波可以在多个日常生活场景中被观察到,如雨天时水从金属丝上滴下,或者凝结的水滴从水平朝下的表面落下。在膜态沸腾过程中,由于Rayleigh-Taylor不稳定性,也可以观察到相当规则的波形和气泡的产生。注意这种不稳定性并不局限于引力场。任何界面,以及垂直于界面加速的流体,都可能表现出相同的不稳定性。这还可能发生在核爆炸和聚变堆芯的惯性约束中。在这种情况下,分析中应采用加速度代替重力场的g。

第3章　各种平均方法

3.1　平均化的目的

工程系统的设计和性能预测的能力取决于实验数据和概念模型，这些数据和概念模型可用于按照所需精度描述物理过程。从科学和工程的角度来看，必须以实验为基础，合理表述这些概念模型和过程的各种特征和特性。为此，需要在理论分析的基础上设计专门的实验。在连续介质力学中已建立了很好的气体或液体单相流动的概念模型，用场方程描述质量、动量、能量、电荷等守恒定律。这些场方程用适当的本构关系加以补充，如状态、应力、化学反应等本构方程，规定了给定组分的材料的性质，即特定的固体、液体或气体的热力学、输运和化学性质等。

因此，可以预期，描述多相或多组分介质的稳态和动态特性的概念模型也应该建立适当的场和本构方程。然而，针对在复杂结构介质内的流动，这种方程的推导比单相流的连续均匀介质要复杂得多。针对推导守恒方程时针对结构描述的困难，即界面不连续的非均匀介质，回想在连续介质力学中，场理论是建立在质量、动量和能量的积分平衡基础上。因此，如果积分区域中的变量是连续可微的，并且存在质点坐标和空间坐标之间的雅可比变换，则可以使用莱布尼兹法则获得欧拉型微分守恒方程；具体来讲，可用雷诺输运定理来转换微分和积分运算。

在多相流或多组分流中，界面的存在给对描述它的数学和物理表达式带来了很大的困难。从数学角度看，多相流可以看作是一个场，它被细分为多个单相区域，移动的边界使各相之间分离。微分守恒方程适用于每个子区域。然而，从一般意义上看，在不违反上述连续性条件下，它不能应用于这些子区域的集合。从物理学的角度看，在推导适用于多相流系统的场方程和本构方程时遇到的困难就是因为界面的存在。这也源于多相流的稳态和动态特性都取决于流动的界面结构。例如，弥散两相流系统的稳态和动态特性取决于固体颗粒、气泡或液滴相互作用和周围连续相的总体动力学行为；而在分层流动的情况下，这些特性取决于界面结构和波动力学。为了确定颗粒的总体相互作用和界面动力学，首先需要描述流动的局部特性，然后通过适当的平均从而获得宏观描述。例如，对于弥散流，有必要确定单个液滴（气泡）的成核、蒸发或冷凝、运动和溃灭的速率，以及液滴（或气泡）群的碰撞和聚并过程。

对于分层流动，界面的结构和动力学对系统的质量、热量和动量传递速率以及稳定性有很大的影响。例如，在空间应用中的冷凝器的性能和流动稳定性取决于蒸汽界面的动力学。同样，影响液膜冷却效率所需考虑的液膜中带出的液滴夹带率，取决于汽-液界面的稳定性。

从上面的讨论中可以得出结论，为了推导适用于构建多相流的场方程和本构方程，有必要描述流动的局部特性。流动的宏观性质应通过适当的平均获得。很明显，大量重要系统的设计、性能和安全运行（在前几节中列举）通常取决于符合实际和准确的场方程和本构方程。

基于第 2 章局瞬变量的公式表明，一般情况下，它会导致界面位置未知的多边界问题。在这种情况下，在求解时遇到的数学困难非常大。在许多实际问题中，它超出了目前的计算能力。即使在没有移动界面的单相湍流问题中，也不可能获得表示局瞬脉动特性的精确解。可以说求解局瞬方程遇到的巨大困难主要来源于：

①存在多个变形运动界面，其运动未知。

②由于湍流和界面运动而产生的参数脉动。

③显著的界面特性不连续性。

第一种效应导致了各相场方程与界面条件之间的复杂耦合，而第二种效应不可避免地引入了源于 Navier-Stokes 方程和界面波的不稳定性的统计特性。第三种效应在空间和时间的各种变量中引入了巨大的局部跳跃。由于这些困难几乎存在于所有的两相流系统中，因此应用局瞬方程所能获得的解非常有限。然而，对于具有简单几何形状界面的系统，如单个或多个气泡问题或分层流动的情况，这种方法已被广泛使用，并获得了一些很有用的信息。由于实际工程中观测到的大多数两相流具有极其复杂的几何界面和运动，因此不可能求解流体颗粒的局瞬运动。对于工程问题来说，很少需要流体运动和其他变量的微观细节，但更关注流动的宏观参数行为。

通过适当的平均，可以得到有效消除局瞬脉动的流体运动和性质的平均值。平均过程可以看作低通滤波，从局瞬脉动中消除不需要的高频信号。然而，在基于平均的公式中，应该考虑这些影响宏观现象的脉动统计特性。

3.2 平均方法的分类

3.1 节讨论了平均过程在推导构造两相宏观场方程和本构方程中的重要性和

必要性。在本节中，研究各种平均方法，这些方法一般可应用于热流体动力学，特别是两相流。根据用于描述热流体力学问题的基本物理概念，平均过程可分为3大类：欧拉平均、拉格朗日平均和玻尔兹曼统计平均。它们可进一步分为基于定义了一个数学平均算符变量的子类别。下面总结了各种平均值的分类和定义。

1）欧拉平均——欧拉平均值

函数：

$$F = F(t,\boldsymbol{x}) \tag{3.1}$$

时间（时域）平均：

$$\frac{1}{\Delta t}\int_{\Delta t} F(t,\boldsymbol{x})\,\mathrm{d}t \tag{3.2}$$

空间平均：

$$\frac{1}{\Delta R}\int_{\Delta R} F(t,\boldsymbol{x})\,\mathrm{d}R(\boldsymbol{x}) \tag{3.3}$$

体积平均：

$$\frac{1}{\Delta V}\int_{\Delta V} F(t,\boldsymbol{x})\,\mathrm{d}V \tag{3.4}$$

面积平均：

$$\frac{1}{\Delta A}\int_{\Delta A} F(t,\boldsymbol{x})\,\mathrm{d}A \tag{3.5}$$

线平均：

$$\frac{1}{\Delta C}\int_{\Delta C} F(t,\boldsymbol{x})\,\mathrm{d}C \tag{3.6}$$

统计平均：

$$\frac{1}{N}\sum_{n=1}^{N} F_n(t,\boldsymbol{x}) \tag{3.7}$$

混合平均：以上运算的组合。

2）拉格朗日平均——拉格朗日平均值

函数：

$$F = F(t,\boldsymbol{X});\boldsymbol{X} = \boldsymbol{X}(\boldsymbol{x},t) \tag{3.8}$$

时间（时域）平均：

$$\frac{1}{\Delta t}\int_{\Delta t} F(t,\boldsymbol{X})\,\mathrm{d}t \tag{3.9}$$

统计平均：

$$\frac{1}{N}\sum_{n=1}^{N} F_n(t,\boldsymbol{X}) \tag{3.10}$$

3）玻尔兹曼统计平均

颗粒密度函数：

$$f = f(\boldsymbol{x},\boldsymbol{\xi},t) \tag{3.11}$$

输运性质：

$$\psi(t,\boldsymbol{x}) = \frac{\int \psi(\boldsymbol{\xi}) f \mathrm{d}\boldsymbol{\xi}}{\int f \mathrm{d}\boldsymbol{\xi}} \tag{3.12}$$

这里注意到 $\boldsymbol{x}$ 和 $\boldsymbol{X}$ 分别是空间坐标和物质坐标，而 $\boldsymbol{\xi}$ 是颗粒的相速度或动能。此外，还需要指出，真正的时间或统计平均值是在 $\Delta t\to\infty$ 或 $N\to\infty$ 取极限来定义的，但这仅在概念上是可能的。物质坐标可视为所有颗粒的初始位置，因此，如果 $\boldsymbol{X}$ 固定，其值就代表具体颗粒的函数。

连续介质力学中最重要和最广泛使用的平均方法是欧拉平均法，因为它与人类观测和大多数仪器测量的方法密切相关。强调这种方法的基本概念是对物理现象的时空描述。在所谓的欧拉描述中，时间和空间坐标被视为独立变量，各种因变量表示它们相对于这些坐标的变化。由于第 2 章中发展的连续介质力学的标准场方程适用于这种描述，因此自然要考虑这些自变量的平均值，即时间和空间的平均值。此外，这些平均过程基本上是积分运算，因此，它们具有消除积分域内瞬时或局部变化的效果。

拉格朗日平均与力学的拉格朗日描述直接相关。由于颗粒坐标 $\boldsymbol{X}$ 取代了欧拉描述中的空间变量 $\boldsymbol{x}$，因此这种平均法自然适用于颗粒动力学的研究。如果关注的是单个颗粒的行为，而不是一组颗粒的集体力学行为，拉格朗日平均对于分析很重要。拉格朗日时间平均是跟踪某个颗粒在一段时间间隔内运动所获得的。一个简单的例子是特定交通工具（如汽车、火车或飞机）的平均速度。此外，欧拉时间平均也可以用一段时间间隔内所有车辆通过道路上某一点的平均速度来表示。

与上面平均方法的解释不同，欧拉和拉格朗日统计平均基于统计假设，它们涉及由 F_n 表示的 N 个相似样本的集合，$n=1,\cdots,N$。应用统计平均时，我们关心的问题是："对于一个有脉动信号的系统，相似的样本是什么？"要一组类似的样本可以观察，对变量在一段时间内平均可视为消除不必要脉动的一个滤波过程。然后，可以将相似样本视为一组样本，这些样本在一定偏差范围内具有所有重要变量的时间平均值。在这种情况下，平均值的时间间隔和偏差范围定义了不希望的脉动，因此统计平均值取决于这些脉动。对于基于时间平均的稳态流动，在一个时间域内的随机抽样可以构成一组适当的样本，就像在实验测量中经常做的那样。在这种情况下，时间平均和统计平均是等效的，这也被称为各态遍历假设。还有许多综合因素需要考虑，但也可以将其作为抽象概念。结合实验数据用统计方法研究本构方程时，出现了一些困难。只有在概念上才有可能实现包含无限多相似样本的真实统计平均，但在实际中是无法实现的。因此，如果单独考虑，则系综平均面临两个困难，即选择一组相似的样本并将实验数据关联到模型。

当大量颗粒的集合力学行为方法受到质疑时，用颗粒数密度概念求玻尔兹曼统计平均值很重要。随着颗粒数的增加及其相互作用的增加，任何单个颗粒的行为都变得复杂多样，对每一个颗粒进行求解是不现实的。在这种情况下，随着集合颗粒力学成为控制性因素，一组多颗粒的行为越来越表现出一些与单颗粒不同的特殊特征。众所周知，波尔兹曼统计平均法应用于大量具有适当平均自由程的分子，可以得到与连续介质力学相似的场方程。它同样也可应用于亚原子颗粒，如对中子可用这种方法获得中子输运理论。这可以通过写出颗粒密度函数的守恒方程来实现，即所谓的玻尔兹曼输运方程。因此，有必要假定颗粒相互作用项的形式以及颗粒密度函数的随机特性。麦克斯韦建立了一个简单的双分子相互作用模型，将具有麦克斯韦碰撞积分的玻尔兹曼输运方程称为 Maxwell-Boltzmann 方程。这一方程成为气体动力学理论的基础。将 Maxwell-Boltzmann 方程分别乘以 1、颗粒速度或动能 $(1/2)\boldsymbol{\xi}^2$，然后在颗粒速度场上取平均值，则方程可以简化为类似于连续介质力学中质量、动量和能量的标准守恒方程的形式。

3.3 两相流分析中的各种平均值

为了研究两相流系统，许多研究人员采用了上述的平均方法。所使用的平均方法可分为两大类：

①定义属性，然后用实验数据关联。

②得到可用于预测宏观过程的场方程和本构方程。

平均方法的最基本用途是定义了平均特性和运动，包括各相或混合物的各种浓度、密度、速度和能量。经正确定义的平均值可用于各种实验目的和发展经验关联式。平均值与仪器的选择是紧密相关的，一般来说，被测量本身就是平均值。

欧拉时间平均法和空间平均法都经常使用，因为实验人员倾向于将两相混合物视为准连续体。它们通常是流体流动系统中最容易测量的平均值。然而，在例如泡状流或滴状流等特定的流体颗粒可以区分和追踪的情况下，也使用拉格朗日平均值。很自然，这些平均值是为稳定系统所获得，根据平均值，这些稳定系统可以视为具有稳态特性。然后，通过进一步使用参数的统计平均值，建立各种关联式。这是实验物理中减少误差的标准方法。

在对平均化进行二次应用之前，首先简要讨论宏观场方程的两种基本不同的公式，即两流体模型和漂移流(混合物)模型。两流体模型对各相分别考虑，因此，它由两组质量、动量和能量守恒等6个方程表示。6个场方程中的每个方程都有一个通过跳跃条件耦合两相的相互作用项。而漂移流模型将混合物作为一个整体,建立混合物模型。模型用质量、动量和能量的3个混合物守恒方程表示,另外还有一个考虑混合物浓度变化的扩散(连续性)方程。将各相的守恒方程相加,加上适当的跳跃条件即可得到混合物守恒方程。然而,需要注意的是,应根据正确定义的混合物参量得出适当的混合物模型。可以说,漂移流模型是包括扩散模型、滑移流动模型和均相流模型在内的一个例子。然而,对于大多数实际应用来说,漂移流模型是针对正常重力(Ishii, 1977)和微重力条件(Hibiki & Ishii, 2003a; Hibiki, Takamasa, Ishii, & Gabriel, 2006)发展得最好的一个混合物模型。

现在来讨论这些平均值的第二个更重要的应用,即用平均值得到两相流的宏观场方程和本构方程。各学者广泛使用欧拉空间平均和时间平均,尽管有时也用欧拉或玻尔兹曼统计平均。

利用欧拉体积平均法,Zuber(N. Zuber, 1964a)、Zuber等(Zuber, Staub, & Bijwaard, 1964)、Wundt(Wundt, 1967)、Delhaye(J. Delhaye, 1968)和Slattery(John Charles Slattery, 1972)对建立高度弥散流动的三维模型做出了重要贡献。这些分析是基于同一时刻包含有两相的微元体,其尺度比所关注的整个系统小得多,因此这种方法主要应用于高度弥散流动。

由于将场方程简化为一维模型,人们很久以前就认识到管道截面上的欧拉面积平均对工程非常有用。通过面积平均,基本上丢失了垂直于主流方向上参数动态变化的信息。因此,壁面与流体之间的动量和能量传递应通过经验关联式或简化模型表示,这些模型可取代精确的界面条件。应注意,即使在单相流动问题中,也广泛使用了面积平均法,因为它简单,在许多实际工程中都是非常理想的方法。例如,壁面摩擦系数或传热系数都与面积平均概念密切相关。在本书中还涉及在可压缩流体流动分析中的广泛应用。Bird等(Bird et al., 2006)、Whitaker(Whitaker, 1992)和Slattery(John Charles Slattery, 1972)对单相流面积平均以及与热力学开式系统方程相对应的宏观方程进行了很好的评述。von Karman边界层积分法也是面积平均的一个巧妙应用。此外,在有关液膜润滑、明渠流和壳体力学理论的文献中,也可以找到许多面积平均的例子。

然而,在两相流系统的应用中,许多学者使用现象学方法而不是数学上精确的面积平均方法,因此Martinelli和Nelson(Martinelli & Nelson, 1948)、Kutateladze(Kutateladze, 1952)、Brodkey(Brodkey, 1967)、Levy(Levy, 1960)和Wallis(Graham B. Wallis, 1969)的结果不一致,没有一个是完整的(Gunol Kocamustafaogullari, 1971)。获得一维模型的合理方法是在截面上对单相微分场方程进行积分。Meyer(Meyer, 1960)是最早使用这种方法获得混合物方程的学者,但他对各种混合物性质的定义及缺乏扩散(连续性)方程并没有获得广泛的认可(Zuber, 1967)。

Zuber 等(Zuber, 1967; Zuber et al., 1964)利用附加扩散(连续性)方程(即漂移流模型)对一维混合物场方程进行了严格的推导。结果表明,其场方程与非均相化学反应的单相系统明显相似。后者是基于同时占据同一点但具有两种不同速度的相互作用连续介质而发展起来的热机械扩散理论。许多作者对此理论做出了贡献,在此只提及 Fick (Fick, 1855)、Stefan (Stefan, 1871)、von Karman (Karman, 1950)、Prigogine 和 Mazur (Prigogine & Mazur, 1951)、Hirschfelder 等 (Hirschfelder et al., 1954)、Truesdell 和 Toupin (C. Truesdell & Toupin, 1960)及 Truesdell (C. Truesdell, 1969)。完全不同的 Maxwell(Maxwell James, 1867)气体混合物动力学理论也得到了类似的结果。

与 Zuber 的分析不同,Delhaye(J. Delhaye, 1968)、Vernier 和 Delhaye (Vernier & Delhaye, 1968) 针对两流体模型进行了分析,各相基于 3 个场方程,用 3 个跳跃条件耦合两相的场方程。采用非常系统的方法从 3 种不同的欧拉空间平均以及 Vernier 和 Delhaye (Vernier & Delhaye, 1968)的统计和时间平均中推导场方程。这显然是第一次显示了不同的平均方法之间重要的相似性和差异。表面张力对界面稳定性和流态分析具有重要意义,其影响已被纳入 Kocamustafaogullari (Gunol Kocamustafaogullari, 1971)的研究中。研究表明,面积平均模型特别适用于分层流动和界面波不稳定性的研究。然而,只要有适当的本构方程,它原则上可以用于任何流型(J. Bouré & Réocreux, 1972)。此外,在前面的参考文献中,漂移流模型和两流体模型的分析方法有明确的不同。尽管这种区别对其他类型的混合物广为人知,例如在 Landau (Landau, 1941)的 He-Ⅱ 的超流问题的研究、Pai(S.-I. Pai, 1962)的等离子体动力学研究以及 Truesdell (C. Truesdell, 1969)的扩散理论研究。但在两相流分析中,它却是模糊的。Zuber 和 Dougherty (Zuber & Dougherty, 1967)首先指出了传统两相流公式的缺点。在随后的研究中,Ishii(Ishii, 1971) 使用时间平均法,Kocamustafaogullari (Gunol Kocamustafaogullari, 1971)使用面积平均法对这两种模型进行了明确区分。Bouré 和 Réocreux (J. Bouré & Réocreux, 1972)也就两相声波传播和壅塞现象讨论了这一点。

广泛应用于单相湍流分析的欧拉时间平均法同样也适用于两相流。将时间平均法应用于混合物时,许多学者将它与其他空间平均法相结合。俄罗斯研究者(Diunin, 1963; Frankl, 1953; Teletov, 1945, 1958)做出了重要贡献,他们使用了欧拉时间体积平均获得了三维场方程。

显然是 Vernier 和 Delhaye(Vernier & Delhaye, 1968)开始了基于欧拉时间平均的分析,但他们没有给出数学公式化的详细研究。此外,Panton(Panton, 1968)先在时间步长内积分,然后再在微元体中积分得到了混合物模型。他的分析在整体过程中比俄罗斯人的工作更为明确,但两个结果非常相似。在 Ishii(Ishii, 1971)的工作中,通过单独使用时间平均获得了包含有表面源项的两流体模型公式,然后对管道截面进行了面积平均。在此基础上,确定了标准一维两相流模型中所有的本构方程和边界条件。还注意到 Drew(Donald A. Drew, 1971)的深入研究,他使用了欧拉多重混合平均法。在他的分析中,为了消除高阶奇点,在空间域和时间域上进行了两次积分。这些多重积分运算等价于连续介质假设,因此它们不是必要的。由于本构模型只能在连续介质假设的基础上建立,因此平均值不应视为纯粹的数学变换。在这里,读者还可以参考 Delhaye 的工作(J. M. Delhaye, 1970; J. M. Delhaye, 1969),从中可以找到基于欧拉空间平均的各种模型以及对该主题的全面综述。

可以说,欧拉时间平均对于湍流两相流或弥散两相流特别有用(Ishii, 1975; Ishii, 1977; Ishii & Mishima, 1984)。在这些流动中,由于输运过程高度取决于变量围绕平均值的局部脉动,因此本构方程最适合从实验数据中获得时间平均模型。这一点也得到了标准单相湍流分析的支持。

Vernier 和 Delhaye(Vernier & Delhaye, 1968)对欧拉统计平均法进行了深入的研究,他们得到了一个重要结论:在定常流动条件下,真实时间平均的场方程,即 $\Delta t \to \infty$ 的时间平均与统计平均的场方程是相同的。此外,将统计平均与空间平均相结合,再加上各种本构假设,得到一个实用的二维模型。Boltzmann 统计平均法也被一些学者(Buevich, 1969; Buyevich, 1972; Culick, 1964; Kalinin, 1970; Murray, 1954; S. Pai, 1971)用于高度弥散的两相流系统。一般情况下,都是考虑颗粒密度函数,然后写出函数的玻尔兹曼输运方程。Kalinin (Kalinin, 1970)假定颗粒密度函数代表特定质量和速度的预期颗粒数,而 Pai (S. Pai, 1971)则将半径、速度和温度作为函数的参数。然后,通过对颗粒密度函数的参数(时间和空间变量除外)进行积分,从 Maxwell - Boltzmann 方程中得到了各相 Maxwell 输运方程的简化形式。由于它涉及颗粒分布以及颗粒间和颗粒与气相间相互作用项的假设,因此结果不是普适性的,而它代表的是一种特殊的连续性。

然而,值得注意的是,有 3 种不同的方法和局部意义上的混合物力学观点:应用于两相混合物的欧拉时间或统计平均;基于两个连续体的热力学扩散理论;对气体混合物或高度弥散的流动进行玻尔兹曼统计平均。第一种理论认为混合物本质上是一组界面限定的单相区域,而在第二种理论中,两种成分在同一位置和时间共存。与以上两种建立在连续介质力学上的理论相比,最后一种理论是基于统计数学期望和概率的。然而,重要的是,如果正确解释了上述模型的每一个输运项,则所得的场方程形式非常相似。

Arnold 等(Arnold, Drew, & Lahey, 1989)利用系综单元平均法(Ensemble Cell Averaging)进行了初步研究。在这里,他们推导了理想的无黏泡状流中由于非扭曲气泡表面压力变化而产生的湍流应力和界面压力。讨论了空间平均方法中固有的缺陷,并推荐了用于建立两相流的两流体模型的整体平均方法。Zhang 和 Prosperetti (Zhang & Prosperetti, 1994a)用系综平均法推导了无黏液体中等球形可压缩气泡混合物的平均方程。他们认为,由于不需要特殊的封闭关系,该方法是系统和通用的,并建议该方法可用于各种热流体力学和固体力学情况。Zhang 和 Prosperetti (Zhang & Prosperetti, 1994b)将该方法扩展到了半径可变球体的情况。Zhang(Zhang, 1993)总结了热传导和对流、Stokes 流和热毛细过程等其他应用。在这里,读者还应该参考 Prosperetti(Prosperetti, 1999)的工作,可以找到用平均方程对弥散多相流建模的一些考虑。Kolev (Kolev, 2002)提出了一种两相流公式,主要用于开发基于多场方法的安全分析程序。

最后,简要讨论一下拉格朗日平均法在两相流系统中的应用。这种方法对颗粒流是有用的,但一般来说,由于扩散和相变,它遇到了相当大的困难而不切实际。对于无相变的颗粒流,在许多实际情况下,可以得到平均颗粒运动的详细拉格朗日方程。因此,单颗粒动力学的拉格朗日描述经常被用于高度弥散流中颗粒相的动量方程(Carrier, 1958; N. Zuber, 1964a)。许多关于气泡上升和终端速度的分析都隐含使用了拉格朗日时间平均法,特别是在连续相处于湍流状态的情况下。

第 4 章　时间平均的基本关系

欧拉时间平均在研究单相湍流中的重要性是众所周知的。在分析流动系统中最有用的信息是时间平均值，而不是流体的局瞬响应，因此在关于湍流的实验和分析中它必不可少。例如，速度、温度、压力、传热系数和摩擦系数等参数的平均值在湍流问题中通常是重要的参数。此外，常用的实验和测量方法也非常适合采用时间平均值。在单相湍流的研究中，已经利用时间平均的场方程和用平均值表示的本构关系进行了深入的研究。虽然这些基于时间平均的模型不能回答湍流的发生、结构和传输机制，但它们在工程系统中是公认的解决问题的有效手段。

在讨论欧拉时间平均法应用于两相混合物的重要性时，记得在两相流中，变量的局瞬脉动不仅是由湍流引起，还因界面的快速移动和变形所引起。由于针对这些复杂的流动和脉动，不可能求得局瞬方程的解，因此为了得到合适的场和本构方程，有必要对原始的局瞬方程应用一些平均方法。鉴于上述关于时间平均在单相湍流分析中的重要性和实用性的讨论，也自然而然想到将时间平均应用于两相流问题的处理中。

由于平均场方程仅用统计方法来处理脉动，因此可以预期，平均场方程显著表现出能从极端复杂的界面和湍流脉动中反映宏观现象。当时间平均法应用于两相混合物时，会产生两个显著的后果：

①消除与单相湍流意义相同的脉动。

②使交替占据同一体积元的两相以对各相进行适当定义的概率同时存在于同一点上。

此外还应认识到，在平均场方程中出现的本构关系应通过时间平均来表达。这些本构关系可以从简化的两相输运现象学模型和各种通常用平均值表示的实验数据发展而来。

在接下来的章节中，用时间平均法发展了详细的两相热流体动力学理论。首先，假设任一点被两相随机交替占据，时间平均函数在新坐标系中足够平滑。即时间坐标有最小平均时间步长 Δt，低于该时间步长的时间微分算子，没有物理意义。

4.1　时间域和函数的定义

两相或两种不相容混合物的奇异特性是相或组分之间存在一个或多个界面。单相流可以用层流、过渡流和湍流的流动几何结构进行分类，两相流或不相溶液体混合物的流动也可以根据界面的几何结构进行分类，通常分为 3 类，即分层流动、过渡流或混合流及弥散流。这些类型的流动结构见表 1.1。

在任何流动状态下，如果将这些界面视为厚度为零且具有跳跃不连续性的奇异表面，则各种性质在相界面处会发生不连续的变化。如图 4.1 和图 4.2 所示，采用流体密度 ρ 可以更清楚地说明这一点。由于在两相流系统中，各相的质量由界面清楚地分开，在分子水平上不相混合，因此局瞬流体密度在 ρ_1 和 ρ_2 之间呈阶跃不连续。图 4.1 显示了两相流空间中 ρ 的瞬时不连续性，而图 4.2 显示了某个固定点 $\boldsymbol{x}_0$ 的时间不连续性。

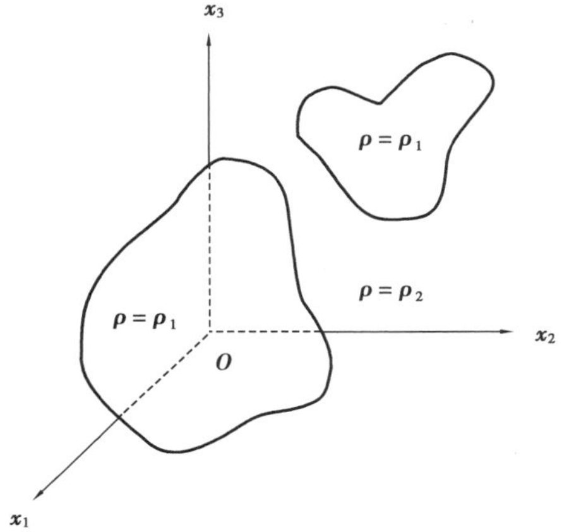

图 4.1　在 $t=t_0$ 时空间中的流体密度（Ishii，1975）

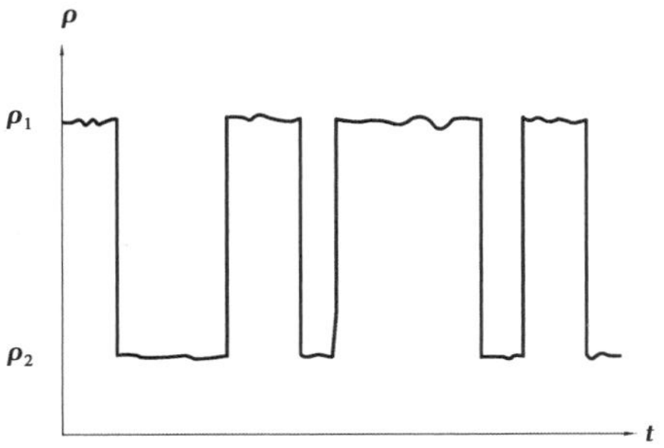

图 4.2　在 $\boldsymbol{x}=\boldsymbol{x}_0$ 处随时间变化的流体密度（Ishii，1975）

为了进行时间平均,从时间坐标进行观测可以更准确地理解该问题。可以很容易地说,关于 ρ 的 4 个不同过程可能发生在任何一个固定点,可以将其分类为:

①对于任意的 t 都有 $\rho=\rho_2(t)$:在 $\boldsymbol{x}_0$ 处始终为第二相。

②对于任意的 t 都有 $\rho=\rho_1(t)$:在 $\boldsymbol{x}_0$ 处始终为第一相。

③ρ 在 ρ_1 和 ρ_2 之间变化:$\boldsymbol{x}_0$ 处在第一相和第二相之间切换。

④ρ 既不是 ρ_1 也不是 ρ_2:在有限时间内,在 $\boldsymbol{x}_0$ 处为界面。

很显然,当 ρ 在 ρ_1 和 ρ_2 之间变化时,因为占据该点的相随时间不同,所有性质都可能发生剧烈变化。对于①和②的情况,由于该点的时间平均值变化很小,因此不考虑此类情况。第④种情况是第③种情况的一个奇点,稍后将单独讨论。因此,讨论相在 1 和 2 之间交替变化的第③种的情形。

我们的目的是得到用平均值表达的流体性质和场方程,以便将两相流视为连续体的混合物。首先,对固定的时间间隔 Δt 取平均值,并假设 Δt 足够大,可以消除物性的局部变化,但与不稳定体积流动的宏观时间常数相比,仍然很小。这一假设与分析单相湍流时所作的假设是相同的。在选择任意特定参考空间点和时间($\boldsymbol{x}_0$, t_0)后,有确定的时间,$t_1,t_2,\cdots,t_j$,表示从时间 $(t_0-\Delta t/2)$ 到 $(t_0+\Delta t/2)$ 通过点 $\boldsymbol{x}_0$ 的界面。通过使用 2.2 节中任意小的界面厚度 δ,可定义通过每个界面通过的时间为

$$2\varepsilon=\frac{\delta}{v_{\rm ni}}=\frac{\delta_1+\delta_2}{v_{\rm ni}} \tag{4.1}$$

该值随界面不同而不同,用 ε_j 表示第 j 个界面。因为把界面看作一个由数学表面表示的壳,可以把 ε_j 作为 δ_1 和 δ_2 的所对应的时间间隔。假设界面是奇点面,或者说假设界面厚度 $\delta\to0$,对应于

$$\lim_{\delta\to0}\varepsilon_j=0,\quad \text{如果}\ |v_{\rm ni}|\neq0,\ \text{对于所有的}\ j\ \text{都成立} \tag{4.2}$$

在随后的分析中,将经常使用这种关系来推导宏观场方程。现在定义一组时间间隔,界面的特性占主导地位,即

$$[\Delta t]_{\rm S};\quad t\in[t_j-\varepsilon_j;t_j+\varepsilon_j]\quad j=1,\cdots,n \tag{4.3}$$

剩下的部分为$[\Delta t]_{\rm T}$,可以分解为 1 相和 2 相所占据的时间。因此有

$$[\Delta t]_{\rm T}=[\Delta t]_1+[\Delta t]_2 \tag{4.4}$$

引入

$$[\Delta t];\quad t\in\left[t_0-\frac{\Delta t}{2};t_0+\frac{\Delta t}{2}\right] \tag{4.5}$$

得到

$$[\Delta t]=[\Delta t]_{\rm S}+[\Delta t]_{\rm T}=[\Delta t]_{\rm S}+\sum_{k=1}^{2}[\Delta t]_k \tag{4.6}$$

这些关系示于图 4.3。

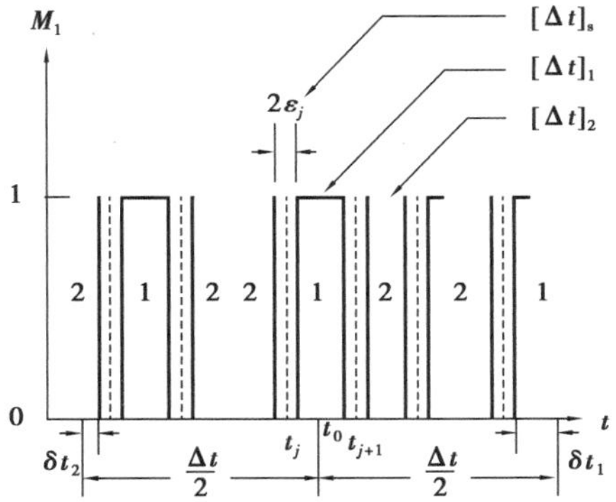

图 4.3　各种时间间隔

由于在分析过程中有必要区分 3 种状态，即相 1、相 2 或界面，因此引入相密度函数 M_1、M_2 和 M_S，定义为：

$$
\begin{aligned}
&M_k(\boldsymbol{x},t) = 1, M_S(\boldsymbol{x},t) = 0 \ (k = 1 \text{ 或 } 2) \\
&\text{在任何一个被 k 相所占据的点} \\
&M_S(\boldsymbol{x},t) = 1, M_k(\boldsymbol{x},t) = 0 \ (k = 1 \text{ 或 } 2) \\
&\text{在任何一个被界面所占据的点}
\end{aligned}
\tag{4.7}
$$

与两相有关的参数 F 可以认为是除厚度 δ 的界面区域以外的任何地方都连续可微的。这样，在平均点 $\boldsymbol{x}_0$ 处 k 相的参数 F_k 定义为

$$
F_k(\boldsymbol{x}_0,t) = M_k(\boldsymbol{x}_0,t)F = \begin{cases} F(\boldsymbol{x}_0,t) & t \in [\Delta t]_k \\ 0 & t \notin [\Delta t]_k \end{cases} \tag{4.8}
$$

该 F_k 代表在第 2 章给出的局瞬方程中各相的某个参数。

4.2　局部时间分数—局部空泡份额

取 $\delta \to 0$，各相所占的时间份额定义为（图 4.3）

$$
\begin{aligned}
\Delta t_1 &= \lim_{\delta \to 0} \left\{ \sum_j [(t_{j+1} - \varepsilon_{j+1}) - (t_j + \varepsilon_j)] + \delta t_1 \right\}; j = 2m - 1 \\
\Delta t_2 &= \lim_{\delta \to 0} \left\{ \sum_j [(t_{j+1} - \varepsilon_{j+1}) - (t_j + \varepsilon_j)] + \delta t_2 \right\}; j = 2m
\end{aligned}
\tag{4.9}
$$

因此，根据式(4.2)的假设，有

$$
\Delta t = \Delta t_1 + \Delta t_2 \tag{4.10}
$$

回顾前面的假设，即界面不是静止的，在有限的时间间隔内不始终占据位置 $\boldsymbol{x}_0$，则时间平均相密度函数 α_k 为

$$
\alpha_k(\boldsymbol{x}_0,t_0) = \lim_{\delta \to 0} \frac{1}{\Delta t} \int_{[\Delta t]} M_k(\boldsymbol{x}_0,t)\mathrm{d}t \tag{4.11}
$$

因此,根据式(4.9),有

$$\alpha_k = \frac{\Delta t_k}{\Delta t} \quad k = 1,2 \tag{4.12}$$

根据式(4.10)和式(4.12),有如下关系

$$\alpha_1 + \alpha_2 = 1 \tag{4.13}$$

这是假设平均界面密度函数 α_S 为零的结果。注意到,根据式(4.7)和式(4.11),α_S 的定义为

$$\alpha_S \equiv \lim_{\delta \to 0} \frac{1}{\Delta t} \int_{[\Delta t]} M_S(\boldsymbol{x}_0, t)\,\mathrm{d}t \tag{4.14}$$

函数 α_k 仅在积分运算后出现,是研究时间平均场方程的基本参数。在物理上 α_k 表示 k 相出现的概率,因此它表示该相的几何(静态)重要性。后面将 α_k 称为 k 相的局部时间分数或局部空泡份额。

4.3 时间平均和加权平均值

在本节中,定义了与两相流场相关函数的时间平均值和加权平均值。

时间平均值

一般函数 F 的欧拉时间平均值定义为

$$\overline{F}(\boldsymbol{x}_0, t_0) \equiv \lim_{\delta \to 0} \frac{1}{\Delta t} \int_{[\Delta t]_T} F(\boldsymbol{x}_0, t)\,\mathrm{d}t \tag{4.15}$$

在这里,符号 $\overline{F}$ 表示式(4.15)右侧定义的数学运算。同样,k 相一般函数 F_k的平均值由下式给出:

$$\overline{F_k}(\boldsymbol{x}_0, t_0) \equiv \lim_{\delta \to 0} \frac{1}{\Delta t} \int_{[\Delta t]_T} F_k(\boldsymbol{x}_0, t)\,\mathrm{d}t \tag{4.16}$$

由于 α_k 是一个与 M_k 有关的特殊性质,容易证明

$$\alpha_k = \overline{M_k} \tag{4.17}$$

根据式(4.8)、式(4.15)和式(4.16),有

$$\overline{F} = \lim_{\delta \to 0} \left\{ \frac{1}{\Delta t} \int_{[\Delta t]_T} F_1(\boldsymbol{x}_0, t)\,\mathrm{d}t + \frac{1}{\Delta t} \int_{[\Delta t]_T} F_2(\boldsymbol{x}_0, t)\,\mathrm{d}t \right\} \tag{4.18}$$

因此,得到一个重要的关系

$$\overline{F} = \overline{F_1} + \overline{F_2} \tag{4.19}$$

F_1 和 F_2 的函数与各相的瞬时局部的物理参数或流量参数直接相关;但是,F_1 和 F_2 是在总时间间隔 Δt 内平均。因此,可以将它们视为表观平均值。从这个角度出发,引入了各种加权平均值,它们保留了原始参数的一些重要特征。

从一般的情况开始,然后推广到特定情况。因此,通过采用非零标量加权函数

w,将 F 的一般加权平均值定义为

$$\overline{F}^{w} \equiv \frac{\overline{wF}}{\overline{w}} \tag{4.20}$$

其中,权函数 w 也属于前一节中定义的一般函数 F 的范畴。然后,可以根据式(4.8)定义各相的加权函数。

因此,与式(4.20)相对应的一般相加权平均值应为

$$\overline{F_k}^{w_k} \equiv \frac{\overline{w_k F_k}}{\overline{w_k}} \tag{4.21}$$

则有

$$\overline{F}^{w} = \frac{\sum_{k=1}^{2} \overline{w_k F_k}}{\overline{w}} = \frac{\sum_{k=1}^{2} \overline{w_k}\,\overline{F}^{w_k}}{\sum_{k=1}^{2} \overline{w_k}} \tag{4.22}$$

这个关系与混合物和相平均值有关。但因为这些公式太过于普遍性意义,不容易理解,下面将讨论一些重要的特殊应用。

相密度加权平均值$\overline{\overline{F_k}}$

与各相相关的最自然的平均值可以通过将相密度函数 M_k 作为式(4.21)中的加权函数来定义,因此有

$$\overline{\overline{F_k}} \equiv \frac{\overline{M_k F_k}}{\overline{M_k}} = \frac{\overline{F_k}}{\alpha_k} = \frac{1}{\Delta t_k}\int_{[\Delta t]_k} F_k \mathrm{d}t \tag{4.23}$$

在这里,使用了式(4.7)、式(4.8)和式(4.17)。从定义中可以明显看出,用$\overline{\overline{F_k}}$表示的相平均值表示相在时间间隔$[\Delta t]_k$内的简单平均值,如密度值在时间间隔$[\Delta t]_k$内不变,就表示 k 相本身的实际密度。因此有

$$\overline{F} = \sum_{k=1}^{2} \overline{F_k} = \sum_{k=1}^{2} \alpha_k \overline{\overline{F_k}} \tag{4.24}$$

质量加权平均值$\widehat{\psi}$和$\widehat{\psi_k}$

一般来说,体积、动量、能量和熵等是广延量(Callen, 1960)。如果函数 F 为单位体积的广延量,那么它们也可以表示为单位质量的量 ψ 的关系

$$F = \rho\psi \tag{4.25}$$

式中,ρ 为当地局瞬流体密度。因此,各相的局瞬特性 F_k 表示为

$$F_k = \rho_k \psi_k \quad k = 1,2 \tag{4.26}$$

在这里,ρ_k 和 ψ_k 分别表示 k 相局瞬密度和单位质量所具有的量。则 ψ 和 ψ_k 的平均值应通过密度加权来获得,即

$$\widehat{\psi} = \frac{\overline{\rho\psi}}{\overline{\rho}} \tag{4.27}$$

$$\widehat{\psi_{\mathrm{k}}} = \frac{\overline{\rho_{\mathrm{k}}\psi_{\mathrm{k}}}}{\overline{\rho_{\mathrm{k}}}} = \frac{\overline{\overline{\rho_{\mathrm{k}}\psi_{\mathrm{k}}}}}{\overline{\overline{\rho_{\mathrm{k}}}}} \tag{4.28}$$

对 ψ 使用密度 ρ 加权的最重要原因是，ψ 所表示的量是对质量有叠加特性的集合的函数，比如混合物的动量、动能等量采用质量加权平均才能很好评估其影响。

根据质量加权平均值的定义，得到

$$\overline{\rho\psi} = \sum_{k=1}^{2} \overline{\rho_{\mathrm{k}}\psi_{\mathrm{k}}} \tag{4.29}$$

因此，得到了质量加权混合物性质与两相质量加权混合物性质之间最重要的关系

$$\widehat{\psi} = \frac{\sum_{k=1}^{2} \alpha_{\mathrm{k}} \overline{\overline{\rho_{\mathrm{k}}}} \widehat{\psi_k}}{\sum_{k=1}^{2} \alpha_{\mathrm{k}} \overline{\overline{\rho_{\mathrm{k}}}}} = \frac{\sum_{k=1}^{2} \overline{\rho_{\mathrm{k}}} \widehat{\psi_k}}{\sum_{k=1}^{2} \overline{\rho_{\mathrm{k}}}} \tag{4.30}$$

注意到，上述结果类似于热机械扩散理论（C . Truesdell, 1969）和麦克斯韦气体动力学理论中的传输方程（Maxwell James, 1867）中使用的定义。这里要特别指出的是，由于密度是单位体积的性质，因此有

$$\bar{\rho} = \sum_{k=1}^{2} \overline{\rho_{\mathrm{k}}} = \sum_{k=1}^{2} \alpha_{\mathrm{k}} \overline{\overline{\rho_{\mathrm{k}}}} \tag{4.31}$$

均值平滑性基本假设

求平均值的目的是把两相交替地占据界面上的不连续点，变成两相同时存在的连续体。因而需要对导出量的连续性进行假设。因此，在这里介绍关于平均值 $\overline{F}$ 和 $\overline{F_{\mathrm{k}}}$ 平滑性的基本假设。

考虑平均值的宏观过程，除了某些孤立的奇点外，可以假设它们足够光滑，必要时具有更高阶导数。如果过程的时间常数与 Δt 相比足够大。换句话说，时间间隔 Δt 内平均值的任何变化都认为是无穷小的。这可以通过将平均场中的时间微分算子视为时间增量 $\delta t \to \Delta t$ 的有限差分算子而不是 $\delta t \to 0$ 来实现。如果对平均值进行平均，得到

$$\overline{(\overline{F})} = \frac{1}{\Delta t} \lim_{\delta \to 0} \int_{[\Delta t]_{\mathrm{T}}} \overline{F}(\boldsymbol{x}_0, t)\,\mathrm{d}t \tag{4.32}$$

然而，因为 $\overline{F}$ 是连续的，从积分中值定理可得到

$$\overline{(\overline{F})} = \overline{F}(\boldsymbol{x}_0, \tau_0) \tag{4.33}$$

其中，

$$t_0 - \frac{\Delta t}{2} \leqslant \tau_0 \leqslant t_0 + \frac{\Delta t}{2}$$

因此，与基本假设类似，假设在宏观场中，有

$$\overline{(\overline{F})} = \overline{F}(\boldsymbol{x}_0, t_0) \tag{4.34}$$

它表明对平均值进行平均不会改变平均值的结果。则很容易得到

$$\overline{(\overline{F}^{w})}^{w} = \overline{F}^{w};\ \overline{(\overline{F}^{w})} = \overline{F}^{w}$$
$$\overline{(\overline{F_k}^{w_k})}^{w_k} = \overline{F_k}^{w_k};\ \overline{\overline{(\overline{F_k}^{w_k})}} = \overline{F_k}^{w_k} \tag{4.35}$$

对于常数 C 有

$$\overline{C} = \overline{\overline{C_k}} = \overline{C_k}^{w} = \overline{C_k}^{w_k} = \frac{\overline{C_k}}{\alpha_k} = C \tag{4.36}$$

脉动分量

在湍流分析中,变量脉动分量的引入非常重要,方便在统计上考虑这些影响。一般来说,它们被定义为局瞬变量与其加权平均值之间的差,因此有

$$F'_k \equiv F_k - \overline{F_k}^{w_k} \tag{4.37}$$

因为一旦确定了变量 F,就可以给出加权平均值的形式,从而可以唯一地定义脉动分量。从式(4.35)和式(4.37)中,可以得到

$$\overline{F'_k}^{w_k} = 0 \tag{4.38}$$

此外,脉动分量的平均值可与其他参数相关,如

$$\overline{F_k} = \alpha_k \overline{\overline{F_k}} = \alpha_k(\overline{F_k}^{w_k} + \overline{\overline{F'_k}}) \tag{4.39}$$

$$\overline{F'_k} = \overline{F_k} - \overline{F_k}^{w_k} = \alpha_k \overline{\overline{F'_k}} - (1 - \alpha_k)\overline{F_k}^{w_k} \tag{4.40}$$

这些关系可用于分析平均场方程中的两相湍流通量。

4.4　导数的时间平均

在本节中,得出了导数的平均值与平均值的导数之间的关系。平均值的时间导数是指

$$\frac{\partial \overline{F}(\boldsymbol{x}_0, t_0)}{\partial t_0} = \frac{\partial}{\partial t_0}\left\{\frac{1}{\Delta t}\lim_{\delta\to 0}\int_{[\Delta t]_T} F(\boldsymbol{x}_0, t)\,\mathrm{d}t\right\} \tag{4.41}$$

由于积分域不连续,对其进行细分,并将莱布尼兹法则应用于式(4.41)。则有

$$\frac{\partial \overline{F}}{\partial t_0} = \frac{1}{\Delta t}\lim_{\delta\to 0}\left\{\int_{[\Delta t]_T}\frac{\partial F(\boldsymbol{x}_0, t)}{\partial t}\mathrm{d}t + \sum_j [F(\boldsymbol{x}_0, t_j + \varepsilon_j) - F(\boldsymbol{x}_0, t_j - \varepsilon_j)]\right\} \tag{4.42}$$

根据式(4.2),定义

$$\lim_{\varepsilon_j\to 0}(t_j \pm \varepsilon_j) \equiv t_j^{\pm} \tag{4.43}$$

相应有

$$\lim_{\varepsilon_j\to 0} F(\boldsymbol{x}_0, t_j \pm \varepsilon_j) = F(\boldsymbol{x}_0, t_j^{\pm}) \equiv F^{\pm}(\boldsymbol{x}_0, t_j) \tag{4.44}$$

因此,由式(4.42),有

$$\overline{\frac{\partial F}{\partial t}} = \frac{\partial \overline{F}(\boldsymbol{x}_0, t_0)}{\partial t_0} - \sum_j \frac{1}{\Delta t}\left\{F^{+}(\boldsymbol{x}_0, t_j) - F^{-}(\boldsymbol{x}_0, t_j)\right\} \tag{4.45}$$

在 $\boldsymbol{x}=\boldsymbol{x}_0$ 处对空间导数的平均可以写为

$$\overline{\nabla F}=\lim_{\delta\to 0}\frac{1}{\Delta t}\int_{[\Delta t]_{\mathrm{T}}}\nabla F(\boldsymbol{x}_0,t)\,\mathrm{d}t \tag{4.46}$$

因此，应用莱布尼兹法则，得到

$$\overline{\nabla F}=\lim_{\delta\to 0}\Big\{\nabla\Big[\frac{1}{\Delta t}\int_{[\Delta t]_{\mathrm{T}}}F(\boldsymbol{x}_0,t)\,\mathrm{d}t\Big]+\frac{1}{\Delta t}\sum_j\big[-\nabla(t_{\mathrm{j}}-\varepsilon_{\mathrm{j}})F(\boldsymbol{x}_0,t_{\mathrm{j}}-\varepsilon_{\mathrm{j}})+\nabla(t_{\mathrm{j}}+\varepsilon_{\mathrm{j}})F(\boldsymbol{x}_0,t_{\mathrm{j}}+\varepsilon_{\mathrm{j}})\big]\Big\} \tag{4.47}$$

上述方程右侧最后一项的物理意义不明确，应进行更详细的讨论。为此，引入由下式表达的表面方程

$$f(x,y,z,t)=0 \tag{4.48}$$

在 $t=t_j$ 时刻通过 x_0 点，则有

$$\mathrm{d}f=(\nabla f)\cdot\mathrm{d}\boldsymbol{x}_0+\frac{\partial f}{\partial t}\mathrm{d}t_{\mathrm{j}}=0 \tag{4.49}$$

因此，根据式(4.43)，得到

$$\nabla t_{\mathrm{j}}=-\frac{\nabla f}{\dfrac{\partial f}{\partial t}} \tag{4.50}$$

而法向向量和位移速度(C. Truesdell & Toupin, 1960)由下式给出：

$$\boldsymbol{n}=\frac{\nabla f}{|\nabla f|} \tag{4.51}$$

$$\boldsymbol{v}_{\mathrm{i}}\cdot\boldsymbol{n}=v_{\mathrm{ni}}=-\frac{\dfrac{\partial f}{\partial t}}{|\nabla f|} \tag{4.52}$$

因此，通过消除式(4.50)中的表面函数，得到

$$\nabla t_{\mathrm{j}}=\frac{\boldsymbol{n}}{\boldsymbol{v}_{\mathrm{i}}\cdot\boldsymbol{n}} \tag{4.53}$$

则式(4.47)变为

$$\overline{\nabla F}=\nabla\overline{F}(\boldsymbol{x}_0,t_0)+\sum_j\frac{1}{\Delta t}\frac{1}{v_{\mathrm{ni}}}\{\boldsymbol{n}^+F(\boldsymbol{x}_0,t_{\mathrm{j}}^+)+\boldsymbol{n}^-F(\boldsymbol{x}_0,t_{\mathrm{j}}^-)\} \tag{4.54}$$

这样，界面的单位法向向量就定义为

$$\boldsymbol{v}_{\mathrm{i}}\cdot\boldsymbol{n}\equiv v_{\mathrm{ni}}\geqslant 0 \tag{4.55}$$

然后就有

$$\boldsymbol{n}^+\cdot\boldsymbol{v}_{\mathrm{i}}\geqslant 0;\boldsymbol{n}^-\cdot\boldsymbol{v}_{\mathrm{i}}\leqslant 0 \tag{4.56}$$

式中，$\boldsymbol{n}^+$ 和 $\boldsymbol{n}^-$ 分别表示界面两侧的向外和向内的法向矢量。

采用简化的符号，式(4.45)和式(4.54)变为

$$\overline{\frac{\partial F}{\partial t}} = \frac{\partial \overline{F}(x_0, t_0)}{\partial t_0} - \frac{1}{\Delta t}\sum_j \frac{1}{v_{ni}}(F^+ \boldsymbol{n}^+ \cdot \boldsymbol{v}_i + F^- \boldsymbol{n}^- \cdot \boldsymbol{v}_i) \tag{4.57}$$

$$\overline{\nabla F} = \nabla \overline{F}(x_0, t_0) + \frac{1}{\Delta t}\sum_j \frac{1}{v_{ni}}\{\boldsymbol{n}^+ F^+ + \boldsymbol{n}^- F^-\} \tag{4.58}$$

注意到，函数 F 可以是一个标量，也可以是一个向量或张量，运算符∇可以是散度，也可以是梯度运算符，它与 $\boldsymbol{n}^{\pm}$ 和 $F^{\pm}$ 之间有适当的张量运算。上述两种变换和各种均值的定义是用平均值获得宏观场方程的基本工具。与函数 F 中没有不连续性的情况相比，上述变换显示了移动界面导数的平均值对平均值的导数的关系方面的重要作用。

作为式(4.57)和式(4.58)的推论，有

$$\overline{\frac{\partial F_k}{\partial t}} = \frac{\partial \overline{F_k}}{\partial t_0} - \frac{1}{\Delta t}\sum_j \frac{1}{v_{ni}}(F_k \boldsymbol{n}_k \cdot \boldsymbol{v}_i) \tag{4.59}$$

$$\overline{\nabla F_k} = \nabla \overline{F_k} + \frac{1}{\Delta t}\sum_j \frac{1}{v_{ni}}(\boldsymbol{n}_k F_k) \tag{4.60}$$

上述方程的一个特殊例子是时间分数 α_k。从原始定义式(4.11)可直接得到

$$\frac{\partial \alpha_k}{\partial t} = \frac{1}{\Delta t}\sum_j \frac{1}{v_{ni}}(\boldsymbol{n}_k \cdot \boldsymbol{v}_i) \tag{4.61}$$

$$\nabla \alpha_k = -\frac{1}{\Delta t}\sum_j \frac{\boldsymbol{n}_k}{v_{ni}} \tag{4.62}$$

这些方程清楚地证明了与 4.3 节中光滑性基本假设相关的微观奇点的存在。

4.5　浓度和混合物性质

当地时间分数 α_k 已在 4.2 节中定义。参数 α_k 表示任何特定点的物理事件和两相流的结构。因此，在所有的场方程中都会出现当地时间分数 α_k。此外，由于两相本构定律还应取决于流体的物理结构，因此它在推导这些定律中的重要性是可想而知的。

除了当地时间分数 α_k 外，还可以定义另一个基于质量的浓度。与扩散理论类似，质量分数 c_k 为

$$c_k \equiv \frac{\overline{\rho_k}}{\overline{\rho}} = \frac{\alpha_k \overline{\overline{\rho_k}}}{\alpha_1 \overline{\overline{\rho_1}} + \alpha_2 \overline{\overline{\rho_2}}} = \frac{\alpha_k \overline{\overline{\rho_k}}}{\rho_m} \tag{4.63}$$

它是 k 相质量相对于混合物质量的相对重要性的度量。由于动量和能量是质量的一个附加的集合函数，因此期望这些变量的混合物性质可以用质量分数 c_k 作为加权函数的各相的混合物性质来表示。根据式(4.63)，有

$$\sum_{k=1}^{2} c_k = 1 \tag{4.64}$$

$$\frac{1}{\rho_{\mathrm{m}}} = \sum_{k=1}^{2} \frac{c_{\mathrm{k}}}{\overline{\overline{\rho_{\mathrm{k}}}}} \tag{4.65}$$

上述两个参数 α_{k} 和 c_{k} 是静态浓度，它们代表了两相流中的事件、结构或质量。运动浓度通过各种平均速度场来定义，因此它们代表了流量或通量的相对重要性。由于运动变量的这一基本特征，它们通常不能在三维公式中定义，因为流量和通量是矢量而不是标量。但是，可以很容易地将它们定义为一维模型。例如，在文献中经常使用干度 x。在下面的内容中，定义了一些重要的混合物性质。

1）混合物密度

$$\rho_{\mathrm{m}} = \sum_{k=1}^{2} \alpha_{\mathrm{k}} \overline{\overline{\rho_{\mathrm{k}}}} \tag{4.66}$$

式中，

$$\overline{\overline{\rho_{\mathrm{k}}}} = \frac{\overline{\rho_{\mathrm{k}}}}{\alpha_{\mathrm{k}}} \tag{4.67}$$

2）混合物质心速度

$$v_{\mathrm{m}} = \frac{\sum_{k=1}^{2} \alpha_{\mathrm{k}} \overline{\overline{\rho_{\mathrm{k}}}} \widehat{v_{\mathrm{k}}}}{\rho_{\mathrm{m}}} = \sum_{k=1}^{2} c_{\mathrm{k}} \widehat{v_{\mathrm{k}}} \tag{4.68}$$

式中，

$$\widehat{v_{\mathrm{k}}} = \frac{\overline{\overline{\rho_{\mathrm{k}} v_{\mathrm{k}}}}}{\overline{\overline{\rho_{\mathrm{k}}}}} = \frac{\overline{\rho_{\mathrm{k}} v_{\mathrm{k}}}}{\overline{\rho_{\mathrm{k}}}} \tag{4.69}$$

3）混合物能量

$$u_{\mathrm{m}} = \frac{\sum_{k=1}^{2} \alpha_{\mathrm{k}} \overline{\overline{\rho_{\mathrm{k}}}} \widehat{u_{\mathrm{k}}}}{\rho_{\mathrm{m}}} = \sum_{k=1}^{2} c_{\mathrm{k}} \widehat{u_{\mathrm{k}}} \tag{4.70}$$

其中，

$$\widehat{u_{\mathrm{k}}} = \frac{\overline{\overline{\rho_{\mathrm{k}} u_{\mathrm{k}}}}}{\overline{\overline{\rho_{\mathrm{k}}}}} = \frac{\overline{\rho_{\mathrm{k}} u_{\mathrm{k}}}}{\overline{\rho_{\mathrm{k}}}} \tag{4.71}$$

4）混合物压力

$$p_{\mathrm{m}} = \sum_{k=1}^{2} \alpha_{\mathrm{k}} \overline{\overline{p_{\mathrm{k}}}} \tag{4.72}$$

其中，

$$\overline{\overline{p_{\mathrm{k}}}} = \frac{\overline{p_{\mathrm{k}}}}{\alpha_{\mathrm{k}}} \tag{4.73}$$

5）混合物焓

$$i_{\mathrm{m}} = \frac{\sum_{k=1}^{2} \alpha_{\mathrm{k}} \overline{\overline{\rho_{\mathrm{k}}}} \widehat{i_{\mathrm{k}}}}{\rho_{\mathrm{m}}} = \sum_{k=1}^{2} c_{\mathrm{k}} \widehat{i_{\mathrm{k}}} \tag{4.74}$$

其中,

$$\widehat{i_k} = \frac{\overline{\overline{\rho_k i_k}}}{\overline{\overline{\rho_k}}} = \frac{\overline{\rho_k i_k}}{\overline{\overline{\rho_k}}} \tag{4.75}$$

这样,就有

$$i_m = u_m + \frac{p_m}{\rho_m} \tag{4.76}$$

及

$$\widehat{i_k} = \widehat{u_k} + \frac{\overline{\overline{p_k}}}{\overline{\overline{\rho_k}}} \tag{4.77}$$

6)混合物熵

$$s_m = \frac{\sum_{k=1}^{2} \alpha_k \overline{\overline{\rho_k}}\, \widehat{s_k}}{\rho_m} = \sum_{k=1}^{2} c_k \widehat{s_k} \tag{4.78}$$

其中,

$$\widehat{s_k} = \frac{\overline{\overline{\rho_k s_k}}}{\overline{\overline{\rho_k}}} = \frac{\overline{\rho_k s_k}}{\overline{\overline{\rho_k}}} \tag{4.79}$$

7)通用混合物通量$\overline{\mathcal{J}}$

在一般性平衡方程(2.6)中,第 2.1 节定义了通用通量和体积源项。从平衡方程的形式中,很自然定义混合物的分子扩散通量$\overline{\mathcal{J}}$为

$$\overline{\mathcal{J}} = \sum_{k=1}^{2} \alpha_k \overline{\overline{\mathcal{J}}}_k \tag{4.80}$$

其中,

$$\overline{\overline{\mathcal{J}}}_k = \frac{\overline{\mathcal{J}_k}}{\alpha_k} \tag{4.81}$$

8)通用混合物源项 ϕ_m

由于源项 ϕ 定义为单位质量的变量,因此应使用密度对其加权。因此有

$$\phi_m = \frac{\sum_{k=1}^{2} \alpha_k \overline{\overline{\rho_k}}\, \widehat{\phi_k}}{\rho_m} = \sum_{k=1}^{2} c_k \widehat{\phi_k} \tag{4.82}$$

其中,

$$\widehat{\phi_k} = \frac{\overline{\overline{\rho_k \phi_k}}}{\overline{\overline{\rho_k}}} = \frac{\overline{\rho_k \phi_k}}{\overline{\overline{\rho_k}}} \tag{4.83}$$

从上面的关系可以看出,基于单位质量的变量由质量浓度加权,而基于单位体积或表面面积的变量由时间分数加权。

4.6 速度场

一般来说，具有质量、动量和能量输运的两相流系统的特点是存在两种不同的密度和速度。因此，有必要在公式中引入两个适当定义的平均速度场，以考虑相间相对运动的影响，即质量、动量和能量的扩散。有几个速度场在分析两相流问题的各个方面的特性方面很有用。特定问题的速度场的选择取决于流动的特性和物性以及可用的本构定律的形式。接下来，将介绍这些速度场，它们对于研究两相流系统的各种问题很重要。

如前一节所述，质心速度的定义基于线性动量的基本特性。首先，记得它是质量的叠加集合函数。换句话说，正如众所周知的质心基本定理，一个物体的总动量是由与该物体质量相同的质心的动量给出的。把质量加权混合物和相速度作为适当的平均速度，是上述思想在平均过程中的直接推广。

时间平均质心的概念不是很重要的，它具有如下形式

$$\boldsymbol{x} = \frac{\lim\limits_{\delta\to 0}\int_{[\Delta t]_T} \rho \boldsymbol{x}_0 \mathrm{d}t}{\lim\limits_{\delta\to 0}\int_{[\Delta t]_T} \rho \mathrm{d}t} \tag{4.84}$$

然而，在积分过程中，$\boldsymbol{x}_0$ 保持不变，因此其质心仍然是 $\boldsymbol{x}_0$。然后混合物密度的定义式(4.66)自然满足。质心的基本定理可以推广为

$$\lim_{\delta\to 0}\int_{[\Delta t]_T} \rho_m \boldsymbol{v}_m \mathrm{d}t = \lim_{\delta\to 0}\int_{[\Delta t]_T} \rho \boldsymbol{v} \mathrm{d}t \tag{4.85}$$

因此，考虑到加权平均值的定义，可以很容易证明混合物和各相的质心速度分别由式(4.68)和式(4.69)给出。

用下式定义相对速度

$$\boldsymbol{v}_r \equiv \widehat{\boldsymbol{v}_2} - \widehat{\boldsymbol{v}_1} \tag{4.86}$$

各相的表观速度为

$$\boldsymbol{j}_k \equiv \alpha_k \widehat{\boldsymbol{v}_k} \tag{4.87}$$

可以用其中的一相以固定的总流量占据整个时间 Δt 内的速度来表征该相速度，故又称为表观速度。因此，混合物的表观速度，即体心速度，定义为

$$\boldsymbol{j} = \sum_{k=1}^{2} \boldsymbol{j}_k = \sum_{k=1}^{2} \alpha_k \widehat{\boldsymbol{v}_k} \tag{4.88}$$

如果各相之间存在相对速度，由于两相密度不同，速度 v_m 和 j 不相等。各相的扩散速度，即相对于混合物质心的相对速度，定义为

$$\boldsymbol{V}_{km} = \widehat{\boldsymbol{v}_k} - \boldsymbol{v}_m \tag{4.89}$$

该式常用于多相化学反应体系的分析。扩散速度也可以用相对速度来表示,尽管由于式(4.86)的定义,相与相之间的对称性不能保持。所以有

$$
\begin{aligned}
\boldsymbol{V}_{1\mathrm{m}} &= -\frac{\alpha_2 \overline{\overline{\rho_2}}}{\rho_\mathrm{m}}\boldsymbol{v}_\mathrm{r} = -c_2\boldsymbol{v}_\mathrm{r} \\
\boldsymbol{V}_{2\mathrm{m}} &= \frac{\alpha_1 \overline{\overline{\rho_1}}}{\rho_\mathrm{m}}\boldsymbol{v}_\mathrm{r} = c_1\boldsymbol{v}_\mathrm{r}
\end{aligned}
\tag{4.90}
$$

在两相流中,各相的漂移速度,即相对体心的速度很重要,因为描述混合物的公式中用这些速度表达的本构方程相对简单且发展良好(Ishii, 1977; Zuber et al., 1964)。根据定义,**漂移速度**为

$$\boldsymbol{V}_{\mathrm{kj}} = \widehat{\boldsymbol{v}_\mathrm{k}} - \boldsymbol{j} \tag{4.91}$$

根据相对速度的定义,变为

$$
\begin{aligned}
\boldsymbol{V}_{1\mathrm{j}} &= -\alpha_2\boldsymbol{v}_\mathrm{r} \\
\boldsymbol{V}_{2\mathrm{j}} &= \alpha_1\boldsymbol{v}_\mathrm{r}
\end{aligned}
\tag{4.92}
$$

上述几个速度之间的重要关系可以直接从定义中得到。例如,从式(4.88)、式(4.89)和式(4.90)可以得到

$$\boldsymbol{j} = \boldsymbol{v}_\mathrm{m} + \alpha_1\alpha_2\frac{\left(\overline{\overline{\rho_1}} - \overline{\overline{\rho_2}}\right)}{\rho_\mathrm{m}}\boldsymbol{v}_\mathrm{r}$$

或 (4.93)

$$= \boldsymbol{v}_\mathrm{m} - \alpha_1\frac{\left(\overline{\overline{\rho_1}} - \overline{\overline{\rho_2}}\right)}{\rho_\mathrm{m}}\boldsymbol{V}_{1\mathrm{j}}$$

由式(4.90)和式(4.92),可以得到

$$\sum_{k=1}^{2} c_\mathrm{k}\boldsymbol{V}_{\mathrm{km}} = 0 \tag{4.94}$$

$$\sum_{k=1}^{2} \alpha_\mathrm{k}\boldsymbol{V}_{\mathrm{kj}} = 0 \tag{4.95}$$

最后注意到,如果相对速度为零,则有

$$\boldsymbol{V}_{1\mathrm{m}} = \boldsymbol{V}_{2\mathrm{m}} = \boldsymbol{V}_{1\mathrm{j}} = \boldsymbol{V}_{2\mathrm{j}} = \boldsymbol{v}_\mathrm{r} = 0 \tag{4.96}$$

因此这时有

$$\widehat{\boldsymbol{v}_1} = \widehat{\boldsymbol{v}_2} = \boldsymbol{v}_\mathrm{m} = \boldsymbol{j} \tag{4.97}$$

这是均匀速度场的典型特征。

一般来讲,对于有关质心的基本定理,基于质心速度对于动力学分析很重要。而基于体心的速度,则表观速度对于运动学分析是很有用的。如果各相都具有恒定的性质,如恒定的密度、内能或焓等,这一点尤为重要。

4.7 基本恒等式

在建立基于混合物特性的漂移流模型时,需要用不同的平均值来表示平均对流通量。在这一节中,直接从定义中导出这个关系。根据式(4.29),混合物的对流通量变为

$$\overline{\rho\psi\boldsymbol{v}} = \sum_{k=1}^{2}\overline{\rho_k\psi_k\boldsymbol{v}_k} = \sum_{k=1}^{2}\alpha_k\overline{\overline{\rho_k\psi_k\boldsymbol{v}_k}} \tag{4.98}$$

这里的目的是将方程的右边分解为用平均值项和表示脉动分量统计学效应的项。由于 ψ 和 v 的平均值是以质量加权,因此脉动分量由式(4.37)表示为

$$\rho_k = \overline{\overline{\rho_k}} + \rho'_k,\quad \psi_k = \widehat{\psi_k} + \psi'_k,\quad \boldsymbol{v}_k = \widehat{\boldsymbol{v}_k} + \boldsymbol{v}'_k \tag{4.99}$$

其中,

$$\overline{\overline{\rho'_k}} = 0,\quad \overline{\overline{\rho_k\psi'_k}} = 0,\quad \overline{\overline{\rho_k\boldsymbol{v}'_k}} = 0 \tag{4.100}$$

将式(4.99)和式(4.100)代入式(4.98),得到

$$\overline{\rho\psi\boldsymbol{v}} = \sum_{k=1}^{2}\alpha_k\overline{\overline{\rho_k}}\,\widehat{\psi_k}\,\widehat{\boldsymbol{v}_k} + \sum_{k=1}^{2}\alpha_k\overline{\overline{\rho_k\psi'_k\boldsymbol{v}'_k}} \tag{4.101}$$

利用混合物性质和扩散速度的定义,将上述方程变为

$$\overline{\rho\psi\boldsymbol{v}} = \rho_m\psi_m\boldsymbol{v}_m + \sum_{k=1}^{2}\alpha_k\overline{\overline{\rho_k}}\,\widehat{\psi_k}\boldsymbol{V}_{km} + \sum_{k=1}^{2}\alpha_k\overline{\overline{\rho_k\psi'_k\boldsymbol{v}'_k}} \tag{4.102}$$

上式表明,根据不同的输运机制,平均对流通量可分为 3 个部分:基于混合物性质的混合物输运特性;由于相速度的差异所导致的$\widehat{\psi_k}$的扩散输运项;由于两相流和湍流脉动所引起的输运。为了区分后两种输运机制,引入与之相关的特殊通量。因此,将扩散通量$\mathcal{J}^D$ 定义为

$$\mathcal{J}^D \equiv \sum_{k=1}^{2}\alpha_k\overline{\overline{\rho_k}}\,\widehat{\psi_k}\boldsymbol{V}_{km} = \frac{\overline{\overline{\rho_1}}\,\overline{\overline{\rho_2}}}{\rho_m}\sum_{k=1}^{2}\alpha_k\,\widehat{\psi_k}\boldsymbol{V}_{kj} \tag{4.103}$$

而协方差或湍流通量$\mathcal{J}_k^T$ 定义为

$$\mathcal{J}_k^T \equiv \overline{\overline{\rho_k\psi'_k\boldsymbol{v}'_k}} \tag{4.104}$$

因此,混合物的湍流通量应该是

$$\mathcal{J}^T = \sum_{k=1}^{2}\alpha_k\mathcal{J}_k^T \equiv \sum_{k=1}^{2}\alpha_k\overline{\overline{\rho_k\psi'_k\boldsymbol{v}'_k}} \tag{4.105}$$

将式(4.103)和式(4.105)代入式(4.101),得到了一个基本恒等式

$$\overline{\rho\psi\boldsymbol{v}} = \rho_m\psi_m\boldsymbol{v}_m + \mathcal{J}^D + \mathcal{J}^T = \sum_{k=1}^{2}\alpha_k\overline{\overline{\rho_k}}\,\widehat{\psi_k}\,\widehat{\boldsymbol{v}_k} + \sum_{k=1}^{2}\alpha_k\mathcal{J}_k^T \tag{4.106}$$

因此,根据平均值的定义,有

$$\frac{\partial \overline{\rho\psi}}{\partial t} + \nabla\cdot\overline{(\rho\psi\boldsymbol{v})} = \frac{\partial \rho_m \psi_m}{\partial t} + \nabla\cdot(\rho_m\psi_m\boldsymbol{v}_m) + \nabla\cdot(\mathscr{J}^D + \mathscr{J}^T) \tag{4.107}$$

对于各相,得到

$$\frac{\partial \overline{\rho_k\psi_k}}{\partial t} + \nabla\cdot\overline{(\rho_k\psi_k\boldsymbol{v}_k)} = \frac{\partial \alpha_k \overline{\overline{\rho_k}}\widehat{\psi_k}}{\partial t} + \nabla\cdot\left(\alpha_k \overline{\overline{\rho_k}}\widehat{\psi_k}\widehat{\boldsymbol{v}_k}\right) + \nabla\cdot(\alpha_k \mathscr{J}_k^T) \tag{4.108}$$

注意到式(4.108)与单相湍流的平均结果简单类似,因此,该式的最后一项也称为雷诺通量。

从式(4.107)可以看出,方程左侧并不是用导数的平均值表示,而是用平均值的导数表示的。然而,当将欧拉时间平均应用于两相流的局瞬方程时,首先遇到的是导数的平均值问题。这两个运算之间的重要变换已经在4.4节中导出。因此,将式(4.57)和式(4.58)代入式(4.107)得到

$$\begin{aligned}\overline{\left(\frac{\partial \rho\psi}{\partial t}\right)} + \overline{\nabla\cdot(\rho\psi\boldsymbol{v})} &= \frac{\partial \rho_m\psi_m}{\partial t} + \nabla\cdot(\rho_m\psi_m\boldsymbol{v}_m) + \\ &\nabla\cdot(\mathscr{J}^D + \mathscr{J}^T) + \frac{1}{\Delta t}\sum_j\left\{\frac{1}{v_{ni}}\sum_{k=1}^{2}[\boldsymbol{n}_k\cdot\rho_k(\boldsymbol{v}_k - \boldsymbol{v}_i)\psi_k]\right\}\end{aligned} \tag{4.109}$$

对各相有类似的关系,即

$$\begin{aligned}\overline{\left(\frac{\partial \rho_k\psi_k}{\partial t}\right)} + \overline{\nabla\cdot(\rho_k\psi_k\boldsymbol{v}_k)} &= \frac{\partial \alpha_k \overline{\overline{\rho_k}}\widehat{\psi_k}}{\partial t} + \nabla\cdot\left(\alpha_k \overline{\overline{\rho_k}}\widehat{\psi_k}\widehat{\boldsymbol{v}_k}\right) + \\ &\nabla\cdot(\alpha_k \mathscr{J}_k^T) + \frac{1}{\Delta t}\sum_j\left\{\frac{1}{v_{ni}}\boldsymbol{n}_k\cdot\rho_k(\boldsymbol{v}_k - \boldsymbol{v}_i)\psi_k\right\}\end{aligned} \tag{4.110}$$

上面两个方程表明,除了脉动的统计效应外,界面输运也有重要的作用。此外,在混合物平均值方程(4.107)中,由于相速度之间的差异,出现了扩散项$\mathscr{J}^D$。

此外,根据平均值和扩散通量的定义,有

$$\frac{\partial \rho_m\psi_m}{\partial t} + \nabla\cdot(\rho_m\psi_m\boldsymbol{v}_m) + \nabla\cdot\mathscr{J}^D = \sum_{k=1}^{2}\left\{\frac{\partial \alpha_k \overline{\overline{\rho_k}}\widehat{\psi_k}}{\partial t} + \nabla\cdot(\alpha_k \overline{\overline{\rho_k}}\widehat{\psi_k}\widehat{\boldsymbol{v}_k})\right\} \tag{4.111}$$

该关系使我们能够将两流体模型的场方程转换为漂移流模型的场方程。

第5章　时间平均守恒方程

5.1　一般守恒方程

第4章给出了一些重要定义和它们之间的基本关系。现将它们应用于关于两相流介质守恒定律的时间平均中。如4.1节所述，由于平均点邻域的流体性质不连续，有必要引入几组时间间隔。因此，将时间域划分为$[\Delta t]_S$和$[\Delta t]_T$。在$[\Delta t]_T$时间内，标准守恒方程(2.6)成立，因为占据点x_0的流体可以看作是一个连续体。然而，在$[\Delta t]_S$的时间内，即2.2节的跳跃条件的界面守恒方程成立，在这个时间间隔内界面特征占主导地位。

这里的目的是针对主流和界面确定适当的守恒方程来进行时间平均。在$[\Delta t]_T$中，当平均点被其中一相占据，而不是被界面占据时，对于时间$t \in [\Delta t]_T = [\Delta t]_1 + [\Delta t]_2$，考虑参量$\psi$以下式的形式平衡

$$B_V = \frac{\partial \rho\psi}{\partial t} + \nabla\cdot(\rho\psi\boldsymbol{v}) + \nabla\cdot\mathscr{J} - \rho\phi = 0 \tag{5.1}$$

这里$\mathscr{J}$和ϕ分别表示广义张量流出量和ψ的源项。因为该项以密度ρ相乘，所以参量ψ表示为单位质量所具有的参量。因此，上述方程本身就是一个数学表述，表示单位体积中的参量守恒。这是在时间平均过程中，将其与表面守恒方程进行比较时需记住的一个重点。为了保证式(5.1)在体积内的守恒，该平衡值用B_V表示。此外还应注意，当对各相应用式(5.1)时，区分两种流体的变量应带有下标。对于时间$t \in [\Delta t]_s$，由于界面的特殊性，应采用不同的守恒方程。由于界面守恒方程的详细推导已在2.2节中给出，因此只需回顾这些结果。因此，根据式(2.67)，界面处关于物质的ψ的守恒变成

$$B_S = \frac{1}{\delta}\left\{\frac{d_s\psi_a}{dt} + \psi_a\nabla_s\cdot\boldsymbol{v}_i - \sum_{k=1}^{2}\left[\rho_k\boldsymbol{n}_k\cdot(\boldsymbol{v}_k - \boldsymbol{v}_i)\psi_k + \boldsymbol{n}_k\cdot\mathscr{J}_k\right] + g_{ln}A^{\alpha\beta}(t_\alpha^n\mathscr{J}_a^{l*})_{,\beta} - \phi_a\right\} = 0 \tag{5.2}$$

将式(2.67)除以界面厚度 δ 得到式(5.2)。因此,上述方程是该区域单位体积中关于 ψ 的守恒关系。

通过在时间域内对适当的守恒方程进行积分,可以得到单位体积的平均守恒方程。用下面的公式来表示守恒方程

$$B = 0 \tag{5.3}$$

其中,

$$B = B_V = 0 \quad t \in [\Delta t]_T \tag{5.4}$$

$$B = B_S = 0 \quad t \in [\Delta t]_S \tag{5.5}$$

对 B 取时间平均,有

$$\frac{1}{\Delta t}\int_{[\Delta t]} B\mathrm{d}t = 0 \tag{5.6}$$

根据前面的假设,用极限 $\delta \to 0$ 来近似具奇异表面的界面区域。因此式(5.6)变为

$$\frac{1}{\Delta t}\lim_{\delta\to 0}\int_{[\Delta t]_T} B_V \mathrm{d}t + \frac{1}{\Delta t}\lim_{\delta\to 0}\int_{[\Delta t]_S} B_S \mathrm{d}t = 0 \tag{5.7}$$

第一部分可以用 4.3 节中定义的平均值来表示,因此根据式(5.1)和式(4.25)、式(4.57)和式(4.58),可以得出

$$\begin{aligned}\frac{1}{\Delta t}\lim_{\delta\to 0}\int_{[\Delta t]_T} B_V \mathrm{d}t &= \frac{\partial \overline{\rho\psi}}{\partial t} + \nabla\cdot(\overline{\rho\psi\boldsymbol{v}}) + \nabla\cdot\overline{\mathscr{J}} - \overline{\rho\phi} + \\ &\frac{1}{\Delta t}\sum_j\left\{\frac{1}{v_{ni}}\sum_{k=1}^{2}[\boldsymbol{n}_k\cdot\rho_k(\boldsymbol{v}_k - \boldsymbol{v}_i)\psi_k + \boldsymbol{n}_k\cdot\mathscr{J}_k]\right\} = 0\end{aligned} \tag{5.8}$$

或者根据混合物性质,有

$$\begin{aligned}\frac{1}{\Delta t}\lim_{\delta\to 0}\int_{[\Delta t]_T} B_V \mathrm{d}t &= \frac{\partial\rho_m\psi_m}{\partial t} + \nabla\cdot(\rho_m\psi_m\boldsymbol{v}_m) + \nabla\cdot(\overline{\mathscr{J}} + \mathscr{J}^D + \mathscr{J}^T) - \\ &\rho_m\phi_m + \frac{1}{\Delta t}\sum_j\left\{\frac{1}{v_{ni}}\sum_{k=1}^{2}[\boldsymbol{n}_k\cdot\rho_k(\boldsymbol{v}_k - \boldsymbol{v}_i)\psi_k + \boldsymbol{n}_k\cdot\mathscr{J}_k]\right\} = 0\end{aligned} \tag{5.9}$$

该方程使用了 4.7 节的基本恒等式。根据式(5.2)和式(5.1),源自界面的第二部分守恒变成

$$\begin{aligned}\frac{1}{\Delta t}\lim_{\delta\to 0}\int_{[\Delta t]_S} B_S \mathrm{d}t &= \frac{1}{\Delta t}\sum_j\frac{1}{v_{ni}}\left\{\frac{\mathrm{d}_s\psi_a}{\mathrm{d}t} + \psi_a\nabla_s\cdot\boldsymbol{v}_i - \phi_a + \right.\\ &\left. g_{\ln}A^{\alpha\beta}(t_\alpha^n\mathscr{J}_a^{l*})_{,\beta} - \sum_{k=1}^{2}\boldsymbol{n}_k\cdot[\rho_k(\boldsymbol{v}_k - \boldsymbol{v}_i)\psi_k + \mathscr{J}_k]\right\} = 0\end{aligned} \tag{5.10}$$

由此可见,上述方程是一个时均界面守恒方程。为了区别于局部跳跃条件,称之为**界面输运条件**或**宏观跳跃条件**。

根据式(5.7)、式(5.9)和式(5.10),得到混合物的宏观守恒方程为

$$\frac{\partial \rho_{\mathrm{m}}\psi_{\mathrm{m}}}{\partial t} + \nabla\cdot(\rho_{\mathrm{m}}\psi_{\mathrm{m}}\boldsymbol{v}_{\mathrm{m}}) + \nabla\cdot(\overline{\mathscr{J}} + \mathscr{J}^{D} + \mathscr{J}^{T}) - \rho_{\mathrm{m}}\phi_{\mathrm{m}} + \frac{1}{\Delta t}\sum_{j}\left\{\frac{1}{v_{\mathrm{ni}}}\left\{\frac{\mathrm{d}_{\mathrm{s}}\psi_{\mathrm{a}}}{\mathrm{d}t} + \psi_{\mathrm{a}}\nabla_{\mathrm{s}}\cdot\boldsymbol{v}_{\mathrm{i}} - \phi_{\mathrm{a}}\right\}\right. + \frac{1}{\Delta t}\sum_{j}\frac{1}{v_{\mathrm{ni}}}g_{\mathrm{ln}}A^{\alpha\beta}(t_{\alpha}^{n}\mathscr{J}_{\mathrm{a}}^{l\cdot})_{,\beta} = 0 \tag{5.11}$$

$\overline{\mathscr{J}}$，$\mathscr{J}^{D}$ 和 $\mathscr{J}^{T}$ 等 3 项分别表示平均分子扩散引起的出流、与混合物质心有关的宏观相扩散，以及两相和湍流脉动的统计效应，而 $\rho_{\mathrm{m}}\phi_{\mathrm{m}}$ 是混合物的体积源项。从守恒方程的形式来看，也可以将界面项视为附加的源或汇。

普遍认为界面的质量和动量可以忽略不计。然而，由于与热力学张力（即表面张力）有关的能量，表面能可能并不重要。因此，界面项的第一部分仅在能量守恒方程中重要。表面线通量出现在动量和能量平衡中，但忽略了分子沿界面的扩散（即表面黏性应力和表面热流密度）。这意味着这些线通量只解释了表面张力的影响。当采用式（5. 11）的质量、动量和能量守恒时，应采用与式（2. 69）、式（2. 72）和式（2. 73）简化跳跃条件相对应的适当形式。

各相的平均守恒方程可以通过考虑仅与特定相相关的函数式（4. 8）来获得。因此，与式（5. 9）类似，有

$$\frac{\partial \alpha_{\mathrm{k}}\overline{\overline{\rho_{\mathrm{k}}}}\widehat{\psi_{\mathrm{k}}}}{\partial t} + \nabla\cdot(\alpha_{\mathrm{k}}\overline{\overline{\rho_{\mathrm{k}}}}\widehat{\psi_{\mathrm{k}}}\widehat{\boldsymbol{v}_{\mathrm{k}}}) + \nabla\cdot[\alpha_{\mathrm{k}}(\overline{\overline{\mathscr{J}}} + \mathscr{J}_{\mathrm{k}}^{T})] - \alpha_{\mathrm{k}}\overline{\overline{\rho_{\mathrm{k}}}}\widehat{\phi_{\mathrm{k}}} + \frac{1}{\Delta t}\sum_{j}\left\{\frac{1}{v_{\mathrm{ni}}}[\boldsymbol{n}_{\mathrm{k}}\cdot\rho_{\mathrm{k}}(\boldsymbol{v}_{\mathrm{k}} - \boldsymbol{v}_{\mathrm{i}})\psi_{\mathrm{k}} + \boldsymbol{n}_{\mathrm{k}}\cdot\mathscr{J}_{\mathrm{k}}]\right\} = 0 \tag{5.12}$$

这里，使用了式（4. 111）的变换和 k 相局瞬总守恒方程（2. 6）。为简单起见，定义

$$I_{\mathrm{k}} \equiv -\frac{1}{\Delta t}\sum_{j}\left\{\frac{1}{v_{\mathrm{ni}}}[\boldsymbol{n}_{\mathrm{k}}\cdot\rho_{\mathrm{k}}(\boldsymbol{v}_{\mathrm{k}} - \boldsymbol{v}_{\mathrm{i}})\psi_{\mathrm{k}} + \boldsymbol{n}_{\mathrm{k}}\cdot\mathscr{J}_{\mathrm{k}}]\right\} \tag{5.13}$$

$$I_{\mathrm{m}} \equiv -\frac{1}{\Delta t}\sum_{j}\left\{\frac{1}{v_{\mathrm{ni}}}\left[\frac{\mathrm{d}_{\mathrm{s}}\psi_{\mathrm{a}}}{\mathrm{d}t} + \psi_{\mathrm{a}}\nabla_{\mathrm{s}}\cdot\boldsymbol{v}_{\mathrm{i}} - \phi_{\mathrm{a}} + g_{\mathrm{ln}}A^{\alpha\beta}(t_{\alpha}^{n}\mathscr{J}_{\mathrm{a}}^{l\cdot})_{,\beta}\right]\right\} \tag{5.14}$$

混合物的总通量为

$$\mathscr{J}_{\mathrm{m}} \equiv \overline{\mathscr{J}} + \mathscr{J}^{D} + \mathscr{J}^{T} \tag{5.15}$$

式中，I_{k} 和 I_{m} 分别表示 k 相和混合物的界面源项。用这些定义，混合物通用守恒方程（5. 11）简化为

$$\frac{\partial \rho_{\mathrm{m}}\psi_{\mathrm{m}}}{\partial t} + \nabla\cdot(\rho_{\mathrm{m}}\psi_{\mathrm{m}}\boldsymbol{v}_{\mathrm{m}}) = -\nabla\cdot\mathscr{J}_{\mathrm{m}} + \rho_{\mathrm{m}}\phi_{\mathrm{m}} + I_{\mathrm{m}} \tag{5.16}$$

而 k 相的守恒方程变为

$$\frac{\partial \alpha_{\mathrm{k}}\overline{\overline{\rho_{\mathrm{k}}}}\widehat{\psi_{\mathrm{k}}}}{\partial t} + \nabla\cdot(\alpha_{\mathrm{k}}\overline{\overline{\rho_{\mathrm{k}}}}\widehat{\psi_{\mathrm{k}}}\widehat{\boldsymbol{v}_{\mathrm{k}}}) = -\nabla\cdot[\alpha_{\mathrm{k}}(\overline{\overline{\mathscr{J}}} + \mathscr{J}_{\mathrm{k}}^{T})] + \alpha_{\mathrm{k}}\overline{\overline{\rho_{\mathrm{k}}}}\widehat{\phi_{\mathrm{k}}} + I_{\mathrm{k}} \tag{5.17}$$

此外，界面输运条件（5. 10）可重写为

$$\sum_{k=1}^{2} I_k - I_m = 0 \tag{5.18}$$

这 3 个宏观方程分别表示混合物、k 相和界面处参数的守恒。混合物守恒方程为漂移流模型的建立奠定了基础。此外，两流体模型的建立还需要相守恒方程和界面输运条件。

根据式(5.16)—式(5.18)，平均化的基本目的已经实现。因此，原来交替占据一个点的两相转变为两相共存的连续体。此外，通过协方差(或湍流通量)项，消除了极其复杂的两相和湍流脉动，并考虑了它们的统计宏观效应。在接下来的两节中，分别对扩散模型和两流体模型给出质量、动量和能量的守恒方程。

5.2　两流体模型场方程

在这一节中，将宏观守恒方程(5.17)和界面输运条件(5.18)应用于质量、动量和能量的守恒定律。这些方程中变量的选择遵循第 2 章的局瞬方程。

质量守恒

为了得到质量守恒，设

$$\psi_k = 1,\quad J_k = 0,\quad \phi_k = 0 \tag{2.7}$$

根据式(2.69)，定义

$$\Gamma_k \equiv I_k = -\frac{1}{\Delta t}\sum_j \left\{\frac{1}{v_{ni}}\rho_k \boldsymbol{n}_k \cdot (\boldsymbol{v}_k - \boldsymbol{v}_i)\right\} \tag{5.19}$$

$$I_m = 0 \tag{5.20}$$

然后将式(2.7)代入式(5.17)和式(5.18)，得到

$$\frac{\partial \alpha_k \overline{\overline{\rho_k}}}{\partial t} + \nabla\cdot(\alpha_k \overline{\overline{\rho_k}}\,\widehat{\boldsymbol{v}_k}) = \Gamma_k \quad k = 1,2 \tag{5.21}$$

$$\sum_{k=1}^{2} \Gamma_k = 0 \tag{5.22}$$

方程(5.21)是由于相变，界面质量源 Γ_k 出现在右侧的各相的连续性方程，而第二个方程(5.22)表示界面质量守恒。

动量守恒

宏观的动量守恒方程可以通过设定下面的量，从式(5.13)、式(5.14)和式(5.17)得到

$$\boldsymbol{\psi}_k = \boldsymbol{v}_k,\quad \mathbb{J}_k = -\mathbb{T}_k = p_k\mathbb{I} - \boldsymbol{\mathcal{T}}_k,\quad \boldsymbol{\phi}_k = \boldsymbol{g}_k \tag{2.9}$$

根据式(2.72)和式(4.104)，定义如下各项

$$M_k \equiv I_k = -\frac{1}{\Delta t}\sum_j \left\{\frac{1}{v_{ni}}\boldsymbol{n}_k \cdot [\rho_k(\boldsymbol{v}_k - \boldsymbol{v}_i)\boldsymbol{v}_k - \boldsymbol{\tau}_k]\right\} \tag{5.23}$$

$$M_{\mathrm{m}} \equiv I_{\mathrm{m}} = \frac{1}{\Delta t}\sum_{j}\left\{\frac{1}{v_{\mathrm{ni}}}(\boldsymbol{t}_{\alpha}A^{\alpha\beta}\sigma)_{,\beta}\right\} \tag{5.24}$$

$$\mathcal{T}_{\mathrm{k}}^{T} \equiv -\mathscr{J}_{\mathrm{k}}^{T} = -\overline{\overline{\rho_{\mathrm{k}}\boldsymbol{v}_{\mathrm{k}}'\boldsymbol{v}_{\mathrm{k}}'}} \tag{5.25}$$

根据这些定义,从式(5.17)和式(5.18)得到

$$\frac{\partial \alpha_{\mathrm{k}}\overline{\overline{\rho_{\mathrm{k}}}}\widehat{\boldsymbol{v}_{\mathrm{k}}}}{\partial t} + \nabla\cdot(\alpha_{\mathrm{k}}\overline{\overline{\rho_{\mathrm{k}}}}\widehat{\boldsymbol{v}_{\mathrm{k}}}\widehat{\boldsymbol{v}_{\mathrm{k}}}) = -\nabla(\alpha_{\mathrm{k}}\overline{\overline{p_{\mathrm{k}}}}) + \nabla\cdot[\alpha_{\mathrm{k}}(\overline{\overline{\mathcal{T}_{\mathrm{k}}}} + \mathcal{T}_{\mathrm{k}}^{T})] + \alpha_{\mathrm{k}}\overline{\overline{\rho_{\mathrm{k}}}}\widehat{\boldsymbol{g}_{\mathrm{k}}} + \boldsymbol{M}_{\mathrm{k}} \tag{5.26}$$

$$\sum_{k=1}^{2}\boldsymbol{M}_{\mathrm{k}} - \boldsymbol{M}_{\mathrm{m}} = 0 \tag{5.27}$$

式中,$\mathcal{T}_{\mathrm{k}}$ 和 $\boldsymbol{M}_{\mathrm{k}}$ 分别表示界面传递的湍流通量和 k 相的动量源项,而 $\boldsymbol{M}_{\mathrm{m}}$ 是由于表面张力效应而形成的混合物动量源项。

能量守恒

宏观场的能量守恒可以通过先设定式(5.17)中的下面的量得到

$$\psi_{\mathrm{k}} = u_{\mathrm{k}} + \frac{v_{\mathrm{k}}^{2}}{2},\quad \mathscr{J}_{\mathrm{k}} = \boldsymbol{q}_{\mathrm{k}} - \mathscr{T}_{\mathrm{k}}\cdot\boldsymbol{v}_{\mathrm{k}},\quad \phi_{\mathrm{k}} = \boldsymbol{g}_{\mathrm{k}}\cdot\boldsymbol{v}_{\mathrm{k}} + \frac{\dot{q}_{\mathrm{k}}}{\rho_{\mathrm{k}}} \tag{2.12}$$

根据该定义,从式(5.13)、式(5.14)和式(2.73),有

$$E_{\mathrm{k}} \equiv I_{\mathrm{k}} = -\frac{1}{\Delta t}\sum_{j}\left\{\frac{1}{v_{\mathrm{ni}}}\boldsymbol{n}_{\mathrm{k}}\cdot\left[\rho_{\mathrm{k}}(\boldsymbol{v}_{\mathrm{k}} - \boldsymbol{v}_{\mathrm{i}})\left(u_{\mathrm{k}} + \frac{v_{\mathrm{k}}^{2}}{2}\right) - \mathscr{T}_{\mathrm{k}}\cdot\boldsymbol{v}_{\mathrm{k}} + \boldsymbol{q}_{\mathrm{k}}\right]\right\} \tag{5.28}$$

$$E_{\mathrm{m}} \equiv I_{\mathrm{m}} = \frac{1}{\Delta t}\sum_{j}\left\{\frac{1}{v_{\mathrm{ni}}}\left[T_{\mathrm{i}}\left\{\frac{\mathrm{d_s}}{\mathrm{d}t}\left(\frac{\mathrm{d}\sigma}{\mathrm{d}T}\right) + \left(\frac{\mathrm{d}\sigma}{\mathrm{d}T}\right)\nabla_{\mathrm{s}}\cdot\boldsymbol{v}_{\mathrm{i}}\right\} + (\boldsymbol{t}_{\alpha}A^{\alpha\beta}\sigma)_{,\beta}\cdot\boldsymbol{v}_{\mathrm{i}}\right]\right\} \tag{5.29}$$

$$q_{\mathrm{k}}^{T} \equiv \mathscr{J}_{\mathrm{k}}^{T} - \overline{\overline{\mathscr{T}_{\mathrm{k}}\cdot\boldsymbol{v}_{\mathrm{k}}'}} = \overline{\overline{\rho_{\mathrm{k}}\left(u_{\mathrm{k}} + \frac{v_{\mathrm{k}}^{2}}{2}\right)'\boldsymbol{v}_{\mathrm{k}}'}} - \overline{\overline{\mathcal{T}_{\mathrm{k}}\cdot\boldsymbol{v}_{\mathrm{k}}'}} + \overline{\overline{p_{\mathrm{k}}\cdot\boldsymbol{v}_{\mathrm{k}}'}} \tag{5.30}$$

$$\widehat{e_{\mathrm{k}}} \equiv \widehat{u_{\mathrm{k}}} + \frac{(\widehat{v_{\mathrm{k}}'})^{2}}{2} \tag{5.31}$$

因此,由式(5.17)和式(5.18)得到

$$\frac{\partial}{\partial t}\left[\alpha_{\mathrm{k}}\overline{\overline{\rho_{\mathrm{k}}}}\left(\widehat{e_{\mathrm{k}}} + \frac{\widehat{v_{\mathrm{k}}}^{2}}{2}\right)\right] + \nabla\cdot\left[\alpha_{\mathrm{k}}\overline{\overline{\rho_{\mathrm{k}}}}\left(\widehat{e_{\mathrm{k}}} + \frac{\widehat{v_{\mathrm{k}}}^{2}}{2}\right)\widehat{\boldsymbol{v}_{\mathrm{k}}}\right] = -\nabla\cdot[\alpha_{\mathrm{k}}(\overline{\overline{\boldsymbol{q}_{\mathrm{k}}}} + \boldsymbol{q}_{\mathrm{k}}^{T})] + \nabla\cdot(\alpha_{\mathrm{k}}\overline{\overline{\mathscr{T}_{\mathrm{k}}}}\cdot\widehat{\boldsymbol{v}_{\mathrm{k}}}) + \alpha_{\mathrm{k}}\overline{\overline{\rho_{\mathrm{k}}}}\widehat{\boldsymbol{g}_{\mathrm{k}}}\cdot\widehat{\boldsymbol{v}_{\mathrm{k}}} + E_{\mathrm{k}} \tag{5.32}$$

$$\sum_{k=1}^{2}E_{\mathrm{k}} - E_{\mathrm{m}} = 0 \tag{5.33}$$

一般假设

$$\boldsymbol{g}_{\mathrm{k}} = \widehat{\boldsymbol{g}_{\mathrm{k}}} \tag{5.34}$$

根据式(5.31)，视在内能$\widehat{e_{\mathrm{k}}}$由标准热能和湍流动能组成。E_{k} 表示 k 相的界面能量供给，而 E_{m} 是混合物的能量源项。这意味着能量可以储存在界面上或者从界面释放出来。从定义可知，湍流热流密度 $\boldsymbol{q}_{\mathrm{k}}^{T}$ 既考虑了湍流能量对流，也考虑了湍流做功。对于大多数两相流问题，内热源 $\dot{q}_{\mathrm{k}}$ 可以忽略不计。

两流体模型基于上述 6 **个场方程**，即 2 个连续性方程、2 个动量方程和 2 个能量方程。质量、动量和能量的**界面输运条件**耦合了各相的输运过程。由于这 9 个方程基本上表达了守恒定律，因此应补充各种本构方程，这些本构方程规定了分子扩散、湍流输运、界面传递机制以及热力学状态变量之间的关系。

在求解问题时，将总能量方程中的力学效应和热效应分开非常有用。因此，根据速度点乘动量方程的方法，得到**机械能守恒方程**

$$\frac{\partial\left(\alpha_{\mathrm{k}}\overline{\overline{\rho_{\mathrm{k}}}}\frac{\widehat{v_{\mathrm{k}}}^{2}}{2}\right)}{\partial t} + \nabla\cdot\left(\alpha_{\mathrm{k}}\overline{\overline{\rho_{\mathrm{k}}}}\frac{\widehat{v_{\mathrm{k}}}^{2}}{2}\widehat{\boldsymbol{v}_{\mathrm{k}}}\right) = -\widehat{\boldsymbol{v}_{\mathrm{k}}}\cdot\nabla(\alpha_{\mathrm{k}}\overline{\overline{p_{\mathrm{k}}}}) + \widehat{\boldsymbol{v}_{\mathrm{k}}}\cdot\nabla\cdot\left[\alpha_{\mathrm{k}}\left(\overline{\overline{\mathcal{T}_{\mathrm{k}}}} + \mathcal{T}_{\mathrm{k}}^{T}\right)\right] + \alpha_{\mathrm{k}}\overline{\overline{\rho_{\mathrm{k}}}}\widehat{\boldsymbol{g}_{\mathrm{k}}}\cdot\widehat{\boldsymbol{v}_{\mathrm{k}}} + \boldsymbol{M}_{\mathrm{k}}\cdot\widehat{\boldsymbol{v}_{\mathrm{k}}} - \frac{\widehat{v_{\mathrm{k}}}^{2}}{2}\Gamma_{\mathrm{k}} \tag{5.35}$$

然后将式(5.35)从式(5.32)中减去，得到内能方程为

$$\begin{aligned}\frac{\partial\alpha_{\mathrm{k}}\overline{\overline{\rho_{\mathrm{k}}}}\widehat{e_{\mathrm{k}}}}{\partial t} + \nabla\cdot(\alpha_{\mathrm{k}}\overline{\overline{\rho_{\mathrm{k}}}}\widehat{e_{\mathrm{k}}}\widehat{\boldsymbol{v}_{\mathrm{k}}}) &= -\nabla\cdot(\alpha_{\mathrm{k}}\overline{\overline{\boldsymbol{q}_{\mathrm{k}}}}) - \\ &\nabla\cdot\{\alpha_{\mathrm{k}}(\boldsymbol{q}_{\mathrm{k}}^{T} + \mathcal{T}_{\mathrm{k}}^{T}\cdot\widehat{\boldsymbol{v}_{\mathrm{k}}})\} - \alpha_{\mathrm{k}}\overline{\overline{p_{\mathrm{k}}}}\nabla\cdot\widehat{\boldsymbol{v}_{\mathrm{k}}} + \\ &\alpha_{\mathrm{k}}(\overline{\overline{\mathcal{T}_{\mathrm{k}}}} + \mathcal{T}_{\mathrm{k}}^{T}):\nabla\widehat{\boldsymbol{v}_{\mathrm{k}}} + \left(\frac{\widehat{v_{\mathrm{k}}}^{2}}{2}\Gamma_{\mathrm{k}} - \boldsymbol{M}_{\mathrm{k}}\cdot\widehat{\boldsymbol{v}_{\mathrm{k}}} + E_{\mathrm{k}}\right)\end{aligned} \tag{5.36}$$

在其中，除了标准的内能外，虚拟内能$\widehat{e_{\mathrm{k}}}$还包括湍动能。

在两相流分析中，焓方程是一个重要的方程，常被用来解决各种工程问题。因此，与式(5.31)同时存在，引入了一个虚拟焓$\widehat{h_{\mathrm{k}}}$

$$\widehat{h_{\mathrm{k}}} \equiv \widehat{i_{\mathrm{k}}} + \frac{\widehat{(v_{\mathrm{k}}')^{2}}}{2} = \widehat{e_{\mathrm{k}}} + \frac{\overline{\overline{p_{\mathrm{k}}}}}{\overline{\overline{\rho_{\mathrm{k}}}}} \tag{5.37}$$

将式(5.37)代入式(5.36)，得到

$$\frac{\partial\alpha_{\mathrm{k}}\overline{\overline{\rho_{\mathrm{k}}}}\widehat{h_{\mathrm{k}}}}{\partial t} + \nabla\cdot(\alpha_{\mathrm{k}}\overline{\overline{\rho_{\mathrm{k}}}}\widehat{h_{\mathrm{k}}}\widehat{\boldsymbol{v}_{\mathrm{k}}}) = -\nabla\cdot(\alpha_{\mathrm{k}}\overline{\overline{\boldsymbol{q}_{\mathrm{k}}}}) - \nabla\cdot\{\alpha_{\mathrm{k}}(\boldsymbol{q}_{\mathrm{k}}^{T} + \mathcal{T}_{\mathrm{k}}^{T}\cdot\widehat{\boldsymbol{v}_{\mathrm{k}}})\} + \frac{\mathrm{D}_{\mathrm{k}}(\alpha_{\mathrm{k}}\overline{\overline{p_{\mathrm{k}}}})}{\mathrm{D}t} + \alpha_{\mathrm{k}}(\overline{\overline{\mathcal{T}_{\mathrm{k}}}} + \mathcal{T}_{\mathrm{k}}^{T}):\nabla\widehat{\boldsymbol{v}_{\mathrm{k}}} + \left(\frac{\widehat{v_{\mathrm{k}}}^{2}}{2}\Gamma_{\mathrm{k}} - \boldsymbol{M}_{\mathrm{k}}\cdot\widehat{\boldsymbol{v}_{\mathrm{k}}} + E_{\mathrm{k}}\right) \tag{5.38}$$

式中，质点导数 D_k/Dt 是沿着 k 相的质心或以速度$\widehat{\boldsymbol{v}_k}$移动，因此有 $D_k/Dt = \partial/\partial t + \widehat{\boldsymbol{v}_k} \cdot \nabla$。由于湍流脉动的力学项与热力项之间的相互作用，这些热能方程非常复杂。然而，在许多实际的两相流问题中，传热和相变项控制着能量方程。在这种情况下，上述方程可以简化为简单形式。

从式(5.38)可以看出，热能方程中的界面传递具有特殊形式，由质量、动量和能量输运项的组合表示。因此定义

$$\Lambda_k \equiv \frac{\widehat{v_k}^2 \Gamma_k}{2} - \boldsymbol{M}_k \cdot \widehat{\boldsymbol{v}_k} + E_k \tag{5.39}$$

5.3 扩散(混合物)模型场方程

扩散(混合物)模型的基本概念是将混合物作为一个整体来考虑，因此应根据混合物的性质，写出混合物质量、动量和能量的守恒场方程。这 3 个宏观混合物守恒方程由一个考虑浓度变化的扩散方程来补充。

混合物连续性和扩散方程

由混合物一般守恒方程(5.16)，用 ρ_m 和 $\boldsymbol{v}_m$ 的定义，得到混合物的连续性方程

$$\frac{\partial \rho_m}{\partial t} + \nabla \cdot (\rho_m \boldsymbol{v}_m) = 0 \tag{5.40}$$

上面的方程与单相的连续性方程具有完全相同的形式。

以 α_1 表示的扩散方程可由式(5.21)和式(4.89)得到

$$\frac{\partial \alpha_1 \overline{\overline{\rho_1}}}{\partial t} + \nabla \cdot (\alpha_1 \overline{\overline{\rho_1}} \boldsymbol{v}_m) = \Gamma_1 - \nabla \cdot (\alpha_1 \overline{\overline{\rho_1}} \boldsymbol{V}_{1m}) \tag{5.41}$$

它有一个质量源项 Γ_1，因为它考虑了界面处的质量传递，该项仅在对连续性方程取时间平均后出现。另外，式(5.41)在右边有一个扩散项，其对流通量是由质心速度 $\boldsymbol{v}_m$ 表示的。

混合物动量方程

将混合物一般守恒方程(5.16)应用于动量守恒，得到

$$\frac{\partial \rho_m \boldsymbol{v}_m}{\partial t} + \nabla \cdot (\rho_m \boldsymbol{v}_m \boldsymbol{v}_m) = -\nabla p_m + \nabla \cdot (\overline{\mathcal{T}} + \mathcal{T}^D + \mathcal{T}^T) + \rho_m \boldsymbol{g}_m + \boldsymbol{M}_m \tag{5.42}$$

其中，

$$
\begin{aligned}
p_{\mathrm{m}} &= \sum_{k=1}^{2} \alpha_{\mathrm{k}} \overline{\overline{p_{\mathrm{k}}}} \\
\overline{\mathcal{T}} &= \sum_{k=1}^{2} \alpha_{\mathrm{k}} \overline{\overline{\mathcal{T}_{\mathrm{k}}}} \\
\mathcal{T}^{D} &= -\sum_{k=1}^{2} \alpha_{\mathrm{k}} \overline{\overline{\rho_{\mathrm{k}}}} \boldsymbol{V}_{\mathrm{km}} \boldsymbol{V}_{\mathrm{km}} \\
\mathcal{T}^{T} &= -\sum_{k=1}^{2} \alpha_{\mathrm{k}} \overline{\overline{\rho_{\mathrm{k}} \boldsymbol{v}_{\mathrm{k}}' \boldsymbol{v}_{\mathrm{k}}'}} \\
\boldsymbol{g}_{\mathrm{m}} &= \frac{\sum_{k=1}^{2} \alpha_{\mathrm{k}} \overline{\overline{\rho_{\mathrm{k}}}} \boldsymbol{g}_{\mathrm{k}}}{\rho_{\mathrm{m}}}
\end{aligned}
\tag{5.43}
$$

此外,界面动量源项 $\boldsymbol{M}_{\mathrm{m}}$ 由式(5.24)给出。$\overline{\mathcal{T}}$,$\mathcal{T}^{T}$ 和 $\mathcal{T}^{D}$ 等 3 个张量分别表示平均分子黏性应力、湍流应力和扩散应力。很显然,如果忽略表面张力项,则在混合物动量方程中就没有直接的界面项了。

混合物总能方程

混合物能量方程可由式(5.16)应用于总能量守恒方程得出,因此

$$
\begin{aligned}
&\frac{\partial}{\partial t}\left\{\rho_{\mathrm{m}}\left[e_{\mathrm{m}}+\left(\frac{v^{2}}{2}\right)_{\mathrm{m}}\right]\right\}+\nabla\cdot\left\{\rho_{\mathrm{m}}\left[e_{\mathrm{m}}+\left(\frac{v^{2}}{2}\right)_{\mathrm{m}}\right]\boldsymbol{v}_{\mathrm{m}}\right\} \\
&= -\nabla\cdot\left(\overline{\boldsymbol{q}}+\boldsymbol{q}^{D}+\boldsymbol{q}^{T}\right)-\nabla\cdot\left(p_{\mathrm{m}}\boldsymbol{v}_{\mathrm{m}}\right)+\nabla\cdot\left(\overline{\mathcal{T}}\cdot\boldsymbol{v}_{\mathrm{m}}\right)+ \\
&\quad \rho_{\mathrm{m}}\boldsymbol{g}_{\mathrm{m}}\cdot\boldsymbol{v}_{\mathrm{m}}+\sum_{k=1}^{2}\alpha_{\mathrm{k}}\overline{\overline{\rho_{\mathrm{k}}}}\boldsymbol{g}_{\mathrm{k}}\cdot\boldsymbol{V}_{\mathrm{km}}+E_{\mathrm{m}}
\end{aligned}
\tag{5.44}
$$

其中,

$$
\overline{\boldsymbol{q}} = \sum_{k=1}^{2} \alpha_{\mathrm{k}} \overline{\overline{\boldsymbol{q}_{\mathrm{k}}}} \tag{5.45}
$$

$$
\boldsymbol{q}^{T} = \sum_{k=1}^{2} \alpha_{\mathrm{k}} \boldsymbol{q}_{\mathrm{k}}^{T} = \sum_{k=1}^{2} \alpha_{\mathrm{k}} \left\{ \overline{\overline{\rho_{\mathrm{k}}\left(u_{\mathrm{k}}+\frac{v_{\mathrm{k}}^{2}}{2}\right)' \boldsymbol{v}_{\mathrm{k}}'}} - \overline{\overline{\mathcal{T}_{\mathrm{k}}\cdot\boldsymbol{v}_{\mathrm{k}}'}} \right\} \tag{5.46}
$$

$$
\boldsymbol{q}^{D} = \mathcal{J}^{D} - \sum_{k=1}^{2} \alpha_{\mathrm{k}} \overline{\overline{\mathcal{T}_{\mathrm{k}}}} \cdot \boldsymbol{V}_{\mathrm{km}} = \sum_{k=1}^{2} \alpha_{\mathrm{k}} \left\{ \overline{\overline{\rho_{\mathrm{k}}}} \left(\widehat{e_{\mathrm{k}}} + \frac{\widehat{v_{\mathrm{k}}^{2}}}{2} \right) \boldsymbol{V}_{\mathrm{km}} - \overline{\overline{\mathcal{T}_{\mathrm{k}}}} \cdot \boldsymbol{V}_{\mathrm{km}} \right\} \tag{5.47}
$$

此外,根据定义,有如下的混合物物性

$$
e_{\mathrm{m}} = \frac{\sum_{k=1}^{2} \alpha_{\mathrm{k}} \overline{\overline{\rho_{\mathrm{k}}}} \widehat{e_{\mathrm{k}}}}{\rho_{\mathrm{m}}} = \frac{\sum_{k=1}^{2} \alpha_{\mathrm{k}} \overline{\overline{\rho_{\mathrm{k}}}} \left(\widehat{u_{\mathrm{k}}} + \frac{\widehat{v_{\mathrm{k}}'^{2}}}{2} \right)}{\rho_{\mathrm{m}}} \tag{5.48}
$$

$$
\left(\frac{v^{2}}{2}\right)_{\mathrm{m}} = \frac{\sum_{k=1}^{2} \alpha_{\mathrm{k}} \overline{\overline{\rho_{\mathrm{k}}}} \frac{\widehat{v_{\mathrm{k}}^{2}}}{2}}{\rho_{\mathrm{m}}} = \frac{v_{\mathrm{m}}^{2}}{2} + \frac{\sum_{k=1}^{2} \alpha_{\mathrm{k}} \overline{\overline{\rho_{\mathrm{k}}}} \frac{V_{\mathrm{km}}^{2}}{2}}{\rho_{\mathrm{m}}} \tag{5.49}
$$

界面的能量源项 E_m 由式(5.29)给出。很重要的特例是当质量力场为常数时

$$\boldsymbol{g}_k = \widehat{\boldsymbol{g}_k} = \boldsymbol{g}_m = \boldsymbol{g} \tag{5.50}$$

这时体积力做功为零,因此有

$$\sum_{k=1}^{2} \alpha_k \overline{\overline{\rho_k}} \boldsymbol{g}_k \cdot \boldsymbol{V}_{km} = 0 \tag{5.51}$$

式中,使用了恒等式(4.94)。

因此,在常质量力的标准条件下,混合物总能方程简化为

$$\begin{aligned}&\frac{\partial}{\partial t}\left\{\rho_m\left[e_m + \left(\frac{v^2}{2}\right)_m\right]\right\} + \nabla\cdot\left\{\rho_m\left[e_m + \left(\frac{v^2}{2}\right)_m\right]\boldsymbol{v}_m\right\}\\&= -\nabla\cdot(\overline{\boldsymbol{q}} + \boldsymbol{q}^D + \boldsymbol{q}^T) - \nabla\cdot(p_m\boldsymbol{v}_m) + \nabla\cdot(\overline{\overline{\mathcal{T}}}\cdot\boldsymbol{v}_m) +\\&\rho_m\boldsymbol{g}_m\cdot\boldsymbol{v}_m + E_m\end{aligned} \tag{5.52}$$

可以看出,式(5.52)的形式与单相流的能量方程非常相似。差异表现在叠加的热通量,即湍流通量 $\boldsymbol{q}^T$ 和扩散通量 $\boldsymbol{q}^D$,以及界面体积源项 E_m。然而,混合物最有趣的特性可以在动能项式(5.49)中找到。从方程中可以看出,混合物总动能由质心动能加上两相扩散动能组成。还应记住,由于湍流动能与热效应的分离难度很大,因此它们已经包含在虚拟内能中。还应指出的是,如果忽略了表面张力效应,则界面项不会出现在混合物总能量方程中(如混合物动量方程)。

混合物热能方程

在单相流中,通过从总能量守恒方程中减去机械能方程,可以很容易地实现机械能和热能的分离。如果将湍流动能包含在虚拟热能中,正如在式(5.36)和式(5.37)中所做的那样,那么在两流体模型公式中也可以使用完全相同的方法。然而,在扩散模型公式中,由于扩散动能输运的存在,扩散模型更加复杂。因此,没有明确的方法来获得混合物相应的热能方程。下面,演示了两种不同的方法给出的不同结果。

第一种方法是从总能方程(5.44)中减去两个相的动能方程之和。这样可以消除扩散动能。因此,从式(5.35)和式(5.44)中,可以得到

$$\begin{aligned}&\frac{\partial\rho_m h_m}{\partial t} + \nabla\cdot(\rho_m h_m\boldsymbol{v}_m) = -\nabla\cdot(\overline{\boldsymbol{q}} + \boldsymbol{q}^T) -\\&\nabla\cdot\Big(\sum_{k=1}^{2}\alpha_k\overline{\overline{\rho_k}}\,\widehat{h_k}\boldsymbol{V}_{km}\Big) + \frac{\mathrm{D}}{\mathrm{D}t}p_m + \sum_{k=1}^{2}\alpha_k\overline{\overline{\mathcal{T}}}_k:\nabla\widehat{\boldsymbol{v}_k} +\\&\sum_{k=1}^{2}\Lambda_k + \sum_{k=1}^{2}\left\{\boldsymbol{V}_{km}\cdot\nabla(\alpha_k\overline{\overline{p_k}}) - \widehat{\boldsymbol{v}_k}\cdot\nabla\cdot(\alpha_k\mathcal{T}_k^T)\right\}\end{aligned} \tag{5.53}$$

根据定义,混合物的焓 h_m 为

$$h_{\mathrm{m}} \equiv \frac{\sum_{k=1}^{2} \alpha_{\mathrm{k}} \overline{\overline{\rho_{\mathrm{k}}}} \widehat{h_{\mathrm{k}}}}{\rho_{\mathrm{m}}} = \frac{\sum_{k=1}^{2} \alpha_{\mathrm{k}} \overline{\overline{\rho_{\mathrm{k}}}} \left(\widehat{i_{\mathrm{k}}} + \frac{\widehat{v_{\mathrm{k}}'^2}}{2} \right)}{\rho_{\mathrm{m}}} \tag{5.54}$$

与式(5.53)同样的方程也可以通过将各相的焓方程式(5.38)加起来得到。除最后一项外,方程的形式相当简单,但应该认识到,界面项 $\sum_{k=1}^{2} \Lambda_{\mathrm{k}}$ 涉及总能量和机械能之间的复杂交换。

结果表明,利用混合动能方程的质心速度 $\boldsymbol{v}_{\mathrm{m}}$,可以避免界面项的困难。然而,由此得到的热能方程有来自扩散动能的附加项。通过从方程(5.52)中减去混合物的机械能方程,即以 $\boldsymbol{v}_{\mathrm{m}}$ 点乘动量方程(5.42)得到

$$\begin{aligned} &\frac{\partial \rho_{\mathrm{m}} h_{\mathrm{m}}}{\partial t} + \nabla \cdot (\rho_{\mathrm{m}} h_{\mathrm{m}} \boldsymbol{v}_{\mathrm{m}}) = -\nabla \cdot (\overline{\boldsymbol{q}} + \boldsymbol{q}^{T}) - \nabla \cdot \left(\sum_{k=1}^{2} \alpha_{\mathrm{k}} \overline{\overline{\rho_{\mathrm{k}}}} \widehat{h_{\mathrm{k}}} \boldsymbol{V}_{\mathrm{km}} \right) + \frac{\mathrm{D} p_{\mathrm{m}}}{\mathrm{D} t} - \\ &\left\{ \rho_{\mathrm{m}} \frac{\mathrm{D}}{\mathrm{D} t} \left(\sum_{k=1}^{2} \frac{\alpha_{\mathrm{k}} \overline{\overline{\rho_{\mathrm{k}}}}}{\rho_{\mathrm{m}}} \frac{V_{\mathrm{km}}^{2}}{2} \right) + \nabla \cdot \sum_{k=1}^{2} \alpha_{\mathrm{k}} \overline{\overline{\rho_{\mathrm{k}}}} \frac{V_{\mathrm{km}}^{2}}{2} \boldsymbol{V}_{\mathrm{km}} \right\} + \\ &(\overline{\mathscr{T}} + \mathscr{T}^{D}) : \nabla \boldsymbol{v}_{\mathrm{m}} + (E_{\mathrm{m}} - M_{\mathrm{m}} \cdot \boldsymbol{v}_{\mathrm{m}}) - \boldsymbol{v}_{\mathrm{m}} \cdot (\nabla \cdot \mathscr{T}^{T}) + \nabla \cdot \left(\sum_{k=1}^{2} \alpha_{\mathrm{k}} \mathscr{T}_{\mathrm{k}} \cdot \boldsymbol{V}_{\mathrm{km}} \right) \end{aligned} \tag{5.55}$$

考虑到这两个热能方程,即式(5.53)和式(5.55),可以得出结论:由于各相相对于质心的扩散,混合物能量传递非常复杂。两个方程右边的形式表明,如果扩散产生的力学项影响很重要,那么扩散(或混合物)模型的本构关系就不可能简单。因此在这种情况下,两流体模型可能更合适。然而,在大多数具有大量热输入的两相问题中,这些扩散的力学效应是微不足道的。唯一需要考虑的重要影响是由于相变焓差(即潜热)很大而导致的热能扩散输运。

5.4　$\boldsymbol{v}_{\mathrm{ni}} = 0$ 时的奇异情况(准静态界面)

在前面的分析中,假设界面位移速度 v_{ni} 非零,而在实际情况中,孤立奇点处可以为零。例如,当一个界面静止的或界面上运动与它完全相切时,就会发生这种情况。由于 $v_{\mathrm{ni}}=0$ 是守恒方程中所有界面项(如 I_{k} 和 I_{m})的一个重要奇点,因此需要对它进行详细的研究。

关于这个奇点,首先引入单位体积的界面面积浓度。当只考虑一个界面时可以给出

$$a_{\mathrm{ij}} = \frac{1}{L_{\mathrm{j}}} = \frac{1}{\Delta t} \lim_{\delta \to 0} \frac{2\varepsilon_{\mathrm{j}}}{\delta} = \frac{1}{\Delta t} \left(\frac{1}{v_{\mathrm{ni}}} \right)_{\mathrm{j}} \tag{5.56}$$

则总的界面面积浓度为

$$a_{\mathrm{i}} = \frac{1}{L_{\mathrm{S}}} = \frac{1}{\Delta t}\lim_{\delta\to 0}\int_{[\Delta t]_{\mathrm{S}}}\frac{1}{\delta}\mathrm{d}t = \frac{1}{\Delta t}\sum_{j}\left(\frac{1}{v_{\mathrm{ni}}}\right)_{\mathrm{j}} = \sum_{j}\frac{1}{L_{\mathrm{j}}} = \sum_{j}\frac{1}{a_{\mathrm{ij}}} \tag{5.57}$$

界面面积浓度的倒数具有长度的单位,对于单个界面和组合界面,分别用 L_{j} 和 L_{S} 表示。a_{ij}是 j 界面的面积浓度。注意,与分子平均自由程和混合长度相比,总界面长度尺度 L_{S} 具有重要的物理意义。因此,场方程出现的所有界面项 I_{k} 和 I_{m} 表示每个界面的贡献,用 a_{ij}作为加权因子。该情况在方程(5.13)和方程(5.14)中可以清楚看到。此外,时间分数 α_{k} 的导数与面积浓度密切相关,如式(4.61)式和式(4.62)。应注意界面面积浓度 a_{i} 或长度尺度 L_{S} 的重要性。界面面积对单位体积的界面有物理意义,是影响界面传递的最重要的几何因素。由 L_{S} 给出的 a_{i} 的倒数是两相流的内部长度尺度。在第 10 章将详细讨论这个变量。

现在回到 $v_{\mathrm{ni}} = 0$ 的奇异情况。由式(5.56)和式(5.57)可知,在这种情况下,传输长度 L_{S} 也变为奇异点,因此失去了物理意义。因此,守恒方程中的所有界面项 I_{k} 和 I_{m} 都是奇异的,时间分数 α_{s} 或其导数可能会出现不连续性。为了解决这个问题,首先注意到 α_{s} 是界面的时间分数,根据式(4.14),$v_{\mathrm{ni}} \neq 0$ 的情况对应于 $\alpha_{\mathrm{s}} = 0$ 的情况。此外,如果界面 v_{n} 的法向速度为零,那么它可能在某一有限时间内保持在 x_0 的点。所以有

$$\alpha_{\mathrm{S}} = \frac{\Delta t_{\mathrm{S}}}{\Delta t} \geqslant 0 \tag{5.58}$$

式中,Δt_{S} 为在总时间 Δt 内界面占据的总时间。因此有

$$\Delta t = \Delta t_{\mathrm{S}} + \sum_{k=1}^{2}\Delta t_{\mathrm{k}} \tag{5.59}$$

或者用实际份额方法来表达为

$$1 = \alpha_{\mathrm{S}} + \alpha_1 + \alpha_2 \tag{5.60}$$

也就是说,识别出两种不同的奇点情况,即

① $v_{\mathrm{ni}} = 0, \alpha_{\mathrm{S}} = 0$;

② $v_{\mathrm{ni}} = 0, \alpha_{\mathrm{S}} > 0$。

如 α_{k} 的定义那样,情况 1 不会在 α_{k} 中带来不连续性,而只是存在于基于微观角度的导数中。然而,4.3 节已经介绍了关于平均值平滑性的基本假设,当涉及宏观问题时,应忽略这些微观奇点。因此,除非界面在有限的时间间隔内驻留在一个点,否则该场可以认为处于两个连续体内,其界面输运和源项分别为 I_{k} 和 I_{m}。因此,只有当 $\alpha_{\mathrm{S}} > 0$ 时,界面的奇异表面才会出现在宏观公式中。

上述讨论也清楚表明,式(5.13)和式(5.14)给出的界面项 I_{k} 和 I_{m} 不是宏观公式中使用的本构关系。这些方程仍然保留了不应出现在平均公式中的局瞬变量的所有细节。因此,有必要用宏观变量来变换这些方程。

注意,由第二种情况表示的宏观界面最容易以固定界面(如实墙)为例来说明。

由于 $\alpha_S > 0$ 不可能考虑体积守恒方程的平均值，因此宏观守恒的正确形式只是 Δt 时间间隔内跳跃条件的时间平均值。所以有

$$\frac{1}{\Delta t}\lim_{\delta\to 0}\int_{[\Delta t]_S}(B_S\delta)\,dt = 0 \tag{5.61}$$

在一般的两相流中，情况 2 对应于 α_k 中的不连续性，因此，可以将其视为浓度激波，如式(4.61)和式(4.62)。对于大多数的流场，假设它是连续的。由于时间平均宏观公式适用于这类两相流，因此在大多数应用中可以忽略这些界面奇异性。

5.5　宏观跳跃条件

在前一节中，讨论了与准稳态界面有关的奇点。现在研究时间平均场中与宏观激波不连续性有关的重要奇点。分析的基本部分可与 2.2 节平行进行，已推导出界面处的标准跳跃条件。

在单相流和两相流中，各种性质会发生极大变化。它可以用压缩性效应引起的激波或混合物中的浓度激波作为例子。这些区域中有很高的梯度，需要特别考虑其本构定律，以便将其视为连续介质力学的问题。然而，正如 2.2 节中所提到的那样，对于大多数实际的流动问题，用跳跃条件下的不连续面替换这些区域，可以得到足够精确的模型。因此，在本节中，推导了宏观跳跃条件，作为平均场中不连续面的守恒方程。通过将时间平均宏观场视为一个连续体，可以直接应用 2.2 节的分析结果。如图 5.1 所示，表面速度 U 与式(2.49)和式(2.50)中的 v_i 类似，因此其法向分量是表面位移速度，而其切向分量是厚度为 δ 区域内的平均混合物切向速度。用 + 和 − 分别表示该区域的两侧，由式(2.64)得到

$$\begin{aligned}&\frac{d_s}{dt}(\rho_{ma}\psi_{ms}) + \rho_{ma}\psi_{ms}\nabla_s\cdot U\\&= \sum_{+,-}[\rho_m\psi_m\boldsymbol{n}\cdot(\boldsymbol{v}_m-\boldsymbol{U})+\boldsymbol{n}\cdot\mathbb{J}_m] - \\&g_{ln}A^{\alpha\beta}(t_\alpha^n\,\mathbb{J}^l_{ma}\cdot)_{,\beta} + \rho_{ma}\phi_{ms} + I_{ma}\end{aligned} \tag{5.62}$$

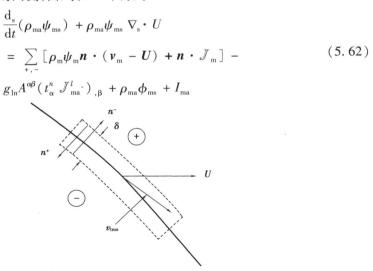

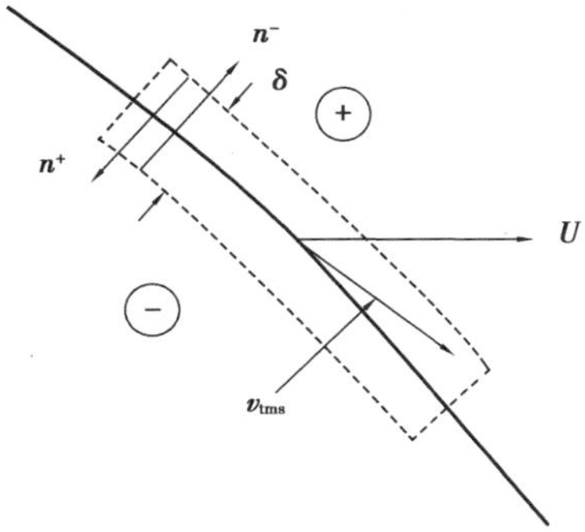

图 5.1　宏观不连续条件(Ishii，1975)

当求和符号代表界面的两边时，下标 a 和 s 分别表示由式(2.45)—式(2.54)定义区域的平均值及有标准含义的表面导数。式(5.62)是激波区域 ψ_m 的守恒关系。方程的左侧考虑了该区域量 ψ_m 的变化，右侧的各项分别表示：来自主流流体的通量、来自厚度为 δ 的外沿的通量、体积源项和界面源项。

很明显，对于两相中的各相也可得到类似于式(5.62)的守恒方程，因此有

$$\frac{\mathrm{d}_s}{\mathrm{d}t}\{(\alpha_k\overline{\overline{\rho_k}})_a\widehat{\psi_{ks}}\}+(\alpha_k\overline{\overline{\rho_k}})_a\widehat{\psi_{ks}}\nabla_s\cdot\boldsymbol{U}$$
$$=\sum_{+,-}\{\alpha_k\overline{\overline{\rho_k}}\widehat{\psi_k}\boldsymbol{n}\cdot(\widehat{\boldsymbol{v}_k}-\boldsymbol{U})+\boldsymbol{n}\cdot[\alpha_k(\overline{\overline{\mathscr{J}_k}}+\mathscr{J}_k^T)]\}-\tag{5.63}$$
$$g_{\ln}A^{\alpha\beta}(t_\alpha^n\mathscr{J}_{ka}^{l*})_{,\beta}+(\alpha_k\overline{\overline{\rho_k}})_a\widehat{\phi_{ks}}+I_{ka}$$

根据该区域平均值的定义，很容易证明，如果对两相的式(5.63)中的每一项求和，则所得的各项成为式(5.62)中的混合物各项。

由于式(5.62)和式(5.63)引入了与不连续性有关的新变量，即表面性质和线通量，因此有必要对这些项作一些具体假设或给出足够的本构定律。考虑到 $\delta\to 0$ 的极限，并忽略激波的表面能和相关的热力学张力，可以得到一个简单且有实际意义的结果。在这种情况下，对于混合物有

$$\sum_{+,-}[\rho_m\psi_m\boldsymbol{n}\cdot(\boldsymbol{v}_m-\boldsymbol{U})+\boldsymbol{n}\cdot\mathscr{J}_m]+I_{ma}=0\tag{5.64}$$

而对于各相，当 $k=1$ 和 2 时

$$\sum_{+,-}\{\alpha_k\overline{\overline{\rho_k}}\widehat{\psi_k}\boldsymbol{n}\cdot(\widehat{\boldsymbol{v}_k}-\boldsymbol{U})+\boldsymbol{n}\cdot\alpha_k(\overline{\overline{\mathscr{J}_k}}+\mathscr{J}_k^T)\}+I_{ka}=0\tag{5.65}$$

这里，注意 I_{ma} 和 I_{ka} 的重要性，它们允许在激波层内交换质量、动量和能量。忽略这些项不正确，它们表现为体积源项。根据表达它们的本构定律，有可能以通量的形式存在。此外，从物理角度来看，由于两相激波层处于严重非平衡状态，因此在宏观跳跃条件下存在这些界面传递项 I_{ka} 很自然。

5.6 宏观场方程和跳跃条件的总结

对于混合物和各相的场方程由式(5.16)和式(5.17)表示

$$\frac{\partial\rho_m\psi_m}{\partial t}+\nabla\cdot(\rho_m\psi_m\boldsymbol{v}_m)=-\nabla\cdot\mathscr{J}_m+\rho_m\phi_m+I_m\tag{5.16}$$

和

$$\frac{\partial\alpha_k\overline{\overline{\rho_k}}\widehat{\psi_k}}{\partial t}+\nabla\cdot(\alpha_k\overline{\overline{\rho_k}}\widehat{\psi_k}\widehat{\boldsymbol{v}_k})=-\nabla\cdot[\alpha_k(\overline{\overline{\mathscr{J}}}+\mathscr{J}_k^T)]+\alpha_k\overline{\overline{\rho_k}}\widehat{\phi_k}+I_k\tag{5.17}$$

混合物总通量定义为

$$\mathscr{J}_{\mathrm{m}} \equiv \overline{\mathscr{J}} + \mathscr{J}^{D} + \mathscr{J}^{T} \tag{5.15}$$

其中,

$$\overline{\mathscr{J}} = \sum_{k=1}^{2} \alpha_{\mathrm{k}} \overline{\overline{\mathscr{J}_{\mathrm{k}}}} \tag{4.24}$$

$$\mathscr{J}^{D} \equiv \sum_{k=1}^{2} \alpha_{\mathrm{k}} \overline{\overline{\rho_{\mathrm{k}}}} \widehat{\psi_{\mathrm{k}}} \boldsymbol{V}_{\mathrm{km}} \tag{4.103}$$

$$\mathscr{J}^{T} = \sum_{k=1}^{2} \alpha_{\mathrm{k}} \mathscr{J}_{\mathrm{k}}^{T} \equiv \sum_{k=1}^{2} \alpha_{\mathrm{k}} \overline{\overline{\rho_{\mathrm{k}} \psi'_{\mathrm{k}} \boldsymbol{v}'_{\mathrm{k}}}} \tag{4.105}$$

界面输运条件为

$$I_{\mathrm{m}} = \sum_{k=1}^{2} I_{\mathrm{k}} \tag{5.18}$$

在激波时宏观跳跃条件的简化形式为

$$\sum_{+,-} [\rho_{\mathrm{m}} \psi_{\mathrm{m}} \boldsymbol{n} \cdot (\boldsymbol{v}_{\mathrm{m}} - \boldsymbol{U}) + \boldsymbol{n} \cdot \mathscr{J}_{\mathrm{m}}] + I_{\mathrm{ma}} = 0 \tag{5.64}$$

和

$$\sum_{+,-} \{\alpha_{\mathrm{k}} \overline{\overline{\rho_{\mathrm{k}}}} \widehat{\psi_{\mathrm{k}}} \boldsymbol{n} \cdot (\widehat{\boldsymbol{v}_{\mathrm{k}}} - \boldsymbol{U}) + \boldsymbol{n} \cdot \alpha_{\mathrm{k}} (\overline{\overline{\mathscr{J}_{\mathrm{k}}}} + \mathscr{J}_{\mathrm{k}}^{T})\} + I_{\mathrm{ka}} = 0 \tag{5.65}$$

$\boldsymbol{n}$(包括+和-两面)为表面两侧外法线单位向量,$\boldsymbol{U}$ 表示激波表面速度。

5.7 湍流热流密度的替代表示法

在5.3和5.4节中,能量方程基于由式(5.30)定义的湍流热流密度来导出的。在这里湍流热流密度可能表达为如下的形式

$$\boldsymbol{q}_{\mathrm{k}}^{T} \equiv \overline{\overline{\rho_{\mathrm{k}} \left\{ u'_{\mathrm{k}} + \left(\frac{v_{\mathrm{k}}^{2}}{2} \right)' \right\} \boldsymbol{v}'_{\mathrm{k}} - \mathscr{T}_{\mathrm{k}} \cdot \boldsymbol{v}'_{\mathrm{k}}}} \tag{5.30$'$}$$

然后,可以将滞止内能方程(5.32)、内能方程(5.36)和滞止焓方程(5.38)分别重写为

$$\frac{\partial}{\partial t}\left[\alpha_{\mathrm{k}} \overline{\overline{\rho_{\mathrm{k}}}} \left(\widehat{e_{\mathrm{k}}} + \frac{\widehat{v_{\mathrm{k}}^{2}}}{2} \right)\right] + \nabla \cdot \left[\alpha_{\mathrm{k}} \overline{\overline{\rho_{\mathrm{k}}}} \left(\widehat{e_{\mathrm{k}}} + \frac{\widehat{v_{\mathrm{k}}^{2}}}{2} \right) \widehat{\boldsymbol{v}_{\mathrm{k}}}\right] = -\nabla \cdot [\alpha_{\mathrm{k}} (\overline{\overline{\boldsymbol{q}_{\mathrm{k}}}} + \boldsymbol{q}_{\mathrm{k}}^{T})] -$$
$$\nabla \cdot (\alpha_{\mathrm{k}} \overline{\overline{p_{\mathrm{k}}}} \widehat{\boldsymbol{v}_{\mathrm{k}}}) + \nabla \cdot [\alpha_{\mathrm{k}} (\overline{\overline{\mathscr{T}_{\mathrm{k}}}} + \mathscr{T}_{\mathrm{k}}^{T}) \cdot \widehat{\boldsymbol{v}_{\mathrm{k}}}] + \alpha_{\mathrm{k}} \overline{\overline{\rho_{\mathrm{k}}}} \widehat{\boldsymbol{g}_{\mathrm{k}}} \cdot \widehat{\boldsymbol{v}_{\mathrm{k}}} + E_{\mathrm{k}} \tag{5.32$'$}$$

$$\frac{\partial \alpha_{\mathrm{k}} \overline{\overline{\rho_{\mathrm{k}}}} \widehat{e_{\mathrm{k}}}}{\partial t} + \nabla \cdot (\alpha_{\mathrm{k}} \overline{\overline{\rho_{\mathrm{k}}}} \widehat{e_{\mathrm{k}}} \widehat{\boldsymbol{v}_{\mathrm{k}}}) = -\nabla \cdot (\alpha_{\mathrm{k}} \overline{\overline{\boldsymbol{q}_{\mathrm{k}}}}) - \nabla \cdot (\alpha_{\mathrm{k}} \boldsymbol{q}_{\mathrm{k}}^{T}) -$$
$$\alpha_{\mathrm{k}} \overline{\overline{p_{\mathrm{k}}}} \nabla \cdot \widehat{\boldsymbol{v}_{\mathrm{k}}} + \alpha_{\mathrm{k}} (\overline{\overline{\mathscr{T}_{\mathrm{k}}}} + \mathscr{T}_{\mathrm{k}}^{T}) : \nabla \widehat{\boldsymbol{v}_{\mathrm{k}}} + \tag{5.36$'$}$$
$$\left[\Gamma_{\mathrm{k}} \widehat{h_{\mathrm{ki}}} + \frac{\overline{\overline{q''_{\mathrm{ki}}}}}{L_{\mathrm{s}}} + W_{\mathrm{ki}}^{T} + (\boldsymbol{M}_{\mathrm{k}} - \Gamma_{\mathrm{k}} \widehat{\boldsymbol{v}_{\mathrm{ki}}}) \cdot (\widehat{\boldsymbol{v}_{\mathrm{ki}}} - \widehat{\boldsymbol{v}_{\mathrm{k}}})\right] - p_{\mathrm{ki}} \left[\frac{\partial \alpha_{\mathrm{k}}}{\partial t} + \widehat{\boldsymbol{v}_{\mathrm{ki}}} \cdot \nabla \alpha_{\mathrm{k}}\right]$$

$$\frac{\partial \alpha_k \overline{\overline{\rho_k}}\widehat{h_k}}{\partial t}+\nabla\cdot(\alpha_k\overline{\overline{\rho_k}}\widehat{h_k}\widehat{\boldsymbol{v}_k})=-\nabla\cdot(\alpha_k\overline{\overline{\boldsymbol{q}_k}})-\nabla\cdot(\alpha_k\boldsymbol{q}_k^T)+$$
$$\frac{D_k(\alpha_k\overline{\overline{p_k}})}{Dt}+\alpha_k(\overline{\overline{\mathcal{T}}}_k+\mathcal{T}_k^T):\nabla\widehat{\boldsymbol{v}_k}+\left(\frac{\widehat{v_k}^2}{2}\Gamma_k-\boldsymbol{M}_k\cdot\widehat{\boldsymbol{v}_k}+E_k\right) \tag{5.38)'$$

还可以将混合物总能方程(5.44)及混合物滞止焓方程(5.53)重写为

$$\frac{\partial}{\partial t}\left\{\rho_m\left[e_m+\left(\frac{v^2}{2}\right)_m\right]\right\}+\nabla\cdot\left\{\rho_m\left[e_m+\left(\frac{v^2}{2}\right)_m\right]\boldsymbol{v}_m\right\}$$
$$=-\nabla\cdot(\bar{\boldsymbol{q}}+\boldsymbol{q}^D+\boldsymbol{q}^T)-\nabla\cdot(p_m\boldsymbol{v}_m)+\nabla\cdot\{(\overline{\mathcal{T}}+\mathcal{T}^T)\cdot\boldsymbol{v}_m\}+ \tag{5.44)'$$
$$\rho_m\boldsymbol{g}_m\cdot\boldsymbol{v}_m+\sum_{k=1}^{2}\alpha_k\overline{\overline{\rho_k}}\boldsymbol{g}_k\cdot\boldsymbol{V}_{km}+E_m$$

其中有

$$\boldsymbol{q}^T=\sum_{k=1}^{2}\alpha_k\boldsymbol{q}_k^T=\sum_{k=1}^{2}\alpha_k\left\{\overline{\overline{\rho_k\left\{u_k'+\left(\frac{v_k^2}{2}\right)'\right\}\boldsymbol{v}_k'}}-\overline{\overline{\mathcal{T}_k\cdot\boldsymbol{v}_k'}}\right\} \tag{5.46)'$$

$$\boldsymbol{q}^D=\mathbb{J}^D-\sum_{k=1}^{2}\alpha_k\overline{\overline{\mathbb{T}_k}}\cdot\boldsymbol{V}_{km}=\sum_{k=1}^{2}\alpha_k\left\{\overline{\overline{\rho_k}}\left(\widehat{e_k}+\frac{\widehat{v_k}^2}{2}\right)\boldsymbol{V}_{km}-(\overline{\overline{\mathbb{T}_k}}+\mathcal{T}_k^T)\cdot\boldsymbol{V}_{km}\right\} \tag{5.47)'$$

$$\frac{\partial\rho_m h_m}{\partial t}+\nabla\cdot(\rho_m h_m\boldsymbol{v}_m)=-\nabla\cdot(\bar{\boldsymbol{q}}+\boldsymbol{q}^T)-\nabla\cdot\left(\sum_{k=1}^{2}\alpha_k\overline{\overline{\rho_k}}\widehat{h_k}\boldsymbol{V}_{km}\right)+$$
$$\frac{D}{Dt}p_m+\sum_{k=1}^{2}\alpha_k(\overline{\overline{\mathcal{T}}}_k+\mathcal{T}_k^T):\nabla\widehat{\boldsymbol{v}_k}+\sum_{k=1}^{2}\Lambda_k+\sum_{k=1}^{2}\{\boldsymbol{V}_{km}\cdot\nabla(\alpha_k\overline{\overline{p_k}})\} \tag{5.53)'$$

相应地,式(5.52)和式(5.55)可分别重写为

$$\frac{\partial}{\partial t}\left\{\rho_m\left[e_m+\left(\frac{v^2}{2}\right)_m\right]\right\}+\nabla\cdot\left\{\rho_m\left[e_m+\left(\frac{v^2}{2}\right)_m\right]\boldsymbol{v}_m\right\}$$
$$=-\nabla\cdot(\bar{\boldsymbol{q}}+\boldsymbol{q}^D+\boldsymbol{q}^T)-\nabla\cdot(p_m\boldsymbol{v}_m)+ \tag{5.52)'$$
$$\nabla\cdot\{(\overline{\mathcal{T}}+\mathcal{T}_k^T)\cdot\boldsymbol{v}_m\}+\rho_m\boldsymbol{g}_m\cdot\boldsymbol{v}_m+E_m$$

$$\frac{\partial\rho_m h_m}{\partial t}+\nabla\cdot(\rho_m h_m\boldsymbol{v}_m)=-\nabla\cdot(\bar{\boldsymbol{q}}+\boldsymbol{q}^T)-\nabla\cdot\left(\sum_{k=1}^{2}\alpha_k\overline{\overline{\rho_k}}\widehat{h_k}\boldsymbol{V}_{km}\right)+\frac{Dp_m}{Dt}-$$
$$\left\{\rho_m\frac{D}{Dt}\left(\sum_{k=1}^{2}\frac{\alpha_k\overline{\overline{\rho_k}}}{\rho_m}\frac{V_{km}^2}{2}\right)+\nabla\cdot\sum_{k=1}^{2}\alpha_k\overline{\overline{\rho_k}}\frac{V_{km}^2}{2}\boldsymbol{V}_{km}\right\}+ \tag{5.55)'$$
$$(\overline{\mathcal{T}}+\mathcal{T}^T+\mathcal{T}^D):\nabla\boldsymbol{v}_m+(E_m-\boldsymbol{M}_m\cdot\boldsymbol{v}_m)+\nabla\cdot\left\{\sum_{k=1}^{2}\alpha_k(\overline{\overline{\mathcal{T}}}_k+\mathcal{T}^T)\cdot\boldsymbol{V}_{km}\right\}$$

利用式(5.30)′等湍流热流密度的替代定义,能量方程变得对应力张量项对称。用式(5.30)′定义的能量方程与用式(5.30)定义的能量方程相同。然而,用式

(5. 30)′定义的能量方程可能存在争议而产生误导。例如，如$\mathcal{T}_{\mathrm{k}}^{T}:\nabla\widehat{\boldsymbol{v}_{\mathrm{k}}}$等由湍流应力引起的视在能量耗散项出现在式(5. 36)′的内能方程中。由于该项是由对流或湍流引起的，它可能取负值或正值。因此，由于湍流功引起的项不应视为能量耗散，而应始终取正值。为了使因湍流功引起的项始终为正，可以对熵不等式施加一些附加约束。因此，利用式(5. 30)′定义的能量方程来解释不可逆热力学是存疑的。

第 6 章　与其他统计平均的关系

6.1　欧拉统计平均(系综平均)

在第 3 章中已讨论过欧拉统计平均的基本概念。通过考察一组 N 个相似的样本或系统,统计平均值由一个简单的算术平均式(3.7)来定义。因此,在统计平均中,时间平均的积分数学运算应该被求和的数学运算所代替。很明显,基于统计平均的场论的整个推导可以在第 4 章和第 5 章并行进行,只需将有限统计平均算符(3.7)替换为时间平均算符(3.2)就可以了。

最重要的参数是 N_k 和 N_S,它们分别表示界面厚度为 δ 时 k 相和界面的出现次数。则空泡份额可定义为取极限 $\delta \to 0$ 时的 N_k 与 N 的比值。通用函数 $(F)_n$ 和 $(F_k)_n$ 可在时空域中与式(4.8)相类比。

由于统计平均方程的推导步骤与时间平均方程的推导步骤完全相同,因此只列出它们之间最重要的特征关系。在表 6.1 中,可以看到平均的 4 个基本参数,即空泡份额 α_k、两相一般性函数 F 的平均值、k 相通用函数 F_k 的平均值、单位体积内的界面面积浓度。

表 6.1　时间平均和统计平均之间的关系

变量	时间平均	统计平均
α_k	$\dfrac{\Delta t_k}{\Delta t}$	$\lim\limits_{\delta \to 0} \dfrac{N_k}{N}$
$\overline{F}$	$\lim\limits_{\delta \to 0} \dfrac{1}{\Delta t} \int_{[\Delta t]_T} F \mathrm{d}t$	$\lim\limits_{\delta \to 0} \dfrac{1}{N} \sum\limits_n (F)_n$
$\overline{F_k}$	$\lim\limits_{\delta \to 0} \dfrac{1}{\Delta t} \int_{[\Delta t]_T} F_k \mathrm{d}t$	$\lim\limits_{\delta \to 0} \dfrac{1}{N} \sum\limits_n (F_k)_n$
a_i	$\lim\limits_{\delta \to 0} \dfrac{1}{\Delta t} \int_{[\Delta t]_T} \dfrac{1}{\delta} \mathrm{d}t$	$\lim\limits_{\delta \to 0} \dfrac{1}{N} \sum\limits_n \left(\dfrac{1}{\delta}\right)$

很明显,式(5.16)和式(5.17)形式的一般性守恒方程可以通过应用于一组 N 个相似样本的统计平均得到。注意,时间和统计平均值之间的重要差异并不在于守恒方程的结果形式中,而是在于与实际流动有关的变量内涵中,正如3.3节中所详细讨论的那样。

6.2 玻尔兹曼统计平均

由于玻尔兹曼统计平均法在各种平均方法中的独特性,详细讨论应用于两相流系统的玻尔兹曼统计平均。首先,注意 $f(\boldsymbol{x},t,\boldsymbol{\xi})$ 是颗粒密度函数,其中 $\boldsymbol{x}$、t 和 $\boldsymbol{\xi}$ 分别代表颗粒的位置、时间和速度。在气体动力学理论的分析中,认为每个组分的颗粒质量是常数,它代表分子质量。然而,在两相高弥散流的应用中,有必要假设颗粒质量变化。因此,要考虑颗粒质量可变,定义颗粒密度函数为

$$f_{\mathrm{kn}} = f_{\mathrm{kn}}(\boldsymbol{x},t,\boldsymbol{\xi}) \tag{6.1}$$

式中,f_{kn}是质量为 m_{kn}的k相颗粒的颗粒密度函数。可以说,m_{kn}是单分子质量的倍数。相空间单元 $\mathrm{d}\boldsymbol{x}\mathrm{d}\boldsymbol{\xi}$ 在 $\boldsymbol{x}$ 处速度为 $\boldsymbol{\xi}$ 的k相颗粒总数由下式得出:

$$\sum_n f_{\mathrm{kn}}(\boldsymbol{x},t,\boldsymbol{\xi})\,\mathrm{d}\boldsymbol{x}\mathrm{d}\boldsymbol{\xi} \tag{6.2}$$

引入外力场 $\boldsymbol{g}_{\mathrm{k}}$,考虑颗粒数平衡,可以得到 m_{kn}颗粒的玻尔兹曼方程为

$$\frac{\partial f_{\mathrm{kn}}}{\partial t} + \frac{\partial}{\partial \boldsymbol{x}}\cdot(\boldsymbol{\xi} f_{\mathrm{kn}}) + \frac{\partial}{\partial \boldsymbol{\xi}}\cdot(\boldsymbol{g}_{\mathrm{kn}} f_{\mathrm{kn}}) = C_{\mathrm{kn}}^{+} - C_{\mathrm{kn}}^{-} \tag{6.3}$$

式中,C_{kn}^{+}和 C_{kn}^{-}分别为源项和汇项,即由颗粒质量变化和碰撞导致颗粒中进入或流出相元 $\mathrm{d}\boldsymbol{\xi}$ 引起的 m_{kn}颗粒的增加和减少。如果 $\boldsymbol{g}_{\mathrm{kn}}$与速度无关,则有

$$\frac{\partial f_{\mathrm{kn}}}{\partial t} + \boldsymbol{\xi}\cdot\frac{\partial f_{\mathrm{kn}}}{\partial \boldsymbol{x}} + \boldsymbol{g}_{\mathrm{kn}}\cdot\frac{\partial f_{\mathrm{kn}}}{\partial \boldsymbol{\xi}} = C_{\mathrm{kn}}^{+} - C_{\mathrm{kn}}^{-} \tag{6.4}$$

上述用麦克斯韦二元碰撞积分的简单模型表示的碰撞项的玻尔兹曼输运方程称为**麦克斯韦-玻尔兹曼方程**,它是气体动力学理论的基础。类似的方法也可用于中子输运问题中。

m_{kn}质量颗粒的分密度由下式得出:

$$\rho_{\mathrm{kn}} = \int m_{\mathrm{kn}} f_{\mathrm{kn}}\,\mathrm{d}\boldsymbol{\xi} \tag{6.5}$$

因此,基于概率函数 f_{kn}的数学期望值可以定义为

$$\widehat{\psi_{\mathrm{kn}}}(\boldsymbol{x},t) = \frac{\int m_{\mathrm{kn}} f_{\mathrm{kn}} \psi_{\mathrm{kn}}\,\mathrm{d}\boldsymbol{\xi}}{\int m_{\mathrm{kn}} f_{\mathrm{kn}}\,\mathrm{d}\boldsymbol{\xi}} \tag{6.6}$$

因为总质量为各颗粒之和,k相的分密度为

$$\overline{\rho_{\mathrm{k}}} = \sum_n \rho_{\mathrm{kn}} = \sum_n \int m_{\mathrm{kn}} f_{\mathrm{kn}} \mathrm{d}\boldsymbol{\xi} \tag{6.7}$$

因此,质量加权平均值的定义为:

$$\widehat{\psi_{\mathrm{k}}}(\boldsymbol{x},t) = \frac{\sum_n \int m_{\mathrm{kn}} f_{\mathrm{kn}} \psi_{\mathrm{kn}} \mathrm{d}\boldsymbol{\xi}}{\sum_n \int m_{\mathrm{kn}} f_{\mathrm{kn}} \mathrm{d}\boldsymbol{\xi}} = \frac{\sum_n \rho_{\mathrm{kn}} \widehat{\psi_{\mathrm{kn}}}}{\overline{\rho_{\mathrm{k}}}} \tag{6.8}$$

用$\widehat{\boldsymbol{v}_{\mathrm{k}}}$表示平均速度,每个颗粒的本动速度由下式给出:

$$V_{\mathrm{kn}} = \boldsymbol{\xi}_{\mathrm{kn}} - \widehat{\boldsymbol{v}_{\mathrm{k}}} \tag{6.9}$$

如果将式(6.4)麦克斯韦-玻尔兹曼输运方程乘以 $m_{\mathrm{kn}}\psi_{\mathrm{kn}}$,将其在相速度 $\boldsymbol{\xi}$ 上积分,然后对 k 相的各种颗粒求和,就得到了以平均值表示的**麦克斯韦输运方程**。因此有,

$$\frac{\partial}{\partial t}(\overline{\rho_{\mathrm{k}}}\,\widehat{\psi_{\mathrm{k}}}) + \nabla\cdot(\overline{\rho_{\mathrm{k}}}\,\widehat{\psi_{\mathrm{k}}}\,\widehat{\boldsymbol{v}_{\mathrm{k}}}) = -\nabla\cdot\sum_n \rho_{\mathrm{kn}} \widehat{\psi_{\mathrm{kn}} \boldsymbol{V}_{\mathrm{kn}}} - \sum_n \int m_{\mathrm{kn}} \psi_{\mathrm{kn}} \boldsymbol{g}_{\mathrm{kn}} \cdot \frac{\partial f_{\mathrm{kn}}}{\partial \boldsymbol{\xi}} \mathrm{d}\boldsymbol{\xi} + \sum_n \int m_{\mathrm{kn}} f_{\mathrm{kn}} \left[\frac{\partial \psi_{\mathrm{kn}}}{\partial t} + \boldsymbol{\xi}\cdot\nabla\psi_{\mathrm{kn}}\right]\mathrm{d}\boldsymbol{\xi} + \sum_n \int [C_{\mathrm{kn}}^{+} - C_{\mathrm{kn}}^{-}] m_{\mathrm{kn}} \psi_{\mathrm{kn}} \mathrm{d}\boldsymbol{\xi} \tag{6.10}$$

式(6.10)右侧的各项分别表示由于颗粒间扩散引起的输运,因质量力场引起的源项,当输运参数 ψ_{kn}是相速度 $\boldsymbol{\xi}$ 的函数时产生的多分子颗粒效应,以及由于相变和碰撞所引起的源项。

质量守恒

在式(6.10)中设 $\psi_{\mathrm{kn}} = 1$ 可以得到质量场方程,因此有

$$\frac{\partial \overline{\rho_{\mathrm{k}}}}{\partial t} + \nabla\cdot(\overline{\rho_{\mathrm{k}}}\,\widehat{\boldsymbol{v}_{\mathrm{k}}}) = \Gamma_{\mathrm{k}} \tag{6.11}$$

其中,

$$\Gamma_{\mathrm{k}} = \sum_n \int [C_{\mathrm{kn}}^{+} - C_{\mathrm{kn}}^{-}] m_{\mathrm{kn}} \mathrm{d}\boldsymbol{\xi} \tag{6.12}$$

而由质量守恒的假设给出

$$\sum_{k=1}^{2} \Gamma_{\mathrm{k}} = 0 \tag{6.13}$$

从式(6.11)和式(6.13)得到混合物连续性方程

$$\frac{\partial \rho_{\mathrm{m}}}{\partial t} + \nabla\cdot(\rho_{\mathrm{m}} \boldsymbol{v}_{\mathrm{m}}) = 0 \tag{6.14}$$

式中,

$$\rho_{\mathrm{m}} = \sum_{k=1}^{2} \overline{\rho_{\mathrm{k}}}\,;\ \boldsymbol{v}_{\mathrm{m}} = \sum_{k=1}^{2} \frac{\overline{\rho_{\mathrm{k}}}\,\widehat{\boldsymbol{v}_{\mathrm{k}}}}{\rho_{\mathrm{m}}} \tag{6.15}$$

考虑到 ρ_k 是 k 相的分密度,可以看到时间平均结果的式(5.21)、式(5.22)和式(5.40)与玻尔兹曼统计平均的结果式(6.11)、式(6.13)和式(6.14)完全相同。

动量守恒

设定 $\psi_{kn}=\boldsymbol{\xi}$,可由式(6.10)得到线性动量方程

$$\frac{\partial \overline{\rho_k}\,\widehat{\boldsymbol{v}_k}}{\partial t}+\nabla\cdot(\overline{\rho_k}\,\widehat{\boldsymbol{v}_k}\,\widehat{\boldsymbol{v}_k})=-\nabla\cdot\overline{\mathcal{P}_k}+\overline{\rho_k}\,\widehat{\boldsymbol{g}_k}+\boldsymbol{M}_k \tag{6.16}$$

式中,分压的张量 $\overline{\mathcal{P}_k}$ 定义为

$$\overline{\mathcal{P}_k}\equiv\sum_n \rho_{kn}\,\widehat{\boldsymbol{V}_{kn}\boldsymbol{V}_{kn}} \tag{6.17}$$

动量源项 M_k 定义为

$$M_k\equiv\sum_n\int[C_{kn}^+-C_{kn}^-]m_{kn}\boldsymbol{\xi}\mathrm{d}\boldsymbol{\xi} \tag{6.18}$$

注意,如果分压的张量的负值 $-\overline{\mathcal{P}_k}$ 被解释为作用于 k 相的组合应力,则动量方程(6.16)的形式与时间平均得到的式(5.26)完全相同。然而,该方程中的通量项和动量源项 M_k 的物理意义与时间平均方程有显著不同。

作为一个例子,考虑一个弥散两相流系统,第1相是弥散相。如果颗粒尺寸相当小,且连续相是稀薄气体,则公式基本上简化到反应气体混合物的公式。在这种情况下,颗粒与实际空间中特定体积元之外的分子和/或颗粒碰撞的影响可以忽略。因此,总碰撞项 $\sum_{k=1}^{2}M_k$ 可以取为零。因此从式(6.18)可以看出,各相的碰撞项由质量传递引起的动量源项和碰撞过程中动量交换所产生的阻力组成。

此外,如果颗粒与先前的质点假设相比具有一定的体积,那么颗粒与分子以及其他中心位于体积元之外的颗粒的多重碰撞就变得很重要。在这种情况下,弥散相的碰撞项可以分为3个不同的部分:碰撞引起的内部动量传递;相变的影响;外部碰撞效应。因此,有必要在公式中引入空泡份额 α_k,其中 α_1 是颗粒所占体积与总体积元素之比,因此 $\alpha_2=1-\alpha_1$。然而,为了整合动量碰撞项,有必要引入分子-颗粒和颗粒-颗粒碰撞过程的模型。由于颗粒和分子云之间的多重碰撞以及相变的影响,这些模型将非常复杂。因此,这里不讨论碰撞积分的细节。如果引入流体力学观点,则可以将动量源项 M_k 解释为相关的物理项。从上面的讨论中,将各相的总碰撞项展开为

$$M_k=M_k^i+M_k^{\Gamma}+M_k^{\varepsilon} \tag{6.19}$$

右边的各项分别表示内部碰撞相互作用力、相变引起的动量源项和有限粒径引起的外部碰撞力相互作用。第一项可视为由于空泡份额梯度而产生的阻力和压力效应,而最后一项则是由中心在体积元外的颗粒所产生的附加通量。

对于混合物，由于外部效应 M_k^{ε}，总碰撞项 $\sum_{k=1}^{2}\boldsymbol{M}_k$ 不为零。因此，可以近似写为

$$\sum_{k=1}^{2}\boldsymbol{M}_k \doteq \boldsymbol{M}_m - \left(\nabla\cdot\frac{\alpha_1}{\alpha_2}\overline{\mathbb{P}_2}\right) \tag{6.20}$$

其中，M_m 可被视为颗粒间碰撞效应。第二项是连续相对体积元边界上的颗粒的影响。连续相 2 的实际压力张量应为

$$\overline{\overline{\mathbb{P}_2}} = \frac{\overline{\mathbb{P}_2}}{\alpha_2} \tag{6.21}$$

则混合物的动量方程变为

$$\frac{\partial\rho_m\boldsymbol{v}_m}{\partial t} + \nabla\cdot(\rho_m\boldsymbol{v}_m\boldsymbol{v}_m) = -\nabla\cdot\left(\overline{\mathbb{P}_1} + \overline{\overline{\mathbb{P}_2}} + \sum_{k=1}^{2}\overline{\rho_k}\,\widehat{\boldsymbol{V}_{km}\boldsymbol{V}_{km}}\right) + \rho_m\boldsymbol{g}_m + \boldsymbol{M}_m \tag{6.22}$$

因此，混合物总应力由弥散相的分应力、连续相的实应力和两相间相对运动引起的扩散应力组成。这里，平均扩散速度 $\boldsymbol{V}_{km}$ 的定义采用式(4.89)的形式。显然，基于玻尔兹曼输运方程的混合动量方程的应力张量项的物理意义与用时间平均得到的应力张量项(5.42)的物理意义存在显著差异。产生这种基本差异的原因是，在前一种方法中，应力是由颗粒的运动定义的。因此，颗粒内部的应力在分析中没有体现。然而，在后一种方法中，应力在系统的任何地方都有定义。在这里可以将涡输运视为颗粒输运，玻尔兹曼统计平均值可以很容易地扩展到包括连续相的湍流脉动中。

能量守恒

与简单的动力学理论相比，多分子颗粒的能量传递由于其能量状态的内自由度而变得相当复杂。显然，每个颗粒由大量分子组成时，以扩散动能为基础的动力学理论平动温度是没有用的。

假设 ψ_{kn} 是质量为 m_{kn} 的 k 相颗粒所携带的总能量，因此

$$\psi_{kn} = \frac{1}{2}\boldsymbol{\xi}_{kn}^2 + u_{kn} \tag{6.23}$$

其中，第一项是平动动能，而 u_{kn} 是颗粒中分子所含的内能。由于 u_{kn} 不是 $\boldsymbol{\xi}_{kn}$ 的函数，因此输运方程(6.10)不是玻尔兹曼输运方程的速度矩。

引入 k 相的平均能量和通量为

$$\widehat{e_k} = \frac{\sum_n\rho_{kn}\left(\frac{1}{2}\widehat{V_{kn}^2} + \widehat{u_{kn}}\right)}{\overline{\rho_k}} \tag{6.24}$$

和

$$\overline{\boldsymbol{q}_k} = \widehat{\sum_n\rho_{kn}\left(\frac{1}{2}V_{kn}^2 + u_{kn}\right)\boldsymbol{V}_{kn}} \tag{6.25}$$

其右侧平均值的定义遵循式(6.8)。将式(6.23)—式(6.25)代入式(6.10),得到 k 相的总能量方程为

$$
\begin{aligned}
&\frac{\partial}{\partial t}\left\{\overline{\rho_{\mathrm{k}}}\left(\widehat{e_{\mathrm{k}}}+\frac{1}{2}\widehat{v_{\mathrm{k}}^{2}}\right)\right\}+\nabla\cdot\left\{\overline{\rho_{\mathrm{k}}}\left(\widehat{e_{\mathrm{k}}}+\frac{1}{2}\widehat{v_{\mathrm{k}}^{2}}\right)\widehat{\boldsymbol{v}_{\mathrm{k}}}\right\}=-\nabla\cdot\overline{\boldsymbol{q}_{\mathrm{k}}}- \\
&\nabla\cdot\left(\overline{\mathbb{P}_{\mathrm{k}}}\cdot\widehat{\boldsymbol{v}_{\mathrm{k}}}\right)+\overline{\rho_{\mathrm{k}}}\,\widehat{\boldsymbol{g}_{\mathrm{k}}}\cdot\widehat{\boldsymbol{v}_{\mathrm{k}}}+\sum_{n}\int m_{\mathrm{kn}}f_{\mathrm{kn}}\left[\frac{\partial u_{\mathrm{kn}}}{\partial t}+\boldsymbol{\xi}\cdot\nabla u_{\mathrm{kn}}\right]\mathrm{d}\boldsymbol{\xi}+E_{\mathrm{k}}
\end{aligned}
\tag{6.26}
$$

平均内能$\widehat{e_{\mathrm{k}}}$是颗粒的随机热移位动能和真实内能之和。该定义与时间平均的式(5.31)完全相似。最重要的特征出现在式(6.26)的最后两项中。很明显,倒数第二项给出的单个颗粒内能的变化与碰撞项 E_{k} 相耦合,因为在没有长程能量交换的情况下,颗粒内能仅通过与周围分子和颗粒的相互作用而变化。因此,与式(6.20)给出的动量交换类似,总能量相互作用可以表示为

$$
\begin{aligned}
&\sum_{k=1}^{2}\left\{E_{\mathrm{k}}+\sum_{n}\int m_{\mathrm{kn}}f_{\mathrm{kn}}\left[\frac{\partial u_{\mathrm{kn}}}{\partial t}+\boldsymbol{\xi}\cdot\nabla u_{\mathrm{kn}}\right]\mathrm{d}\boldsymbol{\xi}\right\} \\
&\sim-\nabla\cdot\left\{\frac{\alpha_{1}}{\alpha_{2}}\left(\overline{\boldsymbol{q}_{2}}+\overline{\mathbb{P}_{2}}\cdot\widehat{\boldsymbol{v}_{2}}\right)\right\}+E_{\mathrm{m}}
\end{aligned}
\tag{6.27}
$$

式(6.27)右边的第一项考虑了有限体积颗粒的颗粒-分子碰撞。E_{m} 项代表诸如颗粒间碰撞能量传输等效应。将两相的能量方程相加,就可得到混合物的能量方程

$$
\begin{aligned}
&\frac{\partial}{\partial t}\left\{\rho_{\mathrm{m}}\left[e_{\mathrm{m}}+\left(\frac{v^{2}}{2}\right)_{\mathrm{m}}\right]\right\}+\nabla\cdot\left\{\rho_{\mathrm{m}}\left[e_{\mathrm{m}}+\left(\frac{v^{2}}{2}\right)_{\mathrm{m}}\right]\boldsymbol{v}_{\mathrm{m}}\right\} \\
&=-\nabla\cdot\left[\overline{\boldsymbol{q}_{1}}+\overline{\overline{\boldsymbol{q}_{2}}}+\sum_{k=1}^{2}\overline{\rho_{\mathrm{k}}}\left(\widehat{e_{\mathrm{k}}}+\frac{\widehat{v_{\mathrm{k}}^{2}}}{2}\right)\boldsymbol{V}_{\mathrm{km}}\right]+\rho_{\mathrm{m}}\boldsymbol{g}_{\mathrm{m}}\cdot\boldsymbol{v}_{\mathrm{m}}- \\
&\nabla\cdot\left[\overline{\mathbb{P}_{1}}\cdot\widehat{\boldsymbol{v}_{1}}+\overline{\overline{\mathbb{P}_{2}}}\cdot\widehat{\boldsymbol{v}_{2}}\right]+\sum_{n}\overline{\rho_{\mathrm{k}}}\boldsymbol{g}_{\mathrm{k}}\cdot\boldsymbol{V}_{\mathrm{km}}+E_{\mathrm{m}}
\end{aligned}
\tag{6.28}
$$

在这里,再次注意到 1 相是弥散相。总能量方程各项的物理意义与动量方程的物理意义相同。弥散相的分通量$\overline{\boldsymbol{q}_1}$和$\overline{\mathbb{P}_1}$及连续相的实际通量$\overline{\overline{\boldsymbol{q}_2}}$和$\overline{\overline{\mathbb{P}_2}}$的出现,是由于相 1 的颗粒所占的有限体积。

与混合物动量方程一样,玻尔兹曼统计模型和时间平均模型在热和功的总通量项中也有显著差异。由于模型中不考虑颗粒内部的传热和做功,因此弥散相的分热流和分压张量代表了颗粒间扩散引起的传热。连续相 2 的分子被视为点质量,因此各相的通量并不对称。

将玻尔兹曼统计平均应用于两相流系统的主要目的在于从碰撞项的简单模型和随机假设中来研究本构方程。由于玻尔兹曼输运方程中包含了颗粒形状和变形的影响,因此这极不可能成为弥散两相流系统的通用模型。即使没有这些影响,各相的碰撞项也会由于 3 个影响而变得非常复杂:①颗粒间碰撞、聚并和破裂;②颗粒与大量分子之间的多碰撞;③相变的存在。此外,从式(6.27)可以看出,弥散相能量

传递项要求颗粒与流体之间的传热具有特殊的本构关系。

总体来说,玻尔兹曼统计平均对于高度弥散的流动是有用的,在这种流动中,每个颗粒都被视为集总实体,而不是分布系统本身。例如,在本模型中,颗粒流的混合应力张量比时间平均的混合应力张量具有更自然的形式。在这种两相流中,在颗粒内部引入应力是不实际的。然而,体积单元中的颗粒数应大得多,以便对数量密度进行统计处理。此外,如果界面的变形和颗粒内部性质的变化很重要,就不能使用玻尔兹曼统计方法。与稀薄气体的情况相比,具有有限粒径的弥散两相系统的碰撞积分项非常复杂,因此从统计力学中获得本构定律是非常困难的。在许多情况下,这些碰撞项应根据连续介质力学的原理来提供。因此,也可以在连续介质理论和玻尔兹曼统计方法的基础上建立一个模型。例如,只取弥散相的统计平均值,阻力包含在体积力中。然后,用标准体积平均场方程对另一相进行计算,并给出相应的相互作用项。这种公式对弥散的两相系统以及流化床都很有用。此外,如第 10 章所讨论的那样,玻尔兹曼统计方法可以非常有用地获得一些本构定律。

第7章 平均场运动学

7.1 随体坐标和随体导数

采用时间平均值与采用式(4.15)和式(4.16)定义的空间描述是一致的,由于相变和扩散,平均两相流场的颗粒随体坐标的概念既不清晰也太过琐碎。相变对应于场中各相的流体颗粒的产生或消失。各相本身显然不服从于内部的质量守恒,这对模型描述产生了困难。然而,各相的扩散允许混合物颗粒被其他流体颗粒所穿透。很明显,作为标准连续介质力学基础的物质坐标,并不是由时间平均得到的一般性两相流场所固有的。然而,可以引入数学上特殊的随体坐标,这对研究各相和混合物的运动学将很有用。

各相的迹线由系统的速度积分曲线定义为

$$d\boldsymbol{x} = \widehat{\boldsymbol{v}_k}(\boldsymbol{x},t)dt \tag{7.1}$$

初始条件为

$$\boldsymbol{x} = \boldsymbol{X}_k \quad 当\ t = t_0\ 时 \tag{7.2}$$

式中,定义 $\boldsymbol{X}_k$ 为k相的随体坐标。因此,对式(7.1)积分得到

$$\boldsymbol{x} = \boldsymbol{x}(\boldsymbol{X}_k,t) \tag{7.3}$$

该方程给出了随体坐标 $\boldsymbol{X}_k$ 下固定质点的迹线,该迹线随质点速度 $\widehat{\boldsymbol{v}_k}$ 而运动。

根据光滑性假设,或者说存在雅可比变换,可将式(7.3)变换为

$$\boldsymbol{X}_k = \boldsymbol{X}_k(\boldsymbol{x}_k,t) \tag{7.4}$$

该方程表示了随k相局部平均速度 $\widehat{v_k}$ 而移动的假想颗粒的位置。以 $\boldsymbol{x}$ 和 t 为自变量的问题表述称为空间描述(欧拉描述),以 $\boldsymbol{X}_k$ 和 t 为自变量的问题表述称为随体描述(拉格朗日描述)。一般来说,由于相变,占据 $\boldsymbol{x}=\boldsymbol{x}(\boldsymbol{X}_k,t)$ 位置的颗粒可能与初始颗粒不同。因此,不可能考虑固定颗粒的变化。然而,观察固定 $\boldsymbol{X}_k$ 的过程很简单。例如,k相的速度可用单相流类似的方法来得到

$$\widehat{\boldsymbol{v}_k} = \left.\frac{\partial \boldsymbol{x}}{\partial t}\right)_{X_k}, \quad k = 1,2 \tag{7.5}$$

上述分析也可用于混合物的质心，定义混合物的迹线为

$$d\boldsymbol{x} = \boldsymbol{v}_m(\boldsymbol{x}, t)dt \tag{7.6}$$

在 $t = t_0$ 时，$\boldsymbol{x} = \boldsymbol{X}_m$。对式(7.6)积分得到迹线为

$$\boldsymbol{x} = \boldsymbol{x}(\boldsymbol{X}_m, t) \tag{7.7}$$

经逆变换得到

$$\boldsymbol{X}_m = \boldsymbol{X}_m(\boldsymbol{x}, t) \tag{7.8}$$

因此，如果混合物随体坐标固定在式(7.7)中，观察者随混合物局部速度$\widehat{\boldsymbol{v}_k}$移动。然而，由于各相相对于质心的扩散，固定 X_m 颗粒的物质沿着迹线会不断变化。

此外值得注意的是，如果流场是均匀的，即$\widehat{v_1} = \widehat{v_2} = v_m$，那么无论相变与否，混合物随体坐标都会成为质点坐标。根据式(7.6)和式(7.7)，混合物速度可以表示为

$$\boldsymbol{v}_m = \left.\frac{\partial \boldsymbol{x}}{\partial t}\right)_{X_m} \tag{7.9}$$

从式(7.1)和式(7.6)可以很容易看出，各相和混合物的迹线可以相互交叉。

由于欧拉时间平均值用的是空间描述，则固定点的时间变化率表示为

$$\frac{\partial}{\partial t} \equiv \left(\frac{\partial}{\partial t}\right)_x \tag{7.10}$$

然而，从观察者看到的随流体速度移动的变化率被称为对流导数或随体导数。由下式给出

$$\frac{D_k}{Dt} = \left.\frac{\partial}{\partial t}\right)_{X_k} = \frac{\partial}{\partial t} + \widehat{\boldsymbol{v}_k} \cdot \nabla \tag{7.11}$$

及

$$\frac{D}{Dt} = \left.\frac{\partial}{\partial t}\right)_{X_m} = \frac{\partial}{\partial t} + \boldsymbol{v}_m \cdot \nabla \tag{7.12}$$

式(7.11)和式(7.12)的随体导数分别跟随 k 相和混合物的质心运动。

如果用相随体导数表示场方程(5.17)的左侧，可以得到

$$\frac{\partial \alpha_k \overline{\overline{\rho_k}} \widehat{\psi_k}}{\partial t} + \nabla \cdot (\alpha_k \overline{\overline{\rho_k}} \widehat{\psi_k} \widehat{\boldsymbol{v}_k}) = \alpha_k \overline{\overline{\rho_k}} \frac{D_k \widehat{\psi_k}}{Dt} + \Gamma_k \widehat{\psi_k} \tag{7.13}$$

这里使用了连续性方程(5.21)。同样，对于混合物，从式(7.12)和式(5.40)中得到以下结果

$$\frac{\partial \rho_m \psi_m}{\partial t} + \nabla \cdot (\rho_m \psi_m \boldsymbol{v}_m) = \rho_m \frac{D\psi_m}{Dt} \tag{7.14}$$

注意在式(7.13)中出现了质量源项的贡献，这是因为在具有表面速度$\widehat{\boldsymbol{v}_k}$的体积内的物质因为相变而不是恒定的。将基本恒等式(4.111)的推论和上述两个关系结合，得到混合物和相随体导数之间的一个重要变换，有

$$\rho_{\mathrm{m}} \frac{\mathrm{D}\psi_{\mathrm{m}}}{\mathrm{D}t} + \nabla \cdot \mathbb{J}^{D} = \sum_{k=1}^{2} \left(\alpha_{\mathrm{k}} \overline{\overline{\rho_{\mathrm{k}}}} \frac{\mathrm{D}_{\mathrm{k}} \widehat{\psi_{\mathrm{k}}}}{\mathrm{D}t} + \Gamma_{\mathrm{k}} \widehat{\psi_{\mathrm{k}}} \right) \tag{7.15}$$

7.2　流线

驻点是指所有速度都为零的点，因此有

$$\widehat{\boldsymbol{v}_1} = \widehat{\boldsymbol{v}_2} = \boldsymbol{v}_{\mathrm{m}} = 0 \tag{7.16}$$

其中，某相$\widehat{\boldsymbol{v}_{\mathrm{k}}}$为零的点称为 k 相的驻点。如果混合速度 $\boldsymbol{v}_{\mathrm{m}}$ 在某一点为零，称为伪驻点。则在该点两相的运动是纯扩散运动。如果各相速度与时间无关，则流动完全稳定

$$\widehat{\boldsymbol{v}_{\mathrm{k}}} = \widehat{\boldsymbol{v}_{\mathrm{k}}}(\boldsymbol{x}) \quad \text{对于 } k = 1,2 \text{ 都成立} \tag{7.17}$$

当 $\boldsymbol{v}_{\mathrm{m}} = \boldsymbol{v}_{\mathrm{m}}(x)$ 时，混合物的运动是定常的，但由于扩散速度是时间的函数，所以它并不符合完全稳定运动的条件。

矢量场的矢量线是一条处处与该矢量相切的曲线。速度场的矢量线$\widehat{\boldsymbol{v}_{\mathrm{k}}}$被称为 k 相的流线。因此，它可以由联立方程的积分曲线给出

$$\mathrm{d}\boldsymbol{x} = \widehat{\boldsymbol{v}_{\mathrm{k}}}\mathrm{d}l \quad \text{当 } t = t_0 \text{ 时} \tag{7.18}$$

其中，l 是沿流线的参数。一般来说，流线是时间的函数，与迹线不一致。因为两个速度场并不平行，各相的流线也不同。混合物的流线可以类似地定义为

$$\mathrm{d}\boldsymbol{x} = \widehat{\boldsymbol{v}_{\mathrm{m}}}\mathrm{d}l \quad \text{当 } t = t_0 \text{ 时} \tag{7.19}$$

各种流线之间的关系如图 7.1 所示。还应注意，各相流线重合并不意味着流场均匀。

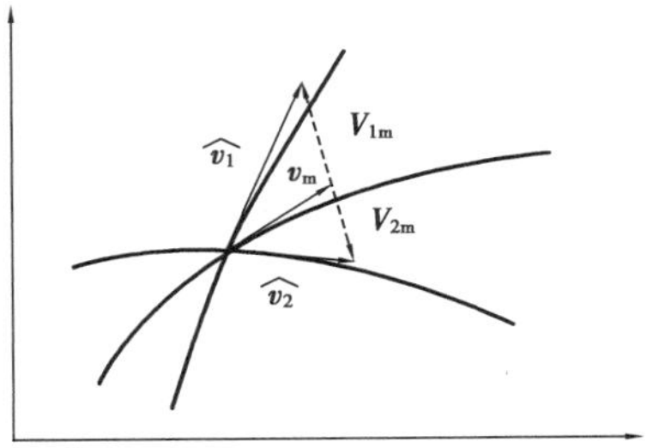

图 7.1　流线(Ishii,1975)

7.3 质量守恒

基于质心速度的公式

在第 5.2 节中已经推导出了各相的连续性方程，因此有

$$\frac{\partial \alpha_k \overline{\overline{\rho_k}}}{\partial t} + \nabla \cdot (\alpha_k \overline{\overline{\rho_k}} \widehat{\boldsymbol{v}_k}) = \Gamma_k \quad k = 1,2 \tag{7.20}$$

界面质量输运条件为

$$\sum_{k=1}^{2} \Gamma_k = 0 \tag{7.21}$$

式(7.20)简单地说明了，各相单位体积分密度 $\alpha_k \overline{\overline{\rho_k}}$ 的当地时间变化率等于 k 相的净质量流入量 $-\nabla \cdot (\alpha_k \overline{\overline{\rho_k}} \widehat{v_k})$ 加上由于相变而产生的质量源项。如 5.2 节所示，将这 3 个方程相加，得到

$$\frac{\partial \rho_m}{\partial t} + \nabla \cdot (\rho_m \boldsymbol{v}_m) = 0 \tag{7.22}$$

这就是混合物的连续性方程。

为了明确两相混合物的质量守恒，有必要采用两个连续性方程。通过式(7.20)中各相的**质心速度**表达这些关系，并从不同的视角来考虑连续性方程的替代形式。如果观察者随混合物质心移动，扩散项会显式地出现在相连续性方程中，因此有

$$\frac{\partial \alpha_k \overline{\overline{\rho_k}}}{\partial t} + \nabla \cdot (\alpha_k \overline{\overline{\rho_k}} \boldsymbol{v}_m) = \Gamma_k - \nabla \cdot (\alpha_k \overline{\overline{\rho_k}} \boldsymbol{V}_{km}) \tag{7.23}$$

基于质量分数的公式

不使用时间分数 α_k，可用式(4.63)定义的质量分数 c_k 来表示上述方程

$$\frac{\partial c_k}{\partial t} + \boldsymbol{v}_m \cdot \nabla c_k = \frac{\Gamma_k}{\rho_m} - \frac{1}{\rho_m} \nabla \cdot (c_k \rho_m \boldsymbol{V}_{km}) \tag{7.24}$$

其中，使用了混合物连续性方程。此外，扩散系数 D_k 可以用来表达与非均匀单相混合物类似的扩散通量，设

$$c_k \rho_m V_{km} = -\rho_m D_k \nabla c_k \tag{7.25}$$

注意只有当扩散是由浓度梯度引起，并可以用线性本构关系表示时，式(7.25)才是正确的。然而，由于界面几何结构、质量力场和界面动量传递项等都是影响相扩散的重要因素，因此对于一般的两相流系统，菲克扩散定律可能并不成立。式(7.25)给出的线性本构定律与牛顿黏度定律和傅立叶导热定律完全相似。这些线性本构定律适用于只与分子输运相关的现象。然而必须记住，后两个本构方程表示动量和能量的微观分子扩散，而两相流中的相扩散却是介观的。

通过考虑式(7.24)的一个非常简化的形式，可以证明具有线性本构律的扩散方

程(7.25)因方程中浓度 c_k 的二阶导数而表现出扩散特性。这与本节后半部分基于运动波速的公式形成了直接对比,体现了传播的特征。

基于表观速度的公式

连续性关系也可以用表观速度 $\boldsymbol{j}$ 和漂移速度 $\boldsymbol{V}_{kj}$ 来表示。因此,根据式(7.20)和式(4.91)有

$$\frac{\partial \alpha_k \overline{\overline{\rho_k}}}{\partial t} + \nabla \cdot (\alpha_k \overline{\overline{\rho_k}} \boldsymbol{j}) = \Gamma_k - \nabla \cdot (\alpha_k \overline{\overline{\rho_k}} \boldsymbol{V}_{kj}) \tag{7.26}$$

上式右边的最后一项表示 k 相质量相对于混合物体积中心的漂移。通过对式(7.20)左侧部分微分,整理得到

$$\frac{\partial \alpha_k}{\partial t} + \nabla \cdot (\alpha_k \widehat{\boldsymbol{v}_k}) = \frac{\Gamma_k}{\overline{\overline{\rho_k}}} - \frac{\alpha_k}{\overline{\overline{\rho_k}}} \frac{\mathrm{D}_k \overline{\overline{\rho_k}}}{\mathrm{D}t} \tag{7.27}$$

式(7.11)定义了物质导数。上述方程可以看作是时间分数或空泡份额的连续性方程,它表示了体积输运。因此,从 α_k 的角度来看,连续性方程有一个因传质引起的源项和一个因相的真实压缩性所引起的汇项。此外,如果使用式(4.87),从式(7.27)可以得到

$$\frac{\partial \alpha_k}{\partial t} + \nabla \cdot \boldsymbol{j}_k = \frac{\Gamma_k}{\overline{\overline{\rho_k}}} - \frac{\alpha_k}{\overline{\overline{\rho_k}}} \frac{\mathrm{D}_k \overline{\overline{\rho_k}}}{\mathrm{D}t} \tag{7.28}$$

将两相的两个方程加起来,得到

$$\nabla \cdot \boldsymbol{j} = \sum_{k=1}^{2} \left\{ \frac{\Gamma_k}{\overline{\overline{\rho_k}}} - \frac{\alpha_k}{\overline{\overline{\rho_k}}} \frac{\mathrm{D}_k \overline{\overline{\rho_k}}}{\mathrm{D}t} \right\} \tag{7.29}$$

这描述了体积速度中心的差异。右侧的第一项是相变所引起的体积源项,第二项是压缩性所引起的体积汇项。

基于表观速度的公式对于用下式定义的各相不可压缩或等压过程非常重要

$$\frac{\mathrm{D}_k \overline{\overline{\rho_k}}}{\mathrm{D}t} = 0 \quad k = 1,2 \tag{7.30}$$

在这种情况下,式(7.29)简化为

$$\nabla \cdot \boldsymbol{j} = \sum_{k=1}^{2} \frac{\Gamma_k}{\overline{\overline{\rho_k}}} \quad (\text{等容}) \tag{7.31}$$

该式简单地给出了表观速度的散度与总相变量和各相的比体积之差成正比。对于不可压缩的单相流,速度的散度为零。因此,用体积中心速度而不是质心速度来表示两相流是等效的,而且因为相变,它有一个源项。可以看出,在没有传质的情况下,上述方程简化为 $\nabla \cdot \boldsymbol{j} = 0$。在许多实际两相流问题中,不可压缩流体的假设是有效的,相变速率 Γ_k 可以表达为位置和时间的已知函数,式(7.31)在求解这些问题

中可以发挥重要的作用。

运动波速与空泡传播方程

与单相混合物的热机械扩散理论一样，漂移流（或混合物）模型公式的基本假设之一是两相之间的相对运动可以用本构定律来表示，而不是用两个动量方程来表示。在这方面，已经讨论了菲克扩散定律，它有效地消除了两个动量方程中的其中一个。从式(7.25)可以很清楚地看出，本构定律给出了$\widehat{\boldsymbol{v}_k}$和 $\boldsymbol{v}_m$ 之间的特殊运动关系，因此存在混合物动量方程的情况下，k 相动量方程就变得多余。

然而，正如前面所讨论的那样，一般来说对两相混合物使用菲克定律是不正确的，因此在漂移流（或混合物）模型公式中，应使用不同类型的扩散本构定律。当两相间有相对运动时，一个更有用的本构定律是用漂移速度 $\boldsymbol{V}_{kj}$ 表示的（Goda et al, 2003; Hibiki & Ishii, 2003a, 2003b; Hibiki, Situ, Mi & Ishii, 2003a; Hibiki et al., 2006; Ishii, 1977; Isao Kataoka & Ishii, 1987; Zuber et al., 1964）。

如果漂移速度仅是时间分数 α_k 的函数，流体力学中非常重要的理论之一——运动波理论（Hayes & Whitham Gerald, 1970; Kynch, 1952; Lighthill Michael & Whitham, 1955）可应用于两相流系统。Zuber（N. Zuber, 1964b）指出，这种情况在许多实际流型中都是这样的，对弥散流型特别有用。

在不可压缩流体假设下，式(7.27)可以用$\boldsymbol{j}$ 和 $\boldsymbol{V}_{kj}$表示，形式为

$$\frac{\partial \alpha_k}{\partial t} + \boldsymbol{j} \cdot \nabla \alpha_k + \nabla \cdot (\alpha_k \boldsymbol{V}_{kj}) = \frac{\rho_m}{\overline{\overline{\rho_1}}} \frac{\Gamma_k}{\overline{\overline{\rho_2}}} \tag{7.32}$$

如果漂移速度仅近似为 α_k 的函数，即

$$\boldsymbol{V}_{kj} \approx \boldsymbol{V}_{kj}(\alpha_k) \tag{7.33}$$

将式(7.33)代入式(7.32)，可得到空泡的传播方程

$$\frac{\partial \alpha_k}{\partial t} + \boldsymbol{C}_K \cdot \nabla \alpha_k = \frac{\rho_m \Gamma_k}{\overline{\overline{\rho_1}}\,\overline{\overline{\rho_2}}} \tag{7.34}$$

其中，运动波速 C_K 定义为

$$\boldsymbol{C}_K \equiv \boldsymbol{j} + \frac{\partial}{\partial \alpha_k}(\alpha_k \boldsymbol{V}_{kj}) \tag{7.35}$$

因此，用运动波表示的特殊随体导数为

$$\frac{\mathrm{D}_c}{\mathrm{D}t} = \frac{\partial}{\partial t} + \boldsymbol{C}_K \cdot \nabla \tag{7.36}$$

空泡传播方程变为

$$\frac{\mathrm{D}_c}{\mathrm{D}t}(\alpha_k) = \frac{\rho_m \Gamma_k}{\overline{\overline{\rho_1}}\,\overline{\overline{\rho_2}}} \tag{7.37}$$

因此,如果通过运动波速来观察 α_k 的时间变化率,它与因相变所引起的源项成正比。在相间没有传质的情况下,α_k 的扰动以运动波速传播。此外,在$\overline{\overline{\rho_1}}$和$\overline{\overline{\rho_2}}$定常的条件下,可以用混合物密度将式(7.34)表示为

$$\frac{\partial \rho_m}{\partial t} + \boldsymbol{C}_K \cdot \nabla \rho_m = \frac{\rho_m}{\overline{\overline{\rho_1}}\,\overline{\overline{\rho_2}}} \sum_{k=1}^{2} \Gamma_k \overline{\overline{\rho_k}}$$

或

$$\frac{\partial(\ln \rho_m)}{\partial t} + \boldsymbol{C}_K \cdot \nabla(\ln \rho_m) = \frac{1}{\overline{\overline{\rho_1}}\,\overline{\overline{\rho_2}}} \sum_{k=1}^{2} \Gamma_k \overline{\overline{\rho_k}} \tag{7.38}$$

该式称为**密度传播方程**。

运动激波

研究表明,如果漂移速度仅为 α_k 的函数,则可以将空泡方程转化为空泡传播方程。相反,如果相的扩散可以用具有菲克扩散定律形式的本构方程来表示,则场表现出扩散介质的特性,并且由于存在空间二阶导数而无法观察到明显的空泡传播。

在几种已知的混合物中,以前知道存在空泡传播现象。例如,它们在明渠流、泡状流和公路交通流中很重要。在一定条件下,在这些系统中可以观察到运动波的传播所形成的浓度激波。由于它的起源和必要性,以区别于因压缩性的影响而导致的激波,称为**运动激波**。正如 Lighthill 和 Whitham(Lighthill Michael & Whitham,1955)、Kynch(Kynch,1952)所讨论的那样,这种现象可以通过取决于浓度的物质流动的简单本构定律进行运动学分析。然而,在不进行详细讨论的情况下,可以写出运动激波应满足的条件。这可以利用 5.5 节中的宏观跳跃条件来实现。将式(5.64)和式(5.65)应用于激波前沿的质量平衡,则有

$$\sum_{+,-} \rho_m \boldsymbol{n} \cdot (\boldsymbol{v}_m - \boldsymbol{U}) = 0 \tag{7.39}$$

$$\sum_{+,-} \alpha_k \overline{\overline{\rho_k}} \boldsymbol{n} \cdot (\widehat{\boldsymbol{v}_k} - \boldsymbol{U}) + \Gamma_{ka} = 0 \tag{7.40}$$

显然,式(7.39)表示总质量守恒,式(7.40)给出了穿过激波的 k 相的质量平衡。这里 Γ_{ka}表示激波层内的相变量。因此,式(7.40)表达了激波两侧 k 相的质量通量与因激波中的相变质量产生量之间的平衡。

通过求解激波位移速度方程(7.40),可以得到

$$\boldsymbol{n}^+ \cdot \boldsymbol{U} = \frac{(\alpha_k^+ \overline{\overline{\rho_k}}^+ \widehat{\boldsymbol{v}_k}^+ - \alpha_k^- \overline{\overline{\rho_k}}^- \widehat{\boldsymbol{v}_k}^-) \cdot \boldsymbol{n}^+ + \Gamma_{ka}}{\alpha_k^+ \overline{\overline{\rho_k}}^+ - \alpha_k^- \overline{\overline{\rho_k}}^-} \tag{7.41}$$

其中 + 和 - 分别表示激波波阵面的两侧。应记住,式(7.41)给出的条件不仅适用于运动学激波,也适用于由于压缩性效应所产生的动力学激波。

将所讨论的情况严格限制为运动学现象,假设穿过激波的相密度是连续的,并

且在波阵面中没有相变，则有

$$\overline{\overline{\rho_k}}^{+} = \overline{\overline{\rho_k}}^{-} \tag{7.42}$$

$$\Gamma_{ka} = 0 \tag{7.43}$$

因此式(7.40)变为

$$\sum_{+,-} \alpha_k \boldsymbol{n} \cdot (\widehat{\boldsymbol{v}_k} - \boldsymbol{U}) = 0 \tag{7.44}$$

因此，运动学激波速度 U 应满足

$$\boldsymbol{n}^{+} \cdot \boldsymbol{U} = \frac{\boldsymbol{n}^{+} \cdot (\alpha_k^{+} \widehat{\boldsymbol{v}_k}^{+} - \alpha_k^{-} \widehat{\boldsymbol{v}_k}^{-})}{\alpha_k^{+} - \alpha_k^{-}} \tag{7.45}$$

如果使用由式(4.87)定义的表观速度 $\boldsymbol{j}_k$，则有

$$\boldsymbol{n}^{+} \cdot \boldsymbol{U} = \frac{\boldsymbol{n}^{+} \cdot (\boldsymbol{j}_k^{+} - \boldsymbol{j}_k^{-})}{\alpha_k^{+} - \alpha_k^{-}} \tag{7.46}$$

从式(7.46)中，可以得到

$$\boldsymbol{n}^{+} \cdot \boldsymbol{j}^{+} + \boldsymbol{n}^{-} \cdot \boldsymbol{j}^{-} = 0 \tag{7.47}$$

这意味着，在简单的运动学激波中相密度是连续的，激波中没有相变，总表观速度 $\boldsymbol{j}$ 是守恒的。根据式(7.47)，可以将式(7.46)转换为以下形式

$$\boldsymbol{n}^{+} \cdot \boldsymbol{U} = \boldsymbol{n}^{+} \cdot \boldsymbol{j} + \frac{\boldsymbol{n}^{+} \cdot (\alpha_k^{+} \boldsymbol{V}_{kj}^{+} - \alpha_k^{-} \boldsymbol{V}_{kj}^{-})}{\alpha_k^{+} - \alpha_k^{-}} \tag{7.48}$$

在这里，可以看到式(7.35)给出的运动学波速与式(7.48)给出的激波位移速度之间的紧密联系。

7.4 膨胀

7.1 节的随体坐标和空间坐标的雅可比式由下式给出：

$$\boldsymbol{J}_k = \frac{\partial \boldsymbol{x}}{\partial \boldsymbol{X}_k} = \frac{\partial(x_1, x_2, x_3)}{\partial(X_{1k}, X_{2k}, X_{3k})} \tag{7.49}$$

因为 $\boldsymbol{X}_k$ 表示初始位置，所以雅可比式 $\boldsymbol{J}_k$ 给出了如果体积元的表面随质心速度 $\widehat{\boldsymbol{v}_k}$ 移动时初始体积和当前体积之间的关系。因此有

$$\mathrm{d}\boldsymbol{V}_k = \boldsymbol{J}_k \mathrm{d}\boldsymbol{V}_{k0} \tag{7.50}$$

其中，V_k 和 V_{k0} 分别表示当前体积及它的初始体积。根据式(7.5)，有

$$\frac{1}{\boldsymbol{J}_k} \frac{\mathrm{D}_k \boldsymbol{J}_k}{\mathrm{D}t} = \nabla \cdot \widehat{\boldsymbol{v}_k} \tag{7.51}$$

该式给出了相速度散度的重要物理解释。考虑 k 相的连续性方程，也可表示为

$$\nabla \cdot \widehat{\boldsymbol{v}_k} = \frac{1}{\alpha_k \overline{\overline{\rho_k}}} \left(\Gamma_k - \frac{\mathrm{D}_k \alpha_k \overline{\overline{\rho_k}}}{\mathrm{D}t} \right) \tag{7.52}$$

这两个方程表明，$\widehat{v_k}$ 的散度与体积元的膨胀直接相关，而不是体积内密度的变化。此外，发现膨胀是由 3 种效应引起的，即相变 Γ_k、相再分布 $(D_k\alpha_k)/Dt$ 和流体的真实压缩性 $\left(D_k\overline{\overline{\rho_k}}\right)/Dt$。

对于混合物整体来看，膨胀和 $\nabla\cdot\boldsymbol{v}_m$ 的特性基本上简化到与单相流动的特性相当。所以有

$$\nabla\cdot\boldsymbol{v}_m=\frac{1}{\boldsymbol{J}_m}\frac{D\boldsymbol{J}_m}{Dt}=-\frac{1}{\rho_m}\frac{D\rho_m}{Dt}\tag{7.53}$$

式中，$\boldsymbol{J}_m$ 是 $\boldsymbol{x}$ 和 $\boldsymbol{X}_m$ 之间的雅可比变换式，即

$$\boldsymbol{J}_m=\frac{\partial\boldsymbol{x}}{\partial\boldsymbol{X}_m}\tag{7.54}$$

第 8 章　界面输运

在 5.2 节中已经给出了质量、动量和能量交换的界面输运项 I_k 和 I_m 的确切形式。然而，它们是用局瞬变量表示的，在平均场方程中不可能将它们作为本构定律。很明显，在建立关于两相流系统的任何特殊本构方程之前，需要详细理解这些项的物理意义。考虑到这一点，澄清了控制这些项的不同的物理机制，并确定了它们所依赖的重要参数。此外，需要清楚了解的是，并不是所有局瞬两相流所固有的特点都可以纳入时间平均模型。认为平均场方程表达了控制宏观两相流的一般性物理原理，而本构方程用简单的数学模型近似表达一组特定系统的材料响应。关于这一问题，在界面输运项中做了一些假设，以便既能区分主导的输运机制，又能消除一些在宏观场中影响并不大的复杂项。

8.1　界面质量输运

界面传质项 Γ_k 由式(5.19)给出，根据式(2.70)和式(5.57)，得到

$$\Gamma_k = -\sum_j \frac{1}{\Delta t}\frac{1}{v_{ni}}\{\boldsymbol{n}_k \cdot \rho_k(\boldsymbol{v}_k - \boldsymbol{v}_i)\} = -\sum_j a_{ij}\dot{m}_k \tag{8.1}$$

式中，$\dot{m}_k$ 为 k 相单位时间内单位面积界面的质量损失率，$a_{ij}(\equiv 1/L_j)$ 为第 $\boldsymbol{j}$ 个界面的界面面积浓度。

参数 F 的表面平均值定义为

$$\overline{\overline{F}}_{(i)} \equiv \left(\sum_j \frac{F}{L_j}\right)L_S = \frac{\sum_j a_{ij}F}{a_i} \tag{8.2}$$

此后，将下标(i)用于可能与主流流体性质相混淆的变量，而忽略了仅出现在界面上的变量，如 σ 和 H_{21} 等。式(8.2)定义的平均值对应于式(4.23)的相平均值，因此使用与有下标 i 时相同的符号。

同样，也可以用式(4.28)的相质量加权平均值来定义表面平均值。然而，在界面上，这些具有广延量特性的变量总是以通量的形式出现，因此定义一个由相传质速率 $\dot{m}_k$ 加权而不是用密度加权的平均值更为方便。因此有

$$\widehat{\psi}_{\mathrm{ki}} \equiv \frac{\sum_j \frac{1}{\Delta t}\frac{1}{v_{\mathrm{ni}}}\dot{m}_{\mathrm{k}}\psi_{\mathrm{k}}}{\sum_j \frac{1}{\Delta t}\frac{1}{v_{\mathrm{ni}}}\dot{m}_{\mathrm{k}}} = \frac{\sum a_{\mathrm{ij}}\dot{m}_{\mathrm{k}}\psi_{\mathrm{k}}}{\sum a_{\mathrm{ij}}\dot{m}_{\mathrm{k}}} \tag{8.3}$$

使用式(8.2)的定义,单位表面积的平均质量输运为

$$\overline{\overline{\dot{m}_{\mathrm{k}}}} \equiv \frac{\sum_j a_{\mathrm{ij}}\dot{m}_{\mathrm{k}}}{a_{\mathrm{i}}} \tag{8.4}$$

根据式(8.1)和式(8.4),可以将界面传质条件改写为

$$\sum_{k=1}^{2}\Gamma_{\mathrm{k}} = 0,\quad \text{其中 } \Gamma_{\mathrm{k}} = -a_{\mathrm{i}}\overline{\overline{\dot{m}_{\mathrm{k}}}} \tag{8.5}$$

8.2　界面动量输运

在 5.2 节中,得到了宏观的动量输运项 M_{k},根据式(2.9)、式(2.70)、式(5.23)和式(5.57),得到

$$\boldsymbol{M}_{\mathrm{k}} = -\sum_j a_{\mathrm{ij}}(\dot{m}_{\mathrm{k}}\boldsymbol{v}_{\mathrm{k}} + p_{\mathrm{k}}\boldsymbol{n}_{\mathrm{k}} - \boldsymbol{n}_{\mathrm{k}}\cdot\boldsymbol{\mathcal{T}}_{\mathrm{k}}) \tag{8.6}$$

式中,括号内的项是 k 相单位面积的界面动量损失率。因为 $\boldsymbol{M}_{\mathrm{k}}$ 代表净界面动量增加量,所以它用界面面积浓度 a_{ij} 加权。与之类似,界面的混合物动量源项由式(8.7)给出:

$$\boldsymbol{M}_{\mathrm{m}} = \sum_j a_{\mathrm{ij}}\{A^{\alpha\beta}(\boldsymbol{t}_{\alpha})_{,\beta}\sigma + A^{\alpha\beta}\boldsymbol{t}_{\alpha}(\sigma)_{,\beta}\} \tag{8.7}$$

其中,上述方程右侧的两项分别表示平均曲率和表面张力梯度的影响。

在研究界面动量输运方程的矢量形式之前,首先讨论动量跳跃条件的法向分量式(2.91)。原始跳跃条件式(2.72)包含两个截然不同的信息:一个在法向;另一个在切向。需要特别注意在界面输运方程中仍然需要保持这一特性。将法向跳跃条件式(2.91)与单位法向向量 n_1 点乘,取时间平均得到

$$\sum_j a_{\mathrm{ij}}\left\{\left(\frac{\dot{m}_1^2}{\rho_1} - \frac{\dot{m}_2^2}{\rho_2}\right) + (p_1 - p_2) - (\tau_{\mathrm{nn1}} - \tau_{\mathrm{nn2}}) + 2H_{21}\sigma\right\} = 0 \tag{8.8}$$

用式(8.2)定义的表面平均值来表示这个方程。为了简化结果,假设

$$\dot{m}_{\mathrm{k}} \approx \overline{\overline{\dot{m}_{\mathrm{k}}}};\quad \sigma \approx \overline{\overline{\sigma}};\quad \rho_{\mathrm{k}} \approx \overline{\overline{\rho_{\mathrm{ki}}}}\quad \text{当 } t \in [\Delta t]_{\mathrm{S}} \tag{8.9}$$

因此,在时间间隔 Δt 内,传质速率 $\dot{m}_{\mathrm{k}}$、表面张力 σ 和界面处的密度保持近似恒定。忽略法向应力项,得到

$$\frac{\Gamma_1^2}{a_{\mathrm{i}}^2}\left(\frac{1}{\overline{\overline{\rho_{1\mathrm{i}}}}} - \frac{1}{\overline{\overline{\rho_{2\mathrm{i}}}}}\right) + (\overline{\overline{p_{1\mathrm{i}}}} - \overline{\overline{p_{2\mathrm{i}}}}) + 2\,\overline{\overline{H_{21}}}\;\overline{\overline{\sigma}} \doteq 0 \tag{8.10}$$

注意到在类似的假设下,应该可以从矢量的界面输运方程中获得式(8. 10)。利用表面平均值,k 相界面动量增量 $\boldsymbol{M}_k$ 变为

$$\boldsymbol{M}_k = \boldsymbol{M}_k^{\Gamma} + \boldsymbol{M}_k^{n} + \overline{\overline{p_{ki}}}\nabla\alpha_k + M_k^{t} - \nabla\alpha_k \cdot \overline{\overline{\boldsymbol{\mathcal{T}}}}_{ki} \tag{8.11}$$

其中,

$$\begin{aligned} \boldsymbol{M}_k^{\Gamma} &= \Gamma_k \widehat{\boldsymbol{v}_{ki}} \\ \boldsymbol{M}_k^{n} &\doteq \sum_j a_{ij}(\overline{\overline{p_{ki}}} - p_k)\boldsymbol{n}_k \\ \boldsymbol{M}_k^{t} &\doteq \sum_j a_{ij}\boldsymbol{n}_k \cdot (\boldsymbol{\mathcal{T}}_k - \overline{\overline{\boldsymbol{\mathcal{T}}}}_{ki}) \end{aligned} \tag{8.12}$$

这里需要指出的是,界面处的剪切力可以分解为法向分量和切向分量,因此 $\boldsymbol{n}_k \cdot \boldsymbol{\mathcal{T}}_k = \boldsymbol{\tau}_{nk} + \boldsymbol{\tau}_{tk}$。然而,法向应力显然很小,因此可以假设 $\boldsymbol{n}_k \cdot \boldsymbol{\mathcal{T}}_k = \boldsymbol{\tau}_{tk}$。式(8. 11)右边的前 3 项本来就是法向分量,而最后两项基本上是切向分量。这里的浓度梯度是因式(4. 62)而出现的。

混合物动量源项 M_m 变为

$$\boldsymbol{M}_m = 2\,\overline{\overline{H_{21}}}\,\overline{\overline{\sigma}}\,\nabla\alpha_2 + \sum_j 2a_{ij}(H_{21} - \overline{\overline{H_{21}}})\,\overline{\overline{\sigma}}\boldsymbol{n}_1 + \sum_j a_{ij}A^{\alpha\beta}\boldsymbol{t}_{\alpha}(\boldsymbol{\sigma})_{,\beta} \tag{8.13}$$

第二项考虑了平均曲率变化的影响。但在微观尺度上的 $\boldsymbol{\sigma}$ 梯度很小,矢量方向随机,对于宏观分析可以忽略最后一项。因此近似有

$$\boldsymbol{M}_m = 2\,\overline{\overline{H_{21}}}\,\overline{\overline{\sigma}}\,\nabla\alpha_2 + \boldsymbol{M}_m^{H} \tag{8.14}$$

式中,$\boldsymbol{M}_m^{H}$ 为混合物动量源项的平均曲率变化的效应。

很容易看到,根据式(8. 11)和式(8. 14),界面动量输运条件的式(5. 27)的法向分量可以写为

$$\sum_{k=1}^{2}\left\{\left(\frac{\boldsymbol{\Gamma}_k^2}{\overline{\overline{\rho_{ki}}}a_i^2} + \overline{\overline{p_{ki}}}\right)\nabla\alpha_k + \boldsymbol{M}_k^{n}\right\} - 2\,\overline{\overline{H_{21}}}\,\overline{\overline{\sigma}}\,\nabla\alpha_2 - \boldsymbol{M}_m^{H} = 0 \tag{8.15}$$

因此,比较法向分量式(8. 10)的标量形式与矢量形式的式(8. 15),得到

$$\sum_{k=1}^{2}\boldsymbol{M}_k^{n} = \boldsymbol{M}_m^{H} \tag{8.16}$$

这里,$\boldsymbol{M}_k^{n}$ 表示界面处压力不平衡所产生的形状阻力和升力。如果用 $\boldsymbol{M}_k^{t}$ 表示剪切力不平衡所产生的表面曳力。则剪切力分量应满足

$$\sum_{k=1}^{2}\boldsymbol{M}_k^{t} = 0 \quad \text{当}\ \overline{\overline{\boldsymbol{\mathcal{T}}}}_{1i} \doteq \overline{\overline{\boldsymbol{\mathcal{T}}}}_{2i} = \overline{\overline{\boldsymbol{\mathcal{T}}}}_{i}\ \text{时} \tag{8.17}$$

式(8. 17)表明,两相之间的表面曳力和界面剪切力存在着作用力-反作用力关系。

为简单起见,将这两种阻力结合起来,并定义总的广义阻力 $\boldsymbol{M}_{ik}$ 为

$$\boldsymbol{M}_{ik} = \boldsymbol{M}_k^{n} + \boldsymbol{M}_k^{t} \tag{8.18}$$

其中,

$$\boldsymbol{M}_{\mathrm{k}}^{n} = \sum_{j} a_{\mathrm{ij}}(\overline{\overline{p_{\mathrm{ki}}}} - p_{\mathrm{i}})\boldsymbol{n}_{\mathrm{k}}$$

$$\boldsymbol{M}_{\mathrm{k}}^{t} = \sum_{j} a_{\mathrm{ij}}\boldsymbol{n}_{\mathrm{k}} \cdot (\mathcal{T}_{\mathrm{k}} - \overline{\overline{\mathcal{T}_{\mathrm{ki}}}})$$

因此有

$$\sum_{k=1}^{2} \boldsymbol{M}_{\mathrm{ik}} = \boldsymbol{M}_{\mathrm{m}}^{H} \tag{8.19}$$

此外,用式(4.61)和式(4.62)直接分析传质速率$\overline{\overline{\dot{m}_{\mathrm{k}}}}$的关系,可以得到

$$\widehat{\boldsymbol{v}_{\mathrm{ki}}} = \widehat{\boldsymbol{v}_{\mathrm{i}}} + \frac{\Gamma_{\mathrm{k}}}{\overline{\overline{\rho_{\mathrm{ki}}}} a_{\mathrm{i}}^{2}} \nabla\alpha_{\mathrm{k}} \tag{8.20}$$

该式让我们可以将$\widehat{\boldsymbol{v}_{1\mathrm{i}}}$和$\widehat{\boldsymbol{v}_{2\mathrm{i}}}$替换为单一的$\widehat{\boldsymbol{v}_{\mathrm{i}}}$。

作为界面动量输运条件的总结,有以下关系

$$\boldsymbol{M}_{\mathrm{k}} = \boldsymbol{M}_{\mathrm{k}}^{\Gamma} + \overline{\overline{p_{\mathrm{ki}}}} \nabla\alpha_{\mathrm{k}} + \boldsymbol{M}_{\mathrm{ik}} - \nabla\alpha_{\mathrm{k}} \cdot \overline{\overline{\mathcal{T}_{\mathrm{ki}}}} \tag{8.21}$$

其中,$\boldsymbol{M}_{\mathrm{ik}}$包括了形状阻力、升力及表面曳力。

$$\boldsymbol{M}_{\mathrm{m}} = 2\,\overline{\overline{H_{21}}}\,\overline{\overline{\sigma}}\,\nabla\alpha_{2} + \boldsymbol{M}_{\mathrm{m}}^{H} \tag{8.22}$$

$$\sum_{k=1}^{2} \boldsymbol{M}_{\mathrm{k}} = \boldsymbol{M}_{\mathrm{m}} \tag{8.23}$$

及

$$\boldsymbol{M}_{\mathrm{k}}^{\Gamma} = \Gamma_{\mathrm{k}}\widehat{\boldsymbol{v}_{\mathrm{ki}}} = \left(\widehat{\boldsymbol{v}_{\mathrm{i}}} + \frac{\Gamma_{\mathrm{k}}}{\overline{\overline{\rho_{\mathrm{ki}}}} a_{\mathrm{i}}^{2}} \nabla\alpha_{\mathrm{k}}\right)\Gamma_{\mathrm{k}} \tag{8.24}$$

$$\sum_{k=1}^{2} \boldsymbol{M}_{\mathrm{ik}} = \boldsymbol{M}_{\mathrm{m}}^{H} \tag{8.25}$$

假定$\overline{\overline{p_{\mathrm{ki}}}}$、$\overline{\overline{\sigma}}$、$\boldsymbol{M}_{\mathrm{m}}^{H}$、$a_{\mathrm{i}}$、$\Gamma_{\mathrm{k}}$ 和$\overline{\overline{\rho_{\mathrm{ki}}}}$已知,只需要确定$\overline{\overline{H_{21}}}$、$\widehat{\boldsymbol{v}_{\mathrm{i}}}$和 $\boldsymbol{M}_{i1}$3 个本构关系,就可以确定界面的几何结构、运动和广义阻力。此外,总的广义阻力由形状阻力、表面曳力和升力等组成。

8.3 界面能量输运

k 相的宏观界面总能量传递用 E_{k} 表示,E_{k} 仅在对相能量方程取平均后才出现,而混合物界面能量方程源项为 E_{m}。这 3 项应满足界面能量输运条件,即界面处的守恒方程。由于式(5.28)和式(5.29)给出的 E_{k} 和 E_{m} 的关系是用局瞬变量表示的,因此它们不能以原来的形式用于宏观公式。需要将这些关系转化为宏观变量,作为在界面建立本构定律的第一步。

由于它的实际意义,从界面热能传递项 Λ_{k} 的分析入手,对 E_{k} 进行研究。根据

式(5.39)、式(5.19)、式(5.23)和式(5.28)的定义,可以得出

$$\Lambda_k = \frac{\widehat{v_k}^2}{2}\Gamma_k - \boldsymbol{M}_k \cdot \widehat{\boldsymbol{v}_k} + E_k$$

$$= \sum_j \frac{1}{\Delta t}\frac{1}{v_{ni}}\left\{-\dot{m}_k\left(u_k + \frac{v_k^2}{2} - \boldsymbol{v}_k \cdot \widehat{\boldsymbol{v}_k} + \frac{\widehat{v_k}^2}{2}\right) + \boldsymbol{n}_k \cdot \mathcal{T}_k \cdot (\boldsymbol{v}_k - \widehat{\boldsymbol{v}_k}) - \boldsymbol{n}_k \cdot \boldsymbol{q}_k\right\} \tag{8.26}$$

根据式(5.31)定义界面处的虚内能,有

$$\widehat{e_{ki}} \equiv \frac{\sum_j \left\{a_{ij}\dot{m}_k\left(u_k + \frac{|v_k - \widehat{v_k}|^2}{2}\right)\right\}}{\sum_j a_{ij}\dot{m}_k} \tag{8.27}$$

单位界面面积的热输入量定义为

$$\overline{\overline{q''_{ki}}} = -\left(\sum_j a_{ij}\boldsymbol{n}_k \cdot \boldsymbol{q}_k\right)\frac{1}{a_i} \tag{8.28}$$

则式(8.26)可以重写为

$$\Lambda_k \equiv \left(\Gamma_k \widehat{e_{ki}} + a_i \overline{\overline{q''_{ki}}}\right) + \sum_j \left\{a_{ij}\boldsymbol{n}_k \cdot \mathcal{T}_k \cdot (\boldsymbol{v}_k - \widehat{\boldsymbol{v}_k})\right\} \tag{8.29}$$

为了考察上述方程右侧的第二组,引入由下式定义的脉动项

$$p'_{ki} = p_k - \overline{\overline{p_{ki}}};\boldsymbol{v}'_{ki} = \boldsymbol{v}_k - \widehat{\boldsymbol{v}_{ki}} \tag{8.30}$$

然后有

$$\sum_j \left\{a_{ij}\boldsymbol{n}_k \cdot \mathcal{T}_k \cdot (\boldsymbol{v}_k - \widehat{\boldsymbol{v}_k})\right\} = \sum_j a_{ij}\left\{-\overline{\overline{p_{ki}}}\boldsymbol{n}_k \cdot (\boldsymbol{v}_k - \widehat{\boldsymbol{v}_k})\right\} + \sum_j a_{ij}\left\{\boldsymbol{n}_k \cdot \overline{\overline{\mathscr{T}_{ki}}} + \boldsymbol{n}_k \cdot (\mathscr{T}_k - \overline{\overline{\mathscr{T}_{ki}}}) + (\overline{\overline{p_{ki}}} - p_k)\boldsymbol{n}_k\right\} \cdot (\boldsymbol{v}_k - \widehat{\boldsymbol{v}_k}) \tag{8.31}$$

因为有

$$\sum_j a_{ij}(\boldsymbol{v}_k - \widehat{\boldsymbol{v}_k}) \cdot \boldsymbol{n}_k = \frac{D_k\alpha_k}{Dt} - \frac{\Gamma_k}{\overline{\overline{\rho_{ki}}}} \tag{8.32}$$

式(8.31)右手边第一项变为

$$\sum_j a_{ij}\left\{-\overline{\overline{p_{ki}}}\ \boldsymbol{n}_k \cdot (\boldsymbol{v}_k - \widehat{\boldsymbol{v}_k})\right\} = \overline{\overline{p_{ki}}}\left(\frac{\Gamma_k}{\overline{\overline{\rho_{ki}}}} - \frac{D_k\alpha_k}{Dt}\right) \tag{8.33}$$

第二项可以重新整理为如下形式

$$\sum_j a_{ij}\left\{\boldsymbol{n}_k \cdot \overline{\overline{\mathscr{T}_{ki}}} + \boldsymbol{n}_k \cdot (\mathscr{T}_k - \overline{\overline{\mathscr{T}_{ki}}}) + (\overline{\overline{p_{ki}}} - p_k)\boldsymbol{n}_k\right\} \cdot (\boldsymbol{v}_k - \widehat{\boldsymbol{v}_k}) \tag{8.34}$$

$$= \boldsymbol{M}_{ik} \cdot (\widehat{\boldsymbol{v}_{ki}} - \widehat{\boldsymbol{v}_k}) - \nabla\alpha_k \cdot \overline{\overline{\mathscr{T}_{ki}}} \cdot (\widehat{\boldsymbol{v}_{ki}} - \widehat{\boldsymbol{v}_k}) + \sum_j a_{ij}\left\{(\boldsymbol{M}_{ik})' + (\boldsymbol{\tau}_i)'\right\} \cdot \widehat{\boldsymbol{v}'_{ki}}$$

式中,$(\boldsymbol{M}_{ik})'$和$(\boldsymbol{\tau}_i)'$分别定义为

$$
\begin{aligned}
(\boldsymbol{M}_{\mathrm{ik}})' &= (\boldsymbol{M}_{\mathrm{k}}^{n})' + (\boldsymbol{M}_{\mathrm{k}}^{t})' \\
(\boldsymbol{M}_{\mathrm{k}}^{n})' &\equiv -(p_{\mathrm{k}} - \overline{\overline{p_{\mathrm{ki}}}})\boldsymbol{n}_{\mathrm{k}} - \frac{\boldsymbol{M}_{\mathrm{k}}^{n}}{a_{\mathrm{i}}} \\
(\boldsymbol{M}_{\mathrm{k}}^{t})' &\equiv \boldsymbol{n}_{\mathrm{k}} \cdot (\mathcal{T}_{\mathrm{k}} - \overline{\overline{\mathcal{T}_{\mathrm{ki}}}}) - \frac{\boldsymbol{M}_{\mathrm{k}}^{t}}{a_{\mathrm{i}}} \\
(\boldsymbol{\tau}_{\mathrm{i}})' &= \boldsymbol{n}_{\mathrm{k}} \cdot \overline{\overline{\mathcal{T}_{\mathrm{ki}}}} - \frac{(-\nabla\alpha_{\mathrm{k}} \cdot \overline{\overline{\mathcal{T}_{\mathrm{ki}}}})}{a_{\mathrm{i}}}
\end{aligned}
\tag{8.35}
$$

因此，它表示总阻力的脉动分量。将由于阻力 $\boldsymbol{W}_{\mathrm{ki}}^{T}$ 而产生的湍流做功通量定义为

$$
\boldsymbol{W}_{\mathrm{ki}}^{T} \equiv \sum_{j} a_{\mathrm{ij}} \{ (\boldsymbol{M}_{\mathrm{ik}})' + (\boldsymbol{\tau}_{\mathrm{i}})' \} \cdot \widehat{\boldsymbol{v}_{\mathrm{ki}}'} \tag{8.36}
$$

将式(8.33)、式(8.34)和式(8.36)代入式(8.31)，得到

$$
\begin{aligned}
\sum_{j} a_{\mathrm{ij}} \boldsymbol{n}_{\mathrm{k}} \cdot \mathcal{T}_{\mathrm{k}} \cdot (\boldsymbol{v}_{\mathrm{k}} - \widehat{\boldsymbol{v}_{\mathrm{k}}}) &= \overline{\overline{p_{\mathrm{ki}}}} \left(\frac{\Gamma_{\mathrm{k}}}{\overline{\overline{\rho_{\mathrm{ki}}}}} - \frac{\mathrm{D}_{\mathrm{k}}\alpha_{\mathrm{k}}}{\mathrm{D}t} \right) + \\
& \boldsymbol{M}_{\mathrm{ik}} \cdot (\widehat{\boldsymbol{v}_{\mathrm{ki}}} - \widehat{\boldsymbol{v}_{\mathrm{k}}}) - \nabla\alpha_{\mathrm{k}} \cdot \overline{\overline{\mathcal{T}_{\mathrm{ki}}}} \cdot (\widehat{\boldsymbol{v}_{\mathrm{ki}}} - \widehat{\boldsymbol{v}_{\mathrm{k}}}) + \boldsymbol{W}_{\mathrm{ki}}^{T}
\end{aligned}
\tag{8.37}
$$

根据式(8.29)和式(8.37)，宏观界面热能传递项 Λ_{k} 变为

$$
\begin{aligned}
\Lambda_{\mathrm{k}} &= (\Gamma_{\mathrm{k}} \widehat{e_{\mathrm{ki}}} + a_{\mathrm{i}} \overline{\overline{q_{\mathrm{ki}}''}}) + \overline{\overline{p_{\mathrm{ki}}}} \left(\frac{\Gamma_{\mathrm{k}}}{\overline{\overline{\rho_{\mathrm{ki}}}}} - \frac{\mathrm{D}_{\mathrm{k}}\alpha_{\mathrm{k}}}{\mathrm{D}t} \right) + \\
& \boldsymbol{M}_{\mathrm{ik}} \cdot (\widehat{\boldsymbol{v}_{\mathrm{ki}}} - \widehat{\boldsymbol{v}_{\mathrm{k}}}) - \nabla\alpha_{\mathrm{k}} \cdot \overline{\overline{\mathcal{T}_{\mathrm{ki}}}} \cdot (\widehat{\boldsymbol{v}_{\mathrm{ki}}} - \widehat{\boldsymbol{v}_{\mathrm{k}}}) + \boldsymbol{W}_{\mathrm{ki}}^{T}
\end{aligned}
\tag{8.38}
$$

参照式(8.27)和式(5.37)，引入界面处 k 相的虚拟焓为

$$
\widehat{h_{\mathrm{ki}}} = \widehat{e_{\mathrm{ki}}} + \frac{\overline{\overline{p_{\mathrm{ki}}}}}{\overline{\overline{\rho_{\mathrm{ki}}}}} \tag{8.39}
$$

则有

$$
\begin{aligned}
\Lambda_{\mathrm{k}} &= (\Gamma_{\mathrm{k}} \widehat{h_{\mathrm{ki}}} + a_{\mathrm{i}} \overline{\overline{q_{\mathrm{ki}}''}}) - \overline{\overline{p_{\mathrm{ki}}}} \frac{\mathrm{D}_{\mathrm{k}}\alpha_{\mathrm{k}}}{\mathrm{D}t} + \boldsymbol{M}_{\mathrm{ik}} \cdot (\widehat{\boldsymbol{v}_{\mathrm{ki}}} - \widehat{\boldsymbol{v}_{\mathrm{k}}}) - \\
& \nabla\alpha_{\mathrm{k}} \cdot \overline{\overline{\mathcal{T}_{\mathrm{ki}}}} \cdot (\widehat{\boldsymbol{v}_{\mathrm{ki}}} - \widehat{\boldsymbol{v}_{\mathrm{k}}}) + \boldsymbol{W}_{\mathrm{ki}}^{T}
\end{aligned}
\tag{8.40}
$$

从 Λ_{k}、M_{k} 和 Γ_{k} 的关系中直接得到 E_{k}，因此从式(8.20)和式(8.40)得到如下结果

$$
\begin{aligned}
E_{\mathrm{k}} &= \Gamma_{\mathrm{k}} \left(\widehat{h_{\mathrm{ki}}} + \widehat{\boldsymbol{v}_{\mathrm{ki}}} \cdot \widehat{\boldsymbol{v}_{\mathrm{k}}} - \frac{\widehat{v_{\mathrm{k}}}^{2}}{2} \right) + a_{\mathrm{i}} \overline{\overline{q_{\mathrm{ki}}''}} - \overline{\overline{p_{\mathrm{ki}}}} \frac{\partial\alpha_{\mathrm{k}}}{\partial t} + \\
& \boldsymbol{M}_{\mathrm{ik}} \cdot \widehat{\boldsymbol{v}_{\mathrm{ki}}} - \nabla\alpha_{\mathrm{k}} \cdot \overline{\overline{\mathcal{T}_{\mathrm{ki}}}} \cdot \widehat{\boldsymbol{v}_{\mathrm{ki}}} + \boldsymbol{W}_{\mathrm{ki}}^{T}
\end{aligned}
\tag{8.41}
$$

Λ_{k} 和 E_{k} 的表达式给出了以界面平均值表示的 k 相界面热能通量和总能量。

现在继续分析混合物能量源项 E_{m}。假设

$$
\frac{\mathrm{d}\sigma}{\mathrm{d}T} \approx \text{常数} \tag{8.42}
$$

式(5.29)可以近似表达为

$$E_{\mathrm{m}} = \sum_{j} a_{\mathrm{ij}}\left\{T_{\mathrm{i}}\left(\frac{\mathrm{d}\sigma}{\mathrm{d}T}\right)\nabla_{s}\cdot \boldsymbol{v}_{\mathrm{i}} + (t_{\alpha}A^{\alpha\beta}\sigma)_{,\beta}\cdot \boldsymbol{v}_{\mathrm{i}}\right\} \tag{8.43}$$

我们记得界面速度的表面散度是表面积膨胀(Aris,1962)。因此有

$$\frac{1}{(\mathrm{d}A)}\frac{\mathrm{d_s}}{\mathrm{d}t}(\mathrm{d}A) = \nabla_{\mathrm{s}}\cdot \boldsymbol{v}_{\mathrm{i}} \tag{8.44}$$

因此,在假设表面张力梯度很小的情况下,可以将式(8.43)近似为

$$E_{\mathrm{m}} \doteq \overline{\overline{T_{\mathrm{i}}}}\left(\frac{\mathrm{d}\sigma}{\mathrm{d}T}\right)\frac{\mathrm{D_i}}{\mathrm{D}t}(a_{\mathrm{i}}) + 2\,\overline{\overline{H_{21}}}\;\overline{\overline{\sigma}}\,\frac{\partial \alpha_1}{\partial t} + E_{\mathrm{m}}^{H} \tag{8.45}$$

其中,随体导数 $\mathrm{D_i}/\mathrm{D}t$ 定义为

$$\frac{\mathrm{D_i}}{\mathrm{D}t} = \frac{\partial}{\partial t} + \widehat{\boldsymbol{v}_{\mathrm{i}}}\cdot\nabla \tag{8.46}$$

注意到式(8.45)右侧的第一项考虑了与面积变化相关的表面能量变化的影响,而第二项和最后一项表示表面张力所做的平均功。最后一项表示平均曲率变化对混合物能量源项的影响。结合式(8.21)和式(8.26),得到

$$\begin{aligned}\sum_{k=1}^{2}\Lambda_{\mathrm{k}} = &\sum_{k=1}^{2}\Gamma_{\mathrm{k}}\left(\frac{\widehat{v_{\mathrm{k}}}^{2}}{2} - \widehat{\boldsymbol{v}_{\mathrm{ki}}}\cdot\widehat{\boldsymbol{v}_{\mathrm{k}}}\right) - \sum_{k=1}^{2}\boldsymbol{M}_{\mathrm{ki}}\cdot\widehat{\boldsymbol{v}_{\mathrm{k}}} + \\ &\sum_{k=1}^{2}\left(\overline{\overline{\mathcal{T}_{\mathrm{ki}}}}\cdot\widehat{\boldsymbol{v}_{\mathrm{k}}} - \overline{\overline{p_{\mathrm{ki}}}}\,\widehat{\boldsymbol{v}_{\mathrm{k}}}\right)\cdot\nabla\alpha_{\mathrm{k}} + E_{\mathrm{m}}\end{aligned} \tag{8.47}$$

总结界面能量传递,有以下关系。

总能输运条件

$$\begin{aligned}E_{\mathrm{k}} = &\Gamma_{\mathrm{k}}\left(\widehat{h_{\mathrm{ki}}} + \widehat{\boldsymbol{v}_{\mathrm{ki}}}\cdot\widehat{\boldsymbol{v}_{\mathrm{k}}} - \frac{\widehat{v_{\mathrm{k}}}^{2}}{2}\right) + a_{\mathrm{i}}\,\overline{\overline{q''_{\mathrm{ki}}}} - \overline{\overline{p_{\mathrm{ki}}}}\,\frac{\partial\alpha_{\mathrm{k}}}{\partial t} + \\ &\boldsymbol{M}_{\mathrm{ik}}\cdot\widehat{\boldsymbol{v}_{\mathrm{ki}}} - \nabla\alpha_{\mathrm{k}}\cdot\overline{\overline{\mathcal{T}_{\mathrm{ki}}}}\cdot\widehat{\boldsymbol{v}_{\mathrm{ki}}} + W_{\mathrm{ki}}^{T}\end{aligned} \tag{8.48}$$

及 $E_{\mathrm{m}} = \sum_{k=1}^{2}E_{\mathrm{k}} = \overline{\overline{T_{\mathrm{i}}}}\left(\frac{\mathrm{d}\sigma}{\mathrm{d}T}\right)\frac{\mathrm{D_i}}{\mathrm{D}t}(a_{\mathrm{i}}) + 2\,\overline{\overline{H_{21}}}\;\overline{\overline{\sigma}}\,\frac{\partial\alpha_1}{\partial t} + E_{\mathrm{m}}^{H}$

热能输运条件

$$\begin{aligned}\Lambda_{\mathrm{k}} = &\left(\Gamma_{\mathrm{k}}\,\widehat{h_{\mathrm{ki}}} + a_{\mathrm{i}}\,\overline{\overline{q''_{\mathrm{ki}}}}\right) - \overline{\overline{p_{\mathrm{ki}}}}\,\frac{\mathrm{D_k}\alpha_{\mathrm{k}}}{\mathrm{D}t} + \boldsymbol{M}_{\mathrm{ik}}\cdot\left(\widehat{\boldsymbol{v}_{\mathrm{ki}}} - \widehat{\boldsymbol{v}_{\mathrm{k}}}\right) - \\ &\nabla\alpha_{\mathrm{k}}\cdot\overline{\overline{\mathcal{T}_{\mathrm{ki}}}}\cdot\left(\widehat{\boldsymbol{v}_{\mathrm{ki}}} - \widehat{\boldsymbol{v}_{\mathrm{k}}}\right) + W_{\mathrm{ki}}^{T}\end{aligned}$$

及

$$\begin{aligned}\sum_{k=1}^{2}\Lambda_{\mathrm{k}} = &\overline{\overline{T_{\mathrm{i}}}}\left(\frac{\mathrm{d}\sigma}{\mathrm{d}T}\right)\frac{\mathrm{D_i}}{\mathrm{D}t}(a_{\mathrm{i}}) + 2\,\overline{\overline{H_{21}}}\;\overline{\overline{\sigma}}\,\frac{\partial\alpha_1}{\partial t} + E_{\mathrm{m}}^{H} + \\ &\sum_{k=1}^{2}\left(\overline{\overline{\mathcal{T}_{\mathrm{ki}}}}\cdot\widehat{\boldsymbol{v}_{\mathrm{k}}} - \overline{\overline{p_{\mathrm{ki}}}}\,\widehat{\boldsymbol{v}_{\mathrm{ki}}}\right)\cdot\nabla\alpha_{\mathrm{k}} + \sum_{k=1}^{2}\left\{\Gamma_{\mathrm{k}}\left(\frac{\widehat{v_{\mathrm{k}}}^{2}}{2} - \widehat{\boldsymbol{v}_{\mathrm{ki}}}\cdot\widehat{\boldsymbol{v}_{\mathrm{k}}}\right) - \boldsymbol{M}_{\mathrm{ik}}\cdot\widehat{\boldsymbol{v}_{\mathrm{k}}}\right\}\end{aligned} \tag{8.49}$$

由于这些关系用主流和界面的平均值表示，因此可以认为它们具有宏观形式。本构方程可以通过将界面变量与主流平均值和其他特性参数（如 a_{i}）联系起来获得。

根据式（8.5）、式（8.21）和式（8.48），认识到两流体模型和漂移流（混合物）模型所必需的界面本构定律之间存在很大差异。对于前者，需要通过本构方程设定 Γ_1、$\boldsymbol{M}_1$、E_1、$\boldsymbol{M}_{\mathrm{m}}$ 和 E_{m}，而对于后者只需提供 Γ_1、$\boldsymbol{M}_{\mathrm{m}}$、和 E_{m}（或 $\sum_{k=1}^{2}\Lambda_{\mathrm{k}}$）。这使得漂移流模型比两流体模型简单得多。在扩散或漂移流模型中，提供了各相速度之间的关系，因此只需要一个动量方程。然而，在两流体模型中，设定了动量交换项 $\boldsymbol{M}_{\mathrm{k}}$，然后需要同时求解两个动量方程。还注意到，在没有作出适当假设的情况下，两相的 Λ_{k} 之和不会简化为 E_{m}，因此，在漂移流模型中使用热能方程时应特别注意。

第 9 章　两流体模型

两流体模型(Ishii,1975；Ishii & Mishima,1984)是通过分别考虑两相的输运过程获得的。因此,该模型用两组描述质量、动量和能量平衡的守恒方程来表达。然而,由于一相的平均场相对于另一相并不独立,所以在这些守恒方程中出现了相互作用项。Γ_k、$\boldsymbol{M}_k$ 和 E_k 等项是从界面传递到 k 相的质量、动量和能量。由于这些量在界面上也应遵循守恒定律,从局部跳跃条件出发,推导了界面输运条件。因此,具有 3 个界面输运条件的 6 个微分方程控制了宏观两相流系统。

在两流体模型的建立过程中,各相的传递过程由各自的守恒方程表示,因此,与漂移流(或混合物)模型相比,该模型可以预测更详细的局部变化和各相间的相互作用。然而,这意味着两流体模型不仅在涉及的场方程数量方面更为复杂,而且其必要的本构方程方面也更为复杂。很明显,这些本构方程准确显示了模型的实用性。这对于其相互作用项 Γ_k、$\boldsymbol{M}_k$ 和 E_k 尤为正确,因为在场方程中如果没有这些界面交换,两相基本上是独立的。这些相互作用项决定了各相间的耦合程度,因此各相的输运过程受这些项的影响很大。

两流体模型的真正重要性在于,它可以考虑各相之间的动态和非平衡相互作用。这可以通过各相的动量方程和两个独立的速度场以及两个能量方程来实现。因此,两流体模型可以用于分析瞬态现象、波传播和流型转变。特别是当两相之间的弱耦合,使得各相的惯性变化很快时,应使用两流体模型来研究这些现象。

然而,如果两相间强耦合(各相之间的响应非常快,使得两相接近于机械和热平衡,或与波的传播紧密相关),则从实际应用的角度看,两流体模型给系统带来了不必要的复杂性。可以说,两流体模型非常适合于局部波传播和稳定性问题相关的研究。然而,如果考虑的是系统中两相混合物的总体响应而不是各相的局部行为,则漂移流模型更简单,在大多数情况下对解决问题都有效。对于一般的三维流动,由于相对速度的关联式很难发展成一般的三维形式,因此两流体模型比混合物模型更好。

下面讨论两流体模型的一般性公式以及封闭方程组所需的各种本构方程。然而应该注意的是,通过使未知数和方程数相同来封闭的微分方程组并不意味着解的存在，也不保证解的唯一性。然而，对于一个代表了要分析的物理系统的适当数学模型来说，它是一个必要条件。

还应该记住的是，到目前为止，还没有建立起两相流系统很严密的数学模型，要完成一般性的两相流三维模型还需要进行一些额外的研究。为了理解所面临的困难，我们知道即使在单相湍流流动中，到现在为止也还没有很严密地建立起关于湍流流动的一般性本构方程。针对三维两流体模型的研究现状，首先对模型的必要形式进行了一般性的讨论。因此，本章应被视为确定本构方程的一个框架和指引。图 9.1 总结了两流体模型公式的建立过程。

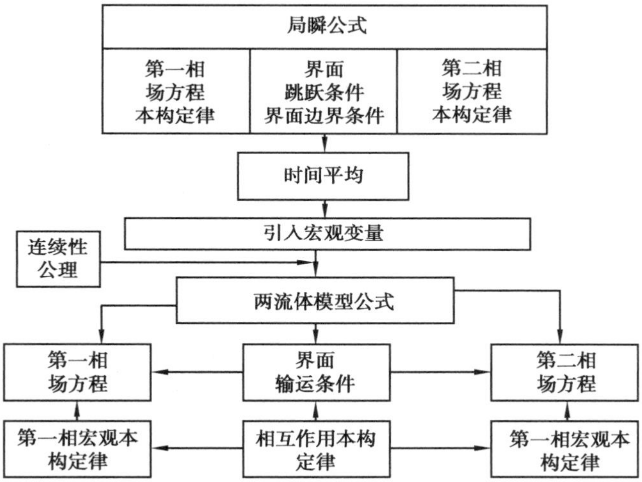

图 9.1　两流体模型公式的建立过程

9.1　两流体模型场方程

两流体连续性方程

两流体模型的特点是有两个独立的速度场，分别规定了两相的运动。最自然的速度场的表达形式显然是质量加权平均相速度 $\widehat{\boldsymbol{v}_k}$。因此，模型中使用的连续性方程的适当形式应为式(5.21)

$$\frac{\partial \alpha_k \overline{\overline{\rho_k}}}{\partial t} + \nabla \cdot \left(\alpha_k \overline{\overline{\rho_k}} \widehat{\boldsymbol{v}_k} \right) = \Gamma_k \tag{9.1}$$

采用式(5.22)的界面质量输运条件为

$$\sum_{k=1}^{2} \Gamma_k = 0 \tag{9.2}$$

因此,用 Γ_k 表示单位体积界面处相变产生的 k 相质量的速率。这是因为对局部连续性方程积分,得到了宏观场方程。可以说,式(9.1)和式(9.2)是宏观场中质量守恒的一般性情况,因此它们始终满足,而不管具体的相变机制情况。

根据式(7.11)的随体导数,连续性方程变成

$$\frac{D_k}{Dt}(\alpha_k \overline{\overline{\rho_k}}) + (\alpha_k \overline{\overline{\rho_k}})\ \nabla\cdot \widehat{\boldsymbol{v}_k} = \Gamma_k \tag{9.3}$$

因此有

$$\alpha_k \frac{D_k \overline{\overline{\rho_k}}}{Dt} + \overline{\overline{\rho_k}} \frac{D_k \alpha_k}{Dt} + \alpha_k \overline{\overline{\rho_k}}\ \nabla\cdot \widehat{\boldsymbol{v}_k} = \Gamma_k \tag{9.4}$$

对于稳态流动,式(9.1)的时间导数为零,因此有

$$\nabla\cdot (\alpha_k \overline{\overline{\rho_k}} \widehat{\boldsymbol{v}_k}) = \Gamma_k \tag{9.5}$$

如果各相不可压缩,平均密度 ρ_k 是常数。所以有

$$\frac{\partial \alpha_k}{\partial t} + \nabla\cdot (\alpha_k \widehat{\boldsymbol{v}_k}) = \frac{\Gamma_k}{\overline{\overline{\rho_k}}} \tag{9.6}$$

如果没有相变,连续性方程会简化为

$$\frac{\partial \alpha_k}{\partial t} + \nabla\cdot (\alpha_k \widehat{\boldsymbol{v}_k}) = 0 \tag{9.7}$$

该式可用于无相变的低速两相流。在这种情况下,两相系统的运动完全受相的再分布,即对流和扩散所控制。上述方程的形式类似于单相可压缩流动。

式(9.1)的矢量表示法给出了相连续性方程的一般形式。在实际应用中,经常用直角坐标系和柱坐标系表示该方程。因此,在直角坐标系(x,y,z)中,有

$$\frac{\partial}{\partial t}(\alpha_k \overline{\overline{\rho_k}}) + \frac{\partial}{\partial x}(\alpha_k \overline{\overline{\rho_k}}\widehat{v_{xk}}) + \frac{\partial}{\partial y}(\alpha_k \overline{\overline{\rho_k}}\widehat{v_{yk}}) + \frac{\partial}{\partial z}(\alpha_k \overline{\overline{\rho_k}}\widehat{v_{zk}}) = \Gamma_k \tag{9.8}$$

如果限制流动为二维流动,那么它表示平面流动。在这种情况下,关于 x 的偏导数可以从式(9.8)中去掉。还注意到,对于一个没有相变的稳定平面流,可以引入流函数。

柱坐标中的连续性方程变成

$$\frac{\partial}{\partial t}(\alpha_k \overline{\overline{\rho_k}}) + \frac{1}{r}\frac{\partial}{\partial r}(r\alpha_k \overline{\overline{\rho_k}}\widehat{v_{rk}}) + \frac{1}{r}\frac{\partial}{\partial \theta}(\alpha_k \overline{\overline{\rho_k}}\widehat{v_{\theta k}}) + \frac{\partial}{\partial z}(\alpha_k \overline{\overline{\rho_k}}\widehat{v_{zk}}) = \Gamma_k \tag{9.9}$$

如果流动与 θ 无关,则流动为轴对称流动,方程变为

$$\frac{\partial}{\partial t}(r\alpha_k \overline{\overline{\rho_k}}) + \frac{\partial}{\partial r}(r\alpha_k \overline{\overline{\rho_k}}\widehat{v_{rk}}) + \frac{\partial}{\partial z}(r\alpha_k \overline{\overline{\rho_k}}\widehat{v_{zk}}) = r\Gamma_k \tag{9.10}$$

对于不发生相变的稳定轴对称流动,也可以引入流函数,从而可以从公式中消除连续性方程。

两流体模型的动量方程

在两流体模型方程组中，动量守恒由有界面动量传递的两个动量方程表示。如前所述，应以质心或各相的重心速度$\widehat{\boldsymbol{v}_k}$来表达场方程，因此，根据式(5.26)，有两个动量方程

$$\frac{\partial \alpha_k \overline{\overline{\rho_k}}\widehat{\boldsymbol{v}_k}}{\partial t} + \nabla\cdot\left(\alpha_k \overline{\overline{\rho_k}}\widehat{\boldsymbol{v}_k}\widehat{\boldsymbol{v}_k}\right) = -\nabla\left(\alpha_k \overline{\overline{p_k}}\right) + \nabla\cdot\left[\alpha_k\left(\overline{\overline{\mathcal{T}_k}} + \mathcal{T}_k^T\right)\right] + \alpha_k \overline{\overline{\rho_k}}\widehat{\boldsymbol{g}_k} + \boldsymbol{M}_k \tag{9.11}$$

式(8.23)的界面传递条件有如下形式

$$\sum_{k=1}^{2}\boldsymbol{M}_k = \boldsymbol{M}_m \tag{9.12}$$

其中

$$\boldsymbol{M}_m = 2\,\overline{\overline{H_{21}}}\,\overline{\overline{\sigma}}\,\nabla\alpha_2 + \boldsymbol{M}_m^H \tag{9.13}$$

注意到两相的动量方程都有一个界面源项 $\boldsymbol{M}_k$，它通过式(9.12)耦合两相的运动。这里，$\overline{\overline{H_{21}}}$和$\overline{\overline{\sigma}}$是界面平均曲率和平均表面张力，而 $\boldsymbol{M}_m$ 项考虑了平均曲率变化的影响。

根据 8.2 节的讨论，式(9.11)可改写为

$$\frac{\partial \alpha_k \overline{\overline{\rho_k}}\widehat{\boldsymbol{v}_k}}{\partial t} + \nabla\cdot\left(\alpha_k \overline{\overline{\rho_k}}\widehat{\boldsymbol{v}_k}\widehat{\boldsymbol{v}_k}\right) = -\nabla\left(\alpha_k \overline{\overline{p_k}}\right) + \nabla\cdot\left[\alpha_k\left(\overline{\overline{\mathcal{T}_k}} + \mathcal{T}_k^T\right)\right] + \alpha_k \overline{\overline{\rho_k}}\widehat{\boldsymbol{g}_k} + \left(\widehat{v_{ki}}\Gamma_k + \overline{\overline{p_{ki}}}\nabla\alpha_k + \boldsymbol{M}_{ik} - \nabla\alpha_k\cdot\overline{\overline{\mathcal{T}_{ki}}}\right) \tag{9.14}$$

因此，利用式(7.11)的随体导数，k 相运动方程变成

$$\alpha_k \overline{\overline{\rho_k}}\frac{\mathrm{D}_k\widehat{\boldsymbol{v}_k}}{\mathrm{D}t} = -\alpha_k\nabla\overline{\overline{p_k}} + \nabla\cdot\left[\alpha_k\left(\overline{\overline{\mathcal{T}_k}} + \mathcal{T}_k^T\right)\right] + \alpha_k \overline{\overline{\rho_k}}\widehat{\boldsymbol{g}_k} + \left(\overline{\overline{p_{ki}}} - \overline{\overline{p_k}}\right)\nabla\alpha_k + \left(\widehat{\boldsymbol{v}_{ki}} - \widehat{\boldsymbol{v}_k}\right)\Gamma_k + \boldsymbol{M}_{ik} - \nabla\alpha_k\cdot\overline{\overline{\mathcal{T}_{ki}}} \tag{9.15}$$

或者将式(8.20)代入式(9.15)，得到

$$\alpha_k \overline{\overline{\rho_k}}\frac{\mathrm{D}_k\widehat{\boldsymbol{v}_k}}{\mathrm{D}t} = -\alpha_k\nabla\overline{\overline{p_k}} + \nabla\cdot\left[\alpha_k\left(\overline{\overline{\mathcal{T}_k}} + \mathcal{T}_k^T\right)\right] + \alpha_k \overline{\overline{\rho_k}}\widehat{\boldsymbol{g}_k} + \left(\overline{\overline{p_{ki}}} - \overline{\overline{p_k}}\right)\nabla\alpha_k + \left(\widehat{\boldsymbol{v}_i} - \widehat{\boldsymbol{v}_k} + \frac{\Gamma_k}{\overline{\overline{\rho_{ki}}}a_i^2}\nabla\alpha_k\right)\Gamma_k + \boldsymbol{M}_{ik} - \nabla\alpha_k\cdot\overline{\overline{\mathcal{T}_{ki}}} \tag{9.16}$$

一般来说,运动方程是一个矢量方程,因此有 3 个分量或 3 个对应的标量方程。下面,将它们表示为两个具有实际意义的坐标系下的方程。

直角坐标系(x,y,z)中的运动方程如下

x-**分量**

$$\begin{aligned}&\alpha_k \overline{\overline{\rho_k}} \left(\frac{\partial \widehat{v_{xk}}}{\partial t} + \widehat{v_{xk}}\frac{\partial \widehat{v_{xk}}}{\partial x} + \widehat{v_{yk}}\frac{\partial \widehat{v_{xk}}}{\partial y} + \widehat{v_{zk}}\frac{\partial \widehat{v_{xk}}}{\partial z}\right) = -\alpha_k \frac{\partial \overline{\overline{p_k}}}{\partial x} + \alpha_k \overline{\overline{\rho_k}}\,\widehat{g_{xk}} + \\ &\left\{\frac{\partial}{\partial x}\alpha_k\left(\overline{\overline{\tau_{xxk}}} + \tau^T_{xxk}\right) + \frac{\partial}{\partial y}\alpha_k\left(\overline{\overline{\tau_{yxk}}} + \tau^T_{yxk}\right) + \frac{\partial}{\partial z}\alpha_k\left(\overline{\overline{\tau_{zxk}}} + \tau^T_{zxk}\right)\right\} + M_{ixk} + \\ &\left(\overline{\overline{p_{ki}}} - \overline{\overline{p_k}}\right)\frac{\partial \alpha_k}{\partial x} + \left(\widehat{v_{xki}} - \widehat{v_{xk}}\right)\Gamma_k - \left(\frac{\partial\alpha_k}{\partial x}\overline{\overline{\tau_{xxki}}} + \frac{\partial\alpha_k}{\partial y}\overline{\overline{\tau_{yxki}}} + \frac{\partial\alpha_k}{\partial z}\overline{\overline{\tau_{zxki}}}\right)\end{aligned} \tag{9.17}$$

y-**分量**

$$\begin{aligned}&\alpha_k \overline{\overline{\rho_k}} \left(\frac{\partial \widehat{v_{yk}}}{\partial t} + \widehat{v_{xk}}\frac{\partial \widehat{v_{yk}}}{\partial x} + \widehat{v_{yk}}\frac{\partial \widehat{v_{yk}}}{\partial y} + \widehat{v_{zk}}\frac{\partial \widehat{v_{yk}}}{\partial z}\right) = -\alpha_k \frac{\partial \overline{\overline{p_k}}}{\partial y} + \alpha_k \overline{\overline{\rho_k}}\,\widehat{g_{yk}} + \\ &\left\{\frac{\partial}{\partial x}\alpha_k\left(\overline{\overline{\tau_{xyk}}} + \tau^T_{xyk}\right) + \frac{\partial}{\partial y}\alpha_k\left(\overline{\overline{\tau_{yyk}}} + \tau^T_{yyk}\right) + \frac{\partial}{\partial z}\alpha_k\left(\overline{\overline{\tau_{zyk}}} + \tau^T_{zyk}\right)\right\} + M_{iyk} + \\ &\left(\overline{\overline{p_{ki}}} - \overline{\overline{p_k}}\right)\frac{\partial \alpha_k}{\partial y} + \left(\widehat{v_{yki}} - \widehat{v_{yk}}\right)\Gamma_k - \left(\frac{\partial\alpha_k}{\partial x}\overline{\overline{\tau_{xyki}}} + \frac{\partial\alpha_k}{\partial y}\overline{\overline{\tau_{yyki}}} + \frac{\partial\alpha_k}{\partial z}\overline{\overline{\tau_{zyki}}}\right)\end{aligned} \tag{9.18}$$

z-**分量**

$$\begin{aligned}&\alpha_k \overline{\overline{\rho_k}} \left(\frac{\partial \widehat{v_{zk}}}{\partial t} + \widehat{v_{xk}}\frac{\partial \widehat{v_{zk}}}{\partial x} + \widehat{v_{yk}}\frac{\partial \widehat{v_{zk}}}{\partial y} + \widehat{v_{zk}}\frac{\partial \widehat{v_{zk}}}{\partial z}\right) = -\alpha_k \frac{\partial \overline{\overline{p_k}}}{\partial z} + \alpha_k \overline{\overline{\rho_k}}\,\widehat{g_{zk}} + \\ &\left\{\frac{\partial}{\partial x}\alpha_k\left(\overline{\overline{\tau_{xzk}}} + \tau^T_{xzk}\right) + \frac{\partial}{\partial y}\alpha_k\left(\overline{\overline{\tau_{yzk}}} + \tau^T_{yzk}\right) + \frac{\partial}{\partial z}\alpha_k\left(\overline{\overline{\tau_{zzk}}} + \tau^T_{zzk}\right)\right\} + M_{izk} + \\ &\left(\overline{\overline{p_{ki}}} - \overline{\overline{p_k}}\right)\frac{\partial \alpha_k}{\partial z} + \left(\widehat{v_{zki}} - \widehat{v_{zk}}\right)\Gamma_k - \left(\frac{\partial\alpha_k}{\partial x}\overline{\overline{\tau_{xzki}}} + \frac{\partial\alpha_k}{\partial y}\overline{\overline{\tau_{yzki}}} + \frac{\partial\alpha_k}{\partial z}\overline{\overline{\tau_{zzki}}}\right)\end{aligned} \tag{9.19}$$

注意到对于平面流动,会消掉运动方程的 x 分量。此外,在运动方程的 y 和 z 分量中,即式(9.18)和式(9.19)中,应消掉所有关于 x 的偏导数。

圆柱坐标(r,θ,z)中的运动方程变成

r **分量**

$$\begin{aligned}&\alpha_k \overline{\overline{\rho_k}} \left(\frac{\partial \widehat{v_{rk}}}{\partial t} + \widehat{v_{rk}}\frac{\partial \widehat{v_{rk}}}{\partial r} + \frac{\widehat{v_{\theta k}}}{r}\frac{\partial \widehat{v_{rk}}}{\partial r} - \frac{\widehat{v_{\theta k}}^2}{r} + \widehat{v_{zk}}\frac{\partial \widehat{v_{rk}}}{\partial z}\right) \\ &= -\alpha_k \frac{\partial \overline{\overline{p_k}}}{\partial r} + \alpha_k \overline{\overline{\rho_k}}\,\widehat{g_{rk}} + \left\{\frac{1}{r}\frac{\partial}{\partial r}r\alpha_k\left(\overline{\overline{\tau_{rrk}}} + \tau^T_{rrk}\right) + \frac{1}{r}\frac{\partial}{\partial \theta}\alpha_k\left(\overline{\overline{\tau_{r\theta k}}} + \tau^T_{r\theta k}\right) - \right.\end{aligned}$$

$$\frac{1}{r}\alpha_k\left(\overline{\overline{\tau_{\theta\theta k}}}+\tau_{\theta\theta k}^T\right)+\frac{\partial}{\partial z}\alpha_k\left(\overline{\overline{\tau_{z\theta k}}}+\tau_{z\theta k}^T\right)\Big\}+M_{irk}+\left(\overline{\overline{p_{ki}}}-\overline{\overline{p_k}}\right)\frac{\partial\alpha_k}{\partial r}+$$
$$\left(\widehat{v_{rki}}-\widehat{v_{rk}}\right)\Gamma_k-\left(\frac{\partial\alpha_k}{\partial r}\overline{\overline{\tau_{rrki}}}+\frac{1}{r}\frac{\partial\alpha_k}{\partial\theta}\overline{\overline{\tau_{\theta rki}}}+\frac{\partial\alpha_k}{\partial z}\overline{\overline{\tau_{zrki}}}\right) \tag{9.20}$$

θ **分量**

$$\alpha_k\overline{\overline{\rho_k}}\left(\frac{\partial\widehat{v_{\theta k}}}{\partial t}+\widehat{v_{rk}}\frac{\partial\widehat{v_{\theta k}}}{\partial r}+\frac{\widehat{v_{\theta k}}}{r}\frac{\partial\widehat{v_{\theta k}}}{\partial r}+\frac{\widehat{v_{rk}}\widehat{v_{\theta k}}}{r}+\widehat{v_{zk}}\frac{\partial\widehat{v_{\theta k}}}{\partial z}\right)=-\frac{\alpha_k}{r}\frac{\partial\overline{\overline{p_k}}}{\partial\theta}+$$
$$\alpha_k\overline{\overline{\rho_k}}\widehat{g_{\theta k}}+\Big\{\frac{1}{r^2}\frac{\partial}{\partial r}r^2\alpha_k\left(\overline{\overline{\tau_{r\theta k}}}+\tau_{r\theta k}^T\right)+\frac{1}{r}\frac{\partial}{\partial\theta}\alpha_k\left(\overline{\overline{\tau_{\theta\theta k}}}+\tau_{\theta\theta k}^T\right)+$$
$$\frac{\partial}{\partial z}\alpha_k\left(\overline{\overline{\tau_{\theta zk}}}+\tau_{\theta zk}^T\right)\Big\}+M_{i\theta k}+\left(\overline{\overline{p_{ki}}}-\overline{\overline{p_k}}\right)\frac{1}{r}\frac{\partial\alpha_k}{\partial\theta}+\left(\widehat{v_{\theta ki}}-\widehat{v_{\theta k}}\right)\Gamma_k-$$
$$\left(\frac{\partial\alpha_k}{\partial r}\overline{\overline{\tau_{r\theta ki}}}+\frac{1}{r}\frac{\partial\alpha_k}{\partial\theta}\overline{\overline{\tau_{\theta\theta ki}}}+\frac{\partial\alpha_k}{\partial z}\overline{\overline{\tau_{z\theta ki}}}\right) \tag{9.21}$$

z **分量**

$$\alpha_k\overline{\overline{\rho_k}}\left(\frac{\partial\widehat{v_{zk}}}{\partial t}+\widehat{v_{rk}}\frac{\partial\widehat{v_{zk}}}{\partial r}+\frac{\widehat{v_{\theta k}}}{r}\frac{\partial\widehat{v_{zk}}}{\partial r}+\widehat{v_{zk}}\frac{\partial\widehat{v_{zk}}}{\partial z}\right)=-\alpha_k\frac{\partial\overline{\overline{p_k}}}{\partial z}+$$
$$\alpha_k\overline{\overline{\rho_k}}\widehat{g_{zk}}+\Big\{\frac{1}{r}\frac{\partial}{\partial r}\left[r\alpha_k\left(\overline{\overline{\tau_{rzk}}}+\tau_{rzk}^T\right)\right]+\frac{1}{r}\frac{\partial}{\partial\theta}\alpha_k\left(\overline{\overline{\tau_{\theta zk}}}+\tau_{\theta zk}^T\right)+$$
$$\frac{\partial}{\partial z}\alpha_k\left(\overline{\overline{\tau_{zzk}}}+\tau_{zzk}^T\right)\Big\}+M_{izk}+\left(\overline{\overline{p_{ki}}}-\overline{\overline{p_k}}\right)\frac{\partial\alpha_k}{\partial z}+$$
$$\left(\widehat{v_{zki}}-\widehat{v_{zk}}\right)\Gamma_k-\left(\frac{\partial\alpha_k}{\partial r}\overline{\overline{\tau_{rzki}}}+\frac{1}{r}\frac{\partial\alpha_k}{\partial\theta}\overline{\overline{\tau_{\theta zki}}}+\frac{\partial\alpha_k}{\partial z}\overline{\overline{\tau_{zzki}}}\right) \tag{9.22}$$

对于轴对称流动,方程中关于 θ 的偏导数项为零。此外,如果没有绕 z 轴的流动,则 θ 方向的速度也为零,因此可以消除整个 θ 分量的方程。对于两相管流的许多实际问题,这已经是一个足够精确的模型。

两流体模型的能量方程

能量守恒的最基本形式是通过考虑总能量的守恒来表示的。对于两流体模型,有两个带界面能量输运的总能量方程。因此,根据式(5.32),可得

$$\frac{\partial}{\partial t}\left[\alpha_k\overline{\overline{\rho_k}}\left(\widehat{e_k}+\frac{\widehat{v_k}^2}{2}\right)\right]+\nabla\cdot\left[\alpha_k\overline{\overline{\rho_k}}\left(\widehat{e_k}+\frac{\widehat{v_k}^2}{2}\right)\widehat{\boldsymbol{v}_k}\right]$$
$$=-\nabla\cdot\left[\alpha_k\left(\overline{\overline{\boldsymbol{q}_k}}+\boldsymbol{q}_k^T\right)\right]+\nabla\cdot\left(\alpha_k\overline{\overline{\mathcal{T}_k}}\cdot\widehat{\boldsymbol{v}_k}\right)+\alpha_k\overline{\overline{\rho_k}}\widehat{\boldsymbol{g}_k}\cdot\widehat{\boldsymbol{v}_k}+E_k \tag{9.23}$$

在这里假设 $\boldsymbol{g}_k$ 是常数,即 $\boldsymbol{g}_k=\widehat{\boldsymbol{g}_k}$。界面输运条件式(8.48)耦合了两相的能量传递过程,因此有

$$\sum_{k=1}^{2}E_k=E_m \tag{9.24}$$

其中

$$E_{\mathrm{m}} = \overline{\overline{T_{\mathrm{i}}}} \left(\frac{\mathrm{d}\sigma}{\mathrm{d}T}\right)\frac{\mathrm{D_i}a_{\mathrm{i}}}{\mathrm{D}t} + 2\,\overline{\overline{H_{21}}}\;\overline{\overline{\sigma}}\frac{\partial \alpha}{\partial t} + E_{\mathrm{m}}^{H} \tag{9.25}$$

这些关系表明，各相界面能量传递项 E_{k} 的总和与表面能的时间变化率和表面张力所做的功相平衡。注意到 E_{m}^{H} 项考虑了平均曲率变化的影响。如果用式(8.48)给出的界面变量来表示 E_{k}，总能量方程可以改写为

$$\begin{aligned}
&\frac{\partial}{\partial t}\left[\alpha_{\mathrm{k}}\overline{\overline{\rho_{\mathrm{k}}}}\left(\widehat{e_{\mathrm{k}}}+\frac{\widehat{v_{\mathrm{k}}}^{2}}{2}\right)\right]+\nabla\cdot\left[\alpha_{\mathrm{k}}\overline{\overline{\rho_{\mathrm{k}}}}\left(\widehat{e_{\mathrm{k}}}+\frac{\widehat{v_{\mathrm{k}}}^{2}}{2}\right)\widehat{\boldsymbol{v}_{\mathrm{k}}}\right]\\
&=-\nabla\cdot\left[\alpha_{\mathrm{k}}(\overline{\overline{\boldsymbol{q}_{\mathrm{k}}}}+\boldsymbol{q}_{\mathrm{k}}^{T})\right]+\nabla\cdot(\alpha_{\mathrm{k}}\overline{\overline{\mathcal{T}_{\mathrm{k}}}}\cdot\widehat{\boldsymbol{v}_{\mathrm{k}}})+\alpha_{\mathrm{k}}\overline{\overline{\rho_{\mathrm{k}}}}\widehat{\boldsymbol{g}_{\mathrm{k}}}\cdot\widehat{\boldsymbol{v}_{\mathrm{k}}}+\{a_{\mathrm{i}}\overline{\overline{q''_{\mathrm{ki}}}}+\\
&\Gamma_{\mathrm{k}}\left(\widehat{h_{\mathrm{ki}}}+\widehat{\boldsymbol{v}_{\mathrm{ki}}}\cdot\widehat{\boldsymbol{v}_{\mathrm{k}}}-\frac{\widehat{v_{\mathrm{k}}}^{2}}{2}\right)-\overline{\overline{p_{\mathrm{ki}}}}\frac{\partial\alpha_{\mathrm{k}}}{\partial t}+\boldsymbol{M}_{\mathrm{ik}}\cdot\widehat{\boldsymbol{v}_{\mathrm{ki}}}-(\nabla\alpha_{\mathrm{k}}\cdot\overline{\overline{\mathcal{T}_{\mathrm{ki}}}})\cdot\widehat{\boldsymbol{v}_{\mathrm{ki}}}+W_{\mathrm{ki}}^{T}\Big\}
\end{aligned} \tag{9.26}$$

利用随体导数的变换式(7.13)，可以写出

$$\begin{aligned}
&\alpha_{\mathrm{k}}\overline{\overline{\rho_{\mathrm{k}}}}\frac{\mathrm{D_k}}{\mathrm{D}t}\left(\widehat{e_{\mathrm{k}}}+\frac{\widehat{v_{\mathrm{k}}}^{2}}{2}\right)=-\nabla\cdot\left[\alpha_{\mathrm{k}}(\overline{\overline{\boldsymbol{q}_{\mathrm{k}}}}+\boldsymbol{q}_{\mathrm{k}}^{T})\right]+\nabla\cdot(\alpha_{\mathrm{k}}\overline{\overline{\mathcal{T}_{\mathrm{k}}}}\cdot\widehat{\boldsymbol{v}_{\mathrm{k}}})+\\
&\alpha_{\mathrm{k}}\overline{\overline{\rho_{\mathrm{k}}}}\widehat{\boldsymbol{g}_{\mathrm{k}}}\cdot\widehat{\boldsymbol{v}_{\mathrm{k}}}+\Gamma_{\mathrm{k}}\{(\widehat{e_{\mathrm{ki}}}-\widehat{e_{\mathrm{k}}})+(\widehat{\boldsymbol{v}_{\mathrm{ki}}}-\widehat{\boldsymbol{v}_{\mathrm{k}}})\cdot\widehat{\boldsymbol{v}_{\mathrm{k}}}\}+a_{\mathrm{i}}\overline{\overline{q''_{\mathrm{ki}}}}-\\
&\overline{\overline{p_{\mathrm{ki}}}}\left(\frac{\partial\alpha_{\mathrm{k}}}{\partial t}-\frac{\Gamma_{\mathrm{k}}}{\overline{\overline{\rho_{\mathrm{ki}}}}}\right)+\boldsymbol{M}_{\mathrm{ik}}\cdot\widehat{\boldsymbol{v}_{\mathrm{ki}}}-(\nabla\alpha_{\mathrm{k}}\cdot\overline{\overline{\mathcal{T}_{\mathrm{ki}}}})\cdot\widehat{\boldsymbol{v}_{\mathrm{ki}}}+W_{\mathrm{ki}}^{T}
\end{aligned} \tag{9.27}$$

式(9.23)描述了观察者在固定点所看到的能量传递，式(9.27)表达了随流体以重心速度$\widehat{v_{\mathrm{k}}}$运动的观察角度的能量传递。

在许多实际的传热问题中，用热能方程代替总能量方程比较方便。这尤其适用于低速两相流，与较高的传热速率相比，机械能项无关紧要。因此，通过回顾式(5.38)和式(5.39)的关系，热能方程由下式给出：

$$\begin{aligned}
&\frac{\partial\alpha_{\mathrm{k}}\overline{\overline{\rho_{\mathrm{k}}}}\widehat{h_{\mathrm{k}}}}{\partial t}+\nabla\cdot(\alpha_{\mathrm{k}}\overline{\overline{\rho_{\mathrm{k}}}}\widehat{h_{\mathrm{k}}}\widehat{\boldsymbol{v}_{\mathrm{k}}})=-\nabla\cdot\alpha_{\mathrm{k}}(\overline{\overline{\boldsymbol{q}_{\mathrm{k}}}}+\boldsymbol{q}_{\mathrm{k}}^{T})+\\
&\frac{\mathrm{D_k}}{\mathrm{D}t}(\alpha_{\mathrm{k}}\overline{\overline{p_{\mathrm{k}}}})-\widehat{\boldsymbol{v}_{\mathrm{k}}}\cdot\nabla\cdot(\alpha_{\mathrm{k}}\mathcal{T}_{\mathrm{k}}^{T})+\alpha_{\mathrm{k}}\overline{\overline{\mathcal{T}_{\mathrm{k}}}}:\nabla\widehat{\boldsymbol{v}_{\mathrm{k}}}+\Lambda_{\mathrm{k}}
\end{aligned} \tag{9.28}$$

将式(8.40)的 Λ_{k} 表达式代入上式，得到

$$\begin{aligned}
&\frac{\partial\alpha_{\mathrm{k}}\overline{\overline{\rho_{\mathrm{k}}}}\widehat{h_{\mathrm{k}}}}{\partial t}+\nabla\cdot(\alpha_{\mathrm{k}}\overline{\overline{\rho_{\mathrm{k}}}}\widehat{h_{\mathrm{k}}}\widehat{\boldsymbol{v}_{\mathrm{k}}})=-\nabla\cdot\alpha_{\mathrm{k}}(\overline{\overline{\boldsymbol{q}_{\mathrm{k}}}}+\boldsymbol{q}_{\mathrm{k}}^{T})+\\
&\frac{\mathrm{D_k}}{\mathrm{D}t}(\alpha_{\mathrm{k}}\overline{\overline{p_{\mathrm{k}}}})-\widehat{\boldsymbol{v}_{\mathrm{k}}}\cdot\nabla\cdot(\alpha_{\mathrm{k}}\mathcal{T}_{\mathrm{k}}^{T})+\alpha_{\mathrm{k}}\overline{\overline{\mathcal{T}_{\mathrm{k}}}}:\nabla\widehat{\boldsymbol{v}_{\mathrm{k}}}+
\end{aligned}$$

$$(\Gamma_k \widehat{h_{ki}} + a_i \overline{\overline{q''_{ki}}}) - \overline{\overline{p_{ki}}} \frac{D_k \alpha_k}{Dt} + \boldsymbol{M}_{ik} \cdot (\widehat{\boldsymbol{v}_{ki}} - \widehat{\boldsymbol{v}_k}) -$$
$$\nabla \alpha_k \cdot \overline{\overline{\mathcal{T}_{ki}}} \cdot (\widehat{\boldsymbol{v}_{ki}} - \widehat{\boldsymbol{v}_k}) + W_{ki}^T \tag{9.29}$$

该方程也可以用随体导数变换为

$$\begin{aligned} \alpha_k \overline{\overline{\rho_k}} \frac{D_k \widehat{h_k}}{Dt} = &- \nabla \cdot \alpha_k (\overline{\overline{\boldsymbol{q}_k}} + \boldsymbol{q}_k^T) - \widehat{\boldsymbol{v}_k} \cdot \nabla \cdot (\alpha_k \mathcal{T}_k^T) + \\ & W_{ki}^T + \alpha_k \frac{D_k \overline{\overline{p_k}}}{Dt} + \alpha_k \overline{\overline{\mathcal{T}_k}} : \nabla \widehat{\boldsymbol{v}_k} + \Gamma_k (\widehat{h_{ki}} - \widehat{h_k}) + \\ & a_i \overline{\overline{q''_{ki}}} + (\overline{\overline{p_k}} - \overline{\overline{p_{ki}}}) \frac{D_k \alpha_k}{Dt} + \boldsymbol{M}_{ik} \cdot (\widehat{\boldsymbol{v}_{ki}} - \widehat{\boldsymbol{v}_k}) - \\ & \nabla \alpha_k \cdot \overline{\overline{\mathcal{T}_{ki}}} \cdot (\widehat{\boldsymbol{v}_{ki}} - \widehat{\boldsymbol{v}_k}) \end{aligned} \tag{9.30}$$

这是观察者与 k 相质心一起运动时所描述的热能交换的方程。

为简单起见,用 Φ_k^T 表示湍动能源项,用 Φ_k^μ 表示黏性耗散项,因此有

$$\Phi_k^T \equiv - \widehat{\boldsymbol{v}_k} \cdot \nabla \cdot (\alpha_k \mathcal{T}_k^T) + W_{ki}^T \tag{9.31}$$

$$\Phi_k^\mu = \alpha_k \overline{\overline{\mathcal{T}_k}} : \nabla \widehat{\boldsymbol{v}_k} \tag{9.32}$$

则式(9.30)简化为

$$\begin{aligned} \alpha_k \overline{\overline{\rho_k}} \frac{D_k \widehat{h_k}}{Dt} = &- \nabla \cdot \alpha_k (\overline{\overline{q_k}} + q_k^T) + \alpha_k \frac{D_k \overline{\overline{p_k}}}{Dt} + \Phi_k^T + \Phi_k^\mu + \\ & \Gamma_k (\widehat{h_{ki}} - \widehat{h_k}) + a_i \overline{\overline{q''_{ki}}} + (\overline{\overline{p_k}} - \overline{\overline{p_{ki}}}) \frac{D_k \alpha_k}{Dt} + \\ & M_{ik} \cdot (\widehat{\boldsymbol{v}_{ki}} - \widehat{\boldsymbol{v}_k}) - \nabla \alpha_k \cdot \overline{\overline{\mathcal{T}_{ki}}} \cdot (\widehat{\boldsymbol{v}_{ki}} - \widehat{\boldsymbol{v}_k}) \end{aligned} \tag{9.33}$$

将上述的热能方程推广到两个具有实际意义的坐标系中。因此,在直角坐标(x,y,z)中,式(9.33)变为

$$\begin{aligned} & \alpha_k \overline{\overline{\rho_k}} \left(\frac{\partial \widehat{h_k}}{\partial t} + \widehat{v_{xk}} \frac{\partial \widehat{h_k}}{\partial x} + \widehat{v_{yk}} \frac{\partial \widehat{h_k}}{\partial y} + \widehat{v_{zk}} \frac{\partial \widehat{h_k}}{\partial z} \right) \\ = & - \frac{\partial}{\partial x} [\alpha_k (\overline{\overline{q_{xk}}} + q_{xk}^T)] - \frac{\partial}{\partial y} [\alpha_k (\overline{\overline{q_{yk}}} + q_{yk}^T)] - \frac{\partial}{\partial z} [\alpha_k (\overline{\overline{q_{zk}}} + q_{zk}^T)] + \\ & \alpha_k \left(\frac{\partial \overline{\overline{p_k}}}{\partial t} + \widehat{v_{xk}} \frac{\partial \overline{\overline{p_k}}}{\partial x} + \widehat{v_{yk}} \frac{\partial \overline{\overline{p_k}}}{\partial y} + \widehat{v_{zk}} \frac{\partial \overline{\overline{p_k}}}{\partial z} \right) + \Phi_k^T + \Phi_k^\mu + \Gamma_k (\widehat{h_{ki}} - \widehat{h_k}) + \\ & a_i \overline{\overline{q''_{ki}}} + (\overline{\overline{p_k}} - \overline{\overline{p_{ki}}}) \left(\frac{\partial \alpha_k}{\partial t} + \widehat{v_{xk}} \frac{\partial \alpha_k}{\partial x} + \widehat{v_{yk}} \frac{\partial \alpha_k}{\partial y} + \widehat{v_{zk}} \frac{\partial \alpha_k}{\partial z} \right) + \\ & M_{ixk} \cdot (\widehat{v_{xki}} - \widehat{v_{xk}}) + M_{iyk} \cdot (\widehat{v_{yki}} - \widehat{v_{yk}}) + M_{izk} \cdot (\widehat{v_{zki}} - \widehat{v_{zk}}) - \end{aligned}$$

$$\left(\frac{\partial\alpha_k}{\partial x}\overline{\overline{\tau_{xxki}}}+\frac{\partial\alpha_k}{\partial y}\overline{\overline{\tau_{yxki}}}+\frac{\partial\alpha_k}{\partial z}\overline{\overline{\tau_{zxki}}}\right)(\widehat{v_{xki}}-\widehat{v_{xk}})-$$
$$\left(\frac{\partial\alpha_k}{\partial x}\overline{\overline{\tau_{xyki}}}+\frac{\partial\alpha_k}{\partial y}\overline{\overline{\tau_{yyki}}}+\frac{\partial\alpha_k}{\partial z}\overline{\overline{\tau_{zyki}}}\right)(\widehat{v_{yki}}-\widehat{v_{yk}})- \tag{9.34}$$
$$\left(\frac{\partial\alpha_k}{\partial x}\overline{\overline{\tau_{xzki}}}+\frac{\partial\alpha_k}{\partial y}\overline{\overline{\tau_{yzki}}}+\frac{\partial\alpha_k}{\partial z}\overline{\overline{\tau_{zzki}}}\right)(\widehat{v_{zki}}-\widehat{v_{zk}})$$

对于平面流动,关于 x 的偏导数和速度的 x 分量都为零。

在柱坐标(r,θ,z)中,热能方程变成

$$\alpha_k\overline{\overline{\rho_k}}\left(\frac{\partial\widehat{h_k}}{\partial t}+\widehat{v_{rk}}\frac{\partial\widehat{h_k}}{\partial r}+\frac{\widehat{v_{\theta k}}}{r}\frac{\partial\widehat{h_k}}{\partial\theta}+\widehat{v_{zk}}\frac{\partial\widehat{h_k}}{\partial z}\right)$$
$$=-\frac{1}{r}\frac{\partial}{\partial r}[r\alpha_k(\overline{\overline{q_{rk}}}+q_{rk}^T)]-\frac{1}{r}\frac{\partial}{\partial\theta}[\alpha_k(\overline{\overline{q_{\theta k}}}+q_{\theta k}^T)]-\frac{\partial}{\partial z}[\alpha_k(\overline{\overline{q_{zk}}}+q_{zk}^T)]+$$
$$\alpha_k\left(\frac{\partial\overline{\overline{p_k}}}{\partial t}+\widehat{v_{rk}}\frac{\partial\overline{\overline{p_k}}}{\partial r}+\frac{\widehat{v_{\theta k}}}{r}\frac{\partial\overline{\overline{p_k}}}{\partial\theta}+\widehat{v_{zk}}\frac{\partial\overline{\overline{p_k}}}{\partial z}\right)+\Phi_k^T+\Phi_k^\mu+\Gamma_k(\widehat{h_{ki}}-\widehat{h_k})+$$
$$a_i\overline{\overline{q''_{ki}}}+(\overline{\overline{p_k}}-\overline{\overline{p_{ki}}})\left(\frac{\partial\alpha_k}{\partial t}+\widehat{v_{rk}}\frac{\partial\alpha_k}{\partial r}+\frac{\widehat{v_{\theta k}}}{r}\frac{\partial\alpha_k}{\partial\theta}+\widehat{v_{zk}}\frac{\partial\alpha_k}{\partial z}\right)+$$
$$M_{irk}\cdot(\widehat{v_{rki}}-\widehat{v_{rk}})+M_{i\theta k}\cdot(\widehat{v_{\theta ki}}-\widehat{v_{\theta k}})+M_{izk}\cdot(\widehat{v_{zki}}-\widehat{v_{zk}})-$$
$$\left(\frac{\partial\alpha_k}{\partial r}\overline{\overline{\tau_{rrki}}}+\frac{1}{r}\frac{\partial\alpha_k}{\partial\theta}\overline{\overline{\tau_{\theta rki}}}+\frac{\partial\alpha_k}{\partial z}\overline{\overline{\tau_{zrki}}}\right)(\widehat{v_{rki}}-\widehat{v_{rk}})-$$
$$\left(\frac{\partial\alpha_k}{\partial r}\overline{\overline{\tau_{r\theta ki}}}+\frac{1}{r}\frac{\partial\alpha_k}{\partial\theta}\overline{\overline{\tau_{\theta\theta ki}}}+\frac{\partial\alpha_k}{\partial z}\overline{\overline{\tau_{z\theta ki}}}\right)(\widehat{v_{\theta ki}}-\widehat{v_{\theta k}})-$$
$$\left(\frac{\partial\alpha_k}{\partial r}\overline{\overline{\tau_{rzki}}}+\frac{1}{r}\frac{\partial\alpha_k}{\partial\theta}\overline{\overline{\tau_{\theta zki}}}+\frac{\partial\alpha_k}{\partial z}\overline{\overline{\tau_{zzki}}}\right)(\widehat{v_{zki}}-\widehat{v_{zk}}) \tag{9.35}$$

对于轴对称流,从方程中消掉关于 θ 的偏导数。如果流动没有绕 z 轴的循环,则速度的 θ 分量为零。对于管道中的许多两相流,特别是垂直管道流,一般都采用这样的近似方法。

可以看出,总能方程和热能方程的形式都非常复杂,因此,有必要对实际问题进行进一步简化。研究以下几个特例。如果换热和相变主导了能量交换,那么可以忽略由机械效应引起的各项。在这种情况下,式(9.30)可简化为

$$\alpha_k\overline{\overline{\rho_k}}\frac{D_k\widehat{h_k}}{Dt}=-\nabla\cdot\alpha_k(\overline{\overline{\boldsymbol{q}_k}}+\boldsymbol{q}_k^T)+\Gamma_k(\widehat{h_{ki}}-\widehat{h_k})+a_i\overline{\overline{q''_{ki}}} \tag{9.36}$$

除可压缩波传播和/或高速流动问题外,上述方程适用于多数的两相流问题。

在直角坐标(x,y,z)中,式(9.36)变成

$$\alpha_k \overline{\overline{\rho_k}} \left(\frac{\partial \widehat{h_k}}{\partial t} + \widehat{v_{xk}} \frac{\partial \widehat{h_k}}{\partial x} + \widehat{v_{yk}} \frac{\partial \widehat{h_k}}{\partial y} + \widehat{v_{zk}} \frac{\partial \widehat{h_k}}{\partial z}\right) = \Gamma_k(\widehat{h_{ki}} - \widehat{h_k}) + a_i \overline{\overline{q''_{ki}}} - \frac{\partial}{\partial x}[\alpha_k(\overline{\overline{q_{xk}}} + q^T_{xk})] - \frac{\partial}{\partial y}[\alpha_k(\overline{\overline{q_{yk}}} + q^T_{yk})] - \frac{\partial}{\partial z}[\alpha_k(\overline{\overline{q_{zk}}} + q^T_{zk})] \tag{9.37}$$

如果使用柱坐标(r,θ,z),有

$$\alpha_k \overline{\overline{\rho_k}} \left(\frac{\partial \widehat{h_k}}{\partial t} + \widehat{v_{rk}} \frac{\partial \widehat{h_k}}{\partial r} + \frac{\widehat{v_{\theta k}}}{r} \frac{\partial \widehat{h_k}}{\partial \theta} + \widehat{v_{zk}} \frac{\partial \widehat{h_k}}{\partial z}\right) = a_i \overline{\overline{q''_{ki}}} + \Gamma_k(\widehat{h_{ki}} - \widehat{h_k}) - \frac{1}{r}\frac{\partial}{\partial r}[r\alpha_k(\overline{\overline{q_{rk}}} + q^T_{rk})] - \frac{1}{r}\frac{\partial}{\partial \theta}[\alpha_k(\overline{\overline{q_{\theta k}}} + q^T_{\theta k})] - \frac{\partial}{\partial z}[\alpha_k(\overline{\overline{q_{zk}}} + q^T_{zk})] \tag{9.38}$$

如果流动是轴对称的,在轴向上的传热可以忽略不计,则简化为

$$\alpha_k \overline{\overline{\rho_k}} \left(\frac{\partial \widehat{h_k}}{\partial t} + \widehat{v_{rk}} \frac{\partial \widehat{h_k}}{\partial r} + \widehat{v_{zk}} \frac{\partial \widehat{h_k}}{\partial z}\right) = a_i \overline{\overline{q''_{ki}}} + \Gamma_k(\widehat{h_{ki}} - \widehat{h_k}) - \frac{1}{r}\frac{\partial}{\partial r}[r\alpha_k(\overline{\overline{q_{rk}}} + q^T_{rk})] \tag{9.39}$$

它是式(9.35)的简化形式,上述方程中保留了重要的传热机制。

9.2 两相流模型本构定律

9.2.1 熵不等式

在本章开头,讨论了建立两流体模型的一般情形。显然,宏观场方程(9.1)、方程(9.11)和方程(9.23)以及界面输运条件(9.2)、条件(9.12)和条件(9.24)不足以描述任何特定系统,因为变量的数量超过了可用方程的数量。有必要提供详细说明特定材料和材料响应特性的附加信息。这些通常被称为本构方程,如第 2 章中所详细讨论的那样。

本节的目的是研究必要的本构方程,以封闭方程组。引入更详细的机制和变量来区分材料和传递机制的各种影响,然后使方程组复杂化。因此,将讨论本构定律最重要的方面,即确定论原理,以及最简单和合理的一般性方程组。为此,考虑了两组由式(9.1)、式(9.11)和式(9.23)给出的质量、动量和能量的宏观守恒方程,以及式(9.2)、式(9.12)和式(9.24)的质量、动量和能量的界面输运条件。

与第 2 章类似,继续研究宏观场的熵不等式。因此,将式(5.8)和式(5.10)的平均过程应用于不等式(2.23)和式(2.85),得到

$$\frac{\partial}{\partial t}(\alpha_k \overline{\overline{\rho_k}}\,\widehat{s_k}) + \nabla\cdot(\alpha_k \overline{\overline{\rho_k}}\,\widehat{s_k}\,\widehat{\boldsymbol{v}_k}) + \nabla\cdot\alpha_k\left\{\overline{\overline{\left(\frac{\boldsymbol{q}_k}{T_k}\right)}} + \overline{\overline{\rho_k s'_k \boldsymbol{v}'_k}}\right\} + \frac{1}{\Delta t}\sum_j \frac{1}{v_{ni}}\left\{\dot{m}_k s_k + \boldsymbol{n}_k\cdot\left(\frac{\boldsymbol{q}_k}{T_k}\right)\right\} = \overline{\Delta_k} \geqslant 0 \tag{9.40}$$

和

$$\frac{1}{\Delta t}\sum_j \frac{1}{v_{ni}}\left\{\frac{d_s s_a}{dt} + s_a\nabla_s\cdot\boldsymbol{v}_i - \sum_{k=1}^{2}\left[\dot{m}_k s_k + \boldsymbol{n}_k\cdot\left(\frac{\boldsymbol{q}_k}{T_k}\right)\right]\right\} = \overline{\Delta_a} \geqslant 0 \tag{9.41}$$

在这里，取内热源 $\dot{q}_k$ 为零。

在第 2 章中，假定界面熵产 Δ_a 为零，以获得界面的简单边界条件。在这里采用完全相同的方法，因此有

$$\overline{\Delta_a} = 0 \tag{9.42}$$

便得到

$$\begin{aligned}&\overline{\overline{T_{1i}}} = \overline{\overline{T_i}} = \overline{\overline{T_{2i}}}\\&\widehat{v_{t1}} = \widehat{v_{ti}} = \widehat{v_{t2}}\\&\sum_j a_{ij}\sum_{k=1}^{2}\frac{\dot{m}_k}{T_i}\left\{g_k + \frac{|v_k - v_i|^2}{2} - \frac{\tau_{nnk}}{\rho_k}\right\} = 0\end{aligned} \tag{9.43}$$

然而，对于大多数实际问题，最后一个条件可以通过下式近似

$$\begin{aligned}&\overline{\overline{p_{1i}}} - p^{sat}(\overline{\overline{T_i}}) = 2\,\overline{\overline{H_{21}}}\,\overline{\overline{\sigma}}\left(\frac{\overline{\overline{\rho_{1i}}}}{\overline{\overline{\rho_{2i}}} - \overline{\overline{\rho_{1i}}}}\right)\\ \text{或}\quad &\overline{\overline{p_{2i}}} - p^{sat}(\overline{\overline{T_i}}) = 2\,\overline{\overline{H_{21}}}\,\overline{\overline{\sigma}}\left(\frac{\overline{\overline{\rho_{2i}}}}{\overline{\overline{\rho_{2i}}} - \overline{\overline{\rho_{1i}}}}\right)\end{aligned} \tag{9.44}$$

该式为式(2.107)的宏观形式。

式(9.43)的第一和第二个条件可用于用$\overline{\overline{T_i}}$和$\widehat{v_{ti}}$两个参数替换流体温度和流体切向速度，而最后一个条件在设定界面能级的宏观公式中仍非常重要。由于在较低的对比压力时，密度比大，而在较高的对比压力时，表面张力效应较小，因此式(9.44)可近似为

$$\overline{\overline{p_{gi}}} - p^{sat}(\overline{\overline{T_i}}) \doteq 0 \tag{9.45}$$

因此，蒸汽参数几乎总是非常接近界面处的饱和状态。式(9.45)很简单，即使在两相流问题的局瞬方程中也应用广泛。从上面的讨论中可以看出，式(9.42)的结果可以用一个单一的方程式(9.45)表示，因为式(9.43)的其他条件已经用$\overline{\overline{T_i}}$和$\widehat{v_{ti}}$简单地替换了界面流体温度和切向速度来得到满足。

现在来研究由式(9.40)给出的两相的熵不等式。如果界面温度脉动不重要，那

么可以用类似于式(8.9)的方法,得到以下近似

$$T_{i} \approx \overline{\overline{T_{i}}} \tag{9.46}$$

式(9.40)可用 8.1 节的界面宏观变量表示为

$$\frac{\partial}{\partial t}(\alpha_{k}\overline{\overline{\rho_{k}}}\widehat{s_{k}})+\nabla\cdot(\alpha_{k}\overline{\overline{\rho_{k}}}\widehat{s_{k}}\widehat{\boldsymbol{v}_{k}})+\nabla\cdot\alpha_{k}\left\{\left(\frac{\overline{\overline{\boldsymbol{q}_{k}}}}{T_{k}}\right)+\overline{\overline{\rho_{k}s_{k}'\boldsymbol{v}_{k}'}}\right\}-\left(\Gamma_{k}\widehat{s_{ki}}+a_{i}\overline{\overline{q_{ki}''}}\frac{1}{\overline{\overline{T_{i}}}}\right)=\overline{\Delta_{k}}\geqslant 0 \tag{9.47}$$

虽然上述方程可以由具有正的黏度和导热系数的局瞬方程来满足,但对宏观本构方程仍有一定的限制。换句话说,从局瞬方程中得到的$\overline{\Delta_{k}}$的精确形式满足式(9.47),但它不能保证在具有各种本构关系的方程的左侧总是正的。可以说,只有当连续性、动量和能量方程施加约束的一组本构方程一般性地满足不等式(9.47)时,该式才是相符的。在应用上述不等式之前,将讨论宏观模型的一个只有在平均之后才会出现的最重要特征。

9.2.2　状态方程

可以说,原始的局瞬方程具有第 2 章给出的标准状态方程的简单线性本构定律,通过平均得到的宏观模型也可能没有这样简单的本构方程。这是因为方程中出现了当地瞬态脉动的统计效应。一般来说,这些统计效应不仅取决于宏观变量的当前状态,还取决于达到当前状态的过程。例如,对于平均温度或压力,具有相同能量$\widehat{u_{k}}$和密度$\overline{\overline{\rho_{k}}}$值的流体颗粒可以具有完全不同的局瞬值。所有这些都表明宏观场的材料具有记忆效应(C. Truesdell,1969)。因此,本构方程一般由关于历史过程的函数给出,这使得宏观本构方程的分析极其复杂和困难。很明显,该公式将产生一组耦合的积分-微分方程。为了避免这些困难,必须以牺牲模型准确性为代价做出几个假设。我们知道所有的材料都显示出衰减的记忆效应(B. Coleman & Noll,1960)。因此,公式中记忆效应的重要性取决于有效记忆的时间跨度与宏观过程的时间常数之比。

检查对应于式(2.24)的平均状态方程,有

$$\frac{\partial\rho_{k}u_{k}}{\partial t}+\nabla\cdot(\rho_{k}u_{k}\boldsymbol{v}_{k})=T_{k}\left\{\frac{\partial\rho_{k}s_{k}}{\partial t}+\nabla\cdot(\rho_{k}s_{k}\boldsymbol{v}_{k})\right\}-p_{k}\nabla\cdot\boldsymbol{v}_{k} \tag{9.48}$$

对上式取平均,得到

$$\left\{\alpha_{k}\overline{\overline{\rho_{k}}}\frac{\mathrm{D}_{k}\widehat{u_{k}}}{\mathrm{D}t}+\nabla\cdot(\alpha_{k}\overline{\overline{\rho_{k}u_{k}'v_{k}'}})+\Gamma_{k}(\widehat{u_{k}}-\widehat{u_{ki}})\right\}$$

$$=\overline{\overline{T_{k}}}\left\{\alpha_{k}\overline{\overline{\rho_{k}}}\frac{\mathrm{D}_{k}\widehat{s_{k}}}{\mathrm{D}t}+\nabla\cdot(\alpha_{k}\overline{\overline{\rho_{k}s_{k}'\boldsymbol{v}_{k}'}})+\Gamma_{k}(\widehat{s_{k}}-\widehat{s_{ki}})\right\}+$$

$$
\overline{\overline{\alpha_k T'_k \rho_k \left(\frac{\partial s_k}{\partial t} + \boldsymbol{v}_k \cdot \nabla s_k \right)}} -
$$

$$
\left\{ -\alpha_k \overline{\overline{p_k}} \frac{1}{\overline{\overline{\rho_k}}} \frac{D_k \overline{\overline{\rho_k}}}{Dt} + \overline{\overline{p_k}} \nabla \cdot (\alpha_k \overline{\overline{\boldsymbol{v}'_k}}) + \Gamma_k \left(\frac{\overline{\overline{p_k}}}{\overline{\overline{\rho_k}}} - \frac{\overline{\overline{p_k}}}{\overline{\overline{\rho_{ki}}}} \right) \right\} - \tag{9.49}
$$

$$
\overline{\overline{\alpha_k p'_k \frac{1}{\rho_k} \left(\frac{\partial \rho_k}{\partial t} + \boldsymbol{v}_k \cdot \nabla \rho_k \right)}}
$$

在这里,用到了恒等式

$$
\overline{A_k \frac{\partial B_k}{\partial t}} = \overline{\overline{A_k}} \frac{\partial}{\partial t} \alpha_k \overline{\overline{B_k}} - \overline{\overline{A_k}} \sum_j a_{ij} \boldsymbol{n}_k \cdot \boldsymbol{v}_i B_k + \alpha_k \overline{\overline{A'_k \frac{\partial B_k}{\partial t}}}
$$

和

$$
\overline{A_k \nabla B_k} = \overline{\overline{A_k}} \nabla \alpha_k \overline{\overline{B_k}} + \overline{\overline{A_k}} \sum_j a_{ij} \boldsymbol{n}_k B_k + \alpha_k \overline{\overline{A'_k \nabla B_k}} \tag{9.50}
$$

其中

$$
A'_k = A_k - \overline{\overline{A_k}} \tag{9.51}
$$

式(9.49)表明,一般来说,没有能仅用平均变量表示的简单状态方程。内能$\widehat{u_k}$、熵$\widehat{s_k}$和密度$\overline{\overline{\rho_k}}$之间的关系受界面输运和变量脉动的统计效应的影响。

如果脉动分量相对于所讨论变量的宏观变化足够小,则这些平均值之间就可以有简单的静态关系,用状态方程线性扩展是一个很好的近似。在这种情况下有

$$
\widehat{u_k} = \widehat{u_k}(\widehat{s_k}, \overline{\overline{\rho_k}}) \doteq u_k(\widehat{s_k}, \overline{\overline{\rho_k}}) \tag{9.52}
$$

另外

$$
T_k(\widehat{s_k}, \overline{\overline{\rho_k}}) = \frac{\partial u_k}{\partial s_k}(\widehat{s_k}, \overline{\overline{\rho_k}}) \doteq \overline{\overline{T_k}} \tag{9.53}
$$

和

$$
p_k(\widehat{s_k}, \overline{\overline{\rho_k}}) = -\frac{\partial u_k}{\partial (1/\rho_k)}(\widehat{s_k}, \overline{\overline{\rho_k}}) \doteq \overline{\overline{p_k}} \tag{9.54}
$$

这些关系适用于在 Δt 的时间间隔内,各相处于接近平衡状态下的两相流。此后,假设在宏观场中,各相都遵循静态状态方程式(9.52)。这是一个相当重要和实用的假设,使我们能在标准的单相流公式基础上建立两流体模型及本构方程。在上述条件下,有如下与式(2.24)—式(2.26)类似的关系:

$$
\widehat{u_k} = \widehat{u_k}(\widehat{s_k}, \overline{\overline{\rho_k}})
$$

$$
\overline{\overline{T_k}} \equiv \frac{\partial \widehat{u_k}}{\partial \widehat{s_k}}, \quad -\overline{\overline{p_k}} \equiv \frac{\partial \widehat{u_k}}{\partial (1/\overline{\overline{\rho_k}})}
$$

$$\widehat{u}_k = \overline{\overline{T}}_k \widehat{s}_k - \frac{\overline{\overline{p}}_k}{\overline{\overline{\rho}}_k} + \widehat{g}_k$$

和

$$d\widehat{u}_k = \overline{\overline{T}}_k d\widehat{s}_k - \overline{\overline{p}}_k d(1/\overline{\overline{\rho}}_k) \tag{9.55}$$

基本状态方程也可以用热量和热状态方程的组合来表示,因此有

$$\widehat{u}_k = \widehat{u}_k(\overline{\overline{T}}_k, \overline{\overline{\rho}}_k) \tag{9.56}$$

$$\overline{\overline{p}}_k = \overline{\overline{p}}_k \ (\overline{\overline{T}}_k, \overline{\overline{\rho}}_k) \tag{9.57}$$

如果将焓作为变量,有

$$\widehat{i}_k = \widehat{i}_k(\overline{\overline{T}}_k, \overline{\overline{p}}_k) \tag{9.58}$$

$$\overline{\overline{\rho}}_k = \overline{\overline{\rho}}_k \ (\overline{\overline{T}}_k, \overline{\overline{p}}_k) \tag{9.59}$$

考虑到其重要性,现在来研究几种热力学参数的二阶导数。定压比热 c_{pk} 和定容比热 c_{vk} 的定义为:

$$c_{pk} \equiv \left.\frac{\partial \widehat{i}_k}{\partial \overline{\overline{T}}_k}\right)_{\overline{\overline{p}}_k} = \overline{\overline{T}}_k \left.\frac{\partial \widehat{s}_k}{\partial \overline{\overline{T}}_k}\right)_{\overline{\overline{p}}_k} \tag{9.60}$$

$$c_{vk} \equiv \left.\frac{\partial \widehat{u}_k}{\partial \overline{\overline{T}}_k}\right)_{\overline{\overline{\rho}}_k} = \overline{\overline{T}}_k \left.\frac{\partial \widehat{s}_k}{\partial \overline{\overline{T}}_k}\right)_{\overline{\overline{\rho}}_k} \tag{9.61}$$

与之类似,热膨胀系数 β_k 及等温压缩系数 κ_{Tk} 定义为

$$\beta_k \equiv -\frac{1}{\overline{\overline{\rho}}_k} \left.\frac{\partial \overline{\overline{\rho}}_k}{\partial \overline{\overline{T}}_k}\right)_{\overline{\overline{p}}_k} \tag{9.62}$$

$$\kappa_{Tk} \equiv \frac{1}{\overline{\overline{\rho}}_k} \left.\frac{\partial \overline{\overline{\rho}}_k}{\partial \overline{\overline{p}}_k}\right)_{\overline{\overline{T}}_k} = \frac{1}{\overline{\overline{\rho}}_k \ (a_{Tk})^2} \tag{9.63}$$

式中,a_{Tk} 为 k 相的等温声速。在以上 4 个二阶导数中,有如下等式

$$c_{pk} - c_{vk} = \frac{\overline{\overline{T}}_k \ (\beta_k)^2}{\kappa_{Tk} \overline{\overline{\rho}}_k} \tag{9.64}$$

众所周知,如果式(9.55)成立,则热力学二阶导数中只有 3 个是独立的,其他的可以从这 3 个式中得到。引入比热比 γ_k 及等熵压缩系数 κ_{sk} 为

$$\gamma_k \equiv \frac{c_{pk}}{c_{vk}} \tag{9.65}$$

$$\kappa_{sk} \equiv \frac{1}{\overline{\overline{\rho}}_k} \left.\frac{\partial \overline{\overline{\rho}}_k}{\partial \overline{\overline{p}}_k}\right)_{\widehat{s}_k} = \frac{1}{\overline{\overline{\rho}}_k \ (a_{Sk})^2} \tag{9.66}$$

式中，a_{Sk}为等熵声速。因此有

$$(a_{Tk})^2 = \frac{(a_{Sk})^2}{\gamma_k} \tag{9.67}$$

结果表明，等熵声速总是大于等温声速，从系统的稳定性来看，$\kappa_{Tk} \geqslant 0$，因此有 $\gamma_k \geqslant 1$。热力学二阶导数或热状态方程的重要性与可测量性有关。例如，流体压力和温度相对容易测量，因此可通过实验建立式(9.58)和式(9.59)形式的状态方程。

饱和条件

经典的饱和条件为

$$\begin{cases} \overline{\overline{p_1}} = \overline{\overline{p_2}} = p^{sat} \\ \overline{\overline{T_1}} = \overline{\overline{T_2}} = T^{sat} \end{cases} \tag{9.68}$$

然后有

$$\widehat{g_1}(T^{sat}, p^{sat}) = \widehat{g_2}(T^{sat}, p^{sat}) = g^{sat} \tag{9.69}$$

因此有如下关系

$$p^{sat} = p^{sat}(T^{sat}) \tag{9.70}$$

该式与式(2.99)完全相同。

9.2.3 确定论

在目前的分析中，假设静态状态方程式(9.55)是存在的。从确定论的原理出发，应该能够从系统的历史来预测现在的状态。必要的条件是方程组封闭，或未知数与方程组数量相同。可以发现，场方程式(9.1)、式(9.11)和式(9.23)、界面条件式(9.2)、式(9.12)和式(9.24)以及状态方程式(9.55)等不满足这一条件。因此，有必要增加几个本构方程来表达平均分子扩散、湍流传递和界面交换等的输运机理。

通过采用热和热量的状态方程式(9.56)和式(9.57)，两流体模型公式中出现的变量包括：

①质量守恒：$\alpha_k, \overline{\overline{\rho_k}}, \widehat{\boldsymbol{v}_k}, \Gamma_k$；

②动量守恒：$\overline{\overline{p_k}}, \overline{\overline{\mathcal{T}}}_k, \mathcal{T}_k^T, \widehat{\boldsymbol{g}_k}, \boldsymbol{M}_k, \boldsymbol{M}_m$；

③能量守恒：$\widehat{e_k}, \overline{\overline{\boldsymbol{q}_k}}, \boldsymbol{q}_k^T, E_k, E_m$；

④状态方程：$\widehat{u_k}, \overline{\overline{T_k}}, \overline{\overline{T_i}}$。

其中 $k=1$ 和 2。因此，变量的总数是 33。对于一个适定的模型，也应该有相同数量的方程。这些方程可以分为以下几组。

方程	方程数量
1）场方程	
质量　式(9.1)	2
动量　式(9.11)	2
能量　式(9.23)	2
2）界面输运条件	
质量　式(9.2)	1
动量　式(9.12)	1
能量　式(9.24)	1
3）连续性公理	
$\alpha_1 = 1 - \alpha_2$	1
4）平均分子扩散通量	
黏性应力$\overline{\overline{\mathcal{T}}}_k$	2
传导传热$\overline{\overline{\boldsymbol{q}}}_k$	2
5）湍流通量	
湍流应力$\mathcal{T}_k^T$	2
湍流能量传递 $\boldsymbol{q}_k^T$	2
6）体积力$\widehat{\boldsymbol{g}_k}$	2
7）界面传递	
质量 Γ_1	1
动量 M_1	1
能量 E_1	1
8）界面源项	
动量 M_m	1
能量 E_m	1
9）状态方程	
热状态方程	2
量热状态方程	2
10）湍动能	
$\widehat{e_k} - \widehat{u_k}$	2
11）相变温度$\overline{\overline{T_i}}$确定的相变条件	1
12）由$\overline{\overline{p_1}}$和$\overline{\overline{p_2}}$的关系（平均法向动量跳跃条件）确定的界面力学条件	1

这表明已经有了33个方程,方程与未知量的数量是一致的。然而,应该注意的是,上面所列的本构方程是以最原始的形式表示的,因此这些方程很可能通过一些附加参数以相同数量的补充本构方程相互耦合。此外,如果要使用熵不等式,则公式中应引入式(9.55)。

9.2.4 平均分子扩散通量

黏性应力张量

利用恒等式(9.50),可以研究$\overline{\overline{\mathcal{T}}}_k$和$\overline{\overline{q}}_k$的本构方程。为简单起见,假设流体是牛顿流体,并且有

$$\begin{cases}\rho_k \approx \overline{\overline{\rho_k}} \\ \mu_k \approx \overline{\overline{\mu_k}}\end{cases} \quad 当\ t \in [\Delta t]_T \tag{9.71}$$

然后根据式(2.38)和式(9.50)得到

$$\overline{\overline{\mathcal{T}}}_k = \overline{\overline{\mu}}_k\left\{[\nabla\widehat{\boldsymbol{v}_k} + (\nabla\widehat{\boldsymbol{v}_k})^+] + \frac{1}{\alpha_k}\sum_j a_{ij}(\boldsymbol{n}_k\boldsymbol{v}_k' + \boldsymbol{v}_k'\boldsymbol{n}_k)\right\} \tag{9.72}$$

式中,$\boldsymbol{v}_k'$是k相速度相对于$\widehat{\boldsymbol{v}_k}$的脉动分量。当界面流体速度与平均速度相差较大时,应力张量的第二部分就显得尤为重要。因此,它考虑了界面运动和质量传递对平均变形的影响。用以下公式来定义界面附加变形张量:

$$\begin{aligned}\mathcal{D}_{ki} &\equiv \frac{1}{2\alpha_k}\sum_j a_{ij}\{\boldsymbol{n}_k(\boldsymbol{v}_k - \widehat{\boldsymbol{v}_k}) + (\boldsymbol{v}_k - \widehat{\boldsymbol{v}_k})\boldsymbol{n}_k\} \\ &= \frac{a_i}{2\alpha_k}\{\overline{\overline{\boldsymbol{n}_k(\boldsymbol{v}_k - \widehat{\boldsymbol{v}_k})}} + \overline{\overline{(\boldsymbol{v}_k - \widehat{\boldsymbol{v}_k})\boldsymbol{n}_k}}\}\end{aligned} \tag{9.73}$$

体积变形张量为

$$\mathcal{D}_{kb} \equiv \frac{1}{2}[\nabla\widehat{\boldsymbol{v}_k} + (\nabla\widehat{\boldsymbol{v}_k})^+] \tag{9.74}$$

因此有

$$\overline{\overline{\mathcal{T}}}_k = 2\overline{\overline{\mu}}_k(\mathcal{D}_{kb} + \mathcal{D}_{ki}) \tag{9.75}$$

如果公式中包含了附加变形张量的影响,则应给出一个确定各相$\mathcal{D}_{ki}$的本构方程。一般来说,由于各种机制影响,$\mathcal{D}_{ki}$相当复杂,但在特殊条件下,它可以简化为简单的形式。例如,如果c相是弥散流中的连续相,界面运动受到相变的影响很小,则式(9.73)和式(4.62)可近似为

$$\mathcal{D}_{ci} \doteq -\frac{1}{2\alpha_c}\{(\nabla\alpha_c)(\widehat{\boldsymbol{v}_d} - \widehat{\boldsymbol{v}_c}) + (\widehat{\boldsymbol{v}_d} - \widehat{\boldsymbol{v}_c})(\nabla\alpha_c)\}$$

和

$$\mathcal{D}_{di} \doteq 0 \tag{9.76}$$

对于更一般的情况,也可以将式(9.73)简化为

$$\mathbb{D}_{ci} \doteq -\frac{a_c^i}{2\alpha_c}\{(\nabla\alpha_c)(\widehat{\boldsymbol{v}_d}-\widehat{\boldsymbol{v}_c})+(\widehat{\boldsymbol{v}_d}-\widehat{\boldsymbol{v}_c})(\nabla\alpha_c)\} \tag{9.77}$$

式中，a_c^i 为相 c 的迁移率。

传导传热

服从傅立叶导热定律式(2.41)的流体的平均热流密度$\overline{\overline{q_k}}$可由下式得出：

$$\overline{\overline{\boldsymbol{q}_k}} = -\overline{\overline{K_k}}\left\{\nabla\overline{\overline{T_k}} + \frac{1}{\alpha_k}\sum_j a_{ij}\boldsymbol{n}_{kj}(T_k - \overline{\overline{T_k}})_j\right\} \tag{9.78}$$

其中，应用了恒等式(9.50)，并假设

$$K_k \approx \overline{\overline{K_k}} \quad 当\ t \in [\Delta t]_T \tag{9.79}$$

此外，如果假设在界面上热平衡，即

$$T_{ki} = T_i \approx \overline{\overline{T_i}}, T_i \approx \overline{\overline{T_i}} \quad t \in [\Delta t]_T \tag{9.80}$$

然后式(9.78)简化为

$$\overline{\overline{\boldsymbol{q}_k}} = -\overline{\overline{K_k}}\left\{\nabla\overline{\overline{T_k}} - \frac{\nabla\alpha_k}{\alpha_k}(\overline{\overline{T_i}} - \overline{\overline{T_k}})\right\} \tag{9.81}$$

这里应用了式(4.62)。有趣的是，右边的第二项表示由于空泡份额梯度所产生的热流密度，这在某种程度上类似于单相混合物中的 Dufour 效应(Hirschfelder et al.，1954)。

9.2.5　湍流通量

湍流应力张量——混合长度模型

即使是单相流，建立湍流本构方程也有相当大的困难。湍流分析的基本问题是建立平均场方程的封闭关系。广泛应用于研究湍流的输运机制有两种不同的方法。第一种方法是基于湍流通量本构方程的唯象构造方法。普朗特混合长度假说最能说明这一点，普朗特提出了一个与气体运动论相类似的湍流模型。

第二种方法是使用更精确的动力学方程来描述湍流输运。这可以通过采用动量方程的更高阶矩来实现。这样就可以根据需要增加动力学方程的数量。然而，这一组方程并不封闭，因为矩方程作为附加通量出现的湍流相关项总是比其他项高一阶。因此，这些方程在数学上是不封闭的。因此，有必要做一些近似，只使用有限数量的动力学方程。与基于高阶矩方程的统计学理论相比，现象学方法简单，它直接给出了湍流应力的表达式。

对于许多工程问题，混合长度模型仍然是求解壁面湍流问题的主要手段。包含耦合的高阶矩方程几乎总是需要大量的计算机计算量，而在许多情况下，积分法已经足以满足工程的要求。

即使是单相流，也还没有能很好地建立起关于湍流的统计学理论，该方法经常涉及一个非常复杂的方程组。因此，除 12.4 节中弥散两相流外，不讨论它们在两相流系统中的应用。由于其简单性，现在研究两流体模型公式中湍流通量的现象学方法。

根据对应力张量的分析(Aris,1962; John Charles Slattery,1972; C. Truesdell & Toupin,1960)，假设如果知道点的相速度和周围相的变形，就可以确定局部湍流应力$\mathcal{T}_k^T$。上述假设满足局部作用原理的本构关系。此外，利用**物质标架无关性原理**(PMI)，得出应力张量只取决于变形张量的结论

$$\mathbb{D}_k \equiv \mathbb{D}_{kb} + \mathbb{D}_{ki} \tag{9.82}$$

其中体积变形张量$\mathbb{D}_{kb}$和界面附加变形张量$\mathbb{D}_{ki}$分别由式(9.74)和式(9.73)给出。由体积变形引起的湍流应力可称为剪切诱发湍流，而由界面附加变形引起的湍流应力可称为气泡诱发湍流(BIT)。

实际上，即使是在单相湍流中，这两个本构原理可能无法严格地实现，正如 Lumley(Lumley,1970)所讨论的那样。由于几乎没有实验结果可支撑，因此考虑认为上述假设有效时的简单情况。因此，所允许最一般形式的条件为

$$\mathcal{T}_k^T = a_{k0}\,\mathbb{I} + a_{k1}\,\mathbb{D}_k + a_{k2}\,\mathbb{D}_k \cdot \mathbb{D}_k \tag{9.83}$$

式中，系数 a_{k0}、a_{k1}和 a_{k2}是由 tr $\mathbb{D}_k$(矩阵的迹数)、$\mathbb{D}_k:\mathbb{D}_k$ 和 det $\mathbb{D}_k$($|\mathbb{D}_k|$)给出的变形张量$\mathbb{D}_k$ 的 3 个不变量的函数，分别是迹数、双点积和$\mathbb{D}_k$ 的行列式。因此有

$$a_{km} = a_{km}(\overline{\overline{\rho}}_k, \overline{\overline{\mu}}_k, \alpha_k, l, a_i, \overline{\overline{H_{21}}}, \mathrm{tr}\,\mathbb{D}_k, \mathbb{D}_k:\mathbb{D}_k, \det\mathbb{D}_k) \tag{9.84}$$

除 3 个不变量外，系数的参数包括：流体密度$\overline{\overline{\rho}}_k$、黏度$\overline{\overline{\mu}}_k$、空泡份额 α_k、距壁的距离 l、界面面积浓度 a_i；平均曲率$\overline{\overline{H_{21}}}$。式(9.83)和式(9.84)给出的湍流应力张量的表达式仍非常复杂。然而，如果使用与单相流相似的混合长度假设，结果会简化为一个简单的形式。

首先，假设式(9.83)的应力张量仅取决于第二项，即牛顿假设。然后有

$$\mathcal{T}_k^T = a_{k1}\,\mathbb{D}_{kb} \equiv 2\mu_k^T\,\mathbb{D}_{kb} \tag{9.85}$$

其中，μ_k^T 为湍流黏性。此外，认为系数 a_{k1}的函数关系为

$$a_{k1} = a_{k1}(\overline{\overline{\rho}}_k, \overline{\overline{\mu}}_k, \alpha_k, l, a_i, \overline{\overline{H_{21}}}, \mathbb{D}_{kb}:\mathbb{D}_{kb}) \tag{9.86}$$

在这里要注意到，由于混合长度模型是针对剪切诱导湍流，所以用体积变形张量$\mathbb{D}_{kb}$代替总变形$\mathbb{D}_k$。由于它的重要性，在第 12 章中将更详细地讨论它。因此，根据量纲分析，定义

$$2\mu_k^{T*} = \frac{a_{k1}}{\overline{\overline{\rho}}_k l^2\sqrt{2\,\mathbb{D}_{kb}:\mathbb{D}_{kb}}} \tag{9.87}$$

则无因次函数 μ_k^{T*} 应取决于以下 4 组变量：

$$\mu_k^{T*} = \mu_k^{T*}\left(\frac{\overline{\overline{\rho}}_k l^2\sqrt{2\,\mathbb{D}_{kb}:\mathbb{D}_{kb}}}{\overline{\overline{\mu}}_k}, l a_i, \frac{\overline{\overline{H_{21}}}}{a_i}, \alpha_k\right) \tag{9.88}$$

最后的表达式变为

$$\mathcal{T}_{\mathrm{k}}^{T}=2(\mu_{\mathrm{k}}^{T*})\overline{\overline{\rho_{\mathrm{k}}}}l^{2}\sqrt{2\,\mathbb{D}_{\mathrm{kb}}:\mathbb{D}_{\mathrm{kb}}}\;\mathbb{D}_{\mathrm{kb}} \tag{9.89}$$

这是两流体模型方程对应的混合长度模型。式(9.89)和式(9.88)给出的湍流应力足够简单,可以成为一个可实际使用的模型。

作为模型的例子,考虑一个非常简单的两相管流。假设流动充分发展,没有相变,则有

$$(\overline{\overline{\tau_{\mathrm{d}}}}+\tau_{\mathrm{d}}^{T})_{\mathrm{rz}}=\left\{\overline{\overline{\mu_{\mathrm{d}}}}+(\mu_{\mathrm{d}}^{T*})\,\overline{\overline{\rho_{\mathrm{d}}}}\,(R-r)^{2}\left|\frac{\mathrm{d}\,\widehat{v_{\mathrm{zd}}}}{\mathrm{d}r}\right|\right\}\frac{\mathrm{d}\,\widehat{v_{\mathrm{zd}}}}{\mathrm{d}r}$$

$$(\overline{\overline{\tau_{\mathrm{c}}}}+\tau_{\mathrm{c}}^{T})_{\mathrm{rz}}=\left\{\overline{\overline{\mu_{\mathrm{c}}}}+(\mu_{\mathrm{c}}^{T*})\,\overline{\overline{\rho_{\mathrm{c}}}}\,(R-r)^{2}\left|\frac{\mathrm{d}\,\widehat{v_{\mathrm{zc}}}}{\mathrm{d}r}-\frac{1}{\alpha_{\mathrm{c}}}\frac{\mathrm{d}\alpha_{\mathrm{c}}}{\mathrm{d}r}(\widehat{v_{\mathrm{zd}}}-\widehat{v_{\mathrm{zc}}})\right|\right\}\times$$

$$\left[\frac{\mathrm{d}\,\widehat{v_{\mathrm{zc}}}}{\mathrm{d}r}-\frac{1}{\alpha_{\mathrm{c}}}\frac{\mathrm{d}\alpha_{\mathrm{c}}}{\mathrm{d}r}(\widehat{v_{\mathrm{zd}}}-\widehat{v_{\mathrm{zc}}})\right] \tag{9.90}$$

式中的参数 μ_{k}^{T*} 由下式给出

$$\mu_{\mathrm{d}}^{T*}=\mu_{\mathrm{d}}^{T*}\left(\frac{\overline{\overline{\rho_{\mathrm{d}}}}\,(R-r)^{2}\left|\frac{\mathrm{d}\,\widehat{v_{\mathrm{zd}}}}{\mathrm{d}r}\right|}{\overline{\overline{\mu_{\mathrm{d}}}}},a_{\mathrm{i}}(R-r),\frac{\overline{\overline{H_{21}}}}{a_{\mathrm{i}}},\alpha_{\mathrm{d}}\right)$$

$$\mu_{\mathrm{c}}^{T*}=\mu_{\mathrm{c}}^{T*}\left(\frac{\overline{\overline{\rho_{\mathrm{c}}}}\,(R-r)^{2}\left|\frac{\mathrm{d}\,\widehat{v_{\mathrm{zc}}}}{\mathrm{d}r}-\frac{1}{\alpha_{\mathrm{c}}}\frac{\mathrm{d}\alpha_{\mathrm{c}}}{\mathrm{d}r}(\widehat{v_{\mathrm{zd}}}-\widehat{v_{\mathrm{zc}}})\right|}{\overline{\overline{\mu_{\mathrm{c}}}}},a_{\mathrm{i}}(R-r),\frac{\overline{\overline{H_{21}}}}{a_{\mathrm{i}}},\alpha_{\mathrm{c}}\right) \tag{9.91}$$

如果排除离壁面很近的区域,第一个无因次组合,即当地雷诺数,可能会从函数 μ_{k}^{T*} 的参数中排除。因此,在这种情况下,湍流通量的本构方程(9.88)仅取决于表示流动中某一点的平均几何构型的静态参数。

湍流传热——混合长度模型

湍流能量通量由式(5.46)定义。从方程中可以看出,它由 3 部分组成,即内能、动能的湍流传递和湍流做功。对于许多实际的两相流系统,后两种效应的作用不如第一种效应显著,就像单相流一样。因此,主要考虑热能传输的影响,即方程(5.46)中给出焓传输的第一项和最后一项,来建立湍流热流密度模型。与式(9.81)类似,假设

$$\boldsymbol{q}_{\mathrm{k}}^{T}=-K_{\mathrm{k}}^{T}\left\{\nabla\overline{\overline{T_{\mathrm{k}}}}-\frac{\nabla\alpha_{\mathrm{k}}}{\alpha_{\mathrm{k}}}(\overline{\overline{T_{\mathrm{i}}}}-\overline{\overline{T_{\mathrm{k}}}})\right\}$$

$$= -\overline{\overline{\rho_k}}\boldsymbol{\kappa}_k^T\left\{\nabla\overline{\overline{i_k}} - \frac{\nabla\alpha_k}{\alpha_k}(\overline{\overline{i_{ki}}} - \overline{\overline{i_k}})\right\} \tag{9.92}$$

式中的湍流能量输运系数 K_k^T 表达为

$$K_k^T = K_k^T(\overline{\overline{\rho_k}}, \overline{\overline{K_k}}, \alpha_k, c_{pk}, l, a_i, \overline{\overline{H_{21}}}, \sqrt{2\,\mathbb{D}_{kb}:\mathbb{D}_{kb}}) \tag{9.93}$$

从因次分析中,引入无因次参数

$$K_k^{T*} \equiv \frac{K_k^T}{\overline{\overline{\rho_k}}c_{pk}l^2\sqrt{2\,\mathbb{D}_{kb}:\mathbb{D}_{kb}}} \tag{9.94}$$

这里 c_{pk} 和 l 分别是比热和与壁面的距离或混合长度。则无因次参数 K_k^{T*} 是关于4个相似组合的函数

$$K_k^{T*} = K_k^{T*}\left(\frac{\overline{\overline{\rho_k}}c_{pk}l^2\sqrt{2\,\mathbb{D}_{kb}:\mathbb{D}_{kb}}}{\overline{\overline{K_k}}}, la_i, \frac{\overline{\overline{H_{21}}}}{a_i}, \alpha_k\right) \tag{9.95}$$

因此,湍流热流密度可由下式给出

$$\boldsymbol{q}_k^T = -K_k^{T*}\overline{\overline{\rho_k}}c_{pk}l^2\sqrt{2\,\mathbb{D}_{kb}:\mathbb{D}_{kb}}\left\{\nabla\overline{\overline{T_k}} - \frac{\nabla\alpha_k}{\alpha_k}(\overline{\overline{T_i}} - \overline{\overline{T_k}})\right\} \tag{9.96}$$

从式(9.73)和式(9.82)可以看出,如果两相系统发生相变,则变形张量的第二不变量可能相当复杂。由于界面变形张量的加入,这种效应促进了两相流的传热。

9.2.6　界面输运本构方程

从熵不等式(9.47)、热能方程(9.28)和状态方程(9.55)可以看出,与界面质量输运 Γ_k、广义阻力 M_{ik} 和传热 $a_i\overline{\overline{q_k''}}$ 有关的熵产变成为

$$\Gamma_k\left\{\widehat{i_{ki}}\left(\frac{1}{\overline{\overline{T_k}}} - \frac{1}{\overline{\overline{T_i}}}\right) - \left(\frac{\widehat{g_k}}{\overline{\overline{T_k}}} - \frac{\widehat{g_{ki}}}{\overline{\overline{T_i}}}\right)\right\} + \frac{\boldsymbol{M}_{ik}\cdot(\widehat{\boldsymbol{v}_{ki}} - \widehat{\boldsymbol{v}_k})}{\overline{\overline{T_k}}} + a_i\overline{\overline{q_{ki}''}}\left(\frac{1}{\overline{\overline{T_k}}} - \frac{1}{\overline{\overline{T_i}}}\right) \geqslant 0 \tag{9.97}$$

这里的分析是基于各个效应独立满足熵不等式的假设。不可逆热力学的标准理论(De Groot & Mazur,1962)给出了一种获得线性本构方程的简单方法。为此,首先应该将熵不等式中的项整理成合适的通量和势的组合(通量根据势线性展开)。在这里应特别注意,因为对于各相,从式(9.97)中得到两个不等式;质量输运项 Γ_k、广义阻力 $\boldsymbol{M}_{ik}$ 应该满足跳跃条件式(8.5)和式(8.19)。由于在许多实际问题中,$\boldsymbol{M}_m^H$ 和 $\boldsymbol{M}_k^t$ 的量级比阻力本身小得多,可以在式(8.19)中近似令 $\sum_{k=1}^{2}\boldsymbol{M}_{ik} \approx 0$。考虑到这些效应,有如下的不等式

$$\Gamma_1\left\{\overline{\overline{T_1}}\left[\widehat{i_{1i}}\left(\frac{1}{\overline{\overline{T_1}}} - \frac{1}{\overline{\overline{T_i}}}\right) - \left(\frac{\widehat{g_1}}{\overline{\overline{T_1}}} - \frac{\widehat{g_{1i}}}{\overline{\overline{T_i}}}\right)\right] - \overline{\overline{T_2}}\left[\widehat{i_{2i}}\left(\frac{1}{\overline{\overline{T_2}}} - \frac{1}{\overline{\overline{T_i}}}\right) - \left(\frac{\widehat{g_2}}{\overline{\overline{T_2}}} - \frac{\widehat{g_{2i}}}{\overline{\overline{T_i}}}\right)\right]\right\} +$$

$$\boldsymbol{M}_{i1}\cdot\{(\widehat{\boldsymbol{v}_2}-\widehat{\boldsymbol{v}_1})+(\widehat{\boldsymbol{v}_{1i}}-\widehat{\boldsymbol{v}_{2i}})\}+\sum_{k=1}^{2}a_i\,\overline{\overline{q''_{ki}}}\left(1-\frac{\overline{\overline{T_k}}}{\overline{\overline{T_i}}}\right)\geqslant 0 \tag{9.98}$$

此外，如果忽略了由质量传递和界面法向应力引起的推力，那么从式(2.104)和式(9.44)中，得到

$$\widehat{g_{1i}}-g^{sat}(\overline{\overline{T_i}})=\widehat{g_{2i}}-g^{sat}(\overline{\overline{T_i}})\doteq-\left(\frac{2\,\overline{\overline{H_{21}}}\,\overline{\overline{\sigma}}}{\overline{\overline{\rho_{1i}}}-\overline{\overline{\rho_{2i}}}}\right) \tag{9.99}$$

式(8.11)给出的界面总动量通量可以简化为

$$\boldsymbol{M}_k\doteq\overline{\overline{p_{ki}}}\,\nabla\alpha_k+\boldsymbol{M}_{ik}+\Gamma_k\,\widehat{\boldsymbol{v}_i}-\nabla\alpha_k\cdot\overline{\overline{\mathcal{T}_{ki}}} \tag{9.100}$$

因此界面上的压力用下式关联

$$\overline{\overline{p_{1i}}}-\overline{\overline{p_{2i}}}=-2\,\overline{\overline{H_{21}}}\,\overline{\overline{\sigma}} \tag{9.101}$$

式(8.22)、式(8.23)和式(8.25)作为界面动量传递条件的法向分量时，式(9.100)自动满足。

接下来，假设体积流体和界面处的相平均值之间的差异对密度和压力的影响可以忽略不计，但对温度的影响则不能忽略。因此取

$$\overline{\overline{\rho_{ki}}}\doteq\overline{\overline{\rho_k}} \tag{9.102}$$

$$\overline{\overline{p_{ki}}}\doteq\overline{\overline{p_k}}\quad（对大多数情况） \tag{9.103}$$

在这些假设下，可以将界面输运条件的简单线性本构方程修改为后面的形式

$$\Gamma_1=b_1^{\Gamma}(\overline{\overline{T_i}}-\overline{\overline{T_1}})-b_2^{\Gamma}(\overline{\overline{T_i}}-\overline{\overline{T_2}}) \tag{9.104}$$

$$\boldsymbol{M}_{i1}=b_1^{M}(\widehat{\boldsymbol{v}_2}-\widehat{\boldsymbol{v}_1}) \tag{9.105}$$

$$a_i\,\overline{\overline{q''_k}}=b_k^{E}(\overline{\overline{T_i}}-\overline{\overline{T_k}})\quad(k=1,2) \tag{9.106}$$

式中，认为输运系数 b_k^{Γ}，b_1^{M} 和 b_k^{E} 都是为正的标量。

界面质量输运项

假设式(9.104)的 b_k^{Γ} 为如下参数的函数

$$b_k^{\Gamma}=b_k^{\Gamma}(\overline{\overline{\rho_1}},\overline{\overline{\rho_2}},\widehat{i_k}-\widehat{i_{ki}},\overline{\overline{K_k}}+K_k^{T},\widehat{i_{1i}}-\widehat{i_{2i}},\overline{\overline{H_{21}}},a_i,\alpha_k) \tag{9.107}$$

为了简化上述方程，首先引入一个无因次参数

$$b_k^{\Gamma *}\equiv\frac{b_k^{\Gamma}\,|\widehat{i_{1i}}-\widehat{i_{2i}}|}{(\overline{\overline{K_k}}+K_k^{T})\,a_i^2} \tag{9.108}$$

雅各布数定义为

$$N_{J1}\equiv\frac{\overline{\overline{\rho_1}}\;(\widehat{i_1}-\widehat{i_{1i}})}{\overline{\overline{\rho_2}}\;(\widehat{i_{2i}}-\widehat{i_{1i}})} \tag{9.109}$$

$$N_{J2}\equiv\frac{\overline{\overline{\rho_2}}\;(\widehat{i_2}-\widehat{i_{2i}})}{\overline{\overline{\rho_1}}\;(\widehat{i_{1i}}-\widehat{i_{2i}})} \tag{9.110}$$

因此，界面传质项可以改写为

$$\Gamma_1 = a_i^2\left\{b_1^{\Gamma *}\frac{(\overline{\overline{K_1}} + K_1^T)}{|\widehat{i_{1i}} - \widehat{i_{2i}}|}(\overline{\overline{T_i}} - \overline{\overline{T_1}}) - b_2^{\Gamma *}\frac{(\overline{\overline{K_2}} + K_2^T)}{|\widehat{i_{1i}} - \widehat{i_{2i}}|}(\overline{\overline{T_i}} - \overline{\overline{T_2}})\right\} \tag{9.111}$$

其中，无因次函数 $b_k^{\Gamma *}$ 可以由 4 个相似组合表示为

$$b_k^{\Gamma *} = b_k^{\Gamma *}\left(\frac{\overline{\overline{\rho_1}}}{\overline{\overline{\rho_2}}}, N_{Jk}, \frac{\overline{\overline{H_{21}}}}{a_i}, \alpha_k\right) \tag{9.112}$$

由式(9.109)定义的雅各布数是可用能的标度。众所周知，它是分析气泡生长的一个重要参数。

现在来讨论一些特殊情况，其中 Γ_1 的本构方程可以简化为简单形式。在许多实际工程问题中，可以假设汽相处于饱和状态，因此有

$$\overline{\overline{p_g}} = \overline{\overline{p_g}}\ (\overline{\overline{T_i}}) \text{ 及 } \overline{\overline{T_g}} = \overline{\overline{T_i}} \tag{9.113}$$

这样，式(9.111)简化为

$$\Gamma_g = -\Gamma_f = \frac{\overline{\overline{K_f}} + K_f^T}{\widehat{i_{gi}} - \widehat{i_{fi}}}(\overline{\overline{T_f}} - \overline{\overline{T_i}})b_f^{\Gamma *}a_i^2 \tag{9.114}$$

例如，对层流中气泡生长的分析表明，对于这种流动，$b_f^{\Gamma *}$ 可以近似为

$$b_f^{\Gamma *} \doteq b_f^{\Gamma *}\left(N_{Jf}, \frac{\overline{\overline{H_{21}}}}{a_i}\right) = C\left(1 + \frac{2N_{Jf}}{\pi}\right)\frac{\overline{\overline{H_{21}}}}{a_i} \tag{9.115}$$

在这里，C 是一个考虑到边界层厚度的参数。随着气泡尺寸的增大，其变化范围为 1 到 0.6。对于更一般的情况，函数 $b_f^{\Gamma *}$ 的形式应通过对单个气泡动力学的分析以及实验数据获得。

界面曳力

M_{ik}的一般表达式已由式(9.105)假定。现在进一步假设，系数 b_k^M 取决于以下参数

$$b_1^M = b_1^M(a_i, \overline{\overline{H_{21}}}, \overline{\overline{\rho_k}}, |\widehat{\boldsymbol{v}_2} - \widehat{\boldsymbol{v}_1}|, \overline{\overline{\mu_k}} + \mu_k^T, \alpha_k, \Gamma_1) \tag{9.116}$$

然后根据因次分析，将式(9.105)重写为

$$\boldsymbol{M}_{i1} = (\overline{\overline{\rho_1}} + \overline{\overline{\rho_2}})|\widehat{\boldsymbol{v}_2} - \widehat{\boldsymbol{v}_1}|(\widehat{\boldsymbol{v}_2} - \widehat{\boldsymbol{v}_1})b_1^{M*}a_i \tag{9.117}$$

其中，

$$b_1^{M*} \equiv \frac{b_1^M}{(\overline{\overline{\rho_1}} + \overline{\overline{\rho_2}})|\widehat{\boldsymbol{v}_2} - \widehat{\boldsymbol{v}_1}|a_i} \tag{9.118}$$

无因次函数 b_1^{M*} 与下面的相似组合有关

$$b_1^{M*} = b_1^{M*}\left(\frac{\overline{\overline{\rho_1}}}{\overline{\overline{\rho_2}}}, \frac{\overline{\overline{H_{21}}}}{a_i}, \alpha_1, N_{Re1}^i, N_{Re2}^i, N_{pch}^i\right) \tag{9.119}$$

界面雷诺数的定义为

$$N_{\text{Rek}}^{i} \equiv \frac{\overline{\overline{\rho_{\text{k}}}} \left| \widehat{\boldsymbol{v}_2} - \widehat{\boldsymbol{v}_1} \right|}{(\overline{\overline{\mu_{\text{k}}}} + \mu_{\text{k}}^{T}) a_{\text{i}}} \tag{9.120}$$

相变数定义为

$$N_{\text{pch}}^{i} \equiv \frac{\Gamma_1}{(\overline{\overline{\rho_1}} + \overline{\overline{\rho_2}}) \left| \widehat{\boldsymbol{v}_2} - \widehat{\boldsymbol{v}_1} \right| a_{\text{i}}} \tag{9.121}$$

相变数考虑了传质对阻力的影响。如果这个值很大,那么传质效应会显著改变标准的阻力关联式。在空气动力学领域,边界层吸气或吹气速率变化引起的阻力变化就是一个例子。

对于弥散流型,阻力的研究很多。对于具有等直径固体球形颗粒的稀悬浮相的流动,分析相对容易。然而,随着弥散相份额增加或壁面效应的影响,这一问题变得越来越复杂。显然,对于具有可变形界面、界面传质和湍流的流动,阻力关联式应主要依赖于实验数据。

关于弥散流阻力定律的一些结果可以在 Brodkey(Brodkey,1967)、Soo(Soo,1967)、Wallis(Graham B. Wallis,1969)、Schlichting 和 Gersten(Schlichting & Gersten,2016)、Happel 和 Brenner(Happel & Brenner,1965)的文献中找到。在 9.4 节讨论重要的特殊情况。第 12 章介绍了更一般和完整的建模和讨论。

界面热流密度

界面传热的本构方程由式(9.106)假定。首先,引入无因次传热系数 b_1^{E*} 为

$$b_1^{E*} = \frac{b_1^{E}}{(\overline{\overline{K_1}} + K_1^{T}) a_{\text{i}}^{2}} \tag{9.122}$$

然后有

$$a_{\text{i}} \overline{\overline{q_{1\text{i}}''}} = (\overline{\overline{K_1}} + K_1^{T}) b_1^{E*} (\overline{\overline{T_{\text{i}}}} - \overline{\overline{T_1}}) a_{\text{i}}^{2} \tag{9.123}$$

可以想象,b_1^{E*} 与如下参数有关

$$b_1^{E*} = b_1^{E*}\left(N_{\text{Pr1}}^{T}, N_{\text{Re1}}^{i}, N_{\text{pch}}^{i}, \frac{\overline{\overline{\rho_1}}}{\overline{\overline{\rho_2}}}, \alpha_1, \frac{\overline{\overline{H_{21}}}}{a_{\text{i}}} \right) \tag{9.124}$$

式中,普朗特数定义为

$$N_{\text{Prk}}^{T} = \frac{c_{\text{pk}} (\overline{\overline{\mu_{\text{k}}}} + \mu_{\text{k}}^{T})}{\overline{\overline{K_{\text{k}}}} + K_{\text{k}}^{T}} \tag{9.125}$$

式(9.120)和式(9.121)分别给出了界面雷诺数 N_{Rek}^{i} 和相变数 N_{pch}^{i} 的定义。这里值得注意的是,实际上无因次参数 b_1^{E*} 是一个界面努塞尔数。此外,如果给出一个 Γ_1 的本构方程,那么仅提供一个界面传热的本构定律 $a_{\text{i}} \overline{\overline{q_1''}}$ 就够了。当然,也可以

给出 $a_i\ \overline{\overline{q_1''}}$和 $a_i\ \overline{\overline{q_2''}}$的本构关系,那么由于宏观能量跳跃条件,$\Gamma_1$ 是已知的。

界面剪切应力

由于气泡分散在连续相剪切层中,界面剪切应力近似为连续相剪切应力。因此,有

$$\overline{\overline{\mathcal{T}}}_{ki} \approx \overline{\overline{\mathcal{T}}}_{c} \tag{9.126}$$

界面动量源项

在原始的动量跳跃条件下,存在两个截然不同的信息:法向跳跃和切向跳跃平衡。由于在平均公式中保留了这一特殊特性,因此除了式(9.12)给出的界面动量传输条件外,还得到了曳力平衡式(8.19)。此外,通过忽略质量推力效应,并使用式(9.103)的假设,从式(8.21)中得到

$$\begin{aligned}\sum_{k=1}^{2} \boldsymbol{M}_k &= \sum_{k=1}^{2}\left(\overline{\overline{p_k}}\,\nabla\alpha_k + \boldsymbol{M}_k^n + \boldsymbol{M}_k^t - \nabla\alpha_k \cdot \overline{\overline{\mathcal{T}}}_{ki}\right)\\ &= \boldsymbol{M}_m = 2\,\overline{\overline{H_{21}}}\,\overline{\overline{\sigma}}\,\nabla\alpha_2 + \boldsymbol{M}_m^H\end{aligned} \tag{9.127}$$

因此,根据式(8.19)、式(9.12)和式(9.13),有

$$\overline{\overline{p_{1i}}} - \overline{\overline{p_{2i}}} = -2\,\overline{\overline{H_{21}}}\,\overline{\overline{\sigma}} \tag{9.128}$$

和

$$\sum_{k=1}^{2} \boldsymbol{M}_{ik} = \sum_{k=1}^{2}\left(\boldsymbol{M}_k^n + \boldsymbol{M}_k^t\right) = \boldsymbol{M}_m^H \tag{9.129}$$

这里有界面的热状态方程

$$\overline{\overline{\sigma}} = \overline{\overline{\sigma}}\ (\overline{\overline{T_i}}) \tag{9.130}$$

由于界面动量输运方程式(9.129)的法向分量规定了两相间的力学平衡条件,因此有必要通过本构方程规定平均曲率$\overline{\overline{H_{21}}}$。一个简单的例子是假设界面几何是完全不规则的,因此可以取$\overline{\overline{H_{21}}}=0$。对于弥散两相流,平均曲率与颗粒半径成反比。如果流体颗粒大小均匀,半径由 $3\alpha/a_i$ 给出。因此,α 与 a_i 的比值通常是一个重要的长度尺度。$6\alpha/a_i$ 被称为 Sauter 平均直径,因此平均曲率基本上与 Sauter 平均直径的倒数成正比。

然而,在宏观公式中,参数 a_i 仍很重要,因为它表示两相之间的可用的接触面积。结果表明,单位体积比表面积浓度 a_i 对质量、动量和能量的界面输运有显著影响。一般来说,$\overline{\overline{H_{21}}}$和 a_i 的本构方程非常复杂,因为它们是决定宏观场中局部几何构型的参数。很明显,可以直接或间接地提供这些信息。

直接信息意味着人们对流动结构有先验知识。因此,对于$\overline{\overline{H_{21}}}$和 a_i,从各种变量以及初始和边界条件出发,得到它们之间的关系并不十分困难。例如,对于无相变、气泡(或液滴)的聚并或湮灭的泡状流或雾状流,这可以很容易地实现。还可以通过$\overline{\overline{H_{21}}}$和 a_i 的本构方程,根据各种参数,如 α_k、$\overline{\overline{\sigma}}$、$\widehat{\boldsymbol{v}_2}-\widehat{\boldsymbol{v}_1}$、$\overline{\overline{\mu_k}}$、$\mu_k^T$、$\Gamma_k$ 等,间接给出流动结

构的信息，然后就可以求解整个方程组，以找到局部几何构型。但这也是非常困难的，因为几何结构具有持久的记忆效应，在大多数情况下都不遵循当地作用的原则。这意味着初始条件以及壁面效应对流动几何形状的影响非常重要。

由于在一般情况下都会遇到的困难，让我们从一个简单的例子开始讨论上述本构方程。假设第二相弥散在第一相中。假设第二相在总体积 V 中所占的体积可以作为平均曲率$\overline{\overline{H_{21}}}$的函数给出。因此有

$$V_2 = F_{V2}(\overline{\overline{H_{21}}}) = \alpha_2 V \tag{9.131}$$

在体积 V 中第二相的表面面积为

$$A_2 = F_{A2}(\overline{\overline{H_{21}}}) = a_i V \tag{9.132}$$

在时域中可以进行完全相同的证明，因此有

$$\Delta t_2 = f_{V2}(\overline{\overline{H_{21}}}) = \alpha_2 \Delta t \tag{9.133}$$

和

$$\sum_j \frac{1}{v_{ni}} = f_{A2}(\overline{\overline{H_{21}}}) = a_i \Delta t \tag{9.134}$$

那么可以假设

$$\frac{f_{V2}(\overline{\overline{H_{21}}})}{f_{A2}(\overline{\overline{H_{21}}})} = \frac{\alpha_S}{a_i} \doteq \frac{F_{V2}(\overline{\overline{H_{21}}})}{F_{A2}(\overline{\overline{H_{21}}})} = \frac{1}{3C^i\,\overline{\overline{H_{21}}}} \tag{9.135}$$

其中，C^i是考虑弥散相形状和尺寸的因子。因此可以写出$\overline{\overline{H_{21}}}$的本构方程为

$$\overline{\overline{H_{21}}} = \frac{a_i}{3C^i\alpha_2} \tag{9.136}$$

这里，对于形状规则的球形液滴或气泡，系数 C^i 为 1，除非弥散相具有相当拉长的形状，否则变化不大。式(9.136)给出的关系是静态或几何关系，可以采用更为一般的形式为

$$\overline{\overline{H_{21}}} = \overline{\overline{H_{21}}}\ (\alpha_2, a_i, |\nabla\alpha_2|)$$

$$\text{或}\quad \frac{\overline{\overline{H_{21}}}}{a_i} = \overline{\overline{H_{21}}}^* = \overline{\overline{H_{21}}}^*\left(\alpha_2, \frac{|\nabla\alpha_2|}{a_i}\right) \tag{9.137}$$

把这种关系称为几何状态方程。从式(9.137)可以看出，平均曲率取决于空泡份额、界面面积浓度和空泡份额梯度。

然而，仍然应该有一个更本质关于 a_i的本构方程。认为关于 a_i 的其他参数的信息实际上是局瞬方程的解的一部分。将 a_i 包含在两流体模型中的最常用方法之一是引入一个关于界面面积浓度的输运方程，即

$$\frac{\partial a_i}{\partial t} + \nabla\cdot(a_i \widehat{\boldsymbol{v}_i}) = \phi_L \tag{9.138}$$

在这种方法中，源项考虑了气泡或液滴的膨胀或湮灭、聚并、破裂和界面不稳定性。

显然,应给出关于$\widehat{\boldsymbol{v}_i}$和 ϕ_L 的本构方程。界面面积输运方程是描述相间界面面积变化的基本方程。由于其重要性,将在第 10 章对其进行详细讨论。在某些情况下,守恒方程(9. 138)可由更简单的代数本构关系代替,例如

$$a_i = a_i(\widehat{\boldsymbol{v}_2} - \widehat{\boldsymbol{v}_1}, \overline{\overline{\rho_k}}, \overline{\overline{\mu_k}}, \alpha_1, |\nabla\alpha_1|, \overline{\overline{\sigma}}, g) \tag{9.139}$$

关于弥散流的 $\boldsymbol{M}_m^H$ 的本构方程为

$$\boldsymbol{M}_m^H \doteq \alpha_2 \nabla(2\,\overline{\overline{H_{21}}}\,\overline{\overline{\sigma}}) \tag{9.140}$$

其中第二相是弥散相。然而,在许多实际问题中,与 $\boldsymbol{M}_{i1}$ 或 $\boldsymbol{M}_{i2}$ 相比,该项的量级很小。在这种情况下,可以将 $\boldsymbol{M}_m^H$ 设为零。

界面能量源项

界面能量源项 E_m 由式(8. 45)给出。显然它包含了界面热能项,即式(8. 45)给出的项,使公式显著复杂化。除了极少数情况外,对于涉及较大的相变潜热的能量传输,这一项可以忽略。因此,式(8. 45)可近似为

$$E_m = \overline{\overline{T_i}}\left(\frac{d\sigma}{dT}\right)\frac{D_i a_i}{Dt} + 2\,\overline{\overline{H_{21}}}\,\overline{\overline{\sigma}}\frac{\partial\alpha_1}{\partial t} + E_m^H \approx 0 \tag{9.141}$$

因此关于界面能量源项就不再需要额外的本构方程了。

为了完成式(8. 48)给出的界面能输运条件的模型,应该提供湍动能、平均速度和平均界面相速度之间的差、曳力 $\boldsymbol{W}_{ki}^T$引起的界面湍流通量等的本构方程。而在有相变的两相流中,这些项与热能项相比的量级相对较小,因此,可以假设

$$\widehat{h_{ki}} - \widehat{i_{ki}} = \frac{\overline{(v'_{ki})^2}}{2} \doteq 0 \tag{9.142}$$

$$\widehat{\boldsymbol{v}_{ki}} - \widehat{\boldsymbol{v}_k} \doteq 0 \tag{9.143}$$

$$\boldsymbol{W}_{ki}^T \doteq 0 \tag{9.144}$$

与式(9. 142)类似,对主流相取

$$\widehat{h_k} \doteq \widehat{i_k} \tag{9.145}$$

那么,式(8. 48)就可以简化为以下形式

$$E_k \doteq \Gamma_k\left(\widehat{i_{ki}} + \frac{\widehat{v_k^2}}{2}\right) + a_i\,\overline{\overline{q''_k}} - \overline{\overline{p_k}}\frac{\partial\alpha_k}{\partial t} + \boldsymbol{M}_{ik}\cdot\widehat{\boldsymbol{v}_{ki}} - \nabla\alpha_k\cdot\overline{\overline{\boldsymbol{\mathcal{T}}_{ki}}}\cdot\widehat{\boldsymbol{v}_{ki}} \tag{9.146}$$

在这里使用式(9. 103)。界面总能量输运条件变成

$$\sum_{k=1}^{2} E_k = E_m \approx 0 \tag{9.147}$$

然后,热能输运条件(8. 49)可近似为

$$\Lambda_k \doteq (\Gamma_k\,\widehat{i_{ki}} + a_i\,\overline{\overline{q''_{ki}}}) - \overline{\overline{p_k}}\frac{D_k\alpha_k}{Dt} \tag{9.148}$$

和

$$
\begin{aligned}
\sum_{k=1}^{2}\Lambda_k = {} & \overline{\overline{T}}_i\left(\frac{d\sigma}{dT}\right)\frac{D_i a_i}{Dt} + E_m^H - \sum_{k=1}^{2}\overline{\overline{p}}_k\frac{D_k\alpha_k}{Dt} - \\
& \Gamma_1\left(\frac{\widehat{v_1}^2}{2} - \frac{\widehat{v_2}^2}{2}\right) - \sum_{k=1}^{2}\boldsymbol{M}_{ik}\cdot\widehat{\boldsymbol{v}_k} + \sum_{k=1}^{2}\nabla\alpha_k\cdot\overline{\overline{\mathcal{T}}}_{ki}\cdot\widehat{v_{ki}}
\end{aligned} \tag{9.149}
$$

其中使用了式(9. 128)来消除表面张力项。把式(9. 148)和式(9. 149)结合起来，得到

$$
\begin{aligned}
& \sum_{k=1}^{2}\left(\Gamma_k\,\widehat{i_{ki}} + a_i\,\overline{\overline{q''_{ki}}} + \Gamma_k\frac{\widehat{v_k}^2}{2}\right) = \left\{\overline{\overline{T}}_i\left(\frac{d\sigma}{dT}\right)\frac{D_i a_i}{Dt} + E_m^H\right\} - \\
& \sum_{k=1}^{2}\boldsymbol{M}_{ik}\cdot\widehat{\boldsymbol{v}_{ki}} + \sum_{k=1}^{2}\nabla\alpha_k\cdot\overline{\overline{\mathcal{T}}}_{ki}\cdot\widehat{\boldsymbol{v}_{ki}}
\end{aligned} \tag{9.150}
$$

上述方程右边的第一组是表面张力的影响,第二组为界面阻力功,第三项与界面剪切所做的功有关。因此,可以假设在相对低流速时有

$$
\sum_{k=1}^{2}\left(\Gamma_k\,\widehat{i_{ki}} + a_i\,\overline{\overline{q''_{ki}}}\right) \approx 0 \tag{9.151}
$$

这是一个著名的局瞬方程的关系。在这里展示了将这个重要而有用的公式应用于宏观两相流问题的条件。

9.3　两流体模型公式

两流体模型公式的最一般情况已经在 9. 2. 3 节中讨论了确定论的原理。现在将结合前两节的结果,建立一个切合实际的公式。已经对界面变量和本构方程做了许多假设,因此,本分析不是微观场的局瞬变量到宏观场的完全映射。相反,它应该视为在近似理论基础上的各种本构假设。本节中给出的结果简化为实用的程度,但这对于系统分析中遇到的大多数两相流工程问题来说以足够通用。

首先,下面列出了所有获得模型时所作出的重要假设。

- 均值平滑性的基本假设　　4. 3 节
- 存在状态方程　　式(9. 55)
- 在平均时间间隔内输运性质 μ_k 和 K_k 为常数　　式(9. 71),式(9. 79)
- 界面变量近似方法
  - $\dot{m}_k \approx \overline{\overline{\dot{m}}}_k$；　$\sigma \approx \overline{\overline{\sigma}}$；　$\rho_{ki} \approx \overline{\overline{\rho}}_{ki}$　　式(8. 9)
  - $T_i \approx \overline{\overline{T}}_i$　　式(9. 80)
  - $\overline{\overline{\rho}}_{ki} \doteq \overline{\overline{\rho}}_k$　　式(9. 102)
  - $\overline{\overline{p}}_{ki} \doteq \overline{\overline{p}}_k$　　式(9. 103)
- 忽略传质引起的界面法向应力和推力　　式(9. 127)

- 可忽略的湍动能或能量传递 式(9.145)
- 忽略界面能量传递条件下的机械相互作用项 式(9.148)
- 均匀体积力 式(5.50)

在上述条件下,有如下的场方程

式(9.1)的连续性方程

$$\frac{\partial \alpha_k \overline{\overline{\rho_k}}}{\partial t} + \nabla \cdot \left(\alpha_k \overline{\overline{\rho_k}} \widehat{\boldsymbol{v}_k} \right) = \Gamma_k \quad (k = 1,2) \tag{9.152}$$

式(9.15)的运动方程

$$\alpha_k \overline{\overline{\rho_k}} \frac{D_k \widehat{\boldsymbol{v}_k}}{Dt} = - \alpha_k \nabla \overline{\overline{p_k}} + \nabla \cdot \left[\alpha_k \left(\overline{\overline{\mathcal{T}_k}} + \mathcal{T}_k^T \right) \right] + \alpha_k \overline{\overline{\rho_k}} \widehat{\boldsymbol{g}_k} + \boldsymbol{M}_{ik} - \nabla \alpha_k \cdot \overline{\overline{\mathcal{T}_{ki}}} + \left(\widehat{\boldsymbol{v}_{ki}} - \widehat{\boldsymbol{v}_k} \right) \Gamma_k + \left(\overline{\overline{p_{ki}}} - \overline{\overline{p_k}} \right) \nabla \alpha_k \quad (k = 1,2) \tag{9.153}$$

值得注意的是,上述方程式中的最后一项保留了下来了,尽管在大多数情况下它非常小,而在某些情况下,例如水平流,它可能会很重要。

式(9.30)的热能方程

$$\alpha_k \overline{\overline{\rho_k}} \frac{D_k \widehat{i_k}}{Dt} = - \nabla \cdot \alpha_k \left(\overline{\overline{\boldsymbol{q}_k}} + \boldsymbol{q}_k^T \right) + \alpha_k \frac{D_k \overline{\overline{p_k}}}{Dt} + \alpha_k \overline{\overline{\mathcal{T}_k}} : \nabla \widehat{\boldsymbol{v}_k} + \Gamma_k \left(\widehat{i_{ki}} - \widehat{i_k} \right) + a_i \overline{\overline{q''_{ki}}} + \left(\boldsymbol{M}_{ik} - \nabla \alpha_k \cdot \overline{\overline{\mathcal{T}_{ki}}} \right) \cdot \left(\widehat{\boldsymbol{v}_{ki}} - \widehat{\boldsymbol{v}_k} \right) \quad (k = 1,2) \tag{9.154}$$

这里忽略了湍流做功项$\widehat{\boldsymbol{v}_k} \cdot \nabla \cdot \alpha_k \mathcal{T}_k^T$,因为它被认为主要对公式中忽略的湍动能变化有贡献。这两组守恒方程描述了宏观场中质量、动量和能量守恒的物理定律。

由它们自己的场方程控制的两相由下面给出的3个界面输运条件而耦合。

式(9.2)的界面质量传递条件为

$$\sum_{k=1}^{2} \Gamma_k = 0 \tag{9.155}$$

方程(9.127)和式(9.128)的界面动量传递条件

$$\sum_{k=1}^{2} \left(\overline{\overline{p_k}} \nabla \alpha_k + \boldsymbol{M}_{ik} - \nabla \alpha_k \cdot \overline{\overline{\mathcal{T}_{ki}}} \right) = 2 \overline{\overline{H_{21}}} \overline{\overline{\sigma}} \nabla \alpha_2 + \boldsymbol{M}_m^H \tag{9.156}$$

法向分量满足

$$\overline{\overline{p_{1i}}} - \overline{\overline{p_{2i}}} = - 2 \overline{\overline{H_{21}}} \overline{\overline{\sigma}} \tag{9.157}$$

式(9.151)的界面热能传递条件

$$\sum_{k=1}^{2} \left(\Gamma_k \widehat{i_{ki}} + a_i \overline{\overline{q''_{ki}}} \right) \approx 0 \tag{9.158}$$

然后,根据连续性公理,有

$$\alpha_1 = 1 - \alpha_2 \tag{9.159}$$

每个相的状态方程由式(9.55)或式(9.58)和式(9.59)给出,因此得到了热量状态方程

$$\widehat{i_k} = \widehat{i_k}(\overline{\overline{T_k}}, \overline{\overline{p_k}}) \quad (k = 1,2) \tag{9.160}$$

热状态方程为

$$\overline{\overline{\rho_k}} = \overline{\overline{\rho_k}}\ (\overline{\overline{T_k}}, \overline{\overline{p_k}}) \quad (k = 1,2) \tag{9.161}$$

而表面的状态方程由式(9.130)给出。

$$\overline{\overline{\sigma}} = \overline{\overline{\sigma}}\ (\overline{\overline{T_i}}) \tag{9.162}$$

界面温度由相变条件式(9.44)给出

$$\overline{\overline{p_2}} - p^{sat}(\overline{\overline{T_i}}) = 2\,\overline{\overline{H_{21}}}\,\overline{\overline{\sigma}}\left(\frac{\overline{\overline{\rho_2}}}{\overline{\overline{\rho_2}} - \overline{\overline{\rho_1}}}\right) \tag{9.163}$$

其中,

$$p^{sat} = p^{sat}(\overline{\overline{T_i}}) \tag{9.164}$$

是典型的饱和条件。对于许多实际情况,可以用下式将式(9.163)近似

$$\overline{\overline{p_g}} = p^{sat}(\overline{\overline{T_i}}) \tag{9.165}$$

其中,$\overline{\overline{p_g}}$为蒸汽相的压力。

黏性应力$\overline{\overline{\mathcal{T}_k}}$的本构方程为

$$\overline{\overline{\mathcal{T}_k}} = 2\,\overline{\overline{\mu_k}}(\mathbb{D}_{kb} + \mathbb{D}_{ki}) = 2\,\overline{\overline{\mu_k}}\,\mathbb{D}_k \quad (k = 1,2) \tag{9.166}$$

在这里,体积和界面附加变形张量$\mathbb{D}_{kb}$和$\mathbb{D}_{ki}$由式(9.74)和式(9.77)给出。因此有

$$\mathbb{D}_{kb} = \frac{1}{2}[\nabla\widehat{\boldsymbol{v}_k} + (\nabla\widehat{\boldsymbol{v}_k})^+] \tag{9.167}$$

和

$$\mathbb{D}_{ki} \doteq -\frac{a_k^i}{2\alpha_k}\{(\nabla\alpha_k)(\widehat{\boldsymbol{v}_2} - \widehat{\boldsymbol{v}_1}) + (\widehat{\boldsymbol{v}_2} - \widehat{\boldsymbol{v}_1})(\nabla\alpha_k)\} \tag{9.168}$$

系数 a_k^i 表示 k 相的迁移率。

湍流应力$\overline{\overline{\mathcal{T}_k}}^T$ 的本构方程是根据式(9.85)—式(9.89)的混合长度假设得到的,因此

$$\begin{aligned}\mathcal{T}_k^T &= 2\mu_k^T\,\mathbb{D}_{kb}\\ &= 2\mu_k^{T*}\,\overline{\overline{\rho_k}}\,l^2\sqrt{2(\mathbb{D}_{kb}:\mathbb{D}_{kb})}\,\mathbb{D}_{kb} \quad (k = 1,2)\end{aligned} \tag{9.169}$$

这里,无因次湍流黏度 μ_k^{T*} 是下列参数的函数

$$\mu_k^{T*} = \mu_k^{T*}\left(\frac{\overline{\overline{\rho_k}}\,l^2\sqrt{2(\mathbb{D}_{kb}:\mathbb{D}_{kb})}}{\overline{\overline{\mu_k}}}, la_i, \frac{\overline{\overline{H_{21}}}}{a_i}, \alpha_k\right) \tag{9.170}$$

还记得 l 和 a_i 分别是离壁面的距离和界面面积浓度。如果排除离壁面很近的区域,

那么第一个参数可以从 μ_k^{T*} 的参数中去除。

平均传导热流$\overline{\overline{q_k}}$的本构关系由式(9.81)给出,因此有

$$\overline{\overline{q_k}} = -\overline{\overline{K_k}}\left\{\nabla\overline{\overline{T_k}} - \frac{\nabla\alpha_k}{\alpha_k}(\overline{\overline{T_i}} - \overline{\overline{T_k}})\right\} \tag{9.171}$$

值得注意的是,由于浓度梯度,第二项表示体相和界面之间温差的影响,即热力学不平衡的影响。

根据湍流热流密度 q_k^T 的混合长度模型,得到

$$q_k^T = -K_k^{T*}\overline{\overline{\rho_k}}c_{pk}l^2\sqrt{2\,\mathbb{D}_{kb}:\mathbb{D}_{kb}}\left\{\nabla\overline{\overline{T_k}} - \frac{\nabla\alpha_k}{\alpha_k}(\overline{\overline{T_i}} - \overline{\overline{T_k}})\right\} \tag{9.172}$$

其中无因次热导率 K_k^{T*} 是下列参数的函数

$$K_k^{T*} = K_k^{T*}\left(\frac{\overline{\overline{\rho_k}}c_{pk}l^2\sqrt{2\,\mathbb{D}_{kb}:\mathbb{D}_{kb}}}{\overline{\overline{K_k}}}, la_i, \frac{\overline{\overline{H_{21}}}}{a_i}, \alpha_k\right) \tag{9.173}$$

这里注意到,如果排除离壁面很近的区域,第一个无因次群可以从函数 K_k^{T*} 的参数中去除。

传质项 Γ_1 由式(9.111)和式(9.112)给出,因此有

$$\Gamma_1 = a_i^2\left\{b_1^{\Gamma*}\frac{(\overline{\overline{K_1}} + K_1^T)}{|\widehat{i_{1i}} - \widehat{i_{2i}}|}(\overline{\overline{T_i}} - \overline{\overline{T_1}}) - b_2^{\Gamma*}\frac{(\overline{\overline{K_2}} + K_2^T)}{|\widehat{i_{1i}} - \widehat{i_{2i}}|}(\overline{\overline{T_i}} - \overline{\overline{T_2}})\right\} \tag{9.174}$$

其中,无因次函数 $b_k^{\Gamma*}$ 可以由 4 个相似组合表示为

$$b_k^{\Gamma*} = b_k^{\Gamma*}\left(\frac{\overline{\overline{\rho_1}}}{\overline{\overline{\rho_2}}}, N_{Jk}, \frac{\overline{\overline{H_{21}}}}{a_i}, \alpha_k\right) \tag{9.175}$$

无因次组合 N_{Jk}是由式(9.109)和式(9.110)定义的雅各布数,它是关于相变的最重要的参数。上述本构定律的一个较简单的例子已经在前面部分讨论过了。

考虑到界面动量传递条件的式(9.156),应该另外给出两个本构方程来表征曳力 M_{i1}和表面张力的影响。界面曳力由式(9.117)和式(9.119)给出,因此有

$$M_{i1} = (\overline{\overline{\rho_1}} + \overline{\overline{\rho_2}})\,|\widehat{\boldsymbol{v}_2} - \widehat{\boldsymbol{v}_1}|(\widehat{\boldsymbol{v}_2} - \widehat{\boldsymbol{v}_1})b_1^{M*}a_i \tag{9.176}$$

无因次函数 b_1^{M*} 是下面一些参数的函数

$$b_1^{M*} = b_1^{M*}\left(\frac{\overline{\overline{\rho_1}}}{\overline{\overline{\rho_2}}}, \frac{\overline{\overline{H_{21}}}}{a_i}, \alpha_1, N_{Re1}^i, N_{Re2}^i, N_{pch}^i\right) \tag{9.177}$$

在这里,界面雷诺数 $N_{Re,k}^i$和相变效应数 N_{pch}^i分别由式(9.120)和式(9.121)定义。

此外,几何状态方程式(9.137)给出了界面的平均曲率

$$\frac{\overline{\overline{H_{21}}}}{a_i} = \overline{\overline{H_{21}}}^*(\alpha_2, a_i, |\nabla\alpha_2|) \tag{9.178}$$

由式(9.158)给出的界面传热条件要求界面处的传热本构方程。因此,从式(9.123)和式(9.124)得到

$$a_{\mathrm{i}}\,\overline{\overline{q''_{1\mathrm{i}}}} = (\overline{\overline{K_1}} + K_1^T)\,b_1^{E*}\,(\overline{\overline{T_{\mathrm{i}}}} - \overline{\overline{T_1}})\,a_{\mathrm{i}}^2 \tag{9.179}$$

其中

$$b_1^{E*} = b_1^{E*}\left(N_{\mathrm{Pr1}}^T, N_{\mathrm{Re1}}^i, N_{\mathrm{pch}}^i, \frac{\overline{\overline{\rho_1}}}{\overline{\overline{\rho_2}}}, \alpha_1, \frac{\overline{\overline{H_{21}}}}{a_{\mathrm{i}}}\right) \tag{9.180}$$

普朗特数的定义由式(9.125)给出。在许多实际问题中,可以假设弥散相处于热平衡状态,则本构方程(9.179)可简化为一个不重要的形式 $a_{\mathrm{i}}\,\overline{\overline{q''_{1\mathrm{i}}}}=0$。

最后,还应该有一个界面面积浓度 a_{i} 的本构方程。一般来说,它应该有守恒方程的形式

$$\frac{\partial a_{\mathrm{i}}}{\partial t} + \nabla\cdot(a_{\mathrm{i}}\,\widehat{\boldsymbol{v}_{\mathrm{i}}}) = \phi_{\mathrm{L}} \tag{9.181}$$

其中源项 ϕ_{L} 由已经出现的各种参数来表示。一般来说,除非流动几何结构非常简单,即泡状流或滴状动,否则 ϕ_{L} 的本构方程是很难获得的。平均界面速度 $\widehat{\boldsymbol{v}_{\mathrm{i}}}$ 可以近似给出为

$$\widehat{\boldsymbol{v}_{\mathrm{i}}} \doteq \widehat{\boldsymbol{v}_{\mathrm{d}}} - \frac{\Gamma_{\mathrm{d}}}{\overline{\overline{\rho_{\mathrm{d}}}}\,a_{\mathrm{i}}^2}\nabla\alpha_{\mathrm{d}} \doteq \widehat{\boldsymbol{v}_{\mathrm{d}}} \tag{9.182}$$

式中,下标 d 表示弥散相。

弥散流的 M_{m}^H 的本构方程可由式(9.140)给出,因此有

$$M_{\mathrm{m}}^H \doteq \alpha_{\mathrm{d}}\,\nabla(2\,\overline{\overline{H_{\mathrm{dc}}}}\,\overline{\overline{\sigma}}) \tag{9.183}$$

两流体模型公式中出现的基本变量有

$\alpha_{\mathrm{k}}, \overline{\overline{\rho_{\mathrm{k}}}}, \widehat{v_{\mathrm{k}}}, \Gamma_{\mathrm{k}}$

$\overline{\overline{p_{\mathrm{k}}}}, \overline{\overline{\mathcal{T}_{\mathrm{k}}}}, \mathcal{T}_{\mathrm{k}}^T, \overline{\overline{\mathcal{T}_{\mathrm{ki}}}}, M_{\mathrm{ik}}, M_{\mathrm{m}}^H, \overline{\overline{p_{\mathrm{ki}}}}$

$\widehat{i_{\mathrm{k}}}, \overline{\overline{q_{\mathrm{k}}}}, q_{\mathrm{k}}^T, a_{\mathrm{i}}\,\overline{\overline{q''_{\mathrm{k}}}}, \overline{\overline{T_{\mathrm{k}}}}$

$\overline{\overline{T_{\mathrm{i}}}}, \overline{\overline{H_{21}}}, \overline{\overline{\sigma}}, a_{\mathrm{i}}, p^{sat}$

因此,未知量有36个,而已有的方程包括:

- 6个守恒方程　　式(9.152)、式(9.153)和式(9.154)
- 3个界面条件　　式(9.155)、式(9.156)和式(9.158)
- 界面的力学条件　　式(9.157)
- 界面化学条件(相变)　　式(9.163)
- 饱和条件　　式(9.164)
- 连续性公理　　式(9.159)
- 两个量热状态方程　　式(9.160)

- 两个热能状态方程 式(9.161)
- 表面状态方程 式(9.162)
- 关于$\overline{\overline{\mathscr{T}}}_{k}$的两个本构方程 式(9.166)
- 关于$\mathscr{T}_{k}^{T}$的两个本构方程 式(9.169)
- 关于$\overline{\overline{\mathscr{T}}}_{ki}$的两个本构方程 式(9.126)
- 关于$\overline{\overline{q}}_{k}$的两个本构方程 式(9.171)
- 关于q_{k}^{T}的两个本构方程 式(9.172)
- 相变本构定律[或与式(9.179)类似的关于$a_{i}\overline{\overline{q''_{2i}}}$的本构方程] 式(9.174)
- 曳力本构方程 式(9.176)
- 几何状态方程 式(9.178)
- 关于$a_{i}\overline{\overline{q''_{1i}}}$的本构方程 式(9.179)
- 界面面积浓度守恒方程 式(9.181)
- 关于M_{m}^{H}的本构方程 式(9.183)
- 关于$\overline{\overline{p}}_{ki}$的本构方程(大多数情况下) 式(9.103)

以上共有36个方程,未知量和方程的总数是相同的。因此从数学上讲,该问题是一致和完整封闭的,虽然这并不能保证模型解的唯一性,也不保证一定存在解。这应该通过求解各种简单的实例来验证,正如在第2章中讨论的那样,将结果与实验数据进行比较,以验证和改进模型。值得注意的是,Γ_{1},$\overline{\overline{q''_{1i}}}$和$\overline{\overline{q''_{2i}}}$与界面能量传递条件有关,这代表了宏观的能量跳跃条件。因此,可以用$\overline{\overline{q''_{2i}}}$的本构关系代替相变本构关系(9.147)于热流密度比相变更容易建模,对于处理相变问题这是一个更实用的方法。

9.4 各种特例

比例参数

上面的讨论中给出了两流体模型的一般性公式。在下面的分析中,将从场方程中得到一些重要的比例参数。可以知道从守恒方程、边界条件和本构定律中得到无因次组合。两个不同系统的相似性只能通过包括了所有这些组合的方法来讨论。但这非常难以在两流体方程模型的条件下完成,因为这涉及大量未知的关系和本构方程本身的复杂性。对于这样的系统,比例模化分析对于获得场方程中的各种效应的无因次准则数更重要,而不是对整个系统进行相似性分析。基于这些无因次准则数的数量级分析经常会得到一个非常简化的公式,可以得到关于各种工程问题的有意义的答案。但应当指出,在某些情况下,一些较小的项不能从公式中忽略。因此,对于一个耦合的非线性微分方程组,数量级比较法应该是一个可接受的一般性方法。由于对许多复杂的问题只能得到近似解,因此有必要用实验数据来检验分析结果。

在下面的分析中,下标 o 表示确定为常量的参考值。特征长度为 L_o,而时间常数为 τ_o。对于大多数问题,它取为 L_o 与速度尺度的比值,但对于振荡的流动,它可以是振荡周期。下面,定义一些无因次参数,认为其数量级是 1。

$$
\begin{aligned}
&\rho_k^* = \frac{\overline{\overline{\rho_k}}}{\rho_{ko}}, v_k^* = \frac{\widehat{v_k}}{v_{ko}}, t^* = \frac{t}{\tau_o}, \nabla^* = L_o \nabla,\\
&\Gamma_k^* = \frac{\Gamma_k}{|\Gamma_{ko}|}, p_k^* = \frac{\overline{\overline{p_k}} - p_0}{\Delta p_o}, \mu_k^* = \frac{\overline{\overline{\mu_k}} + \mu_k^T}{\mu_{ko}},\\
&M_{ik}^* = \frac{M_{ik}}{a_{io}(\rho_{1o} + \rho_{2o})(v_{2o} - v_{1o})^2}, i_k^* = \frac{\widehat{i_k} - i_{ko}}{\Delta i_{ko}},\\
&K_k^* = \frac{\overline{\overline{K_k}} + K_k^T}{K_{ko}}, q''^*_{ki} = \frac{\overline{\overline{q''_{ki}}}}{a_{io}K_{ko}(T_{io} - T_{ko})}\\
&H_{21}^* = \frac{\overline{\overline{H_{21}}}}{H_{21o}}, \sigma^* = \frac{\overline{\overline{\sigma}}}{\sigma_o}, (\overline{\overline{\mathcal{T}_k}} + \mathcal{T}_k^T)^* = \frac{(\overline{\overline{\mathcal{T}_k}} + \mathcal{T}_k^T)}{\mu_{ko}v_{ko}/L_o},\\
&(\overline{\overline{\mathcal{T}_{ki}}})^* = \frac{\overline{\overline{\mathcal{T}_{ki}}}}{\mu_{ko}v_{ko}/L_o}, (\overline{\overline{q_k}} + q_k^T)^* = \frac{(\overline{\overline{q_k}} + q_k^T)}{K_{ko}\Delta T_{ko}/L_o},\\
&T_k^* = \frac{\overline{\overline{T_k}} - T_o}{\Delta T_{ko}} \approx \frac{\widehat{i_k} - i_{ko}}{\Delta i_{ko}}, a_i^* = \frac{a_i}{a_{io}},\\
&M_m^{H*} = \frac{M_m^H}{a_{io}(\rho_{1o} + \rho_{2o})(v_{2o} - v_{1o})^2}
\end{aligned}
\tag{9.184}
$$

将这些新的参数代入场方程,得到如下结果。

由式(9.152)而来的无因次连续性方程

$$
\frac{1}{(N_{sl})_k}\frac{\partial \alpha_k \rho_k^*}{\partial t^*} + \nabla^* \cdot (\alpha_k \rho_k^* \boldsymbol{v}_k^*) = (N_{pch})_k \Gamma_k^* \tag{9.185}
$$

由式(9.153)而来的无因次运动方程为

$$
\begin{aligned}
&\alpha_k \rho_k^* \left\{ \frac{1}{(N_{sl})_k}\frac{\partial \boldsymbol{v}_k^*}{\partial t^*} + \boldsymbol{v}_k^* \cdot \nabla^* \boldsymbol{v}_k^* \right\} = -(N_{Eu})_k \alpha_k \nabla^* p_k^* +\\
&\frac{1}{(N_{Re})_k}\nabla^* \cdot [\alpha_k(\overline{\overline{\mathcal{T}_k}} + \mathcal{T}_k^T)^*] + \frac{1}{(N_{Fr})_k}\alpha_k \rho_k^* \frac{\widehat{\boldsymbol{g}_k}}{|\boldsymbol{g}|} +\\
&(N_{drag})_k \boldsymbol{M}_{ik}^* - \frac{1}{(N_{Re})_k}\nabla^* \alpha_k \cdot (\overline{\overline{\mathcal{T}_{ki}}})^* +
\end{aligned}
$$

$$(N_{pch})_k\Gamma_k^*(\widehat{\boldsymbol{v}_{ki}}-\widehat{\boldsymbol{v}_k})^*+(N_{Eu})_k(p_{ki}^*-p_k^*)\nabla^*\alpha_k \tag{9.186}$$

由式(9.154)而来的无因次热能方程为

$$\alpha_k\rho_k^*\left\{\frac{1}{(N_{sl})_k}\frac{\partial i_k^*}{\partial t^*}+\boldsymbol{v}_k^*\cdot\nabla^* i_k^*\right\}=-\frac{1}{(N_{Pe})_k}\nabla^*\cdot\alpha_k(\overline{\overline{\boldsymbol{q}_k}}+\boldsymbol{q}_k^T)^*+$$
$$(N_{Eu})_k(N_{Ec})_k\alpha_k\left\{\frac{1}{(N_{sl})_k}\frac{\partial p_k^*}{\partial t^*}+\boldsymbol{v}_k^*\cdot\nabla^* p_k^*\right\}+\frac{(N_{Ec})_k}{(N_{Re})_k}\alpha_k(\overline{\overline{\mathcal{T}_k}})^*:\nabla^*\boldsymbol{v}_k^*+$$
$$(N_{pch})_k\Gamma_k^*(i_{ki}^*-i_k^*)+(N_q)_k a_i^* q''^*_{ki}+(N_{drag})_k(N_{Ec})_k\boldsymbol{M}_{ik}^*\cdot(\widehat{\boldsymbol{v}_{ki}}-\widehat{\boldsymbol{v}_k})^*-$$
$$\frac{(N_{Ec})_k}{(N_{Re})_k}\{\nabla^*\alpha_k\cdot(\overline{\overline{\mathcal{T}_{ki}}})^*\}\cdot(\widehat{\boldsymbol{v}_{ki}}-\widehat{\boldsymbol{v}_k})^* \tag{9.187}$$

在这里,引入了几个无因次准则数定义为

斯特劳哈尔数 $(N_{sl})_k\equiv\dfrac{\tau_o v_{ko}}{L_o}$

相变数 $(N_{pch})_k\equiv\dfrac{|\Gamma_{ko}|L_o}{\rho_{ko}v_{ko}}$

欧拉数 $(N_{Eu})_k\equiv\dfrac{\Delta p_o}{\rho_{ko}v_{ko}^2}$

雷诺数 $(N_{Re})_k\equiv\dfrac{\rho_{ko}v_{ko}L_o}{\mu_{ko}}$

弗劳德数 $(N_{Fr})_k\equiv\dfrac{v_{ko}^2}{|g|L_o}$

曳力数 $(N_{drag})_k\equiv\dfrac{(\rho_{1o}+\rho_{2o})L_o a_{io}(v_{2o}-v_{1o})^2}{\rho_{ko}v_{ko}^2}$

贝克莱数 $(N_{Pe})_k\equiv\dfrac{\rho_{ko}v_{ko}\Delta i_{ko}L_o}{K_{ko}\Delta T_{ko}}$

埃克特数 $(N_{Ec})_k\equiv\dfrac{v_{ko}^2}{\Delta i_{ko}}$

界面传热数 $(N_q)_k\equiv\dfrac{K_{ko}(T_{io}-T_{ko})L_o a_{io}^2}{\rho_{ko}v_{ko}\Delta i_{ko}}$ (9.188)

前两个参数,斯特劳哈尔数和相变数,是运动学无因次组合。欧拉数、雷诺数、弗劳德数和曳力数是动力学无因次组合,因为它们是动量方程中出现的各种力的比值。同样,贝克莱数、埃克特数和界面传热数是衡量各种能量传递机制的能量无因次组合。从定义(9.188)和无因次场方程的形式来看,各种无因次准则数的物理意义是显而易见的。在两流体模型方程中,相变、曳力和界面传热数特别重要,因为它们是缩放两相相互作用影响的参数。

在讨论从无因次准则数考虑限制条件可以得到的各种特例之前，让我们研究界面传递条件、相间力学状态和相变（或化学状态）的无因次形式。由式（9.155）和式（9.184）可以得到无因次界面传质条件

$$\sum_{k=1}^{2} \Gamma_k^* = 0 \tag{9.189}$$

根据式（9.156）、式（9.157）和式（9.184），界面动量传递条件为

$$\sum_{k=1}^{2} \boldsymbol{M}_{ik}^* = \boldsymbol{M}_m^{H*} \tag{9.190}$$

受力状态条件为

$$p_1^* - p_2^* = -2N_\sigma H_{21}^* \sigma^* \tag{9.191}$$

与之类似，相变条件式（9.163）变为

$$p_2^* - p^{sat*} = 2N_\sigma \left(\frac{\rho_2^*}{\rho_2^* - \rho_1^* / N_\rho} \right) H_{21}^* \sigma^* \tag{9.192}$$

此外，能量传递条件式（9.158）变为

$$\Gamma_1^* \left\{ \left[(N_i)_1 i_{1i}^* - (N_i)_2 i_{2i}^* \right] - 1 \right\} + \sum_{k=1}^{2} \frac{(N_q)_k (N_i)_k}{(N_{pch})_k} a_i^* q''^*_k = 0 \tag{9.193}$$

在这些方程中，还引入了下列一些无因次准则数

$$\text{表面张力数}\ N_\sigma \equiv \frac{H_{21o}\sigma_o}{\Delta p_o} \tag{9.194}$$

$$\text{密度比}\ N_\rho = \frac{\rho_{2o}}{\rho_{1o}} \tag{9.195}$$

$$\text{转换焓比}(N_i)_k \equiv \frac{\Delta i_{ko}}{i_{2o} - i_{1o}} \tag{9.196}$$

将表面张力和欧拉数结合，得到韦伯数

$$(N_{We})_k \equiv \frac{\rho_{ko} v_{ko}^2}{H_{21o}\sigma_o} = \frac{1}{N_\sigma (N_{Eu})_k} \tag{9.197}$$

这说明在两流体公式中有两个韦伯数，因此使用表面张力数更方便。

转换焓比为相焓变化与潜热之比。如果压力远低于临界压力，这个数字通常很小。然而，最重要的简化可以通过研究式（9.192）获得。如果表面张力数或密度比很小，则有

$$\overline{\overline{p_2}} \approx p^{sat}(\overline{\overline{T_i}}) \quad \text{对于} \begin{cases} N_\sigma \ll 1 \\ \text{或}\ N_\rho \ll 1 \end{cases} \tag{9.198}$$

然后，从式（9.157）得到

$$\overline{\overline{p_1}} \approx -2\,\overline{\overline{H_{21}}}\,\overline{\overline{\sigma}} + p^{sat}(\overline{\overline{T_i}}) \tag{9.199}$$

如果表面张力值很小，则最简单的情况是

$$\overline{\overline{p_1}} \doteq \overline{\overline{p_2}} \doteq p^{sat}(\overline{\overline{T_i}}) \quad 若 N_\sigma << 1 \tag{9.200}$$

这表明两相处于力平衡状态。

现在研究一些重要的特例。

无相变的流动

如果流动没有相变,可以设

$$(N_{pch})_k = 0 \tag{9.201}$$

这样,由场方程中的相变数加权得到的所有项都从公式中消掉。在这种情况下,用c_{pk}和$\overline{\overline{T_k}}$变换热能方程通常更方便。因此,从量热方程(9.58),有

$$d\,\widehat{i_k} = c_{pk} d\,\overline{\overline{T_k}} + \frac{1}{\overline{\overline{\rho_k}}}\left(1 + \frac{\overline{\overline{T_k}}}{\overline{\overline{\rho_k}}}\left(\frac{\partial \overline{\overline{\rho_k}}}{\partial \overline{\overline{T_k}}}\right)_{\overline{\overline{p_k}}}\right) d\,\overline{\overline{p_k}}$$

或

$$d\,\widehat{i_k} = c_{pk} d\,\overline{\overline{T_k}} + \frac{1}{\overline{\overline{\rho_k}}}(1 + \overline{\overline{T_k}}\beta_k) d\,\overline{\overline{p_k}} \tag{9.202}$$

因此,根据式(9.152)—式(9.154)得到了下列场方程组

$$\frac{\partial \alpha_k \overline{\overline{\rho_k}}}{\partial t} + \nabla \cdot (\alpha_k \overline{\overline{\rho_k}}\,\widehat{\boldsymbol{v}_k}) = 0 \tag{9.203}$$

$$\begin{aligned}\alpha_k \overline{\overline{\rho_k}} \frac{D_k \widehat{\boldsymbol{v}_k}}{Dt} = &-\alpha_k \nabla \overline{\overline{p_k}} + \nabla \cdot [\alpha_k(\overline{\overline{\mathcal{T}_k}} + \mathcal{T}_k^T)] + \alpha_k \overline{\overline{\rho_k}}\,\widehat{g_k} + \\ &\boldsymbol{M}_{ik} - \nabla\alpha_k \cdot \overline{\overline{\mathcal{T}_{ki}}}\end{aligned} \tag{9.204}$$

和

$$\begin{aligned}\alpha_k \overline{\overline{\rho_k}} c_{pk} \frac{D_k \overline{\overline{T_k}}}{Dt} = &-\nabla \cdot \alpha_k(\overline{\overline{\boldsymbol{q}_k}} + \boldsymbol{q}_k^T) - \alpha_k \frac{\overline{\overline{T_k}}}{\overline{\overline{\rho_k}}}\left(\frac{\partial \overline{\overline{\rho_k}}}{\partial \overline{\overline{T_k}}}\right)_{\overline{\overline{p_k}}} \frac{D_k \overline{\overline{p_k}}}{Dt} + \\ &\alpha_k \overline{\overline{\mathcal{T}_k}} : \nabla \widehat{\boldsymbol{v}_k} + a_i \overline{\overline{q''_{ki}}} + (\boldsymbol{M}_{ik} - \nabla\alpha_k \cdot \overline{\overline{\mathcal{T}_{ki}}}) \cdot (\widehat{\boldsymbol{v}_{ki}} - \widehat{\boldsymbol{v}_k})\end{aligned} \tag{9.205}$$

在这里把式(9.202)代入式(9.154)。

定义普朗特数为

$$(N_{Pr})_k \equiv \frac{c_{pko}\mu_{ko}}{K_{ko}} \tag{9.206}$$

这样贝克莱数就可以修改为

$$(N_{Pe})_k \equiv \frac{\rho_{ko} v_{ko} c_{pko} L_o}{K_{ko}} = (N_{Re})_k (N_{Pr})_k \tag{9.207}$$

此外,注意到对于理想气体或不可压缩流体,式(9.205)右侧的第二项简化为简单形式

$$-\alpha_k \frac{\overline{\overline{T_k}}}{\overline{\overline{\rho_k}}} \frac{\partial \overline{\overline{\rho_k}}}{\partial \overline{\overline{T_k}}}\Bigg)_{\overline{\overline{p_k}}} \frac{D_k \overline{\overline{p_k}}}{Dt} = \begin{cases} \alpha_g \dfrac{D_g \overline{\overline{p_g}}}{Dt} & (\text{理想气体}) \\ 0 & (\text{不可压缩}) \end{cases} \tag{9.208}$$

如果埃克特数非常小,或者热传递支配能量交换,则可以使用一个很重要的具有实用意义的简单形式的能量方程。有

$$\alpha_k \overline{\overline{\rho_k}} c_{pk} \frac{D_k \overline{\overline{T_k}}}{Dt} \doteq -\nabla \cdot \alpha_k (\overline{\overline{\boldsymbol{q}_k}} + \boldsymbol{q}_k^T) + a_i \overline{\overline{q''_{ki}}} \tag{9.209}$$

其中压缩效应和黏性耗散项已从式(9.205)中去除。如果两相不可压缩且输运性质与温度无关,则能量方程可以从连续性方程和动量方程中分离出来单独求解。

无相变等温流动

在这种情况下,整个能量方程都可以从方程组中去掉。则有

$$\overline{\overline{\rho_k}} = \overline{\overline{\rho_k}}\ (\overline{\overline{p_k}}) \tag{9.210}$$

这种流动被称为正压流动。如果压力变化或等温可压缩性很小,则可以认为流动是不可压缩的。因此有

$$\overline{\overline{\rho_k}} = \text{常数} \tag{9.211}$$

在这个条件下,压力$\overline{\overline{p_k}}$与密度$\overline{\overline{\rho_k}}$无关,它表示水力学压力。如果黏性应力的效应可以忽略,则有

$$\begin{aligned} &\frac{\partial \alpha_k}{\partial t} + \nabla \cdot (\alpha_k \widehat{\boldsymbol{v}_k}) = 0 \\ &\frac{D_k \widehat{\boldsymbol{v}_k}}{Dt} = -\frac{1}{\overline{\overline{\rho_k}}} \nabla \overline{\overline{p_k}} + \boldsymbol{g} + \frac{\boldsymbol{M}_{ik}}{\alpha_k \overline{\overline{\rho_k}}} \end{aligned} \tag{9.212}$$

如果系统具有固定的界面几何,则因几何本构关系,公式简化为简单形式。式(9.178)和式(9.181)以及曳力定律式(9.176)可以很容易得到。下面给出的关于弥散流型的一些结果可以应用于这种情况。

有流体颗粒的弥散流

在接下来的分析中,用下标 c 和 d 分别表示连续相和弥散相。设

相 1→相 c:连续相;

相 2→相 d:弥散相。

为简单起见,假设弥散相具有球形的几何形状,在任何点和时间都具有相当均匀的直径。则根据几何状态方程(9.136)或式(9.137),有

$$\overline{\overline{R_d}} = \frac{3C^i \alpha_d}{a_i} \tag{9.213}$$

其中

$$\begin{cases} \overline{\overline{H_{dc}}} = \dfrac{1}{\overline{\overline{R_d}}} \\ C^i \doteq 1 \end{cases} \tag{9.214}$$

因此$\overline{\overline{R_d}}$可以认为是流体颗粒的平均半径。体积平衡方程可以写为以下形式

$$\frac{\partial}{\partial t}\left(\frac{36\pi\alpha_d^2}{a_i^3}\right) + \nabla\cdot\left(\frac{36\pi\alpha_d^2}{a_i^3}\widehat{\boldsymbol{v}_d}\right) = (V_d^+ - V_d^-) \tag{9.215}$$

其中

$$\frac{1}{n_d} = \frac{36\pi\alpha_d^2}{a_i^3} \tag{9.216}$$

为每个流体颗粒的自由体积，n_d 是颗粒数密度。右侧表示因聚并而产生的体积源项，以及因颗粒破裂而产生的汇项。

对于没有源项或汇项的简单情况，可以给出式(9.138)的推导。因此，考虑流体性质的平均特性，可以近似有

$$\frac{\mathrm{D}_d}{\mathrm{D}t}\left(\frac{4}{3}\pi\overline{\overline{R_d}}^3\,\overline{\overline{\rho_d}}\right) \doteq \Gamma_d\frac{4\pi\overline{\overline{R_d}}^2}{a_i} \tag{9.217}$$

用式(9.136)代替$\overline{\overline{R_d}}$，然后用弥散相连续性方程(9.152)消掉 Γ_d，得到

$$\frac{\partial}{\partial t}\left(\frac{36\pi\alpha_d^2}{a_i^3}\right) + \nabla\cdot\left(\frac{36\pi\alpha_d^2}{a_i^3}\widehat{\boldsymbol{v}_d}\right) = 0 \tag{9.218}$$

注意到，如果颗粒直径变化很大，则系数 C^i 不是常数。在这种情况下，由于 C^i 的变化，应该还有一个附加项，因为流体颗粒的平均表面积和体积与从平均直径计算的平均表面积和体积不完全相同。

现在来研究流体-颗粒系统中的曳力本构方程。Hadamard 将著名的斯托克斯定律扩展应用到到无限纳维-斯托克斯流体中的球形流体颗粒的蠕流运动中(Brodkey, 1967; Soo,1967)。因此，作用在流体颗粒上的总作用力为

$$F = 6\pi\mu_c(v_{c\infty} - v_d)R_d\left\{\frac{2\mu_c + 3\mu_d}{3(\mu_c + \mu_d)}\right\} \tag{9.219}$$

定义曳力系数 $C_{D\infty}$ 为

$$C_{D\infty} = \frac{F}{\frac{1}{2}\rho_c(v_{c\infty} - v_d)^2\pi R_d^2} \tag{9.220}$$

颗粒雷诺数定义为

$$(Re)_d = \frac{\rho_c(v_{c\infty} - v_d)2R_d}{\mu_c} \tag{9.221}$$

式中，$v_{c\infty}$ 和 v_d 分别为未扰动的连续相流速和颗粒速度。根据上面的分析，有

$$C_{D\infty} = \frac{24}{(Re)_d}\left[\frac{2\mu_c + 3\mu_d}{3(\mu_c + \mu_d)}\right]; \quad (Re)_d < 1 \tag{9.222}$$

Hadamard 给出的曳力定律在雷诺数最高大约到 1 都很好。对于更高的雷诺数，可以分别采用 Levich(Levich,1962)和 Chao(Chao,1962)给出的结果

$$C_{D\infty} = \frac{48}{(Re)_d}; \quad (Re)_d < 100 \tag{9.223}$$

$$C_{D\infty} = \frac{32}{(Re)_d}\left\{1 + 2\frac{\mu_d}{\mu_c} - 0.314\frac{(1 + 4\mu_d/\mu_c)}{\sqrt{(Re)_d}}\right\} \tag{9.224}$$

还注意到 Clift 等所做的文献综述工作(Clift, Grace, & Weber, 1978)。对于更高的雷诺数，牛顿所给出的 $C_{D\infty} \approx 0.44$ 的值可用于液滴。但对于气泡，界面的变形会导致椭球形或球帽状气泡。

综合以上结果，可以将阻力系数设为雷诺数 $(Re)_d$ 和两种流体黏度之比的函数，因此有

$$C_{D\infty} = C_{D\infty}\left((Re)_d, \frac{\mu_c}{\mu_d}\right) \tag{9.225}$$

上述关系概括了无限介质中单流体颗粒的理想情况。

在一般情况下，假设界面曳力可以由具有式(9.117)和式(9.119)形式的本构关系给出。对于由式(9.213)、式(9.214)和式(9.218)描述的弥散流，可以通过引入曳力系数 C_D 来简化一般形式的曳力本构关系

$$C_D = \frac{|F|}{\frac{1}{2}\overline{\overline{\rho_c}}\,(\widehat{v_c} - \widehat{v_d})^2\pi(\overline{\overline{R_d}})^2} \tag{9.226}$$

根据式(9.221)和式(9.226)，重新定义合适的颗粒雷诺数为

$$N^i_{Re,c} \equiv \frac{\overline{\overline{\rho_c}}\,(\widehat{v_c} - \widehat{v_d})2\,\overline{\overline{R_d}}}{\overline{\overline{\mu_c}}} \tag{9.227}$$

如果把黏度比作为一个无因次组合，则弥散相的雷诺数是多余的。

因此，鉴于式(9.119)和式(9.227)，假设曳力定律可以由下式给出

$$C_D = C_{D\infty}\left(N^i_{Re,c}, \frac{\overline{\overline{\mu_c}}}{\overline{\overline{\mu_d}}}\right) f^*\left(\frac{\overline{\overline{\rho_c}}}{\overline{\overline{\rho_d}}}, N^i_{pch}, \alpha_c\right) \tag{9.228}$$

其中 f^* 是考虑到其他颗粒及相变影响的修正系数。可以说，如果 N^i_{pch} 很大，因为流体颗粒的快速膨胀或溃灭，则式(9.228)的线性关联式就不能再使用了。在第 12 章详细讨论了多颗粒系统中的曳力特性。

第 10 章　界面面积输运

界面输运条件与界面面积和局部输运机制密切相关,如界面附近的湍流程度和驱动势。基本上质量、动量和能量的界面输运与界面面积浓度和驱动力成正比。这种面积浓度,定义为混合物单位体积的界面面积,表征了运动学效应;因此,它必然与两相流的结构有关。相间输运的驱动力是局域输运机制的特征,它们必须单独建模。

由于界面输运速率可以认为是界面通量和可用界面面积的乘积,界面面积浓度的建模必不可少。在两相流分析中,空泡份额和界面面积浓度代表两个基本的一阶几何参数。它们与两相流流型密切相关。然而,两相流流型的概念很难在局部点进行数学量化,因为流型通常定义在接近系统尺度的几何尺度上。这可能表明,可以用一个输运方程即界面面积输运方程直接描述界面面积浓度的变化。这是一种比传统方法更好的方法,传统方法中使用流型转变准则和流型依赖的界面面积浓度本构关系。新的封闭方法对于多相流的三维公式尤其适用。

本章详细推导了界面面积浓度输运方程,并建立了必要的本构关系,从而建立了两流体模型中界面面积浓度的动态封闭关系。考虑小气泡和大气泡在输运机制上存在巨大差异,本章还导出了两群气泡的输运方程。

10.1　三维界面面积输运方程

Boltzmann 输运方程用颗粒分布函数的积分微分方程描述颗粒输运。由于流体颗粒的界面面积与颗粒数密切相关,因此可以基于 Boltzmann 输运方程来得到界面面积输运方程(Ishii & Kim,2004; G. Kocamustafaogullari & Ishii,1995)。

考虑连续介质中的流体颗粒系统,其中流体颗粒的源和汇由于颗粒相互作用(例如聚并和溃灭崩解)而存在。设 $f(V,\boldsymbol{x},\boldsymbol{v},t)$ 为单位混合物和气泡体积的颗粒数密度分布函数。假定函数是连续的,并指定在给定时间 t 中以颗粒速度 $\boldsymbol{v}$ 运动的流体颗粒的可能数量密度,在空间范围 $\delta\boldsymbol{x}$ 中,其体心位于 $\boldsymbol{x}$,颗粒体积在 V 和 $V+\delta V$ 之间。假设颗粒速度在时间间隔 t 到 $t+\delta t$ 的变化很小,可以将单位混合物的颗粒数密度分布函数和气泡体积简化为 $f(V,\boldsymbol{x},t)$。对于大多数两相流和给定的颗粒尺寸，这种颗粒速度均匀的假设是可行的。然而，对于中子输运，中子的能量跨越多个数量级，这是中子输运理论的关键点。因此，其速度依赖性不可忽略。然后，可以针对一个两相流系统写出

$$f(V+\delta V,\boldsymbol{x}+\delta\boldsymbol{x},t+\delta t)\delta\mu - f(V,\boldsymbol{x},t)\delta\mu = \left(\sum_j S_{\mathrm{j}} + S_{\mathrm{ph}}\right)\delta\mu\delta t \tag{10.1}$$

式中，$\delta\mu$ 是 μ 空间中的体积元。在方程的右侧，S_{j} 和 S_{ph} 分别表示由于第 j 个颗粒由于溃灭或聚并和相变而产生的混合物单位体积颗粒的源或汇的速率。将式(10.1)左侧的第一项用泰勒级数展开并除以 $\delta\mu\delta t$，则式(10.1)简化为

$$\frac{\partial f}{\partial t} + \nabla\cdot(f\boldsymbol{v}) + \frac{\partial}{\partial V}\left(f\frac{\mathrm{d}V}{\mathrm{d}t}\right) = \sum_j S_{\mathrm{j}} + S_{\mathrm{ph}} \tag{10.2}$$

它类似于具有分布函数 $f(V,\boldsymbol{x},t)$ 的颗粒的 Boltzmann 输运方程。这里，$\mathrm{d}/\mathrm{d}t$ 表示物质导数。在接下来的章节中，将详细推导流体颗粒数(n)、体积分数(α_{g})和界面面积浓度(a_{i})的输运方程。

10.1.1　颗粒数量输运方程

在两相流应用中，式(10.2)给出的颗粒输运方程过于详细，无法在实际中应用，因此需要更为宏观的公式。这可以通过对式(10.2)从 $V_{\min}$ 到 $V_{\max}$ 所有颗粒体积范围内积分并应用莱布尼兹积分法则来实现。得到颗粒数输运方程为

$$\frac{\partial n}{\partial t} + \nabla\cdot(n\boldsymbol{v}_{\mathrm{pm}}) = \sum_j R_{\mathrm{j}} + R_{\mathrm{ph}} \tag{10.3}$$

其中假定体积 $V_{\min}$ 和 $V_{\max}$ 的气泡的分布函数近似为零。这里，方程的左手边代表总颗粒数密度的变化时间速率及其对流项。右边的两项分别表示颗粒相互作用(如颗粒溃灭或聚并)及相变引起的数量源或汇的速率。

在式(10.3)中，单位混合物体积中所有尺寸范围的颗粒总数以及源和汇速率分别为

$$n(\boldsymbol{x},t) = \int_{V_{\min}}^{V_{\max}} f(V,\boldsymbol{x},t)\,\mathrm{d}V \tag{10.4}$$

及

$$R(\boldsymbol{x},t) = \int_{V_{\min}}^{V_{\max}} S(V,\boldsymbol{x},t)\,\mathrm{d}V \tag{10.5}$$

$\boldsymbol{v}_{\mathrm{pm}}$ 为由颗粒数加权的平均局部颗粒速度，定义为

$$\boldsymbol{v}_{\mathrm{pm}}(x,t) = \frac{\int_{V_{\min}}^{V_{\max}} f(V,\boldsymbol{x},t)\boldsymbol{v}(V,\boldsymbol{x},t)\,\mathrm{d}V}{\int_{V_{\min}}^{V_{\max}} f(V,\boldsymbol{x},t)\,\mathrm{d}V} \tag{10.6}$$

10.1.2 体积输运方程

将式(10.2)乘以颗粒体积 V,并将其在所有尺寸颗粒的体积上积分,即可得到颗粒体积(或空泡份额)输运方程。然后,考虑到两相流由连续液体介质中分散的气泡组成,则得到空泡份额输运方程为

$$\frac{\partial \alpha_g}{\partial t} + \nabla \cdot (\alpha_g \boldsymbol{v}_g) + \int_{V_{\min}}^{V_{\max}} V \frac{\partial (f \dot{V})}{\partial V} dV = \int_{V_{\min}}^{V_{\max}} (\sum_j S_j V + S_{ph} V) dV \tag{10.7}$$

其中 $\dot{V}$ 表示体积 V 的时间导数。在这里,弥散相(或气相)的空泡份额和平均体心速度分别定义为

$$\alpha_g(\boldsymbol{x},t) = \int_{V_{\min}}^{V_{\max}} f(V,\boldsymbol{x},t) V dV \tag{10.8}$$

及

$$\boldsymbol{v}_g(\boldsymbol{x},t) \equiv \frac{\int_{V_{\min}}^{V_{\max}} f(V,\boldsymbol{x},t) V \boldsymbol{v}(V,\boldsymbol{x},t) dV}{\int_{V_{\min}}^{V_{\max}} f(V,\boldsymbol{x},t) V dV} \tag{10.9}$$

在式(10.7)中,左手边的第三项归因于沿着流场的压力变化引起的颗粒体积(膨胀或收缩)的变化。为了更好地表示这一项,假设

$$\frac{\dot{V}}{V} \neq f(V) \tag{10.10}$$

也就是说假设颗粒相对体积的时间变化率与它的体积无关。如果蒸发效应与压缩效应相比较小,则在颗粒体积变化中的主要贡献归因于压力的变化。这种假设在大多数两相流条件下是可行的。然而,应该注意的是,蒸发效应在发展平均输运方程中没有被完全忽略,如稍后在式(10.14)中所示的那样。则式(10.7)左手边的第三项简化为

$$\int_{V_{\min}}^{V_{\max}} V \frac{\partial (f \dot{V})}{\partial V} dV \simeq -\frac{\dot{V}}{V} \alpha_g(\boldsymbol{x},t) \tag{10.11}$$

蒸发过程的传质由下式给出

$$\frac{d\rho_g V}{dt} = \frac{(\Gamma_g - \eta_{ph}\rho_g) V}{\alpha_g} \tag{10.12}$$

式中,Γ_g 是单位混合物体积质量变化的总速率,η_{ph}是单位混合物体积成核源项产生的体积速率,定义为

$$\eta_{ph} \equiv \int_{V_{\min}}^{V_{\max}} S_{ph} V dV \tag{10.13}$$

体积源项可以写为

$$\frac{1}{V}\frac{\mathrm{d}V}{\mathrm{d}t}=\frac{1}{\rho_{\mathrm{g}}}\left(\frac{\Gamma_{\mathrm{g}}-\eta_{\mathrm{ph}}\rho_{\mathrm{g}}}{\alpha_{\mathrm{g}}}-\frac{\mathrm{d}\rho_{\mathrm{g}}}{\mathrm{d}t}\right)=\frac{1}{\alpha_{\mathrm{g}}}\left\{\frac{\partial\alpha_{\mathrm{g}}}{\partial t}+\nabla\cdot(\alpha_{\mathrm{g}}\boldsymbol{v}_{\mathrm{g}})-\eta_{\mathrm{ph}}\right\}\tag{10.14}$$

因此,将式(10.14)与式(10.11)合并,代入式(10.7),得到空泡份额输运方程的最终形式为

$$\frac{\partial\alpha_{\mathrm{g}}}{\partial t}+\nabla\cdot(\alpha_{\mathrm{g}}\boldsymbol{v}_{\mathrm{g}})-\frac{\alpha_{\mathrm{g}}}{\rho_{\mathrm{g}}}\left(\frac{\Gamma_{\mathrm{g}}-\eta_{\mathrm{ph}}\rho_{\mathrm{g}}}{\alpha_{\mathrm{g}}}-\frac{\mathrm{d}\rho_{\mathrm{g}}}{\mathrm{d}t}\right)=\int_{V_{\min}}^{V_{\max}}\left(\sum_{j}S_{\mathrm{j}}V+S_{\mathrm{ph}}V\right)\mathrm{d}V\tag{10.15}$$

方程左手边的前两项表示 α_{g} 的时间变化速率和对流项,其余项分别表示由于相变、颗粒相互作用和体积变化引起的 α_{g} 的变化速率。

重新整理式(10.15),得到

$$\frac{1}{\rho_{\mathrm{g}}}\left\{\frac{\partial\alpha_{\mathrm{g}}\rho_{\mathrm{g}}}{\partial t}+\nabla\cdot(\alpha_{\mathrm{g}}\rho_{\mathrm{g}}\boldsymbol{v}_{\mathrm{g}})-\Gamma_{\mathrm{g}}\right\}=\int_{V_{\min}}^{V_{\max}}\sum_{j}S_{\mathrm{j}}V\mathrm{d}V\tag{10.16}$$

在这里,注意到质量守恒需要满足

$$\frac{\partial\alpha_{\mathrm{g}}\rho_{\mathrm{g}}}{\partial t}+\nabla\cdot(\alpha_{\mathrm{g}}\rho_{\mathrm{g}}\boldsymbol{v}_{\mathrm{g}})-\Gamma_{\mathrm{g}}=0\tag{10.17}$$

因此,根据式(10.16)和式(10.17),得到特性

$$\int_{V_{\min}}^{V_{\max}}\sum_{j}S_{\mathrm{j}}V\mathrm{d}V=0\tag{10.18}$$

式(10.18)同时满足体积和质量守恒。

10.1.3　界面面积输运方程

界面面积浓度的输运方程可以通过与前面公式类似的方法得到。因此,将式(10.2)乘以体积为 V 的颗粒表面积 $A_{\mathrm{i}}(V)$(与坐标系无关),并在所有颗粒体积上积分得到

$$\frac{\partial a_{\mathrm{i}}}{\partial t}+\nabla\cdot(a_{\mathrm{i}}\boldsymbol{v}_{\mathrm{i}})-\frac{\dot{V}}{V}\int_{V_{\min}}^{V_{\max}}fA_{\mathrm{i}}\mathrm{d}V=\int_{V_{\min}}^{V_{\max}}\left(\sum_{j}S_{\mathrm{j}}+S_{\mathrm{ph}}\right)A_{\mathrm{i}}\mathrm{d}V\tag{10.19}$$

式中,$V_{\min}$和 $V_{\max}$之间所有体积流体颗粒的平均 a_{i} 和界面速度分别确定为

$$a_{\mathrm{i}}(\boldsymbol{x},t)=\int_{V_{\min}}^{V_{\max}}f(V,\boldsymbol{x},t)A_{\mathrm{i}}(V)\mathrm{d}V\tag{10.20}$$

$$\boldsymbol{v}_{\mathrm{i}}(\boldsymbol{x},t)\equiv\frac{\int_{V_{\min}}^{V_{\max}}f(V,\boldsymbol{x},t)A_{\mathrm{i}}(V)\boldsymbol{v}(V,\boldsymbol{x},t)\mathrm{d}V}{\int_{V_{\min}}^{V_{\max}}f(V,\boldsymbol{x},t)A_{\mathrm{i}}(V)\mathrm{d}V}\tag{10.21}$$

现在,考虑到确定式(10.19)的左手边第三项,定义具有表面积 A_{i} 和体积 V 的流体颗粒的体积当量直径 D_{e}、表面等效直径 D_{s} 为

$$V \equiv \frac{\pi}{6}D_e^3 \text{ 及 } A_i \equiv \pi D_s^2 \tag{10.22}$$

将它们与式(10.19)结合,并使用式(10.14)给出的体积源项,可以得到界面面积输运方程为

$$\begin{aligned}&\frac{\partial a_i}{\partial t} + \nabla\cdot(a_i\boldsymbol{v}_i) - \frac{2}{3}\left(\frac{a_i}{\alpha_g}\right)\left\{\frac{\partial \alpha_g}{\partial t} + \nabla\cdot(\alpha_g\boldsymbol{v}_g) - \eta_{ph}\right\}\\&= \int_{V_{min}}^{V_{max}}\left(\sum_j S_j + S_{ph}\right)A_i\mathrm{d}V\end{aligned} \tag{10.23}$$

左边的第三项表示因颗粒体积变化而引起的界面面积浓度的变化。在推导式(10.23)时,考虑到简化方程,假设比率(D_s/D_e)为常数。虽然这种近似可能并不适合于扭曲或弹状气泡,对于球形和帽状气泡它可能是一个很好的近似。本质上,这个直径比是一个形状因子,对于类似的颗粒形状,可以认为这个因子是常数。

要封闭方程组,式(10.23)的右侧(表示界面面积浓度的源和汇速率)必须由本构关系确定。鉴于此,定义

$$\int_{V_{min}}^{V_{max}}\sum_j S_j\mathrm{d}V = \sum_j R_j\text{:粒子数源或汇速率} \tag{10.24}$$

及

$$\int_{V_{min}}^{V_{max}}\sum_j S_jA_i\mathrm{d}V = \sum_j \phi_j\text{:}a_i\text{ 的源或汇速率} \tag{10.25}$$

此外,还注意到在一定的颗粒相互作用过程中,可以用流体颗粒的表面面积的变化来表示 ϕ_j,可以写出

$$\phi_j = R_j\Delta A_i \tag{10.26}$$

其中 R_j 可以机理性地模化为各个相互作用的机制,而 ΔA_i 取决于给定的相互作用机制,例如破裂或聚并过程。

为了确定 ΔA_i,考虑如图 10.1 所示的球形颗粒的聚并和破裂过程。在这里,假定给定的过程是相同大小的颗粒之间的二元过程。既然颗粒的总体积是守恒的,可以写出

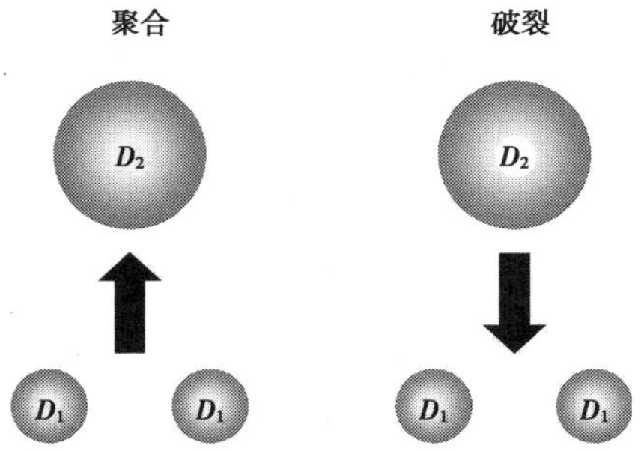

图 10.1 从 ΔA_i 看流体颗粒的聚并和破裂过程(Ishii & Kim,2004)

$$V_2 = 2V_1 \text{ 或 } D_2 = 2^{\frac{1}{3}}D_1 \tag{10.27}$$

其中下标 1 和 2 分别表示体积较小和较大的颗粒。因此,假设相互作用过程是一个二元过程,可以得到一个相互作用过程后的表面积变化为

$$\Delta A_i = -0.413A_i \quad \text{:对于聚并过程} \tag{10.28}$$

$$\Delta A_i = +0.260A_i \quad \text{:对于破裂过程} \tag{10.29}$$

其中,- 和 + 分别用于表示在一个相互作用过程之后的表面积的减少和增加。此外,回顾式(10.4)所给出的定义,颗粒数密度 n 可以通过 a_i 和 α_g 通过下式确定

$$a_i = nA_i \text{及 } \alpha_g = nV \tag{10.30}$$

这样

$$n = \psi \frac{a_i^3}{\alpha_g^2} \tag{10.31}$$

形状因子定义为

$$\psi = \frac{1}{36\pi}\left(\frac{D_{Sm}}{D_e}\right)^3 \tag{10.32}$$

其中,Sauter 直径由下式给出

$$D_{Sm} = \frac{6\alpha_g}{a_i} \tag{10.33}$$

因此,结合式(10.26),表面源和汇的速率 ϕ_j 可以由下式给出

$$\phi_j = \frac{1}{3\psi}\left(\frac{\alpha_g}{a_i}\right)^2 R_j \tag{10.34}$$

同样,对于成核过程,ϕ_{ph}可以写为

$$\phi_{ph} = \pi D_{bc}^2 R_{ph} \tag{10.35}$$

其中,D_{bc}为临界气泡直径。这应该取决于给定的成核过程,即体积沸腾或冷凝过程的临界空穴尺寸,以及壁面核化的气泡脱离直径。对于大多数两相流,壁面核化是主控的机制。

将上述本构关系合并后代入式(10.23)后,得到界面面积输运方程为

$$\frac{\partial a_i}{\partial t} + \nabla\cdot(a_i \boldsymbol{v}_i) = \frac{2}{3}\left(\frac{a_i}{\alpha_g}\right)\left\{\frac{\partial \alpha_g}{\partial t} + \nabla\cdot(\alpha_g \boldsymbol{v}_g) - \eta_{ph}\right\} + \frac{1}{3\psi}\left(\frac{\alpha_g}{a_i}\right)^2 \sum_j R_j + \pi D_{bc}^2 R_{ph} \tag{10.36}$$

方程左边表示界面面积浓度时间变化率和对流变化率。右边的各项分别表示由于压力变化、各种颗粒相互作用和相变引起的颗粒体积变化而导致的界面面积浓度变化率。如式(10.36)所示,R_j 应根据给定的颗粒相互作用机制独立建模。因此,应建立关于聚并和破裂机制的颗粒数源和汇的机理模型,或关于气泡成核和聚并现象

的机理模型，以建立本构关系来求解输运方程。

10.2 单群界面面积输运方程

在给定的两相流系统中，当所感兴趣的流体颗粒的输运现象不发生显著变化，且颗粒相互作用后形状保持相似时，其特征输运现象相似，可以用一个输运方程来描述。然而，当各种形状和大小的流体颗粒同时出现时，它们的输运机制可能会有很大的不同。在这种情况下，可能有必要采用多个输运方程来描述流体颗粒的输运。

鉴于此，首先考虑连续液体介质中分散气泡的两相流动系统（即泡状流），在该系统中，所有的气泡都可以归类为一个单群。在这样的流动条件下，假设气泡是球形的，并且在其传输现象上受到类似的特征曳力的作用。因此，考虑到单群输运问题中的气泡为球形，因为气泡的平均 Sauter 直径近似等于体积当量直径，式（10.32）中定义的 ψ 可以近似为

$$\psi \approx \frac{1}{36\pi} = 8.85 \times 10^{-3}\text{：对于弥散气泡} \tag{10.37}$$

注意由于成核产生的临界气泡尺寸比平均气泡 Sauter 直径小得多，可以假设

$$\left(\frac{D_{\mathrm{bc}}}{D_{\mathrm{Sm}}}\right) \approx 0 \tag{10.38}$$

另外，因为 η_{ph} 可以近似为

$$\eta_{\mathrm{ph}} \equiv \int_{V_{\min}}^{V_{\max}} S_{\mathrm{ph}} V \mathrm{d}V \approx R_{\mathrm{ph}} \frac{\pi}{6} D_{\mathrm{bc}}^{3} \tag{10.39}$$

所以弥散气泡的界面面积输运方程或单群界面面积输运方程由下式给出

$$\frac{\partial a_{\mathrm{i}}}{\partial t} + \nabla \cdot (a_{\mathrm{i}} \boldsymbol{v}_{\mathrm{i}}) \approx \frac{2}{3}\left(\frac{a_{\mathrm{i}}}{\alpha_{\mathrm{g}}}\right)\left\{\frac{\partial \alpha_{\mathrm{g}}}{\partial t} + \nabla \cdot (\alpha_{\mathrm{g}} \boldsymbol{v}_{\mathrm{g}})\right\} + \frac{1}{3\psi}\left(\frac{\alpha_{\mathrm{g}}}{a_{\mathrm{i}}}\right)^{2} \sum_{j} R_{\mathrm{j}} + \pi D_{\mathrm{bc}}^{2} R_{\mathrm{ph}} \tag{10.40}$$

方程左侧表示界面面积浓度的总变化率，而右侧分别表示因颗粒体积变化、各种颗粒相互作用和相变而引起的界面面积浓度变化率。还需要注意到的是，因为气泡脱离尺寸小于 Sauter 平均直径，η_{ph} 的影响可以忽略。

10.3 两群界面面积输运方程

在气液两相流系统中，对于一些特定流型，其气泡形状和尺寸的范围很宽。因此，要专门建立描述适用于两相流中大气泡界面输运的界面面积输运方程，模型必

须考虑不同类型气泡输运特性的差异。这些气泡的形状和大小的变化,由于曳力的作用,导致它们的输运机制有很大的不同。此外,这种流动条件下的气泡相互作用机制与单群输运条件下的机制可能有很大不同。

在大多数两相流条件下,气泡可分为 5 种类型:球形、扭曲气泡、帽状、泰勒气泡、搅混湍流气泡。然而,根据输运特性,可以将它们分为两大类,第一群包括球形和扭曲气泡,第二群包括帽状、泰勒和搅混湍流气泡。因此,在本分析中,给出了用两个输运方程来描述两相流条件下气泡输运的方法。即第一群输运方程描述球形和畸变气泡的输运;第二群输运方程描述帽状、泰勒型和搅混湍流气泡的输运。

在单群公式中,因为假定颗粒的形状和它们的输送现象在给定的颗粒体积范围内是相似的,通过对所有尺寸范围颗粒的体积积分进行平均来得到输运方程。然而,在两群公式中,每个输运方程的积分限应以决定气泡群的气泡体积为限。鉴于此,将 V_c 定义为由 $\pi D_{d,max}/6$ 给出的临界气泡体积,其最大扭曲气泡极限为由 Ishii 和 Zuber(Ishii & Zuber,1979)确定的 $D_{d,max}$。

$$D_{d,max} = 4\sqrt{\frac{\sigma}{g\Delta\rho}} \text{ :最大扭曲气泡极限} \tag{10.41}$$

在这个过程中,气泡变成了帽状。由于尾流区域较大,曳力效应开始偏离较小气泡的曳力特性。因此,第一群气泡存在于 V_{min} 至 V_c 范围内,而第二群气泡存在于 V_c 到 V_{max} 的范围内。

10.3.1　两群颗粒数输运方程

可以很容易地通过在以 V_c 为界的不同范围内积分限的积分式(10.21)得到两群颗粒数输运方程。对于第一群,即从最小 V 到 V_c;对于第二群,则为从 V_c 到 V_{max}。在两群公式中,也如在单群公式中,$f(V,\boldsymbol{x},t)$ 描述了单位混合物和气泡体积的颗粒数密度分布函数。假定该函数是连续的,设定在给定时间 t 的速度 v 上运动的流体颗粒的可能数量密度,在空间范围 $\delta\boldsymbol{x}$ 中,颗粒中心位于坐标 $\boldsymbol{x}$,体积在 V 和 $V+\mathrm{d}V$ 之间。则第一群和第二群的输运方程分别为

$$\frac{\partial n_1}{\partial t} + \nabla\cdot(n_1\boldsymbol{v}_{pm1}) = -f_c V_c\left(\frac{\dot{V}}{V}\right) + \sum_j R_{j1} + R_{ph} \tag{10.42}$$

及

$$\frac{\partial n_2}{\partial t} + \nabla\cdot(n_2\boldsymbol{v}_{pm2}) = f_c V_c\left(\frac{\dot{V}}{V}\right) + \sum_j R_{j2} \tag{10.43}$$

式中下标 1 和 2 分别表示第一群和第二群,$\boldsymbol{v}_{pm1}$ 和 $\boldsymbol{v}_{pm2}$ 是由每个气泡群的颗粒数加权平均的局部颗粒速度,定义为

$$\boldsymbol{v}_{\mathrm{pm1}}(\boldsymbol{x},t) \equiv \frac{\int_{V_{\min}}^{V_c} f(V,\boldsymbol{x},t)\boldsymbol{v}(V,\boldsymbol{x},t)\mathrm{d}V}{\int_{V_{\min}}^{V_c} f(V,\boldsymbol{x},t)\mathrm{d}V}$$

$$\boldsymbol{v}_{\mathrm{pm2}}(\boldsymbol{x},t) \equiv \frac{\int_{V_c}^{V_{\max}} f(V,\boldsymbol{x},t)\boldsymbol{v}(V,\boldsymbol{x},t)\mathrm{d}V}{\int_{V_c}^{V_{\max}} f(V,\boldsymbol{x},t)\mathrm{d}V} \tag{10.44}$$

在式(10.42)和式(10.43)中,方程的左侧代表每个气泡群的流体颗粒数的时间变化率和对流项。右边各项分别代表了各气泡群通过颗粒体积变化而产生的群间输运、颗粒间相互作用和相变而产生的颗粒数变化率。这里值得注意的是,在两群公式中,有一些项考虑了单群公式中没有出现的由颗粒体积变化引起的群间输运。这是因为当存在两群气泡时,由于气泡分布函数的变化,一群中颗粒体积的变化可能成为另一群的数量源项。将这两个方程相加得到总的流体颗粒数输运方程时,该群间输运项将消失。

10.3.2 两群空泡份额输运方程

两群空泡份额输运方程可以用与上述方法类似的方式得到。将式(10.2)乘以颗粒体积 V,并在各群设定的积分限上积分,得到

$$\frac{\partial \alpha_{g1}}{\partial t} + \nabla\cdot(\alpha_{g1}\boldsymbol{v}_{g1}) + \int_{V_{\min}}^{V_c}\left\{V\frac{\partial}{\partial V}\left(f\frac{\mathrm{d}V}{\mathrm{d}t}\right)\right\}\mathrm{d}V = \int_{V_{\min}}^{V_c}\left(\sum_j S_{\mathrm{j}} + S_{\mathrm{ph}}\right)V\mathrm{d}V \tag{10.45}$$

及

$$\frac{\partial \alpha_{g2}}{\partial t} + \nabla\cdot(\alpha_{g2}\boldsymbol{v}_{g2}) + \int_{V_c}^{V_{\max}}\left\{V\frac{\partial}{\partial V}\left(f\frac{\mathrm{d}V}{\mathrm{d}t}\right)\right\}\mathrm{d}V = \int_{V_c}^{V_{\max}}\left(\sum_j S_{\mathrm{j}} + S_{\mathrm{ph}}\right)V\mathrm{d}V \tag{10.46}$$

对于第一群和第二群,方程左边的第三项表示由于颗粒体积变化导致的空泡份额的变化率。对于第一群和第二群,分别由下式给出

$$\int_{V_{\min}}^{V_c}\left\{V\frac{\partial}{\partial V}\left(f\frac{\mathrm{d}V}{\mathrm{d}t}\right)\right\}\mathrm{d}V = \left(\frac{\dot{V}}{V}\right)\{-\alpha_{g1} + V_c(f_c V_c)\} \tag{10.47}$$

及

$$\int_{V_c}^{V_{\max}}\left\{V\frac{\partial}{\partial V}\left(f\frac{\mathrm{d}V}{\mathrm{d}t}\right)\right\}\mathrm{d}V = \left(\frac{\dot{V}}{V}\right)\{-\alpha_{g2} - V_c(f_c V_c)\} \tag{10.48}$$

f_c 是具有临界体积 V_c 或 $f(V_c)$ 的气泡的分布函数。

这里,体积源项($\dot{V}/V$)可以用如前面所讨论的单群公式的总传质速率来表示。但是,由于两群气泡的存在及其相互作用,必须考虑两群气泡间的传质速率。用下

标 ij 表示从群 i 到群 j 的群间输运，则每个群的体积源项为

$$\frac{1}{V_1}\frac{\mathrm{d}V_1}{\mathrm{d}t}=\frac{1}{\rho_g}\left(\frac{\Gamma_{g1}-\Delta\dot{m}_{12}}{\alpha_{g1}}-\frac{\mathrm{d}\rho_g}{\mathrm{d}t}\right)-\frac{\eta_{ph}}{\alpha_{g1}}=\frac{1}{\alpha_{g1}}\left\{\frac{\partial\alpha_{g1}}{\partial t}+\nabla\cdot(\alpha_{g1}\boldsymbol{v}_{g1})-\eta_{ph}\right\} \tag{10.49}$$

$$\frac{1}{V_2}\frac{\mathrm{d}V_2}{\mathrm{d}t}=\frac{1}{\rho_g}\left(\frac{\Gamma_{g2}+\Delta\dot{m}_{12}}{\alpha_{g2}}-\frac{\mathrm{d}\rho_g}{\mathrm{d}t}\right)=\frac{1}{\alpha_{g2}}\left\{\frac{\partial\alpha_{g2}}{\partial t}+\nabla\cdot(\alpha_{g2}\boldsymbol{v}_{g2})\right\} \tag{10.50}$$

其中 $\Delta\dot{m}_{12}$表示从第一群到第二群的群间传质速率。群间质量传递的本构关系将在后面讨论。因此，式(10.49)和式(10.50)需要有以下恒等式

$$\frac{\partial\alpha_{g1}\rho_g}{\partial t}+\nabla\cdot(\alpha_{g1}\rho_g\boldsymbol{v}_{g1})=\Gamma_{g1}-\Delta\dot{m}_{12}\text{:第一群的质量平衡} \tag{10.51}$$

$$\frac{\partial\alpha_{g2}\rho_g}{\partial t}+\nabla\cdot(\alpha_{g2}\rho_g\boldsymbol{v}_{g2})=\Gamma_{g2}+\Delta\dot{m}_{12}\text{:第二群的质量平衡} \tag{10.52}$$

将两个方程相加，得到气相的连续性方程为

$$\frac{\partial\alpha_g\rho_g}{\partial t}+\nabla\cdot(\alpha_g\rho_g\boldsymbol{v}_g)=\Gamma_g \tag{10.53}$$

还有如下的本构关系

$$\alpha_g=\alpha_{g1}+\alpha_{g2} \tag{10.54}$$

$$\Gamma_g=\Gamma_{g1}+\Gamma_{g2} \tag{10.55}$$

$$\boldsymbol{v}_g=\frac{\alpha_{g1}\boldsymbol{v}_{g1}+\alpha_{g2}\boldsymbol{v}_{g2}}{\alpha_{g1}+\alpha_{g2}} \tag{10.56}$$

式(10.47)和式(10.48)的右手边的 $V_c(f_cV_c)$项表示因群间传递引起的空泡份额的变化率，它可以用其他两相流参数来表示。为方便起见，关于该项的详细讨论将在下一节中介绍。第一群和第二群的两群空泡份额输运方程分别由下式给出

$$\begin{aligned}&\frac{1}{\rho_g}\left\{\frac{\partial\alpha_{g1}\rho_g}{\partial t}+\nabla\cdot(\alpha_{g1}\rho_g\boldsymbol{v}_{g1})-\Gamma_{g1}+\Delta\dot{m}_{12}\right\}\\&=-\left\{\frac{\partial\alpha_{g1}}{\partial t}+\nabla\cdot(\alpha_{g1}\boldsymbol{v}_{g1})-\eta_{ph}\right\}\chi\left(\frac{D_{sc}}{D_{Sm1}}\right)^3+\int_{V_{min}}^{V_c}\sum_j S_jV\mathrm{d}V\end{aligned} \tag{10.57}$$

及

$$\begin{aligned}&\frac{1}{\rho_g}\left\{\frac{\partial\alpha_{g2}\rho_g}{\partial t}+\nabla\cdot(\alpha_{g2}\rho_g\boldsymbol{v}_{g2})-\Gamma_{g2}-\Delta\dot{m}_{12}\right\}\\&=\left\{\frac{\partial\alpha_{g1}}{\partial t}+\nabla\cdot(\alpha_{g1}\boldsymbol{v}_{g1})-\eta_{ph}\right\}\chi\left(\frac{D_{sc}}{D_{Sm1}}\right)^3+\int_{V_c}^{V_{max}}\sum_j S_jV\mathrm{d}V\end{aligned} \tag{10.58}$$

其中，D_{sc}是具有群边界表面积为 A_{ic}和体积为 V_c 的临界气泡尺寸。χ 是一个考虑群间传递贡献的系数，这将在下一节详细讨论。

在式(10.57)和式(10.58)中，方程的左边表示各群的空泡份额对时间和空间

的变化率，右手边各项表示体积变化引起的空泡份额的变化率。这包括群间传递和各种颗粒间的相互作用。此外，由于方程的左侧对应于每个气泡群的连续性方程，因此对第一群和第二群需要满足如下恒等式：

$$-\left\{\frac{\partial \alpha_{g1}}{\partial t}+\nabla\cdot(\alpha_{g1}\boldsymbol{v}_{g1})-\eta_{ph}\right\}\chi\left(\frac{D_{sc}}{D_{Sm1}}\right)^3+\int_{V_{min}}^{V_c}\sum_j S_j V\mathrm{d}V=0 \tag{10.59}$$

及

$$\left\{\frac{\partial \alpha_{g1}}{\partial t}+\nabla\cdot(\alpha_{g1}\boldsymbol{v}_{g1})-\eta_{ph}\right\}\chi\left(\frac{D_{sc}}{D_{Sm1}}\right)^3+\int_{V_c}^{V_{max}}\sum_j S_j V\mathrm{d}V=0 \tag{10.60}$$

这表明了气泡的体积守恒。在这里，式（10.59）和式（10.60）中的第一项表示气泡群边界处的群间传递，第二项表示给定气泡群由于各种流体-颗粒相互作用而产生的源和汇。

10.3.3 两群界面面积输运方程

与单群界面面积输运方程公式中方法类似，将式（10.2）乘以与坐标系无关的体积 V 的颗粒表面积。然后在所定义的气泡群体积上积分，得到

$$\frac{\partial a_{i1}}{\partial t}+\nabla\cdot(a_{i1}\boldsymbol{v}_{i1})+\int_{V_{min}}^{V_c}\left\{A_i\frac{\partial}{\partial V}\left(f\frac{\mathrm{d}V}{\mathrm{d}t}\right)\right\}\mathrm{d}V=\int_{V_{min}}^{V_c}\left(\sum_j S_j+S_{ph}\right)A_i\mathrm{d}V$$

第一群（10.61）

$$\frac{\partial a_{i2}}{\partial t}+\nabla\cdot(a_{i2}\boldsymbol{v}_{i2})+\int_{V_c}^{V_{max}}\left\{A_i\frac{\partial}{\partial V}\left(f\frac{\mathrm{d}V}{\mathrm{d}t}\right)\right\}\mathrm{d}V=\int_{V_{min}}^{V_c}\sum_j S_j A_i\mathrm{d}V$$

第二群（10.62）

其中每个气泡群的平均界面速度定义为

$$\boldsymbol{v}_{i1}(\boldsymbol{x},t)\equiv\frac{\int_{V_{min}}^{V_c}f(V,\boldsymbol{x},t)A_i\boldsymbol{v}(V,\boldsymbol{x},t)\mathrm{d}V}{\int_{V_{min}}^{V_c}f(V,\boldsymbol{x},t)A_i\mathrm{d}V}$$

$$\boldsymbol{v}_{i2}(\boldsymbol{x},t)\equiv\frac{\int_{V_c}^{V_{max}}f(V,\boldsymbol{x},t)A_i\boldsymbol{v}(V,\boldsymbol{x},t)\mathrm{d}V}{\int_{V_c}^{V_{max}}f(V,\boldsymbol{x},t)A_i\mathrm{d}V} \tag{10.63}$$

在式（10.61）和式（10.62）中，方程左边的第三项表示因颗粒体积变化而引起的界面面积浓度的变化，即

$$\int_{V_{min}}^{V_c}\left\{A_i\frac{\partial}{\partial V}\left(f\frac{\mathrm{d}V}{\mathrm{d}t}\right)\right\}\mathrm{d}V=\left(\frac{\dot{V}}{V}\right)\left\{-\frac{2}{3}a_{i1}+A_{ic}f_cV_c\right\} \tag{10.64}$$

及

$$\int_{V_c}^{V_{max}} \left\{ A_i \frac{\partial}{\partial V}\left(f\frac{dV}{dt}\right) \right\} dV = \left(\frac{\dot{V}}{V}\right)\left\{-\frac{2}{3}a_{i2} - A_{ic} f_c V_c\right\} \tag{10.65}$$

其中,$A_{ic} f_c V_c$ 归因于两群气泡间相互作用而导致的群间传递。因此,当$f_c \to 0$ 时,群间相互作用对界面面积浓度没有贡献。而在实际情况下,当f_c 为有限值时,这一群间传递项对各群的界面面积浓度起着重要的作用。

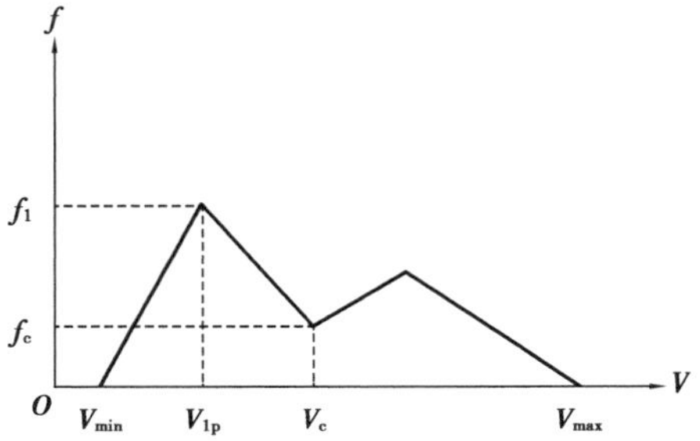

图 10.2　流体颗粒分布函数线性分布的近似(Ishii & Kim,2004)

为了包含这种群间传递的贡献,应该确定颗粒分布函数。然而,对具有不同尺寸气泡的两相流中颗粒分布函数的精确数学描述,需要使用原始的玻尔兹曼输运方程和统计力学。为了这个目的,需要建立一个简单的积分输运方程。因此,为简单起见,在本分析中假定颗粒分布为图 10.2 所示的简单线性分布或均匀分布。其中,V_{1p}是指定f_1 分布的第一群气泡的峰值气泡体积,定义为

$$V_{1p} = \xi V_c,\text{其中},\frac{V_{min}}{V_c} < \xi < 1 \tag{10.66}$$

则第一群气泡的数量密度可以表达为

$$n_1 = \frac{1}{2}f_1(V_c - V_{min}) + \frac{1}{2}f_c V_c(1-\xi) \tag{10.67}$$

得到

$$A_{ic} f_c V_c = \left[\frac{1}{1-\xi} - \frac{V_c - V_{min}}{n_1(1-\xi)}f_1\right] n_1 A_{ic} \tag{10.68}$$

现在考虑如图 10.3(a)—图 10.3(c)所示的 3 种极限情况,即

特例 1:$f = f_c$ = 常数,因此有

$$n_1 = f_1(V_c - V_{min}) = f_c(V_c - V_{min}) \tag{10.69}$$

特例 2:$\xi \to V_{min}/V_c$,或 $V_{1p} \to V_{min}$,因此有

$$n_1 = \frac{1}{2}(f_1 + f_c)(V_c - V_{min}) \tag{10.70}$$

特例 3:$\xi \to 1$;$V_{1p} \to V_c$,$f_1 \to f_c$,因此有

$$n_1 = \frac{1}{2}f_1(V_c - V_{min}) \approx \frac{1}{2}f_c(V_c - V_{min}) \tag{10.71}$$

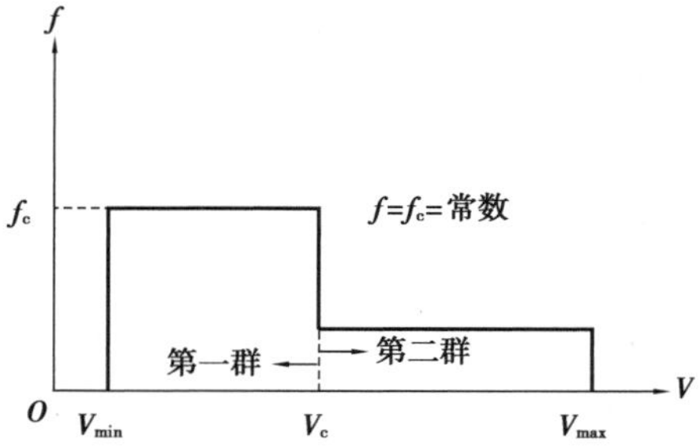

(a)特例 1　$f=$ 常数

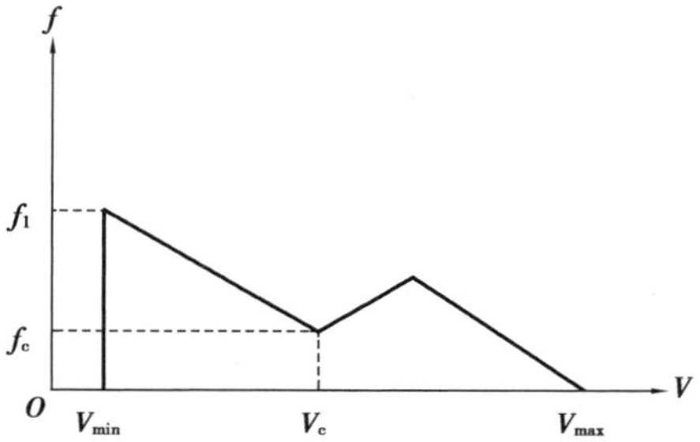

(b)特例 2　$\xi \to V_{\min}/V_{c}$

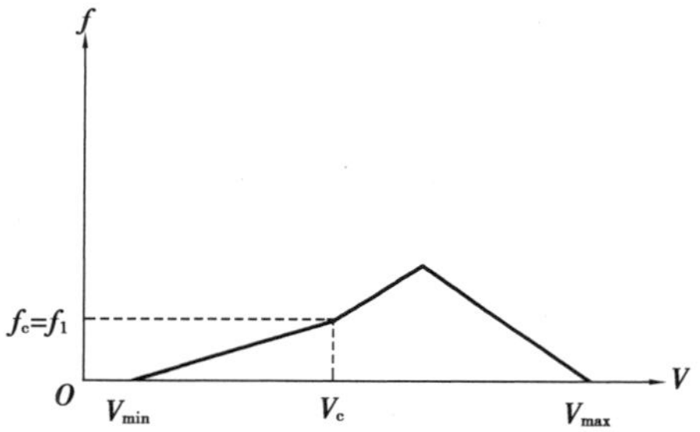

(c)特例 3　$\xi \to 1$

图 10.3　**流体颗粒分布的限制条件**（Ishii & Kim,2004）

因此,假设 $V_{c}>>V_{\min}$,定义一个任意的参数 χ 为

$$A_{ic}f_{c}V_{c}=\chi n_{1}A_{ic} \tag{10.72}$$

因此对于每个极限工况有

$$\chi=\begin{cases}1 & \text{特例 1}\\ 2-\dfrac{V_{c}}{n_{1}}f_{1} & \text{特例 2}\\ 2 & \text{特例 3}\end{cases} \tag{10.73}$$

根据式(10.68),对一般情况有

$$\chi = \left[\frac{2}{1-\xi} - \frac{V_c}{n_1(1-\xi)}f_1\right] \tag{10.74}$$

因此,考虑到当 $f_c \to 0$ 时不存在群间传递贡献,常数 χ 的范围应为

$$0 \leqslant \chi \leqslant 2 \tag{10.75}$$

在求解 χ 的解析解时,有 3 个未知数和 3 个方程,即

$$\begin{aligned} n_1 &= n_1(f_1, f_c, V_{1p}) \\ \alpha_{g1} &= \alpha_{g1}(f_1, f_c, V_{1p}) \\ a_{i1} &= a_{i1}(f_1, f_c, V_{1p}) \end{aligned} \tag{10.76}$$

式中,α_{g1} 和 a_{i1} 分别由式(10.8)和式(10.20)定义,可通过实验获得,n_1 由式(10.31)和式(10.67)确定。因此,如有必要,可以得到 χ 的解析解。此外,由于可以根据颗粒平均表面积 A_i 和颗粒数密度 n 来写出 a_i 为:

$$a_{i1} = n_1 A_{i1} \tag{10.77}$$

因为 $D_{s1} \approx D_{Sm1}$,所以

$$\frac{A_{ic}}{A_{i1}} = \left(\frac{D_{sc}}{D_{s1}}\right)^2 \approx \left(\frac{D_{sc}}{D_{Sm1}}\right)^2 \tag{10.78}$$

可以重写式(10.64)和式(10.65)分别为

$$\int_{V_{\min}}^{V_c} \left\{A_i \frac{\partial}{\partial V}\left(f\frac{dV}{dt}\right)\right\}dV = \left(\frac{\dot{V}}{V}\right)a_{i1}\left\{-\frac{2}{3} + \chi\left(\frac{D_{sc}}{D_{Sm1}}\right)^2\right\} \tag{10.79}$$

及

$$\int_{V_c}^{V_{\max}} \left\{A_i \frac{\partial}{\partial V}\left(f\frac{dV}{dt}\right)\right\}dV = \left(\frac{\dot{V}}{V}\right)a_{i2}\left\{-\frac{2}{3} - \chi\frac{a_{i1}}{a_{i2}}\left(\frac{D_{sc}}{D_{Sm1}}\right)^2\right\} \tag{10.80}$$

因此,结合上述方程,第一群和第二群的两群界面面积输运方程分别为

$$\begin{aligned} \frac{\partial a_{i1}}{\partial t} + \nabla\cdot(a_{i1}\boldsymbol{v}_{i1}) &= \frac{2}{3}\frac{a_{i1}}{\alpha_{g1}}\left\{\frac{\partial\alpha_{g1}}{\partial t} + \nabla\cdot(\alpha_{g1}\boldsymbol{v}_{g1}) - \eta_{ph}\right\} - \\ &\chi\left(\frac{D_{sc}}{D_{Sm1}}\right)^2\frac{a_{i1}}{\alpha_{g1}}\left\{\frac{\partial\alpha_{g1}}{\partial t} + \nabla\cdot(\alpha_{g1}\boldsymbol{v}_{g1}) - \eta_{ph}\right\} + \int_{V_{\min}}^{V_c}\left(\sum_j S_j + S_{ph}\right)A_i dV \end{aligned} \tag{10.81}$$

$$\begin{aligned} \frac{\partial a_{i2}}{\partial t} + \nabla\cdot(a_{i2}\boldsymbol{v}_{i2}) &= \frac{2}{3}\frac{a_{i2}}{\alpha_{g2}}\left\{\frac{\partial\alpha_{g2}}{\partial t} + \nabla\cdot(\alpha_{g2}\boldsymbol{v}_{g2})\right\} + \\ &\chi\left(\frac{D_{sc}}{D_{Sm1}}\right)^2\frac{a_{i1}}{\alpha_{g1}}\left\{\frac{\partial\alpha_{g1}}{\partial t} + \nabla\cdot(\alpha_{g1}\boldsymbol{v}_{g1}) - \eta_{ph}\right\} + \int_{V_c}^{V_{\max}}\sum_j S_j A_i dV \end{aligned} \tag{10.82}$$

在这里,方程的左边代表每个群的 a_i 的时间和空间变化率。右边的各项分别表示因颗粒体积变化、群间输运、各种颗粒相互作用和各群的相变而引起的 a_i 的变化率。将这两个方程相加,也可以得到总界面面积输运方程,即

$$\frac{\partial a_{\mathrm{i}}}{\partial t}+\nabla\cdot(a_{\mathrm{i}}\boldsymbol{v}_{\mathrm{i}})=\int_{V_{\min}}^{V_{\max}}\left(\sum_{j}S_{\mathrm{j}}+S_{\mathrm{ph}}\right)A_{\mathrm{i}}\mathrm{d}V+\sum_{k=1}^{2}\frac{2}{3}\frac{a_{\mathrm{ik}}}{\alpha_{\mathrm{gk}}}\left\{\frac{\partial\alpha_{\mathrm{gk}}}{\partial t}+\nabla\cdot(\alpha_{\mathrm{gk}}\boldsymbol{v}_{\mathrm{gk}})-\eta_{\mathrm{ph}}\right\} \tag{10.83}$$

式中的 k 表示气泡的分群。

在该分析中，通过假设颗粒的线性或均匀分布，证明了两群气泡之间的相互作用导致了群间传递。在实际的两相流应用中，可直接使用颗粒为均匀分布。

10.3.4 本构关系

在这一部分中，总结了求解界面面积输运方程的必要本构关系，它们包括：

$$\int_{V_{\min}}^{V_{\max}}\sum_{j}S_{\mathrm{j}}\mathrm{d}V=\sum_{j}R_{\mathrm{j}}\text{：粒子数源或汇速率} \tag{10.84}$$

$$\int_{V_{\min}}^{V_{\max}}\sum_{j}S_{\mathrm{j}}A_{\mathrm{i}}\mathrm{d}V=\phi_{\mathrm{j}}:a_{\mathrm{i}}\text{ 的源或汇速率} \tag{10.85}$$

$$\phi_{\mathrm{ph}}=\pi D_{\mathrm{bc}}^{2}R_{\mathrm{ph}}:a_{\mathrm{i}}\text{ 的相变的源或汇速率} \tag{10.86}$$

$$n=\psi\frac{a_{\mathrm{i}}^{3}}{\alpha_{\mathrm{g}}^{2}},\text{其中 }\psi=\frac{1}{36\pi}\left(\frac{D_{\mathrm{Sm}}}{D_{\mathrm{e}}}\right)^{3} \tag{10.87}$$

$$D_{\mathrm{Sm}}=\frac{6\alpha_{\mathrm{g}}}{a_{\mathrm{i}}} \tag{10.88}$$

$$\alpha_{\mathrm{g}}=\alpha_{\mathrm{g1}}+\alpha_{\mathrm{g2}} \tag{10.89}$$

$$\Gamma_{\mathrm{g}}=\Gamma_{\mathrm{g1}}+\Gamma_{\mathrm{g2}} \tag{10.90}$$

及

$$\boldsymbol{v}_{\mathrm{g}}=\frac{\alpha_{\mathrm{g1}}\boldsymbol{v}_{\mathrm{g1}}+\alpha_{\mathrm{g2}}\boldsymbol{v}_{\mathrm{g2}}}{\alpha_{\mathrm{g1}}+\alpha_{\mathrm{g2}}} \tag{10.91}$$

对于连续性方程组，在没有相变的情况下，由于气泡稳态下的相互作用，两群气泡间的净传质速率可以通过对气泡相互作用的建模得到

$$\Delta\dot{m}_{12}=\rho_{\mathrm{g}}\left\{\sum_{j}\eta_{\mathrm{j,2}}+\chi\left(\frac{D_{\mathrm{sc}}}{D_{\mathrm{Sm1}}}\right)^{3}\nabla\cdot(\alpha_{\mathrm{g1}}\boldsymbol{v}_{\mathrm{g1}})\right\} \tag{10.92}$$

其中，$\eta_{\mathrm{j,2}}$是由于两群气泡间第 j 个如气泡的聚并和破裂相互作用，而发生的从第一群气泡到第二群的气泡净体积输运。

在以上的本构关系中，应通过对导致界面面积浓度变化的主要颗粒间相互作用进行机理建模，建立由式(10.84)定义的颗粒数源和汇。考虑到气液两相流所涉及的问题广泛，导致颗粒聚并或破裂的主要气泡相互作用机制可概括如下：

- 随机碰撞(R_{RC})：通过湍流漩涡驱动的随机碰撞聚并；
- 尾流夹带(R_{WE})：因前一个颗粒尾流中的后续颗粒加速而碰撞合并；

- 湍流冲击(R_{TI}):在湍流漩涡的冲击下破裂;
- 剪切(R_{SO}):帽状气泡底部边缘被剪切所破裂;
- 表面不稳定性(R_{SI}):因表面不稳定性导致的大气泡破裂;
- 上升速度(R_{RV}):因气泡上升速度的差异导致的碰撞;
- 层流剪切(R_{LS}):因黏性流体中的层流剪切而破裂;
- 速度梯度(R_{VG}):因速度梯度引起的碰撞。

第 11 章　界面面积输运本构模型

两流体模型广泛应用于当前主流的两相流分析程序中，如核反应堆安全分析程序 RELAP5、TRAC 和 CATHARE 等。在传统模型中，界面面积浓度是由经验关系式给出的。基本关联式基于两相流流型和流型转变准则确定，不能动态地表示界面结构的变化。这种静态方法存在以下缺点。

①流型转变准则是稳态充分发展流动的代数关系。它们不能完全反映界面结构变化的真正动态性质。因此，不能正确考虑入口效应和流动不充分发展的影响，也不能正确考虑流型之间的逐渐过渡。

②基于流型转变准则的方法是一种两步法，要求每个流型都有流型转变准则和界面面积关联式。过渡准则和界面面积关联式的复合误差是非常显著的。

③在某些特定的工况条件和几何形状下，过渡准则和依赖流型的界面关联式在有限的参数范围内有效。它们大多来自简单的空气-水实验和唯象模型。通常情况下，不能正确考虑几何和流体物性的比例模化效应。当应用于高压到低压汽/水混合物的过渡过程时，这些模型可能会引起显著的误差、人为的不连续性和数值不稳定性。

第 10 章介绍了一种基于物理的方法，即界面面积输运方程，用于动态计算界面面积浓度。在泡状流下，气泡可近似为球形，形状相似，因此单群界面面积输运方程足以描述其输运现象。然而，在更广参数范围的气液两相流中，如帽泡状、弹状和搅混流，存在着不同尺寸和形状的气泡，如球形、扭曲、帽状、弹状或搅混湍流气泡。气泡大小和形状的变化在很大程度上影响了因曳力和气泡相互作用机制的不同而导致的气泡传输现象。在开发适用于宽参数范围的两相流的输运方程时，应考虑气泡的形状和大小以及特征输运现象的差异。鉴于此，将气泡分为两群：球形/扭曲气泡作为第一群和帽状/气弹/搅混湍流气泡作为第二群。在第 10 章中，给出了两群气泡处理的一般方法，并给出了两群界面面积输运方程。在将两群界面面积输运方程应用于两流体模型时，需要对传统的两流体模型进行一些修正。这主要是因为两群气泡的引入需要两个气体速度场，而传统的两流体模型仅通过动量方程提供一个气体速度。

本章提出了修正的两流体模型,该模型可用于两群界面面积输运方程的求解。对于这种两群气泡,虽然求解两个气体动量方程还不是很实用,但可以写出两个动量方程。然而,对于全三维流动,这可能是必要的,而对于一维流动,提出了一种简化的方法。在这种情况下,气相平均速度的动量方程由两个气相动量方程组合而成。应确定与第一群和第二群气泡之间的速度差相关的附加项。这种速度差可以考虑压力梯度和总阻力,用基于第一群和第二群气泡的简化动量方程来计算。在一维简化模型中,也可以用修正的漂移流模型来求解速度差。除此之外,本章还演示了单群和两群界面面积输运方程中汇和源的建模。

11.1　两群界面面积输运方程的修正两流体模型

11.1.1　常规两流体模型

如第 9 章所讨论,利用时间或统计平均得到了一个三维两流体模型。该模型用两组守恒方程来表示,分别控制两相的质量、动量和能量平衡。然而,由于一相的平均场与另一相的不独立,相互作用项作为源项出现在场方程中。对于大多数实际应用,第 9 章中的两流体模型可以简化为以下形式(Ishii,1977;Ishii & Mishima,1984)。

气相连续性方程

$$\frac{\partial \alpha_g \rho_g}{\partial t} + \nabla \cdot (\alpha_g \rho_g \boldsymbol{v}_g) = \Gamma_g \tag{11.1}$$

液相连续性方程

$$\frac{\partial (1-\alpha_g)\rho_f}{\partial t} + \nabla \cdot [(1-\alpha_g)\rho_f \boldsymbol{v}_f] = \Gamma_f \tag{11.2}$$

气相动量方程

$$\frac{\partial (\alpha_g \rho_g \boldsymbol{v}_g)}{\partial t} + \nabla \cdot (\alpha_g \rho_g \boldsymbol{v}_g \boldsymbol{v}_g) = -\alpha_g \nabla p_g + \nabla \cdot [\alpha_g(\boldsymbol{\mathcal{T}}_g^{\mu} + \boldsymbol{\mathcal{T}}_g^{T})] + \alpha_g \rho_g \boldsymbol{g} + \Gamma_g \boldsymbol{v}_{gi} + (p_{gi} - p_g)\nabla \alpha_g + \boldsymbol{M}_{ig} - \nabla \alpha_g \cdot \boldsymbol{\mathcal{T}}_{gi} \tag{11.3}$$

液相动量方程

$$\frac{\partial [(1-\alpha_g)\rho_f \boldsymbol{v}_f]}{\partial t} + \nabla \cdot [(1-\alpha_g)\rho_f \boldsymbol{v}_f \boldsymbol{v}_f] = -(1-\alpha_g)\nabla p_f + \nabla \cdot [(1-\alpha_g)(\boldsymbol{\mathcal{T}}_f^{\mu} + \boldsymbol{\mathcal{T}}_f^{T})] + (1-\alpha_g)\rho_f \boldsymbol{g} + \Gamma_f \boldsymbol{v}_{fi} + (p_{fi} - p_f)\nabla(1-\alpha_g) + \boldsymbol{M}_{if} - \nabla(1-\alpha_g) \cdot \boldsymbol{\mathcal{T}}_{fi} \tag{11.4}$$

气相的热能方程

$$\frac{\partial (\alpha_g \rho_g h_g)}{\partial t} + \nabla \cdot (\alpha_g \rho_g h_g \boldsymbol{v}_g) = -\nabla \cdot [\alpha_g(\boldsymbol{q}_g^{C} + \boldsymbol{q}_g^{T})] +$$

$$\alpha_g \frac{D_g p_g}{Dt} + (p_g - p_{gi}) \frac{D_g \alpha_g}{Dt} + \Gamma_g h_{gi} + a_i q''_{gi} + \phi_g \tag{11.5}$$

液相的热能方程

$$\frac{\partial[(1-\alpha_g)\rho_f h_f]}{\partial t} + \nabla\cdot[(1-\alpha_g)\rho_f h_f \boldsymbol{v}_f] = -\nabla\cdot[(1-\alpha_g)(\boldsymbol{q}_f^C + \boldsymbol{q}_f^T)] +$$

$$(1-\alpha_g) \frac{D_f p_f}{Dt} + (p_f - p_{fi}) \frac{D_f(1-\alpha_g)}{Dt} + \Gamma_f h_{fi} + a_i q''_{fi} + \phi_f \tag{11.6}$$

式中，Γ_k，$\boldsymbol{M}_{ik}$，$\mathcal{T}_{ki}$，$\boldsymbol{q}''_{ki}$和 ϕ_k 分别是质量产生项、广义界面阻力，界面剪应力，界面热流和耗散。为简单起见，在上面的方程中，去掉了平均值的数学符号，分别用$\mathcal{T}_k$，$\mathcal{T}_{ki}$和 $\boldsymbol{q}_k^C$ 表示$\overline{\overline{\mathcal{T}}}_k$，$\overline{\overline{\mathcal{T}}}_{ki}$和$\overline{\overline{q}}_k$。

在式(11.1)—式(11.6)中，单位体积的质量产生、广义曳力和界面能量传递构成了界面输运项。界面输运的跳跃条件为

$$\begin{cases} \Gamma_g + \Gamma_f = 0 \\ \boldsymbol{M}_{ig} + \boldsymbol{M}_{if} = 0 \\ (a_i q''_{gi} + \Gamma_g h_{gi}) + (a_i q''_{fi} + \Gamma_f h_{fi}) = 0 \end{cases} \tag{11.7}$$

11.1.2 两群空泡份额和界面面积输运方程

两群空泡份额输运方程为

$$\frac{\partial \alpha_{gk}\rho_g}{\partial t} + \nabla\cdot(\alpha_{gk}\rho_g \boldsymbol{v}_{gk}) = \Gamma_{gk} + (-1)^k \Delta\dot{m}_{12} \tag{11.8}$$

其中，k 表示第一群和第二群。Γ_{gk}为相变引起的 k 群气泡质量生成速率，$\Delta\dot{m}_{12}$为气泡相互作用和流体力学效应引起的从第一群气泡到第二群气泡的群间净传质速率，为

$$\Delta\dot{m}_{12} = \rho_g\left\{\sum_j \eta_{j,2} + \chi(D_{c1}^*)^3\left[\frac{\partial\alpha_{g1}}{\partial t} + \nabla\cdot(\alpha_{g1}\boldsymbol{v}_{g1}) - \eta_{ph1}\right]\right\} \tag{11.9}$$

式中，$\eta_{j,2}$和 η_{phk}分别为从第一群气泡到第二群气泡的群间空泡份额净输运，以及因相变引起的气体体积的源项和汇项。χ 是群间传递系数，D_{c1}^*是由下式定义的无因次气泡直径

$$D_{c1}^* \equiv \frac{D_{crit}}{D_{Sm1}} \tag{11.10}$$

其中 D_{crit}是气泡在第一群和第二群间临界体积当量直径。

两群界面面积输运方程为

$$\frac{\partial a_{i1}}{\partial t} + \nabla\cdot(a_{i1}\boldsymbol{v}_{gi1}) = \left\{\frac{2}{3} - \chi(D_{c1}^*)^2\right\}\frac{a_{i1}}{\alpha_{g1}}\left\{\frac{\partial\alpha_{g1}}{\partial t} + \nabla\cdot(\alpha_{g1}\boldsymbol{v}_{g1}) - \eta_{ph1}\right\} + \sum_j \phi_{j,1} + \phi_{ph1} \tag{11.11}$$

$$\frac{\partial a_{i2}}{\partial t} + \nabla \cdot (a_{i2}\boldsymbol{v}_{i2}) = \frac{2}{3}\left(\frac{a_{i2}}{\alpha_{g2}}\right)\left\{\frac{\partial \alpha_{g2}}{\partial t} + \nabla \cdot (\alpha_{g2}\boldsymbol{v}_{g2}) - \eta_{ph2}\right\} +$$

$$\chi(D_{c1}^{*})^{2}\frac{a_{i1}}{\alpha_{g1}}\left\{\frac{\partial \alpha_{g1}}{\partial t} + \nabla \cdot (\alpha_{g1}\boldsymbol{v}_{g1}) - \eta_{ph1}\right\} + \sum_{j}\phi_{j,2} + \phi_{ph2} \quad (11.12)$$

11.1.3　修正的两流体模型

后来对两群界面面积输运方程的两流体模型进行了修正（Sun，Ishii，& Kelly，2003）。给出了气相多场模型的一般形式。一般来说，第一群和第二群气泡的压力和温度可以假定大致相同，但两群的速度不相同，因此原则上有必要引入两个连续性方程和两个动量方程。基于上述假设，第一群和第二群的气相密度相同。则气相的连续性方程为

第一群气泡的连续性方程

$$\frac{\partial \alpha_{g1}\rho_{g}}{\partial t} + \nabla \cdot (\alpha_{g1}\rho_{g}\boldsymbol{v}_{g1}) = \Gamma_{g1} - \Delta\dot{m}_{12} \quad (11.13)$$

第二群气泡的连续性方程

$$\frac{\partial \alpha_{g2}\rho_{g}}{\partial t} + \nabla \cdot (\alpha_{g2}\rho_{g}\boldsymbol{v}_{g2}) = \Gamma_{g2} + \Delta\dot{m}_{12} \quad (11.14)$$

这里，$\Delta\dot{m}_{12}$是流体力学机制所引起的群间传质。此外，如果引入以下恒等式，

$$\begin{cases} \alpha_{g} = \alpha_{g1} + \alpha_{g2} \\ \Gamma_{g} = \Gamma_{g1} + \Gamma_{g2} \\ \boldsymbol{v}_{g} = \dfrac{\alpha_{g1}\boldsymbol{v}_{g1} + \alpha_{g2}\boldsymbol{v}_{g2}}{\alpha_{g}} \end{cases} \quad (11.15)$$

然后，式（11.13）和式（11.14）之和变成了常规的连续性方程，即式（11.1）。液相的连续性方程与式（11.2）相同，其中

$$\Gamma_{f} = -\Gamma_{g} = -(\Gamma_{g1} + \Gamma_{g2}) \quad (11.16)$$

由于两群气泡的引入，动量方程变得更加复杂。与气相连续性方程不同的是，由于动量方程的复杂性，至少对于一维形式，对第一群和第二群气泡不需要有两个动量方程。如果假设除了液相和第一群气泡之外，第二群气泡是“第三相”，忽略第一群和第二群气泡之间的直接动量相互作用，在式（11.15）的定义基础上，对于第一群和第二群气泡可以写出两个动量方程为

$$\frac{\partial(\alpha_{g1}\rho_{g}\boldsymbol{v}_{g1})}{\partial t} + \nabla \cdot (\alpha_{g1}\rho_{g}\boldsymbol{v}_{g1}\boldsymbol{v}_{g1}) = -\alpha_{g1}\nabla p_{g1} + \nabla \cdot [\alpha_{g1}(\mathcal{T}_{g1}^{\mu} + \mathcal{T}_{g1}^{T})] + \alpha_{g1}\rho_{g}\boldsymbol{g} +$$

$$(\Gamma_{g1} - \Delta\dot{m}_{12})\boldsymbol{v}_{gi1} + (p_{gi1} - p_{g1})\nabla\alpha_{g1} + \boldsymbol{M}_{ig1} - \nabla\alpha_{1}\cdot\mathcal{T}_{gi1} \quad (11.17)$$

及

$$\frac{\partial(\alpha_{g2}\rho_g\boldsymbol{v}_{g2})}{\partial t}+\nabla\cdot(\alpha_{g2}\rho_g\boldsymbol{v}_{g2}\boldsymbol{v}_{g2})=-\alpha_{g2}\nabla p_{g2}+\nabla\cdot[\alpha_{g2}(\mathcal{T}_{g2}^{\mu}+\mathcal{T}_{g2}^{T})]+\alpha_{g2}\rho_g\boldsymbol{g}+$$
$$(\Gamma_{g2}+\Delta\dot{m}_{12})\boldsymbol{v}_{gi2}+(p_{gi2}-p_{g2})\nabla\alpha_{g2}+\boldsymbol{M}_{ig2}-\nabla\alpha_2\cdot\mathcal{T}_{gi2} \tag{11.18}$$

将式(11.17)和式(11.18)相加,得到

$$\frac{\partial(\alpha_g\rho_g\boldsymbol{v}_g)}{\partial t}+\nabla\cdot(\alpha_g\rho_g\boldsymbol{v}_g\boldsymbol{v}_g)=-\nabla\cdot\left[\rho_g\frac{\alpha_{g1}\alpha_{g2}}{\alpha_g}(\boldsymbol{v}_{g1}-\boldsymbol{v}_{g2})^2\right]-(\alpha_{g1}\nabla p_{g1}+\alpha_{g2}\nabla p_{g2})+$$
$$\nabla\cdot[\alpha_{g1}(\mathcal{T}_{g1}^{\mu}+\mathcal{T}_{g1}^{T})]+\nabla\cdot[\alpha_{g2}(\mathcal{T}_{g2}^{\mu}+\mathcal{T}_{g2}^{T})]+\alpha_g\rho_g\boldsymbol{g}+[(\Gamma_{g1}-\Delta\dot{m}_{12})\boldsymbol{v}_{gi1}+$$
$$(\Gamma_{g2}+\Delta\dot{m}_{12})\boldsymbol{v}_{gi2}]+(p_{gi1}-p_{g1})\nabla\alpha_{g1}+(p_{gi2}-p_{g2})\nabla\alpha_{g2}+(\boldsymbol{M}_{ig1}+\boldsymbol{M}_{ig2})-$$
$$(\nabla\alpha_1\cdot\mathcal{T}_{gi1}+\nabla\alpha_2\cdot\mathcal{T}_{gi2}) \tag{11.19}$$

需要注意的是,式(11.19)右侧的第一项是因不同群的气泡速度之间的差异而产生的附加扩散项。

然而,式(11.19)过于复杂,无法应用于一般的应用。如前所述,对于大多数实际应用问题,两群气泡的压力可以近似为相同,即

$$p_{g1}\approx p_{g2}=p_g;p_{gi1}\approx p_{gi2}=p_{gi} \tag{11.20}$$

此外,可以假设两群气泡的界面剪切力非常相似,因此,

$$\mathcal{T}_{gi1}\approx\mathcal{T}_{gi2}=\mathcal{T}_{gi} \tag{11.21}$$

还有以下定义来进一步简化式(11.19)

$$\begin{cases}\mathcal{T}_g\equiv\dfrac{\alpha_{g1}\mathcal{T}_{g1}+\alpha_{g2}\mathcal{T}_{g2}}{\alpha_g}=\mathcal{T}_g^{\mu}+\mathcal{T}_g^{T}\\ \mathcal{T}_g^{\mu}\equiv\dfrac{\alpha_{g1}\mathcal{T}_{g1}^{\mu}+\alpha_{g2}\mathcal{T}_{g2}^{\mu}}{\alpha_g}\\ \mathcal{T}_g^{T}\equiv\dfrac{\alpha_{g1}\mathcal{T}_{g1}^{T}+\alpha_{g2}\mathcal{T}_{g2}^{T}}{\alpha_g}\\ \mathcal{T}_{g1}\equiv\mathcal{T}_{g1}^{\mu}+\mathcal{T}_{g1}^{T}\\ \mathcal{T}_{g2}\equiv\mathcal{T}_{g2}^{\mu}+\mathcal{T}_{g2}^{T}\end{cases} \tag{11.22}$$

因此,式(11.19)可简化为

$$\frac{\partial(\alpha_g\rho_g\boldsymbol{v}_g)}{\partial t}+\nabla\cdot(\alpha_g\rho_g\boldsymbol{v}_g\boldsymbol{v}_g)=-\nabla\cdot\left[\rho_g\frac{\alpha_{g1}\alpha_{g2}}{\alpha_g}(\boldsymbol{v}_{g1}-\boldsymbol{v}_{g2})^2\right]-\alpha_g\nabla p_g+$$
$$\nabla\cdot[\alpha_g(\mathcal{T}_g^{\mu}+\mathcal{T}_g^{T})]+\alpha_g\rho_g\boldsymbol{g}+[(\Gamma_{g1}-\Delta\dot{m}_{12})\boldsymbol{v}_{gi1}+(\Gamma_{g2}+\Delta\dot{m}_{12})\boldsymbol{v}_{gi2}]-$$
$$\nabla\alpha_g\cdot\mathcal{T}_{gi}+(p_{gi}-p_g)\nabla\alpha_g+(\boldsymbol{M}_{ig1}+\boldsymbol{M}_{ig2}) \tag{11.23}$$

可以合理地假设体积流体和界面处的平均应力大致相同。因此,

$$\mathcal{T}_{gi}\approx\mathcal{T}_g^{\mu}+\mathcal{T}_g^{T} \tag{11.24}$$

这样,式(11.23)可以进一步简化为

$$\frac{\partial(\alpha_g \rho_g \boldsymbol{v}_g)}{\partial t} + \nabla\cdot(\alpha_g \rho_g \boldsymbol{v}_g \boldsymbol{v}_g) = -\nabla\cdot\left[\rho_g \frac{\alpha_{g1}\alpha_{g2}}{\alpha_g}(\boldsymbol{v}_{g1} - \boldsymbol{v}_{g2})^2\right] - \alpha_g \nabla p_g + \alpha_g \nabla\cdot(\mathscr{T}_g^{\mu} + \mathscr{T}_g^{T}) + \alpha_g \rho_g \boldsymbol{g} + [\Gamma_{g1}\boldsymbol{v}_{g1} + \Gamma_{g2}\boldsymbol{v}_{g2} + \Delta \dot{m}_{12}(\boldsymbol{v}_{g2} - \boldsymbol{v}_{g1})] + (\boldsymbol{M}_{ig1} + \boldsymbol{M}_{ig2}) + (p_{gi} - p_g)\nabla\alpha_g \tag{11.25}$$

应针对第一群和第二群的气泡单独对广义界面曳力项 $\boldsymbol{M}_{ig1}$ 和 $\boldsymbol{M}_{ig2}$ 进行建模。

此外,液相动量方程具有与式(11.3)相同的形式。因此有,

$$\frac{\partial[(1-\alpha_g)\rho_f \boldsymbol{v}_f]}{\partial t} + \nabla\cdot[(1-\alpha_g)\rho_f \boldsymbol{v}_f \boldsymbol{v}_f] = -(1-\alpha_g)\nabla p_f + \nabla\cdot[(1-\alpha_g)(\mathscr{T}_f^{\mu} + \mathscr{T}_f^{T})] + (1-\alpha_g)\rho_f \boldsymbol{g} + \Gamma_f \boldsymbol{v}_{fi} + \boldsymbol{M}_{if} - \nabla(1-\alpha_g)\cdot\mathscr{T}_{fi} + (p_{fi} - p_f)\nabla(1-\alpha_g) \tag{11.26}$$

及

$$\boldsymbol{M}_{if} = -\boldsymbol{M}_{ig} = -(\boldsymbol{M}_{ig1} + \boldsymbol{M}_{ig2}) \tag{11.27}$$

可以合理地假设在液相中和界面处的平均应力大致相同。因此有,

$$\mathscr{T}_{fi} \approx \mathscr{T}_f^{\mu} + \mathscr{T}_f^{T} \tag{11.28}$$

则式(11.26)进一步简化为

$$\frac{\partial[(1-\alpha_g)\rho_f \boldsymbol{v}_f]}{\partial t} + \nabla\cdot[(1-\alpha_g)\rho_f \boldsymbol{v}_f \boldsymbol{v}_f] = -(1-\alpha_g)\nabla p_f + (1-\alpha_g)\rho_f \boldsymbol{g} + (1-\alpha_g)\nabla\cdot(\mathscr{T}_f^{\mu} + \mathscr{T}_f^{T}) + \Gamma_f \boldsymbol{v}_{fi} + \boldsymbol{M}_{if} + (p_{fi} - p_f)\nabla(1-\alpha_g) \tag{11.29}$$

在上述推导中,假设两群气泡的压力和温度基本相同。然后类似于动量方程,气相的热能方程可以表示为

$$\frac{\partial(\alpha_g \rho_g h_g)}{\partial t} + \nabla\cdot(\alpha_g \rho_g h_g \boldsymbol{v}_g) = -\nabla\cdot\alpha_g(\boldsymbol{q}_g^C + \boldsymbol{q}_g^T) + \alpha_g \frac{D_g p_g}{Dt} + \Gamma_g h_{gi} + a_i q''_{gi} + \boldsymbol{\phi}_g \tag{11.30}$$

其中,应用了下列的定义

$$\begin{cases} \boldsymbol{q}_g^C = \dfrac{\alpha_{g1}\boldsymbol{q}_{g1}^C + \alpha_{g2}\boldsymbol{q}_{g2}^C}{\alpha_g} \\ \boldsymbol{q}_g^T = \dfrac{\alpha_{g1}\boldsymbol{q}_{g1}^T + \alpha_{g2}\boldsymbol{q}_{g2}^T}{\alpha_g} \\ q''_{gi} = \dfrac{a_{i1}q''_{gi1} + a_{i2}q''_{gi2}}{a_i} \\ a_i = a_{i1} + a_{i2} \end{cases} \tag{11.31}$$

算子 D_g/Dt 定义为

$$\frac{D_g}{Dt} \equiv \frac{\partial}{\partial t} + \frac{\alpha_{g1}\boldsymbol{v}_{g1} + \alpha_{g2}\boldsymbol{v}_{g2}}{\alpha_{g1} + \alpha_{g2}}\cdot\nabla = \frac{\partial}{\partial t} + \boldsymbol{v}_g\cdot\nabla \tag{11.32}$$

与之类似，液相的热能方程写为

$$\frac{\partial[(1-\alpha_{\mathrm{g}})\rho_{\mathrm{f}}h_{\mathrm{f}}]}{\partial t}+\nabla\cdot[(1-\alpha_{\mathrm{g}})\rho_{\mathrm{f}}h_{\mathrm{f}}\boldsymbol{v}_{\mathrm{f}}]=-\nabla\cdot(1-\alpha_{\mathrm{g}})(\boldsymbol{q}_{\mathrm{f}}^{C}+\boldsymbol{q}_{\mathrm{f}}^{T})+$$
$$(1-\alpha_{\mathrm{g}})\frac{\mathrm{D}_{\mathrm{f}}p_{\mathrm{f}}}{\mathrm{D}t}+\Gamma_{\mathrm{f}}h_{\mathrm{fi}}+a_{i}q''_{\mathrm{fi}}+\phi_{\mathrm{f}} \tag{11.33}$$

液相侧的界面传热为

$$q''_{\mathrm{fi}}=\frac{a_{\mathrm{i1}}q''_{\mathrm{fi1}}+a_{\mathrm{i2}}q''_{\mathrm{fi2}}}{a_{\mathrm{i}}} \tag{11.34}$$

注意应满足以下界面能条件

$$(a_{\mathrm{i}}q''_{\mathrm{gi}}+\Gamma_{\mathrm{g}}h_{\mathrm{gi}})+(a_{\mathrm{i}}q''_{\mathrm{fi}}+\Gamma_{\mathrm{f}}h_{\mathrm{fi}})=0 \tag{11.35}$$

在上述推导中，引入了非常复杂的界面传递项。用两群界面面积输运方程求解修正的两流体模型时，应为附加的各个变量确定本构关系、界面输运项和边界条件。概括起来，这些变量包括：

$\Gamma_{\mathrm{g1}},\Gamma_{\mathrm{g2}},\Gamma_{\mathrm{f}},\Delta\dot{m}_{12}$,

$\boldsymbol{\mathcal{T}}_{\mathrm{g}}^{\mu},\boldsymbol{\mathcal{T}}_{\mathrm{g}}^{T},\boldsymbol{\mathcal{T}}_{\mathrm{f}}^{\mu},\boldsymbol{\mathcal{T}}_{\mathrm{f}}^{T},\boldsymbol{M}_{\mathrm{ig1}},\boldsymbol{M}_{\mathrm{ig2}},\boldsymbol{M}_{\mathrm{if}},\boldsymbol{\mathcal{T}}_{\mathrm{gi}},\boldsymbol{\mathcal{T}}_{\mathrm{fi}},\boldsymbol{v}_{\mathrm{gi1}},\boldsymbol{v}_{\mathrm{gi2}},\boldsymbol{v}_{\mathrm{fi}},\boldsymbol{g}$

$\boldsymbol{q}_{\mathrm{g}}^{C},\boldsymbol{q}_{\mathrm{f}}^{C},\boldsymbol{q}_{\mathrm{g}}^{T},\boldsymbol{q}_{\mathrm{f}}^{T},q''_{\mathrm{gi}},q''_{\mathrm{fi}},h_{\mathrm{gi}},h_{\mathrm{fi}}$

11.1.4 两个气相速度场的建模

对于较强的一维流动，引入两个气体动量方程可能会带来不必要的复杂性。在这种情况下，有气体混合物动量方程和设定第一群和第二群气泡之间相对速度的附加本构关系就足够了。重要的是确保这样做不会过度指定未知数，因为未知数的数量应该等于可用方程的数目。

气泡速度差可能与局部滑移有关

$$\boldsymbol{v}_{\mathrm{g1}}-\boldsymbol{v}_{\mathrm{g2}}=(\boldsymbol{v}_{\mathrm{g1}}-\boldsymbol{v}_{\mathrm{f}})-(\boldsymbol{v}_{\mathrm{g2}}-\boldsymbol{v}_{\mathrm{f}})=\boldsymbol{v}_{\mathrm{r1}}-\boldsymbol{v}_{\mathrm{r2}} \tag{11.36}$$

为了获得气相和液相之间的局部相对速度，也许可以采用与 Ishii 类似的漂移流模型公式来处理该问题。

可以考虑式(11.20)、式(11.21)和 $p_{\mathrm{g}}=p_{\mathrm{gi}}$ 的假设，将连续性方程代入式(11.17)的第一群气泡的动量方程，写成如下形式

$$\alpha_{\mathrm{g1}}\rho_{\mathrm{g}}\left(\frac{\partial\boldsymbol{v}_{\mathrm{g1}}}{\partial t}+\boldsymbol{v}_{\mathrm{g1}}\cdot\nabla\boldsymbol{v}_{\mathrm{g1}}\right)=-\alpha_{\mathrm{g1}}\nabla p_{\mathrm{g1}}+\alpha_{\mathrm{g1}}\nabla\cdot\boldsymbol{\mathcal{T}}_{\mathrm{g1}}+$$
$$\alpha_{\mathrm{g1}}\rho_{\mathrm{g}}\boldsymbol{g}+(\Gamma_{\mathrm{g1}}-\Delta\dot{m}_{12})(\boldsymbol{v}_{\mathrm{gi1}}-\boldsymbol{v}_{\mathrm{g1}})+\boldsymbol{M}_{\mathrm{ig1}} \tag{11.37}$$

与之类似，可以得到第二群和液相的动量方程分别为

$$\alpha_{\mathrm{g2}}\rho_{\mathrm{g}}\left(\frac{\partial\boldsymbol{v}_{\mathrm{g2}}}{\partial t}+\boldsymbol{v}_{\mathrm{g2}}\cdot\nabla\boldsymbol{v}_{\mathrm{g2}}\right)=-\alpha_{\mathrm{g2}}\nabla p_{\mathrm{g2}}+\alpha_{\mathrm{g2}}\nabla\cdot\boldsymbol{\mathcal{T}}_{\mathrm{g2}}+$$
$$\alpha_{\mathrm{g2}}\rho_{\mathrm{g}}\boldsymbol{g}+(\Gamma_{\mathrm{g2}}+\Delta\dot{m}_{12})(\boldsymbol{v}_{\mathrm{gi2}}-\boldsymbol{v}_{\mathrm{g2}})+\boldsymbol{M}_{\mathrm{ig2}} \tag{11.38}$$

及

$$(1-\alpha_g)\rho_f\left(\frac{\partial \boldsymbol{v}_f}{\partial t}+\boldsymbol{v}_f\cdot\nabla\boldsymbol{v}_f\right)=-(1-\alpha_g)\nabla p_f+$$
$$(1-\alpha_g)\nabla\cdot\mathcal{T}_f+(1-\alpha_g)\rho_f\boldsymbol{g}+\Gamma_f(\boldsymbol{v}_{fi}-\boldsymbol{v}_f)+\boldsymbol{M}_{if} \tag{11.39}$$

为了获得局部相对速度关系式,考虑无相变的稳态条件和横向压力梯度可忽略的特定条件下。在无相变影响的情况下,可以认为界面速度和各相的相速度相等,即

$$\boldsymbol{v}_{gi1}\approx\boldsymbol{v}_{g1};\boldsymbol{v}_{gi2}\approx\boldsymbol{v}_{g2};\boldsymbol{v}_{fi}\approx\boldsymbol{v}_f \tag{11.40}$$

各相的压力可以近似为

$$p_g\approx p_f\approx p_m \tag{11.41}$$

在这些近似条件下,对于近一维流动,上述动量方程可以表示为:

$$\boldsymbol{M}_{ig1}\approx\alpha_{g1}\nabla p_m-\alpha_{g1}\nabla\cdot\mathcal{T}_{g1}-\alpha_{g1}\rho_g\boldsymbol{g} \tag{11.42}$$

$$\boldsymbol{M}_{ig2}\approx\alpha_{g2}\nabla p_m-\alpha_{g2}\nabla\cdot\mathcal{T}_{g2}-\alpha_{g2}\rho_g\boldsymbol{g} \tag{11.43}$$

及

$$\boldsymbol{M}_{if}\approx(1-\alpha_g)\nabla p_m-(1-\alpha_g)\nabla\cdot\mathcal{T}_f-(1-\alpha_g)\rho_f\boldsymbol{g} \tag{11.44}$$

根据界面力平衡,即式(11.27),上述 3 个方程的总和得出

$$\nabla p_m-\boldsymbol{M}_{\tau m}-\rho_m\boldsymbol{g}\approx 0 \tag{11.45}$$

其中 $M_{\tau m}$是与混合物横向应力梯度有关的力,由下式给出

$$\boldsymbol{M}_{\tau m}\equiv(\alpha_{g1}\nabla\cdot\mathcal{T}_{g1}+\alpha_{g2}\nabla\cdot\mathcal{T}_{g2})+(1-\alpha_g)\nabla\cdot\mathcal{T}_f$$
$$=\alpha_{g1}\boldsymbol{M}_{\tau g1}+\alpha_{g2}\boldsymbol{M}_{\tau g2}+(1-\alpha_g)\boldsymbol{M}_{\tau f} \tag{11.46}$$

其中

$$\boldsymbol{M}_{\tau g1}=\nabla\cdot\mathcal{T}_{g1};\boldsymbol{M}_{\tau g2}=\nabla\cdot\mathcal{T}_{g2};\boldsymbol{M}_{\tau f}=\nabla\cdot\mathcal{T}_f \tag{11.47}$$

ρ_m 定义为

$$\rho_m\equiv(\alpha_{g1}+\alpha_{g2})\rho_g+(1-\alpha_g)\rho_f=\alpha_g\rho_g+(1-\alpha_g)\rho_f \tag{11.48}$$

式(11.45)也假设式(11.28)对大多数应用都适用。

此外,根据式(11.45),重力场可以替换为压力场,压力场在动量方程中是未知的,如

$$\boldsymbol{g}\approx\frac{1}{\rho_m}(\nabla p_m-\boldsymbol{M}_{\tau m}) \tag{11.49}$$

这使得该方法可以应用于微重力条件下。在稳定状态下,广义的界面曳力近似于忽略虚拟质量力、Basset 力和如下式的升力等非曳力。

$$\boldsymbol{M}_{ig1}\approx-\frac{3\alpha_{g1}}{8r_{d1}}C_{D1}\rho_f\boldsymbol{v}_{r1}\left|\boldsymbol{v}_{r1}\right| \tag{11.50}$$

其中,r_{d1}和 C_{D1}是第一群气泡的曳力半径和曳力系数,第一群气泡的相对速度定义为

$$\boldsymbol{v}_{r1}=\boldsymbol{v}_{g1}-\boldsymbol{v}_f \tag{11.51}$$

因此,在稳定状态下,通过使用式(11.49)和式(11.50),可以重写式(11.42)为

$$-\frac{3\alpha_{g1}}{8r_{d1}}C_{D1}\rho_f\boldsymbol{v}_{r1}\left|\boldsymbol{v}_{r1}\right| \approx \alpha_{g1}\left(1-\frac{\rho_g}{\rho_m}\right)\nabla p_m+\alpha_{g1}\left(\frac{\rho_g}{\rho_m}\boldsymbol{M}_{\tau m}-\boldsymbol{M}_{\tau g1}\right) \tag{11.52}$$

或者用如下形式

$$\boldsymbol{v}_{r1}\left|\boldsymbol{v}_{r1}\right| \approx -\frac{8r_{d1}}{3C_{D1}\rho_f}\left[\left(1-\frac{\rho_g}{\rho_m}\right)\nabla p_m+\left(\frac{\rho_g}{\rho_m}\boldsymbol{M}_{\tau m}-\boldsymbol{M}_{\tau g1}\right)\right] \tag{11.53}$$

同样,对于第二群气泡,有以下公式

$$\boldsymbol{v}_{r2}\left|\boldsymbol{v}_{r2}\right| \approx -\frac{8r_{d2}}{3C_{D2}\rho_f}\left[\left(1-\frac{\rho_g}{\rho_m}\right)\nabla p_m+\left(\frac{\rho_g}{\rho_m}\boldsymbol{M}_{\tau m}-\boldsymbol{M}_{\tau g2}\right)\right] \tag{11.54}$$

其中,r_{d2}和 C_{D2}是第二群气泡的曳力半径和曳力系数,第二群气泡的相对速度定义为

$$\boldsymbol{v}_{r2}=\boldsymbol{v}_{g2}-\boldsymbol{v}_f \tag{11.55}$$

根据式(11.53)和式(11.54)及式(11.36),可以求出两群气泡之间的局部滑移$\boldsymbol{v}_{g1}-\boldsymbol{v}_{g2}$。

在一维流动的情况下,可以利用第 14 章中讨论的一维漂移流模型来确定速度差。一维漂移流模型修正为两群界面面积输运方程

$$\langle\langle v_{gk}\rangle\rangle = C_{0k}\langle j\rangle+\langle\langle v_{gjk}\rangle\rangle \tag{11.56}$$

式中,$\langle\langle v_{gk}\rangle\rangle$,$C_{0k}$及$\langle\langle v_{gjk}\rangle\rangle$分别为 k 相的空泡份额加权平均气体速度、分布参数和空泡份额加权平均漂移速度。速度差由下式给出

$$\begin{aligned}\langle\langle v_{g1}\rangle\rangle-\langle\langle v_{g2}\rangle\rangle &= \left(\langle\langle v_{g1}\rangle\rangle-\langle j\rangle\right)-\left(\langle\langle v_{g2}\rangle\rangle-\langle j\rangle\right)\\ &= \left[(C_{01}-1)\langle j\rangle+\langle\langle v_{gj1}\rangle\rangle\right]-\left[(C_{02}-1)\langle j\rangle+\langle\langle v_{gj2}\rangle\rangle\right]\end{aligned} \tag{11.57}$$

对一定的流动几何形状,两群气泡的分布参数应该从实验数据中获得。此外,如果假设两群气泡的分布参数对于某些流动基本上相似,则可以获得如下近似的简化形式:

$$\langle\langle v_{g1}\rangle\rangle-\langle\langle v_{g2}\rangle\rangle \approx \langle\langle v_{gj1}\rangle\rangle-\langle\langle v_{gj2}\rangle\rangle \tag{11.58}$$

11.2 单群界面面积输运方程源项和汇项的建模

为了对因颗粒聚并和破碎所引起的界面面积输运方程中的积分的源项和汇项进行建模,一般的方法是将气泡处理为如图 11.1 所示的两个群:球形/扭曲气泡组和帽/弹状气泡组,结果得到了两个界面面积输运方程。这涉及其内部和群间相互作用。这些相互作用的机制可归纳为如图 11.2 所示的 5 类:由于液体湍流驱动的随机碰撞的聚并;由于尾流夹带而引起的聚并;由于湍流漩涡的影响而破裂;从帽/

弹状气泡中剪切出小气泡；以及由于气泡表面上的流动不稳定性而导致的大帽状气泡的破裂（G. Kocamustafaogullari & Ishii, 1995；Wu, Kim, Ishii, & Beus, 1998）。而如层流剪切诱导聚并（Friedlander, 1977）和由于速度梯度（Taylor Geoffrey, 1934）的破裂等其他一些机制则被排除，因为它们是由流动参数和空泡份额的分布间接引起的，而且它们的直接机制仍然遵循这五类机制。

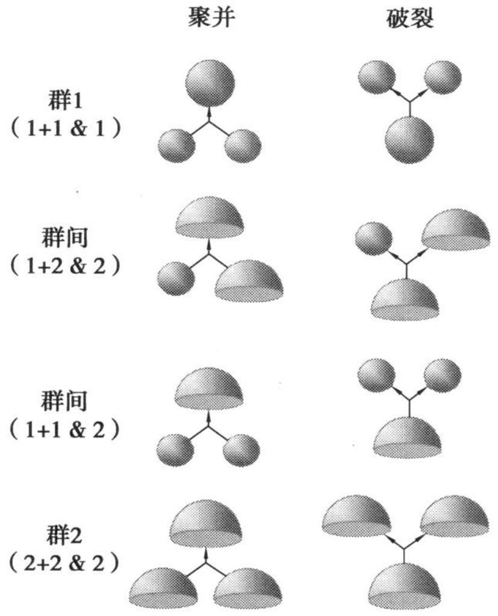

图 11.1　两群气泡可能相互作用的分类（Hibiki & Ishii, 2000b）

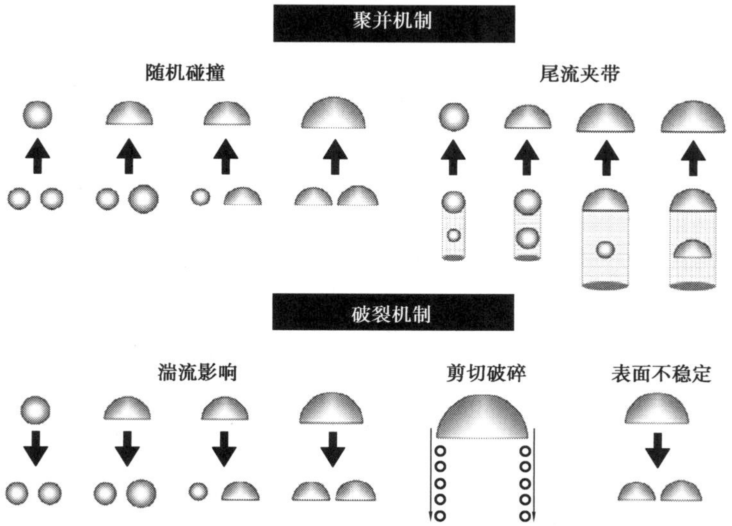

图 11.2　两群气泡相互作用示意图（Ishii et al., 2002）

在实际应用中,当泡状流的空泡份额较小时,不存在帽状或弹状气泡。这时可以将两群界面面积输运方程简化为单群,这时就不涉及两群间的相互作用。

$$\frac{\partial a_{\mathrm{i}}}{\partial t}+\nabla\cdot(a_{\mathrm{i}}\boldsymbol{v}_{\mathrm{i}})=\frac{2}{3}\left(\frac{a_{\mathrm{i}}}{\alpha_{\mathrm{g}}}\right)\left\{\frac{\partial\alpha_{\mathrm{g}}}{\partial t}+\nabla\cdot(\alpha_{\mathrm{g}}\boldsymbol{v}_{\mathrm{g}})-\eta_{\mathrm{ph}}\right\}+\sum_{j}\phi_{\mathrm{j}}+\phi_{\mathrm{ph}}\quad(11.59)$$

在这一节中,将简要讨论关于单群界面面积输运方程中源项和汇项的一些模型。

11.2.1 Wu 等的源项和汇项模型

Wu 等(Wu et al. ,1998)考虑了在绝热泡状流中的界面面积输运的3种机制,即由于液体湍流导致的随机碰撞聚并,由于尾流夹带而导致聚并,以及由于湍流漩涡的影响而导致的破裂。则式(11.59)进一步简化为

$$\frac{\partial a_{\mathrm{i}}}{\partial t}+\nabla\cdot(a_{\mathrm{i}}\boldsymbol{v}_{\mathrm{i}})=\frac{2}{3}\left(\frac{a_{\mathrm{i}}}{\alpha_{\mathrm{g}}}\right)\left\{\frac{\partial\alpha_{\mathrm{g}}}{\partial t}+\nabla\cdot(\alpha_{\mathrm{g}}\boldsymbol{v}_{\mathrm{g}})\right\}+(\phi_{\mathrm{RC}}+\phi_{\mathrm{WE}}+\phi_{\mathrm{TI}})\quad(11.60)$$

1)随机碰撞导致的气泡聚并

为了对连续介质中湍流导致的气泡聚并率进行建模,气泡随机碰撞率最为重要。假定这些碰撞只发生在相邻的气泡之间,而长距离相互作用是由大涡驱动的,这些大涡在不导致显著的相对运动的情况下输运气泡群(Coulaloglou & Tavlarides,1976;Prince & Blanch,1990)。在图 11.3 所示的相同尺寸的两个相邻球形气泡之间,定义碰撞间隔时间 Δt_{C} 为

$$\Delta t_{\mathrm{C}}=\frac{L_{\mathrm{T}}}{u_{\mathrm{t}}}\quad(11.61)$$

其中,u_{t} 为两个气泡接近速度的均方根,L_{t} 为一次碰撞中两个气泡之间的平均移动距离。这近似于

$$L_{\mathrm{T}}\approx D_{\mathrm{E}}-\delta D_{\mathrm{b}}\propto\left(\frac{D_{\mathrm{b}}}{\alpha_{\mathrm{g}}^{\frac{1}{3}}}-\delta' D_{\mathrm{b}}\right)=\frac{D_{\mathrm{b}}}{\alpha_{\mathrm{g}}^{\frac{1}{3}}}\left(1-\delta'\alpha_{\mathrm{g}}^{\frac{1}{3}}\right)\quad(11.62)$$

其中 D_{E} 为含有一个气泡的混合物体积的有效直径,D_{b} 为气泡直径。由于一个碰撞的气泡移动的长度从 D_{E} 到 $D_{\mathrm{E}}-D_{\mathrm{b}}$ 不等,因此在式(11.62)中引入了一个因子 δ' 来表征平均效应(而 δ' 是考虑 D_{E} 和 $D_{\mathrm{b}}/\alpha_{\mathrm{g}}^{\frac{1}{3}}$ 间重要性的集合参数)。对于小空泡份额的情况,由于 D_{E} 比 D_{b} 大得多,δ' 起次要作用。然而,当行进长度与平均气泡尺寸相当时就变得很重要。当空泡份额接近于密堆积极限($\alpha_{\mathrm{g}}\cong\alpha_{\mathrm{g,max}}$)时,平均行进长度变为零,则 δ' 等于 $\alpha_{\mathrm{g,max}}^{-\frac{1}{3}}$。利用这个渐近值作为 δ' 的近似值,将平均行进长度简化为

$$L_{\mathrm{T}}\propto\frac{D_{\mathrm{b}}}{\alpha_{\mathrm{g}}^{\frac{1}{3}}}\left\{1-\left(\frac{\alpha_{\mathrm{g}}}{\alpha_{\mathrm{g,max}}}\right)^{\frac{1}{3}}\right\}\quad(11.63)$$

相应地,两个气泡相向碰撞的频率 f_{RC} 为

$$f_{RC} = \frac{1}{\Delta t_C} \propto \frac{u_t}{D_b}\alpha_g^{\frac{1}{3}}\left(\frac{\alpha_{g,\max}^{\frac{1}{3}}}{\alpha_{g,\max}^{\frac{1}{3}} - \alpha_g^{\frac{1}{3}}}\right) \tag{11.64}$$

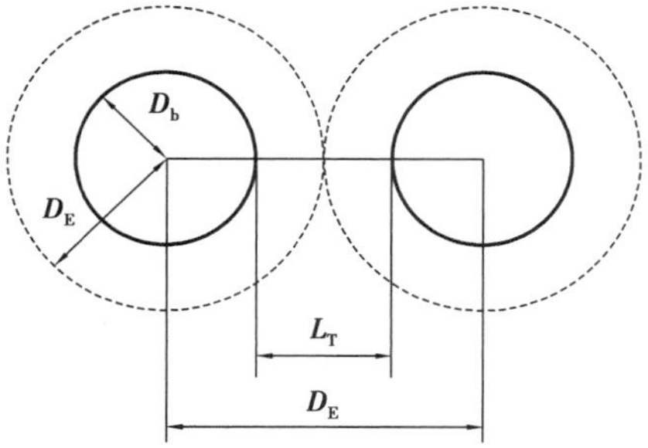

图 11.3　两个逼近气泡定义的几何关系(Wu et al. ,1998)

然而,由于气泡并不总是相向运动,因此这里考虑用气泡朝相邻气泡移动的概率 P_C 来修正碰撞率。假设一个六边形的密排结构,这个概率为

$$P_C \sim \frac{D_b^2}{D_E^2} = \alpha_g^{\frac{2}{3}}, \alpha_g < \alpha_{g,crit} \text{及} P_C = 1, \alpha_g > \alpha_{g,crit} \tag{11.65}$$

其中 $\alpha_{g,crit}$ 是中心气泡不能通过相邻气泡间自由空间时的临界空泡份额。在实际情况中,相邻气泡处于恒定运动状态,临界空泡份额非常接近于密排堆积极限。这会使

$$P_C \propto \left(\frac{\alpha_g}{\alpha_{g,\max}}\right)^{\frac{2}{3}} \tag{11.66}$$

则气泡数密度为 n_b 的混合物的碰撞频率为

$$\begin{aligned} f_{RC} &\approx \frac{1}{\Delta t_C}P_C \propto u_t\frac{\alpha_g}{D_b}\left\{\frac{1}{\alpha_{g,\max}^{\frac{1}{3}}(\alpha_{g,\max}^{\frac{1}{3}} - \alpha_g^{\frac{1}{3}})}\right\} \\ &\propto n_b u_t D_b^2\left\{\frac{1}{\alpha_{g,\max}^{\frac{1}{3}}(\alpha_{g,\max}^{\frac{1}{3}} - \alpha_g^{\frac{1}{3}})}\right\} \end{aligned} \tag{11.67}$$

上述碰撞速率的函数依赖关系与 Coulaloglou 和 Tavlarides(Coulaloglou & Tavlarides, 1976)提出的液－液滴流动系统的模型一致,类似于理想气体中的颗粒碰撞模型。不同之处在于,本模型在括号中包含了一个额外的项,它涵盖了气泡平均自由程与平均气泡尺寸相当的情况。尽管如此,目前的模型仍然不完整,因为无论邻近气泡的位置有多远,只要有有限的接近速度,就会发生碰撞。实际上,当平均距离非常大时,不应再计算碰撞,因为相邻气泡之间碰撞的相对运动范围受到与气泡大小相当的涡流大小的限制。为考虑这一影响,建议式(11.67)采用以下修正系数

$$\left\{1 - \exp\left(-C_T\frac{L_t}{L_T}\right)\right\} \tag{11.68}$$

其中，C_T 和 L_t 分别为根据流体的性质和驱动相邻气泡一起运动的涡的平均尺寸的可调节参数。假设这些涡流与平均气泡尺寸相同，因为较小的涡不能驱动气泡有较大的运行。然而，在气泡间不引起显著的相对运动条件下，较大的涡能输运气泡群。因此，最终的气泡碰撞频率关系式为

$$f_{RC} \sim (u_t n_b D_b^2)\left\{\frac{1}{\alpha_{g,\max}^{\frac{1}{3}}(\alpha_{g,\max}^{\frac{1}{3}} - \alpha_g^{\frac{1}{3}})}\right\}\left\{1 - \exp\left(-C_T\frac{\alpha_{g,\max}^{\frac{1}{3}}\alpha_g^{\frac{1}{3}}}{\alpha_{g,\max}^{\frac{1}{3}} - \alpha_g^{\frac{1}{3}}}\right)\right\} \tag{11.69}$$

对于每次碰撞，聚并可能并不一定会发生，许多研究者提出了碰撞效率的模型(Kirkpatrick & Lockett, 1974; Oolman & Blanch, 1986b)。最流行的碰撞效率模型是液膜减薄模型(Kirkpatrick & Lockett, 1974)。在这个模型中，当气泡接近更快时，由于表面张力控制的液膜排水率的限制，它们的行为趋于反弹。在数学上，聚并速率相对于湍流脉动速度呈指数递减，这比碰撞速率的线性依赖性强得多，导致随着湍流脉动的增加，聚并率总体呈下降趋势。因此，在模型中采用恒定的聚并效率 λ_C 来描述每次碰撞后聚并现象的随机性。然而，恒定的聚并效率只是一个近似表达，需要进一步的研究来机理性地描述该效率。式(11.69)中的平均气泡脉动速度 u_t 与长度尺度 D_b 两个点之间的液体脉动速度差的均方根成正比，$\varepsilon^{\frac{1}{3}}D_b^{\frac{1}{3}}$ 给出，其中 ε 是连续介质单位质量的能量耗散率(Rotta, 1972)。因此，由随机碰撞引起的气泡聚并所导致的界面面积浓度的降低率 ϕ_{RC} 由下式给出

$$\begin{aligned}\phi_{RC} &= -\frac{1}{3\psi}\left(\frac{\alpha_g}{a_i}\right)^2 f_{RC} n_b \lambda_C \\ &= -\frac{\Gamma_{RC}\alpha_g^2\varepsilon^{\frac{1}{3}}}{D_b^{\frac{5}{3}}}\left\{\frac{1}{\alpha_{g,\max}^{\frac{1}{3}}(\alpha_{g,\max}^{\frac{1}{3}} - \alpha_g^{\frac{1}{3}})}\right\}\left\{1 - \exp\left(-C_T\frac{\alpha_{g,\max}^{\frac{1}{3}}\alpha_g^{\frac{1}{3}}}{\alpha_{g,\max}^{\frac{1}{3}} - \alpha_g^{\frac{1}{3}}}\right)\right\}\end{aligned} \tag{11.70}$$

其中 Γ_{RC} 是一个可调节的参数，取决于流体的性质，实验确定其值为 0.016。式(11.70)中的常数设为 $\alpha_{g,\max}=0.75$，$C_T=3$。

2)尾流夹带导致的气泡聚并

当气泡进入前一个气泡的尾流区域时，它们将加速并可能与前一个气泡碰撞(Bilicki & Kestin, 1987; Otake, Tone, Nakao, & Mitsuhashi, 1977; Stewart, 1995)。对于后面跟随的气泡可能与前导气泡碰撞的液体介质中具有附加尾流区的球形气泡，其有效尾流体积 V_W 定义为投影气泡面积乘以有效长度 L_W。有效容积内的气泡数 N_W 为

$$N_W = V_W n_b \approx \frac{1}{4}\pi D_b^2\left(L_W - \frac{D_b}{2}\right)n_b \tag{11.71}$$

假设尾流区域中气泡与前一个气泡的平均间隔时间为 Δt_W，则单位混合体积的碰撞率 R_{WE} 应满足

$$R_{\mathrm{WE}} \propto \frac{1}{2}n_{\mathrm{b}}\frac{N_{\mathrm{W}}}{\Delta t_{\mathrm{W}}} \approx \frac{1}{8}\pi D_{\mathrm{b}}^{2}n_{\mathrm{b}}^{2}\left(\frac{L_{\mathrm{W}}-\dfrac{D_{\mathrm{b}}}{2}}{\Delta t_{\mathrm{W}}}\right) \approx \frac{1}{8}\pi D_{\mathrm{b}}^{2}n_{\mathrm{b}}^{2}u_{\mathrm{rW}} \tag{11.72}$$

式中，u_{rW}是先导气泡和尾流区内气泡之间的平均相对速度。Schlichting 和 Gerster（Schlichting，2016）给出了无因次相对速度的解析式

$$\frac{u_{\mathrm{rW}}}{v_{\mathrm{r}}} \approx \left(\frac{C_{\mathrm{D}}A}{\beta^{2}y^{2}}\right)^{\frac{1}{3}} \tag{11.73}$$

式中，v_{rW}、v_{r}、C_{D}、A、β 和 y 分别是前导气泡与尾流区中气泡之间的相对速度；前导气泡与液相之间的相对速度；气泡的曳力系数；气泡的前投影面积；混合长度与尾流宽度之比；以及从气泡的中心算起的沿流动方向的距离。对临界距离上的 v_{rW} 积分得到的尾流区的平均相对速度 u_{rW}。

$$u_{\mathrm{rW}} \approx 3v_{\mathrm{rW}}\left(\frac{C_{\mathrm{D}}\pi}{\beta^{2}}\right)^{\frac{1}{3}}\frac{1}{L_{\mathrm{W}}/(D_{\mathrm{b}}/2)-1}\left\{\left(\frac{L_{\mathrm{W}}}{D_{\mathrm{b}}/2}\right)^{\frac{1}{3}}-1\right\} \approx F\left(\frac{L_{\mathrm{W}}}{D_{\mathrm{b}}}\right)C_{\mathrm{D}}^{\frac{1}{3}}v_{\mathrm{r}} \tag{11.74}$$

其中 $F(L_{\mathrm{W}}/D_{\mathrm{b}})$ 是 $L_{\mathrm{W}}/D_{\mathrm{b}}$ 的函数，因为通常假定 β 为常数（Schlichting，2016）。$F(L_{\mathrm{W}}/D_{\mathrm{b}})$的确切形式并不重要，因为有效气泡尾流区可能并不能完全建立。据 Tsuchiya 等（Tsuchiya，Miyahara，& Fan，1989）的研究，在空气-水系统中尾流长度为气泡直径的 5～7 倍，因此 $L_{\mathrm{W}}/D_{\mathrm{b}}$ 和 $F(L_{\mathrm{W}}/D_{\mathrm{b}})$都视为与流体性质有关的常数。从实验数据中得到的值，$L_{\mathrm{W}}/D_{\mathrm{b}}$ 在 5～7 的范围内，该机制就应该是可接受的。因此，由尾流夹带所引起的气泡聚并导致的界面面积浓度降低率 ϕ_{WE}由下式给出

$$\phi_{\mathrm{WE}} = -\frac{1}{3\psi}\left(\frac{\alpha_{\mathrm{g}}}{a_{\mathrm{i}}}\right)^{2}R_{\mathrm{WE}}\lambda_{\mathrm{C}} = -\frac{\Gamma_{\mathrm{WE}}C_{\mathrm{D}}^{\frac{1}{3}}\alpha_{\mathrm{g}}^{2}v_{\mathrm{r}}}{D_{\mathrm{b}}^{2}} \tag{11.75}$$

其中，Γ_{WE}是一个可调节参数，主要取决于有效尾流长度与气泡尺寸和聚并效率的比率，实验确定的值为 0.007 6。

3）湍流冲击导致的气泡破裂

二元气泡破裂是由于湍流涡的影响，驱动力来自连续介质中湍流涡的惯性力 $F_{\text{惯性}}$，而抗力是表面张力 $F_{\text{张力}}$。在时间间隔 Δt_{B} 内驱动特征长度为 D_{b} 的子气泡脱离，可给出如下的简单的动量平衡关系

$$\frac{\rho_{\mathrm{f}}D_{\mathrm{b}}^{3}D_{\mathrm{b}}}{\Delta t_{\mathrm{B}}^{2}} \propto F_{\text{惯性}} - F_{\text{张力}} \tag{11.76}$$

在这里，由于液体和气体的密度比很大，气泡的惯性由虚拟质量控制。重新整理式(11.76)得到以下平均气泡破裂频率

$$f_{\mathrm{TI}} \propto \frac{u_{\mathrm{t}}}{D_{\mathrm{b}}}\left(1-\frac{\mathrm{We}_{\mathrm{crit}}}{\mathrm{We}}\right)^{\frac{1}{2}},\ \mathrm{We} \equiv \frac{\rho_{\mathrm{f}}u_{\mathrm{t}}^{2}D_{\mathrm{b}}}{\sigma} > \mathrm{We}_{\mathrm{crit}} \tag{11.77}$$

假定速度 u_{t} 为两个距离为 D_{b} 的点之间的均方根速度差，这意味着只有大小相当于

气泡尺寸的涡才能够使气泡破碎。We_{crit}是一个被称为临界韦伯数的集合常数。由于湍流脉动的共振激发(Sevik & Park,1973),导致气泡破裂的 We_{crit} 报道值在很大范围内变化。

在均匀湍流中,气泡与具有足够能量打破气泡的涡碰撞的概率,即破碎效率 λ_B,近似为(Coulaloglou & Tavlarides,1976)

$$\lambda_B \propto \exp\left(-\frac{u_{t,crit}^2}{u_t^2}\right) \tag{11.78}$$

其中 $u_{t,crit}^2$是从 We_{crit}得到的临界均方脉动速度。最后,由湍流冲击引起的气泡破裂所导致的界面面积浓度的增加率 ϕ_{TI}由下式给出

$$\begin{aligned}\phi_{TI} &= \frac{1}{3\psi}\left(\frac{\alpha_g}{a_i}\right)^2 f_{TI} n_b \lambda_B \\ &= \begin{cases}\dfrac{\Gamma_{TI}\alpha_g \varepsilon^{\frac{1}{3}}}{D_b^{\frac{5}{3}}}\left(1-\dfrac{We_{crit}}{We}\right)^{\frac{1}{2}}\exp\left(-\dfrac{We_{crit}}{We}\right), We > We_{crit} \\ 0, We \leqslant We_{crit}\end{cases}\end{aligned} \tag{11.79}$$

实验确定的 Γ_{TI}和 We_{crit}的可调参数分别为 0.17 和 6。这个表达式不同于以前的模型(Prince & Blanch,1990),因为当韦伯数小于 We_{crit}时,破裂率等于零。这种独特的特性允许气泡聚并与破碎过程解耦。在低液体流量、小空泡份额下,湍流脉动较小,不考虑破碎。这允许在工况变化较小条件下微调可调节参数,而不取决于气泡破裂。

4)一维单群模型

界面面积输运方程的最简单形式是在式(11.60)上应用截面平均得到的一维公式

$$\frac{\partial\langle a_i\rangle}{\partial t}+\frac{\partial}{\partial z}\left(\langle a_i\rangle\langle\langle v_{i,z}\rangle\rangle_a\right) = \left(\langle\phi_{RC}\rangle+\langle\phi_{WE}\rangle+\langle\phi_{TI}\rangle\right) + \frac{2}{3}\left(\frac{\langle a_i\rangle}{\langle\alpha_g\rangle}\right)\left\{\frac{\partial\langle\alpha_g\rangle}{\partial t}+\frac{\partial}{\partial z}\left(\langle\alpha_g\rangle\langle\langle \boldsymbol{v}_{g,z}\rangle\rangle\right)\right\} \tag{11.80}$$

根据均匀气泡假设,用界面面积浓度加权得到的平均气泡界面速度$\langle\langle \boldsymbol{v}_{i,z}\rangle\rangle_a$ 为

$$\langle\langle v_{i,z}\rangle\rangle_a \equiv \frac{\langle a_i v_{i,z}\rangle}{\langle a_i\rangle} \approx \frac{\langle\alpha_g v_{g,z}\rangle}{\langle\alpha_g\rangle} \equiv \langle\langle v_{g,z}\rangle\rangle \tag{11.81}$$

如果忽略气泡内的流动,这与由空泡份额加权的常规面积平均气体速度相同。面积平均源项和汇项的精确数学表达式将涉及许多协方差,这可能进一步使一维问题复杂化。然而,由于这些当地项最初是从混合物的有限体积元中获得的,如果认为流道的水力直径是有限单元的长度尺度,则面积平均的源项和汇项在平均参数上的函

数关系式应该大致相同。因此,式(11.70)、式(11.75)和式(11.79)中,在截面面积内平均的参数,仍然适用于式(11.80)中的面积平均源项和汇项。

在式(11.70)、式(11.75)和式(11.79)中,应确定单位质量混合物的能量耗散率。在完整的两流体模型中,ε 来自其自身的本构关系,如两相 k-ε 模型(M. Lopez de Bertodano, Lahey, & Jones, 1994)。然而,对于一维分析,该项可以用一个简单的代数方程来近似。

$$\langle \varepsilon \rangle = \frac{f_{TW}}{2D_H} \langle v_m \rangle^3 \tag{11.82}$$

其中 v_m、D_H 和 f_{TW} 分别是平均混合速度、流道的水力直径和两相摩擦系数。

11.2.2　Hibiki 和 Ishii 的源项和汇项

Hibiki 和 Ishii(T. Hibiki & M. Ishii, 2000a; Takashi Hibiki & Mamoru Ishii, 2002a)讨论了尾流夹带对界面面积输运的贡献。尾流夹带在泡状-弹状流转变、弹状-搅混流转变中起着重要的作用。气泡的横向脉动小,这对于小直径管中的泡状流或非常低流速的条件也可能很重要。然而,在相对较高的流动速度下,由于液体湍流的存在,即使在尾流区所捕获的气泡也很容易离开尾流区,导致尾流夹带对界面面积输运的贡献很小。因此,Hibiki 和 Ishii(T. Hibiki & M. Ishii, 2000a)从绝热泡状流的界面面积输运方程中去掉了尾流夹带项,并考虑了由于液体湍流导致的随机碰撞和由于湍流涡影响而破裂的两个聚并项。

1)随机碰撞引起的气泡聚并

气泡聚并是由液相湍流引起的气泡随机碰撞引起的。对于气泡-气泡碰撞频率的估计方法,可假设气泡的运动行为类似于理想气体分子(Coulaloglou & Tavlarides, 1977)。根据气体动力学理论(Loeb, 1927),气泡的随机碰撞频率 f_{RC} 可以通过假设气泡的速度 u_C,作为可用于碰撞的表面 S_C 和可用于碰撞的体积 U_C 的函数来表示

$$f_{RC} = \frac{u_C S_C}{4U_C} \tag{11.83}$$

考虑到气泡所排除的体积,则表面积和体积分别为

$$S_C = 4\pi(N_b - 1)D_b^2 \cong 4\pi N_b D_b^2 = V\frac{24\alpha_g}{D_b} \tag{11.84}$$

$$U_C = V\left(1 - \beta_C \frac{2}{3}\pi n_b D_b^3\right) = 4\beta_C V(\alpha_{C,\max} - \alpha_g), \alpha_{C,\max} \equiv \frac{1}{4}\beta_C \tag{11.85}$$

式中,N_b、D_b、V、n_b 和 α_g 分别表示气泡数、气泡直径、控制容积、气泡数密度和空泡份额。为了考虑高含气率区域中气泡所排除体积的重叠,在排除体积中引入了变量 β_C(≤ 1)。尽管它可能是空泡份额的函数,但为简单起见,一般将其视为常数。由这一假设所引起的畸变将由后面介绍的气泡聚并率的最终方程中的调节参数进行

调整。

各向同性湍流惯性子区域中 D_b 两个点之间的平均脉动速度差由(Hinze,1959)给出

$$u_b = 1.4(\varepsilon D_b)^{\frac{1}{3}} \tag{11.86}$$

式中,ε 表示能量耗散率。考虑到气泡间的相对速度,气泡的平均速度为

$$u_C = \gamma_C(\varepsilon D_b)^{\frac{1}{3}} \tag{11.87}$$

其中,γ_C 为常数。

当空泡份额接近最大空泡份额 $\alpha_{C,max}$ 时,碰撞频率会增加到无穷大。由于 74.1% 的体积实际上是由相同的球体所占据,这些球体根据面心立方晶格紧密排列,$\alpha_{C,max}$ 可以假定为 0.741。最后,可以得到

$$f_{RC} = \frac{\gamma'_C \alpha_g \varepsilon^{\frac{1}{3}}}{D_b^{\frac{2}{3}}(\alpha_{C,max} - \alpha_g)} \tag{11.88}$$

其中,γ'_C 为一可调节值。

为了获得气泡的聚并速率,有必要确定聚并效率。Coulaloglou 和 Tavlarides (Coulaloglou & Tavlarides,1977)给出了聚并效率 λ_C 的表达式,它是气泡聚并所需时间 t_C 和两个气泡接触时间 τ_C 的函数

$$\lambda_C = \exp\left(-\frac{t_C}{\tau_C}\right) \tag{11.89}$$

Oolman 和 Blanch(Oolman & Blanch,1986a,1986b)给出了气泡聚并所需的时间,用于减薄等尺寸气泡之间的液膜

$$t_C = \frac{1}{8}\sqrt{\frac{\rho_f D_b^3}{2\sigma}}\ln\frac{\delta_{init}}{\delta_{crit}} \tag{11.90}$$

式中,ρ_f、σ、δ_{init} 和 δ_{crit} 分别为液体密度、表面张力、初始液膜厚度和发生破裂时的临界液膜厚度。Levich(Levich,1962)从量纲的角度推导了湍流中的接触时间

$$\tau_C = \frac{r_b^{\frac{2}{3}}}{\varepsilon^{\frac{1}{3}}} \tag{11.91}$$

式中,r_b 为气泡半径。最后,得到

$$\lambda_C = \exp\left(-\frac{K_C \rho_f^{\frac{1}{2}} D_b^{\frac{5}{6}} \varepsilon^{\frac{1}{3}}}{\sigma^{\frac{1}{2}}}\right),\text{其中},K_C \equiv 2^{-\frac{17}{6}}\ln\frac{\delta_{init}}{\delta_{crit}} \tag{11.92}$$

Kirkpatrick 和 Lockett(Kirkpatrick & Lockett,1974)估计空气-水系统中的初始液膜厚度为 1×10^{-4} m,而最终液膜厚度通常为 1×10^{-8} m(Kim & Lee,1987)。因此,对于空气-水系统,实验系数 K_C 被确定为 1.29。

界面面积浓度的降低速率 ϕ_{RC} 表示为

$$\phi_{RC} = -\frac{1}{3\psi}\left(\frac{\alpha_g}{a_i}\right)^2 f_{RC} n_b \lambda_C$$

$$= -\frac{\Gamma_{RC}\alpha_g^2\varepsilon^{\frac{1}{3}}}{D_b^{\frac{5}{3}}(\alpha_{C,\max}-\alpha_g)}\exp\left(-\frac{K_C\rho_f^{\frac{1}{2}}D_b^{\frac{5}{6}}\varepsilon^{\frac{1}{3}}}{\sigma^{\frac{1}{2}}}\right) \tag{11.93}$$

可调变量 Γ_{RC} 肯定是排除体积重叠、气泡变形和气泡速度分布的函数。然而，为简单起见，可假定可调变量为常数，对于泡状流，实验确定其值为 0.031 4。

2）湍流冲击导致的气泡破裂

认为气泡的破裂是因湍流涡与气泡的碰撞所引起的。对于气泡涡碰撞频率的估算方法，假设涡流和气泡的运动行为类似于理想气体分子（Coulaloglou & Tavlarides，1977）。此外，对于气泡涡碰撞率的建模有如下的假设（Prince & Blanch，1990）：（ⅰ）湍流是各向同性的；（ⅱ）所感兴趣的涡大小 D_e 位于惯性区范围内；（ⅲ）从 c_eD_e 到 D_b 大小的涡可以打破 D_b 大小的气泡，因为较大的涡具有倾向于输运而不是打破气泡，较小的涡没有足够的能量来打破它。Azbel 和 Athanasios（D. Azbel & Athanasios，1983）发展了以下涡数量作为波数的函数的表达式

$$\frac{dN_e(k_e)}{dk_e} = 0.1k_e^2 \tag{11.94}$$

式中，$N_e(k_e)$ 表示流体体积的波数 $k_e(=2/D_e)$ 的涡数量。这里，两相混合物的单位体积波数的涡数量 $n_e(k_e)$，由下式给出

$$n_e(k_e) = N_e(k_e)(1-\alpha_g) \tag{11.95}$$

根据气体动力学理论（Loeb，1927），气泡涡随机碰撞频率 f_{TI} 可以通过假设气泡的速度 u_B 相同的条件下，作为可用于碰撞的表面积 S_B 和可用于碰撞的体积 U_B 的函数来表示

$$f_{TI} = \frac{u_B S_B}{4U_B} \tag{11.96}$$

考虑到气泡和涡的排除体积，则表面积和体积分别为

$$S_B = \frac{\int 4\pi(N_b-1)\left(\frac{D_b}{2}+\frac{D_e}{2}\right)^2 dn_e}{\int dn_e}$$

$$= 4\pi N_b D_b^2 \cdot F_S(c_e) = V\frac{24\alpha_g}{D_b}F_S(c_e) \tag{11.97}$$

$$U_B = V\left[1 - \frac{\beta_B\int\frac{2}{3}\pi n_b\left(\frac{D_b}{2}+\frac{D_e}{2}\right)^3 dn_e}{\int dn_e}\right]$$

$$= V\left(1 - \beta_B \frac{2}{3}\pi n_b D_b^3 \cdot F_V(c_e)\right)$$

$$= 4\beta_B F_V(c_e) V(\alpha_{B,\max} - \alpha_g) \tag{11.98}$$

其中 $F_S(c_e)$ 和 $F_V(c_e)$ 是由 D_e/D_b 定义的 c_e 的函数。为了考虑高含气率区域所排除体积重叠，在排除体积中引入变量 $\beta_B(\leqslant 1)$。尽管它可能是空泡份额的函数，但为简单起见，将其视为常数。由这一假设所引起的畸变将由后面介绍的气泡聚并率的最终方程中的调节参数进行调整。

根据 Kolmogorov 定律（David Azbel，1981），对于能谱的惯性区，涡速度 u_e 由下式给出

$$u_e^2 = 8.2(\varepsilon/k_e)^{\frac{2}{3}} \text{ 或 } u_e = 2.3(\varepsilon D_e)^{\frac{1}{3}} \tag{11.99}$$

这里，考虑到气泡和涡之间的相对运动，平均相对速度 u_B 可以表示为

$$u_B = \gamma_B(c_e)(\varepsilon D_b)^{\frac{1}{3}} \tag{11.100}$$

式中，$\gamma_B(c_e)$ 是 c_e 的函数。最后，得到

$$f_B = \frac{\gamma_B'(c_e)\alpha_g \varepsilon^{\frac{1}{3}}}{D_b^{\frac{2}{3}}(\alpha_{B,\max} - \alpha_g)} \tag{11.101}$$

其中 $\gamma_B'(c_e)$ 和 $\alpha_{B,\max}$ 是一个可调变量，分别取决于 c_e 和最大允许空泡份额。如果假设气泡大小与破裂气泡的涡几乎相同，则式（11.101）中最大许可的空泡份额 $\alpha_{B,\max}$ 可近似取为 $\alpha_{C,\max}$，即 0.741。因此，气泡涡随机碰撞频率的函数形式式（11.101）就非常类似于气泡随机碰撞频率函数的式（11.88）。

为了获得气泡破碎率，必须确定破碎效率 λ_B。破裂效率是根据单个涡的平均能量 E_e 和气泡破裂所需的平均能量 E_B 给出的（Coulaloglou & Tavlarides，1977；Prince & Blanch，1990；Tsouris & Tavlarides，1994）。

$$\lambda_B = \exp\left(-\frac{E_B}{E_e}\right) \tag{11.102}$$

对于二元破裂，也就是说，气泡破裂成两个气泡，所需能量 E_B 可简单地计算为破裂成一个小的和一个大的子气泡所需能量的平均值，即

$$E_B = \pi\sigma D_{b,\max}^2 + \pi\sigma D_{b,\min}^2 - \pi\sigma D_b^2 \tag{11.103}$$

将式（11.103）从 $D_{b,\max} = D_b/2^{\frac{1}{3}}$（$D_{b,\min} = D_b/2^{\frac{1}{3}}$）到 $D_{b,\max} = D_b$（$D_{b,\min} = 0$）平均，则平均值为 $0.200\pi\sigma D_b^2$，若设 $D_{b,\max} = D_{b,\min} = D_b/2^{\frac{1}{3}}$，则平均值为 $0.260\pi\sigma D_b^2$。因此，在两种极端情况下对破碎能取平均，则破碎能量 E_B 近似为 $0.230\pi\sigma D_b^2$。这里需要注意的是，这里通过对式（11.103）取平均得到的 E_B（$=0.230\pi\sigma D_b^2$）和假设破裂为两个等尺寸气泡的 E_B 值（$=0.260\pi\sigma D_b^2$）之间相差约为 13%。因此，破裂成两个气泡的大小的假设可能不会对 E_B 值的估计产生显著影响。

单个涡作用于气泡破裂的平均能量简单地计算为

$$E_e = \frac{\int_{n_{e,\min}}^{n_{e,\max}} e\mathrm{d}n_e}{\int_{n_{e,\min}}^{n_{e,\max}} \mathrm{d}n_e} \tag{11.104}$$

其中，e 为单个涡的能量，由下式给出

$$e = \frac{1}{2}m_e u_e^2 \tag{11.105}$$

其中，m_e 是单个涡的质量。根据式(11.94)、式(11.95)、式(11.99)、式(11.104)和式(11.105)，作用于气泡破裂的单个涡的平均能量为

$$E_e = \frac{\int_{n_{e,\min}}^{n_{e,\max}} e\mathrm{d}n_e}{\int_{n_{e,\min}}^{n_{e,\max}} \mathrm{d}n_e} = \frac{0.546\pi\rho_f\varepsilon^{\frac{2}{3}}(1-\alpha_g)\int_{k_{e,\min}}^{k_{e,\max}} k_e^{-\frac{5}{3}}\mathrm{d}k_e}{0.1(1-\alpha_g)\int_{k_{e,\min}}^{k_{e,\max}} k_e^2\mathrm{d}k_e}$$

$$= 1.93\pi\rho_f\varepsilon^{\frac{2}{3}}D_b^{\frac{11}{3}}\frac{1-c_e^{\frac{2}{3}}}{c_e^{-3}-1} \tag{11.106}$$

Prince 和 Blanch(Prince & Blanch，1990)设定了不会导致气泡破裂的最小涡尺寸，比气泡尺寸小 20%，$c_e^{\frac{2}{3}}=0.2$。因此，单涡的平均能量为

$$E_e = 0.145\pi\rho_f\varepsilon^{\frac{2}{3}}D_b^{\frac{11}{3}} \tag{11.107}$$

则破裂效率的最终表达式形式为

$$\lambda_B = \exp\left(-\frac{K_B\sigma}{\rho_f\varepsilon^{\frac{2}{3}}D_b^{\frac{5}{3}}}\right) \tag{11.108}$$

式中，K_B 为常数，等于 1.59(=0.230/0.145)。

界面面积浓度的增加率 ϕ_{TI} 表示为

$$\phi_{TI} = \frac{1}{3\psi}\left(\frac{\alpha_g}{a_i}\right)^2 f_{TI}n_e\lambda_B = \frac{\Gamma_B\alpha_g(1-\alpha_g)\varepsilon^{\frac{1}{3}}}{D_b^{\frac{5}{3}}(\alpha_{B,\max}-\alpha_g)}\exp\left(-\frac{K_B\sigma}{\rho_f\varepsilon^{\frac{2}{3}}D_b^{\frac{5}{3}}}\right) \tag{11.109}$$

其中 f_{TI} 是可调变量。可调变量 Γ_B 是排移体积的重叠量、气泡变形、气泡速度分布以及涡尺寸与气泡尺寸之比的函数。然而，为了简单起见，可调变量可以假定为常数，对于泡状流，实验确定的值为 0.020 9。

这里需要注意的是，对于一维分析，单位质量的能量耗散率仅从机械能方程(Bello，1968)中获得，如下所示

$$\langle\varepsilon\rangle = \frac{\langle j\rangle}{\rho_m}\left(-\frac{\mathrm{d}p}{\mathrm{d}z}\right)_F \tag{11.110}$$

其中 j、ρ_m、p、z 分别表示混合物体积流量通量、混合物密度、压力和轴向位置。

11.2.3 Hibiki 等的源项和汇项

Hibiki 等(Hibiki,Takamasa,et al.,2001b)讨论了在相对较小直径的管内,当气泡破裂可忽略不计时,在较低液体速度下的界面面积输运的主要机制。这里,相对较小直径的管被定义为具有相对较高的气泡尺寸与管直径之比的管子。在这样一个相对较小直径的管内,由于壁面的存在,气泡的径向运动将受到限制,导致气泡随机碰撞不明显,而气泡沿流动方向排列,导致明显的尾流夹带。因此,Hibiki 等(Hibiki,Takamasa,et al.,2001b)考虑到气泡聚并机理与管直径的关系,发展了气泡聚并引起的汇项。

1)气泡随机碰撞所导致的聚并

与 Hibiki 和 Ishii(T. Hibiki & M. Ishii,2000a)的模型相同,有

$$\phi_{RC} = -\frac{\Gamma_{RC}\alpha_g^2\varepsilon^{\frac{1}{3}}}{D_b^{\frac{5}{3}}(\alpha_{C,max}-\alpha_g)}\exp\left(-\frac{K_C\rho_f^{\frac{1}{2}}D_b^{\frac{5}{6}}\varepsilon^{\frac{1}{3}}}{\sigma^{\frac{1}{2}}}\right) \tag{11.111}$$

2)气泡尾流夹带所导致的聚并

由 Wu 等(Wu et al.,1998)的模型修正而来

$$\phi_{WE} = -\Gamma_{WE}C_D^{\frac{1}{3}}a_i^2v_r\exp\left(-\frac{K_C\rho_f^{\frac{1}{2}}D_b^{\frac{5}{6}}\varepsilon^{\frac{1}{3}}}{\sigma^{\frac{1}{2}}}\right) \tag{11.112}$$

其中,Γ_{WE}和 K_C 分别为可调参数和实验常数,对于空气-水系统,实验确定的值分别为 0.082 和 1.29。

3)管径对界面面积输运机制的影响

上述简单讨论表明,在相对较小直径的管内,气泡聚并的主要机制是尾流夹带。然而,实验结果(Hibiki & Ishii,1999;Hibiki et al.,2001a)表明,考虑液体湍流引起的气泡随机碰撞,可以对中等尺寸管道($25.4\ \text{mm}\leqslant d\leqslant 50.8\ \text{mm}$)中气泡流动的气泡聚并机理成功进行建模。因此,气泡聚并机理可能取决于气泡直径与管直径的比 D_b/D。例如,在 $D_b/D=0.5$ 的前驱气泡的投影区域中肯定存在尾流气泡。此外,即使对于 $D_b/D=0.33$ 的管道,如果前驱气泡在通道中心上升,则尾流气泡必然存在于前驱气泡的投影区域中。在小直径管道内,由于壁面的存在会限制气泡的径向运动,气泡随机碰撞不太可能导致气泡聚并。因此,随着气泡直径与管直径之比的增大,气泡聚并的主要机制可能从气泡随机碰撞机理逐渐转变为尾流夹带。这表明中小直径管道中泡状流汇项的函数形式为:

$$\phi_C = \phi_{RC}\exp\left\{f\left(\frac{D_b}{D}\right)\right\}+\phi_{WE}\left\{1-\exp\left[f\left(\frac{D_b}{D}\right)\right]\right\} \tag{11.113}$$

基于实验数据,函数 $f\left(\frac{D_b}{D}\right)$ 可近似为

$$f\left(\frac{D_b}{D}\right) = -1\ 000\left(\frac{D_b}{D}\right)^5 \tag{11.114}$$

考虑管尺寸效应的界面面积输运方程在预测中小直径管内泡状流的界面面积输运方面很有前景。

11.3　两群界面面积输运方程源项和汇项的建模

不同流型下的界面结构变化很大。对于帽状泡状流、弹状流和搅混流，根据其几何和物理特性，将气泡分为两类。球形和变形气泡被归为第一群，帽状、弹状和搅混湍流气泡被归为第二群。这两群气泡受到不同的聚并/破裂机制的影响。因此，需要引入两组界面面积输运方程，并对气泡的聚并和破碎过程进行适当的建模。

11.3.1　Hibiki 和 Ishii 的源项和汇项

Hibiki 和 Ishii(Takashi Hibiki & Mamoru Ishii,2000b)建立了中等直径管道中绝热泡状-弹状过渡流的两群界面面积输运方程，并使用 50.8 mm 直径管道中的垂直空气-水流量数据对其进行了评估(Hibiki, Ishii, et al. ,2001a)。下面对界面面积输运机制的分类以及源项和汇项的建模进行简要介绍。

1)界面输运机制的分类

第一群和第二群气泡的区分界限可用下式确定(Ishii & Zuber,1979)：

$$D_{crit} = 4\sqrt{\frac{\sigma}{g\Delta\rho}} \tag{11.115}$$

式中，D_{crit} 是第一群和第二群气泡边界尺寸处气泡的临界体积当量直径。式(11.115)给出的大气压下空气-水系统的值约为 10 mm。

表 11.1　Hibiki 及 Ishii 所提出的气泡群间及群内的相互作用机制

(Takashi Hibiki & Mamoru Ishii,2000b)

符号	机制	相互作用	参数
$\phi_{RC}^{(1)}$	随机碰撞	(1)+(1)→(1)	$\Gamma_{RC,1}=0.351, K_{RC,1}=0.258$
$\phi_{WE}^{(12,2)}$	尾流夹带	(1)+(2)→(1)	$\Gamma_{WE,12}=24.9, K_{WE,12}=0.460$
$\phi_{WE}^{(2)}$	尾流夹带	(2)+(2)→(2)	$\Gamma_{WE,2}=63.7, K_{WE,2}=0.258$
$\phi_{TI}^{(1)}$	湍流冲击	(1)→(1)+(1)	$\Gamma_{TI,1}=1.12, K_{TI,1}=6.85$
$\phi_{TI}^{(2)}$	湍流冲击	(2)→(2)+(1)	$\Gamma_{TI,12}=317, K_{TI,12}=11.7$
$\phi_{TI}^{(2,12)}$	湍流冲击	(2)→(2)+(2)	$\Gamma_{TI,2}=4.26, \mathrm{K}_{TI,2}=6.85$

为了对由气泡聚并和破裂引起的两群界面面积输运方程中的积分源项和汇项进行建模，气泡之间的相互作用可按所属气泡群分为 8 类(图 11.1)：①气泡(群 1)聚并成较大气泡(群 1)；②气泡(群 1)分裂为较小气泡(群 1)；③气泡(群 1 和群 2)合并为大气泡(群 2)；④气泡(群 2)分裂为小气泡(群 1 和群 2)；⑤气泡(群 1)合并为大气泡(群 2)；⑥大气泡(群 2)分裂为较小气泡(群 1)；⑦大气泡(群 2)聚并成更大气泡(群 2)；和⑧大气泡(群 2)分裂成大气泡(群 2)。如表 11.1 所示，Hibiki 和 Ishii(Takashi Hibiki & Mamoru Ishii,2000b)考虑了 3 种主要的气泡相互作用：①湍流驱动的随机碰撞导致的聚并；②尾流夹带导致的聚并；以及③湍流涡影响下的破裂。他们认为，在泡状到弹状流过渡流动中，由于帽状或弹状气泡的剪切而导致的气泡聚并可能微不足道。他们还假设，在中等直径的管道中，由于表面不稳定导致的气泡破裂可以忽略，因为管道尺寸小于因表面不稳定导致的气泡破裂的极限。

Hibiki 和 Ishii(Takashi Hibiki & Mamoru Ishii,2000b)开发了一个两群模型，其中包含湍流冲击和尾流夹带所需的群间耦合项，以及第二群中尾流夹带和湍流冲击所需的源项和汇项(表 11.1)。在这里，由于建立了中等直径管内泡状-弹状过渡流动的模型，因此排除了其他的一些机制，如由于帽泡之间的随机碰撞而导致的聚并。在这种情况下，帽状气泡和弹状气泡会沿管中心上升，导致帽状气泡之间的随机碰撞。在这个模型中还忽略了另外两个机制。它们是因为帽状气泡(群 2)完全分解为小气泡(群 1)，小气泡(群 1)合并为帽状气泡(群 2)等交换项。在实验条件下(Hibiki, et al. ,2001a)，由于帽状气泡与小气泡的直径之比为 10 ~ 20，因此不太可能会发生这些气泡的交换。最后，表 11.1 中列出的 6 个项可视为两群界面面积输运方程中的源项和汇项，能应用于中等直径管内的泡状-弹状过渡流。

2)简化的两群界面面积输运方程

假设为等温流动条件，忽略系数χ。这是由于在群边界上几乎没有气泡由于膨胀而转移到另一个群。因此，两群界面面积输运方程简化为

$$\frac{\partial \alpha_{g1}\rho_g}{\partial t} + \nabla\cdot(\alpha_{g1}\rho_g \boldsymbol{v}_{g1}) = -\rho_g(\eta_{WE}^{(12,2)} + \eta_{TI}^{(2,12)}) \tag{11.116}$$

$$\frac{\partial a_{i1}}{\partial t} + \nabla\cdot(a_{i1}\boldsymbol{v}_{i1}) = \frac{2}{3}\frac{a_{i1}}{\alpha_{g1}}\left\{\frac{\partial \alpha_{g1}}{\partial t} + \nabla\cdot(\alpha_{g1}\boldsymbol{v}_{g1})\right\} + \phi_{RC}^{(1)} + \phi_{WE}^{(12,2)} + \phi_{TI}^{(1)} + \phi_{TI}^{(2,12)} \tag{11.117}$$

$$\frac{\partial a_{i2}}{\partial t} + \nabla\cdot(a_{i2}\boldsymbol{v}_{i2}) = \frac{2}{3}\frac{a_{i2}}{\alpha_{g2}}\left\{\frac{\partial \alpha_{g2}}{\partial t} + \nabla\cdot(\alpha_{g2}\boldsymbol{v}_{g2})\right\} + \phi_{WE}^{(2)} + \phi_{TI}^{(2)} \tag{11.118}$$

3)源项和汇项建模总结

汇项和源项建模的总结如下。在一维公式中，所有的两相参数，如 α_g、a_i 和 D_{Sm}，都是面积平均值。为简单起见，以下公式中省略了代表面积平均值的$\langle\ \rangle$标志。

随机碰撞所导致的气泡聚并

$$\phi_{\mathrm{RC}}^{(1)} = -\frac{\Gamma_{\mathrm{RC},1}\alpha_{\mathrm{g}1}^{2}\varepsilon^{\frac{1}{3}}}{D_{\mathrm{b},1}^{\frac{5}{3}}(\alpha_{\mathrm{C,max}}-\alpha_{\mathrm{g}})}\exp\left(-\frac{K_{\mathrm{RC},1}\rho_{\mathrm{f}}^{\frac{1}{2}}D_{\mathrm{b},1}^{\frac{5}{6}}\varepsilon^{\frac{1}{3}}}{\sigma^{\frac{1}{2}}}\right) \tag{11.119}$$

尾流夹带所导致的气泡聚并

$$\phi_{\mathrm{WE}}^{(12,2)} = -\frac{\Gamma_{\mathrm{WE},12}\alpha_{\mathrm{g}1}\alpha_{\mathrm{g}2}}{D_{\mathrm{b},1}D_{\mathrm{b},2}}(v_{\mathrm{g}2}-v_{\mathrm{f}})\exp\left\{-K_{\mathrm{WE},12}\sqrt[6]{\frac{\rho_{\mathrm{f}}^{3}\varepsilon^{2}}{\sigma^{3}}\left(\frac{D_{\mathrm{b},1}D_{\mathrm{b},2}}{D_{\mathrm{b},1}+D_{\mathrm{b},2}}\right)^{5}}\right\} \tag{11.120}$$

$$\phi_{\mathrm{WE}}^{(2)} = -\frac{\Gamma_{\mathrm{WE},2}\alpha_{\mathrm{g}2}^{2}}{D_{\mathrm{b},2}^{2}}(v_{\mathrm{g}2}-v_{\mathrm{f}})\exp\left\{-K_{\mathrm{WE},2}\sqrt[6]{\frac{D_{\mathrm{b},2}^{5}\rho_{\mathrm{f}}^{3}\varepsilon^{2}}{\sigma^{3}}}\right\} \tag{11.121}$$

$$\eta_{\mathrm{WE}}^{(12,2)} = \left(\frac{\alpha_{\mathrm{g}1}}{a_{\mathrm{i},1}}\right)^{3}\frac{3\Gamma_{\mathrm{WE},12}\alpha_{\mathrm{g}1}\alpha_{\mathrm{g}2}}{D_{\mathrm{b},1}^{3}D_{\mathrm{b},2}}(v_{\mathrm{z}2}-v_{\mathrm{f}})\times\exp\left\{-K_{\mathrm{WE},12}\sqrt[6]{\frac{\rho_{\mathrm{f}}^{3}\varepsilon^{2}}{\sigma^{3}}\left(\frac{D_{\mathrm{b},1}D_{\mathrm{b},2}}{D_{\mathrm{b},1}+D_{\mathrm{b},2}}\right)^{5}}\right\} \tag{11.122}$$

湍流冲击所导致的气泡破裂

$$\phi_{\mathrm{TI}}^{(1)} = \frac{\Gamma_{\mathrm{TI},1}\alpha_{\mathrm{g}1}(1-\alpha_{\mathrm{g}})\varepsilon^{\frac{1}{3}}}{D_{\mathrm{b},1}^{\frac{5}{3}}(\alpha_{\mathrm{TI,max}}-\alpha_{\mathrm{g}})}\exp\left(-\frac{K_{\mathrm{TI},1}\sigma}{\rho_{\mathrm{f}}\varepsilon^{\frac{2}{3}}D_{\mathrm{b},1}^{\frac{5}{3}}}\right) \tag{11.123}$$

$$\phi_{\mathrm{TI}}^{(2,12)} = \frac{\Gamma_{\mathrm{TI},12}\alpha_{\mathrm{g}2}(1-\alpha_{\mathrm{g}})\varepsilon^{\frac{1}{3}}}{D_{\mathrm{b},2}^{\frac{5}{3}}(\alpha_{\mathrm{TI,max}}-\alpha_{\mathrm{g}})}\times\exp\left\{-\frac{K_{\mathrm{TI},12}\sigma[(D_{\mathrm{b},2}^{3}-D_{\mathrm{b},1}^{3})^{\frac{2}{3}}+(D_{\mathrm{b},1}^{2}-D_{\mathrm{b},2}^{2})]}{\rho_{\mathrm{f}}D_{\mathrm{b},2}^{\frac{11}{3}}\varepsilon^{\frac{2}{3}}}\right\} \tag{11.124}$$

$$\phi_{\mathrm{TI}}^{(2)} = \frac{\Gamma_{\mathrm{TI},2}\alpha_{\mathrm{g}2}(1-\alpha_{\mathrm{g}})\varepsilon^{\frac{1}{3}}}{D_{\mathrm{b},2}^{\frac{5}{3}}(\alpha_{\mathrm{TI,max}}-\alpha_{\mathrm{g}})}\exp\left(-\frac{K_{\mathrm{TI},2}\sigma}{\rho_{\mathrm{f}}\varepsilon^{\frac{2}{3}}D_{\mathrm{b},2}^{\frac{5}{3}}}\right) \tag{11.125}$$

$$\eta_{\mathrm{TI}}^{(2,12)} = \left(\frac{\alpha_{\mathrm{g}1}}{a_{\mathrm{i},1}}\right)^{3}\frac{3\Gamma_{\mathrm{TI},12}\alpha_{\mathrm{g}2}(1-\alpha_{\mathrm{g}})\varepsilon^{\frac{1}{3}}}{D_{\mathrm{b},2}^{\frac{11}{3}}(\alpha_{\mathrm{TI,max}}-\alpha_{\mathrm{g}})}\times \exp\left\{-\frac{K_{\mathrm{TI},12}\sigma[(D_{\mathrm{b},2}^{3}-D_{\mathrm{b},1}^{3})^{\frac{2}{3}}+(D_{\mathrm{b},1}^{2}-D_{\mathrm{b},2}^{2})]}{\rho_{\mathrm{f}}D_{\mathrm{b},2}^{\frac{11}{3}}\varepsilon^{\frac{2}{3}}}\right\} \tag{11.126}$$

源项和汇项的各系数列于表 11.1。

11.3.2　Fu 和 Ishii 的源项和汇项

Fu 和 Ishii(Fu & Ishii,2003b)建立了中等直径管内泡状流、弹状流和搅混流的两群界面面积输运方程,并利用直径为 50.8 mm 管内垂直空气-水数据对其进行了评估。下面,简要说明了界面面积输运机制的分类及源项和汇项的建模。

1)界面面积传输机制的分类

Fu 和 Ishii(Fu & Ishii,2003b)采用了 5 种主要的气泡作用机制:①湍流驱动的随机碰撞导致的聚并;②尾流夹带导致的聚并;③湍流涡冲击下的破碎;④剪切导致的破碎;⑤气泡表面流动不稳定性导致的大气泡破裂。考虑到将所有源和汇项合并到界面面积输运方程中的复杂性和实验验证的困难,他们根据这些机制的性质和数量级进行了分析,简化相互作用项。实验证明,大多数群间相互作用是由尾流夹带和1群气泡与2群气泡的剪切作用引起的(Fu & Ishii,2003b)。此外,第二群气泡之间的尾流夹带主要控制第二群气泡的数量,这显著影响了群间相互作用的流动结构和强度。高湍流度和弹状气泡尾流区的涡相互作用显著增强了由于表面不稳定引起的第二群气泡的破裂。

由于性质相似,第一群气泡和第二群气泡之间的随机碰撞可能包含在第二群气泡对第一群气泡的尾流夹带中。此外,由于尾流区外第一群气泡数密度和湍流强度较低,第一群气泡在第二群气泡头部碰撞的贡献较小。同时,在中等直径(2.5 cm≤d≤10 cm)的通道流动中,第二群气泡之间的随机碰撞也可以忽略不计,因为主要的相互作用通常在前一组气泡的尾流区域内,并且聚并机制可以看作是第二群气泡之间的尾流夹带。与之类似,导致第一群气泡从第二群气泡生成的湍流破裂可视为剪切效应的一部分,可能不需要单独建模。此外,由于表面不稳定性导致的第二群气泡的破裂一般认为是非常小的,并且可以与湍流冲击引起的第二群气泡的破裂相结合。最后,表11.2中列出了9项两组界面面积输运方程中的可能的汇项和源项,可应用于中等直径管内的泡状流、弹状流和搅混流。

表11.2 Fu和Ishii模型中的群内和群间作用机制(Fu & Ishii,2003a,2003b)

符号	机制	作用	参数
$\phi_{RC}^{(1)}$	随机碰撞	(1)+(1)→(1)	$C_{RC}=0.0041, C_T=3.0$
$\phi_{RC}^{(11,2)}$	随机碰撞	(1)+(1)→(2)	$\alpha_{g1,max}=0.75$
$\phi_{WE}^{(1)}$	尾流夹带	(1)+(1)→(1)	$C_{WE}=0.002, C_{WE}^{(12,2)}=0.015$
$\phi_{WE}^{(11,2)}$	尾流夹带	(1)+(1)→(2)	$C_{WE}^{(2)}=10.0$
$\phi_{WE}^{(12,2)}$	尾流夹带	(1)+(2)→(2)	$C_{TI}=0.0085, We_{crit}=6.0$
$\phi_{WE}^{(2)}$	尾流夹带	(2)+(2)→(2)	$C_{SO}=0.031, \gamma_{SO}=0.032$
$\phi_{TI}^{(1)}$	湍流冲击	(1)→(1)+(1)	$\beta_{SO}=1.6$
$\phi_{TI}^{(2)}$	湍流冲击	(2)→(2)+(2)	
$\phi_{SO}^{(2,12)}$	剪切脱离	(2)→(2)+(1)	

2)简化的两群界面面积输运方程

在这里假设为等温流动条件。由于在群边界上几乎没有气泡因膨胀而转移到另一个群,因此忽略系数χ。因此,两群界面面积输运方程简化为

$$\frac{\partial \alpha_{g1}\rho_g}{\partial t} + \nabla\cdot(\alpha_{g1}\rho_g \boldsymbol{v}_{g1}) = -\rho_g(\eta_{RC}^{(11,2)} + \eta_{WE}^{(11,2)} + \eta_{WE}^{(12,2)} + \eta_{SO}^{(2,12)}) \tag{11.127}$$

$$\frac{\partial a_{i1}}{\partial t} + \nabla\cdot(a_{i1}\boldsymbol{v}_{i1}) = \frac{2}{3}\frac{a_{i1}}{\alpha_{g1}}\left\{\frac{\partial \alpha_{g1}}{\partial t} + \nabla\cdot(\alpha_{g1}\boldsymbol{v}_{g1})\right\} + \phi_{RC}^{(1)} + \phi_{RC,1}^{(11,2)} + \phi_{WE}^{(1)} + \phi_{WE,1}^{(11,2)} + \phi_{WE,1}^{(12,2)} + \phi_{TI}^{(1)} + \phi_{SO,1}^{(2,12)} \tag{11.128}$$

$$\frac{\partial a_{i2}}{\partial t} + \nabla\cdot(a_{i2}\boldsymbol{v}_{i2}) = \frac{2}{3}\frac{a_{i2}}{\alpha_{g2}}\left\{\frac{\partial \alpha_{g2}}{\partial t} + \nabla\cdot(\alpha_{g2}\boldsymbol{v}_{g2})\right\} + \phi_{WE}^{(2)} + \phi_{SO,2}^{(2,12)} + \phi_{RC,2}^{(11,2)} + \phi_{TI}^{(2)} + \phi_{WE,2}^{(11,2)} + \phi_{WE,2}^{(12,2)} \tag{11.129}$$

3）假定第二群气泡形状和气泡数密度分布

第二群气泡由帽状气泡和弹状气泡组成。当直径比 $D_{b,cross}/D$ 超过一定范围时，气泡形状受壁面效应的影响，其中 $D_{b,cross}$ 是气泡截面直径，D 是管子直径。此外，有两个重要的参数被认为是决定气泡形状的关键。它们是：a. 由 $N_{\mu f} = \frac{\mu_f}{\left(\rho_f\sigma\sqrt{\sigma/g\Delta\rho}\right)^{\frac{1}{2}}}$ 给出的黏度数；b. 由 $D^* = \frac{D}{\sqrt{\sigma/g\Delta\rho}}$ 给出的长度比例数。据 Clift 等（Clift et al.，1978）的研究，当 $D_{b,cross}/D \leqslant 0.6$ 时，在无限大介质中，壁面对帽状气泡的形状影响很小。在这种情况下，帽状气泡的形状可以近似认为是球体的一部分，并且尾迹角几乎为 50°。当直径比 $D_{b,cross}/D$ 超过约 0.6 时，管子直径成为控制气泡正面形状的控制性长度，则这种气泡被称为弹状气泡。图 11.4 给出了几何参数的定义，包括横截面半径 a、气泡高度 h 和尾迹角 θ。结果表明（Clift et al.，1978），弹状气泡可以视为由两部分组成，一部分是球形的鼻区，其形状与段塞长度无关，另一部分是被液体环形液膜包围的近圆柱形部分。实验还证明，对于 $N_{\mu f} \leqslant 0.032$ 和 $D^* > 10$ 的情况，黏性和表面张力可以忽略不计，可以很好地应用势流理论中的气泡形状。中等直径管（$N_{\mu f} = 2.36\times10^{-3}$，对于直径为 50.8 mm 的管子，$D^* \approx 19$）内的气水流量满足上述要求。因此，可以根据伯努利方程来预测气泡形状（Mishima & Ishii，1984）。

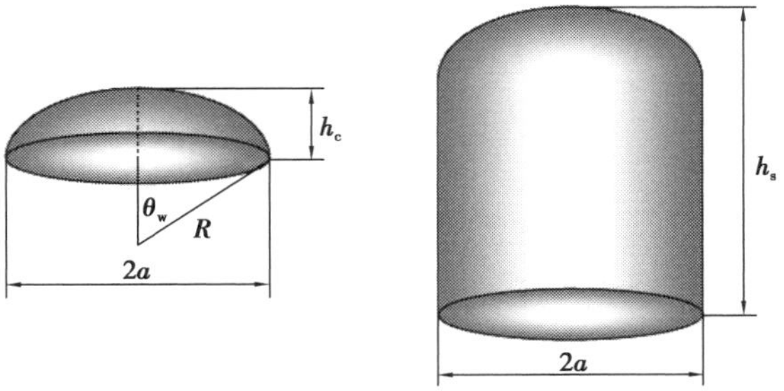

图 11.4　帽状和泰勒气泡几何参数的定义（Fu 和 Ishii，2003b）

图 11.5 给出了简化的气泡数密度分布。假设在相应的气泡体积范围内,所有的气泡群都具有平的数量密度分布。分布函数的值分别表示为第一群气泡、帽状气泡和弹状气泡的 f_1、f_c 和 f_s。

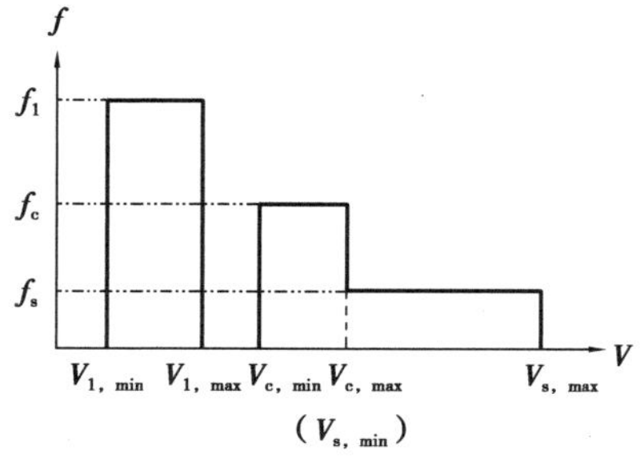

图 11.5 简化气泡数密度分布图(Fu 和 Ishii,2003b)

4)源项和汇项建模的总结

关于源项和汇项建模方法总结如下。在一维公式中,所有两相参数如 α_g、a_i 和 D_{sm} 都是面积平均值。为简单起见,以下公式中省略了代表面积平均值的 $\langle\ \rangle$ 符号。

随机碰撞导致的气泡聚并

$$\phi_{RC}^{(1)} = \langle \delta A_{i1}^{(11,1)} \rangle_R R_{RC}^{(1)} \tag{11.130}$$

$$\phi_{RC,1}^{(11,2)} = \langle \delta A_{i1}^{(11,2)} \rangle_R R_{RC}^{(1)} \tag{11.131}$$

$$\phi_{RC,2}^{(11,2)} = \langle \delta A_{i2}^{(11,2)} \rangle_R R_{RC}^{(1)} \tag{11.132}$$

$$\eta_{RC}^{(11,2)} = \langle \delta V^{(11,2)} \rangle_R R_{RC}^{(1)} \tag{11.133}$$

其中,

$$R_{RC}^{(1)} = C_{RC}\left[\frac{u_t n_{b1}^2 D_{Sm1}^2}{\alpha_{g1,\max}^{\frac{1}{3}}\left(\alpha_{g1,\max}^{\frac{1}{3}} - \alpha_{g1}^{\frac{1}{3}}\right)}\right]\left[1 - \exp\left(-C_T \frac{\alpha_{g1,\max}^{\frac{1}{3}}\alpha_{g1}^{\frac{1}{3}}}{\alpha_{g1,\max}^{\frac{1}{3}} - \alpha_{g1}^{\frac{1}{3}}}\right)\right] \tag{11.134}$$

$$n_{b1} = \frac{1}{36\pi}\frac{a_{i1}^3}{\alpha_{g1}^2} \tag{11.135}$$

湍流脉动速度(或均方根速度)u_t^2 由各向同性湍流强度 $u_{t,isot}^2$ 和尾流湍流强度 $u_{t,wake}^2$ 组成,即

$$u_t^2 = u_{t,isot}^2 + u_{t,wake}^2 \tag{11.136}$$

$$u_{t,isot}^2 = (\varepsilon D_{Sm1})^{\frac{2}{3}} \tag{11.137}$$

$$u_{t,wake}^2 = 0.056 C_g\left(\frac{D^3}{V_s^*}\right)^{\frac{1}{2}} \kappa_{fr} \tag{11.138}$$

其中

$$C_g \equiv \sqrt{\frac{2g\Delta\rho}{\rho_f}} \tag{11.139}$$

$$V_s^* \equiv \frac{V_{s,\min}}{V_{s,\max}} \tag{11.140}$$

$$\kappa_{fr} = 1 - \exp\left(-\frac{C_{fr} V_s^{*\frac{1}{2}}}{D^{\frac{1}{2}}}\right) \tag{11.141}$$

当 $D_{Sm1} > 8.333\,8 \times 10^3$ m 时，式中的常数 C_{fr} 设为 1.853 6，则

$$\langle \delta A_{i1}^{(11,1)} \rangle_R = D_{Sm1}^2 [-3.142 D_{c1}^{*3} + 2.183 D_{c1}^{*5} - 0.395 D_{c1}^{*8} + 3.392(0.579 D_{c1}^{*3} - 1)^{\frac{8}{3}}] \tag{11.142}$$

$$\langle \delta A_{i1}^{(11,2)} \rangle_R = D_{Sm1}^2 [8.82 + 2.035(0.579 D_{c1}^{*3} - 1)^{\frac{8}{3}} - 5.428 D_{c1}^{*3}] \tag{11.143}$$

$$\langle \delta A_{i2}^{(11,2)} \rangle_R = D_{Sm1}^2 (6.462 - 2.182 D_{c1}^{*5} + 0.395 D_{c1}^{*8}) \tag{11.144}$$

$$\langle \delta V^{(11,2)} \rangle_R = D_{Sm1}^3 \xi (0.603 + 0.349 D_{c1}^{*3}) \tag{11.145}$$

$$\xi = 2(1 - 0.289\,4 D_{c1}^{*3})^2 \tag{11.146}$$

否则

$$\langle \delta A_{i1}^{(11,1)} \rangle_R = 1.001 D_{Sm1}^2 \tag{11.147}$$

而其他的如 $\langle \delta A_{i1}^{(11,2)} \rangle_R$、$\langle \delta A_{i2}^{(11,2)} \rangle_R$ 和 $\langle \delta V^{(11,2)} \rangle_R$ 都为零。

尾流夹带的气泡聚并

$$\phi_{WE}^{(1)} = \langle \delta A_{i1}^{(11,1)} \rangle_R R_{WE}^{(1)} \tag{11.148}$$

$$\phi_{WE,1}^{(11,2)} = \langle \delta A_{i1}^{(11,2)} \rangle_R R_{WE}^{(1)} \tag{11.149}$$

$$\phi_{WE,2}^{(11,2)} = \langle \delta A_{i2}^{(11,2)} \rangle_R R_{WE}^{(1)} \tag{11.150}$$

$$\phi_{WE,1}^{(12,2)} = -C_{WE}^{(12,2)} K_{WE,1}^{(12,2)} V_s^{*\frac{1}{2}} \frac{\alpha_{g1}\alpha_{g2}}{1-\alpha_{g2}} \kappa_{fr} D_{Sm1}^{-1} \tag{11.151}$$

$$\phi_{WE,2}^{(12,2)} = C_{WE}^{(12,2)} K_{WE,2}^{(12,2)} V_s^{*\frac{1}{2}} \frac{\alpha_{g1}\alpha_{g2}}{1-\alpha_{g2}} \kappa_{fr} \tag{11.152}$$

$$\phi_{WE}^{(2)} = -C_{WE}^{(2)} K_{WE}^{(2)} \alpha_{g2} \left[1 - \exp\left(\frac{-233\,1 \alpha_{g2} V_s^{*2}}{D^5}\right)\right] \times \left[\exp\left(\frac{0.06 C_1 (\alpha_{m2}/\alpha_{g2} - 1)}{V_s^*}\right) - 1\right]^{-1} \tag{11.153}$$

$$\eta_{WE}^{(11,2)} = \langle \delta V^{(11,2)} \rangle_R R_{WE}^{(1)} \tag{11.154}$$

$$\eta_{WE,2}^{(12,2)} = C_{WE}^{(12,2)} K_{WE,2}^{(12,2)} V_s^{*\frac{1}{2}} \frac{\alpha_{g1}\alpha_{g2}}{1-\alpha_{g2}} \kappa_{fr} \tag{11.155}$$

其中，

$$R_{WE}^{(1)} = C_{WE} C_D^{\frac{1}{3}} n_{b1}^2 D_{Sm}^2 v_{r1} \tag{11.156}$$

$$v_{r1} \approx \sqrt{\frac{g D_{Sm1}}{3 C_D} \frac{\Delta\rho}{\rho_f}} \tag{11.157}$$

$$C_{\mathrm{D}} = \frac{2}{3}D_{\mathrm{Sm1}}\sqrt{\frac{g\Delta\rho}{\sigma}}\left[\frac{1+17.67(1-\alpha_{\mathrm{g1}})^{2.6}}{18.67(1-\alpha_{\mathrm{g1}})^{3}}\right]^{2} \tag{11.158}$$

$$K_{\mathrm{WE},1}^{(12,2)} = 3\pi C_{\mathrm{g}}D^{\frac{1}{2}} \tag{11.159}$$

$$K_{\mathrm{WE},2}^{(12,2)} = 2\pi C_{\mathrm{g}}D^{-\frac{1}{2}}\alpha_{\mathrm{m2}}^{-\frac{1}{2}} \tag{11.160}$$

$$K_{\mathrm{WE}}^{(2)} = 10.24D^{\frac{3}{2}} \tag{11.161}$$

$$K_{\mathrm{WE}}^{(12,2)} = 0.5\pi C_{\mathrm{g}}D^{\frac{1}{2}} \tag{11.162}$$

$\langle \delta A_{\mathrm{i1}}^{(11,1)} \rangle_{\mathrm{R}}$、$\langle \delta A_{\mathrm{i1}}^{(11,2)} \rangle_{\mathrm{R}}$、$\langle \delta A_{\mathrm{i2}}^{(11,2)} \rangle_{\mathrm{R}}$ 及 $\langle \delta V^{(11,2)} \rangle_{\mathrm{R}}$ 与式(11.142)—式(11.145)和式(11.147)相同。在大多数条件下，弹状气泡的最大断面空泡份额 α_{m2} 可以设为0.81，C_{l} 为调节参数，确定为0.1。

湍流冲击所致的气泡破裂

$$\phi_{\mathrm{TI}}^{(1)} = \begin{cases} \dfrac{C_{\mathrm{TI}}}{18}\left(\dfrac{u_{\mathrm{t}}a_{\mathrm{i1}}^{2}}{\alpha_{\mathrm{g1}}}\right)\left(1-\dfrac{\mathrm{We}_{\mathrm{crit}}}{\mathrm{We}^{*}}\right)^{\frac{1}{2}}\exp\left(-\dfrac{\mathrm{We}_{\mathrm{crit}}}{\mathrm{We}^{*}}\right), \mathrm{We}^{*} > \mathrm{We}_{\mathrm{crit}} \\ 0, \mathrm{We}^{*} \leqslant \mathrm{We}_{\mathrm{crit}} \end{cases} \tag{11.163}$$

式中 We^{*} 为韦伯数，定义为

$$\mathrm{We}^{*} \equiv \frac{\rho_{\mathrm{f}}u_{\mathrm{t}}^{2}D_{\mathrm{Sm1}}}{\sigma} \tag{11.164}$$

$$\phi_{\mathrm{TI}}^{(2)} = C_{\mathrm{TI2}}K_{\mathrm{TI}}^{(2)}\alpha_{\mathrm{g2}}\varepsilon^{\frac{1}{3}}V_{\mathrm{s}}^{*}\left(\frac{1-\alpha_{\mathrm{g1}}-\alpha_{\mathrm{g2}}}{1-\alpha_{\mathrm{g2}}}\right) \tag{11.165}$$

其中

$$K_{\mathrm{TI}}^{(2)} = D^{-1}\left[1-\left(\frac{D_{\mathrm{c}}}{\alpha_{2,\max}^{\frac{1}{2}}D}\right)^{\frac{5}{3}}\right]\times\left[14.38+1.57\alpha_{\mathrm{m2}}^{\frac{-2}{3}}\left(\frac{D_{\mathrm{crit}}}{D}\right)^{\frac{4}{3}}-15.95\alpha_{\mathrm{m2}}^{\frac{-1}{6}}\left(\frac{D_{\mathrm{crit}}}{D}\right)^{\frac{1}{3}}\right] \tag{11.166}$$

V_{s}^{*} 可以用下式定义

$$D_{\mathrm{Sm2}} = \frac{1.35D}{1+6.86V_{\mathrm{s}}^{*}-2.54V_{\mathrm{s}}^{*2}} \tag{11.167}$$

实验结果表明，对于中、小直径管道，与其他 3 种机理相比，$\phi_{\mathrm{TI}}^{(2)}$ 项非常小。因此，为了简化方程起见，可以忽略该项(Fu & Ishii，2003a)。

剪切所致的气泡破裂

$$\phi_{\mathrm{SO},1}^{(2,1)} = C_{\mathrm{SO}}K_{\mathrm{SO},1}^{(2,1)}\alpha_{\mathrm{g2}}V_{\mathrm{s}}^{*-\frac{4}{5}}(1-0.6535\kappa_{\mathrm{bl}})\xi_{\mathrm{SO}}\kappa_{\mathrm{fr}}^{2} \tag{11.168}$$

$$\phi_{\mathrm{SO},2}^{(2,1)} = -C_{\mathrm{SO}}K_{\mathrm{SO},2}^{(2,1)}\alpha_{\mathrm{g2}}V_{\mathrm{s}}^{*-\frac{1}{5}}(1-0.6474\kappa_{\mathrm{bl}})\kappa_{\mathrm{fr}}^{\frac{4}{5}} \tag{11.169}$$

$$\eta_{\mathrm{SO}}^{(2,1)} = C_{\mathrm{SO}}K_{\mathrm{SO}}^{(2,1)}\alpha_{\mathrm{g2}}V_{\mathrm{s}}^{*-\frac{1}{5}}(1-0.6474\kappa_{\mathrm{bl}})\kappa_{\mathrm{fr}}^{\frac{4}{5}} \tag{11.170}$$

其中，

$$\xi_{SO} = \left[1 - \exp\left(-\gamma_{SO}\left(\frac{\alpha_{m2}}{\alpha_{m2} - \alpha_{g2}}\right)^{\beta_{SO}} \frac{We_{crit}}{We_1}\right)\right]^{-1} \tag{11.171}$$

$$\kappa_{bl} = (D^{-0.3}\alpha_{m2}^{-0.5}\nu_g^{0.2}C_g^{-0.2}V_s^{*\,-0.7}\kappa_{fr}^{-0.2})^{\frac{1}{7}} \tag{11.172}$$

$$K_{SO,1}^{(2,1)} = 0.575\,5C_g^2\nu_g^{\frac{1}{5}}\left(\frac{\rho_f}{\sigma D}\right)^{\frac{3}{5}} \tag{11.173}$$

$$K_{SO,2}^{(2,1)} = 4.433\,2\alpha_{g2}\nu_g^{\frac{1}{5}}D^{\frac{-9}{5}}\alpha_{m2}^{\frac{1}{2}}C_g^{\frac{4}{5}} \tag{11.174}$$

$$K_{SO}^{(2,1)} = 1.108\,3\nu_g^{\frac{1}{5}}D^{\frac{-4}{5}}C_g^{\frac{4}{5}} \tag{11.175}$$

式中，ν_g 为气相的运动黏度。源项和汇项的系数值列于表 11.2 中。

11.3.3　Sun 等的源项和汇项

Sun 等(Sun et al. ,2004a)发展了受限通道中泡状流、帽状湍流和搅混流的两群界面面积输运方程，并使用宽度为 200 mm、间隙为 10 mm 的矩形通道中的垂直空气-水流动数据对其进行了评估。由于试验段宽度较大，在试验段中未观察到稳定的弹状流型(Sun et al. ,2004a)。下面对界面面积输运机制的分类及源项和汇项的建模进行了简要说明。

1)界面面积输运机制的分类

Sun 等(Sun et al. ,2004a)采用了 5 种主要的气泡相互作用机制：①湍流驱动的随机碰撞导致的聚并；②尾流夹带导致的聚并；③湍流涡冲击下的破裂；④剪切导致的破裂；⑤气泡表面流动不稳导致的大帽状气泡破裂。表 11.3 中列出的 14 个可视为两群界面面积输运方程中的源项和汇项，应用于受限通道中的泡状流、帽状湍流和搅混流。

表 11.3　Sun 等模型中的群内和群间作用机制列表(Sun et al. ,2004a,2004b)

符号	机制	作用	参数
$\phi_{RC}^{(1)}$	随机碰撞	(1)+(1)→(1)	$C_{RC}^{(1)}=0.005, C_{RC}^{(12,2)}=0.005$
$\phi_{RC}^{(11,2)}$	随机碰撞	(1)+(1)→(2)	$C_{RC}^{(2)}=0.005, C_{RC1}=3.0$
$\phi_{RC}^{(12,2)}$	随机碰撞	(1)+(2)→(2)	$C_{RC2}=3.0$
$\phi_{RC}^{(2)}$	随机碰撞	(2)+(2)→(2)	$C_{WE}^{(1)}=0.002, C_{WE}^{(12,2)}=0.002$
$\phi_{WE}^{(1)}$	尾流夹带	(1)+(1)→(1)	$C_{WE}^{(2)}=0.005$
$\phi_{WE}^{(11,2)}$	尾流夹带	(1)+(1)→(2)	$C_{TI}^{(1)}=0.03, C_{TI}^{(2)}=0.02$
$\phi_{WE}^{(12,2)}$	尾流夹带	(1)+(2)→(2)	$We_{crit,TI1}=6.5, We_{crit,TI2}=7.0$
$\phi_{WE}^{(2)}$	尾流夹带	(2)+(2)→(2)	$C_{SO}=3.8\times10^{-5}, C_d=4.8$

续表

符号	机制	作用	参数
$\phi_{TI}^{(1)}$	湍流冲击	(1)→(1)+(1)	$We_{crit,SO}=4\ 500$
$\phi_{TI}^{(2,11)}$	湍流冲击	(2)→(1)+(1)	
$\phi_{TI}^{(2,12)}$	湍流冲击	(2)→(1)+(2)	
$\phi_{TI}^{(2)}$	湍流冲击	(2)→(2)+(2)	
$\phi_{SO}^{(2,12)}$	剪切脱离	(2)→(2)+(1)	
$\phi_{SI}^{(2)}$	剪切脱离	(2)→(2)+(2)	

2)简化的两群界面面积输运方程

假设为等温流动条件。两群界面面积输运方程简化为

$$\frac{\partial \alpha_{g1}\rho_g}{\partial t}+\nabla\cdot(\alpha_{g1}\rho_g\boldsymbol{v}_{g1})=-\rho_g\Big[\eta_{RC,2}^{(11,2)}+\eta_{RC,2}^{(12,2)}+\eta_{WE,2}^{(11,2)}+\eta_{WE,2}^{(12,2)}+\eta_{SO,2}^{(2,12)}+\eta_{TI,2}^{(2,1)}+\chi(D_{c1}^{*})^3\Big\{\frac{\partial \alpha_{g1}}{\partial t}+\nabla\cdot(\alpha_{g1}\boldsymbol{v}_{g1})\Big\}\Big] \tag{11.176}$$

$$\frac{\partial a_{i1}}{\partial t}+\nabla\cdot(a_{i1}\boldsymbol{v}_{i1})=\Big\{\frac{2}{3}-\chi(D_{c1}^{*})^2\Big\}\frac{a_{i1}}{\alpha_{g1}}\Big\{\frac{\partial \alpha_{g1}}{\partial t}+\nabla\cdot(\alpha_{g1}\boldsymbol{v}_{g1})\Big\}+\phi_{RC}^{(1)}+\phi_{RC,1}^{(12,2)}+\phi_{WE}^{(1)}+\phi_{WE,1}^{(12,2)}+\phi_{TI}^{(1)}+\phi_{TI,1}^{(2,1)}+\phi_{SO,1}^{(2,12)} \tag{11.177}$$

$$\frac{\partial a_{i2}}{\partial t}+\nabla\cdot(a_{i2}\boldsymbol{v}_{i2})=\frac{2}{3}\frac{a_{i2}}{\alpha_{g2}}\Big\{\frac{\partial \alpha_{g2}}{\partial t}+\nabla\cdot(\alpha_{g2}\boldsymbol{v}_{g2})\Big\}+\chi(D_{c1}^{*})^2\frac{a_{i1}}{\alpha_{g1}}\Big\{\frac{\partial \alpha_{g1}}{\partial t}+\nabla\cdot(\alpha_{g1}\boldsymbol{v}_{g1})\Big\}+\phi_{RC,2}^{(11,2)}+\phi_{RC,2}^{(12,2)}+\phi_{RC}^{(2)}+\phi_{WE,2}^{(11,2)}+\phi_{WE,2}^{(12,2)}+\phi_{WE}^{(2)}+\phi_{TI,2}^{(2)}+\phi_{SO,2}^{(2,12)}+\phi_{SI}^{(2)} \tag{11.178}$$

3)假设的第二群气泡形状和气泡数密度分布

为了对源项和汇项进行解析建模,应简化气泡形状。对于第一群气泡,可以假定为球形。然而,对于第二群气泡,应考虑相关试验段的特有的几何形状。由于在大气压力下绝热的空气-水系统中由式(11.115)定义的第一群和第二群气泡之间的界限距离只有大约为 10 mm,所以假定帽状气泡被夹在两个平行的平壁之间,使得帽状气泡的厚度为 G,如图 11.6 所示。R 和 $2a$ 分别是帽状气泡的曲率半径和底部宽度,θ_w 是尾迹角。根据 Clift 等(Clift et al.,1978)提出的尾迹角关联式,假设所关注流动条件下第二群气泡合理近似的尾流角为 50°。此外,考虑到受限流的特性以及其所涉及的物理机制,设 $2a$ 为第二群和最大稳定气泡之间转变边界的特征长度。

图 11.7 给出了简化的气泡数密度分布。假设在相应的气泡体积范围内,所有

的气泡群都具有平面数密度分布。第一群气泡和第二群气泡的分布函数的值分别表示为 f_1 和 f_2。在图中，V_{min} 是系统中最小气泡的体积，$V_{c,max}$ 是最大稳定气泡的体积，其对应于

$$D_{c,max} = 40\sqrt{\frac{\sigma}{g\Delta\rho}} \tag{11.179}$$

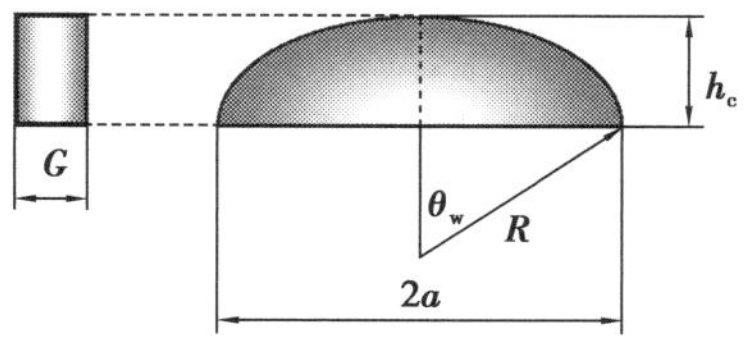

图 11.6　帽状气泡的几何参数的定义(Sun 等,2004a)

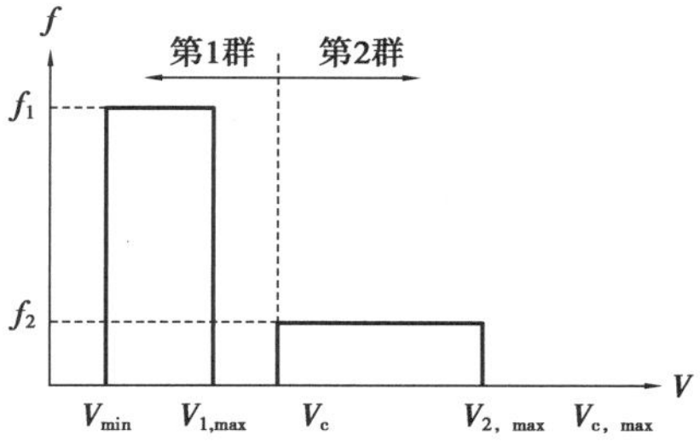

图 11.7　简化气泡数密度分布的说明(Sun 等,2004a)

应该注意的是，这种尺寸的气泡可能不存在于系统中，而 $D_{c,max}$ 只给出了最大气泡的上限尺寸，超过该限值的气泡将瞬间解体。$V_{1,max}$ 和 $V_{2,max}$ 分别为第一群和第二群的最大气泡体积，假设对于给定的流动条件，气泡数密度分布均匀。此外，V_c 是第一群和第二群气泡边界处的临界气泡体积，它对应于 D_{crit}，超过该尺寸的气泡将变成帽状气泡的第二群气泡。对于窄通道，可通过以下方法确定第一群和第二群气泡之间的界限

$$D_{crit} = 1.7G^{\frac{1}{3}}\left(\frac{\sigma}{g\Delta\rho}\right)^{\frac{1}{3}} \tag{11.180}$$

其中，D_{crit} 为第一群和第二群气泡之间界限的体积当量直径。

4)源项和汇项建模的总结

随机碰撞所致的气泡聚并

$$\phi_{RC}^{(1)} = -0.17C_{RC}^{(1)}\frac{\varepsilon^{\frac{1}{3}}\alpha_g^{\frac{1}{3}}a_{i1}^{\frac{5}{3}}}{\alpha_{g1,max}^{\frac{1}{3}}(\alpha_{g1,max}^{\frac{1}{3}}-\alpha_{g1}^{\frac{1}{3}})}\left[1-\exp\left(-C_{RC1}\frac{\alpha_{g1,max}^{\frac{1}{3}}\alpha_{g1}^{\frac{1}{3}}}{\alpha_{g1,max}^{\frac{1}{3}}-\alpha_{g1}^{\frac{1}{3}}}\right)\right] \tag{11.181}$$

$$\phi_{RC,1}^{(12,2)} = -4.85C_{RC}^{(12,2)}\varepsilon^{\frac{1}{3}}\frac{a_{i1}\alpha_{g1}^{\frac{2}{3}}\alpha_{g2}^{2}}{R_{2,max}^{\frac{2}{3}}}\left[1-\exp\left(-C_{RC1}\frac{\alpha_{g1,max}^{\frac{1}{3}}\alpha_{g1}^{\frac{1}{3}}}{\alpha_{g1,max}^{\frac{1}{3}}-\alpha_{g1}^{\frac{1}{3}}}\right)\right] \tag{11.182}$$

式中，对于 Sun 等(Sun et al. ,2004a)的应用中，$R_{2,max}$ 为假定均匀气泡数分布系统中最大气泡的半径。

$$R_{2,\max} \simeq 1.915D_{\mathrm{Sm},2} \tag{11.183}$$

$$\phi_{\mathrm{RC},2}^{(11,2)} = 0.68C_{\mathrm{RC}}^{(1)}\varepsilon^{\frac{1}{3}}\frac{\alpha_{\mathrm{g1}}^{2}a_{\mathrm{i1}}^{\frac{2}{3}}}{\alpha_{\mathrm{g1,max}}^{\frac{2}{3}}G}\left[1-\exp\left(-C_{\mathrm{RC1}}\frac{\alpha_{\mathrm{g1,max}}^{\frac{1}{3}}\alpha_{\mathrm{g1}}^{\frac{1}{3}}}{\alpha_{\mathrm{g1,max}}^{\frac{1}{3}}-\alpha_{\mathrm{g1}}^{\frac{1}{3}}}\right)\right]\times$$

$$\left[1+0.7G^{\frac{7}{6}}\left(\frac{a_{\mathrm{i1}}}{\alpha_{\mathrm{g1}}}\right)^{\frac{1}{2}}\left(\frac{\sigma}{g\Delta\rho}\right)^{\frac{-1}{3}}\right]\left(1-\frac{2}{3}D_{\mathrm{c1}}^{*}\right),\text{对于 } D_{\mathrm{c1}}^{*}<1.5 \tag{11.184}$$

$$\phi_{\mathrm{RC},2}^{(12,2)} = 13.6C_{\mathrm{RC}}^{(12,2)}\varepsilon^{\frac{1}{3}}\frac{\alpha_{\mathrm{g1}}^{\frac{5}{3}}\alpha_{\mathrm{g2}}^{2}}{R_{2,\max}^{\frac{2}{3}}G}\left(1+\frac{10.3G}{R_{2,\max}}\right)\times\left[1-\exp\left(-C_{\mathrm{RC1}}\frac{\alpha_{\mathrm{g1,max}}^{\frac{1}{3}}\alpha_{\mathrm{g1}}^{\frac{1}{3}}}{\alpha_{\mathrm{g1,max}}^{\frac{1}{3}}-\alpha_{\mathrm{g1}}^{\frac{1}{3}}}\right)\right] \tag{11.185}$$

$$\phi_{\mathrm{RC}}^{(2)} = -13.6C_{\mathrm{RC}}^{(2)}\frac{\alpha_{\mathrm{g2}}^{2}\varepsilon^{\frac{1}{3}}}{W^{2}G}R_{2,\max}^{\frac{4}{3}}\left(1-2.0R_{c}^{*2}+\frac{9.0G}{R_{2,\max}}\right)\times\left[1-\exp\left(-C_{\mathrm{RC2}}\alpha_{\mathrm{g2}}^{\frac{1}{2}}\right)\right] \tag{11.186}$$

其中

$$R_{c}^{*} \equiv \frac{\frac{D_{\mathrm{crit}}}{2}}{R_{2,\max}} \tag{11.187}$$

$$\eta_{\mathrm{RC},2}^{(11,2)} = 3.4C_{\mathrm{RC}}^{(1)}\frac{\varepsilon^{\frac{1}{3}}\alpha_{\mathrm{g1}}^{2}a_{\mathrm{i1}}^{\frac{2}{3}}}{\alpha_{\mathrm{g1,max}}^{\frac{2}{3}}}\times$$

$$\left[1-\exp\left(-C_{\mathrm{RC1}}\frac{\alpha_{\mathrm{g1,max}}^{\frac{1}{3}}\alpha_{\mathrm{g1}}^{\frac{1}{3}}}{\alpha_{\mathrm{g1,max}}^{\frac{1}{3}}-\alpha_{\mathrm{g1}}^{\frac{1}{3}}}\right)\right]\left(1-\frac{2}{3}D_{\mathrm{c1}}^{*}\right),\text{对于 } D_{\mathrm{c1}}^{*}<1.5 \tag{11.188}$$

$$\eta_{\mathrm{RC},2}^{(12,2)} = 4.85C_{\mathrm{RC}}^{(12,2)}\varepsilon^{\frac{1}{3}}\frac{\alpha_{\mathrm{g1}}^{\frac{5}{3}}\alpha_{\mathrm{g2}}^{2}}{R_{2,\max}^{\frac{2}{3}}}\left[1-\exp\left(-C_{\mathrm{RC1}}\frac{\alpha_{\mathrm{g1,max}}^{\frac{1}{3}}\alpha_{\mathrm{g1}}^{\frac{1}{3}}}{\alpha_{\mathrm{g1,max}}^{\frac{1}{3}}-\alpha_{\mathrm{g1}}^{\frac{1}{3}}}\right)\right] \tag{11.189}$$

尾流夹带所致气泡聚并

$$\phi_{\mathrm{WE}}^{(1)} = -0.27C_{\mathrm{WE}}^{(1)}u_{\mathrm{r1}}C_{\mathrm{D1}}^{\frac{1}{3}}a_{\mathrm{i1}}^{2} \tag{11.190}$$

$$\phi_{\mathrm{WE},1}^{(12,2)} = -4.35C_{\mathrm{WE}}^{(12,2)}\sqrt{gC_{\mathrm{D2}}G}\,\frac{a_{\mathrm{i1}}\alpha_{\mathrm{g2}}}{R_{2,\max}} \tag{11.191}$$

$$\phi_{\mathrm{WE},2}^{(11,2)} = 1.08C_{\mathrm{WE}}^{(11,2)}u_{\mathrm{r1}}C_{\mathrm{D1}}^{\frac{1}{3}}\frac{\alpha_{\mathrm{g1}}a_{\mathrm{i1}}}{G}\left(1-\frac{2}{3}D_{\mathrm{c1}}^{*}\right)\times$$

$$\left[1+0.7G^{\frac{7}{6}}\left(\frac{a_{\mathrm{i1}}}{\alpha_{\mathrm{g1}}}\right)^{\frac{1}{2}}\left(\frac{\sigma}{g\Delta\rho}\right)^{\frac{-1}{3}}\right],\text{对于 } D_{\mathrm{c1}}^{*}<1.5 \tag{11.192}$$

$$\phi_{\mathrm{WE},2}^{(12,2)} = 26.1C_{\mathrm{WE}}^{(12,2)}\alpha_{\mathrm{g1}}\alpha_{\mathrm{g2}}\sqrt{\frac{gC_{\mathrm{D2}}}{G}}\frac{1}{R_{2,\max}}\left(1+4.31\frac{G}{R_{2,\max}}\right) \tag{11.193}$$

$$\phi_{\mathrm{WE}}^{(2)}=-15.9C_{\mathrm{WE}}^{(2)}\frac{\alpha_{g2}^{2}}{R_{2,\max}^{2}}\sqrt{C_{D}gG}(1+0.51R_{c}^{*})\tag{11.194}$$

$$\eta_{\mathrm{WE},2}^{(11,2)}=5.40C_{\mathrm{WE}}^{(11.2)}u_{r1}C_{\mathrm{D1}}^{\frac{1}{3}}\alpha_{g1}a_{i1}\left(1-\frac{2}{3}D_{c1}^{*}\right),当 D_{c1}^{*}<1.5\tag{11.195}$$

$$\eta_{\mathrm{WE},2}^{(12,2)}=4.35C_{\mathrm{WE}}^{(12,2)}\sqrt{C_{\mathrm{D2}}gG}\frac{\alpha_{g1}\alpha_{g2}}{R_{2,\max}}\tag{11.196}$$

湍流冲击所致气泡破裂

$$\phi_{\mathrm{TI}}^{(1)}=\begin{cases}0.12C_{\mathrm{TI}}^{(1)}\varepsilon^{\frac{1}{3}}(1-\alpha_{g})\dfrac{a_{i1}^{\frac{5}{3}}}{\alpha_{g1}^{\frac{2}{3}}}\exp\left(-\dfrac{\mathrm{We}_{\mathrm{crit,TI1}}}{\mathrm{We}_{1}}\right)\times\\ \sqrt{1-\dfrac{\mathrm{We}_{\mathrm{crit,TI1}}}{\mathrm{We}_{1}}},\mathrm{We}_{1}>\mathrm{We}_{\mathrm{crit,TI1}}\\ 0,\mathrm{We}_{1}\leqslant\mathrm{We}_{\mathrm{crit,TI1}}\end{cases}\tag{11.197}$$

$$\phi_{\mathrm{TI},1}^{(2,1)}=2.71C_{\mathrm{TI}}^{(2)}\alpha_{g2}(1-\alpha_{g})\frac{\varepsilon^{\frac{1}{3}}G^{\frac{2}{3}}R_{c}^{*\frac{5}{3}}(1-R_{c}^{*\frac{5}{3}})}{R_{2,\max}^{\frac{7}{3}}}\times\exp\left(-\frac{\mathrm{We}_{\mathrm{crit,TI2}}}{\mathrm{We}_{2}}\right)\sqrt{1-\frac{\mathrm{We}_{\mathrm{crit,TI2}}}{\mathrm{We}_{2}}}\tag{11.198}$$

$$\phi_{\mathrm{TI},2}^{(2)}=1.4C_{\mathrm{TI}}^{(2)}\alpha_{g2}(1-\alpha_{g})\frac{\varepsilon^{\frac{1}{3}}G}{R_{2,\max}^{\frac{8}{3}}}(1-2R_{c}^{*})\times\exp\left(-\frac{\mathrm{We}_{\mathrm{crit,TI2}}}{\mathrm{We}_{2}}\right)\sqrt{1-\frac{\mathrm{We}_{\mathrm{crit,TI2}}}{\mathrm{We}_{2}}}\tag{11.199}$$

$$\eta_{\mathrm{TI},2}^{(2,1)}=-0.34C_{\mathrm{TI}}^{(2)}\alpha_{g2}(1-\alpha_{g})\frac{\varepsilon^{\frac{1}{3}}GR_{c}^{*\frac{7}{3}}(1-R_{c}^{*\frac{5}{3}})}{R_{2,\max}^{\frac{5}{3}}}\times\exp\left(-\frac{\mathrm{We}_{\mathrm{crit,TI2}}}{\mathrm{We}_{2}}\right)\sqrt{1-\frac{\mathrm{We}_{\mathrm{crit,TI2}}}{\mathrm{We}_{2}}}\tag{11.200}$$

剪切所致气泡破裂

$$\phi_{\mathrm{SO},1}^{(2,12)}=64.51C_{\mathrm{SO}}C_{d}^{2}\frac{\alpha_{g2}v_{rb}}{GR_{2,\max}}\left[1-\left(\frac{\mathrm{We}_{\mathrm{crit,SO}}}{\mathrm{We}_{2,\max}}\right)^{3}\right]\tag{11.201}$$

式中,v_{rb}和 $\mathrm{We}_{\mathrm{crit,SO}}$分别是大气泡相对于帽状气泡底部附近液膜的相对速度和临界韦伯数,$\mathrm{We}_{2,\max}$定义为

$$\mathrm{We}_{2,\max}\equiv\frac{2\rho_{f}v_{rb}^{2}R_{2,\max}}{\sigma}\tag{11.202}$$

在圆管内的向上流动中,当一个大的帽状或弹状气泡上升时,液相被推开,在气泡侧和壁面之间液膜区向下流动。然而,在 Sun 等(Sun et al. ,2004a)所考虑的流道

中，当大帽状气泡上升时，气泡侧和壁面之间的液膜可能会保持几乎停滞的状态，因为在流道的宽度方向上有更多的自由空间可供液相流动。当帽状气泡速度较高且发生剪切时，这可能更是如此。有鉴于此，帽状气泡相对于泡底周围液膜的相对速度 v_{rb} 可由主流方向上的第二群气泡的速度来估计。

$$\phi_{SO,2}^{(2,12)} = -21.50C_{SO}C_d^3\left(\frac{\sigma}{\rho_f}\right)^{\frac{3}{5}}\frac{\alpha_{g2}}{v_{rb}^{\frac{1}{5}}G^{\frac{8}{5}}R_{2,max}}\times$$

$$\left\{1-\left(\frac{We_{crit,SO}}{We_{2,max}}\right)^3+\frac{3.24G}{R_{2,max}}\left[1-\left(\frac{We_{crit,SO}}{We_{2,max}}\right)^2\right]\right\} \tag{11.203}$$

$$\eta_{SO,2}^{(2,12)} = -10.75C_{SO}C_d^3\left(\frac{\sigma}{\rho_f G}\right)^{\frac{3}{5}}\frac{\alpha_{g2}}{v_{rb}^{\frac{1}{5}}R_{2,max}}\left\{1-\left(\frac{We_{crit,SO}}{We_{m2}}\right)^3\right\} \tag{11.204}$$

表面不稳定性所致气泡破裂

$$\phi_{SI}^{(2)} = 1.25\alpha_{g2}^2\left(\frac{\sigma}{g\Delta\rho}\right)^{-1}\left[C_{RC}^{(2)}\frac{\varepsilon^{\frac{1}{3}}}{W^2}\left(\frac{\sigma}{g\Delta\rho}\right)^{\frac{7}{6}}\times\right.$$

$$\left.\{1-\exp(-C_{RC2}\alpha_{g2}^{\frac{1}{2}})\}+2.3\times10^{-4}C_{WE}^{(2)}\sqrt{C_D gG}\right] \tag{11.205}$$

源项和汇项的系数值列于表 11.3 中。

群边界内的群内传递系数

在群界限边界内的群间传递系数由实验确定为

$$\chi = 4.44\times10^{-3}\left(\frac{D_{Sm1}}{D_{crit}}\right)^{0.36}\alpha_{g1}^{-1.35} \tag{11.206}$$

该关联式是基于有限的实验数据获得的(Sun et al. ,2004a)。然而，在一般的帽状湍流和搅混流中，α_{g1} 的值通常为 0.05 ~ 0.40。因为用于建立关联式的数据涵盖类似的 α_{g1} 范围，关联式可能适用于大多数这样的流动条件。

11.4 界面面积输运方程中相变项的建模

在沸腾流动中使用界面面积输运方程时，应考虑相变所引起的源项和汇项。相变项包括壁面核化项和体积核化或凝结项。通常，壁面核化界面面积源项 $\langle\phi_W\rangle$ 的一维形式表示为

$$\langle\phi_W\rangle = \frac{N_n f\xi_H}{A_C}\pi\langle D_d\rangle^2 \tag{11.207}$$

式中，ξ_H 和 A_C 分别是沸腾通道的加热周长和横截面积。由式(11.207)可以清楚看出，计算壁面核化源项时，必须建立沸腾活化核心密度 N_n、气泡脱离频率 f 和气泡脱离直径 D_d 的模型。关于这些项的建模是目前沸腾流动研究中具有挑战性的课题。

下面,将简要介绍这些项最近的建模工作。

11.4.1　Kocamustafaogullari 和 Ishii 及 Hibiki 和 Ishii 的沸腾活化核心密度模型

1)Kocamustafaogullari 和 Ishii 模型

Kocamustafaogullari 和 Ishii(G. Kocamustafaogullari & Ishii,1983)通过参数研究关联了现有的沸腾活化核心密度数据。他们假设池沸腾中的沸腾活化核心密度 N_{np} 受流体表面条件和热物理性质的影响,基于水的数据开发了以下关联式。

$$N_{np}^{*} = f(\rho^{*}) R_{c}^{*\,-4.4} \tag{11.208}$$

其中

$$N_{np}^{*} \equiv N_{np} D_{d}^{2} \tag{11.209}$$

$$f(\rho^{*}) = 2.157 \times 10^{-7} \rho^{*\,-3.2} (1 + 0.0049\rho^{*})^{4.13} \tag{11.210}$$

$$\rho^{*} \equiv \frac{\Delta\rho}{\rho_{g}} \tag{11.211}$$

$$R_{c}^{*} \equiv \frac{R_{c}}{\dfrac{D_{d}}{2}} \tag{11.212}$$

Kocamustafaogullari 和 Ishii(G. Kocamustafaogullari & Ishii,1983)通过修正 Fritz 提出的气泡脱离直径 D_{dF} 的关联式,给出了气泡脱离直径 D_{df} 为

$$D_{d} = 0.0012\rho^{*0.9} D_{dF} \tag{11.213}$$

其中

$$D_{dF} = 0.0148\theta \sqrt{\frac{2\sigma}{g\Delta\rho}} \tag{11.214}$$

式中的 θ 为接触角。最小空穴尺寸 R_c 可以与气相过热度 $\Delta T_{sat}(\equiv T_g - T_{sat})$ 关联

$$R_{c} = \frac{2\sigma\{1 + (\rho_{g}/\rho_{f})\}}{p_{f}\left[\exp\left\{i_{fg}\dfrac{\Delta T_{sat}}{RT_{g}T_{sat}}\right\} - 1\right]} \tag{11.215}$$

式中,p_f、i_{fg} 及 R 分别为液体压力、汽化潜热和分子量气体常数。例如,对于水蒸气的 R 值为 462 J/(kg · K)。对于 $\rho_g \ll \rho_f$ 及 $i_{fg}\Delta T_{sat}/(RT_g T_{sat}) \ll 1$ 的情形,式(11.215)简化为

$$R_{c} \approx \frac{2\sigma T_{sat}}{\rho_{g} i_{fg} \Delta T_{sat}} \tag{11.216}$$

这里需要注意的是,对于池沸腾,式(11.215)中可近似认为 $\Delta T_{sat} \approx \Delta T_{w}(\equiv T_{w} - T_{sat})$,其中,$T_w$ 为壁面温度。

考虑到有效液体过热度 ΔT_e 和壁面过热度之间的差异,以及池沸腾和对流沸腾之间的机理相似性,Kocamustafaogulari 和 Ishii 假设为池沸腾发展的活化核心密度关

联式(11.208)也可用于强制对流沸腾系统中，使用有效过热度 ΔT_e 而不是实际壁面过热度 ΔT_w。在这里，有效的过热度为

$$\Delta T_e = S\Delta T_w \tag{11.217}$$

其中，S 为沸腾抑制因子(J. C. Chen，1966)。有效临界空穴尺寸 R_{ce}^* 可用式(11.215)和式(11.217)计算。因此，对流系统中的无因次沸腾活化核心密度 N_{nc} 表示为

$$N_{nc}^* = f(\rho^*) R_{ce}^{*\,-4.4} \tag{11.218}$$

2)Hibiki 和 Ishii 模型

已有的实验数据表明，随着壁面过热增加，壁面过热度 ΔT_w 的指数(或无因次最小空穴尺寸 R_c^*)范围为 2 ~6(或 −2 ~ −6)(Hibiki & Ishii，2003a)。为了解功率对壁面过热度的关系，Hibiki 和 Ishii(Hibiki & Ishii，2003a)利用表面上实际存在的空穴的尺寸和锥角分布，对活化核心密度 N_n 进行了机理建模

$$N_n = \overline{N_n}\int_0^{\frac{\theta}{2}} f(\beta)\,\mathrm{d}\beta \int_{R_c}^{R_{max}} f(r)\,\mathrm{d}r \tag{11.219}$$

式中，$\overline{N_n}$、β、R_{max} 和 r 分别为平均空穴密度、半锥角、最大空穴尺寸和空穴半径。针对空穴半径和半锥角的空穴数分布函数近似为

$$f(r) = \frac{\lambda}{r^2}\exp\left(\frac{\lambda}{r}\right) \tag{11.220}$$

$$f(\beta) = \frac{\beta}{\mu^2}\exp\left\{-\frac{\beta^2}{2\mu^2}\right\} \tag{11.221}$$

式中，λ 和 μ 分别为特征长度尺度和特征锥角尺度。

将式(11.220)和式(11.221)代入式(11.219)，得到

$$N_n = \overline{N_n}\left\{1 - \exp\left(-\frac{\theta^2}{8\mu^2}\right)\right\}\left\{\exp\left(\frac{\lambda}{R_c}\right) - \exp\left(\frac{\lambda}{R_{max}}\right)\right\} \tag{11.222}$$

如果使用最大腔体尺寸，这个表达式是通用的。然而这导致非常复杂的活化核心密度关联式。因此，希望得到一个满足整体物理现象的简单表达式。

首先，考虑到 $\Delta T_{sat} = 0$ K 的情况，即 $R_c = \infty$ m，导致 $\exp(\lambda/R_c) = 1$。在这样的条件下，N_n 将为 0 点/m^2，也就是说 $\exp(\lambda/R_{max})$ 应为 1，则式(11.222)简化为

$$N_n = \overline{N_n}\left\{1 - \exp\left(-\frac{\theta^2}{8\mu^2}\right)\right\}\left\{\exp\left(\frac{\lambda}{R_c}\right) - 1\right\} \tag{11.223}$$

其次，考虑 ΔT_{sat} 的极大值的情况，即 $R_c = 0$，使 $\exp(\lambda/R_c) = \infty$。因此，对于非常大的 ΔT_{sat}，活化核心密度变得非常大，这在物理上是合理的。因此，可以从这两个极限条件得出结论，N_n 的一般表达式可以由式(11.223)近似给出。

在计算活化核心密度时，任何温度下的接触角值都可能不容易获得。因此，可使用室温下的接触角 θ_R 的值来确定式(11.223)。这种近似的误差将通过在式(11.223)中引入修正因子 $f(\rho^+)$ 来补偿。

$$N_n = \overline{N_n}\left\{1 - \exp\left(-\frac{\theta_R^2}{8\mu^2}\right)\right\}\left\{\exp\left[f(\rho^+)\frac{\lambda}{R_c}\right] - 1\right\} \tag{11.224}$$

经验常数和修正系数确定为：$\overline{N_n} = 4.72 \times 10^5$ 点/m^2，$\mu = 0.722$ 弧度，$\lambda = 2.50 \times 10^{-6}$ m，及

$$f(\rho^+) = -0.010\ 64 + 0.482\ 46\rho^+ - 0.227\ 12\rho^{+2} + 0.054\ 68\rho^{+3} \tag{11.225}$$

其中，

$$\rho^+ \equiv \log\left(\frac{\Delta\rho}{\rho_g}\right) \tag{11.226}$$

这里应指出，式(11.224)中的气体过热度近似为壁面过热度。Basu 等(Basu, Warrier, & Dhir, 2002)的实验证明，对于给定的液体-表面组合，质量流速和液体过冷度对活化核心密度没有影响。

图 11.8 显示了活化核心模型与 Basu 等的数据(Basu et al., 2002)的比较。在图中，实线和虚线分别表示 Hibiki 和 Ishii 模型(Hibiki & Ishii, 2003b)以及 Kocamustafaogullari 和 Ishii 模型(G. Kocamustafaogullari & Ishii, 1983)的预测值。可见，Hibiki 和 Ishii 的模型与 Kocamustafaogulari 和 Ishii 的模型在高壁面过热区域一致，这正确反映了低壁面过热区域的活化核心密度对壁面过热度的关系。

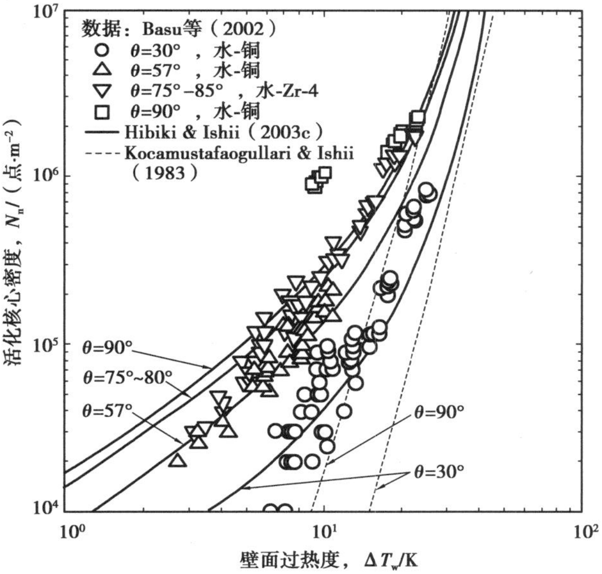

图 11.8　活化核心密度模型与 Basu 等的实验数据的比较(Hibiki & Ishii, 2003b)

11.4.2　Situ 等的气泡脱离尺寸模型

目前还没有建立一个适用范围广、精度高的气泡脱离尺寸的力学模型。Situ 等(R. Situ et al., 2008)考虑作用在气泡上力的平衡，对气泡脱离直径进行了初步建

模。图 11.9 示出了作用在核化点位置气泡上的力平衡（Rong Situ，Hibiki，Ishii，& Mori，2005；R. Situ et al.，2008）。这里，F_{sx}、F_{dux}、F_{sl}、F_{sy}、F_{duy}、F_p、F_g 和 F_{qs} 分别是 x 方向的表面张力、x 方向的非定常阻力（生长力）、剪切升力、y 方向的表面张力、y 方向的非定常阻力、压力、重力和准静态力。当气泡打破下式表示的沿流动方向的力平衡时，气泡就会脱离

$$\sum F_y = F_{sy} + F_{duy} + F_p + F_g + F_{qs} \tag{11.227}$$

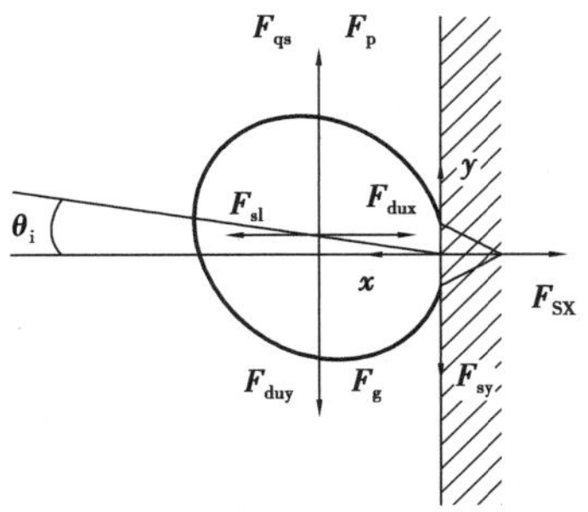

图 11.9 核化点上蒸汽泡的力平衡（R. Situ et al.，2008）

在气泡脱离时，由于气泡在壁面上的接触面积为零，表面张力可以忽略不计。流动方向上的生长力由（Klausner，Mei，Bernhard，& Zeng，1993）给出

$$F_{duy} = -\rho_f \pi r_b^2 \left(\frac{11}{2}\dot{r}_b^2 + \frac{11}{6} r_b \ddot{r}_b \right) \sin \theta_i \tag{11.228}$$

式中，r_b、$\dot{r}_b$、$\ddot{r}_b$ 和 θ_i 分别是气泡半径、气泡半径对时间的导数、气泡半径对时间的二阶导数和倾角（$=\pi/18$）。通过采用修正的 Zuber 气泡生长方程（Zuber，1961），可将生长力推导为

$$F_{duy} = -\frac{44 b^4 \alpha_f^2}{3\pi} N_{Jke}^4 \sin \theta_i \tag{11.229}$$

式中，b 和 α_f 分别为常数和热扩散率。有效雅各布数定义为

$$N_{Jke} \equiv \frac{\rho_f c_{pf} S (T_w - T_{sat})}{\rho_g i_{fg}} \tag{11.230}$$

其中，c_{pf}、S 和 T_w 分别为定压比热、考虑液体流动的抑制因子和壁面温度。

压力、重力和准稳态力（Klausner et al.，1993）为

$$F_p + F_b = \frac{4}{3}\pi (\rho_f - \rho_g) g r_b^3 \tag{11.231}$$

及

$$\frac{F_{qs}}{6\pi \rho_f \nu_f v_r r_b} = \frac{2}{3} + \left[\left(\frac{12}{N_{Reb}} \right)^n + 0.796^n \right]^{-\frac{1}{n}} \tag{11.232}$$

其中，v_r、ν_f、N_{Reb} 和 n 分别为相间相对速度、液相运动黏度、气泡雷诺数和常数（$=0.65$）。

11.4.3 Euh 等的气泡脱离频率模型

目前还没有建立起适用范围广的气泡脱离频率的精确机理模型。Euh 等（Euh et al.，2010）通过无因次分析，并使用已有的数据得到的模型为

$$N_{fd} = 1.6 N_{qNB}^{1.3} \tag{11.233}$$

无因次气泡脱离频率 N_{fd} 和表示核态沸腾传热的无因次热流密度 N_{qNB} 分别定义为

$$N_{fd} \equiv \frac{fD_d^2}{\alpha_t} \tag{11.234}$$

及

$$N_{qNB} \equiv \frac{q''_{qNB}D_d}{\alpha_t\rho_g i_{fg}} \tag{11.235}$$

其中，α_t 和 q''_{qNB} 分别为热扩散率和核态沸腾热流密度。

11.4.4　Park 等的凝结汇项模型

Park 等(Park et al.，2007)假设壁面沸腾引起的气泡成核和冷凝引起的气泡溃灭是对称现象，对体凝结所引起的汇项进行了建模。在此基础上，将过冷条件下的冷凝区域分为传热控制区和惯性控制区。在传热控制区，适合于用冷凝努塞尔数描述；而在惯性控制区，气泡在短时间内被周围液体的惯性所压塌而湮灭。体积凝结汇项 ϕ_{BC} 的模型讨论如下。

1)气泡溃灭的简化机制

沸腾气泡的产生和冷凝气泡的溃灭是一个对称的现象。图 11.10 示出了沸腾和冷凝过程中气泡大小的典型变化特征(Zuber，1961)。从受热面突然产生气泡($A \to B$)，初始阶段气泡增长非常迅速($B \to C$)，但随着尺寸的增大，增长速度减慢($C \to D$)。当气泡达到最大直径(D)并离开过热区域时，它在周围过冷液体中开始溃灭($D \to E$)。在低过冷度时，气泡的溃灭主要受传热所控制，但随着气泡尺寸的减小($E \to F$)和过冷液量的增加，气泡不再维持其界面边界，在短时间内由于惯性作用而溃灭($F \to G$)。根据以往对过冷液体中气泡运动特性的研究，假设在气泡的寿期内有 4 个区域。区域Ⅰ是周围过热条件下的气泡生成区域，区域Ⅱ是过热条件下的气泡生长区域，区域Ⅲ是过冷条件下的气泡收缩区域，区域Ⅳ是过冷条件下的气泡溃灭区域。第Ⅰ区和第Ⅳ区的时间很短。在图 11.10 中，D_B 是在核沸腾过程中惯性控制的气泡生长过程中在 B 点处的气泡直径，D_F 是在气泡凝结过程中气泡受惯性控制时 F 点处的气泡直径，D_G 是 G 点处的临界溃灭气泡直径。

如图 11.10 所示，过冷状态下的冷凝区可分为两个区域：传热控制区(Ⅲ区)和惯性控制区(Ⅳ区)。在传热控制区，采用努塞尔数描述较为合适。而在惯性控制区内，气泡在短时间内被周围液体的惯性所压塌而溃灭。

当处于饱和状态的汽泡被周围的过冷液体包围时，冷凝通过界面发生。起初，冷凝现象由界面传热控制。当冷凝过程继续通过汽泡和周围液体之间的界面时，气泡直径减小，气泡内的蒸汽温度也降低。当气泡尺寸达到界限气泡尺寸(F)时，气泡并没有因界面传热逐渐减小,但由于机械惯性,气泡迅速崩塌。气泡的任意定义的截面直径都可用来识别在气泡尺寸的逐渐减小过程中的突然崩塌。在惯性控制区的最后,根据力平衡可依据液体温度计算出临界气泡尺寸。当气泡尺寸缩小到临界溃灭气泡直径(G)时,气泡消失。在冷凝过程中,为了保持气泡的形状,气泡和周围液体之间必须有一定的压差。如果压差非常小,气泡就不能再存在而坍塌。临界溃灭气泡尺寸 D_G 可根据蒸汽气泡和周围液体之间的压力平衡来计算(Park et al.,2007)。

$$D_F = \frac{4\sigma}{p_f\left\{\exp\left[\frac{i_{fg}(T_g - T_f)}{RT_gT_f}\right] - 1\right\}} \tag{11.236}$$

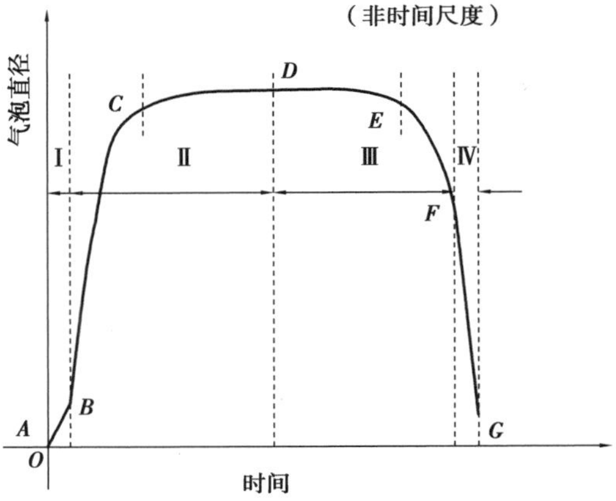

图 11.10 沸腾和凝结过程气泡尺寸的变化(Park et al.,2007)

2)分区辨识与临界气泡直径

传热控制区和惯性控制区之间的过渡准则可根据先前的理论和实验观察确定(Plesset,1954;Rayleigh,1917;Zwick & Plesset,1955)。对于一个将溃灭的气泡来说,球形是不稳定的(Plesset,1954)。通过对液体中坍塌汽泡的分析(Rayleigh,1917;Zwick & Plesset,1955),气泡在其寿期末时尺寸减小非常迅速。在气泡尺寸开始迅速减小后,假设气泡开始处于惯性控制区。

用无因次气泡直径 D_b^* 来确定从传热控制区中转变为惯性控制区的准则。根据瑞利的解(Rayleigh,1917),当无因次气泡直径为 0.4 ~0.6 时,气泡尺寸发生快速变化。因此,假设区域边界处的无因次气泡直径为 0.4。瑞利解(Rayleigh,1917)的气泡破裂时间比 Zwick 和 Plesset(Zwick & Plesset,1955)稍短。这是因为后者考虑了传热效应。

3)传热控制区气泡溃灭的时间

气泡的溃灭时间是通过气泡界面的能量平衡得到的。溃灭气泡界面的能量平

衡方程为

$$\dot{m}_c i_{fg} = h_c A_b (T_{sat} - T_f) \tag{11.237}$$

式中的 $\dot{m}_c$、h_c 和 A_b 分别为凝结的质量流率、凝结换热系数和气泡的界面面积。式(11.237)左边和右边分别表达为

$$\dot{m}_c i_{fg} = -\rho_g i_{fg} \frac{dV_b}{dt} = -\frac{\pi}{2}\rho_g i_{fg} D_b^2 \frac{dD_b}{dt} \tag{11.238}$$

及

$$h_c A_b (T_{sat} - T_f) = \pi D_b k_f \Delta T_{sub} N_{Nuc} \tag{11.239}$$

其中,V_b、k_f、$\Delta T_{sub}(\equiv T_{sat} - T_f)$ 和 N_{Nuc} 分别为气泡体积、导热系数、液体过冷度和凝结努塞尔数。

将式(11.238)和式(11.239)代入式(11.237)得到

$$dt = -\frac{1}{2}\frac{\rho_g i_{fg} D_b}{k_f \Delta T_{sub} N_{Nuc}} dD_b \tag{11.240}$$

将式(11.240)从图 11.10 中的初始气泡直径 D_0 或 D 点处的气泡直径到临界气泡直径 D_F 进行积分,得出气泡在传热控制区 t_c 中的停留时间为

$$t_c = \frac{D_0^2 - D_F^2}{4} \frac{\rho_g i_{fg}}{k_f \Delta T_{sub} N_{Nuc}} \tag{11.241}$$

4)凝结汇项

这里考虑了 $D_b > D_F$ 时气泡与周围液体间的界面传热项 ϕ_{HC},以及 $D_b < D_F$ 时气泡与液体界面间的力平衡引起的冷凝项 ϕ_{IC} 等两个汇项。前者表示气泡数密度不变、气泡尺寸变化时的界面面积浓度变化,后者表示整个气泡溃灭引起的气泡数密度变化时的界面面积浓度变化。在惯性控制区中,小于临界气泡尺寸的气泡份额 $p_c(D_b < D_F)$ 是计算凝结汇项的重要参数。

根据传热控制区和惯性控制区的气泡停留时间 $\Delta t_{c,HC}$ 和 $\Delta t_{c,IC}$,可以计算出的概率 $p_c(D_b < D_F)$ 为

$$p_c = \frac{\Delta t_{c,IC}}{\Delta t_{c,TC} + \Delta t_{c,IC}} \tag{11.242}$$

无因次时间 t^* 与无因次气泡直径 D_b^* 之间的关系表示为(Rayleigh,1917)

$$t^* = \frac{t}{D_0\sqrt{\dfrac{3}{8}\dfrac{\rho_f}{p}}} = \int_{D_b^*}^{1} \sqrt{\frac{D_b^{*3}}{1 - D_b^{*3}}} dD_b^* = f(D_b^*) \tag{11.243}$$

其中

$$D_b^* \equiv \frac{D_b}{D_0} \approx \frac{D_b}{D_{Sm}} \tag{11.244}$$

因此,$\Delta t_{c,HC}$ 和 $\Delta t_{c,IC}$ 可以分别计算为

$$\Delta t_{c,HC} = D_{Sm}\sqrt{\frac{3}{8}\frac{\rho_f}{p}}\int_{D_F^*}^{1}\sqrt{\frac{D_b^{*3}}{1-D_b^{*3}}}\mathrm{d}D_b^* \tag{11.245}$$

及

$$\Delta t_{c,IC} = D_0\sqrt{\frac{3}{8}\frac{\rho_f}{p}}\left(\int_0^1\sqrt{\frac{D_b^{*3}}{1-D_b^{*3}}}\mathrm{d}D_b^* - \int_{D_F^*}^{1}\sqrt{\frac{D_b^{*3}}{1-D_b^{*3}}}\mathrm{d}D_b^*\right) \tag{11.246}$$

其中

$$D_F^* \equiv \frac{D_F}{D_{Sm}} \tag{11.247}$$

气泡与周围液体之间的界面传热引起的冷凝汇项 ϕ_{HC} 表示为

$$\phi_{HC} = (1-p_c)n_b\frac{\mathrm{d}A_b}{\mathrm{d}t} = -4\pi(1-p_c)n_bN_{Nuc}N_{Ja}\alpha_t \tag{11.248}$$

式中，n_b 和 α_t 分别为气泡数密度和热扩散率。雅各布数定义为

$$N_{Ja} \equiv \frac{\rho_f c_{pf}\Delta T_{sub}}{\rho_g i_{fg}} \tag{11.249}$$

其中，c_{pf} 为液相的比热。

由于用式(11.246)计算的惯性控制区停留时间与由式(11.241)计算的传热控制区相比很小，故将传热控制区停留时间视为总停留时间。因此，惯性控制区内由于冷凝而产生的冷凝汇项表达为

$$\phi_{IC} = -\frac{\pi D_F^2 n_b}{t_c} \tag{11.250}$$

总冷凝汇项 ϕ_{CO} 由两个区域的冷凝汇项之和给出，即

$$\phi_{CO} = \phi_{HC} + \phi_{IC} = -\pi n_b\left\{4(1-p_c)N_{Nuc}N_{Ja}\alpha_t + \frac{D_F^2}{t_c}\right\} \tag{11.251}$$

预测凝结汇项的关键是在式(11.251)中实现准确的凝结努塞尔数模型。Park 等(Park et al. ,2007)对现有的努塞尔数模型进行了评述。

第 12 章　界面输运的流体动力学本构关系

在分析界面作用力和相间相对运动时，首先考虑各相的动量方程。在假设主流流体和界面处的平均压力和应力近似相同的情况下，k 相的动量方程为

$$\alpha_{\mathrm{k}}\overline{\overline{\rho_{\mathrm{k}}}}\left(\frac{\partial\widehat{\boldsymbol{v}}_{\mathrm{k}}}{\partial t}+\widehat{\boldsymbol{v}}_{\mathrm{k}}\cdot\nabla\widehat{\boldsymbol{v}}_{\mathrm{k}}\right)=-\alpha_{\mathrm{k}}\nabla\overline{\overline{p_{\mathrm{k}}}}+\nabla\cdot\left[\alpha_{\mathrm{k}}\left(\overline{\overline{\mathcal{T}_{\mathrm{k}}}}+\mathcal{T}_{\mathrm{k}}^{T}\right)\right]$$
$$+\alpha_{\mathrm{k}}\overline{\overline{\rho_{\mathrm{k}}}}\boldsymbol{g}+\boldsymbol{M}_{\mathrm{ik}}+(\widehat{\boldsymbol{v}}_{\mathrm{ki}}-\widehat{\boldsymbol{v}}_{\mathrm{k}})\Gamma_{\mathrm{k}}-\nabla\alpha_{\mathrm{k}}\cdot\overline{\overline{\mathcal{T}_{\mathrm{ki}}}} \quad (12.1)$$

式中，$\overline{\overline{\mathcal{T}_{\mathrm{k}}}}$、$\mathcal{T}_{\mathrm{k}}^{T}$、$\overline{\overline{\mathcal{T}_{\mathrm{ki}}}}$和 M_{ik}分别为平均黏性剪切应力、平均湍流剪切应力、界面剪切应力和广义界面阻力。混合物动量守恒要求

$$\sum_{k}M_{\mathrm{ik}}=0 \quad (12.2)$$

这是平均动量跳跃条件的修正形式。用两流体模型分析两相流时，需要关于平均湍流应力张量和广义界面阻力等的本构方程。

在宏观两相流分析（如一维两相流分析）中，除了壁面剪切作用外，平均湍流应力项可以忽略，而在微观泡状流分析中，已经应用了如混合长度模型和 $k-\varepsilon$ 模型等湍流模型用来计算平均湍流应力项。然而，由于两相湍流的复杂性，两相湍流的精确预测方法目前还不成熟。

在两流体模型的动量方程中，最需要建模的是广义阻力 $\boldsymbol{M}_{\mathrm{id}}$的本构关系，它确定了界面作用力。对这种力最简单的建模方法是用各种已知界面力的线性组合来表示

$$\boldsymbol{M}_{\mathrm{id}}=\frac{\alpha_{\mathrm{d}}}{B_{\mathrm{d}}}(\boldsymbol{F}_{\mathrm{d}}^{D}+\boldsymbol{F}_{\mathrm{d}}^{V}+\boldsymbol{F}_{\mathrm{d}}^{B}+\boldsymbol{F}_{\mathrm{d}}^{L}+\boldsymbol{F}_{\mathrm{d}}^{W}+\boldsymbol{F}_{\mathrm{d}}^{T})$$
$$=\boldsymbol{M}_{\mathrm{d}}^{D}+\boldsymbol{M}_{\mathrm{d}}^{V}+\boldsymbol{M}_{\mathrm{d}}^{B}+\boldsymbol{M}_{\mathrm{d}}^{L}+\boldsymbol{M}_{\mathrm{d}}^{W}+\boldsymbol{M}_{\mathrm{d}}^{T} \quad (12.3)$$

式中，B_{d}、$\boldsymbol{F}_{\mathrm{d}}^{D}$、$\boldsymbol{F}_{\mathrm{d}}^{V}$、$\boldsymbol{F}_{\mathrm{d}}^{B}$、$\boldsymbol{F}_{\mathrm{d}}^{L}$、$\boldsymbol{F}_{\mathrm{d}}^{W}$ 和 $\boldsymbol{F}_{\mathrm{d}}^{T}$ 分别为典型颗粒体积、典型颗粒的标准曳力、虚拟质量力、Basset 力、升力、壁面升力和湍流耗散力。

方程中各项的意义为：左侧的项是作用在弥散相上的组合广义界面阻力。右边的第一项是稳态条件下的表面和形状阻力。第二项是相对速度变化时加速周围相视在质量所需的力。第三项称为 Basset 力，是加速度对黏性阻力和边界层发展的影

响。第四项是因流体旋转产生的垂直于相对速度方向的升力。第五项是壁面附近颗粒速度分布变化引起的壁面升力。最后一项是由相浓度梯度引起的湍流耗散力。在宏观两相流分析(如一维两相流分析)中,不考虑标准阻力和虚拟质量力以外的力,而在三维流的微观分析中要考虑升力和湍流耗散力等附加力。

在本章中,将详细讨论多相流的界面输运本构方程和界面流体力学,按照 Ishii 和 Zuber(Ishii & Zuber,1979)、Ishii 和 Chawla(Ishii & Chawla,1979)和 Ishii 和 Mishima(Ishii & Mishima,1984)等的分析来讨论。在下面的讨论中,为简单起见,除 12.4 节外,省略了表示时间平均值的符号。

12.1 多颗粒系统上的瞬态力

这两个瞬变项的形式还没有完全确定。由于它们在瞬态条件下和数值稳定问题中的重要性,需要在这方面进行进一步的研究。

Basset 力由下式给出

$$\boldsymbol{F}_{\mathrm{d}}^{B} = -6r_{\mathrm{d}}^{2}\sqrt{\pi\rho_{\mathrm{c}}\mu_{\mathrm{m}}}\int_{t}\frac{\mathrm{D_d}}{\mathrm{D}\boldsymbol{\xi}}(\boldsymbol{v}_{\mathrm{d}}-\boldsymbol{v}_{\mathrm{c}})\frac{\mathrm{d}\boldsymbol{\xi}}{\sqrt{t-\boldsymbol{\xi}}} \tag{12.4}$$

其中 μ_{m} 为混合物黏度。该项表示在颗粒瞬时加速过程中,由于边界层或黏性流的发展而产生的附加阻力。$\mathrm{D_k}/\mathrm{D}t$ 是相对于速度 v_{k} 的随体导数。下标 c 和 d 分别代表连续相和弥散相。12.2 节给出了混合物黏度的详细表达式。由于其时间积分形式的复杂性,在实际的两相流分析中没有考虑 Basset 力。Clift 等(Clift et al.,1978)对雷诺数较高的情况给出了关于这一项的讨论。

这里将针对与时间弱相关的函数 $\dfrac{\mathrm{D_d}(\boldsymbol{v}_{\mathrm{d}}-\boldsymbol{v}_{\mathrm{c}})}{\mathrm{D}\boldsymbol{\xi}}$ 的情况,得到一个近似的 Basset 力的表达式。则式(12.4)可重写为

$$\boldsymbol{F}_{\mathrm{d}}^{B} = -6r_{\mathrm{d}}^{2}\sqrt{\pi\rho_{\mathrm{c}}\mu_{\mathrm{m}}}\frac{\mathrm{D_d}}{\mathrm{D}t}(\boldsymbol{v}_{\mathrm{d}}-\boldsymbol{v}_{\mathrm{c}})\int_{0}^{t}\frac{\mathrm{d}\boldsymbol{\xi}}{\sqrt{t-\boldsymbol{\xi}}} = -12r_{\mathrm{d}}^{2}\sqrt{\pi\rho_{\mathrm{c}}\mu_{\mathrm{m}}}\frac{\mathrm{D_d}\boldsymbol{v}_{\mathrm{r}}}{\mathrm{D}t}\sqrt{\tau} \tag{12.5}$$

式中的 τ 是 Basset 力的时间尺度,可以根据动量穿透深度来计算

$$\sqrt{\pi\nu\tau} \simeq r_{\mathrm{d}} \tag{12.6}$$

将式(12.6)代入式(12.5)得到

$$\boldsymbol{F}_{\mathrm{d}}^{B} = -12r_{\mathrm{d}}^{3}\rho_{\mathrm{c}}\sqrt{\frac{\mu_{\mathrm{m}}}{\mu_{\mathrm{c}}}}\frac{\mathrm{D_d}\boldsymbol{v}_{\mathrm{r}}}{\mathrm{D}t} \tag{12.7}$$

Basset 力 $\boldsymbol{F}_{\mathrm{d}}^{B}$ 由下式与界面 Basset 力相关联

$$\boldsymbol{F}_{\mathrm{d}}^{B}=\frac{B_{\mathrm{d}}\boldsymbol{M}_{\mathrm{d}}^{B}}{\alpha_{\mathrm{d}}}\tag{12.8}$$

因此，由 Basset 力代表的 M_{id} 力的部分变成

$$\boldsymbol{M}_{\mathrm{d}}^{B}=-\frac{9\alpha_{\mathrm{d}}}{\pi}\rho_{\mathrm{c}}\sqrt{\frac{\mu_{\mathrm{m}}}{\mu_{\mathrm{c}}}}\frac{\mathrm{D}_{\mathrm{d}}\boldsymbol{v}_{\mathrm{r}}}{\mathrm{D}t}\approx-\frac{9\alpha_{\mathrm{d}}}{\pi\sqrt{1-\alpha_{\mathrm{d}}}}\rho_{\mathrm{c}}\frac{\mathrm{D}_{\mathrm{d}}\boldsymbol{v}_{\mathrm{r}}}{\mathrm{D}t}\tag{12.9}$$

Zuber(N. Zuber,1964)研究了相浓度对虚拟质量力 F_{d}^{V} 的影响，得到了界面虚拟质量力 M_{d}^{V} 为

$$\boldsymbol{M}_{\mathrm{d}}^{V}=\frac{\alpha_{\mathrm{d}}\boldsymbol{F}_{\mathrm{d}}^{V}}{B_{\mathrm{d}}}=-\frac{1}{2}\alpha_{\mathrm{d}}\frac{1+2\alpha_{\mathrm{d}}}{1-\alpha_{\mathrm{d}}}\rho_{\mathrm{c}}\frac{\mathrm{D}_{\mathrm{d}}\boldsymbol{v}_{\mathrm{r}}}{\mathrm{D}t}\tag{12.10}$$

Lahey 等(Lahey,Cheng,Drew & Flaherty,1980)研究了虚拟质量项本构方程的一个必要条件。从本构方程物质标架无关性的要求出发，确定了虚拟质量力 F_{d}^{V} 应满足

$$\boldsymbol{F}_{\mathrm{d}}^{V}\propto-\left[\frac{\mathrm{D}_{\mathrm{c}}\boldsymbol{v}_{\mathrm{d}}}{\mathrm{D}t}-\frac{\mathrm{D}_{\mathrm{d}}\boldsymbol{v}_{\mathrm{c}}}{\mathrm{D}t}-(1-\lambda)\boldsymbol{v}_{\mathrm{r}}\cdot\nabla\boldsymbol{v}_{\mathrm{r}}\right]\tag{12.11}$$

根据 Zuber(N. Zuber,1964a)关于浓度效应的研究和上述标架无关条件，这里提出了一种新的 F_{d}^{V} 形式。由于颗粒相对于流体的加速度，会产生加速度曳力。这应该与诱导质量 $\rho_{\mathrm{c}}B_{\mathrm{d}}^{*}$ 和标架无关的相对加速度矢量成正比。因此有，

$$\boldsymbol{F}_{\mathrm{d}}^{V}=-\rho_{\mathrm{c}}B_{\mathrm{d}}^{*}\left[\frac{\mathrm{D}_{\mathrm{c}}\boldsymbol{v}_{\mathrm{d}}}{\mathrm{D}t}-\frac{\mathrm{D}_{\mathrm{d}}\boldsymbol{v}_{\mathrm{c}}}{\mathrm{D}t}-(1-\lambda)\boldsymbol{v}_{\mathrm{r}}\cdot\nabla\boldsymbol{v}_{\mathrm{r}}\right]\tag{12.12}$$

上述无限大介质中单个颗粒的诱导质量 $\rho_{\mathrm{c}}B_{\mathrm{d}}^{*}$ 可由势流理论求得。因此，对于球形颗粒，$\boldsymbol{F}_{\mathrm{d}}^{V}$ 在 $\alpha_{\mathrm{d}}\to0$ 处的极限是

$$\lim_{\alpha_{\mathrm{d}}\to0}\boldsymbol{F}_{\mathrm{d}}^{V}=-\frac{1}{2}\rho_{\mathrm{c}}B_{\mathrm{d}}\frac{\mathrm{D}_{\mathrm{d}}}{\mathrm{D}t}(\boldsymbol{v}_{\mathrm{d}}-\boldsymbol{v}_{\mathrm{c}})\tag{12.13}$$

从这个极限中，可以看出

$$\lim_{\alpha_{\mathrm{d}}\to0}B_{\mathrm{d}}^{*}=\frac{1}{2}B_{\mathrm{d}}\tag{12.14}$$

及

$$\lim_{\alpha_{\mathrm{d}}\to0}\lambda=2\tag{12.15}$$

如果在式(12.12)中 λ 为常数，则 λ 的值应为2。

浓度对 B_{d}^{*} 的影响可以通过 Zuber(N. Zuber,1964a)的方法来考虑。因此，从在外部球形空间运动的球的诱导质量的解中，B_{d}^{*} 可近似表达为

$$B_{\mathrm{d}}^{*}\doteq\frac{1}{2}B_{\mathrm{d}}\frac{1+2\alpha_{\mathrm{d}}}{1-\alpha_{\mathrm{d}}}\tag{12.16}$$

式中，α_{d} 是弥散相的体积分数。在 λ 为常数的假设下，虚拟质量力的本构方程由式(12.12)和式(12.16)得到(Ishii & Mishima,1984)

$$\frac{\alpha_d \boldsymbol{F}_d^V}{B_d} = -\frac{1}{2}\alpha_d \frac{1+2\alpha_d}{1-\alpha_d}\rho_c\left(\frac{D_d \boldsymbol{v}_r}{Dt} - \boldsymbol{v}_r \cdot \nabla \boldsymbol{v}_c\right) \tag{12.17}$$

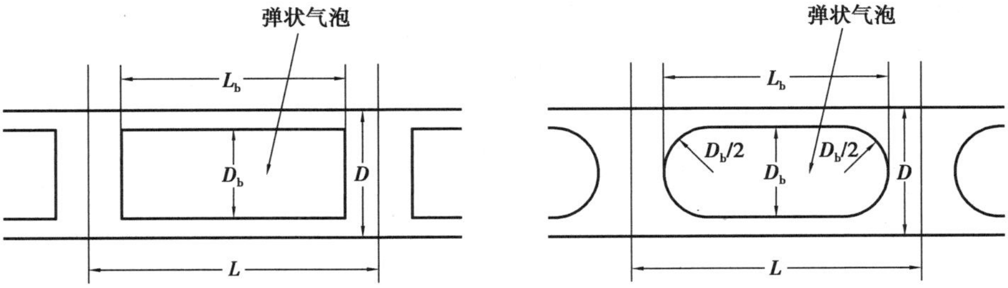

(a) 圆柱形气泡　　(b) 球头圆柱形气泡

图 12.1　虚拟质量力分析的弹状流模型(Ishii & Mishima,1984)

上述方程表明,随着颗粒浓度的增加,每个颗粒的虚拟质量力 F_d^V 显著增加。这种关系意味着浓度对动态耦合的影响可以用$(1+2\alpha_d)/(1-\alpha_d)$因子来衡量。Mokeyev(Mokeyev,1977)用电模拟流体力学的方法通过电场势确定速度势,得到了经验式 $B_d^*/B_d = 0.5 + 2.1\alpha_d$。式(12.17)的理论结果与该关联式比较结果较满意。

用伯努利方程进行简单的势流分析,可以得到弹状流中虚拟质量力的关联式。首先,在直径为 D 的管中考虑长度为 L_b、直径为 D_b 的圆柱形气泡,如图 12.1(a)所示。则弹状气泡截面的空泡份额为

$$\alpha_b = \frac{D_b^2}{D^2} \tag{12.18}$$

则总体的平均空泡份额 α_d 为

$$\alpha_d = \frac{L_b}{L}\alpha_b \tag{12.19}$$

其中,L 为节距。让连续相相对于气泡加速。这将因沿液膜部分加速而产生一个作用于气泡的压力。根据简单的一维分析,这个力为

$$\boldsymbol{F}_d^V = -\frac{\pi}{4}D_b^2 L_b \frac{\rho_c}{1-\alpha_b}\frac{\partial \boldsymbol{v}_r}{\partial t} \tag{12.20}$$

然而,气泡的体积为 $B_d = \left(\frac{\pi}{4}\right)D_b^2 L_b$,因此单位体积的虚拟质量力变为

$$\frac{\alpha_d \boldsymbol{F}_d^V}{B_d} = -\alpha_d \frac{\rho_c}{1-\alpha_d}\frac{\partial \boldsymbol{v}_r}{\partial t} \cong -5\alpha_d \rho_c \frac{\partial \boldsymbol{v}_r}{\partial t} \tag{12.21}$$

在这里,第二种形式是通过在弹状气泡段中空泡份额近似为 $\alpha_b \cong 0.8$ 得到的。

考虑的第二种情况为假设一系列球形头部的圆柱形气泡,如图 12.1(b)所示。在上面应用伯努利方程有

$$\frac{\partial \Phi}{\partial t} + \int \frac{\mathrm{d}p}{\rho} + \Omega + \frac{v^2}{2} = 常数 \tag{12.22}$$

其中，Φ 和 Ω 分别为速度势和该几何体的位势函数，在相对加速下得到

$$\frac{\alpha_d \boldsymbol{F}_d^V}{B_d} = -5\left[0.66\alpha_d + 0.27\left(\frac{L_b - D_b}{L}\right)\right]\rho_c \frac{\partial \boldsymbol{v}_r}{\partial t} \tag{12.23}$$

这里已经用近似的 $\alpha_b \cong 0.8$ 进行了简化（Ishii & Mishima，1980）。对于一系列球形气泡的极限情况，$L_b = D_b$，上述方程可简化为

$$\frac{\alpha_d \boldsymbol{F}_d^V}{B_d} = -3.3\alpha_d \rho_c \frac{\partial \boldsymbol{v}_r}{\partial t} \tag{12.24}$$

如果 $L_b \gg D_b$，L_b/L 可以用 α_d/α_b 近似。因此，对于长弹状气泡，式（12.23）本质上收敛于式（12.22）所给出的简单解。由式（12.23）给出的弹状流的虚拟质量力是在没有大的对流加速度的情况下用相对加速度表示的。但是，如果对流加速度不能忽略，则采用式（12.12）形式的特殊随体导数可能更为合适。所以一般来说，有

$$\frac{\alpha_d \boldsymbol{F}_d^V}{B_d} = -5\left[0.66\alpha_d + 0.27\left(\frac{L_b - D_b}{L}\right)\right]\rho_c \left(\frac{\mathrm{D}_d \boldsymbol{v}_r}{\mathrm{D}t} - \boldsymbol{v}_r \cdot \nabla \boldsymbol{v}_c\right) \tag{12.25}$$

该式也可以用于搅混流。

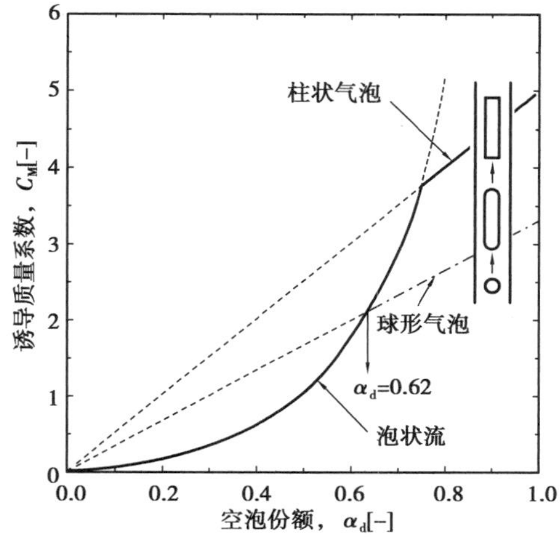

图 12.2　弥散流和弹状流的虚质量系数（Ishii & Mishima，1984）

现在可以通过引入下式定义的诱导质量系数 C_M 来检验弥散流的式（12.17）和弹状流的式（12.33）的解

$$\frac{\alpha_d \boldsymbol{F}_d^V}{B_d} = -C_M \rho_c \left(\frac{\mathrm{D}_d \boldsymbol{v}_r}{\mathrm{D}t} - \boldsymbol{v}_r \cdot \nabla \boldsymbol{v}_c\right) \tag{12.26}$$

其中

$$C_{\mathrm{M}}=\begin{cases}\dfrac{1}{2}\alpha_{\mathrm{d}}\dfrac{1+2\alpha_{\mathrm{d}}}{1-\alpha_{\mathrm{d}}} & (\text{泡状流})\\ 5\alpha_{\mathrm{d}}\left[0.66+0.34\left(\dfrac{1-D_{\mathrm{b}}/L_{\mathrm{b}}}{1-D_{\mathrm{b}}/3L_{\mathrm{b}}}\right)\right] & (\text{弹状流})\end{cases} \tag{12.27}$$

C_{M} 和 α_{d} 的关系示于图 12.2 中，由于两相间的强耦合作用，虚拟质量力随弥散相空泡份额的增大而增大。上述两个解的交点发生在空泡份额为 0.66 ~ 0.75。对于较低的空泡份额，泡状流的虚拟质量力小于弹状流的虚拟质量力。这意味着，如果 $\alpha_{\mathrm{d}}<0.66$，泡状流结构中的气相对加速度的阻力小于弹状流结构。这也可能表明，当 $\alpha_{\mathrm{d}}<0.66$ 时，加速弹状流有分解成泡状流的趋势。对于 $\alpha_{\mathrm{d}}>0.66$ 的情况，即使在瞬态条件下，弹状流也是相当稳定。

由于流动几何拓扑的相似性，对于搅混流的虚拟质量力可以由式(12.24)给出的弹状流的解来近似计算。在液相弥散流的虚拟质量力比气泡弥散流中的小得多。该减少的结果是由式(12.17)中使用的连续相密度的变化引起的。将 ρ_{c} 从 ρ_{f} 变为 ρ_{g}，雾状流的虚拟质量力将变得微不足道。这也表明，在环状流和环状弥散流中，虚拟质量力的值将大幅度降低。在当前的计算流体力学(CFD)程序中，因为数值稳定性原因，常忽略 Basset 力，而将虚拟质量系数设置得更高。由式(12.9)和式(12.10)可以得到弥散流中的 Basset 力与虚拟质量力的比值为

$$\frac{M_{\mathrm{d}}^{B}}{M_{\mathrm{d}}^{V}}=\frac{18\sqrt{1-\alpha_{\mathrm{d}}}}{\pi(1+2\alpha_{\mathrm{d}})} \tag{12.28}$$

图 12.3 表明，Basset 力和虚拟质量力可以稳定数值模拟，在工程中这非常重要。

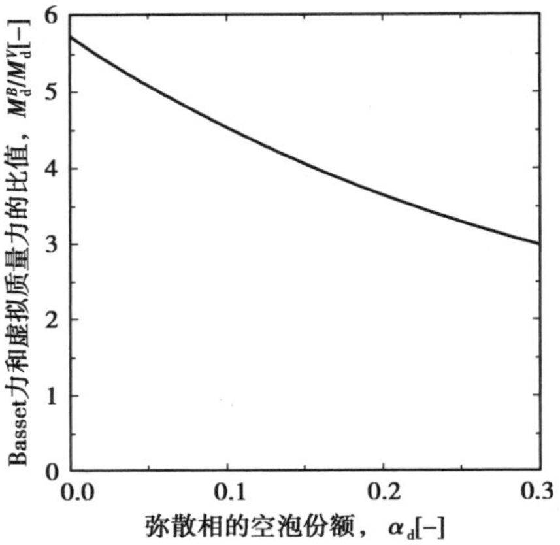

图 12.3 Basset 力和虚拟质量力的比较

12.2　多颗粒系统中的阻力

在稳态条件下作用在颗粒上的标准阻力可以根据基于相对速度的曳力系数 C_D 给出

$$\boldsymbol{F}_d^D = -\frac{1}{2}C_D\rho_c\boldsymbol{v}_r|\boldsymbol{v}_r|A_d \tag{12.29}$$

其中，A_d 为典型颗粒的投影面积，v_r 为相对速度，$v_r = v_d - v_c$。则 F_d^D 与界面阻力关联为

$$\boldsymbol{F}_d^D = \frac{B_d\boldsymbol{M}_d^D}{\alpha_d} \tag{12.30}$$

因此，由曳力代表的 M_{id} 部分变为

$$\frac{\alpha_d\boldsymbol{F}_d^D}{B_d} = -\left(\alpha_d\frac{A_d}{B_d}\right)\frac{C_D}{2}\rho_c\boldsymbol{v}_r|\boldsymbol{v}_r| \tag{12.31}$$

下面将从单颗粒系统出发详细分析弥散两相流中曳力系数 C_D 的本构关系。

12.2.1　单颗粒曳力系数

在过去已广泛研究单个固体颗粒、液滴或气泡在无限介质中的运动，例如，Peebles 和 Garber(Peebles & Garber,1953)、Harmathy(Harmathy,1960)和 Wallis(Graham B. Wallis,1974)等的研究。下面，以简单的形式总结这些结果，这些结果有助于发展多颗粒系统中的阻力关联式(Ishii & Chawla,1979)。

用 $v_{r\infty} = v_d - v_{c\infty}$ 表示无限大介质中单颗粒的相对速度，则阻力系数定义为

$$C_{D\infty} = -2\frac{F_D}{\rho_c v_{r\infty}|v_{r\infty}|\pi r_d^2} \tag{12.32}$$

其中，F_D 为阻力，r_d 为颗粒的半径。为了根据相对速度计算阻力 F_D，应该确定与式(12.32)无关的 $C_{D\infty}$ 本构关系。对于单颗粒阻力关系，有两个无因次准则数很重要。它们是颗粒雷诺数和黏度数

$$N_{Re\infty} \equiv \frac{2r_d\rho_c|v_{r\infty}|}{\mu_c} \tag{12.33}$$

及

$$N_\mu \equiv \frac{\mu_c}{\left(\rho_c\sigma\sqrt{\frac{\sigma}{g\Delta\rho}}\right)^{\frac{1}{2}}} \tag{12.34}$$

对单颗粒阻力的广泛研究表明，在大多数情况下，阻力系数是雷诺数的函数(图 12.4)。然而，其精确的函数形式取决于颗粒是固体颗粒、液滴还是气泡。简单地

说，对于固体球形颗粒系统，有黏性区域，$C_{D\infty}$ 对雷诺数的依赖性显著，而在牛顿区，$C_{D\infty}$ 独立于 $N_{Re\infty}$。对于黏性区的清洁流体球，与固体颗粒关联式的预测值相比，$C_{D\infty}$ 可降低33%。这可以用流体颗粒的内部循环流动来解释。然而，少量杂质足以消除这种减阻作用。因此，对于大多数实际应用，在一定粒径范围内的流体-颗粒系统的阻力定律可近似为固体颗粒系统。超过这一尺寸，颗粒的扭曲和不规则运动则变得明显。在这种扭曲的颗粒状态下，$C_{D\infty}$ 不依赖于黏度，而是随颗粒半径线性增加。由于流体动力不稳定性，$C_{D\infty}$ 存在一个上限值，颗粒达到帽状气泡状态或最大液滴的尺寸。阻力系数的这些区域如图 12.4 所示。

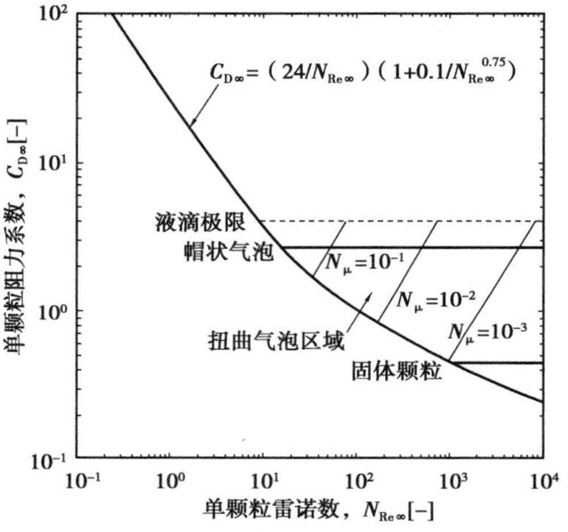

图 12.4 **单颗粒阻力系数**(Ishii & Chawla,1979)

对于黏性区，C_D 函数由经验式给出

$$C_D = \frac{24}{N_{Re\infty}}(1 + 0.1N_{Re\infty}^{0.75}) \tag{12.35}$$

当雷诺数很小时($N_{Re\infty} < 1$)，上述关联式基本上退化为众所周知的 Stokes 阻力定律，$C_D = \frac{24}{N_{Re\infty}}$。黏性区的关联式表明，阻力系数对雷诺数的依赖性随雷诺数的增大而减小。

在固体颗粒中，阻力系数基本上变成一个常数，大约为

$$C_D = 0.45，当 N_{Re\infty} \geq 1\,000 时 \tag{12.36}$$

牛顿区可以持续到 $N_{Re\infty} = 2 \times 10^5$。超过这个雷诺数，由于边界层从层流转捩为湍流，边界层分离点从颗粒的正面转移到背面，会导致阻力系数急剧下降。

对于液滴或气泡等流体颗粒，有一个以颗粒形状变形和不规则运动为特征的流型。在这种扭曲的颗粒状态下，实验结果表明，终端速度与颗粒尺寸无关(图 12.5)。在图 12.5 中，无因次终端速度 $v_{r\infty}^*$ 和对比半径 r_d^* 分别定义为 $|v_{r\infty}|(\rho_c^2/\mu_c g\Delta\rho)^{\frac{1}{3}}$ 和

$r_d(\rho_c g\Delta\rho/\mu_c^2)^{\frac{1}{3}}$。由此可以看出,阻力系数 $C_{D\infty}$ 并不取决于黏度,但应与颗粒半径成正比(Harmathy,1960)。从物理上讲,这表明阻力是由颗粒的变形和转向运动控制的,颗粒形状的变化是朝着有效截面增加的方向而变化的。因此,$C_{D\infty}$ 可以用颗粒的平均半径而不是雷诺数来衡量(Harmathy,1960)。因此有

$$C_{D\infty} = \frac{4}{3}r_d\sqrt{\frac{g\Delta\rho}{\sigma}}, \text{当 } N_\mu \geqslant 36\sqrt{2}(1+0.1N_{Re\infty}^{0.75})/N_{Re\infty}^2 \text{ 时} \tag{12.37}$$

该式使用了基于终端速度的流体颗粒尺寸。

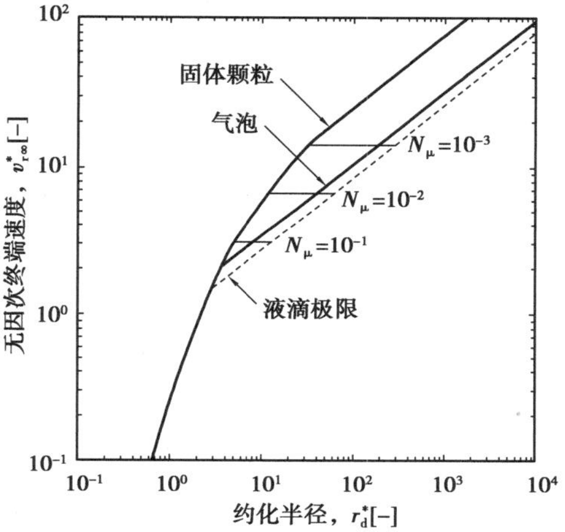

图 12.5　单颗粒系统的终端速度(Ishii & Chawla,1979)

因此,可以根据图 12.4 和图 12.5 所示的黏度值给出黏性流和扭曲颗粒流之间的流型转变。然而,由于在这种情况下,终端速度可与物性唯一相关,式(12.37)可根据终端速度或雷诺数概括为

$$C_{D\infty} = \frac{\sqrt{2}}{3}N_\mu N_{Re\infty} \tag{12.38}$$

随着气泡尺寸的进一步增大,气泡呈球帽形,阻力系数达到一个常数值

$$C_{D\infty} = \frac{8}{3} \tag{12.39}$$

从扭曲气泡区到球帽气泡区的转变发生在

$$r_d = 2\sqrt{\frac{\sigma}{g\Delta\rho}} \tag{12.40}$$

根据式(12.37),对于液滴,阻力系数可能进一步增加。然而,最终液滴变得不稳定并分解成小液滴。这个极限可由著名的韦伯数准则给出。通过引入韦伯数 $We \equiv 2\rho_g v_r^2 r_d/\sigma$,其中 v_r 是相对速度,可以给出 $We \approx 12$ 的稳定性判据。由于对应于式(12.37)的终端速度是 $v_{r\infty} = \sqrt{2}(g\sigma\Delta\rho/\rho_g^2)^{\frac{1}{4}}$,最大可能液滴半径是

$$r_{\mathrm{d,max}} = 3\sqrt{\frac{\sigma}{g\Delta\rho}} \tag{12.41}$$

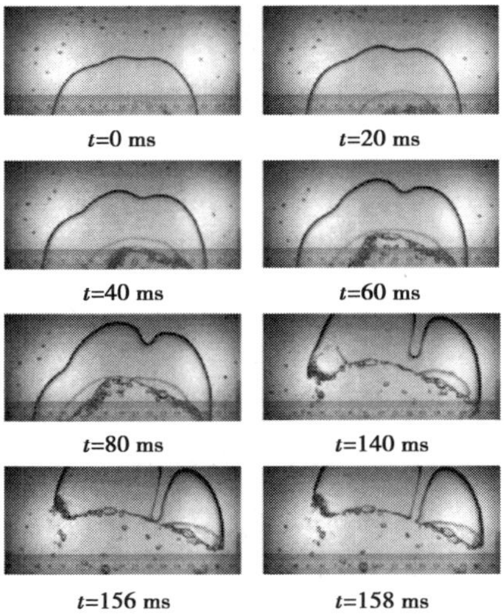

图 12.6 流动不稳定性所致的大气泡破裂(500 fps)

这对应于液滴的最大阻力系数 $C_{\mathrm{D}}=4$。如果液滴界面的稳定性由泰勒不稳定性控制,则特征液滴半径为

$$r_{\mathrm{d,max}} = \sqrt{\frac{\sigma}{g\Delta\rho}} \tag{12.42}$$

这可能是一个更实际的液滴尺寸上限。还应注意的是,在强湍流(Hinze,1959)或压力冲击条件下(Dinh,Li,& Theofanous,2003;Theofanous,Li,& Dinh,2004),稳定极限Weber 数可能远小于 12。

帽状气泡保持一定的规则形状,尾流角约为 50°,但也有一个最大稳定的帽状气泡直径(Clift et al.,1978;Grace,Wairegi,& Brophy,1978;G Kocamustafaogullari,Chen,& Ishii,1984;Miller,Ishii,& Revankar,1993)。这种不稳定性如图 12.6 所示。Kocamustafaogullari 等(G. Kocamustafaogullari et al.,1984)采用了基于 Kelvin - Helmholtz 不稳定性的帽状气泡表面稳定性分析。通过比较表面波停留时间和波幅增长到气泡大小量级的时间,得到了稳定性判据。对于大多数实际情况,这个稳定极限可以近似于

$$r_{\mathrm{cap,max}} = 20\sqrt{\frac{\sigma}{g\Delta\rho}} \tag{12.43}$$

这一结果很有意义,因为它定义了由于泰勒气泡的不稳定性,小管道中的弹状流是可能的,而大管道的弹状流则不能形成。对于管径 $D<2r_{\mathrm{cap,max}}$($=40\sqrt{\sigma/g\Delta\rho}$)的情况,可以形成稳定的弹状流。而对于 $D\gg 2r_{\mathrm{cap,max}}$ 的泡状流,接下来的流型是帽状湍

流，在较高的气体流量下存在多个相互作用的帽状气泡。

利用上述阻力系数，可以通过平衡压力、重力和阻力等作用力得到无限大介质中的终端速度。图 12.5 总结了各种颗粒和流型的结果。

12.2.2　弥散两相流的曳力系数

1）颗粒和流型的影响

在前一节中，已经证明了单颗粒系统的阻力关联式不仅取决于流型，还取决于颗粒的性质，即固体颗粒、液滴或气泡。因此，对于一个多颗粒系统，这些差异也将在确定曳力关系式中发挥中心作用。在本研究中，多颗粒的曳力关系式是在考虑下列流型的情况下，与单颗粒系统并行发展的。

固体颗粒系统：
- 黏性区
- 牛顿区

流体颗粒系统：
- 黏性区（未变形颗粒区）
- 扭曲颗粒区
- 搅混流流型
- 弹状流流型

在黏性区，流体颗粒的变形可以忽略不计。因此，对于这种情况，固体和液体颗粒系统可统一考虑。虽然这两个系统之间由于表面流动存在小的差异，但在大多数情况下，这些差异可以忽略（Clift et al.，1978）。而对于其他的流型，由于颗粒周围的流动和界面运动的差异显著，需要进行单独分析。

2）黏性区（未变形颗粒区）

该区域的特点是黏性对颗粒运动有强烈影响。对于流体—颗粒系统，只有当颗粒形状不因界面不稳定性或湍流流体运动而变形时，才会出现这种情况。为了发展多颗粒曳力关系式，引入了几个相似假设。首先，假设黏性区域内的曳力系数可以作为关于颗粒雷诺数的函数给出。因此有，

$$C_{\mathrm{D}} = C_{\mathrm{D}}(N_{\mathrm{Re}}) \tag{12.44}$$

其中，雷诺数用混合物黏性系数 μ_{m} 定义

$$N_{\mathrm{Re}} \equiv \frac{2\rho_{\mathrm{c}}\left|v_{\mathrm{r}}\right|r_{\mathrm{d}}}{\mu_{\mathrm{m}}} \tag{12.45}$$

曳力系数式（12.29）的引入和式（12.44）的使用都基于这样的假设，即可以通过考虑由代表性的颗粒和周围流体之间的相对运动引起的局部剪切阻力，来评估两相混合物中颗粒运动的阻力。其他颗粒对阻力的影响是由颗粒对流场变形的阻力引起的。由于颗粒比流体更坚硬，不易变形，因此颗粒将施加一个系统力，该系统力将反作用于流体。由于附加应力的作用，原始颗粒的运动阻力增加，就像由于黏度

增加所引起的那样。

因此，在分析悬浮颗粒的运动时，应使用混合黏度（Burgers，1941；N. Zuber，1964a）。可以预计，混合物黏度是浓度、流体黏度和颗粒黏度的函数。弥散相的黏度考虑了界面的流动性，是颗粒沿界面运动阻力的度量。颗粒碰撞的影响可以通过空泡份额间接反映在混合物的黏度中。此外，对于流体-颗粒系统，表面张力应该对颗粒碰撞和聚并产生影响，这对于确定流型转变尤其重要。

在本分析中，基于最大填充空泡份额 α_{dm}，将流体颗粒的混合物黏度的线性关系（Taylor Geoffrey，1932）扩展为固体颗粒的指数关系（Roscoe，1952）。流体-颗粒系统的泰勒黏度模型为

$$\frac{\mu_m}{\mu_c}=1+2.5\alpha_d\frac{\mu_d+0.4\mu_c}{\mu_d+\mu_c} \tag{12.46}$$

但该式只有在 $\alpha_d \ll 1$ 才能使用。固体颗粒系统的简单指数律黏性模型为

$$\frac{\mu_m}{\mu_c}=\left(1-\frac{\alpha_d}{\alpha_{dm}}\right)^{-2.5\alpha_{dm}} \tag{12.47}$$

这表明混合物的黏度在最大填充率附近迅速增加。还需要注意，式（12.47）在低 α_d 处的线性外推为 $\frac{\mu_m}{\mu_c}=1+2.5\alpha_d$，这与式（12.46）类似。固体颗粒体系的最大堆积密度 α_{dm} 范围为 0.5 ~ 0.74。然而，$\alpha_{dm}=0.62$ 可以满足大多数实际情况。对于泡状流，由于气泡的变形，理论 α_{dm} 可以高得多。在没有湍流运动和颗粒聚并的情况下，流体颗粒系统中的空泡份额可以高达 0.95。以 α_{dm} 为单位 1，可以将这些气泡或致密堆积的状态纳入分析。因此，对于流体颗粒系统，取 $\alpha_{dm}=1$。将上述两个表达式结合起来，可得出固体颗粒系统和流体颗粒系统在所有浓度下的模型

$$\frac{\mu_m}{\mu_c}=\left(1-\frac{\alpha_d}{\alpha_{dm}}\right)^{-2.5\alpha_{dm}\frac{\mu_d+0.4\mu_c}{\mu_d+\mu_c}} \tag{12.48}$$

图 12.7 将该混合物黏度模型与固体颗粒系统的各种现有模型（Brinkman，1952；Eilers，1941；Frankel & Acrivos，1967；Landel，Moser，& Bauman，1965；Roscoe，1952；Thomas，1965）进行了比较。需要注意的是，对于固体颗粒系统，μ_d 接近于 ∞。因此，如果取式（12.48）的极限，则黏度比则变为单位 1，则关系式简化为幂次律式（12.47）。由于该模型不仅适用于颗粒流，还适用于液滴和泡状流，因此它在关系式中考虑了弥散相黏度的影响，具有传统关系式无法比拟的优点。

使用最大填料密度推荐值，可以用一个简单的幂次律来近似表达混合物黏度

$$\frac{\mu_m}{\mu_c}=(1-\alpha_d)^{-n} \tag{12.49}$$

式中，

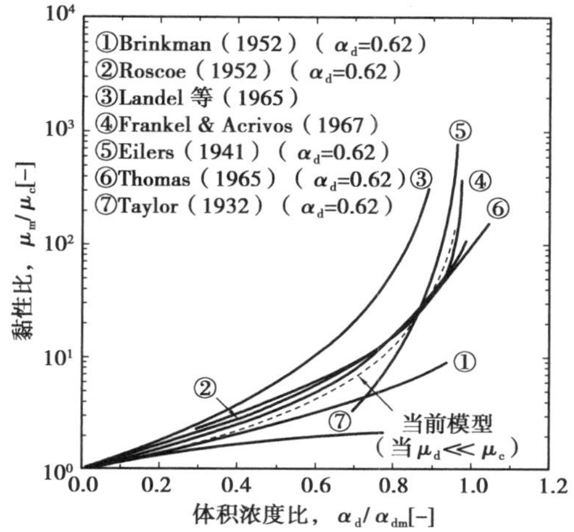

图 12.7　现有混合物黏度模型和已有固体颗粒系统模型的比较(Ishii & Chawla, 1979)

$$n=\begin{cases}1 & \text{泡状流}\\ 1.75 & \text{液体中的颗粒}\\ 2.5 & \text{气体中的颗粒,雾状流}\end{cases}\tag{12.50}$$

固体颗粒系统的表达式仅最多适用于中等大小的 α_d 值,这些关系如图 12.8 所示。

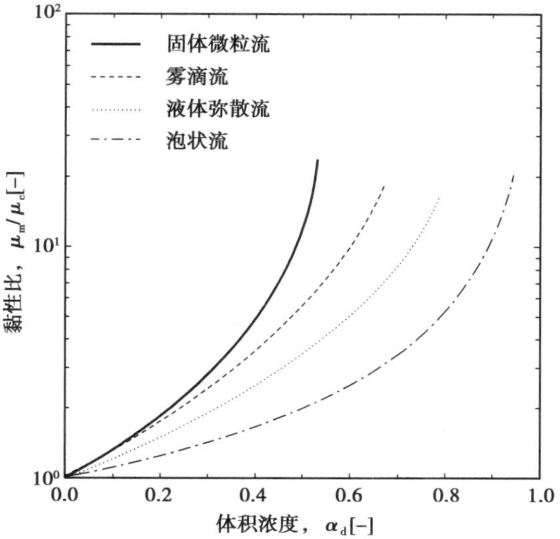

图 12.8　各种系统中的混合物黏性(Ishii & Chawla, 1979)

在分析中引入了第二个相似性假设:在黏性体系中,单颗粒系统和多颗粒系统之间存在完全相似性。因此,多颗粒系统的曳力系数 C_D 和 N_{Re} 的关系与由式(12.35)给出的 $C_{D\infty}$ 和 $N_{Re\infty}$ 之间的关系具有完全相同的函数形式。这样就有 $C_D=C_{D\infty}(N_{Re})$,即

$$C_D = \frac{24}{N_{Re}}(1 + 0.1N_{Re}^{0.75}) \tag{12.51}$$

式(12.51)给出的关系如图 12.9 所示。该关联式表明曳力系数随体积浓度 α_d 的增大而增大。比较单颗粒系统和多颗粒系统,图 12.10 清楚地显示了固体颗粒系统的这一趋势。

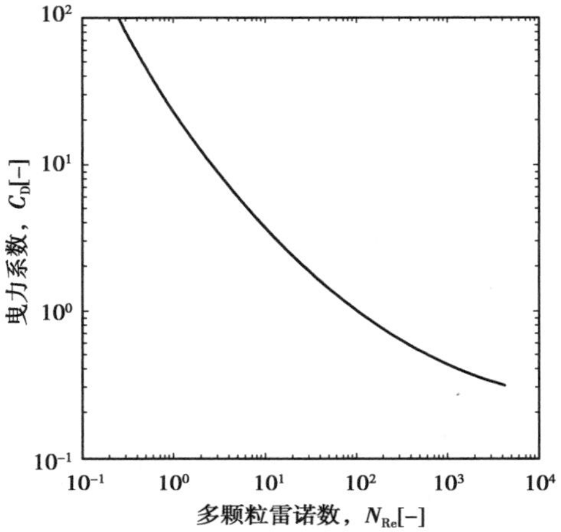

图 12.9 黏性区的曳力系数

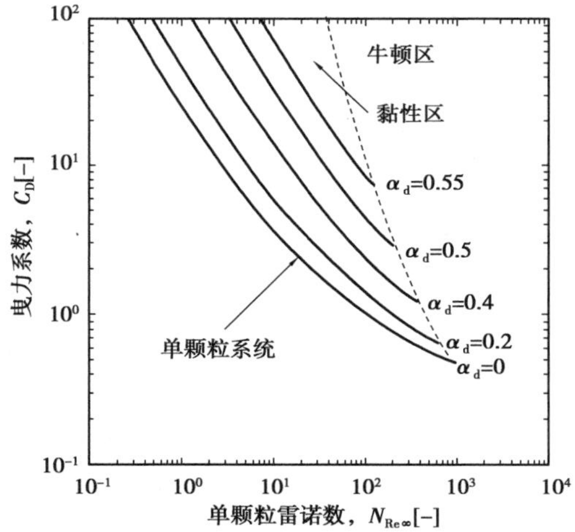

图 12.10 黏性区内体积浓度对曳力系数的影响(Ishii & Chawla,1979)

这里首次将基于混合物黏度雷诺数的 $C_D(N_{Re}) = C_{D\infty}(N_{Re})$ 相似准则引入 Stokes 区的固体颗粒系统(Hawksley,1951;N. Zuber,1964a)。但由于使用了广义曳力定律和混合物黏度模型,需要注意该模型对流体颗粒系统的适用性,本模型并不限于固体颗粒系统或 Stokes 区。

3)牛顿区(惯性区)

在牛顿区,在一个颗粒后面发展出漩涡系,它的离开会产生一个大的尾流区域。阻力主要由流动分离所产生的涡流所决定。因此,对于单颗粒系统,阻力与惯性力近似成比例,阻力系数可以考虑为常数。

对于多颗粒系统,牛顿区的曳力系数不取决于雷诺数,而取决于空泡份额。其他颗粒的作用应通过 α_d 来实现。因此

$$C_D = 0.45E(\alpha_d) \tag{12.52}$$

可以通过考虑无限介质中终端速度的特殊情况,从而得到函数 $E(\alpha_d)$。根据重力、压力和曳力之间的平衡,有

$$v_r|v_r| = \frac{8}{3}\frac{r_d}{C_D\rho_c}(\rho_c - \rho_d)g(1-\alpha_d) \tag{12.53}$$

对于单颗粒系统,该式简化为

$$v_{r\infty}|v_{r\infty}| = \frac{8}{3}\frac{r_d}{C_{D\infty}\rho_c}(\rho_c - \rho_d)g \tag{12.54}$$

比较多颗粒系统和具有相同颗粒大小的单颗粒系统,得到

$$\frac{v_r}{v_{r\infty}} = \sqrt{\frac{C_{D\infty}(N_{Re\infty})(1-\alpha_d)}{C_D(N_{Re})}} \tag{12.55}$$

由于雷诺数是关于速度的函数,因此式(12.55)是关于终端速度 v_r 的隐式方程。如果考虑由式(12.35)和式(12.51)给出的黏性区阻力定律,式(12.55)变为

$$\frac{v_r}{v_{r\infty}} = \frac{\mu_c}{\mu_m}(1-\alpha_d)\frac{1+0.1N_{Re\infty}^{0.75}}{1+0.1N_{Re}^{0.75}} \tag{12.56}$$

对于极限工况 $r_d \to 0$(或 $N_{Re}, N_{Re\infty} \to 0$)时

$$\lim_{r_d\to 0}\frac{v_r}{v_{r\infty}} = \frac{\mu_c}{\mu_m}(1-\alpha_d) \tag{12.57}$$

对于极限工况 $r_d \to \infty$(或 $N_{Re}, N_{Re\infty} \to \infty$)时,则有

$$\lim_{r_d\to\infty}\frac{v_r}{v_{r\infty}} = \left(\frac{\mu_c}{\mu_m}\right)^{\frac{1}{7}}(1-\alpha_d)^{\frac{4}{7}} \tag{12.58}$$

根据式(12.56)在这两个极限间插值,得到 v_r 的近似显式解为

$$\frac{v_r}{v_{r\infty}} = (1-\alpha_d)\frac{\mu_c}{\mu_m}\frac{1+0.1N_{Re\infty}^{0.75}}{1+0.1N_{Re\infty}^{0.75}\left[\sqrt{1-\alpha_d}\,\mu_c/\mu_m\right]^{\frac{6}{7}}} \tag{12.59}$$

由于终端速度 $v_{r\infty}$ 与雷诺数的关系是唯一的,根据式(12.54),$N_{Re\infty}$ 可以用颗粒半径来代替。因此有,

$$\frac{v_r}{v_{r\infty}} \simeq (1-\alpha_d)\frac{\mu_c}{\mu_m}\frac{1+\psi(r_d^*)}{1+\psi(r_d^*)\left[\sqrt{1-\alpha_d}\,\mu_c/\mu_m\right]^{\frac{6}{7}}} \tag{12.60}$$

其中

$$\begin{cases} r_d^* = r_d(\rho_c g\Delta\rho/\mu_c^2)^{\frac{1}{3}} \\ \psi(r_d^*) = 0.55[(1+0.08r_d^{*3})^{\frac{4}{7}}-1]^{0.75} \end{cases} \tag{12.61}$$

对于单颗粒系统,从黏性区到牛顿区的转变发生在 $r_d^*=34.65$(或 $N_{Re\infty}\approx 990$)。在这种粒径下,式(12.60)简化为

$$\frac{v_r}{v_{r\infty}} \simeq (1-\alpha_d)\frac{\mu_c}{\mu_m}\frac{18.67}{1+17.67[\sqrt{1-\alpha_d}\mu_c/\mu_m]^{\frac{6}{7}}} \tag{12.62}$$

在多颗粒系统中,该方程可以延伸应用到黏性区向牛顿区的过渡区。因此,在此过渡点处,阻力系数比可根据式(12.55)和式(12.62)计算

$$C_D \simeq C_{D\infty}\left(\frac{1+17.67[\sqrt{1-\alpha_d}\mu_c/\mu_m]^{\frac{6}{7}}}{18.67\sqrt{1-\alpha_d}\mu_c/\mu_m}\right)^2 \tag{12.63}$$

其中,在 $r_d^*=34.65$ 时,$C_{D\infty}=0.45$。根据式(12.48),当 $\alpha_{dm}=0.62$ 时,得到

$$C_D = 0.45\left(\frac{1+17.67[f(\alpha_d)]^{\frac{6}{7}}}{18.67f(\alpha_d)}\right)^2 \tag{12.64}$$

其中,$f(\alpha_d)\equiv(1-\alpha_d)^{0.5}\left(1-\frac{\alpha_d}{0.62}\right)^{1.55}$

图 12.11 示出了作图表示的式(12.64),曳力系数随体积浓度 α_d 的增加而增加。这意味着由于两相间的强耦合,平衡相对速度通常随着浓度的增加而减小。

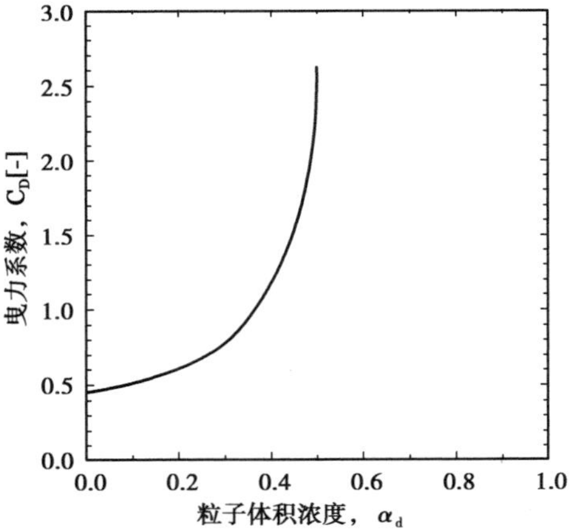

图 12.11　牛顿区的曳力系数

4)变形流体颗粒流型

在扭曲流体颗粒区,单颗粒曳力系数仅取决于颗粒半径和流体性质,而不取决于速度或黏度,即 $C_{D\infty}=(4/3)r_d\sqrt{g\Delta\rho/\sigma}$,如 Harmathy(Harmathy,1960)所述。因此,对于一个固定直径的颗粒,$C_{D\infty}$ 为常数。在考虑具有相同半径的多颗粒系统的曳

力系数时，必须考虑到其他颗粒的影响。因此，在这一流型下，C_D 可能会不同于 $C_{D\infty}$。

由于尾流区湍流涡的强烈影响，颗粒会因其他颗粒的存在而阻力增加，这与固体颗粒系统中的牛顿区的情况基本相似，其 $C_{D\infty}$ 在尾流占优的条件下也是恒定的。因此，假设不论这些区域中 $C_{D\infty}$ 的差异如何，变形流体颗粒区中阻力增加的影响可以通过类似于牛顿区的表达式来预测。

在这样的假设下，式(12.63)可与式(12.49)给出的 $C_{D\infty}$ 的适当表达式一起使用。因此，

$$C_D = \frac{\sqrt{2}}{3} N_\mu N_{Re\infty} \left(\frac{1 + 17.67\left[\sqrt{1-\alpha_d}\mu_c/\mu_m\right]^{\frac{6}{7}}}{18.67\sqrt{1-\alpha_d}\mu_c/\mu_m} \right)^2 \tag{12.65}$$

考虑到由式(12.49)给出的近似，上述关系式简化为

$$C_D = \frac{\sqrt{2}}{3} N_\mu N_{Re\infty} \left(\frac{1 + 17.67(1-\alpha_d)^{\frac{6(n+0.5)}{7}}}{18.67(1-\alpha_d)^{n+0.5}} \right)^2 \tag{12.66}$$

其中，n 由式(12.50)给出。因此，对于泡状流($n=1$)有

$$C_D = \frac{\sqrt{2}}{3} N_\mu N_{Re\infty} \left(\frac{1 + 17.67(1-\alpha_d)^{1.3}}{18.67(1-\alpha_d)^{1.5}} \right)^2 \tag{12.67}$$

对于滴状液流($n=1.75$)

$$C_D = \frac{\sqrt{2}}{3} N_\mu N_{Re\infty} \left(\frac{1 + 17.67(1-\alpha_d)^{1.9}}{18.67(1-\alpha_d)^{2.3}} \right)^2 \tag{12.68}$$

对于颗粒-气流($n=2.5$)

$$C_D = \frac{\sqrt{2}}{3} N_\mu N_{Re\infty} \left(\frac{1 + 17.67(1-\alpha_d)^{2.6}}{18.67(1-\alpha_d)^{3}} \right)^2 \tag{12.69}$$

上述 3 个关系式如图 12.12 所示。关系式的形式表明，相间的动量耦合随着颗粒浓度的增加而增加，就像牛顿区的情况那样。

5）搅混流流型

随着流体颗粒半径进一步增大，尾流和气泡边界层可能因形成较大的尾流区域而重叠。换句话说，颗粒可以直接影响周围的流体和其他颗粒。因此，在其他颗粒的尾流中夹带颗粒成为可能。这种流型被称为搅混流流型，通常在泡状流中观察到。在连续相中存在足够高的湍流运动时，在颗粒浓度约为 0.3 的情况下，发生从扭曲的颗粒状态到搅混流流型的转变。这一过渡准则适用于大多数强迫对流两相流。然而，在间歇过程中，详细的聚并机理和表面清洁情况对于确定过渡准则非常重要。

在搅混流区域，由于上述流体力学条件，典型颗粒相对于平均表观速度 j 运动，而不是相对于连续相的平均速度运动。因此，在曳力系数和曳力相似律的定义中，

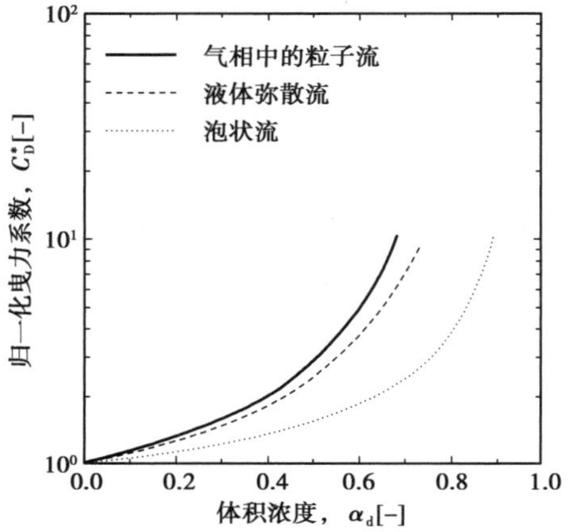

图 12.12 扭曲颗粒区的曳力系数

参考速度应该是漂移速度而不是相对速度。因此，曳力应通过下式得到

$$F_D = -\frac{1}{2}C'_D\rho_c V_{dj}|V_{dj}|\pi r_d^2 \tag{12.70}$$

这里的漂移速度 V_{dj} 是弥散相相对于混合物体积速度中心的相对速度。它也可以用相间的真实相对速度来关联

$$V_{dj} = v_d - j = (1 - \alpha_d)v_r \tag{12.71}$$

其中，总通量速度 j（体心速度）为

$$j = \alpha_d v_d + (1 - \alpha_d)v_c \tag{12.72}$$

在搅混流流型下，一些颗粒应达到与帽泡过渡或液滴解体对应的扭曲极限。这个极限可以作为韦伯数准则（Graham B. Wallis，1969）的扩展，使用漂移速度作为以下形式的参考速度

$$\frac{2\rho_c V_{dj}^2 r_d}{\sigma} = \begin{cases} 8 & （气泡）\\ 12 & （液滴）\end{cases} \tag{12.73}$$

由于颗粒在其他较大颗粒的尾流中的夹带和湍流的聚并和破裂，使弥散相的平均运动主要受满足韦伯数准则的颗粒的控制。因此，有效曳力系数由 $C'_D = 8/3$ 给出。如将上述基于漂移速度的曳力表达式改写为基于相对速度的传统表达式，将得到

$$F_D = -\frac{8}{3}(1 - \alpha_d)^2\frac{\rho_c v_r|v_r|\pi r_d^2}{2} \tag{12.74}$$

因为这样直径的颗粒主控相对运动，曳力表达式中的参考半径 r_d 的表达式为 $r_d = (4$ 或 $6)\sigma/[\rho_c v_r^2(1 - \alpha_d)^2]$。上述公式表明，基于相间真实相对速度的视在曳力系数应为

$$C_D = \frac{8}{3}(1 - \alpha_d)^2 \tag{12.75}$$

式(12.75)表明，曳力系数随颗粒相体积浓度的增加而减小，如图 12.13 所示。因此，α_d 对搅混流的影响与其他流型相反。这种特殊的趋势可以用其他颗粒在较大颗粒尾流后的夹带效应来解释。这种夹带促进了弥散相的流动而不增加阻力。随着体积浓度的增加，颗粒间的相互作用向阻力减小的方向加强。

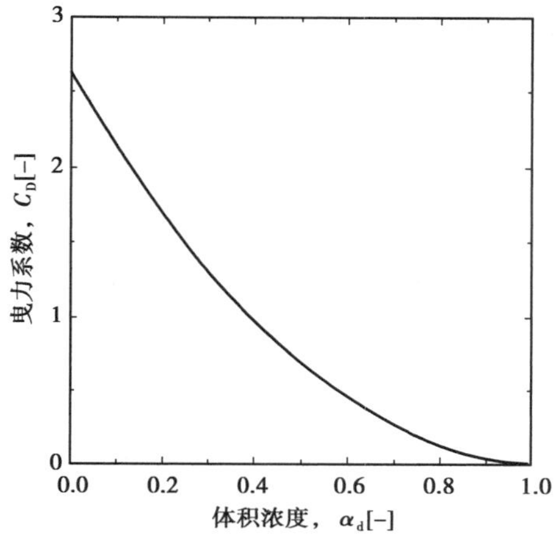

图 12.13　搅混流的曳力系数(Ishii & Chawla，1979)

6)弹状流流型

受限通道中弥散两相流的一个限制条件是弹状流。当气泡体积变得很大时，气泡的形状会明显变形，以适应通道的几何结构。气泡的直径接近管子的直径，管壁上有一层液膜将气泡与管壁隔开。气泡为一带帽状鼻子的细长子弹形状。这些气泡在相对无黏流体中的运动可以通过使用单个气泡鼻子周围的势流理论来分析。因此，Dumitrescu(Dumitrescu，1943)得到了上升速度的解析解为

$$v_{r\infty} = 0.35\sqrt{gD\Delta\rho/\rho_c} \tag{12.76}$$

式中，D 为水力直径。这个结果与 Dumitrescu(Dumitrescu，1943)及 White 和 Beardmore(White & Beardmore，1962)的实验结果吻合很好。

在有气泡串的流动系统中，应考虑浓度和速度分布的影响。一般来说，由于速度截面分布的问题，中心速度高于截面平均速度。因此，基于平均速度的相对速度大于中心位置的局部相对速度。Bankoff(Bankoff，1960)、Zuber 和 Findlay(Zuber & Findlay，1965)以及 Ishii(Ishii，1977)等深入研究了这种被称为分布参数的效应。当使用平均速度时，Nicklin 等的结果(Nicklin，Wilkes，& Davidson，1962)和 Neal(Neal，1963)的研究表明

$$v_d - \langle j \rangle = 0.2\langle j \rangle + 0.35\sqrt{gD\Delta\rho/\rho_c} \tag{12.77}$$

等式左边为气泡的漂移速度，即$\overline{V_{dj}} = v_d - \langle j \rangle$，上述关系可以写为

$$v_d - j_{core} = 0.35\sqrt{gD\Delta\rho/\rho_c} \tag{12.78}$$

其中，$j_{core} \equiv 1.2\langle j\rangle$，$j_{core}$可视为中心的局部表观速度。在这种情况下，$v_d - j_{core}$是中心的局部漂移速度。鉴于式(12.74)给出的关系，局部相对速度 v_r 应满足

$$(1-\alpha_d)v_r = 0.35\sqrt{gD\Delta\rho/\rho_c} \tag{12.79}$$

在 $\alpha_d \to 0$ 时，该式与 Dumitrescu 的结果吻合。

将讨论局限于局部曳力系数，可以将上述半经验结果重新转换为弹状流流型曳力系数的关联式。根据式(12.79)和式(12.53)，得到

$$C_D = 10.9\frac{2r_d}{D}(1-\alpha_d)^3 \tag{12.80}$$

对于大多数实际应用来说，$2r_d/D$ 可以近似为 0.9，则

$$C_D \simeq 9.8(1-\alpha_d)^3 \tag{12.81}$$

该关系式表明曳力系数随体积浓度增加而减小，如图 12.14 所示。这清楚地表明了弹状流状态下气泡串的尾流和通道效应。此外，C_D 与流体性质无关。这两种特性与搅混流流型相似。表 12.1 总结了不同流型下的曳力系数。

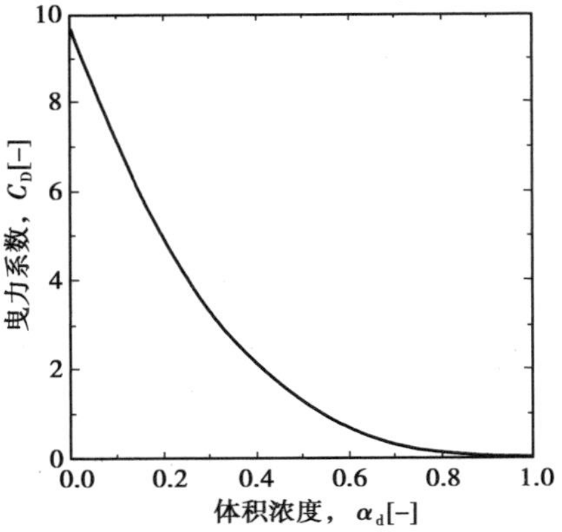

图 12.14 弹状流的曳力系数(Ishii & Chawla, 1979)

表 12.1 多颗粒系统中的局部曳力系数

	流体粒子系统			固体粒子系统
	液体中的气泡	液体中的颗粒	气相中的粒子	
黏性模型	$\frac{\mu_m}{\mu_c} = \left(1-\frac{\alpha_d}{\alpha_{dm}}\right)^{-2.5\alpha_{dm}\mu^*}$，$\mu^* \equiv \frac{\mu_d + 0.4\mu_c}{\mu_d + \mu_c}$			
最大充填 α_{dm}	~1	~1	0.62 ~ 1	~0.62
μ^*	0.4	~0.7	1	1
μ_m/μ_c	$(1-\alpha_d)^{-1}$	$(1-\alpha_d)^{-1.75}$	$\sim(1-\alpha_d)^{-2.5}$	$\left(1-\frac{\alpha_d}{0.62}\right)^{-1.55}$

续表

	流体粒子系统			固体粒子系统
	液体中的气泡	液体中的颗粒	气相中的粒子	
Stokes 区 C_D	$C_D = \frac{24}{N_{Re}}$，其中 $N_{Re} \equiv \frac{2r_d\rho_c v_r}{\mu_m}$			
黏性区 C_D	$C_D = \frac{24(1+0.1N_{Re}^{0.75})}{N_{Re}}$			
牛顿区 C_D	—			
变形粒子区 C_D	$C_D = \frac{4}{3}r_d\sqrt{\frac{g\Delta\rho}{\sigma}}\left[\frac{1+17.67\{f(\alpha_d)\}^{\frac{6}{7}}}{18.67f(\alpha_d)}\right]^2$ $f(\alpha_d) = (1-\alpha_d)^{1.5}(1-\alpha_d)^{2.25}(1-\alpha_d)^3$			$C_D = 0.45\left[\frac{1+17.67\{f(\alpha_d)\}^{\frac{6}{7}}}{18.67f(\alpha_d)}\right]^2$ 其中 $f(\alpha_d) = \sqrt{1-\alpha_d}\left(\frac{\mu_c}{\mu_m}\right)$
搅混流流型 C_D	$C_D = \frac{8}{3}(1-\alpha_d)^2$			
弹状流 C_D	$C_D = 9.8(1-\alpha_d)^3$			

12.3　其他作用力

在多维两相流分析中，除了标准阻力、Basset 力和虚拟质量力外，还考虑了升力和湍流扩散力等作用力。从式(12.3)可以看出，这些力通常线性地添加到标准阻力、Basset 力和虚拟质量力中。在实际两相流问题中，气泡后的尾流可以完全改变液体的湍流结构，从而使升力与湍流诱导力紧密耦合。由于升力和其他横向力很小，并且可能相互耦合，因此很难通过实验来确定每种力。因此，这种力线性地加入标准阻力、Basset 力和虚拟质量力中是有争议的。目前，一些力的本构方程是基于推测而提出的，也没有明确给出本构方程的适用范围。因此，与标准阻力不同，该侧向力的本构方程尚未得到很好的发展。然而，这些力在预测三维气泡分布中起着重要作用。接下来，对多维两相流分析中常用的升力本构方程和湍流弥散力本构方程进行简要的说明。关于升力模型的评述也可以在 Akiyama 和 Aritomi 的文献(Akiyama & Aritomi,2002)中找到。

12.3.1　升力

首先考虑单个球形颗粒在非常黏稠的液体中相对于均匀的简单剪切运动，如图 12.15 所示。颗粒受到垂直于流动方向的升力 $F_{d\infty}^{LS\text{-}V}$ 的作用(Saffman,1965)

$$F_{d\infty}^{LS\text{-}V} = -6.46\mu_f v_f^{-\frac{1}{2}} v_{r\infty} r_d^2 \left|\frac{dv_f}{dx}\right|^{\frac{1}{2}} \mathrm{sgn}\left(\frac{dv_f}{dx}\right) e_x \quad (12.82)$$

对于正的速度和速度梯度（$v_{r\infty} > 0$ 及 $dv_f/dx > 0$），升力将颗粒推向负的 x 方向。

接下来考虑放置在无黏流体的弱剪切流中的一个单球形颗粒。颗粒受到升力 $F_{d\infty}^{LS\text{-}I}$ 为（Auton，1987）

$$F_{d\infty}^{LS\text{-}I} = -0.5\rho_f \frac{4}{3}\pi r_d^2 v_{r\infty} \times \mathrm{rot}\ v_f \quad (12.83)$$

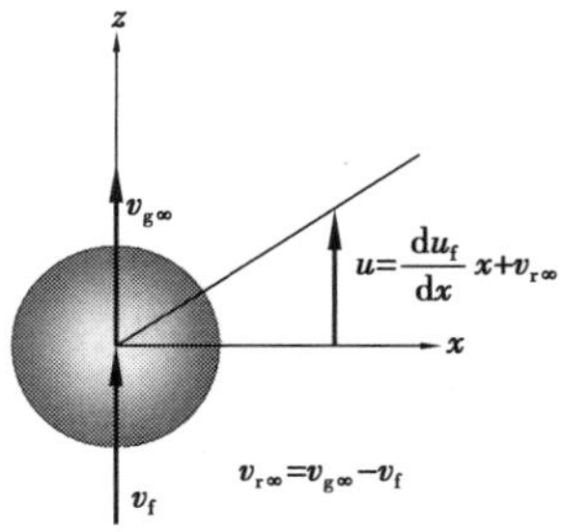

图 12.15 在剪切流中的颗粒示意图

Legendre 和 Magnaudet（Legendre & Magnaudet，1998）通过求解完整的 Navier-Stokes 方程，数值研究了黏性线性剪切流中球形气泡稳定运动的三维流动。他们假设气泡表面是干净的，因此外部流动服从零剪切应力条件，不会引起气泡旋转。他们通过数值模拟，发展了有限雷诺数下黏性线性剪切流中球形气泡升力的经验关系式

$$F_{d\infty}^{LS} = -C_{L\infty} \frac{4}{3}\pi r_d^2 \rho_f v_{r\infty} \times \mathrm{rot}\ v_f \quad (12.84)$$

对于球形气泡，升力系数 $C_{L\infty}$ 为

$$C_{L\infty} = \sqrt{\{C_{L\infty}^{低N_{Re\infty}}(N_{Re\infty}, G_{S\infty})\}^2 + \{C_{L\infty}^{高N_{Re\infty}}(N_{Re\infty})\}^2} \quad (12.85)$$

其中

$$\begin{cases} C_{L\infty}^{低N_{Re\infty}}(N_{Re\infty}, G_{S\infty}) = \dfrac{6}{\pi^2(2N_{Re\infty}G_{S\infty})^{\frac{1}{2}}} \dfrac{2.255}{(1+0.1N_{Re\infty}/G_{S\infty})^{\frac{3}{2}}} \\ C_{L\infty}^{高N_{Re\infty}}(N_{Re\infty}) = \dfrac{1}{2}\left(\dfrac{1+16N_{Re\infty}^{-1}}{1+29N_{Re\infty}^{-1}}\right) \end{cases} \quad (12.86)$$

$$G_{S\infty} \equiv \left|\frac{r_d}{v_{r\infty}} \frac{dv_f}{dx}\right| \quad (12.87)$$

单颗粒系统的雷诺数 $N_{Re\infty}$ 由式（12.33）定义。式（12.85）在 $0.1 \leqslant N_{Re\infty} \leqslant 500$ 和 $0.01 \leqslant G_{S\infty} \leqslant 0.25$ 范围内有效。

在 20 世纪 80 年代和 90 年代，人们进行了深入的实验研究，以识别决定气泡横向迁移特征的重要参数。实验表明，相对较小的气泡和较大的气泡分别倾向于向通道壁和中心迁移（Hibiki & Ishii，1999；Liu，1993；Zun，1988）。泊肃叶流中单气泡的数值模拟（A. Tomiyama，Sou，Zun，Kanami，& Sakaguchi，1995；Akio Tomiyama，Zun，Sou，& Sakaguchi，1993）表明，气泡向管子中心的迁移与变形气泡后的倾斜尾流密切相关。因此，气泡大小和气泡尾流与气泡周围剪切场之间的复杂相互作用在气泡横向迁移中起着重要作用（A. Serizawa & Kataoka，1988；A. Serizawa & Kataoka，1994）。Tomiyama 等（Akio Tomiyama，Tamai，Zun，& Hosokawa，2002）测量甘油-水溶液在简

单剪切流中单个气泡的气泡轨迹，以评估作用在单个气泡上的横向升力。他们基于实验结果，假设倾斜尾流引起的升力与剪切引起的升力具有相同的函数形式，并提出了升力系数的经验关联式。

Hibiki 和 Ishii(Hibiki & Ishii,2007)提出了基于 Legendre 和 Magnaudet(Legendre & Magnaudet,1998)剪切升力模型的升力系数关系式为

$$C_{L\infty} = \xi_\infty \sqrt{\{C_{L\infty}^{低N_{Re\infty}}(N_{Re\infty}, G_{S\infty})\}^2 + \{C_{L\infty}^{高N_{Re\infty}}(N_{Re\infty})\}^2} \tag{12.88}$$

式中，ξ_∞ 是考虑气泡变形对升力影响的修正系数。该系数是根据 Tomiyama 等人的数据(Akio Tomiyama et al.,2002)确定的，Tomiyama 等的实验条件为 $-5.5 \leq \log_{10} N_M \leq -2.8$，$1.39 \leq N_{Eo} \leq 5.74$ 及 $0 \leq |dv_f/dx| \leq 8.3\ s^{-1}$，其中 N_M 和 N_{Eo} 分别为 Morton 数和 Eötvös 数，定义为

$$N_M \equiv \frac{g(\rho_f - \rho_g)\mu_f^4}{\rho_f^2 \sigma^3} \tag{12.89}$$

$$N_{Eo} \equiv \frac{g(\rho_f - \rho_g) d_b^2}{\sigma} \tag{12.90}$$

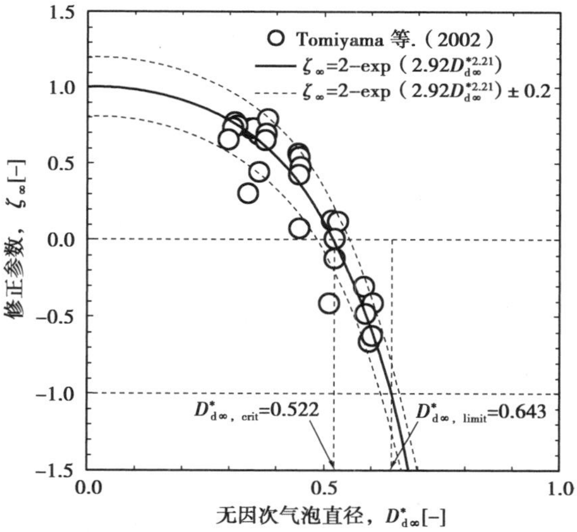

图 12.16　升力系数对气泡直径的依赖性

如图 12.16 所示，基于 Tomiyama 等(Akio Tomiyama et al.,2002)的数据，提出了以下的修正系数关系式

$$\xi_\infty = 2 - \exp(2.92 D_{d\infty}^{*2.21}) = 2 - \exp(0.136 N_{Eo}^{1.11}) \tag{12.91}$$

式中，D_d^* 是气泡直径与扭曲气泡极限下气泡直径之比为

$$D_d^* \equiv \frac{d_b}{4\sqrt{\sigma/g\Delta\rho}} = \frac{N_{Eo}^{\frac{1}{2}}}{4} \tag{12.92}$$

从式(12.91)可以看出,升力的方向在 $D^*_{d\infty,crit}=0.522$ 时是相反的,也就是说气泡直径约为扭曲气泡极限一半时,升力方向反转。这里应该注意的是,在弱线性剪切流中沿其短轴运动的椭球体的升力系数的解析解的符号为正(Naciri,1992)。因此,简单的气泡变形可能不足以导致升力的负号。推测剪切流中气泡的方向、尾流结构的改变以及气泡形状对升力方向有一定的影响。式(12.91)还表明,在试验条件下,修正系数与无因次剪切速率无关。

基于曳力模型和升力模型之间的相似性,Hibiki 和 Ishii(Hibiki & Ishii,2007)假设修正系数取常数,在 $D^*_{d\infty}\geqslant D^*_{d\infty,crit}(=0.643)$ 时,$\boldsymbol{\xi}_\infty=-1$。

将式(12.88)中的 $N_{Re\infty}$ 和 $G_{S\infty}$ 替换为 N_{Re} 和 G_S,从而将式(12.88)的应用扩展到多颗粒系统,其中多颗粒系统的雷诺数 N_{Re} 由式(12.45)定义,而无因次速度梯度 G_S 定义为

$$G_S \equiv \left|\frac{r_d}{v_r}\frac{dv_f}{dx}\right| \tag{12.93}$$

因此,在多颗粒系统的净横向升力 M^L_d 近似为

$$\boldsymbol{M}^L_d = \frac{\alpha_g}{B_d}\boldsymbol{F}^L_d = -\alpha_g C_L \rho_f \boldsymbol{v}_r \times \text{rot}\,\boldsymbol{v}_f$$

$$\begin{cases} C_L = \boldsymbol{\xi}\sqrt{\{C_L^{低N_{Re}}(N_{Re},G_S)\}^2+\{C_L^{高N_{Re}}(N_{Re})\}^2} \\ \boldsymbol{\xi} = 2-\exp(2.92D_d^{*2.21}) \\ C_L^{低N_{Re}}(N_{Re},G_S) = \dfrac{6}{\pi^2(2N_{Re}G_S)^{\frac{1}{2}}}\dfrac{2.255}{(1+0.1N_{Re}/G_S)^{\frac{3}{2}}} \\ C_L^{高N_{Re}}(N_{Re}) = \dfrac{1}{2}\left(\dfrac{1+16N_{Re}^{-1}}{1+29N_{Re}^{-1}}\right) \end{cases} \tag{12.94}$$

由式(12.94)计算的升力与气-水泡状流数据(Wang,Lee,Jones,& Lahey,1987)有合理的吻合,这意味着升力模型式(12.94)有望用于预测多颗粒泡状流中的净横向升力。在今后的研究中,应进一步努力检验式(12.94)对多颗粒系统的适用性。如上所述,目前对升力的理解仍然很不足,需要进一步的实验和数值研究来理解升力(Ervin & Tryggvason,1997;Loth,Taeibi-Rahni,& Tryggvason,1997;Sridhar & Katz,1995)。

图 12.17 显示了 20 ℃和 0.1 MPa 下气-水系统的升力系数与气泡直径的关系。实线和虚线分别是由 Hibiki-Ishii 模型(Hibiki & Ishii,2007)计算的 $G_{S\infty}=0.1$ 下可变形气泡的升力系数,以及球形颗粒的 Legendre 和 Magnaudet 模型(Legendre & Magnaudet,1998)。两种模型的差异反映了气泡变形对升力系数的影响。

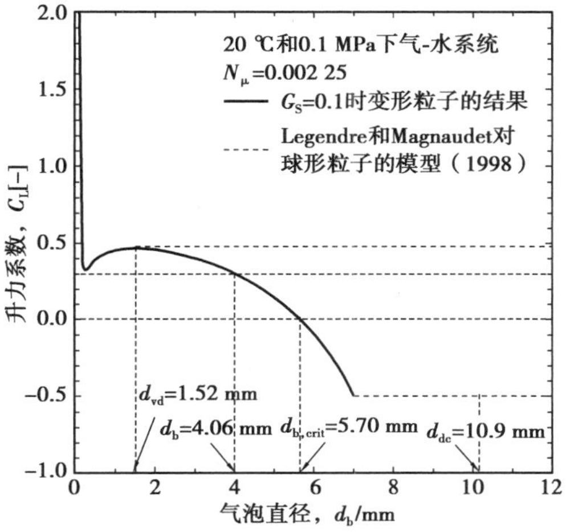

图 12.17　单颗粒体系统中升力系数与气泡直径的关系

12.3.2　壁面升力(壁面润滑力)

引入壁面升力 M_d^W,并将其解释为是由于壁面附近颗粒周围速度分布的变化所导致(Antal,Lahey,& Flaherty,1991)。用这个力来预测层流同向向上和向下流动的空泡份额的分布。这种壁面升力类似于润滑力,作用在靠近壁面的气泡上,阻止气泡接触壁面。

考虑在壁面附近移动的气泡周围液体的排出。在壁面无滑移的边界条件下,气泡与壁面之间的排水速度应减慢,气泡的另一面的排水速度则应加快。壁面附近气泡周围液体的非对称排水可能与无限液体中气泡周围液体的对称排水大不相同。因此,气泡会受到一种流体水动力,即壁面升力,它会使气泡远离壁面。Antal 等(Antal et al. ,1991)用解析和数值方法研究了作用在层流中运动的球形气泡上的壁面升力,并提出了如下函数形式

$$\boldsymbol{M}_{\mathrm{d}}^{W} = \frac{\alpha_g \rho_f |\boldsymbol{v}_{\parallel}|^2}{r_d}\left[C_{W1} + C_{W2}\left(\frac{r_d}{d_{bw}}\right)\right]\boldsymbol{n}_W \tag{12.95}$$

其中 $\boldsymbol{v}_{\parallel} = (\boldsymbol{v}_g - \boldsymbol{v}_f) - [\boldsymbol{n}_W \cdot (\boldsymbol{v}_g - \boldsymbol{v}_f)]\boldsymbol{n}_W$, $C_{W1} = -0.104 - 0.06v_r$, $C_{W2} = 0.147$。这里,d_{bw}和 n_W 分别是气泡和壁面之间的距离和壁面上的单位外法向向量。式(12.95)表明,在 $y_0 = r_d/(0.707 + 0.408v_r)$时,壁面升力方向发生反转,还不考虑壁面附近气泡变形的影响。为了提高对壁面升力的认识,人们进行了一些专门的实验和分析工作(Frank,Zwart,Krepper,Prasser,& Lucas,2008;S. Hosokawa & Tomiyama,2003,2009;A. Tomiyama et al. ,1995),但目前还未达到对壁面升力的全面了解和掌握。

12.3.3 湍流耗散力

在物理上,湍流扩散是作用在气泡上力的脉动分量的结果。在最简单的情况下,某一点的湍流扩散(或耗散)力是其轨迹与该点相交的所有气泡上阻力脉动分量的集总平均值(Martin Lopez de Bertodano, Sun, Ishii, & Ulke, 2006)。Lopez de Bertodano(M. A. Lopez de Bertodano, 1998)基于 Reeks(Reeks, 1991, 1992)的动力学方程导出的湍流耗散力 $\boldsymbol{M}_{\mathrm{d}}^{T}$ 为

$$\boldsymbol{M}_{\mathrm{d}}^{T} = -(\rho_{\mathrm{g}} + C_{\mathrm{M}}\rho_{\mathrm{f}}) \frac{1}{N_{\mathrm{St}}(1 + N_{\mathrm{St}})} \overline{\boldsymbol{v}'\boldsymbol{v}_{\mathrm{f}}'} \cdot \nabla\alpha_{\mathrm{g}} \tag{12.96}$$

Stokes 数定义为

$$N_{\mathrm{St}} \equiv \frac{\tau_{\mathrm{b}}}{\tau_{\mathrm{e}}} \tag{12.97}$$

其中 τ_{b} 和 τ_{e} 分别是气泡和涡的弛豫时间。涡的弛豫时间表示为涡的翻转时间 τ_{et} 和涡的交叉时间 τ_{ec}之和。式(12.96)适用于颗粒或气泡剪切诱导的湍流小于涡流剪切诱导的湍流的情形。

对于 $\tau_{\mathrm{et}} \gg \tau_{\mathrm{ec}}$的情形,式(12.96)与由分子耗散力的类比得出的湍流耗散力一致(Lahey, Lopez de Bertodano, & Jones, 1993)

$$\boldsymbol{M}_{\mathrm{d}}^{T} = -C_{\mathrm{T}}\rho_{\mathrm{f}}k_{\mathrm{f}}\nabla\alpha_{\mathrm{g}} \tag{12.98}$$

式中,C_{T} 和 k_{f} 分别是一个系数和液相总湍动能。式(12.98)适用于具有小气泡的剪切诱导湍流。

对于 $\tau_{\mathrm{e}} \gg \tau_{\mathrm{b}}$ 或 $\tau_{\mathrm{ec}} \gg \tau_{\mathrm{et}}$的情形,式(12.96)可简化为(Martin Lopez de Bertodano et al., 2006)

$$\boldsymbol{M}_{\mathrm{d}}^{T} = -\frac{1}{\tau_{\mathrm{b}}}(\rho_{\mathrm{g}} + C_{\mathrm{M}}\rho_{\mathrm{f}})\nu_{\mathrm{t}}^{BI}\nabla\alpha_{\mathrm{g}} \tag{12.99}$$

其中 ν_{t}^{BI} 是涡扩散系数,可使用 Sato 等(Sato, Sadatomi, & Sekoguchi, 1981)的模型计算。式(12.99)适用于帽状气泡所产生的湍流运动比剪切诱导的涡流大的情况。Lopez de Bertodano 等(Martin Lopez de Bertodano et al., 2006)还将式(12.99)应用于帽泡状流动。

另一种推导湍流耗散力的方法是取相间动量作用力脉动部分的时间平均值。Burns 等(Burns, Frank, Hamill, & Shi, 2004)根据相间曳力的 Favre 平均值,导出的湍流耗散力为

$$\boldsymbol{M}_{\mathrm{d}}^{T} = -C_{\mathrm{T}}C_{\mathrm{gf}}\frac{\nu_{\mathrm{t}}}{N_{\mathrm{Sct}}}\left(\frac{\nabla\alpha_{\mathrm{g}}}{\alpha_{\mathrm{g}}} - \frac{\nabla\alpha_{\mathrm{f}}}{\alpha_{\mathrm{f}}}\right) \tag{12.100}$$

式中,ν_{t} 和 N_{Sct}分别是湍流运动黏度和湍流施密特数($N_{\mathrm{Sct}}=0.9$)。相间阻力的动量传递系数定义为

$$C_{\mathrm{gf}} = \frac{3}{4}C_{\mathrm{D}}\frac{\alpha_{\mathrm{g}}\rho_{\mathrm{f}}}{d_{\mathrm{b}}}|\boldsymbol{v}_{\mathrm{r}}| \tag{12.101}$$

这里需要注意的是,式(12.100)与式(12.99)相似。目前还没有获得对湍流耗散力的全面认识。

12.4　多颗粒系统中的湍流

在单相流分析中,已经对湍流结构进行了深入的研究,提出了几种湍流模型。湍流模型一般分为零方程模型、一方程模型、两方程模型和应力方程模型。关于 Navier-Stokes 方程的大涡模拟和直接数值模拟也是可能的。然而,在两相流分析中,由于两相湍流的复杂性,对两相湍流模型的研究还非常有限。下面,将简要介绍泡状流状态下的一些初步的湍流模型。由于气液两相密度差较大,模型中通常忽略气相的湍流动能。为了强调时间平均值,对符号也将应用时间平均。Akiyama 和 Aritomi(Akiyama & Aritomi,2002)对这一主题进行了综述。

1)零方程模型

零方程湍流模型通常表示为无微分方程来确定雷诺应力。下面将用 Sato 等提出的模型(Sato et al.,1981)作为零方程湍流模型的一个例子进行简要说明。

考虑例如垂直管道中的流动或两个平行平板之间的流动中的二维充分发展的泡状流。y 轴和 z 轴分别与主流方向垂直和平行。该模型假设:①只有液相参与动量传递,②液相存在两种不取决于气泡搅动的湍流。然后,y 和 z 方向的速度,$v_{\mathrm{f,y}}$ 和 $v_{\mathrm{f,z}}$ 表示为

$$v_{\mathrm{f,y}} = v'_{\mathrm{f,y}} + v''_{\mathrm{f,y}} \tag{12.102}$$

$$v_{\mathrm{f,z}} = \overline{v_{\mathrm{f,z}}} + v'_{\mathrm{f,z}} + v''_{\mathrm{f,z}} \tag{12.103}$$

式中,$v'_{\mathrm{f,y}}$ 和 $v''_{\mathrm{f,y}}$ 分别是液相独立于和取决于气泡搅动的速度脉动。$\overline{v_{\mathrm{f,z}}}$ 为 z 方向的时均速度。液相的湍流切应力 τ_{f}^{T} 可以表示为

$$\tau_{\mathrm{f}}^{T} = -\rho_{\mathrm{f}}\overline{v'_{\mathrm{f,y}}v'_{\mathrm{f,z}}} - \rho_{\mathrm{f}}\overline{v''_{\mathrm{f,y}}v''_{\mathrm{f,z}}} \tag{12.104}$$

其中,y 为相对于通道壁面的垂直距离。这里,涡扩散系数 ε' 和 ε'' 分别定义为

$$-\overline{v'_{\mathrm{f,y}}v'_{\mathrm{f,z}}} = \varepsilon'\frac{\partial\overline{v_{\mathrm{f,z}}}}{\partial y}\ \text{及}\ -\overline{v''_{\mathrm{f,y}}v''_{\mathrm{f,z}}} = \varepsilon''\frac{\partial\overline{v_{\mathrm{f,z}}}}{\partial y} \tag{12.105}$$

然后,湍流应力 τ_{f}^{T} 表达为

$$\tau_{\mathrm{f}}^{T} = \rho_{\mathrm{f}}(\varepsilon' + \varepsilon'')\frac{\partial\overline{v_{\mathrm{f,z}}}}{\partial y} \tag{12.106}$$

因此,只要给出 ε' 和 ε'',就可以计算出湍流应力分布。

对于充分发展的湍流泡状流,可根据 Prandtl 的混合长度理论和靠近光滑壁的

区域中的阻尼因子来确定与气泡搅动无关的涡流扩散系数 ε'。

$$\varepsilon' = 0.4\left\{1 - \exp\left(-\frac{y^+}{16}\right)\right\}^2 \times \left\{1 - \frac{11}{6}\left(\frac{y^+}{R^+}\right) + \frac{4}{3}\left(\frac{y^+}{R^+}\right)^2 - \frac{1}{3}\left(\frac{y^+}{R^+}\right)^3\right\}\nu_f y^+ \tag{12.107}$$

这里，$y^+ \equiv y v_f^* / \nu_f$ 和 $R^+ \equiv R v_f^* / \nu_f$，其中 v_f^* 和 R 分别是由 $\sqrt{\tau_W/\rho_f}$ 定义的摩擦速度和管道半径，或平行平板通道的半宽。取决于气泡搅动的涡流扩散系数 ε'' 可根据自由湍流（如固体后面的尾流）的虚拟运动黏度和光滑壁面附近区域的阻尼系数经验确定

$$\varepsilon'' = 1.2\left\{1 - \exp\left(-\frac{y^+}{16}\right)\right\}^2 \alpha_g\left(\frac{d_B}{2}\right)v_{r\infty} \tag{12.108}$$

其中，d_B 和 $v_{r\infty}$ 分别为由下式给出的气泡平均直径及静止液体中气泡的终端速度。

$$d_B = \begin{cases} 0 & 0\ \mu\text{m} < y < 20\ \mu\text{m} \\ \dfrac{4y(\widehat{d_B} - y)}{\widehat{d_B}} & 20\ \mu\text{m} \leqslant y \leqslant \dfrac{\widehat{d_B}}{2} \\ \widehat{d_B} & \dfrac{\widehat{d_B}}{2} < y < R \end{cases} \tag{12.109}$$

其中，$\widehat{d_B}$ 为断面气泡平均直径。湍流应力依据上述方程和边界条件来计算。

2）一方程湍流模型

一方程湍流模型通常表示只有一个微分方程的湍动能守恒方程和关于混合长度和其他湍流源项的本构方程。下面，将简要介绍 Kataoka 和 Serizawa（I. Kataoka & Serizawa，1995）所提出的模型，作为一方程湍流模型的一个例子。

考虑在圆管中稳定、充分发展的绝热泡状流。y 轴和 z 轴分别与主流方向垂直和平行。湍流切应力 τ_f^T 用两相流的混合长度 l_{TP} 和湍流速度 v_t 表示为

$$\tau_f^T = \rho_f l_{TP} v_t \frac{d\,\overline{v_{f,z}}}{dy} \tag{12.110}$$

$$v_t \equiv \sqrt{\frac{\overline{v_f' \cdot v_f'}}{3}} \tag{12.111}$$

其中，v_f' 为液相速度脉动矢量。这样，只要知道其关系，就可计算湍流应力分布。

假定两相流的混合长度由单相液体流动中剪切诱导湍流的混合长度 l_{SP} 和气泡诱导湍流的混合长度 l_B 表示

$$l_{TP} = l_{SP} + l_B \tag{12.112}$$

单相液体流动中剪切诱导湍流的混合长度由下式给出

$$l_{SP} = 0.4y\left\{1 - \exp\left(-\frac{y v_f^*}{26\nu_f}\right)\right\} \tag{12.113}$$

伴随着气泡湍流运动通过控制表面交换相同体积的液体，基于机理模型给出了气泡诱导湍流的混合长度为

$$l_B = \begin{cases} \dfrac{1}{3}d_B\alpha_g & \dfrac{3}{2}d_B \leqslant y \leqslant R \\ \dfrac{1}{6}\{d_B + (y - 0.5d_B)\alpha_g\} & d_B \leqslant y \leqslant \dfrac{3}{2}d_B \\ \dfrac{1}{6}\left\{d_B + \dfrac{4/3 - (y/d_B)}{2 - (4/3)(y/d_B)}\right\}\alpha_g & 0 \leqslant y \leqslant d_B \end{cases} \tag{12.114}$$

式中，d_B 为气泡直径。

湍流速度 v_t 由液相湍动能方程计算

$$\frac{1}{R-y}\frac{\partial}{\partial y}\left\{(R-y)(1-\alpha_g)\left(\frac{\nu_f}{2}+\beta_2\sqrt{k}\,l_{TP}\right)\frac{\partial k}{\partial y}\right\}$$
$$+\beta_1\sqrt{k}\,l_{TP}(1-\alpha_g)\left(\frac{\partial \overline{v_{f,z}}}{\partial y}\right)^2 - \gamma_1(1-\alpha_g)\frac{(\sqrt{k})^3}{l_{TP}} - K_2\alpha_g\frac{(\sqrt{k})^3}{d_B}$$
$$+K_1\frac{3}{4d_B}\alpha_g C_D v_{r\infty}^3\left\{1-\exp\left(-\frac{y v_f^*}{26\nu_f}\right)\right\} - \nu_f\left(\frac{\partial\sqrt{k}}{\partial y}\right)^2 = 0 \tag{12.115}$$

式中，k 是液相湍动能，$k = \overline{v_f' \cdot v_f'}/2$。$\beta_1 = 0.56$，$\beta_2 = 0.38$，$\gamma_1 = 0.18$，$K_1 = 0.075$ 及 $K_2 = 1.0$ 为系数。在该模型中，湍流速度由式(12.111)确定，假设为对称湍流，则

$$v_t = \sqrt{\frac{2k}{3}} \tag{12.116}$$

方程中的各项意义如下。方程的第一、第二和第三项分别表示湍流扩散、剪切产生的湍流和湍流耗散。第四项和第五项分别表示界面小尺度的湍流吸收和气泡相对运动产生的湍流，最后一项表示离壁面很近的数值误差的补偿。根据上述方程和边界条件计算湍流应力。

3）两方程湍流模型

两方程湍流模型通常表示为一个有两个微分方程的模型来确定雷诺应力的湍流模型。Lopez de Bertodano 等（M. Lopez de Bertodano et al.，1994）所提出的 $k-\varepsilon$ 模型将作为两方程湍流模型的一个例子来简要说明。

考虑稳定、充分发展的绝热稀泡状流。假定湍流应力张量 $\mathcal{T}_f^T$ 由剪切诱导的（SI）湍流应力张量 $\mathcal{T}_f^{SI}$ 和气泡诱导的（BI）湍流张量 $\mathcal{T}_f^{BI}$ 的线性叠加表示

$$\mathcal{T}_f^T = \mathcal{T}_f^{SI} + \mathcal{T}_f^{BI} \tag{12.117}$$

剪切诱导的湍流应力用下式计算

$$\mathcal{T}_f^{SI} = \rho_f \nu_t\{\nabla\overline{\boldsymbol{v}_f} + (\nabla\overline{\boldsymbol{v}_f})^+\} - \frac{2}{3}\mathcal{A}\rho_f k^{SI} \tag{12.118}$$

其中 ν_t、$\mathcal{A}$ 和 k^{SI} 分别是湍流运动黏度、湍流各向异性张量和剪切诱导湍流产生的湍

流动能。对于各向同性湍流,$\mathbb{A}=\mathbb{I}$。

气泡诱导的湍流用下式计算

$$\mathcal{T}_{\mathrm{f}}^{BI}=-\alpha_{\mathrm{g}}\rho_{\mathrm{f}}\left(\frac{1}{20}\overline{\boldsymbol{v}_{\mathrm{r}}}\,\overline{\boldsymbol{v}_{\mathrm{r}}}+\frac{3}{20}|\overline{v_{\mathrm{r}}}|^{2}\mathbb{I}\right)=-\alpha_{\mathrm{g}}\rho_{\mathrm{f}}\frac{1}{2}C_{\mathrm{vm}}|\overline{\boldsymbol{v}_{\mathrm{r}}}|^{2}\begin{pmatrix}\frac{4}{5}&0&0\\0&\frac{3}{5}&0\\0&0&\frac{3}{5}\end{pmatrix}\tag{12.119}$$

其中 C_{vm}是虚体积系数,球体周围为势流时的值是 1/2。对于低空泡份额和高空泡份额情况下,分别建议取值 2.0 和 1.2。由气泡诱导湍流的湍动能 k^{BI}可计算为

$$k^{BI}=\alpha_{\mathrm{g}}\frac{1}{2}C_{\mathrm{vm}}|\overline{\boldsymbol{v}_{\mathrm{r}}}|^{2}\tag{12.120}$$

然后,将式(12.119)和式(12.118)代入式(12.117),得到

$$\mathcal{T}_{\mathrm{f}}^{T}=\rho_{\mathrm{f}}\nu_{\mathrm{t}}\{\nabla\overline{\boldsymbol{v}_{\mathrm{f}}}+(\nabla\overline{\boldsymbol{v}_{\mathrm{f}}})^{+}\}-\frac{2}{3}\mathbb{A}\rho_{\mathrm{f}}k^{SI}-\rho_{\mathrm{f}}k^{BI}\begin{pmatrix}\frac{4}{5}&0&0\\0&\frac{3}{5}&0\\0&0&\frac{3}{5}\end{pmatrix}\tag{12.121}$$

因此,只要给定 ν_{t} 和 k^{SI},就可以计算出剪切应力分布。

假设湍流运动黏度由剪切诱导湍流黏性 ν_{t}^{SI} 和气泡诱导湍流黏性 ν_{t}^{BI} 等引起的湍流运动黏度的线性叠加表示

$$\nu_{\mathrm{t}}=\nu_{\mathrm{t}}^{SI}+\nu_{\mathrm{t}}^{BI}\tag{12.122}$$

由剪切诱导湍流和气泡诱导湍流引起的湍流运动黏度分别为下面两式

$$\nu_{\mathrm{t}}^{SI}=0.09\frac{(k^{SI})^{2}}{\varepsilon^{SI}}\tag{12.123}$$

式中,ε^{SI}是剪切诱导湍流的耗散率。

$$\nu_{\mathrm{t}}^{BI}=1.2\frac{d_{\mathrm{B}}}{2}\alpha_{\mathrm{g}}|\overline{\boldsymbol{v}_{\mathrm{r}}}|\tag{12.124}$$

由式(12.125)和式(12.127)给出的剪切诱导湍动能输运方程可以计算剪切诱导湍流的湍动能和耗散率。

$$\alpha_{\mathrm{f}}\frac{\mathrm{D}k^{SI}}{\mathrm{D}t}=\nabla\cdot\left(\frac{\alpha_{\mathrm{f}}\nu_{\mathrm{f}}}{\sigma_{\mathrm{k}}}\nabla k^{SI}\right)+\alpha_{\mathrm{f}}(P^{SI}-\varepsilon^{SI})\tag{12.125}$$

式中 $\sigma_k = 1.0$ 为常数，P^{SI} 为剪切诱导湍流的产生率，由下式计算

$$P^{SI} \equiv \boldsymbol{\nu}_t \{ \nabla \overline{\boldsymbol{v}_f} + (\nabla \overline{\boldsymbol{v}_f})^+ \} : \nabla \overline{\boldsymbol{v}_f} \tag{12.126}$$

$$\alpha_f \frac{D\dot{\boldsymbol{\varepsilon}}^{SI}}{Dt} = \nabla \cdot \left(\frac{\alpha_f \boldsymbol{\nu}_f}{\boldsymbol{\sigma}_k} \nabla \boldsymbol{\varepsilon}^{SI} \right) + \frac{\alpha_f \boldsymbol{\varepsilon}^{SI}}{k^{SI}} (C_{\varepsilon 1} P^{SI} - C_{\varepsilon 2} \boldsymbol{\varepsilon}^{SI}) \tag{12.127}$$

式中，$\sigma_\varepsilon = 1.3$，$C_{\varepsilon 1} = 1.44$ 和 $C_{\varepsilon 2} = 1.92$ 为常数。根据上述方程和边界条件可以计算相应湍流应力。

第 13 章　漂移流模型

漂移流模型的基本概念是将混合物作为一个整体来考虑，而不是将两相分开考虑。显然，漂移流模型比两流体模型更简单，但它需要一些比较大的本构假设，导致丢失两相流的一些重要特性。然而，正是漂移流模型的这种简单特性使得它在许多工程应用中非常有用。正如两相流系统动力学分析一样，工程问题所需的信息通常是总混合物的响应，而不是单独各相的响应（Tong & Tang，1997）。如果这些混合物的响应是已知的，则对每相的局部行为进行详细分析的难度相对较小。

漂移流模型的另一个重要应用是在系统模化方面，它直接应用于两相流实验和工程系统的规划和设计。利用漂移流模型和混合物特性可以有效地研究两种不同系统的相似性。漂移流模型最重要的特性是，与两流体模型相比，减少了公式中所需的场和本构方程的总数。漂移流模型由 4 个场方程表示：混合物连续性方程、动量方程、能量方程和气相连续性方程。

因此，可以看出，漂移流模型遵循用于分析气体混合物或可混合液体的动力学的标准方法。一般认为，漂移流模型适用于两组分紧密耦合的混合物动力系统。这表明宏观两相流也可以使用与单相流相同的分析方法。漂移流模型在许多实际工程中可方便使用，其主要的原因是，即便是弱耦合的两相混合物，一些局部特征仍可以考虑到，因为系统相对较大的轴向尺寸能够为相互作用提供足够的时间。Zuber（Zuber，1967）与 Ishii 和 Zuber（Ishii & Zuber，1970）证明了在研究低速波传播（即空泡传播）引起的系统动力学和不稳定性问题中使用漂移流模型具有优势。然而，根据 Bouré 和 Réocreux（J. Bouré & Réocreux，1972）、Bouré（J. Bouré，1973）和 Réocreux 等（Réocreux，Barriere，& Vernay，1973）详细讨论的漂移流模型在声波传播、阻塞现象和高频不稳定性问题中的应用，目前仍存在一些问题。

漂移流模型只有 4 个场方程，从原来的 6 个场方程中消除了一个能量和一个动量方程，用附加的本构方程来表示相对运动和能量差。换言之，本构关系取代了动力相互作用关系。此外，如第 4 章所述，为了保持广延量的叠加特征，有必要基于混合物质心建模。

在本章中，首先发展了混合物模型的一般性公式（Ishii，1975），然后讨论了实际应用中各种重要的特例(Ishii,1977)。由于在第 9 章中对两流体模型的场和本构方程进行了详细的分析,可以直接使用这些结果来建立漂移流模型公式。图 13.1 总结了漂移流模型公式的建立,这里看到了两相之间的运动、作用力和热关系的特殊重要性。很明显,从场方程中去掉两个动量方程中的一个需要相间的运动关系,相对速度应由本构定律给出。同样,在两相流中,仅用混合物能量方程来表达两相的能量平衡,需要给出两相间的热关系。

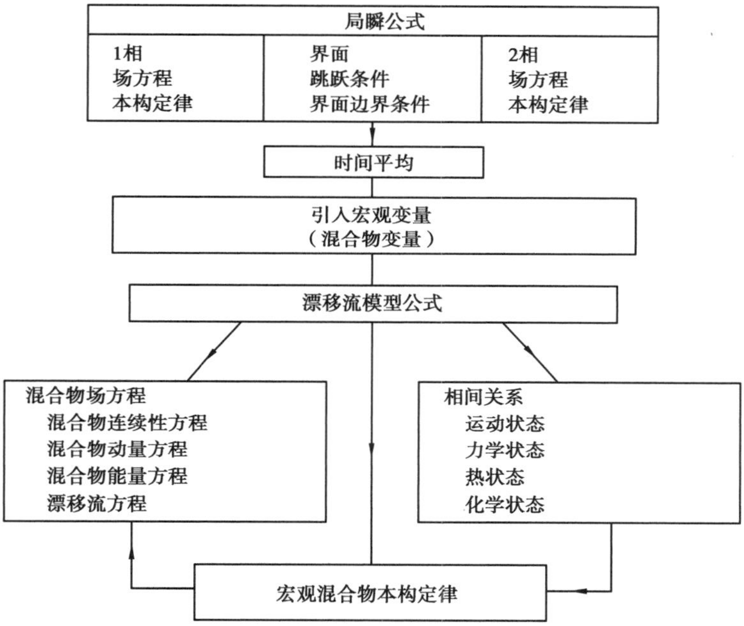

图 13.1　漂移流模型公式的建立

13.1　漂移流模型场方程

基于质心和漂移流速度的公式

在 5.3 节给出了漂移流模型 4 个基本场方程的一般形式。在这一节,首先通过对两流体模型本构方程的一些分析,将这些方程转化为更为适用的形式。然后讨论了针对实际应用有意义的情况,对方程进行了适当简化。这里,根据混合物的连续性、动量和热能方程以及其中一相的连续性方程来建立模型。这些方程可以简化为以下形式。

式(5.40)的混合物连续性方程

$$\frac{\partial \rho_{m}}{\partial t}+\nabla\cdot(\rho_{m}\boldsymbol{v}_{m})=0 \tag{13.1}$$

式(5.41)中第二相的连续性方程

$$\frac{\partial \alpha_{2}\overline{\overline{\rho_{2}}}}{\partial t}+\nabla\cdot(\alpha_{2}\overline{\overline{\rho_{2}}}\boldsymbol{v}_{m})=\Gamma_{2}-\nabla\cdot(\alpha_{2}\overline{\overline{\rho_{2}}}\boldsymbol{V}_{2m}) \tag{13.2}$$

式(5.42)和式(5.43)的混合物动量方程

$$\frac{\partial \rho_{m}\boldsymbol{v}_{m}}{\partial t}+\nabla\cdot(\rho_{m}\boldsymbol{v}_{m}\boldsymbol{v}_{m})=-\nabla p_{m}+\nabla\cdot\left[\overline{\mathcal{T}}+\mathcal{T}^{T}-\sum_{k=1}^{2}\alpha_{k}\overline{\overline{\rho_{k}}}\boldsymbol{V}_{km}\boldsymbol{V}_{km}\right]+\rho_{m}\boldsymbol{g}_{m}+\boldsymbol{M}_{m} \tag{13.3}$$

从式(9.127)得到

$$\boldsymbol{M}_{m}=2\overline{\overline{H_{21}}}\,\overline{\overline{\sigma}}\nabla\alpha_{2}+\boldsymbol{M}_{m}^{H} \tag{13.4}$$

在式(13.3)中,将体积力场视为常数。混合物动量方程右侧的最后一项表示表面张力的影响。

正如在5.3节中所讨论的那样,要获得合适的混合物热能方程有相当大的困难。这里已经证明了有两种方法来得到方程。通过将各相的热能方程相加,得到式(5.53)。因此,根据式(9.154)和式(9.150),有

$$\begin{aligned}\frac{\partial \rho_{m}i_{m}}{\partial t}+\nabla\cdot(\rho_{m}i_{m}\boldsymbol{v}_{m})=&-\nabla\cdot(\overline{\boldsymbol{q}}+\boldsymbol{q}^{T})-\nabla\cdot\left(\sum_{k}\alpha_{k}\overline{\overline{\rho_{k}}}\,\widehat{i_{k}}\boldsymbol{V}_{km}\right)\\&+\sum_{k=1}^{2}\alpha_{k}\frac{\mathrm{D}_{k}\overline{\overline{p_{k}}}}{\mathrm{D}t}+\sum_{k=1}^{2}\alpha_{k}\overline{\overline{\mathcal{T}}}_{k}:\nabla\widehat{\boldsymbol{v}_{k}}+\left\{\overline{\overline{T}}_{i}\left(\frac{\mathrm{d}\sigma}{\mathrm{d}T}\right)\frac{\mathrm{D}_{i}a_{i}}{\mathrm{D}t}+E_{m}^{H}\right\}\\&-\sum_{k=1}^{2}\left(\Gamma_{k}\frac{\widehat{v_{k}^{2}}}{2}-\boldsymbol{M}_{ik}\cdot\widehat{\boldsymbol{v}_{ki}}+\nabla\alpha_{k}\cdot\overline{\overline{\mathcal{T}_{ki}}}\cdot\widehat{\boldsymbol{v}_{ki}}\right)\end{aligned} \tag{13.5}$$

根据混合物性质和界面动量传递条件的定义,得到

$$\sum_{k=1}^{2}\alpha_{k}\frac{\mathrm{D}_{k}\overline{\overline{p_{k}}}}{\mathrm{D}t}\doteq\frac{\mathrm{D}p_{m}}{\mathrm{D}t}+\sum_{k=1}^{2}\alpha_{k}\boldsymbol{V}_{km}\cdot\nabla\overline{\overline{p_{k}}}-2\overline{\overline{H_{21}}}\,\overline{\overline{\sigma}}\frac{\mathrm{D}\alpha_{2}}{\mathrm{D}t} \tag{13.6}$$

为简单起见,定义了3种不同的效应为:

$$\boldsymbol{\Phi}_{m}^{\mu}\equiv\sum_{k=1}^{2}\alpha_{k}\overline{\overline{\mathcal{T}}}_{k}:\nabla\widehat{\boldsymbol{v}_{k}} \tag{13.7}$$

$$\boldsymbol{\Phi}_{m}^{\sigma}\equiv E_{m}^{H}-2\overline{\overline{H_{21}}}\,\overline{\overline{\sigma}}\frac{\mathrm{D}\alpha_{2}}{\mathrm{D}t}+\overline{\overline{T}}_{i}\left(\frac{\mathrm{d}\sigma}{\mathrm{d}T}\right)\frac{\mathrm{D}_{i}a_{i}}{\mathrm{D}t} \tag{13.8}$$

$$\boldsymbol{\Phi}_{m}^{i}\equiv\sum_{k=1}^{2}\left(-\Gamma_{k}\frac{\widehat{v_{k}^{2}}}{2}-\boldsymbol{M}_{ik}\cdot\widehat{\boldsymbol{v}_{ki}}+\nabla\alpha_{k}\cdot\overline{\overline{\mathcal{T}_{ki}}}\cdot\widehat{\boldsymbol{v}_{ki}}\right) \tag{13.9}$$

则热能方程(13.5)简化为

$$\frac{\partial \rho_{m}i_{m}}{\partial t}+\nabla\cdot(\rho_{m}i_{m}\boldsymbol{v}_{m})=-\nabla\cdot(\overline{\boldsymbol{q}}+\boldsymbol{q}^{T})+\sum_{k=1}^{2}\alpha_{k}\boldsymbol{V}_{km}\cdot\nabla\overline{\overline{p_{k}}}$$

$$
-\nabla\cdot\left(\sum_{k=1}^{2}\alpha_k\overline{\overline{\rho_k}}\,\widehat{i_k}\boldsymbol{V}_{km}\right)+\frac{\mathrm{D}p_m}{\mathrm{D}t}+\boldsymbol{\Phi}_m^{\mu}+\boldsymbol{\Phi}_m^{\sigma}+\boldsymbol{\Phi}_m^{i} \tag{13.10}
$$

当混合物热能方程中的最后 3 项不能忽略时，漂移流模型将面临相当大的困难。这些项产生于黏性耗散、表面张力做功和界面机械能传递。如果式(13.9)给出的 $\boldsymbol{\Phi}_m^i$ 项对热能传递有很大的贡献，则尤其存在这样的问题。显然，在这种情况下，漂移流模型需要相对速度及界面机械能传递等本构方程。

热能方程的另一种形式可以从式(5.55)获得，代入式(9.14)和式(9.127)，然后用式(9.145)给出近似。这两种不同形式的热能方程并不像 5.3 节所讨论的那样，给出了相同的漂移流模型公式。然而，将各相的热能方程相加所得到的式(13.10)，其形式仍然比基于式(5.55)的形式更为简单。

上述 4 个场方程式(13.1)、式(13.2)、式(13.3)和式(13.10)描述了宏观混合物场的守恒定律。它们是通过对界面不连续的两相流系统进行时间平均得到的。注意混合物连续性方程、动量方程和能量方程与单相流的相应方程有些相似。实际上，混合物连续方程的形式与无内间断连续方程的形式完全相同。这是通过使用适当定义的混合物物性实现的。然而，混合物动量方程有两个并未出现在单相方程的附加项。一种是考虑表面张力效应的毛细力，可以看作动量源项或汇项。另一个是扩散应力项，为式(13.3)右侧的第三个应力。该项表示除了应力组合($\overline{\mathscr{T}}+\mathscr{T}^T$)所考虑的分子扩散和湍流扩散外，由于两相间的相对运动而引起的动量扩散。在混合物热能方程中，有 3 个附加项在单相流方程中没有出现。式(13.10)右边的第二项是能量扩散，这是由于相对于混合物质心的各相的相对运动能量传递所致。回顾式(13.8)和式(13.9)，$\boldsymbol{\Phi}_m^{\sigma}$ 和 $\boldsymbol{\Phi}_m^{i}$ 分别表示表面张力效应和界面机械能传递的贡献。在正常情况下，这两项和能量耗散项几乎总是可以忽略的。

由式(13.3)和式(13.10)给出的混合物动量方程和热能方程描述了静止状态下的动量和能量交换。因此，方程中出现了混合物质心速度的对流通量和相对于混合物质心定义的附加扩散通量。这两个方程可以用式(7.14)的随体导数变换为

$$
\rho_m\frac{\mathrm{D}\boldsymbol{v}_m}{\mathrm{D}t}=-\nabla p_m+\nabla\cdot(\overline{\mathscr{T}}+\mathscr{T}^T)-\nabla\cdot\left(\sum_{k=1}^{2}\alpha_k\overline{\overline{\rho_k}}\boldsymbol{V}_{km}\boldsymbol{V}_{km}\right)+\rho_m\boldsymbol{g}_m+\boldsymbol{M}_m \tag{13.11}
$$

$$
\rho_m\frac{\mathrm{D}i_m}{\mathrm{D}t}=-\nabla\cdot(\overline{\boldsymbol{q}}+\boldsymbol{q}^T)+\sum_{k=1}^{2}\alpha_k\boldsymbol{V}_{km}\cdot\nabla\overline{\overline{p_k}}
$$

$$
-\nabla\cdot\left(\sum_{k}\alpha_k\overline{\overline{\rho_k}}\,\widehat{i_k}\boldsymbol{V}_{km}\right)+\frac{\mathrm{D}p_m}{\mathrm{D}t}+\boldsymbol{\Phi}_m^{\mu}+\boldsymbol{\Phi}_m^{\sigma}+\boldsymbol{\Phi}_m^{i} \tag{13.12}
$$

上述两个方程描述了以速度 $\boldsymbol{v}_m$ 移动的观察者所看到的动量和能量的传递。由于其

特殊形式,故将式(13.11)称为运动方程。

几个坐标系下的场方程

鉴于在实际工作中的应用,将这4个场方程在两个不同的坐标系中表示出来。由于导数直接来自于标准的向量微积分(Aris,1962;McConnell,1957),这里只列出结果。

在直角坐标系(x,y,z)中,混合物的质量守恒方程为

$$\frac{\partial\rho_{\mathrm{m}}}{\partial t}+\frac{\partial}{\partial x}(\rho_{\mathrm{m}}v_{\mathrm{xm}})+\frac{\partial}{\partial y}(\rho_{\mathrm{m}}v_{\mathrm{ym}})+\frac{\partial}{\partial z}(\rho_{\mathrm{m}}v_{\mathrm{zm}})=0 \tag{13.13}$$

对于第二相的质量漂移,有

$$\frac{\partial}{\partial t}(\alpha_2\overline{\overline{\rho_2}})+\left\{\frac{\partial}{\partial x}(\alpha_2\overline{\overline{\rho_2}}v_{\mathrm{xm}})+\frac{\partial}{\partial y}(\alpha_2\overline{\overline{\rho_2}}v_{\mathrm{ym}})+\frac{\partial}{\partial z}(\alpha_2\overline{\overline{\rho_2}}v_{\mathrm{zm}})\right\}$$

$$=\Gamma_2-\left\{\frac{\partial}{\partial x}(\alpha_2\overline{\overline{\rho_2}}V_{\mathrm{xm}})+\frac{\partial}{\partial y}(\alpha_2\overline{\overline{\rho_2}}V_{\mathrm{ym}})+\frac{\partial}{\partial z}(\alpha_2\overline{\overline{\rho_2}}V_{\mathrm{zm}})\right\} \tag{13.14}$$

对于混合物的动量守恒,有

x-分量

$$\frac{\partial}{\partial t}(\rho_{\mathrm{m}}v_{\mathrm{xm}})+\frac{\partial}{\partial x}(\rho_{\mathrm{m}}v_{\mathrm{xm}}v_{\mathrm{xm}})+\frac{\partial}{\partial y}(\rho_{\mathrm{m}}v_{\mathrm{ym}}v_{\mathrm{xm}})+\frac{\partial}{\partial z}(\rho_{\mathrm{m}}v_{\mathrm{zm}}v_{\mathrm{xm}})$$

$$=-\frac{\partial p_{\mathrm{m}}}{\partial x}+\rho_{\mathrm{m}}g_{\mathrm{mx}}+M_{\mathrm{xm}}+\frac{\partial}{\partial x}(\overline{\tau_{\mathrm{xx}}}+\tau_{\mathrm{xx}}^{T}+\tau_{\mathrm{xx}}^{D})$$

$$+\frac{\partial}{\partial y}(\overline{\tau_{\mathrm{yx}}}+\tau_{\mathrm{yx}}^{T}+\tau_{\mathrm{yx}}^{D})+\frac{\partial}{\partial z}(\overline{\tau_{\mathrm{zx}}}+\tau_{\mathrm{zx}}^{T}+\tau_{\mathrm{zx}}^{D})$$

y-分量

$$\frac{\partial}{\partial t}(\rho_{\mathrm{m}}v_{\mathrm{ym}})+\frac{\partial}{\partial x}(\rho_{\mathrm{m}}v_{\mathrm{xm}}v_{\mathrm{ym}})+\frac{\partial}{\partial y}(\rho_{\mathrm{m}}v_{\mathrm{ym}}v_{\mathrm{ym}})+\frac{\partial}{\partial z}(\rho_{\mathrm{m}}v_{\mathrm{zm}}v_{\mathrm{ym}})$$

$$=-\frac{\partial p_{\mathrm{m}}}{\partial y}+\rho_{\mathrm{m}}g_{\mathrm{my}}+M_{\mathrm{ym}}+\frac{\partial}{\partial x}(\overline{\tau_{\mathrm{xy}}}+\tau_{\mathrm{xy}}^{T}+\tau_{\mathrm{xy}}^{D})$$

$$+\frac{\partial}{\partial y}(\overline{\tau_{\mathrm{yy}}}+\tau_{\mathrm{yy}}^{T}+\tau_{\mathrm{yy}}^{D})+\frac{\partial}{\partial z}(\overline{\tau_{\mathrm{zy}}}+\tau_{\mathrm{zy}}^{T}+\tau_{\mathrm{zy}}^{D})$$

z-分量

$$\frac{\partial}{\partial t}(\rho_{\mathrm{m}}v_{\mathrm{zm}})+\frac{\partial}{\partial x}(\rho_{\mathrm{m}}v_{\mathrm{xm}}v_{\mathrm{zm}})+\frac{\partial}{\partial y}(\rho_{\mathrm{m}}v_{\mathrm{ym}}v_{\mathrm{zm}})+\frac{\partial}{\partial z}(\rho_{\mathrm{m}}v_{\mathrm{zm}}v_{\mathrm{zm}})$$

$$=-\frac{\partial p_{\mathrm{m}}}{\partial z}+\rho_{\mathrm{m}}g_{\mathrm{mz}}+M_{\mathrm{zm}}+\frac{\partial}{\partial x}(\overline{\tau_{\mathrm{xz}}}+\tau_{\mathrm{xz}}^{T}+\tau_{\mathrm{xz}}^{D}) \tag{13.15}$$

$$+\frac{\partial}{\partial y}(\overline{\tau_{\mathrm{yz}}}+\tau_{\mathrm{yz}}^{T}+\tau_{\mathrm{yz}}^{D})+\frac{\partial}{\partial z}(\overline{\tau_{\mathrm{zz}}}+\tau_{\mathrm{zz}}^{T}+\tau_{\mathrm{zz}}^{D})$$

对于混合物热能平衡,有

$$\frac{\partial}{\partial t}(\rho_{\mathrm{m}}i_{\mathrm{m}})+\frac{\partial}{\partial x}(\rho_{\mathrm{m}}i_{\mathrm{m}}v_{\mathrm{xm}})+\frac{\partial}{\partial y}(\rho_{\mathrm{m}}i_{\mathrm{m}}v_{\mathrm{ym}})+\frac{\partial}{\partial z}(\rho_{\mathrm{m}}i_{\mathrm{m}}v_{\mathrm{zm}})$$

$$
= -\frac{\partial}{\partial x}\left(\overline{q_x} + q_x^T + \sum_{k=1}^{2}\alpha_k\overline{\overline{\rho_k}}\,\widehat{i_k}V_{xkm}\right) - \frac{\partial}{\partial y}\left(\overline{q_y} + q_y^T + \sum_{k=1}^{2}\alpha_k\overline{\overline{\rho_k}}\,\widehat{i_k}V_{ykm}\right)
$$

$$
-\frac{\partial}{\partial z}\left(\overline{q_z} + q_z^T + \sum_{k=1}^{2}\alpha_k\overline{\overline{\rho_k}}\,\widehat{i_k}V_{zkm}\right)
$$

$$
+\sum_{k=1}^{2}\alpha_k\left(V_{xkm}\frac{\partial\overline{\overline{\rho_k}}}{\partial x} + V_{ykm}\frac{\partial\overline{\overline{\rho_k}}}{\partial y} + V_{zkm}\frac{\partial\overline{\overline{\rho_k}}}{\partial z}\right)
$$

$$
+\frac{\partial p_m}{\partial t} + v_{xm}\frac{\partial p_m}{\partial x} + v_{ym}\frac{\partial p_m}{\partial y} + v_{zm}\frac{\partial p_m}{\partial z} + \Phi_m^\mu + \Phi_m^\sigma + \Phi_m^i \tag{13.16}
$$

如果流动为二维流动,则称为平面流。在这种情况下,关于 x 的偏导数以及动量方程的 x 分量可以从公式中消除。

与之相似,在圆柱坐标中,有如下的守恒方程

$$
\frac{\partial}{\partial t}\rho_m + \frac{1}{r}\frac{\partial}{\partial r}(r\rho_m v_{rm}) + \frac{1}{r}\frac{\partial}{\partial\theta}(\rho_m v_{\theta m}) + \frac{\partial}{\partial z}(\rho_m v_{zm}) = 0 \tag{13.17}
$$

第二相的质量漂移为

$$
\frac{\partial}{\partial t}(\alpha_2\overline{\overline{\rho_2}}) + \frac{1}{r}\frac{\partial}{\partial r}(r\alpha_2\overline{\overline{\rho_2}}v_{r2}) + \frac{1}{r}\frac{\partial}{\partial\theta}(\alpha_2\overline{\overline{\rho_2}}v_{\theta 2}) + \frac{\partial}{\partial z}(\alpha_2\overline{\overline{\rho_2}}v_{z2})
$$

$$
= \Gamma_2 - \left\{\frac{1}{r}\frac{\partial}{\partial r}(r\alpha_2\overline{\overline{\rho_2}}V_{r2m}) + \frac{1}{r}\frac{\partial}{\partial\theta}(\alpha_2\overline{\overline{\rho_2}}V_{\theta 2m}) + \frac{\partial}{\partial z}(\alpha_2\overline{\overline{\rho_2}}V_{z2m})\right\} \tag{13.18}
$$

对于混合物的动量守恒,有

r-分量

$$
\frac{\partial}{\partial t}(\rho_m v_{rm}) + \frac{1}{r}\frac{\partial}{\partial r}(r\rho_m v_{rm}v_{rm}) + \frac{1}{r}\frac{\partial}{\partial\theta}(\rho_m v_{rm}v_{\theta m}) - \frac{\rho_m v_{\theta m}^2}{r} + \frac{\partial}{\partial z}(\rho_m v_{rm}v_{zm})
$$

$$
= -\frac{\partial p_m}{\partial r} + \rho_m g_{mr} + M_{rm} + \frac{1}{r}\frac{\partial}{\partial r}\left\{r(\overline{\tau_{rr}} + \tau_{rr}^T + \tau_{rr}^D)\right\} + \frac{1}{r}\frac{\partial}{\partial\theta}(\overline{\tau_{r\theta}} + \tau_{r\theta}^T + \tau_{r\theta}^D)
$$

$$
-\frac{1}{r}(\overline{\tau_{\theta\theta}} + \tau_{\theta\theta}^T + \tau_{\theta\theta}^D) + \frac{\partial}{\partial z}(\overline{\tau_{rz}} + \tau_{rz}^T + \tau_{rz}^D)
$$

θ-分量

$$
\frac{\partial}{\partial t}(\rho_m v_{\theta m}) + \frac{1}{r}\frac{\partial}{\partial r}(r\rho_m v_{\theta m}v_{rm}) + \frac{1}{r}\frac{\partial}{\partial\theta}(\rho_m v_{\theta m}v_{\theta m})
$$

$$
+\frac{\partial}{\partial z}(\rho_m v_{\theta m}v_{zm}) = -\frac{\partial p_m}{\partial\theta} + \rho_m g_{m\theta} + M_{\theta m} + \frac{1}{r^2}\frac{\partial}{\partial r}\left\{r^2(\overline{\tau_{r\theta}} + \tau_{r\theta}^T + \tau_{r\theta}^D)\right\}
$$

$$
+\frac{1}{r}\frac{\partial}{\partial\theta}(\overline{\tau_{\theta\theta}} + \tau_{\theta\theta}^T + \tau_{\theta\theta}^D) + \frac{\partial}{\partial z}(\overline{\tau_{\theta z}} + \tau_{\theta z}^T + \tau_{\theta z}^D)
$$

z-分量

$$
\frac{\partial}{\partial t}(\rho_m v_{zm}) + \frac{1}{r}\frac{\partial}{\partial r}(r\rho_m v_{rm}v_{zm}) + \frac{1}{r}\frac{\partial}{\partial\theta}(\rho_m v_{\theta m}v_{zm})
$$

$$+\frac{\partial}{\partial z}(\rho_{\mathrm{m}}v_{\mathrm{zm}}v_{\mathrm{zm}}) = -\frac{\partial p_{\mathrm{m}}}{\partial z} + \rho_{\mathrm{m}}g_{\mathrm{mz}} + M_{\mathrm{zm}} + \frac{1}{r}\frac{\partial}{\partial r}\left\{r(\overline{\tau_{\mathrm{rz}}} + \tau_{\mathrm{rz}}^{T} + \tau_{\mathrm{rz}}^{D})\right\}$$
$$+\frac{1}{r}\frac{\partial}{\partial \theta}(\overline{\tau_{\theta\mathrm{z}}} + \tau_{\theta\mathrm{z}}^{T} + \tau_{\theta\mathrm{z}}^{D}) + \frac{\partial}{\partial z}(\overline{\tau_{\mathrm{zz}}} + \tau_{\mathrm{zz}}^{T} + \tau_{\mathrm{zz}}^{D}) \tag{13.19}$$

混合物的热能平衡方程

$$\frac{\partial}{\partial t}(\rho_{\mathrm{m}}i_{\mathrm{m}}) + \frac{1}{r}\frac{\partial}{\partial r}(r\rho_{\mathrm{m}}i_{\mathrm{m}}v_{\mathrm{rm}}) + \frac{1}{r}\frac{\partial}{\partial \theta}(\rho_{\mathrm{m}}i_{\mathrm{m}}v_{\theta\mathrm{m}}) + \frac{\partial}{\partial z}(\rho_{\mathrm{m}}i_{\mathrm{m}}v_{\mathrm{zm}})$$
$$= -\left\{\frac{1}{r}\frac{\partial}{\partial r}\left[r\left(\overline{q_{\mathrm{r}}} + q_{\mathrm{r}}^{T} + \sum_{k=1}^{2}\alpha_{\mathrm{k}}\overline{\overline{\rho_{\mathrm{k}}}}\,\widehat{i_{\mathrm{k}}}V_{\mathrm{rkm}}\right)\right]\right.$$
$$+\frac{1}{r}\frac{\partial}{\partial \theta}\left(\overline{q_{\theta}} + q_{\theta}^{T} + \sum_{k=1}^{2}\alpha_{k}\overline{\overline{\rho_{\mathrm{k}}}}\,\widehat{i_{\mathrm{k}}}V_{\theta\mathrm{km}}\right)$$
$$\left.+\frac{\partial}{\partial z}\left(\overline{q_{\mathrm{z}}} + q_{z}^{T} + \sum_{k=1}^{2}\alpha_{\mathrm{k}}\overline{\overline{\rho_{\mathrm{k}}}}\,\widehat{i_{\mathrm{k}}}V_{\mathrm{zkm}}\right)\right\} + \Phi_{\mathrm{m}}^{\mu} + \Phi_{\mathrm{m}}^{\sigma} + \Phi_{\mathrm{m}}^{i}$$
$$+\sum_{k=1}^{2}\alpha_{\mathrm{k}}\left(V_{\mathrm{rkm}}\frac{\partial\overline{\overline{\rho_{\mathrm{k}}}}}{\partial r} + \frac{V_{\theta\mathrm{km}}}{r}\frac{\partial\overline{\overline{\rho_{\mathrm{k}}}}}{\partial \theta} + V_{\mathrm{zkm}}\frac{\partial\overline{\overline{\rho_{\mathrm{k}}}}}{\partial z}\right)$$
$$+\left(\frac{\partial p_{\mathrm{m}}}{\partial t} + v_{\mathrm{rm}}\frac{\partial p_{\mathrm{m}}}{\partial r} + \frac{v_{\theta\mathrm{m}}}{r}\frac{\partial p_{\mathrm{m}}}{\partial \theta} + v_{\mathrm{zm}}\frac{\partial p_{\mathrm{m}}}{\partial z}\right) \tag{13.20}$$

如果流动是轴对称的,则关于 θ 的偏导数从方程中消掉。此外,如果流动不受 z 轴附近的涡运动的影响,即流动被限制为 r 和 z 两个方向,则 $v_{\theta\mathrm{m}}$ 为零,从而消掉了 θ 方向的动量方程。

13.2 漂移流(或混合物)模型的本构定律

显然,基于 4 个场方程的漂移流模型是两流体模型的近似理论。为了完成建立漂移流模型,有必要提供几种混合物的本构关系。可以考虑两种不同的方法来实现目的。第一种方法是从混合物场方程和混合熵不等式开始对本构方程进行分析,然后将各种本构公理直接应用到混合物中,并且独立于两流体模型。第二种方法是通过对两流体模型的简化得到必要的本构方程。

起初,采用前一种方法似乎更合乎逻辑,因为它是混合物模型的自洽和独立的公式。然而,在现实中却面临着不容忽视的巨大困难。主要问题是,通常两相并不处于热平衡状态,因此不可能引入混合物温度。这表明,不能期望存在一个简单的状态方程的宏观混合性质。

可见,非热平衡条件和界面结构是相变的控制因素。此外,界面性质和结构对两相间的运动和力学状态有很大的影响。为了将这些重要的影响引入到漂移流模型的公式中,使用两流体模型的简化比以前的方法更简单和更现实。因此,在本节中,将分析与第 9.2 节平行的混合物本构方程。

确定论原理

式(13.1)、式(13.2)、式(13.3)和式(13.10)给出了漂移流模型的场方程,这些方程不足以完全描述系统。从确定论的原理出发,有必要提供附加的本构方程来描述某些宏观两相混合物的响应特性。为了保持漂移流(或混合)模型中的非热平衡效应,引入了每个相的基本状态方程。此外,通过 4.5 节的定义,各种混合物特性可与每一相的特性相关。

考虑到上述因素,在漂移流模型公式中出现了以下变量。

①状态方程:$\overline{\overline{\rho}}_k, \overline{\overline{p}}_k, \overline{\overline{T}}_k, \widehat{i}_k, \overline{\overline{T}}_i, \overline{\overline{\sigma}}$;

②质量守恒:ρ_m, v_m;

③动量守恒:$p_m, V_{km}, \overline{\overline{\mathcal{T}}}, \mathcal{T}^T, \boldsymbol{M}_m, \alpha_k$;

④能量守恒:$i_m, \overline{\boldsymbol{q}}, \boldsymbol{q}^T, \boldsymbol{\Phi}_m^\mu, \boldsymbol{\Phi}_m^\sigma, \boldsymbol{\Phi}_m^i$;

⑤漂移流方程:Γ_2。

其中 $k=1$ 和 2。因此,变量的总数是 27。对于一个适定的漂移流模型公式组,也应该有相同数量的方程。这些方程可以分为以下几组。

方程		方程数量
1)场方程		
质量	式(13.1)	1
动量	式(13.3)	1
能量	式(13.10)	1
漂移流	式(13.2)	1
2)连续性公理		
$\alpha_1 = 1 - \alpha_2$	式(4.13)	1
3)相状态方程		
热状态方程	式(9.56)	2
量热状态方程	式(9.57)	2
ρ_m 的定义	式(4.66)	1
i_m 的定义	式(4.74)	1
p_m 的定义	式(4.72)	1
4)界面状态方程		
$\overline{\overline{\sigma}} = \overline{\overline{\sigma}}(\overline{\overline{T}}_i)$	式(9.130)	1
5)漂移流速度恒等式		
$\sum_{k=1}^{2} \alpha_k \overline{\overline{\rho}}_k V_{km} = 0$	式(4.90)	1
6)V_{2m}的运动学本构方程		1

续表

方程	方程数量
7)两相间的机械状态方程	
$\overline{\overline{p_1}} - \overline{\overline{p_2}} = -2\,\overline{\overline{H_{21}}}\,\overline{\overline{\sigma}}$　　式(9.128)	1
8)相间热状态方程	
$\overline{\overline{T_1}} - \overline{\overline{T_2}} = 0$	1
9)相变条件	
$\overline{\overline{p_2}} - p^{\text{sat}}(\overline{\overline{T_{\text{i}}}}) = 2\,\overline{\overline{H_{21}}}\,\overline{\overline{\sigma}}\dfrac{\overline{\overline{\rho_2}}}{\overline{\overline{\rho_2}} - \overline{\overline{\rho_1}}}$　　式(9.163)	1
10)机械本构方程	
黏性应力$\overline{\mathscr{T}}$	1
湍流应力$\mathscr{T}^T$	1
混合物动量源项 M_{m}	1
11)能量本构方程	
传导热流密度$\overline{q}$	1
湍流能量传递 q^T	1
耗散项 Φ_{m}^{μ}	1
表面张力效应 Φ_{m}^{σ}	1
机械能效应 Φ_{m}^{i}	1
12)相变的本构方程	
质量产生项 Γ_2	1

表明已有 27 个方程,这与未知量的数量是一致的。还注意到,这些场和本构方程是由确定论的原理所要求的,但这并不能保证解的存在性。这是很难证明系统的问题设置是正确的,即适定设置(Just setting)(C. Truesdell & Toupin,1960),因为这涉及解的存在性和唯一性,以及适当的初始和边界条件。通常只能对非常简单的问题进行检验。现在继续详细讨论上述本构方程。

状态方程和混合物性质

连续性公理要求界面在有限时间间隔内不停留在某一个点(见 5.4 节),因此有

$$\alpha_1 + \alpha_2 = 1 \tag{13.21}$$

混合物的密度 ρ_{m} 定义为

$$\rho_{\text{m}} = \alpha_1 \overline{\overline{\rho_1}} + \alpha_2 \overline{\overline{\rho_2}} \tag{13.22}$$

各相的热状态方程为

$$\overline{\overline{\rho_1}} = \overline{\overline{\rho_1}}(\overline{\overline{T_1}}, \overline{\overline{p_1}}) \tag{13.23}$$

$$\overline{\overline{\rho_2}} = \overline{\overline{\rho_2}}(\overline{\overline{T_2}},\overline{\overline{p_2}}) \tag{13.24}$$

混合物的压力与各分相压力有关

$$p_m = \alpha_1 \overline{\overline{p_1}} + \alpha_2 \overline{\overline{p_2}} \tag{13.25}$$

式(13.22)、式(13.23)和式(13.24)所给出的混合物密度可被视为混合物热状态方程,该方程受两相间热、力学和化学关系的约束。

混合物的焓定义为

$$i_m = \frac{\alpha_1 \overline{\overline{\rho_1}}\,\widehat{i_1} + \alpha_2 \overline{\overline{\rho_2}}\,\widehat{i_2}}{\rho_m} \tag{13.26}$$

而各相的量热状态方程为

$$\widehat{i_1} = \widehat{i_1}(\overline{\overline{T_1}},\overline{\overline{p_1}}) \tag{13.27}$$

$$\widehat{i_2} = \widehat{i_2}(\overline{\overline{T_2}},\overline{\overline{p_2}}) \tag{13.28}$$

将式(13.27)和式(13.8)代入式(13.26),得到了混合物热状态方程,它显示了 i_m 与温度、压力和局部空泡份额的关系。然而,混合物热状态方程受到两相间温差、压差以及相变本构方程(9.163)的约束。

宏观场中界面的热状态方程可以近似为

$$\overline{\overline{\sigma}} = \overline{\overline{\sigma}}(\overline{\overline{T_i}}) \tag{13.29}$$

这可以看作无表面质量的界面基本状态方程。

运动本构方程

如前一节所述,应给出相间相对运动的本构方程。由于在漂移流模型公式中,消掉了一个动量方程,所以运动本构方程就是一个相对运动方程。可以预期,用运动关系代替动量方程,将失去两相间作用的动力学关系。

各相的扩散速度都与下面的恒等式有关

$$\alpha_1 \overline{\overline{\rho_1}} \boldsymbol{V}_{1m} + \alpha_2 \overline{\overline{\rho_2}} \boldsymbol{V}_{2m} = 0 \tag{13.30}$$

因此,只需通过运动本构方程给出扩散速度。但是,由于扩散速度 V_{km} 可以根据 4.6 节中的定义,与相间的相对速度或漂移速度相关,即

$$\boldsymbol{V}_{2m} = -\frac{\alpha_1 \overline{\overline{\rho_1}}}{\alpha_2 \overline{\overline{\rho_2}}}\boldsymbol{V}_{1m} = -\frac{\alpha_1 \overline{\overline{\rho_1}}}{\rho_m}(\widehat{\boldsymbol{v}_1} - \widehat{\boldsymbol{v}_2}) = \frac{\overline{\overline{\rho_1}}}{\rho_m}\boldsymbol{V}_{2j} = -\frac{\alpha_1 \overline{\overline{\rho_1}}}{\alpha_2 \rho_m}\boldsymbol{V}_{1j} \tag{13.31}$$

本构方程可由上述任一速度给出。

两相间的相对速度取决于界面处的阻力以及界面的几何形状。因此可以想象,当混合物的界面结构发生变化时,相对速度将发生变化。9.4 节表明,在弥散两相流中,曳力关系应以漂移速度($j - \widehat{v_d}$)和基于该速度的雷诺数的式(9.223)和式(9.224)来表示。这表明,用弥散相的漂移速度来构建相间相对运动的运动本构方

程最好，正如Zuber(N. Zuber,1964b)、Zuber等(Zuber et al. ,1964)和Zuber和Staub(Zuber & Staub,1966)所提出的那样。

鉴于上述文献的结果，可以说漂移速度是无限介质中单个颗粒的终端速度 v_∞ 和连续相的空泡份额的函数。为了考虑浓度梯度所引起的漂移效应，提出了以下形式的线性本构定律

$$\boldsymbol{V}_{dj} = \boldsymbol{j} - \widehat{\boldsymbol{v}_d} = \boldsymbol{v}_\infty (1 - \alpha_d)^n - \frac{D_d^\alpha}{\alpha_d} \nabla \alpha_d \tag{13.32}$$

其中 D_d^α 是基于空泡份额 α_d 的漂移系数。方程右边的第一项考虑了重力和作用力的影响，这通常是影响漂移速度的主控部分。Zuber等(Zuber et al. ,1964)在泡状流下对此项进行了详细的分析，Ishii(Ishii,1977)也证明了漂移速度的本构方程可以从不同流型的两流体模型中导出。在无壁面、无相变的稳态的无限大介质中的多颗粒系统中，由于平均空泡份额和速度分布变得平坦，流动基本上简化为重力和阻力所主导的一维流动。求解各相的动量方程，得到相对速度定律。因此，一般使用第12章中的曳力关系式的结果。

在黏性区，漂移速度可以由下式给出

$$V_{dj} \simeq 10.8 \left(\frac{\mu_c g \Delta\rho}{\rho_c^2}\right)^{\frac{1}{3}} \frac{(1 - \alpha_d)^{1.5} f(\alpha_d)}{r_d^*} \frac{\psi(r_d^*)^{\frac{4}{3}} \{1 + \psi(r_d^*)\}}{1 + \psi(r_d^*) \{f(\alpha_d)\}^{\frac{6}{7}}} \tag{13.33}$$

其中

$$f(\alpha_d) = (1 - \alpha_d)^{\frac{1}{2}} \frac{\mu_c}{\mu_m} \tag{13.34}$$

及

$$\psi(r_d^*) = 0.55 \left\{ (1 + 0.08 r_d^{*3})^{\frac{4}{7}} - 1 \right\}^{0.75} \tag{13.35}$$

在黏性区，无因次半径 r_d^* 定义为

$$r_d^* \equiv r_d \left(\frac{\rho_c g \Delta\rho}{\mu_c^2}\right)^{\frac{1}{3}} \tag{13.36}$$

对于牛顿区($r_d^* \geqslant 34.65$)，漂移速度为

$$V_{dj} = 2.43 \left(\frac{r_d g \Delta\rho}{\rho_c}\right)^{\frac{1}{2}} (1 - \alpha_d)^{1.5} f(\alpha_d) \frac{18.67}{1 + 17.67 \{f(\alpha_d)\}^{\frac{6}{7}}} \tag{13.37}$$

对于变形流体颗粒区，漂移速度为

$$V_{dj} \simeq \sqrt{2} \left(\frac{\sigma g \Delta\rho}{\rho_c^2}\right)^{\frac{1}{4}} \times \begin{cases} (1 - \alpha_d)^{1.75} & \mu_c \gg \mu_d \\ (1 - \alpha_d)^2 & \mu_c \simeq \mu_d \\ (1 - \alpha_d)^{2.5} & \mu_c \ll \mu_d \end{cases} \tag{13.38}$$

上述判据适用于 $N_{\mu} \geqslant 0.11(1+\psi)/\psi^{\frac{8}{3}}$，其中 N_{μ} 是由式(12.34)给出的黏度数。

对于搅混流流型，漂移速度为

$$V_{dj} = (\sqrt{2} \text{ 或 } 1.57)\left(\frac{\sigma g \Delta\rho}{\rho_c^2}\right)^{\frac{1}{4}} \frac{\rho_c - \rho_d}{\Delta\rho}(1-\alpha_d)^{\frac{1}{4}}$$

$$\simeq \sqrt{2}\left(\frac{\sigma g \Delta\rho}{\rho_c^2}\right)^{\frac{1}{4}} \frac{\rho_c - \rho_d}{\Delta\rho} \tag{13.39}$$

在 V_{dj} 的精确表达式中，常数 $\sqrt{2}$ 适用于泡状流，1.57 适用于滴状流。然而，考虑到阻力系数预测的不确定性，这种差异以及空泡份额的影响可以忽略不计。

对于弹状流流型，漂移速度可以表示为

$$V_{dj} = 0.35\left(\frac{g \Delta\rho D}{\rho_c}\right)^{\frac{1}{2}} \tag{13.40}$$

其中，D 为管子的直径。

图 13.2 比较了式(13.37)的分析结果与固体颗粒流系统的经验关联式(Richardson & Zaki，1954)。在相对较高的连续相空泡份额下的一致性很好。在很高的 α_d 值下，式(13.37)预测的漂移速度比 Richardson-Zaki 关联式要低很多。而 Richardson 和 Zaki 的原始实验数据也表明了与由式(13.37)预测的趋势一致。图 13.3 显示了气泡和液滴流动状态下的相对速度。Lackme(Lackme，1973)的数据清楚地表明了泡状流和滴状流的相对速度对浓度依赖性的差异。模型对这些特性进行了正确的预测(Ishii & Chawla，1979)。图 13.4 和图 13.5 分别对间歇流和逆向泡状流以及液-液弥散系统中的理论预测和实验数据进行了进一步比较。理论预测与数据吻合良好。图 13.6 比较了搅混流的预测值与 Yoshida 和 Akita(Yoshida & Akita，1965)采用不同柱径(7.7 ~ 60 cm)的亚硫酸钠空气-水溶液系统的实验数据。从图中可以看出，该理论低估了较小柱径实验中的气相流量。然而，对于较大的柱直径，预测值与数据之间的一致性变得越来越令人满意。这种趋势可以很容易地解释为空泡和速度断面分布的二维效应。弥散相的局部漂移速度随局部体积流量而局部迁移。因此，如果有更多的颗粒集中在更高的通量区域，这将提供比均匀分布下更高的弥散相通量。那么平均气体体积流量应该略高于预测值。关于这一点的详细讨论，见 Zuber 和 Findlay(Zuber & Findlay，1965)、Ishii(Ishii，1977)和 Werther(Werther，1974)等的文献。

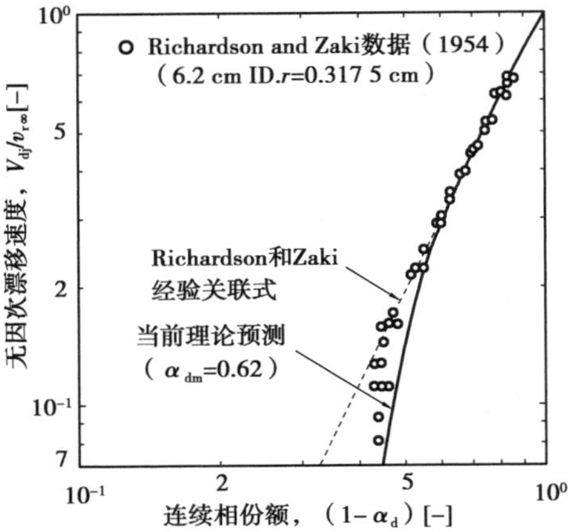

图 13.2　固体颗粒系统高雷诺数下与实验数据的比较（Ishii,1977）

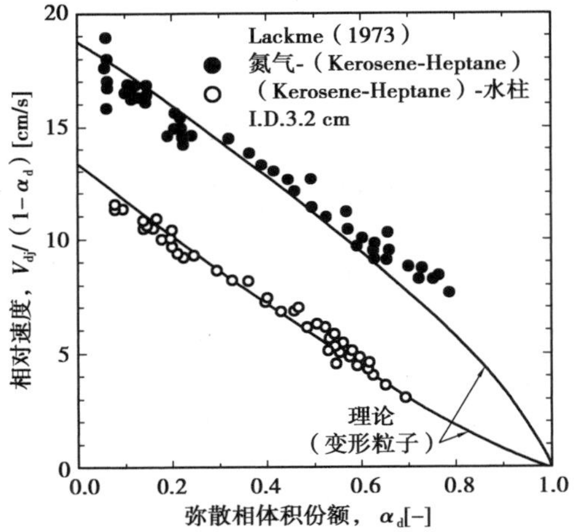

图 13.3　扭曲颗粒区气泡系统和液滴弥散系统的区别（Ishii & Chawla,1979）

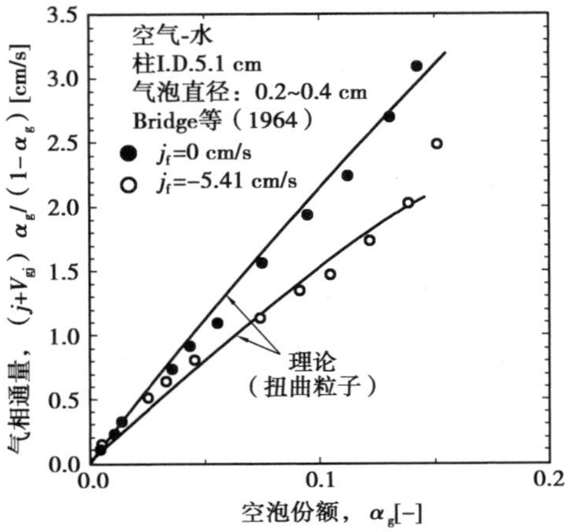

图 13.4　流动系统中气体体积流量与扭曲气泡状态数据的比较（Ishii & Chawla,1979）

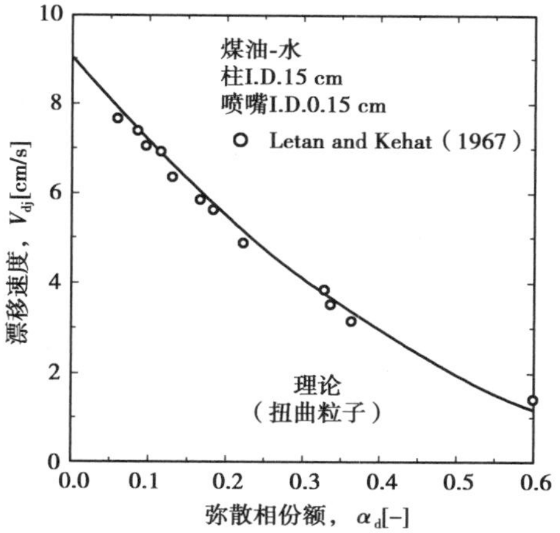

图 13.5　煤油-水系统中畸变颗粒流型下漂移速度预测值与实测值的比较(Ishii & Chawla,1979)

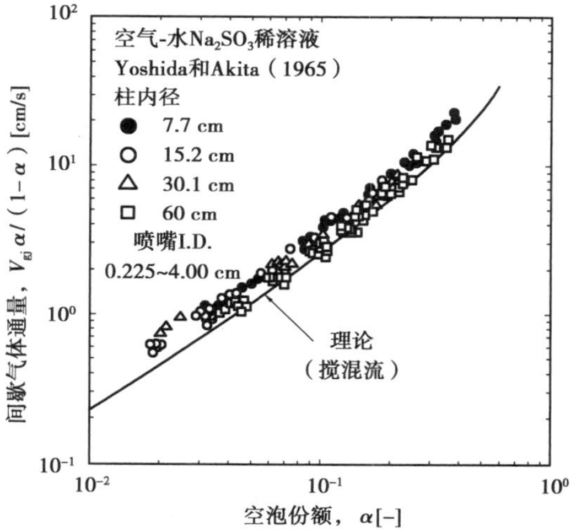

图 13.6　搅混流流型漂移速度的气相表观速度预测值与实测值的比较(Ishii & Chawla,1979)

两相间的热力学状态

如前一节所述,有必要详细说明两相间的力学、热和化学状态。简化的法向动量跳跃条件给出了两相之间的力学关系,因此有

$$\overline{\overline{p_1}} - \overline{\overline{p_2}} = -2\,\overline{\overline{H_{21}}}\,\overline{\overline{\sigma}} \tag{13.41}$$

从上面的方程可以看出,只有当平均曲率$\overline{\overline{H_{21}}}$较大时,即对于流体粒径较小的气泡或液滴流,压差才是重要的。因此,在许多可以应用漂移流模型的实际工程问题中,可以忽略两相之间的压差。即有

$$\overline{\overline{p_1}} \approx \overline{\overline{p_2}} \tag{13.42}$$

相间的化学状态决定了相变条件,由式(9.163)给出

$$\overline{\overline{p_2}} - p^{sat}(\overline{\overline{T_i}}) = 2\,\overline{\overline{H_{21}}}\,\overline{\overline{\sigma}}\,\frac{\overline{\overline{\rho_2}}}{\overline{\overline{\rho_2}} - \overline{\overline{\rho_1}}} \tag{13.43}$$

然而,一般情况下,这个方程可以近似为

$$\overline{\overline{p_g}} \approx p^{sat}(\overline{\overline{T_i}}) \tag{13.44}$$

式中,$\overline{\overline{p_g}}$表示蒸汽相的压力。如果力平衡条件式(13.42)适用,则有

$$\overline{\overline{p_1}} = \overline{\overline{p_2}} = p^{sat}(\overline{\overline{T_i}}) \tag{13.45}$$

两相间热状态的本构方程是一个很难得到的本构方程,它规定了热不平衡的程度。首先注意到它可替换为$\overline{\overline{T_1}} - \overline{\overline{T_i}}$或$\overline{\overline{T_2}} - \overline{\overline{T_i}}$。如果这两个关系都已经给出,那么质量传递项 Γ_2 的本构方程就变得多余了。需要意识到很重要的一点是,在许多实际问题中,某相与界面近似处于热平衡状态,因此有

$$\overline{\overline{T_k}} - \overline{\overline{T_i}} \approx 0, k = 1 \text{ 或 } 2 \tag{13.46}$$

例如在沸腾系统中,可以假设

$$\begin{aligned} \overline{\overline{T_g}} &= \overline{\overline{T_i}};\text{泡状流或混合流} \\ \overline{\overline{T_f}} &= \overline{\overline{T_i}};\text{滴状流} \end{aligned} \tag{13.47}$$

如图 13.7 所示。

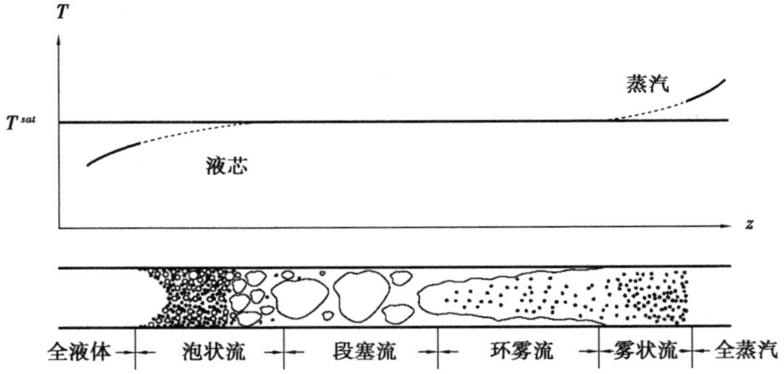

图 13.7 轴向温度分布(Ishii,1975)

力学本构方程:$\overline{\mathcal{T}}$和$\mathcal{T}^{T}$

在 9.2 节中得到了各相的平均黏性应力,因此有

$$\overline{\mathcal{T}} = \sum_{k=1}^{2}\left\{\alpha_k\overline{\overline{\mu_k}}[\nabla\widehat{\boldsymbol{v}_k} + (\nabla\widehat{\boldsymbol{v}_k})^{+}] + 2\alpha_k\overline{\overline{\mu_k}}\,\mathbb{D}_{ki}\right\} \tag{13.48}$$

其中,右侧的第一项具有基于变形张量的黏性应力的标准形式。第二项考虑了界面的影响,界面附加变形张量$\mathbb{D}_{ki}$由式(9.73)定义。用漂移速度的定义替换,得到

$$\begin{aligned} \overline{\mathcal{T}} = &\left(\sum_{k=1}^{2}\alpha_k\overline{\overline{\mu_k}}\right)\left[\nabla\boldsymbol{v}_m + (\nabla\boldsymbol{v}_m)^{+}\right] \\ &+ \sum_{k=1}^{2}\left\{\alpha_k\overline{\overline{\mu_k}}[\nabla\boldsymbol{V}_{km} + (\nabla\boldsymbol{V}_{km})^{+}] + 2\,\mathbb{D}_{ki}\right\} \end{aligned} \tag{13.49}$$

结果表明,当相对速度和界面变形的影响很小时,混合物的黏度可以由 $\sum_{k=1}^{2}\alpha_k\overline{\overline{\mu_k}}$ 给出。

对于弥散两相流,如果传质效应不显著,界面附加变形应力张量可以简化为式(9.76)。在这种情况下,式(13.48)可以简化为

$$\overline{\mathcal{T}} = \sum_{k=1}^{2}\alpha_k\overline{\overline{\mu_k}}\left[\nabla\boldsymbol{j} + (\nabla\boldsymbol{j})^{+}\right] + \alpha_d(\overline{\overline{\mu_d}} - \overline{\overline{\mu_c}})\left[\nabla\boldsymbol{V}_{dj} + (\nabla\boldsymbol{V}_{dj})^{+}\right] \quad (13.50)$$

其中 $\boldsymbol{j}$ 和 $\boldsymbol{V}_{dj}$ 分别是混合物的表观速度和弥散相的漂移速度。此外,注意到 j 可以通过式(4.93)与 $\boldsymbol{v}_m$ 和 $\boldsymbol{V}_{dj}$ 关联。上述结果很重要,因为它表明,在弥散流中,混合物的变形张量应基于体心速度,而不是质心速度。混合物的黏度为

$$\mu_m = \alpha_1\overline{\overline{\mu_1}} + \alpha_2\overline{\overline{\mu_2}} \quad (13.51)$$

从式(13.50)可以看出,因相对运动混合物黏性应力有一个附加项。$\boldsymbol{V}_{dj}$ 的运动本构方程表明,在许多情况下,该项只能表示为空泡份额的函数。

考虑混合物动量方程(13.3)中出现的混合物湍流应力 $\mathcal{T}^T$。从定义可以看出,$\mathcal{T}^T$ 是各相的湍流应力 $\alpha_k\mathcal{T}_k^T$ 的叠加。在 9.2 节中,将混合长度理论应用到两流体模型公式中,从而得到了 $\mathcal{T}_k^T$ 的本构方程。但是,因为它们是根据各相的变量而不是混合物来写出的,式(9.89)给出的表达式不适用于漂移流模型。

可以考虑两种方法来获得混合物湍流通量 $\mathcal{T}^T$,即可以利用混合物速度和漂移速度的定义,从每相的 $\mathcal{T}^T$ 导出,或者也可以采用与单相流类似的方法,根据混合物性质建立混合长度模型。如果两相强耦合或涡的尺寸与弥散相的特征尺寸相比较大,则后一种方法更为合理。那么有

$$\mathcal{T}^T = 2\mu_m^{T*}\rho_m l^2\sqrt{2\,\mathbb{D}_m:\mathbb{D}_m}\,\mathbb{D}_m \quad (13.52)$$

其中,

$$\mathbb{D}_m = \frac{1}{2}\left[\nabla\widehat{\boldsymbol{v}_m} + (\nabla\widehat{\boldsymbol{v}_m})^{+}\right] \quad (13.53)$$

而无因次系数(μ_m^{T*})对应于混合长度常数。

对于弥散流,可以得到一个不同的 $\mathcal{T}^T$ 表达式。如果弥散相的尺度与湍流涡的尺度相当,则混合物应力的主导部分由连续相给出。因此有

$$\mathcal{T}^T \doteq \alpha_c\mathcal{T}_c^T = 2\alpha_c\mu_c^{T*}\rho_c l^2\sqrt{2\,\mathbb{D}_c:\mathbb{D}_c}\,\mathbb{D}_c \quad (13.54)$$

这里使用了式(9.89)。连续相的总变形张量 $\mathbb{D}_c$ 由式(9.82)、式(9.74)和式(9.76)给出。因此有

$$\mathbb{D}_c = \frac{1}{2}\left[\nabla\boldsymbol{j} + (\nabla\boldsymbol{j})^{+}\right] - \frac{1}{2}\left(\frac{\alpha_d}{1-\alpha_d}\right)\left[\nabla\boldsymbol{V}_{dj} + (\nabla\boldsymbol{V}_{dj})^{+}\right] \quad (13.55)$$

这里使用了定义式(4.91)和恒等式(4.95)。在许多实际情况下,弥散相的漂移速度可看作 α_d 的函数,正如结合运动本构方程所讨论的那样。如果假设漂移速度是

恒定的，那么，通过将式(13.50)和式(13.54)相加，总的混合物应力可以近似为

$$\overline{\mathscr{T}}+\mathscr{T}^{T}+\mathscr{T}^{D}\doteq\left(\sum_{k=1}^{2}\alpha_{k}\overline{\overline{\mu_{k}}}+\alpha_{c}\mu_{c}^{T*}\overline{\overline{\rho_{c}}}l^{2}\sqrt{2\,\mathbb{D}_{c}:\mathbb{D}_{c}}\right)\left[\nabla\boldsymbol{j}+(\nabla\boldsymbol{j})^{+}\right]-\frac{\alpha_{d}}{1-\alpha_{d}}\frac{\overline{\overline{\rho_{c}}}\,\overline{\overline{\rho_{d}}}}{\rho_{m}}\boldsymbol{V}_{dj}\boldsymbol{V}_{dj}\tag{13.56}$$

对于充分发展的管流，有

$$(\bar{\tau}+\tau^{T}+\tau^{D})_{rz}=\left\{\sum_{k=1}^{2}\alpha_{k}\overline{\overline{\mu_{k}}}+\alpha_{c}\mu_{c}^{T*}\overline{\overline{\rho_{c}}}(R-r)^{2}\left|\frac{\mathrm{d}j_{z}}{\mathrm{d}r}\right|\right\}\frac{\mathrm{d}j_{z}}{\mathrm{d}r}\tag{13.57}$$

弥散流的混合物动量源项 $\boldsymbol{M}_m$ 可由下式给出

$$\boldsymbol{M}_{m}=\nabla(2\overline{\overline{H_{dc}}}\,\overline{\overline{\sigma}}\alpha_{d})\tag{13.58}$$

对于过渡流动，可以认为

$$\boldsymbol{M}_{m}\approx 0\tag{13.59}$$

能量本构方程

在9.2节中得到了各相的平均传导热流密度，因此有

$$\bar{\boldsymbol{q}}=-\sum_{k=1}^{2}\alpha_{k}\overline{\overline{K_{k}}}\left\{\nabla\overline{\overline{T_{k}}}-\frac{\nabla\alpha_{k}}{\alpha_{k}}(\overline{\overline{T_{i}}}-\overline{\overline{T_{k}}})\right\}\tag{13.60}$$

其中，右侧的第一项是温度梯度所引起的，具有传导传热的标准含义。第二项考虑了界面的影响。通过重新整理这些项，上面的方程可以简化为

$$\bar{\boldsymbol{q}}=-\left(\sum_{k=1}^{2}\alpha_{k}\overline{\overline{K_{k}}}\right)\nabla\overline{\overline{T_{i}}}-\sum_{k=1}^{2}\overline{\overline{K_{k}}}\nabla\left[\alpha_{k}(\overline{\overline{T_{k}}}-\overline{\overline{T_{i}}})\right]\tag{13.61}$$

这种形式的平均导热热流密度表明，混合物温度的概念可以用$\overline{\overline{T_{i}}}$表示，混合物的导热系数用 $\sum_{k=1}^{2}\alpha_{k}\overline{\overline{K_{k}}}$ 表示。方程右边的第二项表示热不平衡的影响。

对于许多实际系统，压降对热力学性质的影响可以忽略不计，正如前面的讨论，弥散相的温度可以由界面温度来近似表示。因此有

$$\nabla\overline{\overline{T_{i}}}\approx 0$$
$$\overline{\overline{T_{d}}}\approx\overline{\overline{T_{i}}}\tag{13.62}$$

热流密度的本构方程变为

$$\bar{\boldsymbol{q}}\doteq-\overline{\overline{K_{c}}}\nabla\left[\alpha_{c}(\overline{\overline{T_{c}}}-\overline{\overline{T_{i}}})\right]\tag{13.63}$$

此外，湍流热流密度模型可以与湍流应力张量一起开发。但是，这里应特别小心，因为混合物的温度至今仍没有很好的定义。考虑到各相湍流能量传递的本构方程式(9.92)，有

$$\boldsymbol{q}^{T}=\sum_{k=1}^{2}\alpha_{k}\boldsymbol{q}_{k}^{T}=-\sum_{k=1}^{2}\alpha_{k}K_{k}^{T}\left\{\nabla\overline{\overline{T_{k}}}-\frac{\nabla\alpha_{k}}{\alpha_{k}}(\overline{\overline{T_{i}}}-\overline{\overline{T_{k}}})\right\}\tag{13.64}$$

式中，K_k^T 由式(9.94)和式(9.95)给出。

对于弥散流，可以使用式(13.62)的近似，则有

$$\bar{\boldsymbol{q}} \doteq -K_c^T \nabla[\alpha_c(\overline{\overline{T_c}} - \overline{\overline{T_i}})] \tag{13.65}$$

根据式(9.94)，得到

$$K_c^{T*} = \frac{K_c^T}{\overline{\overline{\rho_c}} c_{pc} l^2 \sqrt{2\,\mathbb{D}_c : \mathbb{D}_c}} \tag{13.66}$$

因此得到

$$\boldsymbol{q}^T = -K_c^{T*} \overline{\overline{\rho_c}} c_{pc} l^2 \sqrt{2\,\mathbb{D}_c : \mathbb{D}_c}\, \nabla[\alpha_c(\overline{\overline{T_c}} - \overline{\overline{T_i}})] \tag{13.67}$$

这里，无因次系数 K_c^{T*} 对应于热混合长度常数。一般认为它取决于热导率、表面积浓度、平均曲率和空泡份额，如式(9.95)所示。

对于用 $\boldsymbol{\Phi}_m^\mu$、$\boldsymbol{\Phi}_m^\sigma$ 和 $\boldsymbol{\Phi}_m^i$ 表示的项，只注意到，如果分析中必须包括黏性耗散、表面张力和机械能相互作用等所产生的影响，则应使用 3 个本构方程来确定这些项的定义，从式(13.7)、式(13.8)和式(13.9)中可以明显看出，这种本构关系预计会相当复杂。这意味着，如果不能忽略这些影响，则使用热能方程的优势会大幅度降低。

相变本构方程

界面传质的本构方程由式(9.111)给出。此外，还注意到，对于漂移流模型，有必要提供有关相间热状态的信息。其简化形式可以由式(13.47)给出，这对大多数实际问题都可以这样处理。因此，对于弥散流型，有

$$\Gamma_c \doteq b_c^{\Gamma*} \frac{(\overline{\overline{K_c}} + K_c^T) a_i^2}{|\widehat{i_{di}} - \widehat{i_{ci}}|} (\overline{\overline{T_i}} - \overline{\overline{T_c}}) \tag{13.68}$$

其中，无因次系数 $b_c^{\Gamma*}$ 取决于以下组合：

$$b_c^{\Gamma*} = b_c^{\Gamma*}\left(\frac{\overline{\overline{\rho_c}}}{\overline{\overline{\rho_d}}}, N_{Jc}, \frac{\overline{\overline{H_{dc}}}}{a_i}, \alpha_c\right) \tag{13.69}$$

几何本构方程

如果公式中必须明确包含平均曲率 $\overline{\overline{H_{21}}}$ 和表面积浓度的影响，则应给出两个附加的几何本构方程。一般情况下，这些由式(9.137)和式(9.138)给出，但对于弥散两相流，它们可以简化为式(9.213)和式(9.215)。

13.3　漂移流(或混合物)模型公式

13.1 节和 13.2 节讨论了漂移流模型公式的场方程和本构方程的一般情况。需注意混合物质心速度和漂移速度在公式中的重要性。为了强调漂移速度 V_{kj}，考虑了两相间相对运动的影响，可以将本模型称为漂移流模型。

13.3.1 漂移流模型

式(4.91)和式(4.89)分别给出了 V_{ki} 和 V_{km} 的定义,漂移流模型的场方程如下:

式(13.1)的混合物连续性方程

$$\frac{\partial\rho_m}{\partial t}+\nabla\cdot(\rho_m\boldsymbol{v}_m)=0 \tag{13.70}$$

式(13.2)中第二相的连续性方程

$$\frac{\partial\alpha_2\overline{\overline{\rho_2}}}{\partial t}+\nabla\cdot(\alpha_2\overline{\overline{\rho_2}}\boldsymbol{v}_m)=\Gamma_2-\nabla\cdot\left(\alpha_2\frac{\overline{\overline{\rho_1}}\,\overline{\overline{\rho_2}}}{\rho_m}\boldsymbol{V}_{2j}\right) \tag{13.71}$$

式(13.3)的混合物动量方程

$$\frac{\partial\rho_m\boldsymbol{v}_m}{\partial t}+\nabla\cdot(\rho_m\boldsymbol{v}_m\boldsymbol{v}_m)=-\nabla p_m+\nabla\cdot(\overline{\mathcal{T}}+\mathcal{T}^T)$$
$$-\nabla\cdot\left(\frac{\alpha_2}{1-\alpha_2}\frac{\overline{\overline{\rho_1}}\,\overline{\overline{\rho_2}}}{\rho_m}\boldsymbol{V}_{2j}\boldsymbol{V}_{2j}\right)+\rho_m\boldsymbol{g}_m+\boldsymbol{M}_m \tag{13.72}$$

式(13.10)的混合物热能方程

$$\frac{\partial\rho_m i_m}{\partial t}+\nabla\cdot(\rho_m i_m\boldsymbol{v}_m)=-\nabla\cdot(\overline{\boldsymbol{q}}+\boldsymbol{q}^T)+\frac{\alpha_2(\rho_1-\rho_2)}{\rho_m}\boldsymbol{V}_{2j}\cdot\nabla p_m$$
$$-\nabla\cdot\left\{\alpha_2\frac{\overline{\overline{\rho_1}}\,\overline{\overline{\rho_2}}}{\rho_m}\boldsymbol{V}_{2j}(\widehat{i_2}-\widehat{i_1})\right\}+\frac{\mathrm{D}p_m}{\mathrm{D}t}+\boldsymbol{\Phi}_m^{\mu}+\boldsymbol{\Phi}_m^{\sigma}+\boldsymbol{\Phi}_m^{i} \tag{13.73}$$

在这里,根据混合物物性、空泡份额 α_2 和漂移速度 $\boldsymbol{V}_{2j}$ 建立模型。该模型对于弥散两相流最为有效,因为在这种情况下,本构方程可以简化为最为实用的形式,如 13.2 节所述。

应再次强调,漂移流模型对两相流的系统分析非常有用。如果两相运动强耦合,这一点更是这样。由于模型简单,它可以用来进行真实的相似性分析,也可以用来解决许多重要的工程问题。

13.3.2 标度参数

用下标 o 表示参考参数,特征长度标度为 L_o,时间标度取为 L_o 与速度标度的比值。然后定义数量级认为是 1 的无因次参数如下:

$$\rho_m^*=\frac{\rho_m}{\rho_{mo}},\boldsymbol{v}_m^*=\frac{\boldsymbol{v}_m}{v_{mo}},t^*=\frac{t}{\tau_o}=\frac{t}{(L_o/v_{mo})},\nabla^*=L_o\nabla$$

$$\rho_1^*=\frac{\overline{\overline{\rho_1}}}{\rho_{1o}},\rho_2^*=\frac{\overline{\overline{\rho_2}}}{\rho_{2o}},\boldsymbol{V}_{2j}^*=\frac{\boldsymbol{V}_{2j}}{V_{2jo}},\Gamma_2^*=\frac{\Gamma}{\Gamma_{2o}},p_m^*=\frac{p_m}{\rho_{mo}v_{mo}^2}$$

$$i_m^*=\frac{i_m-i_{1o}}{i_{2o}-i_{1o}},\Delta i_{12}^*=\frac{\widehat{i_2}-\widehat{i_1}}{i_{2o}-i_{1o}}$$

$$(\overline{\mathscr{T}}+\mathscr{T}^T)^*=\frac{\overline{\mathscr{T}}+\mathscr{T}^T}{\mu_{mo}v_{mo}/L_o},\boldsymbol{M}_m^*=\frac{\boldsymbol{M}_m}{2H_{21o}\sigma_o/L_o}$$

$$(\overline{\boldsymbol{q}}+\boldsymbol{q}^T)^*=\frac{\overline{\boldsymbol{q}}+\boldsymbol{q}^T}{K_{mo}\Delta T_o/L_o},\boldsymbol{\Phi}_m^{\mu*}=\frac{\boldsymbol{\Phi}_m^{\mu}}{(\mu_{mo}v_{mo}/L_o)(v_{mo}/L_o)}$$

$$\boldsymbol{\Phi}_m^{\sigma*}=\frac{\boldsymbol{\Phi}_m^{\sigma}}{2H_{21o}\sigma_o v_{mo}/L_o},\boldsymbol{\Phi}_m^{i*}=\frac{\boldsymbol{\Phi}_m^{i}}{(\rho_{1o}-\rho_{2o})v_{mo}^2V_{2jo}/L_o} \tag{13.74}$$

将这些新参数代入场方程,得到以下结果:

无因次混合物连续性方程

$$\frac{\partial}{\partial t^*}\rho_m^*+\nabla^*\cdot(\rho_m^*\boldsymbol{v}_m^*)=0 \tag{13.75}$$

相 2 的无因次连续性方程

$$\frac{\partial\alpha_2\rho_2^*}{\partial t^*}+\nabla^*\cdot(\alpha_2\rho_2^*\boldsymbol{v}_m^*)=N_{pch}\Gamma_2^*-N_D\nabla^*\cdot\left(\frac{\alpha_2\rho_1^*\rho_2^*}{\rho_m^*}\boldsymbol{V}_{2j}^*\right) \tag{13.76}$$

混合物的无因次动量方程

$$\frac{\partial\rho_m^*\boldsymbol{v}_m^*}{\partial t^*}+\nabla^*\cdot(\rho_m^*\boldsymbol{v}_m^*\boldsymbol{v}_m^*)=-\nabla^*p_m^*+\frac{1}{N_{Re}}\nabla^*\cdot(\overline{\mathscr{T}}+\mathscr{T}^T)^*-$$

$$N_\rho N_D^2\nabla^*\cdot\left(\frac{\alpha_2}{1-\alpha_2}\frac{\rho_1^*\rho_2^*}{\rho_m^*}\boldsymbol{V}_{2j}^*\boldsymbol{V}_{2j}^*\right)+\frac{1}{N_{Fr}}\rho_m^*\frac{\boldsymbol{g}_m}{|\boldsymbol{g}_m|}+N_\sigma\boldsymbol{M}_m^* \tag{13.77}$$

混合物的无因次热能方程为

$$\frac{\partial\rho_m^*i_m^*}{\partial t^*}+\nabla^*\cdot(\rho_m^*i_m^*\boldsymbol{v}_m^*)=-\frac{1}{N_{Pe}}\nabla^*\cdot(\overline{\boldsymbol{q}}+\boldsymbol{q}^T)^*+$$

$$(1-N_\rho)N_DN_{Ec}\frac{\alpha_2\Delta\rho^*}{\rho_m^*}\boldsymbol{V}_{2j}^*\cdot\nabla^*p_m^*-$$

$$\frac{N_\rho}{(1-\alpha_2)+\alpha_2N_\rho}N_D\nabla^*\cdot\left\{\frac{\alpha_2\rho_1^*\rho_2^*}{\rho_m^*}\boldsymbol{V}_{2j}^*\Delta i_{12}^*\right\}+$$

$$N_{Ec}\left\{\frac{\mathrm{D}p_m^*}{\mathrm{D}t^*}+\frac{1}{N_{Re}}\boldsymbol{\Phi}_m^{\mu*}+N_\sigma\boldsymbol{\Phi}_m^{\sigma*}+(N_\rho-1)N_D\boldsymbol{\Phi}_m^{i*}\right\} \tag{13.78}$$

这里定义

相变数 $N_{pch}\equiv\dfrac{\Gamma_{2o}L_o}{\rho_{2o}v_{mo}}$

漂移数 $N_D\equiv\dfrac{\rho_{1o}V_{2jo}}{\rho_{mo}v_{mo}}$

密度比 $N_\rho\equiv\dfrac{\rho_{2o}}{\rho_{1o}}$

$$\text{雷诺数 } N_{\mathrm{Re}} \equiv \frac{\rho_{\mathrm{mo}} v_{\mathrm{mo}} L_{\mathrm{o}}}{\mu_{\mathrm{mo}}}$$

$$\text{弗劳德数 } N_{\mathrm{Fr}} \equiv \frac{v_{\mathrm{mo}}^2}{|g_{\mathrm{m}}| L_{\mathrm{o}}}$$

$$\text{表面数 } N_{\sigma} \equiv \frac{2H_{21\mathrm{o}} \sigma_{o}}{\rho_{\mathrm{mo}} v_{\mathrm{mo}}^2}$$

$$\text{贝克莱数 } N_{\mathrm{Pe}} \equiv \frac{\rho_{\mathrm{mo}} v_{\mathrm{mo}} \Delta i_{12\mathrm{o}}}{K_{\mathrm{mo}} \Delta T_{\mathrm{o}}}$$

$$\text{埃克特数 } N_{\mathrm{Ec}} \equiv \frac{v_{\mathrm{mo}}^2}{\Delta i_{12\mathrm{o}}} \tag{13.79}$$

注意到这八个无因次组合是基于漂移流模型公式的混合物的标度参数来构建的。这些组合类似于 Ishii(Ishii,1971)的一维两相流模型的组合。但雷诺数和贝克莱数是一个例外,因为对于后一个模型,它们被边界条件中的组合所代替,即摩擦数和斯坦顿数。

标度参数和相似组合之间的区别应该很清楚,它们的意义并不相同。相似组合可以从确定的场方程、边界条件和初始条件中获得。因此,除非对系统和问题有明确的定义,否则不能详细讨论相似准则标度参数。标度参数给出了在场方程中出现的各项的量级,使我们能够做出各种假设和近似。

式(13.79)的前3个组合 N_{pch}、N_{D} 和 N_{ρ} 都是运动学组合。当相变数 N_{pch} 远大于漂移数 N_{D} 时,系统受相变控制。然而,如果 $N_{\mathrm{D}} \gg N_{\mathrm{pch}}$,则系统由相再分布所控制。而 N_{Re}、N_{Fr} 和 N_{σ} 等表示的组合数是动力学组合,它们表示混合物动量方程中的各种力,而贝克莱数和埃克特数是能量组合数。注意到埃克特数 N_{Ec} 的特殊重要性。显然,除高速流动外,N_{Ec} 很小,因此热能方程中的 Φ_{m}^{μ}、$\Phi_{\mathrm{m}}^{\sigma}$ 和 Φ_{m}^{i} 等项可以忽略。正如前面讨论过的,这是一个最重要的近似,极大地简化了传热问题。

式(13.76)、式(13.77)和式(13.78)中,设定了质量、动量和能量的漂移输运不由相同的标度参数加权。由于相间相对运动,相漂移和焓输运具有大致相同量级的 N_{D},因此这两个项应在相同的条件下进行处理。然而,动量漂移是由 $N_{\rho} N_{\mathrm{D}}^2$ 加权的,因此,根据这个标度参数的大小,有可能忽略漂移应力张量而不受其他两个效应的影响。

需要注意,在标度参数中,引入了 μ_{m} 和 K_{m} 所给出的混合物黏度和热导率。只要涉及标度参数,就不必精确定义这些参数,因为只有它们的数量级才是重要的。可以选择 $\overline{\overline{\mu_{\mathrm{k}}}}$ 和 $\overline{\overline{K_{\mathrm{k}}}}$ 较大的黏度和热导率,也可以用 $\sum_{k=1}^{2} \alpha_{\mathrm{ko}} \overline{\overline{\mu_{\mathrm{ko}}}}$ 和 $\sum_{k=1}^{2} \alpha_{\mathrm{ko}} \overline{\overline{K_{\mathrm{ko}}}}$ 来定义,其中 α_{ko} 表示 α_{k} 的参考值,例如取为系统边界处的值。

然而,如果考虑相似组合,则应使用应力张量和热流的精确本构方程。因此,应根据本构方程的形式和变量,选择正确的参考参数。基于数量级分析和上述标度参数,下面将讨论一些重要的特例。

13.3.3　均相流模型

如果漂移数 N_D 远小于相变数 N_{pch},则系统受反应(相变)控制,根据第二相的连续性方程,质量的漂移或扩散可以忽略不计。此外,如果漂移数 N_D 远小于 1,则场方程中的所有漂移项和界面机械能传递效应 $\boldsymbol{\Phi}_m^i$ 都可以忽略。然而,可能不会从公式中忽略掉第二相的连续性方程,因为它考虑了如 Zuber 和 Dougherty(Zuber & Dougherty,1967)在一维模型中所讨论的热不平衡效应。因此,对于一般的均相流模型,有以下 4 个场方程:

$$\frac{\partial\rho_m}{\partial t}+\nabla\cdot(\rho_m\boldsymbol{v}_m)=0$$

$$\frac{\partial\alpha_2\overline{\overline{\rho_2}}}{\partial t}+\nabla\cdot(\alpha_2\overline{\overline{\rho_2}}\boldsymbol{v}_m)=\Gamma_2$$

$$\frac{\partial\rho_m\boldsymbol{v}_m}{\partial t}+\nabla\cdot(\rho_m\boldsymbol{v}_m\boldsymbol{v}_m)=-\nabla p_m+\nabla\cdot(\overline{\mathcal{T}}+\mathcal{T}^T)+\rho_m\boldsymbol{g}_m+\boldsymbol{M}_m$$

$$\frac{\partial\rho_m i_m}{\partial t}+\nabla\cdot(\rho_m i_m\boldsymbol{v}_m)=-\nabla\cdot(\overline{\boldsymbol{q}}+\boldsymbol{q}^T)+\frac{\mathrm{D}p_m}{\mathrm{D}t}+\boldsymbol{\Phi}_m^\mu+\boldsymbol{\Phi}_m^\sigma \tag{13.80}$$

在这种情况下,弥散两相流的力学本构方程可以简化为简单形式。因此,从式(13.50)中得到

$$\overline{\mathcal{T}}=(\alpha_1\overline{\overline{\mu_1}}+\alpha_2\overline{\overline{\mu_2}})[\nabla\boldsymbol{v}_m+(\nabla\boldsymbol{v}_m)^+] \tag{13.81}$$

湍流应力由式(13.52)给出

$$\mathcal{T}^T=2\mu_m^{T*}\rho_m l^2\sqrt{2\,\mathbb{D}_m:\mathbb{D}_m}\,\mathbb{D}_m \tag{13.82}$$

此外,热流密度的本构方程为

$$\overline{\boldsymbol{q}}\doteq-\overline{\overline{K_c}}\nabla[\alpha_c(\overline{\overline{T_c}}-\overline{\overline{T_i}})] \tag{13.83}$$

及

$$\boldsymbol{q}^T=-K_c^{T*}\overline{\overline{\rho_c}}c_{pc}l^2\sqrt{2\,\mathbb{D}_m:\mathbb{D}_m}\,\nabla[\alpha_c(\overline{\overline{T_c}}-\overline{\overline{T_i}})] \tag{13.84}$$

假设弥散相与界面处于热平衡状态,即满足式(13.62)。如果埃克特数 N_{Ec} 和表面数 N_σ 较小,则混合物动量方程中的毛细力 $\boldsymbol{M}_m$、能量方程中的压缩性效应 Dp_m/Dt、耗散项 $\boldsymbol{\Phi}_m^\mu$ 和表面张力效应 $\boldsymbol{\Phi}_m^\sigma$ 都可以忽略。

13.3.4　密度传播模型

对于许多实际所感兴趣的系统,特别是对于没有大的声学相互作用的高减压系统,可以合理地假设各相本质上都是不可压缩的。则有

$$\overline{\overline{\rho_{\mathrm{k}}}} = 常数 \tag{13.85}$$

此外,考虑当相 2 的漂移速度仅为 α_2 的函数时的情况。这是对许多实际流型的有效假设,正如 7.3 节和 13.2 节所讨论的那样。所以有

$$\boldsymbol{V}_{2\mathrm{j}} \approx \boldsymbol{V}_{2\mathrm{j}}(\alpha_2) \tag{13.86}$$

为简单起见,还假设表面数 N_σ 和埃克特数 N_{Ec}很小,即

$$N_\sigma \ll 1 \text{ 及 } N_{\mathrm{Ec}} \ll 1 \tag{13.87}$$

从式(7.31)、式(7.38)、式(13.72)和式(13.73)中得到下列场方程:

$$\begin{gathered}
\nabla\cdot \boldsymbol{j} = \Gamma_2\left(\frac{1}{\overline{\overline{\rho_2}}} - \frac{1}{\overline{\overline{\rho_1}}}\right) \\
\frac{\partial \rho_{\mathrm{m}}}{\partial t} + C_{\mathrm{k}}\cdot\nabla\rho_{\mathrm{m}} = \frac{\rho_{\mathrm{m}}}{\overline{\overline{\rho_1}}\,\overline{\overline{\rho_2}}}\Gamma_2(\overline{\overline{\rho_2}} - \overline{\overline{\rho_1}}) \\
\rho_{\mathrm{m}}\frac{\mathrm{D}\boldsymbol{v}_{\mathrm{m}}}{\mathrm{D}t} = -\nabla p_{\mathrm{m}} + \nabla\cdot(\overline{\mathcal{T}} + \mathcal{T}^T) - \nabla\cdot\left(\frac{\alpha_2}{1-\alpha_2}\frac{\overline{\overline{\rho_1}}\,\overline{\overline{\rho_2}}}{\rho_{\mathrm{m}}}\boldsymbol{V}_{2\mathrm{j}}\boldsymbol{V}_{2\mathrm{j}}\right) + \rho_{\mathrm{m}}\boldsymbol{g}_{\mathrm{m}} \\
\rho_{\mathrm{m}}\frac{\mathrm{D}i_{\mathrm{m}}}{\mathrm{D}t} = -\nabla\cdot(\overline{\boldsymbol{q}} + \boldsymbol{q}^T) - \nabla\cdot\left\{\frac{\alpha_2\overline{\overline{\rho_1}}\,\overline{\overline{\rho_2}}}{\rho_{\mathrm{m}}}\boldsymbol{V}_{2\mathrm{j}}(\widehat{i_2} - \widehat{i_1})\right\}
\end{gathered} \tag{13.88}$$

其中 C_{k} 和 j 分别由下式给出

$$\boldsymbol{C}_{\mathrm{k}} \equiv \boldsymbol{j} + \frac{\partial}{\partial\alpha_2}(\alpha_2\boldsymbol{V}_{2\mathrm{j}}) \tag{13.89}$$

及

$$\boldsymbol{j} = \boldsymbol{v}_{\mathrm{m}} + \frac{\alpha_2(\overline{\overline{\rho_1}} - \overline{\overline{\rho_2}})}{\rho_{\mathrm{m}}}\boldsymbol{V}_{2\mathrm{j}} \tag{13.90}$$

目前的密度波传播模型最适合于弥散(或混合)两相流流型,这时应将第 2 相作为弥散相。则应力的本构方程可由式(13.50)和式(13.54)给出,热流密度则由式(13.63)和式(13.67)给出。

第 14 章　一维漂移流模型

两相流总是涉及一相相对于另一相的相对运动，因此，两相流问题应该用两个速度场来表示。一般的瞬态两相流问题可以用两流体模型或漂移流模型来描述，这取决于两相之间的动态耦合程度。在两流体模型中，每一相都是单独考虑的，因此模型是由两组控制每一相的质量、动量和能量平衡的守恒方程组成的。然而，在公式中引入两个动量方程，如两流体模型，由于数学上的复杂性和不确定性，在确定两相之间的界面相互作用项时会遇到相当大的困难（J. Bouré & Réocreux，1972；J. Delhaye，1968；Ishii，1975；Vernier & Delhaye，1968）。在相动量方程中，由于界面相互作用项选择不当而引起的数值不稳定性很常见。因此，在两流体模型的建立过程中，需要对界面本构方程进行深入研究。例如，有人（Roecreux，1969）建议在某些条件下，相互作用项应包括一阶时间和空间导数。

用漂移流模型建立关于两相流问题的模型公式，可以显著减少与两流体模型相关的这些困难（Zuber，1967）。在漂移流模型中，流体的运动由混合物动量方程表示，相间的相对运动由运动本构方程来考虑。因此，漂移流模型的基本概念是将混合物视为一个整体，而不是分开的两个相。基于混合物平衡方程的漂移流模型比基于各相独立平衡的两流体模型简单。与漂移流模型相关的最重要的假设是，两相的动力学问题可以用混合动量方程来表示，而运动本构方程可以确定相间的相对运动。当两相运动强耦合时，适合采用漂移流模型。

在漂移流模型中，速度场用混合物质心速度和汽相漂移速度来表示，即相对于混合物体心的汽相速度。在漂移流模型中，热力学不平衡效应通过相变本构方程来考虑，该方程确定了单位体积的传质速率。由于界面处的质量和动量传递速率取决于界面结构，这些漂移速度和蒸汽生成的本构方程是流型的函数（Ishii，Chawla，& Zuber，1976；Zuber & Dougherty，1967）。

漂移流模型与更严格的两流体模型相比是一个近似模型。然而，考虑到广泛的两相流问题的实际需要，由于其简单性和适用性，漂移流模型相当重要。通过对局部漂移流模型在截面上平均，所得到的一维漂移流模型，对于涉及流体流动和传热的复杂工程问题特别有用。通过面积平均，场方程可以简化为准一维形式，基本上丢失了垂直于流道主流方向上变量变化的信息。因此，壁面与流体之间的动量和能量传递应采用经验关联式或简化模型来表示。本章中发展了漂移流模型的一维一般性公式，并讨论了实际应用中一些重要的特例。为简单起见，本章公式省略了时间平均的数学符号，Ishii(Ishii,1977)对该模型进行了深入的评述。

14.1 三维漂移流模型的面积平均

采用时间平均或统计平均得到的漂移流模型的三维形式结果总结如下：

式(13.70)的混合物连续性方程

$$\frac{\partial \rho_m}{\partial t} + \nabla \cdot (\rho_m \boldsymbol{v}_m) = 0 \tag{14.1}$$

式(13.71)的离散相的连续性方程

$$\frac{\partial \alpha_d \rho_d}{\partial t} + \nabla \cdot (\alpha_d \rho_d \boldsymbol{v}_m) = \Gamma_d - \nabla \cdot \left(\frac{\alpha_d \rho_d \rho_c}{\rho_m} \boldsymbol{V}_{dj} \right) \tag{14.2}$$

式(13.72)的混合物动量方程

$$\frac{\partial \rho_m \boldsymbol{v}_m}{\partial t} + \nabla \cdot (\rho_m \boldsymbol{v}_m \boldsymbol{v}_m) = - \nabla p_m + \nabla \cdot (\overline{\mathcal{T}} + \mathcal{T}^T) - \nabla \cdot \left(\frac{\alpha_d}{1 - \alpha_d} \frac{\rho_d \rho_c}{\rho_m} \boldsymbol{V}_{dj} \boldsymbol{V}_{dj} \right) + \rho_m \boldsymbol{g} \tag{14.3}$$

式(13.73)的混合物焓-能量方程

$$\frac{\partial \rho_m h_m}{\partial t} + \nabla \cdot (\rho_m h_m \boldsymbol{v}_m) = - \nabla \cdot \left[\overline{\boldsymbol{q}} + \boldsymbol{q}^T + \frac{\alpha_d \rho_d \rho_c}{\rho_m} (h_d - h_c) \boldsymbol{V}_{dj} \right] + \frac{\partial p_m}{\partial t} + \left[\boldsymbol{v}_m + \frac{\alpha_d (\rho_c - \rho_d)}{\rho_m} \boldsymbol{V}_{dj} \right] \cdot \nabla p_m + \boldsymbol{\Phi}_m^\mu \tag{14.4}$$

获得一维漂移流模型的合理方法是将三维漂移流模型在截面上积分，然后在适当的截面 A 上引入面积平均，定义为

$$\langle F \rangle = \frac{1}{A} \int_A F \mathrm{d}A \tag{14.5}$$

空泡份额加权平均值定义为

$$\langle\langle F_k \rangle\rangle = \frac{\langle \alpha_k F_k \rangle}{\langle \alpha_k \rangle} \tag{14.6}$$

在随后的分析中，认为任何截面内的相密度 ρ_d 和 ρ_c 都是均匀的，因此 $\rho_k = \langle\langle \rho_k \rangle\rangle$。对于大多数实际的两相流问题来说，这个假设都是成立的，因为通道内的横向压力梯度相对较小。在参考文献(Ishii,1977)中给出了不采用这个近似的详细分析。在

上述简化假设下,平均混合物密度为

$$\langle\rho_{m}\rangle\equiv\langle\alpha_{d}\rangle\rho_{d}+(1-\langle\alpha_{d}\rangle)\rho_{c}\tag{14.7}$$

k 相加权平均速度的轴向分量为

$$\langle\langle v_{k}\rangle\rangle=\frac{\langle\alpha_{k}v_{k}\rangle}{\langle\alpha_{k}\rangle}=\frac{\langle j_{k}\rangle}{\langle\alpha_{k}\rangle}\tag{14.8}$$

其中速度的标量表达式对应于矢量的轴向分量。则混合物速度的定义为

$$\overline{v_{m}}\equiv\frac{\langle\rho_{m}v_{m}\rangle}{\langle\rho_{m}\rangle}=\frac{\langle\alpha_{d}\rangle\rho_{d}\langle\langle v_{d}\rangle\rangle+(1-\langle\alpha_{d}\rangle)\rho_{c}\langle\langle v_{c}\rangle\rangle}{\langle\rho_{m}\rangle}\tag{14.9}$$

表观速度为

$$\langle j\rangle\equiv\langle j_{d}\rangle+\langle j_{c}\rangle=\langle\alpha_{d}\rangle\langle\langle v_{d}\rangle\rangle+(1-\langle\alpha_{d}\rangle)\langle\langle v_{c}\rangle\rangle\tag{14.10}$$

平均混合物焓也应按密度加权来计算。因此,

$$\overline{h_{m}}\equiv\frac{\langle\rho_{m}h_{m}\rangle}{\langle\rho_{m}\rangle}=\frac{\langle\alpha_{d}\rangle\rho_{d}\langle\langle h_{d}\rangle\rangle+(1-\langle\alpha_{d}\rangle)\rho_{c}\langle\langle h_{c}\rangle\rangle}{\langle\rho_{m}\rangle}\tag{14.11}$$

适当的平均漂移速度定义为

$$\overline{V_{dj}}\equiv\langle\langle v_{d}\rangle\rangle-\langle j\rangle=(1-\langle\alpha_{d}\rangle)(\langle\langle v_{d}\rangle\rangle-\langle\langle v_{c}\rangle\rangle)\tag{14.12}$$

如果测量了各相的体积流量 Q_k 和平均空泡份额$\langle\alpha_d\rangle$,则可以通过实验确定漂移速度。这是因为式(14.12)可以转化为

$$\overline{V_{dj}}=\frac{\langle j_{d}\rangle}{\langle\alpha_{d}\rangle}-(\langle j_{d}\rangle+\langle j_{c}\rangle)\tag{14.13}$$

其中 $<j_k>$ 由 $<j_k>=Q_k/A$ 给出。此外,目前的漂移速度定义也可用于环状流中。在各种速度场的定义下,得到了几个重要的关系,如

$$\begin{cases}\langle\langle v_{d}\rangle\rangle=\overline{v_{m}}+\dfrac{\rho_{c}}{\langle\rho_{m}\rangle}\overline{V_{dj}}\\[2ex]\langle\langle v_{c}\rangle\rangle=\overline{v_{m}}-\dfrac{\langle\alpha_{d}\rangle}{1-\langle\alpha_{d}\rangle}\dfrac{\rho_{d}}{\langle\rho_{m}\rangle}\overline{V_{dj}}\end{cases}\tag{14.14}$$

及

$$\langle j\rangle=\overline{v_{m}}+\frac{\langle\alpha_{d}\rangle(\rho_{c}-\rho_{d})}{\langle\rho_{m}\rangle}\overline{V_{dj}}\tag{14.15}$$

在漂移流公式中,用给定的$\overline{V_{dj}}$本构关系求解$\langle\alpha_d\rangle$和$\overline{v_m}$的问题。因此,式(14.14)可用于在问题求解后得到每个相的速度。

对式(14.1)—式(14.4)进行面积平均,并使用各种平均值,得到

混合物连续性方程

$$\frac{\partial\langle\rho_{m}\rangle}{\partial t}+\frac{\partial}{\partial z}(\langle\rho_{m}\rangle\overline{v_{m}})=0\tag{14.16}$$

弥散相的连续性方程

$$\frac{\partial\langle\alpha_{\mathrm{d}}\rangle\rho_{\mathrm{d}}}{\partial t}+\frac{\partial}{\partial z}\left(\langle\alpha_{\mathrm{d}}\rangle\rho_{\mathrm{d}}\overline{v_{\mathrm{m}}}\right)=\langle\Gamma_{\mathrm{d}}\rangle-\frac{\partial}{\partial z}\left(\frac{\langle\alpha_{\mathrm{d}}\rangle\rho_{\mathrm{d}}\rho_{\mathrm{c}}}{\langle\rho_{\mathrm{m}}\rangle}\overline{V_{\mathrm{dj}}}\right) \tag{14.17}$$

混合物动量方程

$$\frac{\partial\langle\rho_{\mathrm{m}}\rangle\overline{v_{\mathrm{m}}}}{\partial t}+\frac{\partial}{\partial z}\left(\langle\rho_{\mathrm{m}}\rangle\overline{v_{\mathrm{m}}}^{2}\right)=-\frac{\partial\langle p_{\mathrm{m}}\rangle}{\partial z}+\frac{\partial}{\partial z}(\tau_{zz}+\tau_{zz}^{T})-\langle\rho_{\mathrm{m}}\rangle g_{z}-$$

$$\frac{f_{\mathrm{m}}}{2D}\langle\rho_{\mathrm{m}}\rangle\overline{v_{\mathrm{m}}}\left|\overline{v_{\mathrm{m}}}\right|-\frac{\partial}{\partial z}\left[\frac{\langle\alpha_{\mathrm{d}}\rangle\rho_{\mathrm{d}}\rho_{\mathrm{c}}}{\left(1-\langle\alpha_{\mathrm{d}}\rangle\right)\langle\rho_{\mathrm{m}}\rangle}\overline{V_{\mathrm{dj}}}^{2}\right]-\frac{\partial}{\partial z}\sum_{k=1}^{2}\mathrm{COV}(\alpha_{\mathrm{k}}\rho_{\mathrm{k}}v_{\mathrm{k}}v_{\mathrm{k}}) \tag{14.18}$$

混合物焓-能量方程

$$\frac{\partial\langle\rho_{\mathrm{m}}\rangle\overline{h_{\mathrm{m}}}}{\partial t}+\frac{\partial}{\partial z}\left(\langle\rho_{\mathrm{m}}\rangle\overline{h_{\mathrm{m}}}\,\overline{v_{\mathrm{m}}}\right)=-\frac{\partial}{\partial z}(\bar{q}+q^{T})+\frac{q''_{\mathrm{W}}\xi_{\mathrm{h}}}{A}-$$

$$\frac{\partial}{\partial z}\left\{\frac{\langle\alpha_{\mathrm{d}}\rangle\rho_{\mathrm{d}}\rho_{\mathrm{c}}}{\langle\rho_{\mathrm{m}}\rangle}\Delta h_{\mathrm{dc}}\overline{V_{\mathrm{dj}}}\right\}-\frac{\partial}{\partial z}\sum_{k=1}^{2}\mathrm{COV}(\alpha_{\mathrm{k}}\rho_{\mathrm{k}}h_{\mathrm{k}}v_{\mathrm{k}})+\frac{\partial\langle p_{\mathrm{m}}\rangle}{\partial t}+$$

$$\left[\overline{v_{\mathrm{m}}}+\frac{\langle\alpha_{\mathrm{d}}\rangle(\rho_{\mathrm{c}}-\rho_{\mathrm{d}})}{\langle\rho_{\mathrm{m}}\rangle}\overline{V_{\mathrm{dj}}}\right]\frac{\partial\langle p_{\mathrm{m}}\rangle}{\partial z}+\langle\Phi_{\mathrm{m}}^{\mu}\rangle \tag{14.19}$$

$\tau_{zz}+\tau_{zz}^{T}$表示轴向应力张量的法向分量。Δh_{dc}是两相间的焓差，$\Delta h_{\mathrm{dc}}=\langle\langle h_{\mathrm{d}}-h_{\mathrm{c}}\rangle\rangle$。协方差项表示一个乘积的平均值与两个变量的平均值之积之间的差，即 $\mathrm{COV}(\alpha_{\mathrm{k}}\rho_{\mathrm{k}}h_{\mathrm{k}}v_{\mathrm{k}})\equiv\langle\alpha_{\mathrm{k}}\rho_{\mathrm{k}}h_{\mathrm{k}}(v_{\mathrm{k}}-\langle\langle v_{\mathrm{k}}\rangle\rangle)\rangle$；如果 ψ_{k} 或 v_{k} 的截面分布是均匀的，则协方差项降为零。式(14.18)中用$f_{\mathrm{m}}\langle\rho_{\mathrm{m}}\rangle\overline{v_{\mathrm{m}}}\left|\overline{v_{\mathrm{m}}}\right|/2D$ 表示的项是两相摩擦压降。需要注意，由于场方程左侧的对流项是以混合物速度表示的，因此与相间相对运动相关联的质量、动量和能量扩散的影响在漂移流公式中是显式出现的。在模型公式中，这些扩散效应是用弥散相的漂移速度 V_{dj}表示的，可用函数形式表示为

$$\overline{V_{\mathrm{dj}}}=\overline{V_{\mathrm{dj}}}(\langle v_{\mathrm{d}}\rangle,\langle p_{\mathrm{m}}\rangle,g_{z},\overline{v_{\mathrm{m}}}\,\text{等}) \tag{14.20}$$

为了考虑界面间的传质，还应给出 Γ_{d} 的本构方程。这种相变本构方程可以用函数形式写成

$$\langle\Gamma_{\mathrm{d}}\rangle=\langle\Gamma_{\mathrm{d}}\rangle\left(\langle\alpha_{\mathrm{d}}\rangle,\langle p_{\mathrm{m}}\rangle,\overline{v_{\mathrm{m}}},\frac{\partial\langle p_{\mathrm{m}}\rangle}{\partial t}\,\text{等}\right) \tag{14.21}$$

上述公式可推广到如环状流等非弥散两相流，只要给出一个相漂移速度的本构关系即可。

14.2　一维漂移速度

14.2.1　弥散两相流

为了得到一维漂移流模型的运动本构方程,必须求出通道断面上的局部漂移速度。在 13.2 节中,建立了受限通道中局部漂移速度 V_{dj} 的本构关系。现在将其与由式(14.12)定义的平均漂移速度 $\overline{V_{dj}}$ 联系起来。

从式(14.6)和式(14.12)中,有

$$\overline{V_{dj}} \equiv \left\langle \frac{\alpha_d \langle j + V_{dj} \rangle}{\langle \alpha_d \rangle} - j \right\rangle = \langle\langle v_{dj} \rangle\rangle + (C_0 - 1)\langle j \rangle \tag{14.22}$$

其中

$$\langle\langle v_{dj} \rangle\rangle \equiv \frac{\langle \alpha_d V_{dj} \rangle}{\langle \alpha_d \rangle} \tag{14.23}$$

及

$$C_0 \equiv \frac{\langle \alpha_d j \rangle}{\langle \alpha_d \rangle \langle j \rangle} \tag{14.24}$$

式(14.22)右侧的第二项是浓度分布和表观速度分布之间的协方差,因此也可以表示为 $\mathrm{COV}(\alpha_d j)/<\alpha_d>$。有学者(Neal,1963;Nicklin et al.,1962;Zuber & Findlay,1965)在泡状流或弹状流中使用了系数 C_0,并将其称为分布参数。Bankoff(Bankoff,1960)在其早期工作中也使用了这个参数的倒数。从物理学上讲,这种效应是由于弥散相以相对于局部表观速度 j 而不是基于平均表观速度 $<j>$ 的漂移速度 V_{dj} 进行的局部输运。例如,如果弥散相更集中在较高的通量区域,则较高的局部 j 值将使弥散相的平均输运值提高。

C_0 可以根据空泡份额 α_d 和总表观速度 j 的假定断面分布(Zuber & Findlay,1965)或实验数据(Zuber,Staub,Bijwaard,& Kroeger,1967)来确定。假定 j 和 α_d 为幂次律分布,得到

$$\begin{cases} \dfrac{j}{j_0} = 1 - \left(\dfrac{r}{R_W}\right)^m \\[2ex] \dfrac{\alpha_d - \alpha_{dW}}{\alpha_{d0} - \alpha_{dW}} = 1 - \left(\dfrac{r}{R_W}\right)^n \end{cases} \tag{14.25}$$

式中,j_0、α_{d0}、α_{dW}、r 和 R_W 分别为中心的 j 和 α 值、壁面上的空泡份额、径向距离和管道半径。通过将这些分布代入式(14.24)给出的 C_0 定义,得到

$$C_0 = 1 + \frac{2}{m + n + 2}\left(1 - \frac{\alpha_{dW}}{\langle \alpha_d \rangle}\right) \tag{14.26}$$

文献(Zuber et al. ,1967)进一步讨论了基于上述假设断面分布的分布参数。

则式(14.22)可以转换为

$$\langle\langle v_d \rangle\rangle = \frac{\langle j_d \rangle}{\langle \alpha_d \rangle} = C_0 \langle j \rangle + \langle\langle v_{dj} \rangle\rangle \tag{14.27}$$

式中,$\langle\langle v_d \rangle\rangle$和$\langle j \rangle$是实验中很容易获得的参数,特别是在绝热条件下更容易。因此,该方程给出了平均速度$\langle\langle v_d \rangle\rangle$与平均表观速度$\langle j \rangle$的关系图。如果浓度分布在整个通道上是均匀的,则分布参数的值等于 1。如果局部漂移速度$\langle\langle v_{dj} \rangle\rangle$的影响很小,则流动基本上是均相的。在这种情况下,平均速度和通量之间的关系以 45°的角度简化为一条穿过原点的直线。实验数据与均相流线的偏差显示了弥散相相对于混合物体心的漂移量。

这种曲线图的一个重要特征是,对于空泡份额和速度断面分布充分发展的两相流流型,数据点围绕一条直线(图 14.1—图 14.3),当局部漂移速度恒定或很小时,这种趋势尤其如此。因此,对于给定的流型,分布参数 C_0 的值可以从这些线的斜率获得,而这条线与平均速度轴的截距可以认为是加权平均局部漂移速度$\langle\langle v_{dj} \rangle\rangle$。Zuber 等的深入研究(Zuber et al. ,1967)表明,C_0 取决于压力、通道几何形状,或许还取决于流速。Hancox 和 Nicoll(Hancox & Nicoll,1972)也注意到过冷沸腾和未充分发展的空泡份额分布对分布参数的重要影响。本书在 Ishii(Ishii,1977)研究的基础上,给出了泡状流区分布参数的简单关联式。首先,考虑充分发展的泡状流,假设 C_0 取决于密度比 ρ_g/ρ_f,和基于液体性质的雷诺数 GD/μ_f,其中 G、D 和 μ_f 分别是总质量流速、水力直径和液体的黏度。因此,

$$C_0 = C_0\left(\frac{\rho_g}{\rho_f}, \frac{GD}{\mu_f}\right) \tag{14.28}$$

单相湍流流动分布和最大速度与平均速度之比在 $\alpha_d \to 0$ 和 $\rho_g/\rho_f \to 0$ 下给出了 C_0 的理论限值。因为在这种情况下,所有气泡都应集中在中心区域。Nukuradse (1932)的圆管实验数据给出了最大速度与平均速度的比率,在 $\alpha_d \to 0$ 和 $\rho_g/\rho_f \to 0$ 时有

$$C_\infty = \lim \frac{\langle \alpha_d j \rangle}{\langle \alpha_d \rangle \langle j \rangle} = \frac{\langle \alpha_d \rangle j_0}{\langle \alpha_d \rangle \langle j \rangle} = 1.393 - 0.0155 \ln\left(\frac{GD}{\mu_f}\right) \tag{14.29}$$

此外,随着密度比趋于 1,分布参数 C_0 也应趋于 1。因此,

$$C_0 \to 1 \tag{14.30}$$

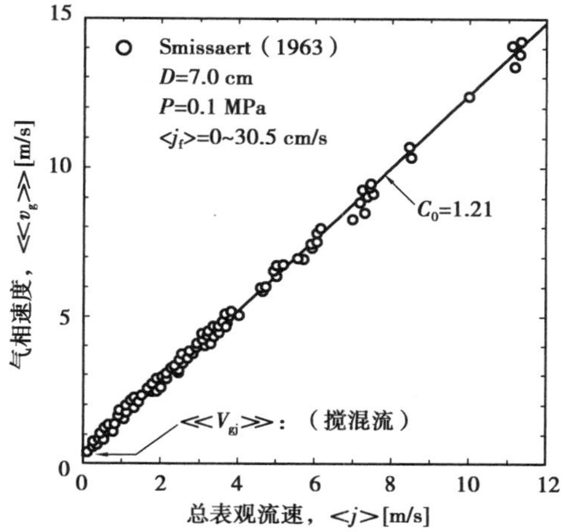

图 14.1　充分发展的空气-水流动数据(Ishii,1977)

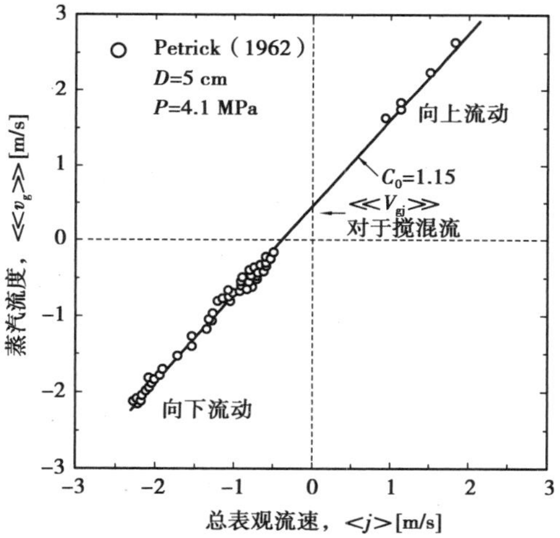

图 14.2　蒸汽-水系统同向向上流动和同向向下流动的实验数据(Ishii,1977)

如果 $\rho_g/\rho_f \to 1$。基于这些极限和在充分发展流动中的各种实验数据,可以近似地给出分布参数为

$$C_0 = C_\infty - (C_\infty - 1)\sqrt{\rho_g/\rho_f} \tag{14.31}$$

其中密度组合标度了横向空泡份额分布中各相的惯性效应。在物理上,式(14.31)模化了较轻相迁移到较高速度区域的趋势,从而导致中心区域较高的空泡份额(Bankoff,1960)。对于层流,C_∞ 为 2,但由于速度梯度较大,在低空泡份额下 C_0 对 $\langle \alpha_d \rangle$ 非常敏感。

对于圆管内的流动,在较宽的雷诺数 GD/μ_f 范围内,式(14.29)可近似为 $C_\infty \approx 1.2$。此外,对于矩形通道,实验结果表明该值约为 1.35。因此,对于充分发展的湍

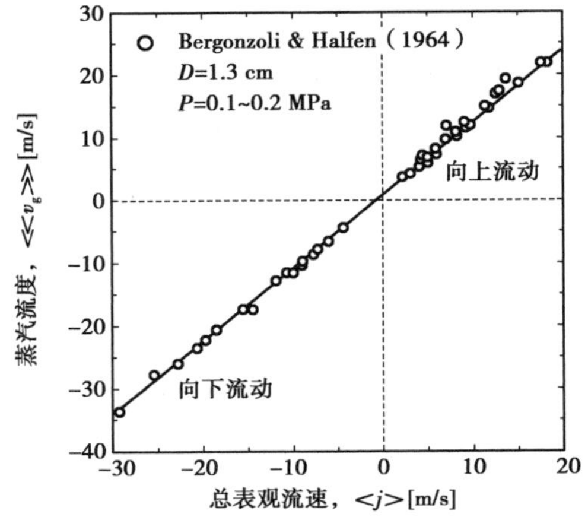

图 14.3 Santowax-R 加热系统向向上流动和同向向下流动的实验数据(Ishii,1977)

流泡状流

$$C_0 \cong \begin{cases} 1.2 - 0.2\sqrt{\rho_g/\rho_f} & \text{圆管} \\ 1.35 - 0.35\sqrt{\rho_g/\rho_f} & \text{矩形通道} \end{cases} \tag{14.32}$$

图 14.4 和图 14.5 将上述关联式与各种实验数据进行了比较。图中的每个点代表 5 ~ 150 个数据点。例如,图 14.1 所示的 Smissaert(Smissaert,1963)的原始实验数据由图 14.4 中的一个图表示。图 14.1 中的每个点可用于通过使用平均局部漂移速度 $\langle\langle v_{dj}\rangle\rangle$ 的现有关联式来获得对应的 C_0 值。然而,考虑到弥散相平均速度与总通量之间的强线性关系,在图 14.4 和图 14.5 中使用了通过线性拟合获得的 C_0 的平均值。

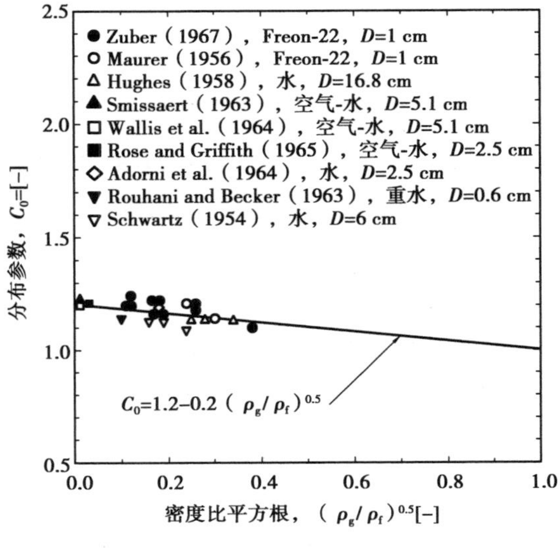

图 14.4 圆管内充分发展流动的分布参数(Ishii,1977)

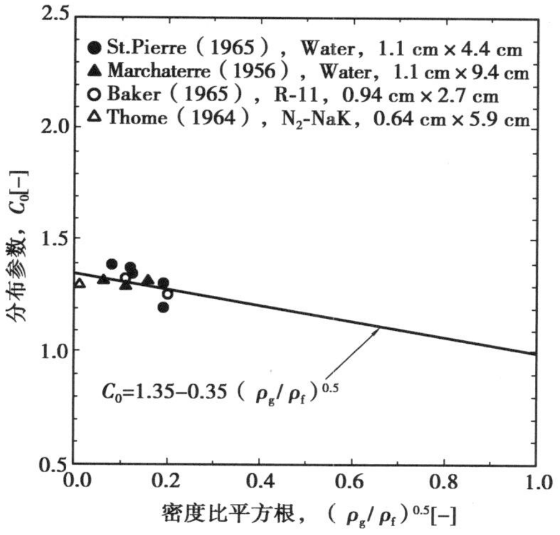

图 14.5　矩形通道中充分发展流动的分布参数(Ishii,1977)

在速度通量平面(图 14.2、图 14.3),可以很容易识别出 3 种工作模式。在第一象限中,流动基本上是向上的并流,因此液相和汽相都向上流动。在第二象限,汽相向上运动,然而混合物却有一个净的向下流动。因此,流动是逆流的。同向向下流动应出现在速度流平面的第三象限,如图 14.2 和图 14.3 所示。这些数据表明,式(14.27)所描述的基本特性对顺流向上和向下流动,其分布参数 C_0 值相同。这些事实表明用平均局部漂移速度$\langle\langle v_{dj}\rangle\rangle$和 C_0 来关联漂移速度的有效性。

在有热量输入的两相流中,空泡分布的形状会发生由凹向凸的变化。气泡在壁面的核化,以及向通道中心的横向迁移延迟是导致通道空泡份额分布凹下的主要原因。在这些条件下,大多数气泡最初位于核化壁面附近,即使在绝热流动中,小气泡也倾向于在低空泡份额下积聚在壁面附近。在过冷沸腾区,壁峰型分布特别明显,因为这时只有壁面的热边界层才被加热到饱和温度以上。主流液芯过冷的温度分布将导致向核心区迁移的气泡溃灭,并导致潜热从壁面向过冷液体的传输。通过多孔壁面向流动液体中注入气体也可以获得类似的壁峰型空泡分布(Rose & Griffith,1965)。

当气泡集中在壁面附近区域时,由于大部分液体以较高的主流速度运动,蒸汽的平均速度可能小于液体的平均速度。然而,随着越来越多的蒸汽沿通道产生,空泡份额分布由凹向凸变化,并逐渐充分发展。对于由于核化或气体注入而在壁面产生气泡的流动,分布参数 C_0 应在两相流区开始处接近于零。这也可以从式(14.24)中的 C_0 定义中看出。因此有

$$\lim_{\langle\alpha_d\rangle\to 0} C_0 = \lim \frac{\langle\alpha_d j\rangle}{\langle\alpha_d\rangle\langle j\rangle} = \frac{\langle\alpha_d\rangle j_W}{\langle\alpha_d\rangle\langle j\rangle} = 0 \quad 当\ \Gamma_g > 0 \qquad (14.33)$$

随着截面平均空泡份额的增加，局部空泡份额峰值由近壁区向中心区移动。随着空泡份额分布的发展，这将导致 C_0 值的增加。

鉴于上述基本特征和各种实验数据（Maurer，1956；Zuber et al.，1967）；（Marchaterre，1956；St Pierre，1965），提出以下简单关联式（Ishii，1977）。

$$C_0 = \left[C_\infty - (C_\infty - 1)\sqrt{\rho_g/\rho_f}\right](1 - e^{-18\langle\alpha_d\rangle}) \tag{14.34}$$

该式表明在 $0 < \langle\alpha_d\rangle < 0.25$ 时，形成显著的非充分发展的空泡份额分布；在该区域之外，C_0 值迅速接近充分发展流动的值（图 14.6）因此，对于 $\Gamma_g > 0$，得到

$$C_0 = \begin{cases}(1.2 - 0.2\sqrt{\rho_g/\rho_f})(1 - e^{-18\langle\alpha_d\rangle}) & \text{圆管} \\ (1.35 - 0.35\sqrt{\rho_g/\rho_f})(1 - e^{-18\langle\alpha_d\rangle}) & \text{矩形通道}\end{cases} \tag{14.35}$$

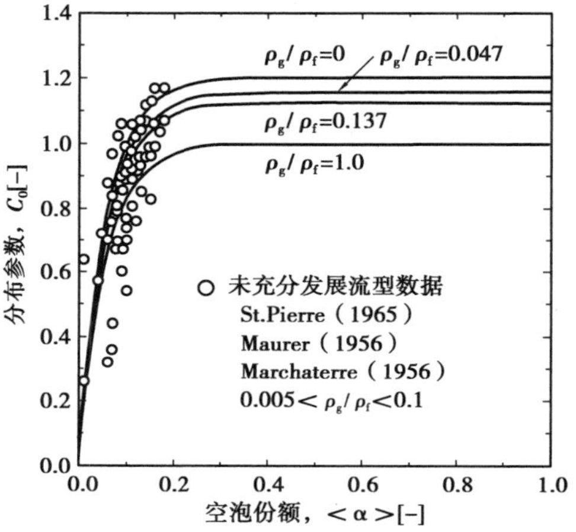

图 14.6　未充分发展沸腾流动中的分布参数（对矩形通道的数据用 1.2/1.35 的系数进行了修正，以获得圆管的相应数据）（Ishii，1977）

对于湍流状态下的大多数液滴或颗粒流动，由于湍流混合和壁面附近的颗粒滑移，表观速度分布是相当平坦的，这增加了表观速度。弥散相的浓度分布也趋于均匀，但在流动核心附近有微弱的峰值。由于 j 和 α_d 的这些分布特性，分布参数 C_0 的值预计接近于 1（$1.0 \leqslant C_0 \leqslant 1.1$）。因此，对于液滴或颗粒流，其协方差项很小，是可以忽略的，因此有

$$\overline{V_{dj}} \cong \langle\langle V_{dj}\rangle\rangle \tag{14.36}$$

在这种情况下，当地滑移就变得很重要。

基于局部本构方程的 $\langle\langle V_{dj}\rangle\rangle$ 的计算是对式（14.23）进行积分变换；因此，它需要有关空泡截面分布的附加信息（Ishii，1976）。一般情况下，这个分布特性是不知道的，因此作出以下简化近似。如果用平均值代替局部空泡份额 α_d 和应力梯度的无因次差，则可使用与参考文献（Ishii，1976）中给出的局部本构关系相同的表达式来

预测由局部滑移引起的平均漂移速度$\langle\langle V_{dj}\rangle\rangle$。这些近似对于具有相对平坦的空泡份额分布的流动是合理的；而且从一维模型的整体简单性来看，这些假设也是可以接受的。

对于充分发展的竖直流动，流体和弥散相的应力分布应是相似的，因此可以忽略剪切梯度对平均局部漂移速度的影响。在这些条件下，有以下的结果。

无扭曲颗粒流型

$$\overline{V_{dj}} = (C_0 - 1)\langle j\rangle + \frac{10.8\mu_c}{\rho_c r_d}\frac{\mu_c}{\langle\mu_m\rangle}\Big(1 - \langle\alpha_d\rangle\Big)^2 \times \frac{\psi^{\frac{4}{3}}(1+\psi)}{1+\psi\left[\frac{\mu_c}{\langle\mu_m\rangle}(1-\langle\alpha_d\rangle)^{0.5}\right]^{\frac{6}{7}}}\frac{\rho_c - \rho_d}{\Delta\rho} \tag{14.37}$$

其中，当$r_d^* < 34.65$时，$\psi(r_d^*) = 0.55\left[(1+0.08r_d^{*3})^{\frac{4}{7}} - 1\right]^{0.75}$；当$r_d^* \geqslant 34.65$时，$\psi(r_d^*) = 17.67$。无扭曲颗粒区的极限情况是 Stokes 区，其中平均漂移速度简化为

$$\overline{V_{dj}} = (C_0 - 1)\langle j\rangle + \frac{2}{9}r_d^2\frac{g\Delta\rho}{\mu_c}\Big(1 - \langle\alpha_d\rangle\Big)^2\frac{\mu_c}{\langle\mu_m\rangle}\frac{\rho_c - \rho_d}{\Delta\rho} \tag{14.38}$$

扭曲颗粒流型（$1.75 \leqslant n \leqslant 2.25$）

$$\overline{V_{dj}} = (C_0 - 1)\langle j\rangle + \sqrt{2}\left(\frac{\sigma g\Delta\rho}{\rho_c^2}\right)^{\frac{1}{4}}(1 - \langle\alpha_d\rangle)^n\frac{\rho_c - \rho_d}{\Delta\rho} \tag{14.39}$$

这里的 n 值与黏度有关

$$\begin{aligned} n &= 1.75; \quad \mu_d \ll \mu_c \\ n &= 2; \quad \mu_d \cong \mu_c \\ n &= 2.25; \quad \mu_d \gg \mu_c \end{aligned} \tag{14.40}$$

搅混流流型

$$\overline{V_{dj}} = (C_0 - 1)\langle j\rangle + \sqrt{2}\left(\frac{\sigma g\Delta\rho}{\rho_c^2}\right)^{\frac{1}{4}}\frac{\rho_c - \rho_d}{\Delta\rho} \tag{14.41}$$

混合物黏度由下式给出（Ishii，1976）

$$\frac{\langle\mu_m\rangle}{\mu_c} = \left(1 - \frac{\langle\alpha_d\rangle}{\alpha_{dm}}\right)^{-2.5\alpha_{dm}\frac{\mu_d+0.4\mu_c}{\mu_d+\mu_c}} \tag{14.42}$$

推荐固体颗粒-流体系统的最大包络值为$\alpha_{dm} = 0.62$，尽管它的范围可以为$0.5 \sim 0.74$。泡状流的α_{dm}理论值可以很高，如果考虑到对泡状流中空泡份额的关注范围，α_{dm}可以接近于$\alpha_{dm} = 1$。因此，对于泡状流，混合物黏度变为

$$\frac{\langle \mu_m \rangle}{\mu_c} = \frac{1}{1 - \langle \alpha_d \rangle} \tag{14.43}$$

然而，对于低颗粒密度的颗粒流动，即$\langle \alpha_d \rangle \ll 1$，$\langle \mu_m \rangle$可近似为

$$\frac{\langle \mu_m \rangle}{\mu_c} = \left(1 - \langle \alpha_d \rangle\right)^{-2.6} \tag{14.44}$$

在水平流动中弥散相完全悬浮在流动中的情况下，使颗粒悬浮的横向混合可显著影响各相的应力梯度，因此，应力梯度效应不可忽视。但鉴于现有的技术水平，通常假设$\langle\langle v_{dj} \rangle\rangle \cong 0$可以用作一阶近似，特别是在高质量流速的流动中。正如本章末尾所解释的，实际的局部漂移速度也取决于摩擦所产生的压力梯度，因此，从严格意义上讲，即使在水平流动中，它也不是零。

对于高质量流速的流动，与协方差项$(C_0 - 1)/ \langle j \rangle$相比，局部漂移速度$\langle\langle v_{dj} \rangle\rangle$对平均漂移速度的影响较小。因此，忽略前者后就有

$$\overline{V_{dj}} = \frac{(C_0 - 1)\langle \rho_m \rangle \overline{v_m}}{\langle \rho_m \rangle - (C_0 - 1)\langle \alpha_d \rangle (\rho_c - \rho_d)} \tag{14.45}$$

对于泡状流，上面的方程对适用的空泡份额范围施加了一个条件；因此，应该有$\langle \rho_m \rangle > (C_0 - 1)\langle \alpha_d \rangle (\rho_d - \rho_c)$。在这里，通过取总表观速度与终端速度之比，可以得到一个简单的高低流量界限的判据。如果该比值大于10，则该流量可视为高质量流量。

受限通道中弥散两相流的另一个极限情况是弹状流。当气泡体积非常大时，气泡的形状会明显变形以适应通道的几何结构。气泡的直径近似于具有薄液膜将气泡与壁面分离的管子直径。气泡的头部形状为帽状。这些气泡在无黏流体中的运动可以用绕球体的势流分析（Dumitrescu，1943）来研究，其结果与实验数据相吻合。因此，

$$\overline{V_{dj}} = 0.2\langle j \rangle + 0.35\left(\frac{gD\Delta\rho}{\rho_c}\right)^{\frac{1}{2}} \tag{14.46}$$

该式最初是由 Nicklin 等（Nicklin et al.，1962）和 Neal（Neal，1963）所提出的。

14.2.2 环状流

在环状流中，相间的相对运动受界面几何结构、体积力和界面动量传递的控制。考虑两相流的宏观效应，建立了环状流蒸汽漂移速度的本构方程（Ishii，1976）。假设稳态绝热环状流的单相物性恒定，各相的一维动量方程为：

$$-\left(\frac{dp_m}{dz} + \rho_g g_z\right) = \frac{\tau_i P_i}{\langle \alpha_g \rangle A} \tag{14.47}$$

及

$$-\left(\frac{\mathrm{d}p_{\mathrm{m}}}{\mathrm{d}z}+\rho_{\mathrm{f}}g_{z}\right)=\frac{\tau_{\mathrm{wf}}P_{\mathrm{wf}}}{\left(1-\langle\alpha_{\mathrm{g}}\rangle\right)A}-\frac{\tau_{\mathrm{i}}P_{\mathrm{i}}}{\left(1-\langle\alpha_{\mathrm{g}}\rangle\right)A} \tag{14.48}$$

式中，τ_{i}、τ_{wf}、P_{i} 和 P_{wf}分别为界面切应力，壁面切应力，界面湿周，壁面湿周。水力当量直径和湿周比分别定义为 $D\equiv4A/P_{\mathrm{wf}}$及 $\boldsymbol{\xi}\equiv P_{\mathrm{i}}/P_{\mathrm{wf}}$。假定液膜厚度 δ 与直径 D 相比很小，则有 $4\delta/D\cong1-\langle\alpha_{\mathrm{g}}\rangle$。此外，对于管内的环状流，$\boldsymbol{\xi}$ 简化为$\sqrt{\alpha_{\mathrm{g}}}$。

壁面剪切力可用带重力修正的摩擦系数表达，即 $\tau_{\mathrm{wf}}=f_{\mathrm{wf}}\rho_{\mathrm{f}}\langle\langle v_{\mathrm{f}}\rangle\rangle|\langle\langle v_{\mathrm{f}}\rangle\rangle|/2-\Delta\rho g_{z}\delta/3$，其中$f_{\mathrm{wf}}$（范宁摩擦系数）可用标准摩擦系数关联式给出：层流液膜，$f_{\mathrm{wf}}=16\mathrm{Re}_{\mathrm{f}}$；湍流液膜，$f_{\mathrm{wf}}=0.079\ 1\mathrm{Re}_{\mathrm{f}}^{-0.25}$。这里的液膜雷诺数为 $\mathrm{Re}_{\mathrm{f}}=\rho_{\mathrm{f}}|\langle j_{\mathrm{f}}\rangle|D/\mu_{\mathrm{f}}$。与之类似，对于粗糙的波纹液薄，界面剪切为 $\tau_{\mathrm{i}}=f_{\mathrm{i}}\rho_{\mathrm{g}}|\overline{v_{\mathrm{r}}}|\overline{v_{\mathrm{r}}}/2$，界面摩擦系数为 $f_{\mathrm{i}}=0.005\left[1+75\left(1-\langle\alpha_{\mathrm{g}}\rangle\right)\right]$（Graham B. Wallis，1969）。

根据定义，蒸汽漂移速度与 v_{r} 有关，即$\overline{V_{\mathrm{gj}}}=(1-\langle\alpha_{\mathrm{g}}\rangle)\overline{v_{\mathrm{r}}}$。因此，从动量方程中消掉压力梯度，对于层流液膜有

$$\overline{V_{\mathrm{gj}}}=\pm\left[\frac{16\langle\alpha_{\mathrm{g}}\rangle}{\rho_{\mathrm{g}}f_{\mathrm{i}}\boldsymbol{\xi}}\left|\frac{\mu_{\mathrm{f}}\langle j_{\mathrm{f}}\rangle}{D}+\frac{\Delta\rho g_{z}D(1-\langle\alpha_{\mathrm{g}}\rangle)^{3}}{48}\right|\right]^{\frac{1}{2}} \tag{14.49}$$

对于湍流液膜有

$$\overline{V_{\mathrm{gj}}}=\pm\left[\frac{\langle\alpha_{\mathrm{g}}\rangle\left(1-\langle\alpha_{\mathrm{g}}\rangle\right)^{3}D}{\rho_{\mathrm{g}}f_{\mathrm{i}}\boldsymbol{\xi}}\left|\frac{0.005\rho_{\mathrm{f}}\langle j_{\mathrm{f}}\rangle|\langle j_{\mathrm{f}}\rangle|}{D\left(1-\langle\alpha_{\mathrm{g}}\rangle\right)^{3}}+\frac{1}{3}\Delta\rho g_{z}\right|\right]^{\frac{1}{2}} \tag{14.50}$$

该式中，当绝对值符号内的项为负时，取负根。用式（14.49）和式（14.50）的漂移速度分析稳态绝热或热平衡流动很方便，因为在这些情况下，$\langle j_{\mathrm{f}}\rangle$的值很容易得到。

在一般的漂移流模型公式中，$\overline{V_{\mathrm{gj}}}$应该用混合物速度$\overline{v_{\mathrm{m}}}$而不是 $<j_{\mathrm{f}}>$ 来表示。根据定义，有

$$\langle j_{\mathrm{f}}\rangle=\left(1-\langle\alpha_{\mathrm{g}}\rangle\right)\overline{v_{\mathrm{m}}}-\frac{\langle\alpha_{\mathrm{g}}\rangle\rho_{\mathrm{g}}}{\langle\rho_{\mathrm{m}}\rangle}\overline{V_{\mathrm{gj}}} \tag{14.51}$$

将式（14.51）代入式（14.49），对层流液膜得到

$$\overline{V_{\mathrm{gj}}}=\pm\frac{8\mu_{\mathrm{f}}\langle\alpha_{\mathrm{g}}\rangle^{2}}{\langle\rho_{\mathrm{m}}\rangle Df_{\mathrm{i}}\boldsymbol{\xi}}\left[-1+\left\{1+\frac{f_{\mathrm{i}}D\langle\rho_{\mathrm{m}}\rangle^{2}\left(1-\langle\alpha_{\mathrm{g}}\rangle\right)\boldsymbol{\xi}}{4\mu_{\mathrm{f}}\langle\alpha_{\mathrm{g}}\rangle^{3}\rho_{\mathrm{g}}}\times\left|\overline{v_{\mathrm{m}}}+\frac{\Delta\rho g_{z}D^{2}\left(1-\langle\alpha_{\mathrm{g}}\rangle\right)^{2}}{48\mu_{\mathrm{f}}}\right|\right\}^{\frac{1}{2}}\right] \tag{14.52}$$

对层流液膜，在下式范围内有效

$$\frac{\left(1-\langle\alpha_g\rangle\right)\langle\rho_m\rangle\overline{v_m}-\langle\rho_m\rangle\langle j_f\rangle_{tr}}{\langle\alpha_g\rangle\rho_g}\leqslant\overline{V_{gj}}\leqslant\frac{\left(1-\langle\alpha_g\rangle\right)\langle\rho_m\rangle\overline{v_m}+\langle\rho_m\rangle\langle j_f\rangle_{tr}}{\langle\alpha_g\rangle\rho_g}\tag{14.53}$$

层湍转变的表观速度定义为$\langle j_f\rangle_{tr}=3\ 200\mu_f/\rho_f D$。当式(14.52)的绝对值符号内的项变为负值时,则适用负根。很容易表明,对于$\overline{V_{gj}}\leqslant\frac{\left(1-\langle\alpha_g\rangle\right)\langle\rho_m\rangle\overline{v_m}}{\left(\langle\alpha_g\rangle\rho_g\right)}$的情况,为同向向上流动,而对于大于上述极限的$\overline{V_{gj}}$,液体流动是向下的。对于湍流液膜流动的情况,其解要复杂一些。为了方便起见,引入以下参数

$$\begin{cases}a\equiv\dfrac{f_i\xi\rho_g}{0.005\langle\alpha_g\rangle\rho_f\left(1-\langle\alpha_g\rangle\right)^2}\\ b\equiv\dfrac{\langle\alpha_g\rangle\rho_g}{\langle\rho_m\rangle\left(1-\langle\alpha_g\rangle\right)}\\ c\equiv\dfrac{\Delta\rho g_z D\left(1-\langle\alpha_g\rangle\right)}{0.015\rho_f}\end{cases}\tag{14.54}$$

然后,对于向上的液体流动,有

$$\overline{V_{gj}}=\begin{cases}\dfrac{-b\overline{v_m}+\left[a\overline{v_m}^2+(a-b^2)c\right]^{\frac{1}{2}}}{(a-b^2)} & 若\ a-b^2\neq0\\ \dfrac{\overline{v_m}^2+c}{2b\overline{v_m}} & 若\ a-b^2=0\end{cases}\tag{14.55}$$

在$\overline{v_m}\geqslant\sqrt{cb^2/a}$条件下适用。然而,在由$-\sqrt{c}\leqslant\overline{v_m}\leqslant\sqrt{cb^2/a}$给出的过渡区内,当液膜向下流动,液膜上的界面剪切力向上时,蒸汽漂移速度变为

$$\overline{V_{gj}}=\frac{b\overline{v_m}+\left[-a\overline{v_m}^2+(a+b^2)c\right]^{\frac{1}{2}}}{a+b^2}\tag{14.56}$$

当$\overline{v_m}\leqslant-\sqrt{c}$时,

$$\overline{V_{gj}}=\frac{-b\overline{v_m}-\left[a\overline{v_m}^2-(a-b^2)c\right]^{\frac{1}{2}}}{(a-b^2)}\tag{14.57}$$

该式对同向向下流动适用。

只有在满足以下湍流准则时,才能使用上述解。

$$\begin{cases} \overline{V_{gj}} \leqslant \dfrac{\left(1-\langle\alpha_g\rangle\right)\langle\rho_m\rangle\overline{v_m}-\langle\rho_m\rangle\langle j_f\rangle_{tr}}{\langle\alpha_g\rangle\rho_g} \\ \overline{V_{gj}} \geqslant \dfrac{\left(1-\langle\alpha_g\rangle\right)\langle\rho_m\rangle\overline{v_m}+\langle\rho_m\rangle\langle j_f\rangle_{tr}}{\langle\alpha_g\rangle\rho_g} \end{cases} \tag{14.58}$$

对于湍流液膜，这些结果并不是很简单的形式。然而，如果混合物速度的绝对值大，使得流动基本上是同向流动的，重力效应小，这时湍流解可以用下面的简单形式来近似。

$$\overline{V_{gj}} = \frac{\left(1-\langle\alpha_g\rangle\right)\overline{v_m}}{\dfrac{\langle\alpha_g\rangle\rho_g}{\langle\rho_m\rangle}+\left\{\dfrac{\xi\rho_g\left[1+75\left(1-\langle\alpha_g\rangle\right)\right]}{\langle\alpha_g\rangle\rho_f}\right\}^{\frac{1}{2}}} \tag{14.59}$$

在平均液体速度远小于蒸汽速度的简化假设下，可将漂移速度方程(14.59)转换为滑速比 v_g/v_f。则有

$$\frac{\langle\langle v_g\rangle\rangle}{\langle\langle v_f\rangle\rangle} = \sqrt{\frac{\rho_f}{\rho_g}}\left|\frac{\sqrt{\langle\alpha_g\rangle}}{1+75(1-\langle\alpha_g\rangle)}\right|^{\frac{1}{2}} \tag{14.60}$$

对于 $\xi=\sqrt{\langle\alpha_g\rangle}$ 的管道中的环状流。上述滑速比表达式与 Fauske(Fauske,1961)得出的公式类似，即 $\dfrac{\langle\langle v_g\rangle\rangle}{\langle\langle v_f\rangle\rangle}=\sqrt{\dfrac{\rho_f}{\rho_g}}$，它不取决于空泡份额。在式(14.60)中考虑空泡份额的因子在 $0.8<\langle\alpha_g\rangle<1$ 的范围内为 0.24 ~ 1 之间。因此，对于湍流液膜，Fauske 关联式在高空泡份额下可给出合理精确的结果。

由于 $\overline{v_m}$ 是一般性漂移流模型中的基本变量，环状流的漂移速度关联式可用混合物速度表示。然而，用总表观速度 $<j>$ 来解析 $\overline{V_{gj}}$ 的表达式也很重要，因为 $<j>$ 是用于关联弥散流型中 $\overline{V_{gj}}$ 的变量。

通过考虑湍流液膜流型并使用定义 $\langle j_f\rangle=\left(1-\langle\alpha_g\rangle\right)\langle j\rangle-\langle\alpha_g\rangle\overline{V_{gj}}$，可以求解式(14.50)得到平均漂移速度 $\overline{V_{gj}}$。尽管结果不是简单的形式，但对于大多数实际情况来说，它可以由 $<j>$ 的线性函数来近似。

$$\overline{V_{gj}} \cong \frac{1-\langle\alpha_g\rangle}{\langle\alpha_g\rangle+\left[\dfrac{1+75(1-\langle\alpha_g\rangle)}{\sqrt{\langle\alpha_g\rangle}}\dfrac{\rho_g}{\rho_f}\right]^{\frac{1}{2}}}\left[\langle j\rangle+\sqrt{\frac{\Delta\rho g_z D\left(1-\langle\alpha_g\rangle\right)}{0.015\rho_f}}\right] \tag{14.61}$$

$\frac{\rho_g}{\rho_f} \ll 1$ 时,表达式可进一步简化为

$$\overline{V_{gj}} \cong \frac{1-\langle \alpha_g \rangle}{\langle \alpha_g \rangle + 4\sqrt{\frac{\rho_g}{\rho_f}}}\left[\langle j \rangle + \sqrt{\frac{\Delta\rho g_z D(1-\langle \alpha_g \rangle)}{0.015\rho_f}}\right] \tag{14.62}$$

将式(14.62)与式(14.22)比较,环状流的视在分布参数变为

$$C_0 \simeq 1 + \frac{1-\langle \alpha_g \rangle}{\langle \alpha_g \rangle + 4\sqrt{\frac{\rho_g}{\rho_f}}};\left(\frac{\rho_g}{\rho_f} \ll 1\right) \tag{14.63}$$

表明环状流的视在 C_0 应接近于 1。

14.2.3 环雾流

随着环状流中气相速度的增加,液体从液膜中夹带到气芯中流动。根据为夹带起始所开发的判据(Ishii & Grolmes,1975),粗糙湍流液膜流的临界气体速度为

$$|\langle j_g \rangle| > \frac{\sigma}{\mu_f}\sqrt{\frac{\rho_f}{\rho_g}} \times \begin{cases} N_{\mu f}^{0.8} & 当\ N_{\mu f} \leqslant 1/15 \\ 0.1146 & 当\ N_{\mu f} > 1/15 \end{cases} \tag{14.64}$$

其中,$N_{\mu f} \equiv \frac{\mu_f}{\left(\rho_f\sigma\sqrt{\sigma/g\Delta\rho}\right)^{\frac{1}{2}}}$。然而,在环雾流区,一般来说,蒸汽表观速度比液体表观速度大得多。而对于弱黏性流体,如水或钠,上述关系式可替换为

$$|\langle j_g \rangle| \simeq |\langle j \rangle| > \left(\frac{\sigma\Delta\rho g}{\rho_g^2}\right)^{\frac{1}{4}} N_{\mu f}^{-0.2} \tag{14.65}$$

如果满足不等式(14.65),则应考虑气芯流中的液滴夹带;否则可使用环状流的关联式(14.62)。

将已有的弥散流和纯环状流的计算结果相结合,可以很容易发展出环雾流的$\overline{V_{gj}}$的关联式。从任意截面的总液体面积中夹带到气芯中的液体的面积分数用 E_d 表示,截面平均空泡份额用 α_g 表示。在液膜面积分数为

$$1-\alpha_{气芯} = \frac{液膜的截面面积}{总截面面积} = \left(1-\langle \alpha_g \rangle\right)(1-E_d) \tag{14.66}$$

在气核中的液滴平均分数为

$$\alpha_{液滴} = \frac{液滴的截面面积}{总截面面积} = \frac{\left(1-\langle \alpha_g \rangle\right)E_d}{1-\left(1-\langle \alpha_g \rangle\right)(1-E_d)} \tag{14.67}$$

因此,$\alpha_{气芯}$应用于环状流关联式(14.62)中,以获得气核和液膜之间的相对运动,而$\alpha_{液滴}$则应用于弥散流关联式中,得到液滴和气体核心流动之间的滑移。

用 v_{gc}、v_{fc} 和 v_{ff} 分别表示气芯速度、液滴速度和液膜速度，得到总表观流速为

$$\langle j \rangle = \left[v_{gc}(1 - \alpha_{液滴}) + \alpha_{液滴} v_{fc} \right] \alpha_{气芯} + v_{ff}(1 - \alpha_{气芯}) \tag{14.68}$$

此外，通过根据气体核心的 $j_{气芯}$ 的气芯面积来表示气芯的总表观流速，得到了环状流关联式(14.62)：

$$j_{气芯} - \langle j \rangle \cong \frac{(1 - \langle \alpha_g \rangle)(1 - E_d)}{\langle \alpha_g \rangle + 4\sqrt{\frac{\rho_g}{\rho_f}}} \left[\langle j \rangle + \sqrt{\frac{\Delta\rho g_z D(1 - \langle \alpha_g \rangle)(1 - E_d)}{0.015\rho_f}} \right] \tag{14.69}$$

从弥散流关联式可看出，对于扭曲的液滴或搅混液滴流态，漂移速度可近似写为

$$\langle\langle v_g \rangle\rangle - j_{气芯} = \sqrt{2}\left(\frac{\sigma g \Delta\rho}{\rho_g^2}\right)^{\frac{1}{4}} \frac{E_d\left(1 - \langle \alpha_g \rangle\right)}{\langle \alpha_g \rangle + E_d\left(1 - \langle \alpha_g \rangle\right)} \tag{14.70}$$

这里使用了基于 $(1 - \langle \alpha_g \rangle) \ll 1$ 的近似。但是，根据气核的速度，应该使用更小颗粒的弥散流漂移速度关系式。当从液膜夹带产生液滴时，对于 Stokes 区域以外的未变形颗粒流型，建议使用如下近似形式(Ishii,1976)。

$$\langle\langle v_g \rangle\rangle - j_{气芯} = 0.5 r_d \left[\frac{(g\Delta\rho)^2}{\mu_g \rho_g}\right]^{\frac{1}{3}} \frac{E_d\left(1 - \langle \alpha_g \rangle\right)}{\langle \alpha_g \rangle + E_d\left(1 - \langle \alpha_g \rangle\right)} \tag{14.71}$$

在剪切波的波峰处，颗粒半径可以根据韦伯数准则来近似。因此，

$$r_d \cong \frac{6\sigma}{\rho_g} \frac{1}{\langle j \rangle^2} \tag{14.72}$$

上述关系仅适用于总表观速度足够大，而导致波峰破碎的情况。因此，当满足下式时，应使用式(14.71)

$$|\langle j \rangle| > 1.456\left(\frac{\sigma g \Delta\rho}{\rho_g^2}\right)^{\frac{1}{4}} \left[\frac{\mu_g^2}{\rho_g \sigma \sqrt{\frac{\sigma}{g\Delta\rho}}}\right]^{-\frac{1}{12}} \tag{14.73}$$

综合以上结果，得到

$$\overline{V_{gj}} = \frac{\left(1 - \langle \alpha_g \rangle\right)(1 - E_d)}{\langle \alpha_g \rangle + 4\sqrt{\frac{\rho_g}{\rho_f}}} \left[\langle j \rangle + \sqrt{\frac{\Delta\rho g_z D\left(1 - \langle \alpha_g \rangle\right)(1 - E_d)}{0.015\rho_f}} \right] +$$

$$
\frac{E_{\mathrm{d}}\left(1-\langle\alpha_{\mathrm{g}}\rangle\right)}{\langle\alpha_{\mathrm{g}}\rangle+E_{\mathrm{d}}\left(1-\langle\alpha_{\mathrm{g}}\rangle\right)}\times\begin{cases}\sqrt{2}\left(\dfrac{\sigma g\Delta\rho}{\rho_{\mathrm{g}}^{2}}\right)^{\frac{1}{4}}\\[2ex]\dfrac{3\sigma}{\rho_{\mathrm{g}}}\left[\dfrac{(g\Delta\rho)^{2}}{\mu_{\mathrm{g}}\rho_{\mathrm{g}}}\right]^{\frac{1}{3}}\dfrac{1}{\langle j\rangle^{2}}\end{cases}\tag{14.74}
$$

在满足式(14.73)的条件时,后一表达式适用。如果颗粒的半径很小,则对相间相对运动的主要贡献来自式(14.74)的第一项,并且可将气芯流动视为均匀弥散流。则式(14.74)简化为

$$
\overline{V_{\mathrm{dj}}}\cong\frac{\left(1-\langle\alpha_{\mathrm{g}}\rangle\right)(1-E_{\mathrm{d}})}{\langle\alpha_{\mathrm{g}}\rangle+4\sqrt{\dfrac{\rho_{\mathrm{g}}}{\rho_{\mathrm{f}}}}}\left[\langle j\rangle+\sqrt{\frac{\Delta\rho g_{z}D\left(1-\langle\alpha_{\mathrm{g}}\rangle\right)(1-E_{\mathrm{d}})}{0.015\rho_{\mathrm{f}}}}\right]\tag{14.75}
$$

该式表明,随着夹带液体的份额增加,漂移速度呈线性下降趋势,这可以在各种实验数据中观察到(Alia, Cravarolo, Hassid, & Pedrocchi, 1965; Cravarolo, Giorgini, Hassid, & Pedrocchi, 1964)。

14.3 对流通量协方差

由式(14.18)和式(14.19)可知,在一维漂移流模型中,动量和能量对流通量分为3项:混合物对流通量;漂移对流通量;协方差项。换言之,对参量 ψ 的混合物对流通量可以写成

$$
\begin{aligned}
\frac{\partial}{\partial z}\left(\sum_{k=1}^{2}\alpha_{\mathrm{k}}\rho_{\mathrm{k}}\psi_{\mathrm{k}}v_{\mathrm{k}}\right)=&\frac{\partial}{\partial z}\left(\rho_{\mathrm{m}}\overline{\psi_{\mathrm{m}}}\ \overline{v_{\mathrm{m}}}\right)\\
&+\frac{\partial}{\partial z}\left\{\frac{\langle\alpha_{\mathrm{d}}\rangle\rho_{\mathrm{d}}\rho_{\mathrm{c}}}{\langle\rho_{\mathrm{m}}\rangle}\Delta\psi_{\mathrm{dc}}\overline{V_{\mathrm{dj}}}\right\}+\frac{\partial}{\partial z}\sum_{k=1}^{2}\mathrm{COV}(\alpha_{\mathrm{k}}\rho_{\mathrm{k}}\psi_{\mathrm{k}}v_{\mathrm{k}})
\end{aligned}\tag{14.76}
$$

式中,$\Delta\psi_{\mathrm{dc}}\equiv\langle\langle\psi_{\mathrm{d}}\rangle\rangle-\langle\langle\psi_{\mathrm{c}}\rangle\rangle$,$\mathrm{COV}(\alpha_{\mathrm{k}}\rho_{\mathrm{k}}\psi_{\mathrm{k}}v_{\mathrm{k}})\equiv\left\langle\alpha_{\mathrm{k}}\rho_{\mathrm{k}}\psi_{k}\left(v_{\mathrm{k}}-\langle\langle v_{\mathrm{k}}\rangle\rangle\right)\right\rangle$。因此,对于动量通量,有 $\psi_{\mathrm{k}}=v_{\mathrm{k}}$,$\Delta\psi_{\mathrm{dc}}=\dfrac{\overline{V_{\mathrm{dj}}}}{\left(1-\langle\alpha_{\mathrm{g}}\rangle\right)}$。对于焓通量,有 $\psi_{\mathrm{k}}=h_{\mathrm{k}}$,$\Delta\psi_{\mathrm{dc}}\equiv\langle\langle h_{\mathrm{d}}\rangle\rangle-\langle\langle h_{\mathrm{c}}\rangle\rangle$,如果各相处于热平衡状,它等于汽化潜热。

要封闭控制方程组,必须确定这些协方差项的关系。这可以通过引入动量和能量通量的分布参数来实现。如果把通量的分布参数定义为

$$
C_{\psi\mathrm{k}}\equiv\frac{\langle\alpha_{\mathrm{k}}\psi_{\mathrm{k}}v_{\mathrm{k}}\rangle}{\langle\alpha_{\mathrm{k}}\rangle\langle\langle\psi_{\mathrm{k}}\rangle\rangle\langle\langle v_{\mathrm{k}}\rangle\rangle}\tag{14.77}
$$

则协方差变为

$$\mathrm{COV}(\alpha_k\rho_k\psi_k v_k) = \rho_k \left\langle \alpha_k\psi_k \left(v_k - \langle\langle v_k \rangle\rangle \right) \right\rangle$$
$$= (C_{\psi k} - 1)\rho_k \langle \alpha_k \rangle \langle\langle \psi_k \rangle\rangle \langle\langle v_k \rangle\rangle \tag{14.78}$$

对于动量通量,分布参数定义为

$$C_{vk} \equiv \frac{\langle \alpha_k v_k^2 \rangle}{\langle \alpha_k \rangle \langle\langle v_k \rangle\rangle^2} \tag{14.79}$$

物理上,C_{vk} 表示空泡和动量通量分布对 k 相截面平均动量通量的影响。考虑圆管内的流动对称,引入幂次律表达式,并结合 14.2.1 节中对 C_0 的分析,可以对 C_{vk} 进行定量研究。因此假设

$$\frac{\alpha_k - \alpha_{kw}}{\alpha_{k0} - \alpha_{kw}} = 1 - \left(\frac{r}{R_w}\right)^n \tag{14.80}$$

及

$$\frac{v_k}{v_{k0}} = 1 - \left(\frac{r}{R_w}\right)^m \tag{14.81}$$

其中下标 0 和 w 分别是指管道中心线和管壁处的值。

为简单起见,假设空泡份额和速度分布相似,即 $n = m$。这一假设在传质问题中得到了广泛的应用。如果考虑到蒸汽流量和空泡通量对速度分布有很大的影响,对于完全发展的两相流也是合理的。在这个假设下,可以证明

$$C_{vk} = \frac{\frac{n+2}{n+1}\left(\alpha_{kw} + \Delta\alpha_k \frac{3n}{3n+2}\right)\left(\alpha_{kw} + \Delta\alpha_k \frac{n}{n+2}\right)}{\left(\alpha_{kw} + \Delta\alpha_k \frac{n}{n+1}\right)^2} \tag{14.82}$$

其中,$\Delta\alpha_k = \alpha_{k0} - \alpha_{kw}$。

对于弥散泡状相,$\alpha_{gw} \ll \Delta\alpha_g$,因此

$$C_{vg} \cong \frac{3n+3}{3n+2} \tag{14.83}$$

然而,根据式(14.26),体积通量分布参数 C_0 变为

$$C_0 \cong \frac{n+2}{n+1} \tag{14.84}$$

因此,在 n 的标准范围内,参数 C_{vg} 可以近似为

$$C_{vg} \simeq 1 + 0.5(C_0 - 1) \tag{14.85}$$

对于蒸汽弥散流中的液相,$\alpha_{fw} \cong 1$ 和 $\alpha_{f0} < 1$。然后从式(14.83)可以看出,对于泡状流和搅混流中的 α_{f0} 的标准范围,C_{vf} 可近似为

$$C_{vf} = 1 + 1.5(C_0 - 1) \tag{14.86}$$

对于环状流,动量协方差项也可以用汽、液两相流的标准速度分布来计算。因

此得到

$$C_{vk} \simeq \begin{cases} 1.02 & (\text{湍流}) \\ 1.33 & (\text{层流}) \end{cases} \tag{14.87}$$

上述各相的结果可用于研究混合协方差项。混合物动量分布参数定义为

$$C_{vm} \equiv \frac{C_{vd}\rho_d\langle\alpha_d\rangle + C_{vc}\rho_c\langle\alpha_c\rangle}{\langle\rho_m\rangle} \tag{14.88}$$

则协方差项变为

$$\sum_{k=1}^{2}\mathrm{COV}(\alpha_k\rho_k v_k^2) = (C_{vm}-1)\left[\langle\rho_m\rangle\overline{v_m}^2 + \frac{\rho_c\rho_d\langle\alpha_d\rangle}{\left(1-\langle\alpha_d\rangle\right)\langle\rho_m\rangle}\overline{V_{dj}}^2\right] + \frac{2\rho_c\rho_d\langle\alpha_d\rangle}{\langle\rho_m\rangle}(C_{vd}-C_{vc})\overline{v_m}\,\overline{V_{dj}} \tag{14.89}$$

鉴于上述分析，$(C_{vd}-C_{vc})$的数量级与$(C_{vm}-1)$的数量级相同或更低；因此，几乎所有情况下都可以忽略式(14.89)右侧的最后一项。该项可能只在近临界流型和$\overline{v_m}\approx\overline{V_{dj}}$下才重要。然而，一般来说，随着密度比接近于1，$\overline{V_{dj}}$变得微不足道。在上述条件下，对流项本身变得相对较小。因此即使在这种情况下，该项也可以忽略。所以有

$$\sum_{k=1}^{2}\mathrm{COV}(\alpha_k\rho_k v_k^2) \cong (C_{vm}-1)\left[\langle\rho_m\rangle\overline{v_m}^2 + \frac{\rho_c\rho_d\langle\alpha_d\rangle}{\left(1-\langle\alpha_d\rangle\right)\langle\rho_m\rangle}\overline{V_{dj}}^2\right] \tag{14.90}$$

可用式(14.85)和式(14.86)或式(14.87)，根据式(14.88)来得到C_{vm}的值。在具有实际意义的泡状流和搅混流中，C_{vm}可近似地给出为

$$C_{vm} \cong 1 + 1.5(C_0 - 1) \tag{14.91}$$

然而，在近临界区，C_{vm}也取决于空泡份额和密度比。此外，在充分发展流动或未充分发展流动的极低空泡份额下，C_{vm}值应简化为式(14.87)中给出的单相流的值。在式(14.34)的C_0关联式中使用的类似空泡份额修正项可考虑空泡份额截面分布发展为幂次律所给出的空泡份额分布的影响。前面讨论中，当$\alpha_d\to 0$处的湍流的$C_{vm}=1.0$，得到圆管的值为

$$C_{vm} \cong 1 + 0.3\left(1-\sqrt{\frac{\rho_g}{\rho_f}}\right)\left(1-e^{-18\langle\alpha_d\rangle}\right) \tag{14.92}$$

该式既可用于充分发展的流动，也可用于未充分发展的流动。

对于湍流环状流，从式(14.87)和式(14.88)得到$C_{vm}\cong 1.02$。对于所有实际应用来讲，可以进一步近似为

$$C_{vm} \cong 1 \tag{14.93}$$

实际上，从式(14.92)给出的值过渡到式(14.93)给出的值，是通过搅混环状流（或

弹状环状流）的渐进过渡，搅混流和环状流的特征在该状态下交替出现。如果首选 C_{vm} 的某个特定的关系式，不管流型转变如何，则式（14.92）可以通过简单的修正安全地外推到更高的空泡份额状态

$$C_{vm} \cong 1+0.3\left(1-\sqrt{\frac{\rho_g}{\rho_f}}\right)\left(1-e^{-18\langle\alpha_d\rangle(1-\langle\alpha_d\rangle)}\right) \tag{14.94}$$

假设空泡份额、速度和焓的分布，可以对焓协方差项进行类似的分析。一般来说，有

$$\sum_{k=1}^{2}\mathrm{COV}(\alpha_k\rho_k h_k v_k)=(C_{hm}-1)\langle\rho_m\rangle\overline{h_m}\,\overline{v_m}+\frac{\rho_c\rho_d\langle\alpha_d\rangle}{\langle\rho_m\rangle}\left[-(C_{hc}-1)\langle\langle h_c\rangle\rangle+(C_{hd}-1)\langle\langle h_d\rangle\rangle\right]\overline{V_{dj}} \tag{14.95}$$

其中

$$\begin{cases} C_{hm}\equiv\displaystyle\sum_{k=1}^{2}\frac{C_{hk}\rho_k\langle\alpha_k\rangle\langle\langle h_k\rangle\rangle}{\langle\rho_m\rangle\overline{h_m}} \\ C_{hk}\equiv\dfrac{\langle\alpha_k h_k v_k\rangle}{\langle\alpha_k\rangle\langle\langle h_k\rangle\rangle\langle\langle v_k\rangle\rangle} \end{cases} \tag{14.96}$$

对于热平衡流动，$h_g=h_{gs}$，$h_f=h_{fs}$，其中 h_{gs} 和 h_{fs} 分别是蒸汽和液体的饱和焓。因为在这种情况下，焓分布完全是每个相的焓分布，分布参数变为 1，即 $C_{hg}=C_{hf}=C_{hm}=1$。很明显，如果其中一个相处于饱和状态，则该相的 C_{hk} 变为 1。

在单相区，分布参数可以由速度和焓的假定分布计算得到。使用湍流的标准幂次律分布，即 $\dfrac{v}{v_0}=\left(\dfrac{y}{R_w}\right)^{\frac{1}{n}}$ 和 $\dfrac{(h-h_w)}{(h_0-h_w)}=\left(\dfrac{y}{R_w}\right)^{\frac{1}{m}}$，其中 y 是离壁面的距离，可以证明协方差项对于未充分发展流动和充分发展流动都可以忽略。

从以上两种极限情况可以看出，焓协方差项可能只在高度非平衡流中才变得重要。即使在这种情况下，与相变相关的能量也远远大于与横向温度分布变化相关的能量。因此，除强瞬变情况外，焓协方差一般可以忽略不计。

$$\frac{\partial}{\partial z}\sum_{k=1}^{2}\mathrm{COV}(\alpha_k\rho_k h_k v_k)\cong 0 \tag{14.97}$$

14.4　各种流动条件下的一维漂移流关系式

在这一节中，总结了各种流动条件下一维漂移流模型的本构方程，这些方程具有重要的实际意义。

14.4.1 向上泡状流的本构方程

考虑到气泡横向迁移特性，改进了式(14.32)的圆管内向上绝热泡状流分布参数的本构方程(T. Hibiki & M. Ishii, 2002b; Hibiki & Ishii, 2003a)

$$C_0 = 2.0e^{-0.000\,584\mathrm{Re_f}} + 1.2\left(1 - e^{-22\langle D_{\mathrm{Sm}}\rangle/D}\right)\left(1 - e^{-0.000\,584\mathrm{Re_f}}\right) - \left[2.0e^{-0.000\,584\mathrm{Re_f}} + 1.2\left(1 - e^{-22\langle D_{\mathrm{Sm}}\rangle/D}\right)\left(1 - e^{-0.000\,584\mathrm{Re_f}}\right) - 1\right]\sqrt{\frac{\rho_g}{\rho_f}} \tag{14.98}$$

式中，$\mathrm{Re_f}$ 的定义为$\dfrac{\langle j_f\rangle D}{\nu_f}$。式(14.98)中的气泡直径 D_{Sm} 可通过气泡直径关联式(Takashi Hibiki & Mamoru Ishii, 2002c)预测。从式(14.98)可以看出，随着液体雷诺数的增加，式(14.98)预测的分布参数逐渐接近式(14.32)。泡状流中漂移速度的本构方程为

$$\langle\langle V_{gj}\rangle\rangle = \sqrt{2}\left(\frac{\sigma g\Delta\rho}{\rho_f^2}\right)^{\frac{1}{4}}\left(1 - \langle\alpha_g\rangle\right)^{1.75} \quad (\mu_f \gg \mu_g) \tag{14.99}$$

14.4.2 向上绝热环管和内管加热环管的本构方程

式(14.98)和式(14.99)的适用性已通过在大气压下垂直同心环管内的向上气-水湍流泡状流数据得到证实(Hibiki, Situ, Mi, & Ishii, 2003a)。进一步的研究表明，$C_\infty = 1.1$ 能更好地预测环管的情况(Ozar et al., 2008)。考虑通道几何形状的差异，从式(14.35)中导出了内管加热环管中沸腾泡状流分布参数的本构方程(Julia et al., 2009; Hibiki et al., 2003b)

$$C_0 = \left(1.1 - 0.1\sqrt{\frac{\rho_g}{\rho_f}}\right)\left(1 - e^{-6.85\langle\alpha_g\rangle^{0.359}}\right) \tag{14.100}$$

采用式(14.99)和式(14.100)的漂移流模型可以预测内管加热环管腔中的泡状流数据(Hibiki et al., 2003b)。

14.4.3 向下流动两相流的本构方程

所有向下流动两相流型下分布参数的本构方程由(Goda et al., 2003)给出

当 $-20 \leqslant \langle j^*\rangle < 0$ 时，$C_0 = \left(-0.021\,4\langle j^*\rangle + 0.772\right) + \left(0.021\,4\langle j^*\rangle + 0.228\right)\sqrt{\dfrac{\rho_g}{\rho_f}}$

当 $\langle j^*\rangle < -20$ 时，$C_0 = \left(0.2e^{0.008\,48(\langle j^*\rangle+20)} + 1.0\right) - 0.2e^{0.008\,48\left(\langle j^*\rangle+20\right)}\sqrt{\dfrac{\rho_g}{\rho_f}}$

(14.101)

其中$\langle j^{*}\rangle \equiv \dfrac{\langle j\rangle}{\langle\langle V_{gj}\rangle\rangle}$。对于所有向下流动两相流型下的漂移速度的本构方程近似有

$$\langle\langle V_{gj}\rangle\rangle = \sqrt{2}\left(\frac{\sigma g\Delta\rho}{\rho_f^2}\right)^{\frac{1}{4}} \tag{14.102}$$

这些分布参数和漂移速度的本构方程是由一维数据建立的,并没有用详细的局部流动数据进行验证。因此,它们不应单独使用。

14.4.4　鼓泡或池沸腾的本构方程

在鼓泡或池沸腾中,与强制对流沸腾相比,容器直径与长度相比通常较大。值得注意的是,在低流量时,大容器内可能形成再循环流型。这可能会显著影响横向速度和空泡份额分布。鼓泡或池沸腾漂移速度($\langle j_f\rangle = 0$)的本构方程由(Kataoka & Ishii,1987)给出

低黏度的情形:$N_{\mu f} \leqslant 2.25 \times 10^{-3}$

$$\begin{aligned} \langle\langle V_{gj}^{+}\rangle\rangle &= 0.0019 D_H^{*\,0.809}\left(\frac{\rho_g}{\rho_f}\right)^{-0.157} N_{\mu f}^{-0.562} \quad &\text{当 } D_H^{*} \leqslant 30 \\ \langle\langle V_{gj}^{+}\rangle\rangle &= 0.030\left(\frac{\rho_g}{\rho_f}\right)^{-0.157} N_{\mu f}^{-0.562} \quad &\text{当 } D_H^{*} \geqslant 30 \end{aligned} \tag{14.103}$$

高黏度的情形:$N_{\mu f} > 2.25 \times 10^{-3}$

$$\langle\langle V_{gj}^{+}\rangle\rangle = 0.92\left(\frac{\rho_g}{\rho_f}\right)^{-0.157} \quad \text{当 } D_H^{*} \geqslant 30 \tag{14.104}$$

其中,$\langle\langle V_{gj}^{+}\rangle\rangle = \dfrac{\langle\langle V_{gj}\rangle\rangle}{\left(\dfrac{\sigma g\Delta\rho}{\rho_f^2}\right)^{\frac{1}{4}}}$,$D_H^{*} = \dfrac{D_H}{\sqrt{\dfrac{\sigma}{g\Delta\rho}}}$。根据流道几何形状,给出了鼓泡或池沸腾中分布参数如式(14.32)的本构方程。

14.4.5　大管道中的本构方程

在大直径通道($D_H \geqslant 40\sqrt{\dfrac{\sigma}{g\Delta\rho}}$)中,由于界面不稳定,弹状大气泡无法维持,从而破裂成帽状气泡。在低流速下,大直径通道内可能形成再循环流流型。试验段入口的流型和未充分发展的流型转变也可能对液体再循环模式产生影响。液体循环、入口流型和流型转变对横向速度和空泡份额分布有显著影响。大直径管道向上的鼓泡流动的漂移速度本构方程近似为(Hibiki & Ishii,2003c)。

$$\langle\langle V_{gj}^{+}\rangle\rangle = \langle\langle V_{gj,B}^{+}\rangle\rangle e^{-1.39\langle j_g^+\rangle} + \langle\langle V_{gj,P}^{+}\rangle\rangle\left(1 - e^{-1.39\langle j_g^+\rangle}\right) \tag{14.105}$$

其中的$\langle\langle V_{gj,B}^{+}\rangle\rangle$和$\langle\langle V_{gj,P}^{+}\rangle\rangle$分别由式(14.102)、式(14.103)和式(14.104)给出，$\langle\langle j_g^{+}\rangle\rangle \equiv \dfrac{\langle\langle j_g\rangle\rangle}{\left(\dfrac{\sigma g\Delta\rho}{\rho_f^2}\right)^{\frac{1}{4}}}$。大直径管道中向上泡状流分布参数的本构方程由下面的关系式给出。

入口流型为均匀泡状流的情况

当$0 \leqslant \dfrac{\langle j_g^{+}\rangle}{\langle j^{+}\rangle} \leqslant 0.9$时

$$C_0 = e^{0.475(\langle j_g^+\rangle/\langle j^+\rangle)^{1.69}} - \left[e^{0.475(\langle j_g^+\rangle/\langle j^+\rangle)^{1.69}} - 1\right]\sqrt{\frac{\rho_g}{\rho_f}}$$

当$0.9 \leqslant \dfrac{\langle j_g^{+}\rangle}{\langle j^{+}\rangle} \leqslant 1$时 (14.106)

$$C_0 = \left\{-2.88\left(\frac{\langle j_g^{+}\rangle}{\langle j^{+}\rangle}\right) + 4.08\right\} - \left\{-2.88\left(\frac{\langle j_g^{+}\rangle}{\langle j^{+}\rangle}\right) + 3.08\right\}\sqrt{\frac{\rho_g}{\rho_f}}$$

其中$\langle\langle j^{+}\rangle\rangle \equiv \dfrac{\langle\langle j\rangle\rangle}{\left(\dfrac{\sigma g\Delta\rho}{\rho_f^2}\right)^{\frac{1}{4}}}$

入口流型为帽状气泡或弹状流的情况

当$0 \leqslant \langle j^{+}\rangle \leqslant 1.8$时

$$C_0 = 1.2e^{0.110\langle j^+\rangle^{2.22}} - \left[1.2e^{0.110\langle j^+\rangle^{2.22}} - 1\right]\sqrt{\frac{\rho_g}{\rho_f}}$$

当$1.8 \leqslant \langle j^{+}\rangle$时 (14.107)

$$C_0 = \left\{0.6e^{-1.2\langle j^+\rangle-1.8} + 1.2\right\} - \left\{0.6e^{-1.2(\langle j^+\rangle-1.8)} + 0.2\right\}\sqrt{\frac{\rho_g}{\rho_f}}$$

这些分布参数和漂移速度的本构方程是由一维实验数据建立的，并没有用详细的局部流动数据各自进行单独验证。因此，它们不应单独使用。在弹状流、搅混流和环状流中，分布参数效应对局部滑移起主导作用，即$V_{gj}^{+} \ll C_0\langle j^{+}\rangle$。因此，14.2 节详述的本构方程可适用于此类流型。

14.4.6 低重力条件下的本构方程

为了将漂移流模型的适用范围扩大到低重力的条件，考虑摩擦压力损失和重力压力损失，重新构建了 14.2 节中的漂移速度本构方程(Hibiki et al.,2006)。

泡状流(扭曲流体颗粒流型)

$$\langle\langle V_{gj}\rangle\rangle=\sqrt{2}\left\{\frac{(\Delta\rho g_z+M_{F\infty})\sigma}{\rho_f^2}\right\}^{\frac{1}{4}}(1-\langle\alpha_g\rangle)\{F(\langle\alpha_g\rangle)\}^2$$
$$\times\frac{\mu_m}{\mu_f}\frac{18.67}{1+17.67\left\{F\left(\langle\alpha_g\rangle\right)\right\}^{\frac{6}{7}}}\tag{14.108}$$

单颗粒系统和多颗粒系统的摩擦压力梯度 $M_{F\infty}$ 和 M_F 分别定义为

$$M_{F\infty}\equiv\frac{f}{2D}\rho_f\langle v_f\rangle^2=\frac{f}{2D}\rho_f\langle j_f\rangle^2 \text{ 及 } M_F\equiv\left(-\frac{dp}{dz}\right)_F\tag{14.109}$$

其中,f 为壁面摩擦系数。函数 $F(\langle\alpha_g\rangle)$ 定义为

$$F(\langle\alpha_g\rangle)\equiv\left\{\frac{\Delta\rho g_z\left(1-\langle\alpha_g\rangle\right)+M_F}{\Delta\rho g_z+M_{F\infty}}\right\}^{\frac{1}{2}}\frac{\mu_f}{\mu_m}\tag{14.110}$$

当 $N_{\mu f}\geqslant 0.11\dfrac{\left\{1+\psi(r_d^*)\right\}}{\left\{\psi(r_d^*)\right\}^{\frac{8}{3}}}$时,式(14.108)成立。参数 $\psi(r_d^*)$ 由下式给出:

$$\psi(r_d^*)=0.55\left\{(1+0.08r_d^{*3})^{\frac{4}{7}}-1\right\}^{\frac{3}{4}}\tag{14.111}$$

其中,$r_b^*\equiv r_b\left\{\rho_f\dfrac{(\Delta\rho g_z+M_{F\infty})}{\mu_f^2}\right\}^{\frac{1}{3}}$。

弹状流

$$\langle\langle V_{gj}\rangle\rangle=0.35\left\{\frac{(\Delta\rho g_z+M_{F\infty})D}{\rho_f}\right\}^{\frac{1}{2}}\left[\frac{\Delta\rho g_z\left(1-\langle\alpha_g\rangle\right)+M_F}{(\Delta\rho g_z+M_{F\infty})\left(1-\langle\alpha_g\rangle\right)}\right]^{\frac{1}{2}}\tag{14.112}$$

搅混流

$$\langle\langle V_{gj}\rangle\rangle=\sqrt{2}\left\{\frac{(\Delta\rho g_z+M_{F\infty})\sigma}{\rho_f^2}\right\}^{\frac{1}{4}}\left[\frac{\Delta\rho g_z\left(1-\langle\alpha_g\rangle\right)+M_F}{\Delta\rho g_z+M_{F\infty}}\right]^{\frac{1}{4}}\tag{14.113}$$

环状流

在分层流动中,不能定义两相之间的局部相对速度(Hibiki & Ishii,2003b)。如果在气芯中夹带小液滴或在液膜中夹带小气泡,由于气体和液体速度大,局部相对速度可以近似认为为零,导致$\langle\langle V_{gj}\rangle\rangle\approx 0$。这种近似在环状流中是可接受的,在这个流型中从液膜夹带气芯的液体小到了可忽略。

通过考虑重力对空泡份额分布的影响,改进了分布参数的本构方程(Hibiki et

al. ,2006)如下。

泡状流

$$C_0 = 2.0e^{-0.000584\mathrm{Re_f}} + \left\{1.2e^{-5.55\left(\frac{g}{g_N}\right)^3} + 1.2\left(1 - e^{-22\frac{\langle D_{\mathrm{Sm}}\rangle}{D}}\right)\left(1 - e^{-5.55\left(\frac{g}{g_N}\right)^3}\right)\right\}$$

$$\times (1 - e^{-0.000584\mathrm{Re_f}}) - \left\{2.0e^{-0.000584\mathrm{Re_f}} + \left[1.2e^{-5.55\left(\frac{g}{g_N}\right)^3} + 1.2\left(1 - e^{-22\frac{\langle D_{\mathrm{Sm}}\rangle}{D}}\right)\right.\right.$$

$$\left.\left.\times\left(1 - e^{-5.55\left(\frac{g}{g_N}\right)^3}\right)\right](1 - e^{-0.000584\mathrm{Re_f}}) - 1\right\}\sqrt{\frac{\rho_g}{\rho_f}} \tag{14.114}$$

式中,g_N 是正常重力加速度($=9.8\ \mathrm{m/s^2}$)。

弹状流

$$C_0 = 1.2 - 0.2\sqrt{\frac{\rho_g}{\rho_f}} \tag{14.115}$$

搅混流

$$C_0 = 1.2 - 0.2\sqrt{\frac{\rho_g}{\rho_f}} \tag{14.116}$$

环状流

$$C_0 \simeq \frac{\overline{V_{gj}}}{\langle j\rangle} + 1 = \frac{1 - \langle \alpha_g\rangle}{\langle \alpha_g\rangle + \left\{\frac{1 + 75\left(1 - \langle \alpha_g\rangle\right)}{\sqrt{\langle \alpha_g\rangle}}\frac{\rho_g}{\rho_f}\right\}^{\frac{1}{2}}}\left[1 + \frac{\sqrt{\frac{\Delta\rho g_z D\left(1 - \langle \alpha_g\rangle\right)}{0.015\rho_f}}}{\langle j\rangle}\right] + 1 \tag{14.117}$$

14.4.7 棒束结构的本构方程

假设空泡份额和混合物表观速度的幂次律分布,解析导出了方形阵列棒束结构中向上绝热两相流分布参数的本构方程(Julia et al. ,2009)

$$C_0 = 1.04 - 0.04\sqrt{\frac{\rho_g}{\rho_f}} \tag{14.118}$$

详细分析表明,分布参数取决于棒径 D_0 与节距 P_0 的比值

$$C_0 = \left\{1.002 + 0.206\left(\frac{D_0}{P_0}\right) - 0.438\left(\frac{D_0}{P_0}\right)^2 + 0.361\left(\frac{D_0}{P_0}\right)^3\right\}$$

$$- \left\{0.002 + 0.206\left(\frac{D_0}{P_0}\right) - 0.438\left(\frac{D_0}{P_0}\right)^2 + 0.361\left(\frac{D_0}{P_0}\right)^3\right\}\sqrt{\frac{\rho_g}{\rho_f}} \tag{14.119}$$

在 $0.2 \leqslant D_0/P_0 \leqslant 0.8$ 区间,可以使用式(14.119)。

利用气泡层厚度模型(Hibiki et al.,2003b),将上述方程推广到正方形栅格的棒束结构中的沸腾两相流问题中

$$C_0 = \begin{cases} \left(1.03 - 0.03\sqrt{\dfrac{\rho_g}{\rho_f}}\right)\left(1 - e^{-26.3\langle\alpha_g\rangle^{0.780}}\right) & 当\dfrac{D_0}{P_0} = 0.3 时 \\ \left(1.04 - 0.04\sqrt{\dfrac{\rho_g}{\rho_f}}\right)\left(1 - e^{-21.2\langle\alpha_g\rangle^{0.762}}\right) & 当\dfrac{D_0}{P_0} = 0.5 时 \\ \left(1.05 - 0.05\sqrt{\dfrac{\rho_g}{\rho_f}}\right)\left(1 - e^{-34.1\langle\alpha_g\rangle^{0.925}}\right) & 当\dfrac{D_0}{P_0} = 0.7 时 \end{cases} \quad (14.120)$$

众所周知,气泡上升速度随气泡直径与通道尺寸之比的增大而减小(Clift et al.,1978)。式(14.99)已通过考虑气泡尺寸系数 B_{sf} 修正为

$$\langle\langle V_{gj}\rangle\rangle = B_{sf}\sqrt{2}\left(\frac{\sigma g\Delta\rho}{\rho_f^2}\right)^{\frac{1}{4}}\left(1 - \langle\alpha_g\rangle\right)^{1.75} \quad (\mu_f \gg \mu_g) \quad (14.121)$$

考虑棒壁对气泡上升速度影响的气泡尺寸系数 B_{sf} 由下式给出

$$B_{sf} = \begin{cases} 1 - \dfrac{D_b}{0.9L_{max}} & 当\dfrac{D_b}{L_{max}} < 0.6 时 \\ 0.12\left(\dfrac{D_b}{L_{max}}\right)^{-2} & 当\dfrac{D_b}{L_{max}} \geqslant 0.6 时 \end{cases} \quad (14.122)$$

其中,D_b 为气泡当量直径,L_{max} 定义为

$$L_{max} = \sqrt{2}P_0 - D_0 \quad (14.123)$$

14.4.8　池式棒束结构内的本构方程

棒束结构中的池内两相流很复杂,因为可能在低流速条件下发展出再循环的流型。两相流特征长度可根据流动情况从子通道水力直径变为到通道盒长度。可用式(14.105)近似描述池内棒束结构的漂移速度本构方程。池内棒束结构的分布参数本构方程由(Chen et al.,2010)给出

$$C_0 = \begin{cases} 1.93\langle j_g^+\rangle + 1.00 - 1.93\langle j_g^+\rangle\sqrt{\dfrac{\rho_g}{\rho_f}} & 当\langle j_g^+\rangle \leqslant 1.0 时 \\ 3.51e^{-0.599\langle j_g^+\rangle^{0.487}} + 1.00 - 3.51e^{-0.599\langle j_g^+\rangle^{0.487}}\sqrt{\dfrac{\rho_g}{\rho_f}} & 当\langle j_g^+\rangle > 1.0 时 \end{cases} \quad (14.124)$$

这些分布参数和漂移速度的本构方程是从一维数据发展而来的,并没有分别用详细的局部流动数据进行验证。因此,它们也不应单独使用。

第 15 章　一维两流体模型

两流体模型是对两相热流体动力学系统最详细、精确的宏观描述。在两流体模型中，场方程由各相的质量、动量和能量方程等 6 个守恒方程表示。由于这些场方程是对局瞬守恒方程进行适当平均获得，因此在每个平均的守恒方程中会出现相间作用项。这些项表示通过界面的质量、动量和能量传递。界面传递项的存在是两流体模型最重要的特征之一。这些项决定了相变速率和相间的力和热不平衡程度，因此它们是必须精确建模的基本封闭关系。然而，由于在测量和建模方面仍存在相当大的困难，到目前为止，还没有完全建立起可靠和准确的界面传递项的封闭关系。尽管两流体模型存在这些缺点，但在两相弱耦合的情况下，用两流体模型精确描述两相流现象是不可替代的。例如：

- 两相的突然混合；
- 瞬态淹没和流动反转；
- 瞬态逆向流动；
- 突然加速的两相流。

前面采用时间平均或统计平均的方法，建立了三维两流体模型。在实际工程问题中，通过对截面上的局部两流体方程进行平均，得到一维两流体模型，这对涉及流动和传热的复杂工程问题很有用。这是因为场方程可以简化为准一维的形式。通过面积平均，基本上丢失了通道主流正交方向上变量变化的信息。因此，壁面与流体之间的动量和能量传递应采用经验关联式或简化模型来表示。在本章，建立了两流体模型的一维一般性公式，并讨论了在实际应用中一些重要的特例。为简单起见，本章公式省略了一维公式中时间平均的数学符号。

15.1　三维两流体模型的面积平均

采用时间平均法或统计平均法得到了两流体模型的三维形式。对于大多数实际应用，Ishii(Ishii,1975)所开发的模型可以简化为以下形式：

连续性方程

$$\frac{\partial \alpha_{k}\overline{\overline{\rho_{k}}}}{\partial t}+\nabla\cdot\left(\alpha_{k}\overline{\overline{\rho_{k}}}\widehat{\boldsymbol{v}_{k}}\right)=\Gamma_{k} \tag{15.1}$$

动量方程

$$\frac{\partial \alpha_{k}\overline{\overline{\rho_{k}}}\widehat{\boldsymbol{v}_{k}}}{\partial t}+\nabla\cdot\left(\alpha_{k}\overline{\overline{\rho_{k}}}\widehat{\boldsymbol{v}_{k}}\widehat{\boldsymbol{v}_{k}}\right)=-\alpha_{k}\nabla\overline{\overline{p_{k}}}+\nabla\cdot\left[\alpha_{k}\left(\overline{\overline{\mathcal{T}_{k}}}+\mathcal{T}_{k}^{T}\right)\right]+$$
$$\alpha_{k}\overline{\overline{\rho_{k}}}\widehat{\boldsymbol{g}_{k}}+\widehat{\boldsymbol{v}_{ki}}\Gamma_{k}+\boldsymbol{M}_{ik}-\nabla\alpha_{k}\cdot\overline{\overline{\mathcal{T}_{ki}}}+\left(\overline{\overline{p_{ki}}}-\overline{\overline{p_{k}}}\right)\nabla\alpha_{k} \tag{15.2}$$

焓-能量方程

$$\frac{\partial \alpha_{k}\overline{\overline{\rho_{k}}}\widehat{h_{k}}}{\partial t}+\nabla\cdot\left(\alpha_{k}\overline{\overline{\rho_{k}}}\widehat{h_{k}}\widehat{\boldsymbol{v}_{k}}\right)=-\nabla\cdot\alpha_{k}\left(\overline{\overline{\boldsymbol{q}_{k}}}+\boldsymbol{q}_{k}^{T}\right)$$
$$+\alpha_{k}\frac{D_{k}}{Dt}\overline{\overline{p_{k}}}+\widehat{h_{ki}}\Gamma_{k}+a_{i}q''_{ki}+\boldsymbol{\Phi}_{k} \tag{15.3}$$

其中 Γ_k、$\boldsymbol{M}_{ik}$、$\overline{\overline{T_{ki}}}$、$q''_{ki}$和 $\boldsymbol{\Phi}_k$ 分别为质量产生率、广义界面阻力、界面剪切应力、界面热流密度和耗散率。下标 k 表示 k 相，i 表示界面处的值。$1/a_i$ 表示界面处的长度标度，a_i 具有单位体积内所具有的界面面积的物理意义(Ishii，1975；Ishii & Mishima，1980)。因此有

$$a_{i}=\frac{\text{界面面积}}{\text{混合物体积}} \tag{15.4}$$

从上面的场方程可以看出，在方程的右边出现了几个界面传递项。由于这些界面传递项也应遵循界面守恒定律，因此可以从局部跳跃条件的平均值中获得界面传递条件(Ishii，1975)。它们由下面关系式给出

$$\begin{cases}\sum_{k=1}^{2}\Gamma_{k}=0\\ \sum_{k=1}^{2}\boldsymbol{M}_{ik}=0\\ \sum_{k=1}^{2}\left(\Gamma_{k}\widehat{h_{ki}}+a_{i}q''_{ki}\right)=0\end{cases} \tag{15.5}$$

因此，对于界面输运项，$\boldsymbol{M}_{ik}$、$a_iq''_{fi}$和 $a_iq''_{gi}$的本构方程是必要的。焓界面输运条件表明，如果可以忽略机械能传递项，则在界面处确定两相间的热流密度就相当于 Γ_k 的本构关系(Ishii，1975)。这大大简化了界面传递项的本构关系。

为了获得合理的一维模型，需要在截面上对三维模型进行积分，然后引入适当的平均值。在截面 A 上的简单面积平均值由式(14.5)定义，空泡份额加权平均值由式(14.6)给出。在随后的分析中，任何截面内各相的密度都认为是均匀的，因此 $\rho_k=\langle\langle\rho_k\rangle\rangle$。对于大多数实际的两相流问题，这个假设是可行的，因为通道内的横向压力梯度相对较小。k 相的加权平均速度的轴向分量为

$$\langle\langle v_k \rangle\rangle = \frac{\langle \alpha_k \mathrm{v}_k \rangle}{\langle \alpha_k \rangle} = \frac{\langle j_k \rangle}{\langle \alpha_k \rangle} \tag{15.6}$$

其中,速度的标量表达式对应于矢量的轴向分量。通过对式(15.1)—式(15.3)进行面积平均,并对适用于大多数实际情况的问题进行一些简化,可得到下列场方程

连续性方程

$$\frac{\partial \langle \alpha_k \rangle \rho_k}{\partial t} + \frac{\partial}{\partial z} \langle \alpha_k \rangle \rho_k \langle\langle v_k \rangle\rangle = \langle \Gamma_k \rangle \tag{15.7}$$

动量方程

$$\frac{\partial}{\partial t} \langle \alpha_k \rangle \rho_k \langle\langle v_k \rangle\rangle + \frac{\partial}{\partial z} C_{vk} \langle \alpha_k \rangle \rho_k \langle\langle v_k \rangle\rangle^2 = - \langle \alpha_k \rangle \frac{\partial}{\partial z} \langle\langle p_k \rangle\rangle +$$

$$\frac{\partial}{\partial z} \langle \alpha_k \rangle \langle\langle \tau_{kzz} + \tau_{kzz}^T \rangle\rangle - \frac{4 \alpha_{kw} \tau_{kw}}{D} - \langle \alpha_k \rangle \rho_k g_z + \langle \Gamma_k \rangle \langle\langle v_{ki} \rangle\rangle +$$

$$\langle M_k^d \rangle + \left\langle (p_{ki} - p_k) \frac{\partial \alpha_k}{\partial z} \right\rangle \tag{15.8}$$

式中,α_{kw}和 τ_{kw}分别是壁面平均空泡份额和壁面剪切应力。压差和空泡份额梯度项对水平分层流动具有重要意义。除此之外,这一项可以忽略。$\langle M_k^d \rangle$是总界面切应力,由下式给出

$$\langle M_k^d \rangle = \langle M_{ik} - \nabla \alpha_k \cdot \tau_i \rangle_z \tag{15.9}$$

公式右边的第一项是广义颗粒阻力,它对弥散流很重要。第二项是界面剪切力和空泡份额梯度的影响。该项对分层流动特别重要。在对流项中,k 相动量的分布参数 C_{vk}是由于变量乘积的平均值与平均值的乘积之间的差异而出现的。

焓-能量方程

$$\frac{\partial}{\partial t} \langle \alpha_k \rangle \rho_k \langle\langle h_k \rangle\rangle + \frac{\partial}{\partial z} C_{hk} \langle \alpha_k \rangle \rho_k \langle\langle h_k \rangle\rangle \langle\langle v_k \rangle\rangle = - \frac{\partial}{\partial z} \langle \alpha_k \rangle \langle\langle q_k + q_k^T \rangle\rangle_z +$$

$$\langle \alpha_k \rangle \frac{\mathrm{D}_k}{\mathrm{D}t} \langle\langle p_k \rangle\rangle + \frac{\boldsymbol{\xi}_h}{A} \alpha_{kw} q''_{kw} + \langle \Gamma_k \rangle \langle\langle h_{ki} \rangle\rangle + \langle a_i q''_{ki} \rangle + \langle \Phi_k \rangle \tag{15.10}$$

式中,$\boldsymbol{\xi}_h$ 和 q''_{kw}分别为加热周长和壁面热流密度。C_{hk}是 k 相焓的分布参数。从界面宏观跳跃条件看,界面传递项之间的关系为

$$\begin{cases} \sum\limits_{k=1}^{2} \langle \Gamma_k \rangle = 0 \\ \sum\limits_{k=1}^{2} \langle M_k^d \rangle = \sum\limits_{k=1}^{2} \langle M_{ik} - \nabla \alpha_k \cdot \tau_i \rangle_z = 0 \\ \sum\limits_{k=1}^{2} \left\{ \langle\langle \Gamma_k \rangle\rangle \langle\langle h_{ki} \rangle\rangle + \langle a_i q''_{ki} \rangle \right\} = 0 \end{cases} \tag{15.11}$$

15.2　一维本构关系的特殊考虑

15.2.1　场方程的协方差效应

在一维模型中,必须仔细检查各种变量的横向分布及其对守恒方程和本构方程的影响。如果这样做得不对,所得到的两相流公式可能不一致。不正确的建模,或忽略分布效应,不仅会导致模型严重不准确,还会导致各种数值不稳定。分布效应可分为两组。第一种是协方差效应,它直接影响场方程中对流项的形式。第二个效应出现在对各种局部本构关系进行平均的过程中。下面将分别讨论这两种效应。

对流项的协方差定义为

$$\mathrm{COV}(\alpha_k\rho_k\psi_k v_k) \equiv \langle \alpha_k\rho_k\psi_k(v_k - \langle\langle v_k\rangle\rangle)\rangle \tag{15.12}$$

要封闭控制方程组,必须指定这些协方差项的关系。这可以通过引入动量和能量通量的分布参数来实现。如果把通量的分布参数定义为

$$C_{\psi k} \equiv \frac{\langle \alpha_k\psi_k v_k\rangle}{\langle \alpha_k\rangle\langle\langle \psi_k\rangle\rangle\langle\langle v_k\rangle\rangle} \tag{15.13}$$

则协方差变为

$$\mathrm{COV}(\alpha_k\rho_k\psi_k v_k) = \rho_k\langle \alpha_k\psi_k(v_k - \langle\langle v_k\rangle\rangle)\rangle = (C_{\psi k} - 1)\rho_k\langle \alpha_k\rangle\langle\langle \psi_k\rangle\rangle\langle\langle v_k\rangle\rangle \tag{15.14}$$

对于动量通量,分布参数定义为

$$C_{vk} \equiv \frac{\langle \alpha_k v_k^2\rangle}{\langle \alpha_k\rangle\langle\langle v_k\rangle\rangle^2} \tag{15.15}$$

物理上,C_{vk}表示空泡和动量通量分布对 k 相截面平均动量通量的影响。通过考虑圆管中的对称流动,并在分析漂移流模型的同时引入幂次律表达式,可以对 C_{vk}进行定量研究(Ishii,1977;Zuber & Findlay,1965)。以下是 Ishii(Ishii,1977)的总结。

因此,对于泡状流、弹状流和搅混流,假设

$$\frac{\alpha_k - \alpha_{kw}}{\alpha_{k0} - \alpha_{kw}} = 1 - \left(\frac{r}{R_w}\right)^n \tag{15.16}$$

及

$$\frac{v_k}{v_{k0}} = 1 - \left(\frac{r}{R_w}\right)^m \tag{15.17}$$

其中下标 0 和 w 分别是指管道中心线和管壁处的值。

为简单起见,假设空泡份额和速度分布相似,即 $n = m$。这一假设在传质问题中得到了广泛的应用。如果考虑到蒸汽流量和空泡通量对速度分布有很大的影响,对

于考虑蒸汽流量的完全发展的两相流可能不合理，因此，空泡浓度对速度分布有非常大的影响。在这个假设下，可以证明

$$C_{vk} = \frac{\frac{n+2}{n+1}\left(\alpha_{kw} + \Delta\alpha_k \frac{3n}{3n+2}\right)\left(\alpha_{kw} + \Delta\alpha_k \frac{n}{n+2}\right)}{\left(\alpha_{kw} + \Delta\alpha_k \frac{n}{n+1}\right)^2} \tag{15.18}$$

其中，$\Delta\alpha_k = \alpha_{k0} - \alpha_{kw}$。漂移流模型的体积通量分布参数 C_0 由下式给出

$$C_0 \simeq \frac{n+2}{n+1} \tag{15.19}$$

式中，对于圆管中充分发展的流动，C_0 可通过下面的经验关联式给出（Ishii，1977）

$$C_0 = 1.2 - 0.2\sqrt{\rho_g/\rho_f} \tag{15.20}$$

对于矩形通道中的过冷沸腾或流动，分别用式（14.35）或式（14.32）表示。因此，在 n 的标准范围内，参数 C_{vg} 可用下式近似给出。

$$C_{vg} \simeq 1 + 0.5(C_0 - 1) \tag{15.21}$$

对于蒸汽弥散流中的液相，$\alpha_{fw} \simeq 1$ 且 $\alpha_{f0} \simeq 1$。从式（15.18）可以看出，对于泡状流和搅混流中的 α_{f0} 的标准范围，C_{vf} 可以近似为

$$C_{vf} \simeq 1 + 1.5(C_0 - 1) \tag{15.22}$$

对于环状流，动量协方差项也可以用汽、液两相的标准速度分布来计算。因此有

$$C_{vk} \cong \begin{cases} 1.02 & \text{湍流} \\ 1.33 & \text{层流} \end{cases} \tag{15.23}$$

同样，焓通量的分布参数可以定义为

$$C_{hk} \equiv \frac{\langle \alpha_k h_k v_k \rangle}{\langle \alpha_k \rangle \langle\langle h_k \rangle\rangle \langle\langle v_k \rangle\rangle} \tag{15.24}$$

对于热平衡流动，$h_g = h_{gs}$，$h_f = h_{fs}$，其中 h_{gs} 和 h_{fs} 是蒸汽和液体的饱和焓。由于在这种情况下，每相的焓分布是完全均匀的，所以分布参数变为 1；即 $C_{hg} = C_{hf} = 1$。很明显，如果其中一个相处于饱和状态，则该相的 C_{hk} 变为 1。

在单相区，分布参数可以由速度和焓的假设分布计算得到。使用湍流的标准幂次律断面分布，即 $\frac{v}{v_0} = \left(\frac{y}{R}\right)^{\frac{1}{n}}$ 和 $\frac{h - h_w}{h_0 - h_w} = \left(\frac{y}{R}\right)^{\frac{1}{m}}$，其中 y 是距离壁面的距离，可以证明协方差项对于正常条件下未充分发展和充分发展的流动都是可以忽略的。那么

$$C_{hk} \simeq 1.0 \tag{15.25}$$

因此，除严重瞬变情况外，焓协方差可以忽略不计。

15.2.2　相分布对本构关系的影响

传统的两流体模型最大的缺点是建立了由式(15.9)定义的界面剪切力$\langle M_k^d \rangle$的本构方程。当两流体模型应用于分层流动以外的其他流动时,这一点更是如此。问题有两个方面:

①平均阻力$\langle M_{ik} \rangle_z$的模型;

②界面剪切力效应$\langle -\nabla \alpha_k \cdot \tau_i \rangle_z$的模型。

下文将单独讨论这些问题。

对于弥散两相流,平均界面阻力项可以由下式近似给出

$$\langle M_{ik} \rangle_z \doteq -\frac{3}{8}\frac{C_D}{r_d}\langle \alpha_d \rangle \rho_c \langle v_r \rangle |\langle v_r \rangle| \tag{15.26}$$

这里只考虑M_{ik}的稳态阻力部分,它是最重要的项。上述近似形式是基于实验观察得到的,局部相对速度v_r在流道上分布比较均匀(Hibiki & Ishii,1999;Hibiki et al.,2001;Serizawa et al.,1975),在大多数两相流中,局部相对速度远小于相速度。

然而,重要的是,平均阻力应与由下式定义的平均当地相对速度$< v_r >$相关

$$\langle v_r \rangle \equiv \frac{1}{A}\int v_r \mathrm{d}A \tag{15.27}$$

而不是由下式给出的相面积平均速度之差

$$\overline{v_r} \equiv \langle\langle v_d \rangle\rangle - \langle\langle v_c \rangle\rangle \tag{15.28}$$

总的来讲,有

$$\langle v_r \rangle \neq \overline{v_r} \tag{15.29}$$

这两个相对速度之间的差异可能很大。其原因是,在一维方程中,两相间的滑移速度$\overline{v_r}$是由两种完全不同的效应引起的,即相速度分布的局部相对运动和积分效应。这两种效应的存在已经众所周知(Bankoff,1960;Ishii,1977;Zuber & Findlay,1965)。第一个效应是在一个局部点上两相之间的真实相对运动,这不需要任何进一步的解释。第二个影响是由面积平均所引起的。例如,如果弥散相更多地集中在高速核心区,则弥散相的平均速度应远高于连续相的平均速度,后者集中在低速壁面区附近。即使两相的局部速度相同,这也是正确的。

基于漂移流模型,可以看出$< v_r >$的近似表达式为

$$\langle v_r \rangle \simeq \frac{1 - C_0 \langle \alpha_g \rangle}{1 - \langle \alpha_g \rangle}\langle\langle v_g \rangle\rangle - C_0 \langle\langle v_f \rangle\rangle \tag{15.30}$$

对于泡状流、弹状流和搅混流。根据流型判据(Ishii,1977;Ishii & Mishima,1980),它适用于以下条件。

$$\begin{cases}\langle v_g \rangle < \dfrac{1}{C_0}, \\ \langle j_g \rangle \sqrt{\dfrac{\rho_g}{\Delta\rho g D}} > \langle \alpha_g \rangle - 0.1\end{cases} \tag{15.31}$$

当管道直径相对较小时，该判据有效。关于更多的一般性条件，请参见 Ishii 和 Mishima 的文献（Ishii & Mishima, 1980）。在简单情况下，C_0 的本构方程由式（15.20）给出。

和式（15.30）一起，由式（15.26）给出的阻力表达式补偿了由于相和速度分布引起的滑移。传统的两流体模型从未考虑过$\overline{v_r}$和$\langle v_r \rangle$之间的这种差异。在大多数两相流系统中，由于相的分布而产生的滑移比相间的局部滑移大得多。因此，忽略上述影响，将导致泡状流、弹状流和搅混流等流型的含气率和速度的预测出现较大误差。也可能正是这个原因，即使是两流体模型，在稳态条件下，其预测结果还不如漂移流模型的结果准确。这是传统两流体模型最显著的缺点之一，需要在今后的分析中加以修正。

15.2.3 界面剪切力项

用$\langle M_k^d \rangle$表示的总界面剪切力有两个来源：即广义阻力$\langle M_{ik} \rangle_z$和因界面剪切和空泡份额梯度的贡献$\langle -\nabla\alpha_k \cdot \tau_i \rangle_z$，如式（15.9）所示。在分层流动中，第二项是主导项。例如，对于管内的环状流，可以证明

$$\langle -\nabla\alpha_k \cdot \tau_i \rangle_z = -\frac{1}{A}\int_A \frac{\partial\alpha_g}{\partial r}(\tau_{gi})2\pi r dr = -\frac{1}{A}\lim_{\delta\to 0}\int_\delta \frac{\partial\alpha_g}{\partial r}\tau_{gi}2\pi r dr = -\frac{\xi_i}{A}\tau_{gi} \tag{15.32}$$

其中，ξ_i是气芯的湿周。

在这种情况下，τ_{gi}的本构关系可以用标准界面摩擦系数表示

$$\tau_{gi} = \frac{f_i}{2}\rho_g \overline{v_r}|\overline{v_r}| \tag{15.33}$$

其中，$\overline{v_r} \equiv \langle\langle v_g \rangle\rangle - \langle\langle v_f \rangle\rangle$。界面摩擦系数$f_i$有多个关联式。Wallis 关联式

$$f_i = 0.005\left[1 + 75\left(1 - \langle \alpha_g \rangle\right)\right] \tag{15.34}$$

适用于有粗糙波纹液膜的情况。

对于环状流，传统的两流体模型正确考虑了界面剪切力项。然而这一项在泡状流、弹状流和搅混流中的作用通常被忽略。包含这一项对于正确模拟相间的界面动量耦合非常重要。为了得到这个界面剪切力项的本构关系，有几个假设是必要的，因为它需要有关空泡份额和剪切应力分布的信息。为此，假设为如下的幂次律分布

$$\tau_{\mathrm{i}} \sim \tau_{\mathrm{w}} \left(\frac{r}{R_{\mathrm{w}}} \right)^{m} \tag{15.35}$$

根据此式及由式(15.16)确定的空泡份额分布,则有

$$\left\langle -\nabla \alpha_{\mathrm{k}} \cdot \tau_{\mathrm{i}} \right\rangle_{\mathrm{z}} = -\frac{4\tau_{\mathrm{w}}}{D} \left\langle \alpha_{\mathrm{g}} \right\rangle \frac{n+2}{n+1+m} \tag{15.36}$$

其中,α_{g}为弥散相的空泡份额。引入下式的分布参数 C_{τ}

$$C_{\tau} = \frac{n+2}{n+1+m} \tag{15.37}$$

两相流的界面剪切力项变为

$$\left\langle -\nabla \alpha_{\mathrm{k}} \cdot \tau_{\mathrm{i}} \right\rangle_{\mathrm{z}} = -\frac{4\tau_{\mathrm{w}}}{D} \left\langle \alpha_{\mathrm{g}} \right\rangle C_{\tau} \tag{15.38}$$

预计 C_{τ} 非常接近于 1。在水平通道中,即使在稳态条件下,该项也会导致相间滑移。由于宏观动量跃迁条件的存在,该项的加入并没有改变两相混合物的整体动量平衡。结果表明,通过界面剪切力和空泡份额梯度分布,相间的动量作用受到壁面剪切应力的影响。

第 16 章　考虑结构材料控制容积的两流体模型

有几位学者(Drew & Passman,1998;Ishii,1975;Ishii & Hibiki,2006)很好地描述了微分守恒方程的局瞬方程。这些方程的求解因存在界面而有各种各样的困难。应用平均化方法得到了宏观两相流场方程和以平均值表示的本构方程。其中包括本地体积平均法(Sha & Chao,2007)、时间平均法(Ishii,1975;Ishii & Hibiki,2006)和系综平均法(Hill,1998)。一些学者讨论了复合平均(Delhaye et al,1981;Lahey & Drew,1988;Sha,Chao,& Soo,1989)。如图 16.1 所示,图中根据所关注的长度尺度对平均方法进行分类,通常在核反应堆热工水力系统分析程序中使用一维公式,考虑回路中结构材料的存在使用多孔介质方法,在计算流体力学程序中使用的三维公式。

通道中因结构材料的存在使得水力计算更加困难。一些学者(Slattery,1972;Todreas & Kazimi,2001)将局部体积平均法用于单相流以考虑结构材料。Hughes(Hughes,1976)和 Sha 等(Sha et al.,1989;Sha,Chao,& Soo,1984)将同样的方法应用于两相流。与平均微分守恒方程平行使用,他们利用局部体积平均,得到了一些有用的参数,如空泡份额和相含率等。界面面积和结构材料的接触面对完成推导很重要,但这些变量仍有脉动分量。因此,时间平均是获得最终微分方程所必需的过程(Kolev,2012)。Sha 等(Sha et al.,1989)采用系综平均法,将时间平均法应用于局部体积平均方程。由于时间和空间平均算子之间满足交换律,应用这两种方法应该会给出相同的结果(Delhaye et al.,1981)。Sha 和 Chao(Sha & Chao,2007)提出了一种新的多孔介质多相流守恒方程组。

鉴于多孔介质方法在热工水力系统分析程序中的重要作用,本章在控制容积中考虑结构材料,建立了时间体积平均的两流体模型(Lee,Hibiki,& Ishii,2009)。首先,简要地讨论了时间平均两流体模型和推导时间-体积平均两流体模型的重要数学定理。其次,对流道上的时间平均两流体模型进行平均,得到时间-体积平均两流体模型。最后,讨论了本构方程在这个公式应用中的一些问题。

16.1　时间平均的两流体模型

几位学者(Drew & Passman,1998;Ishii,1975;Ishii & Hibiki,2006)已将微分平衡方程的局瞬方程描述为

$$\frac{\partial \rho_k \psi_k}{\partial t} + \nabla \cdot (\rho_k \psi_k \boldsymbol{v}_k) = -\nabla \cdot \mathscr{J}_k + \rho_k \phi_k \tag{16.1}$$

其中 ρ_k、ψ_k、$\boldsymbol{v}_k$、$\mathscr{J}_k$ 和 ϕ_k 分别是 k 相的密度、广延特性、速度、通量和源项。表 16.1 显示了连续性、动量和能量守恒方程的场变量。守恒方程由界面守恒方程、各种边界条件和状态方程所补充。

表 16.1　性质、通量和源项(Lee et al. ,2009)

	ψ_k	$\mathscr{J}_K$	ϕ_k	I_k
质量	1	0	0	Γ_k
动量	$\boldsymbol{v}_k$	$-\mathscr{T}_k$	$\boldsymbol{g}_k$	$\boldsymbol{M}_k$
能量	$v_k + \frac{v_k^2}{2}$	$\boldsymbol{q}_k - \mathscr{T}_k \cdot \boldsymbol{v}_k$	$\boldsymbol{g}_k \cdot \boldsymbol{v}_k + \frac{\dot{q}_k}{\rho_k}$	E_k

时间平均法也已经比较成熟(Ishii,1975;Ishii & Hibiki,2006)。k 相任意性质 ψ_k 的平衡方程可以表示为

$$\frac{\partial}{\partial t}(\overline{\rho_k \psi_k}) + \nabla \cdot (\overline{\rho_k \psi_k \boldsymbol{v}_k}) = -\nabla \cdot \overline{\mathscr{J}_k} + \overline{\rho_k \phi_k} + I_k \tag{16.2}$$

其中,参量上的横条表示时间平均运算,I_k 是 k 相平衡方程中的界面源项。

通过定义相密度函数 M_k,可以定义各种加权变量。

$$M_k = \begin{cases} 1 & \text{由 k 相所占据的点} \\ 0 & \text{由界面占据的点} \end{cases} \tag{16.3}$$

则有

$$\alpha_k = \overline{M_k} \tag{16.4}$$

场变量 $\overline{\overline{F_k}}$ 的相平均值则定义为

$$\overline{\overline{F_k}} \equiv \frac{\overline{M_k F_k}}{\overline{M_k}} = \frac{\overline{F_k}}{\alpha_k} \tag{16.5}$$

如果 F_k 由相密度 ρ_k 和特性 ψ_k 的乘积表示,则相密度加权平均变量可定义为

$$\widehat{\psi_k} \equiv \frac{\overline{\rho_k \psi_k}}{\overline{\overline{\rho_k}}} \tag{16.6}$$

也可以写为

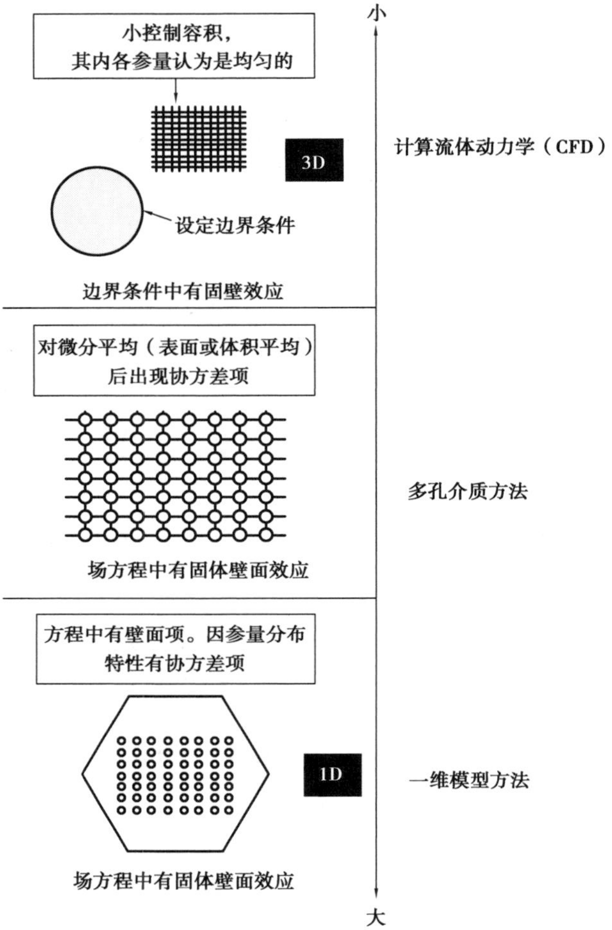

图 16.1　空间尺度与计算方法的关系(Lee et al. ,2009)

$$\widehat{\psi_k} \equiv \frac{\overline{\overline{\rho_k \psi_k}}}{\overline{\overline{\rho_k}}} \tag{16.7}$$

则时间平均平衡方程可以用加权平均变量表示为

$$\frac{\partial \alpha_k \overline{\overline{\rho_k}}\, \widehat{\psi_k}}{\partial t} + \nabla \cdot (\alpha_k \overline{\overline{\rho_k}}\, \widehat{\psi_k}\, \widehat{\boldsymbol{v}_k}) = -\nabla \cdot (\alpha_k \overline{\overline{\mathscr{J}_k}}) + \alpha_k \overline{\overline{\rho_k}}\, \widehat{\phi_k} + \boldsymbol{I}_k \tag{16.8}$$

这里,时间脉动项定义为

$$\rho_k = \overline{\overline{\rho_k}} + \rho_k', \psi_k = \widehat{\psi_k} + \psi_k', v_k = \widehat{v_k} + v_k' \tag{16.9}$$

则有

$$\overline{\overline{\rho_k'}} = 0, \overline{\overline{\rho_k \psi_k'}} = 0, \overline{\overline{\rho_k v_k'}} = 0 \tag{16.10}$$

因此有

$$\frac{\partial \overline{\rho_k}\widehat{\psi_k}}{\partial t} + \nabla\cdot(\overline{\rho_k}\widehat{\psi_k}\widehat{\boldsymbol{v}_k}) = -\nabla\cdot(\overline{\mathscr{J}_k} + \overline{\rho_k\psi'_k\boldsymbol{v}'_k}) + \overline{\rho_k\phi_k} + \boldsymbol{I}_k \qquad (16.11)$$

16.2 局部体积平均运算

16.2.1 参数和平均量的定义

由于相界面的存在,体积平均法通常应用于不连续函数。这里,局部体积平均过程应用于由时间平均过程所平滑的场变量。因此,相界面不需要专门考虑,只需考虑固体结构与流体之间的界面即可。图 16.2 显示了局部体积元。通过对包含结构材料体积 V^S 的局部体积单元 V^T 上的时间平均守恒方程进行平均,可以得到时间-体积平均守恒方程。

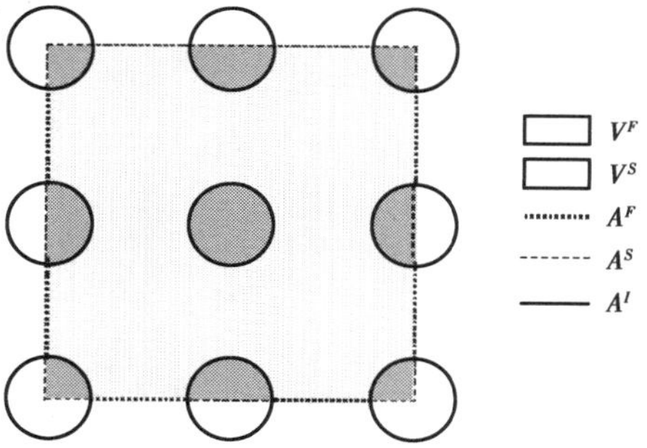

图 16.2　包括结构材料在内的控制体积(Lee et al. ,2009)

这里 V^F 和 V^S 分别是自由体积和结构材料体积。因此控制体 V^T 的总体积为

$$V^T = V^F + V^S \qquad (16.12)$$

在图 16.2 中,A^F 和 A^S 分别是控制体积边界上的自由表面和结构材料表面。因此,控制体积的总边界面为

$$A^T = A^F + A^S \qquad (16.13)$$

体积孔隙率和表面孔隙率通常分别由下面两式定义。

$$e^V \equiv \frac{V^F}{V^T} \qquad (16.14)$$

$$e^A \equiv \frac{A^F}{A^T} \qquad (16.15)$$

标量、矢量或张量$\mathcal{R}_k$的相平均值表示为

$$[\mathcal{R}_k]^V \equiv \frac{1}{V^T}\int_{V^F}\mathcal{R}_k \mathrm{d}V \qquad (16.16)$$

如果$\mathcal{R}_k$为常数,则式(16.16)表明相平均量不等于该常数值。因此,通常更喜欢使

用由下式定义的本征相平均值(Whitaker,1985)

$$\llbracket \mathcal{R}_k \rrbracket^V \equiv \frac{1}{V^F}\int_{V^F} \mathcal{R}_k \mathrm{d}V \tag{16.17}$$

由于$\mathcal{R}_k$不存在于固体结构内部,所以有

$$\int_{V^F} \mathcal{R}_k \mathrm{d}V = \int_{V^T} \mathcal{R}_k \mathrm{d}V \tag{16.18}$$

这两个平均量的关系是

$$[\mathcal{R}_k]^V = e^V \llbracket \mathcal{R}_k \rrbracket^V \tag{16.19}$$

局部曲面 A 上标量、矢量或张量$\mathcal{R}_k$的平均值为

$$[\mathcal{R}_k]^A \equiv \frac{1}{A^T}\int_{A^F} \mathcal{R}_k \mathrm{d}A \tag{16.20}$$

标量、矢量或张量$\mathcal{R}_k$的本征表面平均值为

$$\llbracket \mathcal{R}_k \rrbracket^A \equiv \frac{1}{A^F}\int_{A^F} \mathcal{R}_k \mathrm{d}A \tag{16.21}$$

由于$\mathcal{R}_k$并不存在于固体结构内部,所以有

$$\int_{A^F} \mathcal{R}_k \mathrm{d}A = \int_{A^T} \mathcal{R}_k \mathrm{d}A \tag{16.22}$$

这两个平均量的关系是

$$[\mathcal{R}_k]^A = e^A \llbracket \mathcal{R}_k \rrbracket^A \tag{16.23}$$

16.2.2 一些重要定理

散度定理表达为

$$\int_{V^F} \nabla\cdot \mathcal{R}_k \mathrm{d}V = \int_{A^F} \mathcal{R}_k \cdot \boldsymbol{n}^F \mathrm{d}A + \int_{A^I} \mathcal{R}_k \cdot \boldsymbol{n}^I \mathrm{d}A \tag{16.24}$$

其中 $\boldsymbol{n}^F$ 是垂直于 $\boldsymbol{A}^F$ 表面的单位矢量,$\boldsymbol{n}^I$ 是垂直于控制体积 $\boldsymbol{A}^I$ 边界内的结构材料表面的单位矢量。本征体积平均值的散度用下式表示(Whitaker,1985)

$$\nabla\cdot\left(\int_{V^F} \mathcal{R}_k \mathrm{dV}\right) = \int_{A^F} \mathcal{R}_k \cdot \boldsymbol{n}^F \mathrm{d}A \tag{16.25}$$

三维莱布尼兹法则由下式表示(Whitaker,1985)

$$\int_{V^F} \nabla\cdot \mathcal{R}_k \mathrm{d}V = \nabla\cdot\left(\int_{V^F} \mathcal{R}_k \mathrm{d}V\right) + \int_{A^I} \mathcal{R}_k \cdot \boldsymbol{n}^I \mathrm{d}A \tag{16.26}$$

16.3 时间-体积平均两流体模型公式

16.3.1 仅含体积孔隙率的方程

在 $\boldsymbol{V}^F$ 上对式(16.11)积分并除以体积元 $\boldsymbol{V}^T$,即可得到时间-体积平均守恒方程

$$\frac{1}{V^T}\int_{V^F}\left[\frac{\partial}{\partial t}(\overline{\rho_k \widehat{\psi_k}}) + \nabla\cdot(\overline{\rho_k \widehat{\psi_k}\widehat{\boldsymbol{v}_k}})\right]\mathrm{d}V$$

$$= \frac{1}{V^T}\int_{V^F}[-\nabla\cdot(\overline{\mathcal{J}_k} + \overline{\rho_k\psi_k'\boldsymbol{v}_k'}) + \overline{\rho_k\phi_k} + \boldsymbol{I}_k]\mathrm{d}V = 0 \qquad (16.27)$$

对于一个固定体积(即一个静止和不可变形的体积),时间导数和体积积分的次序是可交换的。因此,式(16.27)左侧的第一项表示为

$$\frac{1}{V^T}\int_{V^F}\frac{\partial}{\partial t}(\overline{\rho_k \widehat{\psi_k}})\mathrm{d}V = \frac{1}{V^T}\frac{\partial}{\partial t}\int_{V^F}(\overline{\rho_k \widehat{\psi_k}})\mathrm{d}V$$

$$= \frac{\partial}{\partial t}\left[\frac{1}{V^T}\int_{V^F}(\overline{\rho_k \widehat{\psi_k}})\mathrm{d}V\right] = \frac{\partial}{\partial t}(e^V[\![\overline{\rho_k \widehat{\psi_k}}]\!]^V) \qquad (16.28)$$

在第二项应用三维莱布尼兹法则得

$$\frac{1}{V^T}\int_{V^F}\nabla\cdot(\overline{\rho_k \widehat{\psi_k}\widehat{\boldsymbol{v}_k}})\mathrm{d}V = \nabla\cdot\left(\frac{1}{V^T}\int_{V^F}(\overline{\rho_k \widehat{\psi_k}\widehat{\boldsymbol{v}_k}})\mathrm{d}V\right) + \frac{1}{V^T}\int_{A^I}\boldsymbol{n}^I\cdot(\overline{\rho_k \widehat{\psi_k}\widehat{\boldsymbol{v}_k}})\mathrm{d}A$$

$$= \nabla\cdot(e^V[\![\overline{\rho_k \widehat{\psi_k}\widehat{\boldsymbol{v}_k}}]\!]^V) + \frac{1}{V^T}\int_{A^I}(\overline{\rho_k \widehat{\psi_k}\widehat{\boldsymbol{v}_k}})\cdot\mathrm{d}\boldsymbol{A}^I \qquad (16.29)$$

如果忽略结构表面上相对液相的气相滑移速度,则在结构表面上相速度可以近似设为零(在 $\boldsymbol{A}^I$ 处 $\boldsymbol{v}_k=0$)。因此

$$\frac{1}{V^T}\int_{A^I}(\overline{\rho_k \widehat{\psi_k}\widehat{\boldsymbol{v}_k}})\cdot\mathrm{d}\boldsymbol{A}^I = 0 \qquad (16.30)$$

式(16.27)左侧的第二项大致为

$$\frac{1}{V^T}\int_{V^F}\nabla\cdot(\overline{\rho_k \widehat{\psi_k}\widehat{\boldsymbol{v}_k}})\mathrm{d}V = \nabla\cdot(e^V[\![\overline{\rho_k \widehat{\psi_k}\widehat{\boldsymbol{v}_k}}]\!]^V) \qquad (16.31)$$

以类似的方式,式(16.27)右侧的第一项可以表示为

$$\frac{1}{V^T}\int_{V^F}\nabla\cdot(\overline{\mathcal{J}_k} + \overline{\rho_k\psi_k'\boldsymbol{v}_k'})\mathrm{d}V = \nabla\cdot\left[\frac{1}{V^T}\int_{V^F}(\overline{\mathcal{J}_k} + \overline{\rho_k\psi_k'\boldsymbol{v}_k'})\mathrm{d}V\right] + \frac{1}{V^T}\int_{A^I}(\overline{\mathcal{J}_k} + \overline{\rho_k\psi_k'\boldsymbol{v}_k'})\cdot\mathrm{d}\boldsymbol{A}^I$$

$$= \nabla\cdot\left[e^V\left([\![\overline{\mathcal{J}_k}]\!]^V + [\![\overline{\rho_k\psi_k'\boldsymbol{v}_k'}]\!]^V\right)\right] + \frac{1}{V^T}\int_{A^I}(\overline{\mathcal{J}_k} + \overline{\rho_k\psi_k'\boldsymbol{v}_k'})\cdot\mathrm{d}\boldsymbol{A}^I$$

$$(16.32)$$

式(16.27)右侧的第二项和第三项可分别表示为下面两式。

$$\frac{1}{V^T}\int_{V^F}\overline{\rho_k\phi_k}\mathrm{d}V = e^V[\![\overline{\rho_k\phi_k}]\!]^V \qquad (16.33)$$

$$\frac{1}{V^T}\int_{V^F}I_k\mathrm{d}V = e^V[\![I_k]\!]^V \qquad (16.34)$$

则式(16.27)可重写为

$$\frac{\partial}{\partial t}(e^V[\![\overline{\rho_k \widehat{\psi_k}}]\!]^V) + \nabla\cdot(e^V[\![\overline{\rho_k \widehat{\psi_k}\widehat{\boldsymbol{v}_k}}]\!]^V) = -\nabla\cdot[e^V([\![\overline{\mathcal{J}_k}]\!]^V + [\![\overline{\rho_k\psi_k'\boldsymbol{v}_k'}]\!]^V)] -$$

$$\frac{1}{V^T}\int_{A^I}(\overline{\mathcal{J}_k} + \overline{\rho_k\psi_k'\boldsymbol{v}_k'})\cdot\mathrm{d}A^I + e^V[\![\rho_k\phi_k]\!]^V + e^V[\![I_k]\!]^V = 0 \qquad (16.35)$$

在随后的分析中，假设流道上的$\overline{\overline{\rho_k}}$为常数。式(16.35)可进一步简化为

$$\frac{\partial}{\partial t}\left(e^V\overline{\overline{\rho_k}}[\![\alpha_k\widehat{\psi_k}]\!]^V\right)+\nabla\cdot\left(e^V\overline{\overline{\rho_k}}[\![\alpha_k\widehat{\psi_k}\widehat{\boldsymbol{v}_k}]\!]^V\right)=-\nabla\cdot\left[e^V\left([\![\alpha_k\overline{\overline{\mathcal{J}_k}}]\!]^V+[\![\alpha_k\overline{\overline{\mathcal{J}_k^T}}]\!]^V\right)\right]-\frac{1}{V^T}\int_{A^I}(\alpha_k\overline{\overline{\mathcal{J}_k}}+\alpha_k\overline{\overline{\mathcal{J}_k^T}})\cdot\mathrm{d}\boldsymbol{A}^I+e^V[\![\alpha_k\overline{\overline{\rho_k\phi_k}}]\!]^V+e^V[\![I_k]\!]^V \tag{16.36}$$

湍流通量定义为

$$\mathcal{J}_k^T\equiv\overline{\overline{\rho_k\psi_k'\boldsymbol{v}_k'}} \tag{16.37}$$

在式(16.35)中，仅使用了体积孔隙率。

这里定义一些平均量为

$$\langle\langle\widehat{\psi_k}\rangle\rangle^V\equiv\frac{[\![\alpha_k\overline{\overline{\rho_k}}\widehat{\psi_k}]\!]^V}{[\![\alpha_k\overline{\overline{\rho_k}}]\!]^V}=\frac{\langle\alpha_k\widehat{\psi_k}\rangle^V}{[\![\alpha_k]\!]^V} \tag{16.38}$$

$$C_{\psi k}^V\equiv\frac{[\![\alpha_k\widehat{\psi_k}\widehat{\boldsymbol{v}_k}]\!]^V}{[\![\alpha_k]\!]^V\langle\langle\widehat{\psi_k}\rangle\rangle^V\langle\langle\widehat{\boldsymbol{v}_k}\rangle\rangle^V} \tag{16.39}$$

$$\langle\langle\overline{\overline{\mathcal{J}_k}}\rangle\rangle^V\equiv\frac{[\![\alpha_k\overline{\overline{\mathcal{J}_k}}]\!]^V}{[\![\alpha_k]\!]^V} \tag{16.40}$$

$$\langle\langle\mathcal{J}_k^T\rangle\rangle^V\equiv\frac{[\![\alpha_k\mathcal{J}_k^T]\!]^V}{[\![\alpha_k]\!]^V} \tag{16.41}$$

$$[\![\alpha_k\overline{\overline{\rho_k\phi_k}}]\!]^V=\overline{\overline{\rho_k}}[\![\alpha_k]\!]^V[\![\widehat{\phi_k}]\!]^V \tag{16.42}$$

假设固体结构和流体混合物间的边界处的湍流通量可以忽略不计。可通过以下方法得到各相的时间-体积平均守恒方程

$$\begin{aligned}&\frac{\partial}{\partial t}\left(e^V\overline{\overline{\rho_k}}[\![\alpha_k]\!]^V\langle\langle\widehat{\psi_k}\rangle\rangle^V\right)+\nabla\cdot\left(C_{\psi k}^Ve^V\overline{\overline{\rho_k}}[\![\alpha_k]\!]^V\langle\langle\widehat{\psi_k}\rangle\rangle^V\langle\langle\widehat{\boldsymbol{v}_k}\rangle\rangle^V\right)\\&=-\nabla\cdot\left[e^V\left([\![\alpha_k]\!]^V\langle\langle\overline{\overline{\mathcal{J}_k}}\rangle\rangle^V+[\![\alpha_k]\!]^V\langle\langle\overline{\overline{\mathcal{J}_k^T}}\rangle\rangle^V\right)\right]-\\&\frac{1}{V^T}\int_{A^I}\alpha_k\overline{\overline{\mathcal{J}_k}}\cdot\mathrm{d}A^I+e^V\overline{\overline{\rho_k}}[\![\alpha_k]\!]^V[\![\widehat{\phi_k}]\!]^V+e^V[\![I_k]\!]\mathrm{V}\end{aligned} \tag{16.43}$$

对于质量守恒方程，将参数设置为

$$\psi_k=1,\phi_k=0,\mathcal{J}_k=0,I_k=\Gamma_k \tag{16.44}$$

其中Γ_k是k相的质量产生项。则质量守恒方程为

$$\frac{\partial}{\partial t}\left(e^V\overline{\overline{\rho_k}}[\![\alpha_k]\!]^V\right)+\nabla\cdot\left(e^V\overline{\overline{\rho_k}}[\![\alpha_k]\!]^V\langle\langle\widehat{\boldsymbol{v}_k}\rangle\rangle^V\right)=e^V[\![\Gamma_k]\!]^V \tag{16.45}$$

对于动量守恒方程，将参数设为

$$\boldsymbol{\psi}_k=\boldsymbol{v}_k,\mathcal{J}_k=-\mathcal{T}_k=p_k\mathcal{I}-\boldsymbol{\mathcal{T}}_k,\boldsymbol{\phi}_k=\boldsymbol{g}_k,\boldsymbol{I}_k=\boldsymbol{M}_k \tag{16.46}$$

其中$\mathcal{T}_k$、p_k、$\mathcal{I}$、$\boldsymbol{\mathcal{T}}_k$、$g_k$和$\boldsymbol{M}_k$分别是k相的应力张量、压力、单位张量、黏性应力张量、重力加速度和动量源项。则动量守恒方程变为

$$
\frac{\partial}{\partial t}\left(e^V\overline{\overline{\rho_k}}[\![\alpha_k]\!]^V\langle\langle\widehat{\boldsymbol{v}_k}\rangle\rangle^V\right)+\nabla\cdot\left(C_{vk}^V e^V\overline{\overline{\rho_k}}[\![\alpha_k]\!]^V\langle\langle\widehat{\boldsymbol{v}_k}\rangle\rangle^V\langle\langle\widehat{\boldsymbol{v}_k}\rangle\rangle^V\right)
$$

$$
=-\nabla\cdot\left(e^V[\![\alpha_k]\!]^V\langle\langle\overline{\overline{p_k\mathcal{I}}}\rangle\rangle^V\right)+\nabla\cdot\left(e^V[\![\alpha_k]\!]^V\langle\langle\overline{\overline{\mathcal{T}_k}}+\overline{\overline{\mathcal{T}_k^T}}\rangle\rangle^V\right)-
$$

$$
\frac{1}{V^T}\int_{A^I}\alpha_k(\overline{\overline{p_k\mathcal{I}}}-\overline{\overline{\mathcal{T}_k}})\cdot \mathrm{d}A^I+e^V\overline{\overline{\rho_k}}[\![\alpha_k]\!]^V\widehat{\boldsymbol{g}_k}+e^V[\![\boldsymbol{M}_k]\!]^V \tag{16.47}
$$

湍流通量$\mathcal{T}_k^T(\equiv -\mathcal{J}_k^T)$定义为

$$
\mathcal{T}_k^T\equiv-\overline{\overline{\rho_k\psi_k'\boldsymbol{v}_k'}} \tag{16.48}
$$

对于能量守恒方程，将参数设置为

$$
\psi_k=u_k+\frac{v_k^2}{2},\mathcal{J}_k=\boldsymbol{q}_k-\mathcal{T}_k\cdot\boldsymbol{v}_k,\phi_k=\boldsymbol{g}_k\cdot\boldsymbol{v}_k+\frac{\dot{q}_k}{\rho_k},I_k=E_k \tag{16.49}
$$

式中，u_k、$\boldsymbol{q}_k$、$\dot{\boldsymbol{q}}_k$ 和 E_k分别为 k 相通过界面的内能、热流密度、体积释热和总能量增量。常忽略体积释热项$\frac{\dot{q}_k}{\rho_k}$。得到能量守恒方程为

$$
\frac{\partial}{\partial t}\left(e^V\overline{\overline{\rho_k}}[\![\alpha_k]\!]^V\langle\langle\widehat{e_k}+\frac{1}{2}\widehat{v_k^2}\rangle\rangle^V\right)+
$$

$$
\nabla\cdot\left(C_{ek}^V e^V\overline{\overline{\rho_k}}[\![\alpha_k]\!]^V\langle\langle\widehat{e_k}+\frac{1}{2}\widehat{v_k^2}\rangle\rangle^V\langle\langle\widehat{\boldsymbol{v}_k}\rangle\rangle^V\right)
$$

$$
=-\nabla\cdot\left[e^V[\![\alpha_k]\!]^V\left(\langle\langle\overline{\overline{\boldsymbol{q}_k}}+\boldsymbol{q}_k^T\rangle\rangle^V\right)\right]-
$$

$$
\nabla\cdot\left[e^V[\![\alpha_k]\!]^V\left(\langle\langle\left(\overline{\overline{p_k\mathcal{I}}}-\overline{\overline{\mathcal{T}_k}}\right)\cdot\widehat{\boldsymbol{v}_k}\rangle\rangle^V\right)\right]-
$$

$$
\frac{1}{V^T}\int_{A^I}\alpha_k\left(\boldsymbol{q}_k-\overline{\overline{\mathcal{T}_k\cdot\boldsymbol{v}_k}}\right)\cdot \mathrm{d}A^I+e^V\overline{\overline{\rho_k}}[\![\alpha_k]\!]^V\widehat{\boldsymbol{g}_k}\cdot[\![\widehat{\boldsymbol{v}_k}]\!]^V+e^V[\![E_k]\!]^V \tag{16.50}
$$

其中视在内能$\widehat{e_k}$和湍流热流密度 $\boldsymbol{q}_k^T$ 分别用式(16.51)和式(16.52)定义为

$$
\widehat{e_k}\equiv\widehat{u_k}+\frac{\widehat{(v_k')^2}}{2} \tag{16.51}
$$

$$
\boldsymbol{q}_k^T\equiv\overline{\overline{\rho_k\left(u_k+\frac{v_k^2}{2}\right)'\boldsymbol{v}_k'}}-\overline{\overline{\mathcal{T}_k\cdot\boldsymbol{v}_k'}} \tag{16.52}
$$

除孔隙率项、协方差项和固体表面源项出现在时间-体积平均两流体模型中外，这些守恒方程与局部时均两流体模型相似。还应注意的是，时间-体积平均两流体模型中时间脉动项的定义与时间平均两流体模型中的定义是一致的。因此，现有的本构方程可以适用于时间-体积平均的两流体模型。

16.3.2　具有体积和表面孔隙率的方程

在前一节中，推导了仅具有体积孔隙率的常规多孔介质公式。该方法考虑了分

布阻力和分布热源或热阱。一般情况下，由于复杂结构造成的流动阻力（摩擦系数）在热工水力分析中是未知的，而定向表面孔隙率仅取决于几何形状，可以进行评估（Sha et al.，1984）。鉴于此，Sha 等（Sha et al.，1984）提出了定向表面孔隙率的概念，使能够方便地模拟各向异性介质中的速度场和温度场，提高动量传递的分辨率和精度。通过对基于体积孔隙度的时间-体积两流体模型的重构，得到了基于定向表面孔隙度的时间-体积平均两流体模型。

使用式（16.25），式（16.36）可重写为

$$\frac{\partial}{\partial t}\left(e^{V}\overline{\overline{\rho_{k}}}[\![\alpha_{k}\widehat{\psi_{k}}]\!]^{V}\right)+\frac{1}{V^{T}}\int_{A^{F}}\overline{\rho_{k}}\,\widehat{\psi_{k}}\,\widehat{\boldsymbol{v}_{k}}\cdot\boldsymbol{n}^{F}\mathrm{d}A$$
$$=-\frac{1}{V^{T}}\int_{A^{F}}\alpha_{k}(\overline{\overline{\mathscr{J}_{k}}}+\overline{\overline{\mathscr{J}_{k}^{T}}})\cdot\mathrm{d}\boldsymbol{A}^{F}-$$
$$\frac{1}{V^{T}}\int_{A^{I}}\alpha_{k}(\overline{\overline{\mathscr{J}_{k}}}+\overline{\overline{\mathscr{J}_{k}^{T}}})\cdot\mathrm{d}\boldsymbol{A}^{I}+e^{V}[\![\alpha_{k}\overline{\overline{\rho_{k}\phi_{k}}}]\!]^{V}+e^{V}[\![I_{k}]\!]^{V} \quad (16.53)$$

引入以下特殊运算符

$$\frac{1}{V^{T}}\int_{A^{F}}\boldsymbol{\mathscr{R}}_{k}\cdot\boldsymbol{n}^{F}\mathrm{d}A\equiv\nabla^{A}\cdot\left(e^{A}[\![\boldsymbol{\mathscr{R}}_{k}]\!]^{A}\right) \quad (16.54)$$

然后可以将式（16.53）重写为

$$\frac{\partial}{\partial t}\left(e^{V}\overline{\overline{\rho_{k}}}[\![\alpha_{k}\widehat{\psi_{k}}]\!]^{V}\right)+\nabla^{A}\cdot\left(e^{A}\overline{\overline{\rho_{k}}}[\![\alpha_{k}\widehat{\psi_{k}}\,\widehat{\boldsymbol{v}_{k}}]\!]^{A}\right)$$
$$=-\nabla^{A}\cdot\left[e^{A}\left([\![\alpha_{k}\overline{\overline{\mathscr{J}_{k}}}]\!]^{A}+[\![\alpha_{k}\overline{\overline{\mathscr{J}_{k}^{T}}}]\!]^{A}\right)\right]-$$
$$\frac{1}{V^{T}}\int_{A^{I}}\alpha_{k}(\overline{\overline{\mathscr{J}_{k}}}+\overline{\overline{\mathscr{J}_{k}^{T}}})\cdot\mathrm{d}\boldsymbol{A}^{I}+e^{V}[\![\alpha_{k}\overline{\overline{\rho_{k}\phi_{k}}}]\!]^{V}+e^{V}[\![I_{k}]\!]^{V} \quad (16.55)$$

为了解释左边的第二项，考虑笛卡儿坐标系的特殊情况，如图 16.3 所示，并且特殊运算符在笛卡儿坐标系中用式（16.56）表示（Todreas & Kazimi，2001）。

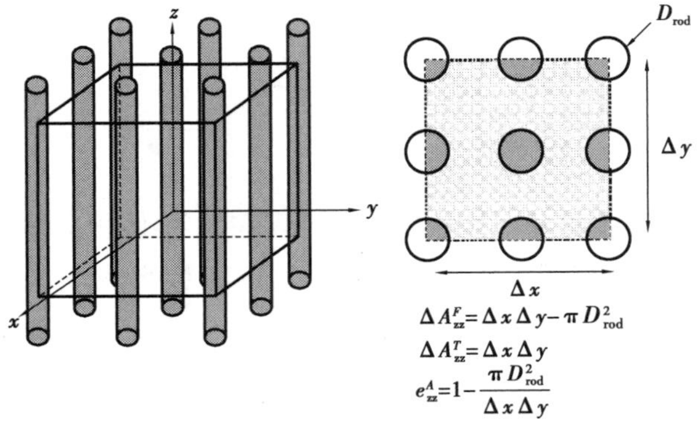

图 16.3 控制体积，包括笛卡儿坐标系中的结构材料（Lee et al.，2009）

$$
\begin{aligned}
\nabla^A\cdot\left(e^A\llbracket\mathcal{R}_k\rrbracket^A\right)\equiv{}&\frac{e^A_{x+\frac{\Delta x}{2}}\llbracket\mathcal{R}_k\rrbracket^A_{x+\frac{\Delta x}{2}}-e^A_{x-\frac{\Delta x}{2}}\llbracket\mathcal{R}_k\rrbracket^A_{x-\frac{\Delta x}{2}}}{\Delta x}+\\
&\frac{e^A_{y+\frac{\Delta y}{2}}\llbracket\mathcal{R}_k\rrbracket^A_{y+\frac{\Delta y}{2}}-e^A_{y-\frac{\Delta y}{2}}\llbracket\mathcal{R}_k\rrbracket^A_{y-\frac{\Delta y}{2}}}{\Delta y}+\\
&\frac{e^A_{z+\frac{\Delta z}{2}}\llbracket\mathcal{R}_k\rrbracket^A_{z+\frac{\Delta z}{2}}-e^A_{z-\frac{\Delta z}{2}}\llbracket\mathcal{R}_k\rrbracket^A_{z-\frac{\Delta z}{2}}}{\Delta z}
\end{aligned}
\tag{16.56}
$$

详细说明见 16.5 附录。这里定义一些平均量和协方差

$$
\langle\langle\widehat{\psi_k}\rangle\rangle^A\equiv\frac{\llbracket\alpha_k\overline{\overline{\rho_k}}\,\widehat{\psi_k}\rrbracket^A}{\llbracket\alpha_k\overline{\overline{\rho_k}}\rrbracket^A}=\frac{\llbracket\alpha_k\widehat{\psi_k}\rrbracket^A}{\llbracket\alpha_k\rrbracket^A}
\tag{16.57}
$$

$$
\langle\langle\overline{\overline{\mathcal{J}_k}}\rangle\rangle^A\equiv\frac{\llbracket\alpha_k\overline{\overline{\mathcal{J}_k}}\rrbracket^A}{\llbracket\alpha_k\rrbracket^A}
\tag{16.58}
$$

$$
\langle\langle\overline{\overline{\mathcal{J}_k^T}}\rangle\rangle^A\equiv\frac{\llbracket\alpha_k\overline{\overline{\mathcal{J}_k^T}}\rrbracket^A}{\llbracket\alpha_k\rrbracket^A}
\tag{16.59}
$$

$$
\llbracket\alpha_k\overline{\overline{\rho_k\phi_k}}\rrbracket^V=\overline{\overline{\rho_k}}\llbracket\alpha_k\rrbracket^V\llbracket\widehat{\phi_k}\rrbracket^V
\tag{16.60}
$$

引入方向协方差项$\mathbb{C}^A_{\psi k}$,在笛卡儿坐标系中式(16.55)的第二项表示为

$$
\begin{aligned}
&\nabla^A\cdot\left(\mathbb{C}^A_{\psi k}\,e^A\,\overline{\overline{\rho_k}}\llbracket\alpha_k\rrbracket^A\langle\langle\widehat{\psi_k}\rangle\rangle^A\langle\langle\widehat{v_k}\rangle\rangle^A\right)\\
&\equiv\frac{C^A_{\psi k,x+\frac{\Delta x}{2}}e^A_{x+\frac{\Delta x}{2}}\overline{\overline{\rho_k}}\llbracket\alpha_k\rrbracket^A_{x+\frac{\Delta x}{2}}\langle\langle\widehat{\psi_k}\rangle\rangle^A_{x+\frac{\Delta x}{2}}\langle\langle\widehat{v_k}\rangle\rangle^A_{x+\frac{\Delta x}{2}}}{\Delta x}-\\
&\frac{C^A_{\psi k,x-\frac{\Delta x}{2}}e^A_{x-\frac{\Delta x}{2}}\overline{\overline{\rho_k}}\llbracket\alpha_k\rrbracket^A_{x-\frac{\Delta x}{2}}\langle\langle\widehat{\psi_k}\rangle\rangle^A_{x-\frac{\Delta x}{2}}\langle\langle\widehat{v_k}\rangle\rangle^A_{x-\frac{\Delta x}{2}}}{\Delta x}+\\
&\frac{C^A_{\psi k,y+\frac{\Delta y}{2}}e^A_{y+\frac{\Delta y}{2}}\overline{\overline{\rho_k}}\llbracket\alpha_k\rrbracket^A_{y+\frac{\Delta y}{2}}\langle\langle\widehat{\psi_k}\rangle\rangle^A_{y+\frac{\Delta y}{2}}\langle\langle\widehat{v_k}\rangle\rangle^A_{y+\frac{\Delta y}{2}}}{\Delta y}-\\
&\frac{C^A_{\psi k,y-\frac{\Delta y}{2}}e^A_{y-\frac{\Delta y}{2}}\overline{\overline{\rho_k}}\llbracket\alpha_k\rrbracket^A_{y-\frac{\Delta y}{2}}\langle\langle\widehat{\psi_k}\rangle\rangle^A_{y-\frac{\Delta y}{2}}\langle\langle\widehat{v_k}\rangle\rangle^A_{y-\frac{\Delta y}{2}}}{\Delta y}+\\
&\frac{C^A_{\psi k,z+\frac{\Delta z}{2}}e^A_{z+\frac{\Delta z}{2}}\overline{\overline{\rho_k}}\llbracket\alpha_k\rrbracket^A_{z+\frac{\Delta z}{2}}\langle\langle\widehat{\psi_k}\rangle\rangle^A_{z+\frac{\Delta z}{2}}\langle\langle\widehat{v_k}\rangle\rangle^A_{z+\frac{\Delta z}{2}}}{\Delta z}-\\
&\frac{C^A_{\psi k,z-\frac{\Delta z}{2}}e^A_{z-\frac{\Delta z}{2}}\overline{\overline{\rho_k}}\llbracket\alpha_k\rrbracket^A_{z-\frac{\Delta z}{2}}\langle\langle\widehat{\psi_k}\rangle\rangle^A_{z-\frac{\Delta z}{2}}\langle\langle\widehat{v_k}\rangle\rangle^A_{z-\frac{\Delta z}{2}}}{\Delta z}
\end{aligned}
\tag{16.61}
$$

其中

$$C_{\psi k,i}^{A} \equiv \frac{[\![\alpha_k \widehat{\psi_k} \widehat{v_k}]\!]_i^A}{[\![\alpha_k]\!]_i^A \langle\langle \widehat{\psi_k} \rangle\rangle_i^A \langle\langle \widehat{v_k} \rangle\rangle_i^A} \tag{16.62}$$

假设固体结构和流体混合物之间边界处的湍流通量可以忽略不计。则可通过以下方法得到各相的时间-体积平均守恒方程为

$$\frac{\partial}{\partial t}\left(e^V \overline{\overline{\rho_k}} [\![\alpha_k]\!]^V \langle\langle \widehat{\psi_k} \rangle\rangle^V\right) + \nabla^A \cdot \left(\mathbb{C}_{\psi k}^A \mathbb{e}^A \overline{\overline{\rho_k}} [\![\alpha_k]\!]^A \langle\langle \widehat{\psi_k} \rangle\rangle^A \langle\langle \widehat{\boldsymbol{v}_k} \rangle\rangle^A\right)$$
$$= -\nabla^A \cdot \left[\mathbb{e}^A \left([\![\alpha_k]\!]^A \langle\langle \overline{\overline{\mathcal{J}_k}} \rangle\rangle^A + [\![\alpha_k]\!]^A \langle\langle \overline{\overline{J_k^T}} \rangle\rangle^A\right)\right] -$$
$$\frac{1}{V^T}\int_{A^I} \alpha_k \overline{\overline{\mathcal{J}_k}} \cdot \mathrm{d}\boldsymbol{A}^I + e^V \overline{\overline{\rho_k}} [\![\alpha_k]\!]^V [\![\widehat{\psi_k}]\!]^V + e^V [\![I_k]\!]^V \tag{16.63}$$

对于质量守恒方程,将参数设为式(16.44)。然后得到质量守恒方程为

$$\frac{\partial}{\partial t}\left(e^V \overline{\overline{\rho_k}} [\![\alpha_k]\!]^V\right) + \nabla^A \cdot \left(\mathbb{e}^A \overline{\overline{\rho_k}} [\![\alpha_k]\!]^A \langle\langle \widehat{\boldsymbol{v}_k} \rangle\rangle^A\right) = e^V [\![\Gamma_k]\!]^V \tag{16.64}$$

对于动量守恒方程,将参数设为式(16.46)。得到动量守恒方程为

$$\frac{\partial}{\partial t}\left(e^V \overline{\overline{\rho_k}} [\![\alpha_k]\!]^V \langle\langle \widehat{\boldsymbol{v}_k} \rangle\rangle^V\right) + \nabla^A \cdot \left(\mathbb{C}_{vk}^A \mathbb{e}^A \overline{\overline{\rho_k}} [\![\alpha_k]\!]^A \langle\langle \widehat{\boldsymbol{v}_k} \rangle\rangle^A \langle\langle \widehat{\boldsymbol{v}_k} \rangle\rangle^A\right)$$
$$= -\nabla^A \cdot \left(\mathbb{e}^A [\![\alpha_k]\!]^A \langle\langle \overline{\overline{p_k \mathcal{I}}} \rangle\rangle^A\right) + \nabla^A \cdot \left(\mathbb{e}^A [\![\alpha_k]\!]^A \langle\langle \overline{\overline{\mathcal{T}_k}} + \overline{\overline{\mathcal{T}_k^T}} \rangle\rangle^A\right) -$$
$$\frac{1}{V^T}\int_{A^I} \alpha_k \left(\overline{\overline{p_k \mathcal{I}}} - \overline{\overline{\mathcal{T}_k}}\right) \cdot \mathrm{d}\boldsymbol{A}^I + e^V \overline{\overline{\rho_k}} [\![\alpha_k]\!]^V \widehat{\boldsymbol{g}_k} + e^V [\![\boldsymbol{M}_k]\!]^V \tag{16.65}$$

对于能量守恒方程,将参数设为式(16.49)。得到能量守恒方程为

$$\frac{\partial}{\partial t}\left(e^V \overline{\overline{\rho_k}} [\![\alpha_k]\!]^V \langle\langle \widehat{e_k} + \frac{1}{2}\widehat{v_k^2} \rangle\rangle^V\right) +$$
$$\nabla^A \cdot \left(\mathbb{C}_{ek}^A \mathbb{e}^A \overline{\overline{\rho_k}} [\![\alpha_k]\!]^A \langle\langle \widehat{e_k} + \frac{1}{2}\widehat{\boldsymbol{v}_k^2} \rangle\rangle^A \langle\langle \widehat{\boldsymbol{v}_k} \rangle\rangle^A\right)$$
$$= -\nabla^A \cdot \left(\mathbb{e}^A [\![\alpha_k]\!]^A \langle\langle \overline{\overline{\boldsymbol{q}_k}} + \boldsymbol{q}_k^T \rangle\rangle^A\right) -$$
$$\nabla^A \cdot \left(\mathbb{e}^A [\![\alpha_k]\!]^A \langle\langle \left(\overline{\overline{p_k \mathcal{I}}} - \overline{\overline{\mathcal{T}_k}}\right) \cdot \widehat{\boldsymbol{v}_k} \rangle\rangle^A\right) -$$
$$\frac{1}{V^T}\int_{A^I} \alpha_k \left(\boldsymbol{q}_k - \overline{\overline{\mathcal{T}_k \cdot \boldsymbol{v}_k}}\right) \cdot \mathrm{d}A^I + e^V \overline{\overline{\rho_k}} [\![\alpha_k]\!]^V \widehat{\boldsymbol{g}_k} \cdot [\![\widehat{\boldsymbol{v}_k}]\!]^V + e^V [\![E_k]\!]^V \tag{16.66}$$

除孔隙项、协方差项和固体表面源项外,这些方程与局部时均两流体模型相似。还应注意,时间-体积平均两流体模型中时间脉动项的定义与时间平均两流体模型中时间脉动项的定义是一致的。因此,现有的本构方程可以适用于时间-体积平均的两流体模型。

16.4　时间-体积平均本构关系的特殊考虑

16.4.1　场方程中的协方差效应

在体积平均模型中,必须仔细检查各种变量的空间分布及其对守恒方程和本构方程的影响。如果这样做不正确,所得到的两相流公式可能不一致。不恰当的建模或忽略分布效应,不仅会导致模型严重失准,还会导致各种数值不稳定。分布效应可分为两组。第一组是协方差效应,它直接影响场方程中对流项的形式。第二组效应出现在各种局部本构关系的平均值中。下面分别讨论这两种影响(Ishii & Mishima,1984)。

对流项的协方差定义为

$$\mathrm{COV}\left(\left[\!\left[\alpha_k \widehat{\psi_k}\,\widehat{v_k}\right]\!\right]^A\right) \equiv \left[\!\left[\alpha_k \widehat{\psi_k}\left(\widehat{v_k} - \langle\langle\widehat{v_k}\rangle\rangle^A\right)\right]\!\right]^A \tag{16.67}$$

要封闭控制方程组,必须指定这些协方差项的关系。如前一节所述,这可以通过引入动量和能量通量的分布参数来实现。然后根据协方差的定义式(16.62),协方差项变成

$$\begin{aligned}\mathrm{COV}\left(\left[\!\left[\alpha_k \overline{\overline{\rho_k}}\,\widehat{\psi_k}\,\widehat{\boldsymbol{v}_k}\right]\!\right]^A\right) &\equiv \left[\!\left[\overline{\overline{\rho_k}}\alpha_k \widehat{\psi_k}\left(\widehat{\boldsymbol{v}_k} - \langle\langle\widehat{\boldsymbol{v}_k}\rangle\rangle^A\right)\right]\!\right]^A \\ &= \left(\mathbb{C}^A_{\psi k} - 1\right)\overline{\overline{\rho_k}}\left[\!\left[\alpha_k\right]\!\right]^A \langle\langle\widehat{\psi_k}\rangle\rangle^A \langle\langle\widehat{\boldsymbol{v}_k}\rangle\rangle^A\end{aligned} \tag{16.68}$$

对于动量通量,分布参数定义为

$$C_{vk,i} \equiv \frac{\left[\!\left[\alpha_k \widehat{v_k^2}\right]\!\right]^A_i}{\left[\!\left[\alpha_k\right]\!\right]^A_i \left(\langle\langle\widehat{v_k}\rangle\rangle^A_i\right)^2} \tag{16.69}$$

在物理上,$\mathbb{C}_{vk}$表示空泡和动量通量分布对 k 相控制面平均动量通量的影响。可以通过假设空泡份额和速度断面分布对$\mathbb{C}_{vk}$进行定量研究(Ishii & Mishima,1984)。同样也可以得到能量方程的分布参数。

16.4.2　相分布对本构关系的影响

k 相的界面动量增量 $\boldsymbol{M}_k$表示为

$$\left[\!\left[\boldsymbol{M}_k\right]\!\right]^V = \left[\!\left[\boldsymbol{M}_k^\Gamma\right]\!\right]^V + \left[\!\left[\overline{\overline{p_{ki}}}\nabla\alpha_k\right]\!\right]^V + \left[\!\left[\boldsymbol{M}_{ik}\right]\!\right]^V - \left[\!\left[\nabla\alpha_k \cdot \overline{\overline{\mathcal{T}_{ki}}}\right]\!\right]^V \tag{16.70}$$

其中 $\boldsymbol{M}_k^\Gamma$、$\overline{\overline{p_{ki}}}$、$\boldsymbol{M}_{ik}$和$\overline{\overline{\mathcal{T}_{ki}}}$分别表示质量产生项、界面压力、总广义阻力和界面剪切应力引起的界面动量增量。在时间-体积平均两流体模型中,必须建立界面剪切的本构方程。当将两流体模型应用于分层流动以外的其他流动时尤其如此(Ishii & Mishima,1984)。问题有两方面:

（1）总广义阻力$\llbracket M_{\mathrm{ik}} \rrbracket^{V}$的模型；

（2）界面剪切力效应$-\llbracket \nabla\alpha_{\mathrm{k}} \cdot \overline{\overline{\mathcal{T}_{\mathrm{ki}}}} \rrbracket^{V}$的模型。

下面将分别讨论这些问题。

对于弥散两相流，时间平均阻力表示为

$$\boldsymbol{M}_{\mathrm{ig}} = -\frac{3}{8}\frac{C_{\mathrm{D}}}{\overline{\overline{r_{\mathrm{b}}}}}\alpha_{\mathrm{g}}\overline{\overline{\rho_{\mathrm{f}}}}|\widehat{\boldsymbol{v}_{\mathrm{r}}}|\widehat{\boldsymbol{v}_{\mathrm{r}}} \tag{16.71}$$

式中，C_{D}、r_{b}、ρ_{f}和v_{r}分别为阻力系数、气泡半径、液体密度和相对速度。本征时间-体积平均阻力表示为

$$\llbracket \boldsymbol{M}_{\mathrm{ig}} \rrbracket^{V} = \frac{1}{V^{F}}\int_{V^{F}}\left(-\frac{3}{8}\frac{C_{\mathrm{D}}}{\overline{\overline{r_{\mathrm{b}}}}}\alpha_{\mathrm{g}}\overline{\overline{\rho_{\mathrm{f}}}}|\widehat{\boldsymbol{v}_{\mathrm{r}}}|\widehat{\boldsymbol{v}_{\mathrm{r}}}\right)\mathrm{d}V \tag{16.72}$$

在一维时间平均的两流体模型（Ishii & Hibiki，2006；Ishii & Mishima，1984）中，基于现有的实验数据（Hibiki & Ishii，1999；Hibiki，Ishii，et al. ，2001a），假设弥散两相流具有均匀相对速度。如果情况合适，则通常占主导地位的平均阻力的 z 分量表示为

$$\llbracket M_{\mathrm{ig}} \rrbracket_{z}^{V} = -\frac{3}{8}\frac{C_{\mathrm{D}}}{\llbracket \overline{\overline{r_{\mathrm{b}}}} \rrbracket^{V}}\llbracket \alpha_{\mathrm{g}} \rrbracket^{V}\llbracket \overline{\overline{\rho_{\mathrm{f}}}} \rrbracket^{V}|\llbracket \widehat{v_{\mathrm{rz}}} \rrbracket^{V}|\llbracket \widehat{v_{\mathrm{rz}}} \rrbracket^{V} \tag{16.73}$$

其中

$$\llbracket \widehat{v_{\mathrm{rz}}} \rrbracket^{V} = \frac{1}{V^{F}}\int_{V^{F}} v_{\mathrm{rz}}\mathrm{d}V \tag{16.74}$$

而面积平均的相对速度$\overline{v_{\mathrm{rz}}}$的本征平均值由下式给出

$$\llbracket \overline{v_{\mathrm{rz}}} \rrbracket^{V} = \frac{\llbracket \alpha_{\mathrm{g}}\widehat{v_{\mathrm{gz}}} \rrbracket^{V}}{\llbracket \alpha_{\mathrm{g}} \rrbracket^{V}} - \frac{\llbracket \alpha_{\mathrm{f}}\widehat{v_{\mathrm{fz}}} \rrbracket^{V}}{\llbracket \alpha_{\mathrm{f}} \rrbracket^{V}} = \frac{\llbracket \widehat{j_{\mathrm{gz}}} \rrbracket^{V}}{\llbracket \alpha_{\mathrm{g}} \rrbracket^{V}} - \frac{\llbracket \widehat{j_{\mathrm{fz}}} \rrbracket^{V}}{\llbracket \alpha_{\mathrm{f}} \rrbracket^{V}} \tag{16.75}$$

总的来讲，

$$\llbracket \widehat{v_{\mathrm{rz}}} \rrbracket^{V} \neq \llbracket \overline{v_{\mathrm{rz}}} \rrbracket^{V} \tag{16.76}$$

接下来，用多孔介质方法推导了漂移流模型。漂移速度定义为

$$\widehat{v_{\mathrm{gzj}}} = \widehat{v_{\mathrm{gz}}} - \widehat{j_{\mathrm{z}}} \tag{16.77}$$

然后，空泡份额加权平均漂移速度为

$$\frac{\llbracket \alpha_{\mathrm{g}}\widehat{v_{\mathrm{gzj}}} \rrbracket^{V}}{\llbracket \alpha_{\mathrm{g}} \rrbracket^{V}} = \frac{\llbracket \widehat{j_{\mathrm{gz}}} \rrbracket^{V}}{\llbracket \alpha_{\mathrm{g}} \rrbracket^{V}} - \frac{\llbracket \alpha_{\mathrm{g}}\widehat{j_{\mathrm{z}}} \rrbracket^{V}}{\llbracket \alpha_{\mathrm{g}} \rrbracket^{V}}$$

或

$$\frac{\llbracket \widehat{j_{\mathrm{gz}}} \rrbracket^{V}}{\llbracket \alpha_{\mathrm{g}} \rrbracket^{V}} = \frac{\llbracket \alpha_{\mathrm{g}}\widehat{j_{\mathrm{z}}} \rrbracket^{V}}{\llbracket \alpha_{\mathrm{g}} \rrbracket^{V}\llbracket \widehat{j_{\mathrm{z}}} \rrbracket^{V}}\llbracket \widehat{j_{\mathrm{z}}} \rrbracket^{V} + \frac{\llbracket \alpha_{\mathrm{g}}\widehat{v_{\mathrm{gzj}}} \rrbracket^{V}}{\llbracket \alpha_{\mathrm{g}} \rrbracket^{V}} \tag{16.78}$$

利用漂移流模型，可以导出$\llbracket \widehat{v_{\mathrm{rz}}} \rrbracket^{V}$为

$$\llbracket \widehat{v_{\mathrm{rz}}} \rrbracket^{V} \approx \frac{1 - C_{0}\llbracket \alpha_{\mathrm{g}} \rrbracket^{V}}{1 - \llbracket \alpha_{\mathrm{g}} \rrbracket^{V}}\frac{\llbracket \widehat{j_{\mathrm{gz}}} \rrbracket^{V}}{\llbracket \alpha_{\mathrm{g}} \rrbracket^{V}} - C_{0}\frac{\llbracket \widehat{j_{\mathrm{fz}}} \rrbracket^{V}}{\llbracket \alpha_{\mathrm{f}} \rrbracket^{V}} \tag{16.79}$$

其中

$$C_0 \equiv \frac{[\![\alpha_g \widehat{j_z}]\!]^V}{[\![\alpha_g]\!]^V [\![\widehat{j_z}]\!]^V} \tag{16.80}$$

这个分布参数应该在每个计算单元中计算得到。

式(16.73)和式(16.79)给出的阻力表达式补偿了由于相和速度分布引起的滑移。$[\![\overline{v_{rz}}]\!]^V$ 和 $[\![\widehat{v_{rz}}]\!]^V$ 之间的差异应在时间-体积两流体模型中予以考虑。在大多数两相流系统中，由于相分布而产生的滑移比相间的局部滑移大得多。因此，忽略上述影响，将导致泡状流、弹状流和搅混流的含气率和速度的预测出现较大误差。

16.4.3　界面剪切力项

界面总剪切力有两个来源，即广义阻力 $[\![M_{ik}]\!]^V$ 和界面剪切和空泡份额梯度 $-[\![\nabla\alpha_k \cdot \overline{\overline{\mathcal{T}_{ki}}}]\!]^V$ 的贡献。在分层流动中，第二项是主导项。例如，对于棒束中的环状流，$-[\![\nabla\alpha_k \cdot \overline{\overline{\mathcal{T}_{ki}}}]\!]^V$ 的 z 分量占主导地位，可以证明

$$-[\![\nabla\alpha_k \cdot \overline{\overline{\mathcal{T}_{ki}}}]\!]_z^V = -\frac{1}{A^S + A^I}\int_{A^S+A^I}\left(\frac{\partial\alpha_k}{\partial x} + \frac{\partial\alpha_k}{\partial y} + \frac{\partial\alpha_k}{\partial z}\right)\overline{\overline{\tau_{gi}}}\,\mathrm{d}A \tag{16.81}$$

当控制容积中的固体结构固定时，$-[\![\nabla\alpha_k \cdot \overline{\overline{\mathcal{T}_{ki}}}]\!]^V$ 可由上式估算（Ishii & Mishima，1984）。$-[\![\nabla\alpha_k \cdot \overline{\overline{\mathcal{T}_{ki}}}]\!]^V$ 在泡状流、弹状流和搅混流中的加入对于正确模拟相间界面动量耦合有重要意义。为了得到这个界面剪切项的本构关系，它需要有关空泡份额和剪切应力分布的信息，有几个必要的假设。假设空泡份额和界面剪切应力的幂次律分布，可以导出 $-[\![\nabla\alpha_k \cdot \overline{\overline{\mathcal{T}_{ki}}}]\!]^V$ 的近似形式，用于控制体积中的固体结构的每一种构型（Ishii & Mishima，1984）。

16.4.4　表面平均量和体积平均量的关系

为了使用时间-体积平均两流体模型，需要确定表面平均量与体积平均量之间的关系，即 $[\![\alpha_k]\!]^A$ 与 $[\![\alpha_k]\!]^V$ 之间的关系、$[\![\alpha_k \widehat{v_k}]\!]^A$ 与 $[\![\alpha_k \widehat{v_k}]\!]^V$ 之间的关系等。Kolev（Kolev，2012）讨论了以下关系：

（1）与特征结构长度相比，控制容积的大尺寸导致

$$[\![\alpha_k]\!]^A = [\![\alpha_k]\!]^V \tag{16.82}$$

这个假设对弥散流合理。

（2）如果控制容积的大小与场的特征结构长度相当，则有以下结果

$$[\![\alpha_k]\!]^A \neq [\![\alpha_k]\!]^V \tag{16.83}$$

不幸的是，Kolev（Kolev，2012）没有给出一个明确的策略来确定表面平均量和体积平均量之间的关系。在这里有 3 个方法可以确定这个关系。

（ⅰ）表面平均量由两个相邻单元之间的体积平均量的平均值确定。

（ⅱ）表面平均量确定为与迎风单元中的体积平均量相同。

（ⅲ）引入加权函数来计算表面上的量。表面平均量由加权函数估计的表面量来计算。

由于表面平均量和体积平均量之间的关系可能影响数值稳定性，需要仔细考虑这一关系。

16.5 附录

考虑笛卡儿坐标系的特殊情况。局部表面上$\boldsymbol{\mathcal{R}}_{\mathrm{k}}$的平均值定义为

$$[\boldsymbol{\mathcal{R}}_{\mathrm{k}}]_{\mathrm{i}}^{A} \equiv \frac{1}{\Delta A_{\mathrm{i}}^{T}}\int_{\Delta A_{\mathrm{i}}^{T}} \boldsymbol{\mathcal{R}}_{\mathrm{k}}\mathrm{d}A = \frac{1}{\Delta A_{\mathrm{i}}^{T}}\int_{\Delta A_{\mathrm{i}}^{F}} \boldsymbol{\mathcal{R}}_{\mathrm{k}}\mathrm{d}A$$

$$\left(i = x + \frac{\Delta x}{2}, x - \frac{\Delta x}{2}, y + \frac{\Delta y}{2}, y - \frac{\Delta y}{2}, z + \frac{\Delta z}{2}, z - \frac{\Delta z}{2}\right) \tag{16.84}$$

每个表面的总面积 $\Delta A_{\mathrm{i}}^{T}$ 表示为

$$\begin{aligned} \Delta A_{x+\frac{\Delta x}{2}}^{T} &= \Delta A_{x-\frac{\Delta x}{2}}^{T} = \Delta y\Delta z \\ \Delta A_{y+\frac{\Delta y}{2}}^{T} &= \Delta A_{y-\frac{\Delta y}{2}}^{T} = \Delta z\Delta x \\ \Delta A_{z+\frac{\Delta z}{2}}^{T} &= \Delta A_{z-\frac{\Delta z}{2}}^{T} = \Delta x\Delta y \end{aligned} \tag{16.85}$$

$\boldsymbol{\mathcal{R}}_{\mathrm{k}}$的本征相平均值定义为

$$[\![\boldsymbol{\mathcal{R}}_{\mathrm{k}}]\!]_{\mathrm{i}}^{A} \equiv \frac{1}{\Delta A_{\mathrm{i}}^{F}}\int_{\Delta A_{\mathrm{i}}^{F}} \boldsymbol{\mathcal{R}}_{\mathrm{k}}\mathrm{d}A \tag{16.86}$$

定向表面孔隙度定义为

$$e_{\mathrm{i}}^{A} \equiv \frac{\Delta A_{\mathrm{i}}^{F}}{\Delta A_{\mathrm{i}}^{T}} \tag{16.87}$$

然后就有

$$[\boldsymbol{\mathcal{R}}_{\mathrm{k}}]_{\mathrm{i}}^{A} = e_{\mathrm{i}}^{A}[\![\boldsymbol{\mathcal{R}}_{\mathrm{k}}]\!]_{\mathrm{i}}^{A} \tag{16.88}$$

控制体边界自由面上$\boldsymbol{\mathcal{R}}_{\mathrm{k}}$的表面积分为

$$\begin{aligned} \int_{A^F} \boldsymbol{\mathcal{R}}_{\mathrm{k}} \cdot \boldsymbol{n}^F \mathrm{d}A = &\left(\int_{A_{x+\frac{\Delta x}{2}}^{F}} \boldsymbol{\mathcal{R}}_{\mathrm{k,x}}\mathrm{d}A_x - \int_{A_{x-\frac{\Delta x}{2}}^{F}} \boldsymbol{\mathcal{R}}_{\mathrm{k,x}}\mathrm{d}A_x\right) + \\ &\left(\int_{A_{y+\frac{\Delta y}{2}}^{F}} \boldsymbol{\mathcal{R}}_{\mathrm{k,y}}\mathrm{d}A_y - \int_{A_{y-\frac{\Delta y}{2}}^{F}} \boldsymbol{\mathcal{R}}_{\mathrm{k,y}}\mathrm{d}A_y\right) + \left(\int_{A_{z+\frac{\Delta z}{2}}^{F}} \boldsymbol{\mathcal{R}}_{\mathrm{k,z}}\mathrm{d}A_z - \int_{A_{z-\frac{\Delta z}{2}}^{F}} \boldsymbol{\mathcal{R}}_{\mathrm{k,z}}\mathrm{d}A_z\right) \end{aligned} \tag{16.89}$$

其中

$$\begin{aligned} &\mathrm{d}A_{x+\frac{\Delta x}{2}}^{F} = e_{x+\frac{\Delta x}{2}}^{A}(\Delta y\Delta z), \mathrm{d}A_{x-\frac{\Delta x}{2}}^{F} = e_{x-\frac{\Delta x}{2}}^{A}(\Delta y\Delta z), \\ &\mathrm{d}A_{y+\frac{\Delta y}{2}}^{F} = e_{y+\frac{\Delta y}{2}}^{A}(\Delta z\Delta x), \mathrm{d}A_{y-\frac{\Delta y}{2}}^{F} = e_{y-\frac{\Delta y}{2}}^{A}(\Delta z\Delta x), \end{aligned} \tag{16.90}$$

$$\mathrm{d}A^F_{z+\frac{\Delta z}{2}} = e^A_{z+\frac{\Delta z}{2}}(\Delta x\Delta y), \mathrm{d}A^F_{z-\frac{\Delta z}{2}} = e^A_{z-\frac{\Delta z}{2}}(\Delta x\Delta y)$$

将式(16.89)除以控制体积的总体积($V^{\mathrm{T}} = \Delta x\ \Delta y\ \Delta z$)得到

$$\frac{1}{V^T}\int_{A^F} \boldsymbol{\mathcal{R}}_{\mathrm{k}} \cdot \boldsymbol{n}^F \mathrm{d}A = \frac{\left(e^A_{x+\frac{\Delta x}{2}} [\![\boldsymbol{\mathcal{R}}_{\mathrm{k}}]\!]^A_{x+\frac{\Delta x}{2}} - e^A_{x-\frac{\Delta x}{2}} [\![\boldsymbol{\mathcal{R}}_{\mathrm{k}}]\!]^A_{x-\frac{\Delta x}{2}}\right)}{\Delta x} + \frac{\left(e^A_{y+\frac{\Delta y}{2}} [\![\boldsymbol{\mathcal{R}}_{\mathrm{k}}]\!]^A_{y+\frac{\Delta y}{2}} - e^A_{y-\frac{\Delta y}{2}} [\![\boldsymbol{\mathcal{R}}_{\mathrm{k}}]\!]^A_{y-\frac{\Delta y}{2}}\right)}{\Delta y} + \frac{\left(e^A_{z+\frac{\Delta z}{2}} [\![R_{\mathrm{k}}]\!]^A_{z+\frac{\Delta z}{2}} - e^A_{z-\frac{\Delta z}{2}} [\![\boldsymbol{\mathcal{R}}_{\mathrm{k}}]\!]^A_{z-\frac{\Delta z}{2}}\right)}{\Delta y} \tag{16.91}$$

第 17 章　过冷沸腾流动一维界面面积输运方程

对三维形式的界面面积输运方程在截面上进行平均,可以得到一维形式的界面面积输运方程。然而,面积平均汇项和源项的精确数学表达式将涉及许多协方差,这可能使一维问题更加复杂。由于这些局部项最初是从混合物的有限体积元中获得的(Hibiki & Ishii,2000;Wu et al.,1998),如果将流道的水力直径视为有限元的长度尺度,则假定面积平均源项和汇项在平均参数上的函数依赖性大致相同(Wu et al.,1998)。因此,假设在截面上进行参数平均的三维汇项和源项仍然适用于界面面积输运方程的一维形式。这一假设对于流道内绝热垂直流动等相对均匀的局部流动参数可行。在此假设下,通过对气泡聚并和破裂引起的界面面积浓度汇项和源项进行模化,成功地建立了一维绝热流动的界面面积输运方程。

但这种方法可能不适用于过冷沸腾流动。考虑到过冷沸腾流动中相分布的不均匀性,需要重新建立界面面积输运方程的一维形式。过冷沸腾流动可以表征为两个单独的流动区域,即①沸腾两相(气泡层)区域,其空泡份额分布可以近似假定为均匀的;②空泡份额可以假定为零的液体单相区域。通过取气泡层上的平均值,可以避免因在三维形式的界面面积输运方程上应用面积平均而产生许多的协方差。

在本章中,利用气泡层区域和液体单相区域,在两区概念中发展了过冷沸腾流动中一维界面面积输运方程的近似公式,以避免一维公式中的多个协方差(Hibiki et al.,2003b)。在此基础上,利用一维漂移流模型中的分布参数提出了预测气泡层厚度的方法。

17.1　过冷沸腾流动界面面积输运方程的建立

在第 10 章中,从 Boltzmann 输运方程得到了界面面积输运方程的三维形式

$$\frac{\partial a_{\mathrm{i}}}{\partial t}+\nabla\cdot\left(a_{\mathrm{i}}\boldsymbol{v}_{\mathrm{i}}\right)=\frac{2}{3}\left(\frac{a_{\mathrm{i}}}{\alpha_{\mathrm{g}}}\right)\left\{\frac{\partial\alpha_{\mathrm{g}}}{\partial t}+\nabla\cdot\left(\alpha_{\mathrm{g}}\boldsymbol{v}_{\mathrm{g}}\right)-\eta_{\mathrm{ph}}\right\}+$$

$$\frac{1}{3\psi}\left(\frac{\alpha_{\mathrm{g}}}{a_{\mathrm{i}}}\right)^{2}\sum_{j}R_{\mathrm{j}}+\pi D_{\mathrm{bc}}^{2}R_{\mathrm{ph}} \tag{17.1}$$

其中,左侧表示界面面积浓度的时间变化率和对流项。右边的各项分别表示因压力变化、各种颗粒相互作用和相变导致的颗粒体积变化等所引起的界面面积浓度变化率。临界气泡尺寸 D_{bc} 应根据给定的核化过程确定,即体积沸腾或冷凝过程的临界空穴直径和壁面核化的气泡脱离直径。对于大多数两相流来说,壁面核化是主控机制。

单群界面面积输运方程的最简单形式是对式(17.1)应用面积平均得到的一维公式。然而,面积平均源项和汇项的精确数学表达式包含有许多的协方差,这使得一维问题更加复杂。对于绝热垂直流动,可以认为相分布模式相对均匀,因此可以忽略协方差(Wu et al.,1998)。因此,具有截面平均参数的三维汇项和源项仍然适用于界面面积输运方程的一维形式。然而,对于过冷流动沸腾,其相分布可能不均匀,导致一维界面面积输运方程中存在许多协方差。为避免这种协方差,引入以下简单模型,建立了过冷流动沸腾的一维界面面积输运方程。

对于过冷沸腾流动,气泡主要存在于受热壁面附近,而远离加热壁面的气泡几乎不存在。因此,流道长度方向可分为两个区域,即(ⅰ)沸腾的两相(气泡层)区,在该区域中,可以假设空泡份额分布均匀;(ⅱ)单相液体区,在该区域中,可以假设空泡份额为零。因此,在气泡层区平均得到的单群界面面积输运方程为

$$\frac{\partial\langle a_{\mathrm{i}}\rangle_{\mathrm{B}}}{\partial t}+\frac{\partial}{\partial z}\left(\langle a_{\mathrm{i}}\rangle_{\mathrm{B}}\langle\langle v_{\mathrm{gz}}\rangle\rangle_{\mathrm{B}}\right)=\frac{2}{3}\left(\frac{\langle a_{\mathrm{i}}\rangle_{\mathrm{B}}}{\langle\alpha_{\mathrm{g}}\rangle_{\mathrm{B}}}\right)\left\{\frac{\partial\langle\alpha_{\mathrm{g}}\rangle_{\mathrm{B}}}{\partial t}+\frac{\partial}{\partial z}\left(\langle\alpha_{\mathrm{g}}\rangle_{\mathrm{B}}\langle\langle v_{\mathrm{gz}}\rangle\rangle_{\mathrm{B}}\right)\right\}+\frac{1}{3\psi}\left(\frac{\langle\alpha\rangle_{\mathrm{B}}}{\langle a_{\mathrm{i}}\rangle_{\mathrm{B}}}\right)^{2}\sum_{\mathrm{j}}\langle R_{\mathrm{j}}\rangle_{\mathrm{B}}+\pi\langle D_{\mathrm{bc}}\rangle^{2}\langle R_{\mathrm{ph}}\rangle_{\mathrm{B}} \tag{17.2}$$

其中$\langle\ \rangle_{\mathrm{B}}$ 是气泡层区的平均量。面积平均值可以表示为气泡层区和 $A_{\mathrm{B}}/A_{\mathrm{C}}$上平均值的乘积,其中 A_{B}和 A_{C}分别是气泡层区和截面的面积。

这里需要注意的是,三维源项和汇项以及在气泡层区域内平均的参数仍然适用于式(17.2)中气泡层区内平均的源项和汇项,主要原因是:由于三维界面面积输运方程中的这些当地项最初是从混合物的有限体积元中获得的,如果认为气泡层厚度是有限元的长度尺度,则在气泡层区上进行平均的源项和汇项与在该区域的其他函数的依赖性应该大致相同(Wu et al.,1998)。

17.2　气泡层厚度模型的建立

如前一节所述,预计在过冷沸腾流动中,加热壁面附近会出现空泡份额的峰值。在过冷沸腾流动中,不能假定流道内相分布相对均匀,从而导致一维界面面积输运

方程中存在多个协方差。为了避免协方差，引入如图 17.1 所示的气泡层模型来建立一维界面面积输运方程。这里以内管加热的环管为例。在该模型中，流动沿程分为两个区域，即（ⅰ）假设空泡份额分布均匀的沸腾两相（气泡层）区和（ⅱ）假设空泡份额为零的单相液体区。在图 17.1 中，α_g、x、R_0、α_{WP}、x_{WP}和 R 分别是局部空泡份额、从加热棒圆心起算的径向坐标、加热棒半径、假设的方形空泡份额峰值处的空泡份额、气泡层厚度和外管半径。在下面的内容中，将导出内管加热环管中的气泡层厚度。

流道中混合物表观速度 j 的分布近似为

$$j = \frac{n+1}{n}\langle j\rangle\left\{1 - \left|1 - \frac{2r}{R - R_0}\right|^n\right\} \tag{17.3}$$

式中，n 和 r 分别是指数和从加热棒表面起算的径向坐标，$\langle\ \rangle$是截面平均值。如图 17.1 所示，为了建立气泡层模型，假设空泡份额的分布是靠近壁面（气泡层区域）的平方峰，近似为

$$\begin{aligned} &\alpha = \alpha_{WP} && \text{当}\ 0 \leqslant r \leqslant x_{WP} \\ &\alpha = 0 && \text{当}\ x_{WP} \leqslant r \leqslant R - R_0 \end{aligned} \tag{17.4}$$

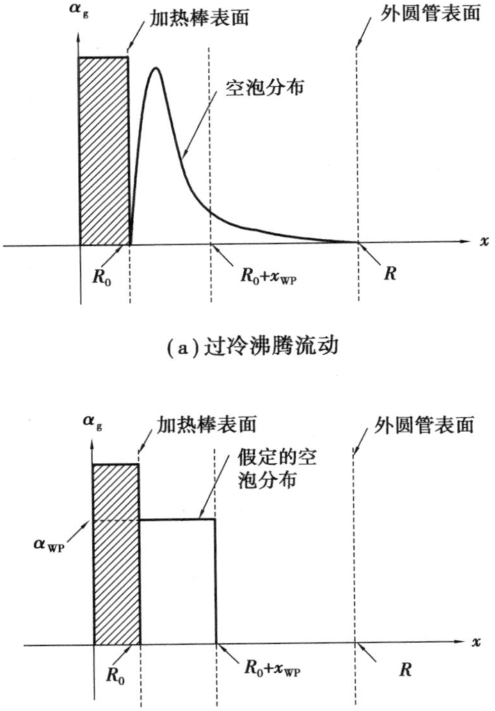

图 17.1　由气泡层均匀空泡分布模拟的过冷沸腾流动（T. Hibiki & M. Ishii，2000）

分布参数 C_0 可从混合物的表观速度和空泡份额分布中获得

$$C_0 = \frac{\langle \alpha j \rangle}{\langle \alpha \rangle \langle j \rangle} \tag{17.5}$$

从式(17.3)—式(17.5)中,得到过冷沸腾流动的分布参数为

$$C_0 = \frac{n+1}{2n} \frac{R^2 - R_0^2}{x_{WP}(x_{WP} + 2R_0)} \left\{ \frac{2R_0}{R+R_0} \frac{2x_{WP}}{R-R_0} + \frac{R-R_0}{2(R+R_0)} \left(\frac{2x_{WP}}{R-R_0} \right)^2 + \frac{1}{n+1} \left[\left(1 - \frac{2x_{WP}}{R-R_0} \right)^{n+1} - 1 \right] - \frac{R-R_0}{R+R_0} \frac{1}{n+2} \left[\left(1 - \frac{2x_{WP}}{R-R_0} \right)^{n+2} - 1 \right] \right\}, \text{当 } 0 \leqslant x_{WP} \leqslant \frac{R-R_0}{2}$$

$$C_0 = \frac{n+1}{2n} \frac{R^2 - R_0^2}{x_{WP}(x_{WP} + 2R_0)} \left\{ \left(\frac{2x_{WP}}{R-R_0} - 1 \right) + \frac{R-R_0}{2(R+R_0)} \left(\frac{2x_{WP}}{R-R_0} - 1 \right)^2 - \frac{1}{n+1} \left(\frac{2x_{WP}}{R-R_0} - 1 \right)^{n+1} - \frac{R-R_0}{R+R_0} \frac{1}{n+2} \left(\frac{2x_{WP}}{R-R_0} - 1 \right)^{n+2} + \frac{n(3n+5)R_0 + n(n+3)R}{2(n+1)(n+2)(R+R_0)} \right\}$$

$$\text{当 } \frac{R-R_0}{2} \leqslant x_{WP} \leqslant R - R_0 \tag{17.6}$$

面积平均空泡份额可计算为

$$\langle \alpha \rangle = \frac{2\alpha_{WP} x_{WP}}{R^2 - R_0^2} \left(R_0 + \frac{x_{WP}}{2} \right) \tag{17.7}$$

如式(17.6)所示,只要给出分布参数 C_0 和指数 n,就可以估计出气泡层厚度 x_{WP}。假定指数 n 为 7。如第 14 章所述,已推导出内管加热的环管内流动沸腾分布参数的本构方程(Julia et al. ,2009;Hibiki et al. ,2003b)为

$$C_0 = \left(1.1 - 0.1 \sqrt{\frac{\rho_g}{\rho_f}} \right) \left(1 - e^{-6.85 \langle \alpha_g \rangle^{0.359}} \right) \tag{17.8}$$

然后,根据气泡层厚度 x_{WP} 求出气泡层面积 A_B,得到无协方差项的一维界面面积输运方程。

在第 14 章中给出了各种流动几何形状分布参数的本构方程。

参考文献

Akiyama, M. , & Aritomi, M. (2002). *Advanced numerical analysis of two-phase flow dynamics-multi-dimensional flow analysis*: Tokyo: Corona Publishing.

Alia, P. , Cravarolo, L. , Hassid, A. , & Pedrocchi, E. (1965). Liquid Volume Fraction in Adiabatic Two-phase Vertical Upflow-round Conduit: Centro Informazioni Studi Esperienze, Milan (Italy).

Antal, S. P. , Lahey, R. T. , & Flaherty, J. E. (1991). Analysis of phase distribution in fully developed laminar bubbly two-phase flow. *International Journal of Multiphase Flow*, 17(5), 635-652. doi: https://doi.org/10.1016/0301-9322(91)90029-3.

Aris, R. (1962). *Vectors, Tensors and the Basic Equations of Fluid Mechanics*. Englewood Cliffs, NJ: Prentice Hall.

Arnold, G. S. , Drew, D. A. , & Lahey, R. T. (1989). Derivation of Constitutive Equations for Interfacial Force and Reynolds Stress for a Suspension of Spheres Using Ensemble Cell Averaging. *Chemical Engineering Communications*, 86(1), 43-54. doi: 10.1080/00986448908940362.

Auton, T. R. (1987). The lift force on a spherical body in a rotational flow. *Journal of Fluid Mechanics*, 183, 199-218. doi: 10.1017/S002211208700260X.

Azbel, D. (1981). *Two phase flows in chemical engineering*. Cambridge, UK: Cambridge University Press.

Azbel, D. , & Athanasios, I. (1983). *A mechanism of liquid entrainment*. Ann Arbor, MI: Ann Arbor Sci. Pub.

Bankoff, S. G. (1960). A Variable Density Single-Fluid Model for Two-Phase Flow With Particular Reference to Steam-Water Flow. *Journal of Heat Transfer*, 82(4), 265-272. doi: 10.1115/1.3679930.

Basu, N. , Warrier, G. R. , & Dhir, V. K. (2002). Onset of Nucleate Boiling and Active Nucleation Site Density During Subcooled Flow Boiling. *Journal of Heat Transfer*, 124(4), 717-728. doi: 10.1115/1.1471522.

Bello, J. (1968). Turbulent flow in channel with parallel walls. *Moskva, Mir*, in Russian.

Bilicki, Z. , & Kestin, J. (1987). Transition criteria for two-phase flow patterns in vertical upward flow. *International Journal of Multiphase Flow*, 13(3), 283-294. doi: https://doi.org/10.1016/0301-9322(87)90049-8.

Bird, R. B. , Stewart, W. E. , & Lightfoot, E. N. (2006). *Transport phenomena*. New York: John Wiley & Sons.

Bornhorst, W. J., & Hatsopoulos, G. N. (1967). Analysis of a Liquid Vapor Phase Change by the Methods of Irreversible Thermodynamics. *Journal of Applied Mechanics*, 34(4), 840-846. doi: 10.1115/1.3607845.

Bouré, J. (1973). Dynamique des écoulements diphasiques: propagation de petites perturbations: Centre d'études nucléaires de Saclay.

Bouré, J., & Réocreux, M. (1972). *General Equations of Two-phase Flows: Application to Critical Flows and to Non Steady Flows.* Paper presented at the 4th All Union Heat and Mass Transfer Conference, Minsk.

Bowen, R. M. (1967). Toward a thermodynamics and mechanics of mixtures. *Archive for Rational Mechanics and Analysis*, 24(5), 370-403. doi: 10.1007/BF00253154.

Brinkman, H. C. (1952). The Viscosity of Concentrated Suspensions and Solutions. *The Journal of Chemical Physics*, 20(4), 571. doi: 10.1063/1.1700493.

Brodkey, R. (1967). *The phenomena of fluid motions.* Reading: Addison-Wesley.

Buevich, I. A. (1969). A hydrodynamic model of disperse systems. *Journal of Applied Mathematics and Mechanics*, 33(3), 466-479. doi: https://doi.org/10.1016/0021-8928(69)90062-8.

Burgers, J. M. (1941). On the Influence of the Concentration of a Suspension upon the Sedimentation Velocity (in Particular for a Suspension of Spherical Particles). *Proc. K. Ned. Akad. Wet.*, 44, 1045-1051.

Burns, A. D., Frank, T., Hamill, I., & Shi, J. -M. (2004). *The Favre averaged drag model for turbulent dispersion in Eulerian multi-phase flows.* Paper presented at the 5th international conference on multiphase flow, ICMF.

Buyevich, Y. A. (1971). Statistical hydromechanics of disperse systems Part 1. Physical background and general equations. *Journal of Fluid Mechanics*, 49(3), 489-507. doi: 10.1017/S0022112071002222.

Callen, H. (1960). *Thermodynamics.* New York: Wiley.

Carrier, G. F. (1958). Shock waves in a dusty gas. *Journal of Fluid Mechanics*, 4(4), 376-382. doi: 10.1017/S0022112058000513.

Chao, B. T. (1962). Motion of Spherical Gas Bubbles in a Viscous Liquid at Large Reynolds Numbers. *The Physics of Fluids*, 5(1), 69-79. doi: 10.1063/1.1706493.

Chen, J. C. (1966). Correlation for Boiling Heat Transfer to Saturated Fluids in Convective Flow. *Industrial & Engineering Chemistry Process Design and Development*, 5(3), 322-329. doi: 10.1021/i260019a023.

Chen, S. W., Liu, Y., Hibiki, T., & Ishii, M. (2010). Drift-flux Model in Pool Bundle System. IN, USA: School of Nuclear Engineering, Purdue University.

Clift, R., Grace, J., & Weber, M. (1978). *Bubbles, drops and particles.* New York: Academic Press.

Coleman, B., & Noll, W. (1960). An approximation theorem for functionals, with applications toin continuum mechanics. *Arch. Rational Mech. Anal.*, 6, 355-370.

Coleman, B. D. (1964). Thermodynamics of materials with memory. *Archive for Rational Mechanics and Analysis*,17(1),1-46. doi:10.1007/BF00283864.

Collier,J. (1972). *Convective Boiling and Condensation*. London:McGraw Hill.

Coulaloglou,C. A. ,& Tavlarides,L. L. (1976). Drop size distributions and coalescence frequencies of liquid-liquid dispersions in flow vessels. 22(2),289-297. doi:10.1002/aic.690220211.

Coulaloglou,C. A. ,& Tavlarides,L. L. (1977). Description of interaction processes in agitated liquid-liquid dispersions. *Chemical Engineering Science*, 32(11), 1289-1297. doi: https://doi.org/10.1016/0009-2509(77)85023-9.

Cravarolo,L. ,Giorgini,A. ,Hassid,A. ,& Pedrocchi,E. (1964). A Device for the Measurement of Shear Stress on the Wall of a Conduit;Its Application in the Mean Density Determination in Two-phase Flow;Shear Stress Data in Two-phase Adiabatic Vertical Flow:Centro Informazioni Studi Esperienze,Milan.

Culick,F. E. C. (1964). Boltzmann Equation Applied to a Problem of Two-Phase Flow. *The Physics of Fluids*,7(12),1898-1904. doi:10.1063/1.1711098.

De Groot,S. ,& Mazur,P. (1962). *Non equilibrium thermodynamics*. Co. ,Amsterdam:North-Holland Publ.

De Jarlais,G. ,Ishii,M. ,& Linehan,J. (1986). Hydrodynamic Stability of Inverted Annular Flow in an Adiabatic Simulation. *Journal of Heat Transfer*,108(1),84-92. doi:10.1115/1.3246909.

Delhaye,J. -M. (1970). *Contribution à l' étude des écoulements diphasiques eau-air et eau-vapeur*. (Ph. D. Thesis),University of Grenoble.

Delhaye,J. -M. ,Giot,M. ,& Riethmuller,M. (1981). *Thermohydraulics of two-phase systems for industrial design and nuclear engineering*. New York:Hemisphere Pub.

Delhaye,J. (1968). Equations fondamentales des ecoulements diphasiques, Part 1 and 2. France:CEA.

Delhaye,J. (1969). *General Equations of Two-phase Systems and their Application to Air-water Bubble Flow and to Steam-water Flashing Flow*. Paper presented at the MECHANICAL ENGINEERING.

Delhaye,J. M. (1974). Jump conditions and entropy sources in two-phase systems. Local instant formulation. *International Journal of Multiphase Flow*,1(3),395-409. doi:https://doi.org/10.1016/0301-9322(74)90012-3.

Dinh,N. ,Li,G. J. ,& Theofanous,T. (2003). *An Investigation of Droplet Breakup in a High Mach, Low Weber Number Regime*. Paper presented at the 41st Aerospace Sciences Meeting and Exhibit.

Diunin,A. K. (1963). On the Mechanics of Snow Storms. Novosibirsk:Siberian Branch,Akademii Nauk SSSR.

Drew,D. A. (1971). Averaged Field Equations for Two-Phase Media. *Studies in Applied Mathematics*,50(2),133-166. doi:10.1002/sapm1971502133.

Drew,D. A. ,& Passman,S. L. (1998). *Theory of multicomponent fluids*. New York:Springer Verlag Inc.

Dumitrescu,D. (1943). Srrömung an einter Luftblase im senkrechten Rohr. *Z. angrew. Math. Mech*,

23,139-149.

Eilers,H. (1941). The viscosity of the emulsion of highly viscous substances as function of concentration. *Kolloid-Zeitschrift*,97(3),313-321.

Enrique Julia,J. ,Hibiki,T. ,Ishii,M. ,Yun,B. -J. ,& Park,G. -C. (2009). Drift-flux model in a sub-channel of rod bundle geometry. *International Journal of Heat and Mass Transfer*,52(13),3032-3041. doi:https://doi. org/10. 1016/j. ijheatmasstransfer. 2009. 02. 012.

Ervin,E. A. ,& Tryggvason,G. (1997). The Rise of Bubbles in a Vertical Shear Flow. *Journal of Fluids Engineering*,119(2),443-449. doi:10. 1115/1. 2819153.

Euh,D. ,Ozar,B. ,Hibiki,T. ,Ishii,M. ,& Song,C. -H. (2010). Characteristics of Bubble Departure Frequency in a Low-Pressure Subcooled Boiling Flow. *Journal of Nuclear Science and Technology*,47(7),608-617. doi:10. 1080/18811248. 2010. 9720958.

Fauske,H. (1961). *Critical two-phase,steam-water flows.* Paper presented at the Proceedings of the 1961 Heat Transfer and Fluid Mechanics Institute,Stanford,CA.

Fick,A. (1855). Ueber Diffusion. *Annalen der Physik*,170(1),59-86. doi:10. 1002/andp. 18551700105.

Frank,T. ,Zwart,P. J. ,Krepper,E. ,Prasser,H. M. ,& Lucas,D. (2008). Validation of CFD models for mono- and polydisperse air-water two-phase flows in pipes. *Nuclear Engineering and Design*,238(3),647-659. doi:https://doi. org/10. 1016/j. nucengdes. 2007. 02. 056.

Frankel,N. A. ,& Acrivos,A. (1967). On the viscosity of a concentrated suspension of solid spheres. *Chemical Engineering Science*,22(6),847-853. doi:https://doi. org/10. 1016/0009-2509(67)80149-0.

Frankl,F. (1953). *On the theory of motion of sediment suspensions.* Paper presented at the Soviet Physics Doklady,Academii Nauk SSSR.

Friedlander,S. (1977). *Smoke,Dust and Haze.* New York:Wiley.

Fu,X. Y. ,& Ishii,M. (2003a). Two-group interfacial area transport in vertical air-water flow -II. Model evaluation. *Nuclear Engineering and Design*,219(2),169-190. doi:https://doi. org/10. 1016/S0029-5493(02)00284-4.

Fu,X. Y. ,& Ishii,M. (2003b). Two-group interfacial area transport in vertical air-water flow:I. Mechanistic model. *Nuclear Engineering and Design*,219(2),143-168. doi:https://doi. org/10. 1016/S0029-5493(02)00285-6.

Gibbs,J. W. (1948). The collected works of J. Willard Gibbs(Vol. 1). New York:Yale Univ. Press.

Goda,H. ,Hibiki,T. ,Kim,S. ,Ishii,M. ,& Uhle,J. (2003). Drift-flux model for downward two-phase flow. *International Journal of Heat and Mass Transfer*,46(25),4835-4844. doi:https://doi. org/10. 1016/S0017-9310(03)00309-0.

Goldstein,S. (1938). *Modern developments in fluid dynamics:an account of theory and experiment relating to boundary layers,turbulent motion and wakes*(Vol. 1):Clarendon Press.

Govier,G. W. ,& Aziz,K. (1972). *The flow of complex mixtures in pipes*(Vol. 469):Van Nostrand

Reinhold New York.

Grace, J. R., Wairegi, T., & Brophy, J. (1978). Break-up of drops and bubbles in stagnant media. *The Canadian Journal of Chemical Engineering*, 56(1), 3-8. doi: 10.1002/cjce.5450560101.

Hadamard, J. (1911). Mouvement permanent lent d'une sphère liquid et visqueuse dans un liquide visqueux. *CR Hebd. Seances Acad. Sci. Paris*, 152, 1735-1738.

Hancox, W. T., & Nicoll, W. B. (1972). Prediction of Time-dependent Diabatic Two-phase Water Flows. In G. Hetsroni, S. Sideman & J. P. Hartnett (Eds.), *Proceedings of the International Symposium on Two-Phase Systems* (pp. 119-135): Pergamon.

Happel, J., & Brenner, H. (1965). *Low Reynolds Number Hydrodynamics* Englewood Cliffs, NJ: Prentice-Hall.

Harmathy, T. Z. (1960). Velocity of large drops and bubbles in media of infinite or restricted extent. *AIChE Journal*, 6(2), 281-288. doi: 10.1002/aic.690060222.

Hawksley, P. G. W. (1951). The effect of concentration on the settling of suspensions and flow through porous media. *Some aspects of fluid flow*, 114-135.

Hayes, W. D., & Whitham Gerald, B. (1970). Kinematic wave theory. *Proceedings of the Royal Society of London. A. Mathematical and Physical Sciences*, 320(1541), 209-226. doi: 10.1098/rspa.1970.0206.

Hewitt, G., & Hall-Taylor, N. (1970). *Annular Two-Phase Flow*. London: Pergamon Press.

Hibiki, T., & Ishii, M. (1999). Experimental study on interfacial area transport in bubbly two-phase flows. *International Journal of Heat and Mass Transfer*, 42(16), 3019-3035. doi: https://doi.org/10.1016/S0017-9310(99)00014-9.

Hibiki, T., & Ishii, M. (2000a). One-group interfacial area transport of bubbly flows in vertical round tubes. *International Journal of Heat and Mass Transfer*, 43(15), 2711-2726. doi: https://doi.org/10.1016/S0017-9310(99)00325-7.

Hibiki, T., & Ishii, M. (2000b). Two-group interfacial area transport equations at bubbly-to-slug flow transition. *Nuclear Engineering and Design*, 202(1), 39-76. doi: https://doi.org/10.1016/S0029-5493(00)00286-7.

Hibiki, T., & Ishii, M. (2002a). Development of one-group interfacial area transport equation in bubbly flow systems. *International Journal of Heat and Mass Transfer*, 45(11), 2351-2372. doi: https://doi.org/10.1016/S0017-9310(01)00327-1.

Hibiki, T., & Ishii, M. (2002b). Distribution parameter and drift velocity of drift-flux model in bubbly flow. *International Journal of Heat and Mass Transfer*, 45(4), 707-721. doi: https://doi.org/10.1016/S0017-9310(01)00195-8.

Hibiki, T., & Ishii, M. (2002c). Interfacial area concentration of bubbly flow systems. *Chemical Engineering Science*, 57(18), 3967-3977. doi: https://doi.org/10.1016/S0009-2509(02)00263-4.

Hibiki, T., & Ishii, M. (2003a). Active nucleation site density in boiling systems. *International Journal of Heat and Mass Transfer*, 46(14), 2587-2601. doi: https://doi.org/10.1016/S0017-9310(03)

00031-0.

Hibiki, T., & Ishii, M. (2003b). One-dimensional drift-flux model and constitutive equations for relative motion between phases in various two-phase flow regimes. *International Journal of Heat and Mass Transfer*, 46(25), 4935-4948. doi: https://doi.org/10.1016/S0017-9310(03)00322-3.

Hibiki, T., & Ishii, M. (2003c). One-dimensional drift-flux model for two-phase flow in a large diameter pipe. *International Journal of Heat and Mass Transfer*, 46(10), 1773-1790. doi: https://doi.org/10.1016/S0017-9310(02)00473-8.

Hibiki, T., & Ishii, M. (2007). Lift force in bubbly flow systems. *Chemical Engineering Science*, 62(22), 6457-6474. doi: https://doi.org/10.1016/j.ces.2007.07.034.

Hibiki, T., Ishii, M., & Xiao, Z. (2001a). Axial interfacial area transport of vertical bubbly flows. *International Journal of Heat and Mass Transfer*, 44(10), 1869-1888. doi: https://doi.org/10.1016/S0017-9310(00)00232-5.

Hibiki, T., Takamasa, T., & Ishii, M. (2001b). Interfacial Area Transport of Bubbly Flow in a Small Diameter Pipe. *Journal of Nuclear Science and Technology*, 38(8), 614-620. doi: 10.1080/18811248.2001.9715074.

Hibiki, T., Situ, R., Mi, Y., & Ishii, M. (2003a). Local flow measurements of vertical upward bubbly flow in an annulus. *International Journal of Heat and Mass Transfer*, 46(8), 1479-1496. doi: https://doi.org/10.1016/S0017-9310(02)00421-0.

Hibiki, T., Situ, R., Mi, Y., & Ishii, M. (2003b). Modeling of bubble-layer thickness for formulation of one-dimensional interfacial area transport equation in subcooled boiling two-phase flow. *International Journal of Heat and Mass Transfer*, 46(8), 1409-1423. doi: https://doi.org/10.1016/S0017-9310(02)00418-0.

Hibiki, T., Takamasa, T., Ishii, M., & Gabriel, K. S. (2006). One-Dimensional Drift-Flux Model at Reduced Gravity Conditions. *AIAA Journal*, 44(7), 1635-1642. doi: 10.2514/1.13159.

Hill, D. P. (1998). *The computer simulation of dispersed two-phase flow.* (Ph. D.), Imperial College London (University of London).

Hinze, J. W. (1959). *Turbulence.* New York: McGraw-Hill.

Hirschfelder, J., Curtiss, C., & Bird, R. (1954). *Molecular Theory of Gases and Liquids.* New York: John Wiley.

Hosokawa, S., & Tomiyama, A. (2003). Lateral force acting on a deformed single bubble due to the presence of wall. *Transaction of Japanese Society of Mechanical Engineers, Series B*, 69(686), 2214-2220.

Hosokawa, S., & Tomiyama, A. (2009). Multi-fluid simulation of turbulent bubbly pipe flows. *Chemical Engineering Science*, 64(24), 5308-5318. doi: https://doi.org/10.1016/j.ces.2009.09.017.

Hughes, E. D. (1976). *Field balance equations for two-phase flows in porous media.* Paper presented at the Proc. Two-Phase Flow and Heat Transfer Symposium—1976.

Ishii, M. (1971). *Thermally induced flow instabilities in two-phase mixtures in thermal equilibrium.* Georgia Institute of Technology.

Ishii, M. (1975). Thermo-Fluid Dynamics Theory of Two-Phase Flow *Collection de la Direction des Etudes et Researches d'Electricite de France*(Vol. 22). Eyrolles, Paris, France.

Ishii, M. (1976). One-dimensional Drift Flux Modeling: One-Dimensional Drift Velocity of Dispersed Flow in Confined Channel: Argonne National Laboratory.

Ishii, M. (1977). One-dimensional drift-flux model and constitutive equations for relative motion between phases in various two-phase flow regimes: Argonne National Lab., Ill. (USA).

Ishii, M., & Chawla, T. (1979). Local drag laws in dispersed two-phase flow: Argonne National Lab.

Ishii, M., Chawla, T. C., & Zuber, N. (1976). Constitutive equation for vapor drift velocity in two-phase annular flow. *AIChE Journal*, 22(2), 283-289. doi: 10.1002/aic.690220210.

Ishii, M., & De Jarlais, G. (1987). Flow visualization study of inverted annular flow of post dryout heat transfer region. *Nuclear Engineering and Design*, 99, 187-199. doi: https://doi.org/10.1016/0029-5493(87)90120-8.

Ishii, M., & Grolmes, M. A. (1975). Inception criteria for droplet entrainment in two-phase concurrent film flow. *AIChE Journal*, 21(2), 308-318. doi: 10.1002/aic.690210212.

Ishii, M., & Hibiki, T. (2006). *Thermo-fluid dynamics of two-phase flow*. New York, USA: Springer.

Ishii, M., Kim, S. and Uhle, J., (2002). Interfacial Area Transport Equation: Model Development and Benchmark Experiments, Int. J. Heat Mass Transfer 45: 3111-3123.

Ishii, M., & Kim, S. (2004). Development of One-Group and Two-Group Interfacial Area Transport Equation. *Nuclear Science and Engineering*, 146(3), 257-273. doi: 10.13182/NSE01-69.

Ishii, M., & Mishima, K. (1980). Study of two-fluid model and interfacial area: Argonne National Lab., IL(USA).

Ishii, M., & Mishima, K. (1984). Two-fluid model and hydrodynamic constitutive relations. *Nuclear Engineering and Design*, 82(2), 107-126. doi: https://doi.org/10.1016/0029-5493(84)90207-3.

Ishii, M., & Zuber, N. (1970). *Thermally induced flow instabilities in two phase mixtures.* Paper presented at the International Heat Transfer Conference 4, Pairs.

Ishii, M., & Zuber, N. (1979). Drag coefficient and relative velocity in bubbly, droplet or particulate flows. *AIChE Journal*, 25(5), 843-855. doi: 10.1002/aic.690250513.

Kalinin, A. (1970). Derivation of Fluid-Mechanics Equations for a Two-Phase Medium with Phase Changes. *Heat Transfer-Sov. Res*, 2(3), 83-96.

Karman, V. (1950). Unpublished Lectures (1950-1951) at Sorbonne and Published by Nachbar et al. in Quart. *Appl. Math.*, 7, 43(1959).

Kataoka, I., & Ishii, M. (1987). Drift flux model for large diameter pipe and new correlation for pool void fraction. *International Journal of Heat and Mass Transfer*, 30(9), 1927-1939. doi: https://doi.org/10.1016/0017-9310(87)90251-1.

Kataoka, I., & Serizawa, A. (1995). *Modeling and prediction of turbulence in bubbly two-phase flow.* Paper presented at the Proc. 2nd Int. Conf. Multiphase Flow'95-Kyoto, , Kyoto, Japan.

Kelly, P. D. (1964). A reacting continuum. *International Journal of Engineering Science*, 2(2), 129-153. doi: https://doi.org/10.1016/0020-7225(64)90001-1.

Kelvin, L. (1871). Hydrokinetic solutions and observations. *Philadelphia Magazine*, 10, 155-168.

KIM, J. W., & LEE, W. K. (1987). Coalescence behavior of two bubbles in stagnant liquids. *Journal of Chemical Engineering of Japan*, 20(5), 448-453.

Kirkpatrick, R. D., & Lockett, M. J. (1974). The influence of approach velocity on bubble coalescence. *Chemical Engineering Science*, 29(12), 2363-2373. doi: https://doi.org/10.1016/0009-2509(74)80013-8.

Klausner, J. F., Mei, R., Bernhard, D. M., & Zeng, L. Z. (1993). Vapor bubble departure in forced convection boiling. *International Journal of Heat and Mass Transfer*, 36(3), 651-662. doi: https://doi.org/10.1016/0017-9310(93)80041-R.

Kocamustafaogullari, G. (1971). *Thermo-fluid dynamics of separated two-phase flow.* (Ph. D.), Georgia Institute of Technology.

Kocamustafaogullari, G., Chen, I., & Ishii, M. (1984). Unified theory for predicting maximum fluid particle size for drops and bubbles: Argonne National Lab.

Kocamustafaogullari, G., & Ishii, M. (1983). Interfacial area and nucleation site density in boiling systems. *International Journal of Heat and Mass Transfer*, 26(9), 1377-1387. doi: https://doi.org/10.1016/S0017-9310(83)80069-6.

Kocamustafaogullari, G., & Ishii, M. (1995). Foundation of the interfacial area transport equation and its closure relations. *International Journal of Heat and Mass Transfer*, 38(3), 481-493. doi: https://doi.org/10.1016/0017-9310(94)00183-V.

Kolev, N. I. (2012). *Multiphase Flow Dynamics 1 Fundamentals, 2: Mechanical and Thermal Interactions*: Springer-Verlag.

Kordyban, E. (1977). Some Characteristics of High Waves in Closed Channels Approaching Kelvin-Helmholtz Instability. *Journal of Fluids Engineering*, 99(2), 339-346. doi: 10.1115/1.3448758.

Kotchine, N. (1926). Sur la théorie des ondes de choc dans un fluide. *Rendiconti del Circolo Matematico di Palermo Series* 2, 50(2), 305-344.

Kutateladze, S. S. (1959). Heat transfer in condensation and boiling: USAEC Technical Information Service.

Kynch, G. J. (1952). A theory of sedimentation. *Transactions of the Faraday society*, 48, 166-176.

Lackme, C. (1973). Two regimes of a spray column in countercurrent flow. *AIChE Symp. Heat Transfer R. D.*, 70, 59-63.

Lahey, R. T., Cheng, L. Y., Drew, D. A., & Flaherty, J. E. (1980). The effect of virtual mass on the numerical stability of accelerating two-phase flows. *International Journal of Multiphase Flow*, 6(4), 281-294. doi: https://doi.org/10.1016/0301-9322(80)90021-X.

Lahey, R. T., & Drew, D. A. (1988). The Three-Dimensional Time and Volume Averaged Conservation Equations of Two-Phase Flow. In J. Lewins & M. Becker (Eds.), *Advances in Nuclear Science and Technology* (pp. 1-69). Boston, MA: Springer US.

Lahey, R. T., Lopez de Bertodano, M., & Jones, O. C. (1993). Phase distribution in complex geometry conduits. *Nuclear Engineering and Design*, 141(1), 177-201. doi: https://doi.org/10.1016/0029-5493(93)90101-E.

Lamb, H. (1945). *Hydrodynamics*. New York: Dover publications.

Landau, L. (1941). Theory of the Superfluidity of Helium II. *Physical Review*, 60(4), 356-358. doi: 10.1103/PhysRev.60.356.

Landel, R., Moser, B., & Bauman, A. (1965). *Rheology of concentrated suspensions- Effect of a surfactant*(*Rheology of concentrated suspensions- effects of surfactant*. Paper presented at the Proc. 4th Int. Congress on Rheology.

Lee, S. Y., Hibiki, T., & Ishii, M. (2009). Formulation of time and volume averaged two-fluid model considering structural materials in a control volume. *Nuclear Engineering and Design*, 239(1), 127-139. doi: https://doi.org/10.1016/j.nucengdes.2008.09.008.

Legendre, D., & Magnaudet, J. (1998). The lift force on a spherical bubble in a viscous linear shear flow. *Journal of Fluid Mechanics*, 368, 81-126. doi: 10.1017/S0022112098001621.

Levich, V. G. e. (1962). *Physicochemical hydrodynamics*: Prentice-Hall.

Levy, S. (1960). Steam Slip—Theoretical Prediction From Momentum Model. *Journal of Heat Transfer*, 82(2), 113-124. doi: 10.1115/1.3679890.

Lighthill Michael, J., & Whitham, G. B. (1955). On kinematic waves I. Flood movement in long rivers. *Proceedings of the Royal Society of London. Series A. Mathematical and Physical Sciences*, 229(1178), 281-316. doi: 10.1098/rspa.1955.0088.

Liu, T. J. (1993). Bubble size and entrance length effects on void development in a vertical channel. *International Journal of Multiphase Flow*, 19(1), 99-113. doi: https://doi.org/10.1016/0301-9322(93)90026-Q.

Loeb, L. B. (1927). *The kinetic theory of gases*. New York: Dover Publications Co.

Lopez de Bertodano, M., Lahey, J. R. T., & Jones, O. C. (1994). Development of a k-ε Model for Bubbly Two-Phase Flow. *Journal of Fluids Engineering*, 116(1), 128-134. doi: 10.1115/1.2910220.

Lopez de Bertodano, M., Sun, X., Ishii, M., & Ulke, A. (2006). Phase Distribution in the Cap Bubble Regime in a Duct. *Journal of Fluids Engineering*, 128(4), 811-818. doi: 10.1115/1.2201626.

Lopez de Bertodano, M. A. (1998). Two fluid model for two-phase turbulent jets. *Nuclear Engineering and Design*, 179(1), 65-74. doi: https://doi.org/10.1016/S0029-5493(97)00244-6.

Loth, E., Taeibi-Rahni, M., & Tryggvason, G. (1997). Deformable bubbles in a free shear layer. *International Journal of Multiphase Flow*, 23(5), 977-1001. doi: https://doi.org/10.1016/S0301-9322(97)00025-6.

Lumley, J. L. (1970). Toward a turbulent constitutive relation. *Journal of Fluid Mechanics*, 41(2), 413-434. doi: 10.1017/S0022112070000678.

Müller, I. (1968). A thermodynamic theory of mixtures of fluids. *Archive for Rational Mechanics and Analysis*, 28(1), 1-39. doi: 10.1007/BF00281561.

Marchaterre, J. (1956). The Effect of Pressure on Boiling Density in Multiple Rectangular Channels: Argonne National Lab., Lemont, Ill.

Martinelli, R. C., & Nelson, D. B. (1948). Prediction of pressure drop during forced-circulation boiling of water. *Trans. of the ASME*, 70, 695-702.

Maurer, G. W. (1956). A method of predicting steady-state boiling vapor fractions in reactor coolant channels. 1960: Bettis Technical Review.

Maxwell James, C. (1867). On the dynamical theory of gases. *Philosophical Transactions of the Royal Society of London*, 157, 49-88. doi: 10.1098/rstl.1867.0004.

McConnell, A. J. (1957). *Applications of tensor analysis : applications of the absolute differential calculus*: Dover Publications.

Meyer, J. E. (1960). Conservation laws in one-dimensional hydrodynamics. *Betlis Technical Review*, *WAPD-BT*-20, 61-72.

Miles, J. W. (1957). On the Generation of Surface Waves by Shear Flows, I-IV. *Journal of Fluid Mechanics*, 3, 185-204 (1957); 1956: 1568-1582 (1959); 1956: 1583-1598 (1959); 1913: 1433-1448 (1962).

Miller, J., ISHII, M., & REVANKAR, S. (1993). *An Experimental Analysis of Large Spherical Cap Bubbles Rising in an Extended Liquid.* (MS Thesis), Purdue University.

Mishima, K., & Ishii, M. (1980). Theoretical Prediction of Onset of Horizontal Slug Flow. *Journal of Fluids Engineering*, 102(4), 441-445. doi: 10.1115/1.3240720.

Mishima, K., & Ishii, M. (1984). Flow regime transition criteria for upward two-phase flow in vertical tubes. *International Journal of Heat and Mass Transfer*, 27(5), 723-737. doi: https://doi.org/10.1016/0017-9310(84)90142-X.

Mokeyev, Y. G. (1977). Effect of particle concentration on their drag and induced mass. *Fluid. Mech. Sov. Res*, 6, 161-168.

Murray, J. D. (1965). On the mathematics of fluidization Part 1. Fundamental equations and wave propagation. *Journal of Fluid Mechanics*, 21(3), 465-493. doi: 10.1017/S0022112065000277.

Naciri, A. (1992). *Contribution à l'étude des forces exercées par un liquide sur une bulle de gaz: portance, masse ajoutée et interactions hydrodynamiques.* (Ph. D.), Ecully, Ecole centrale de Lyon, France.

Neal, L. G. (1963). An analysis of slip in gas-liquid flow applicable to the bubble and slug flow regimes: Institutt for Atomenergi, Kjeller(Norway).

Nicklin, D. J., Wilkes, J. O., & Davidson, J. F. (1962). Two-phase flow in vertical tubes, Trans. *Trans. Inst. Chem. Eng*, 40(1), 61-68.

Oolman, T. O., & Blanch, H. W. (1986a). Bubble coalescence in air-sparged bioreactors. *Biotechnology and Bioengineering*, 28(4), 578-584. doi: 10.1002/bit.260280415.

Oolman, T. O., & Blanch, H. W. (1986b). Bubble Coalescence in Stagnant Liquids. *Chemical Engineering Communications*, 43(4-6), 237-261. doi: 10.1080/00986448608911334.

Otake, T., Tone, S., Nakao, K., & Mitsuhashi, Y. (1977). Coalescence and breakup of bubbles in liquids. *Chemical Engineering Science*, 32(4), 377-383. doi: https://doi.org/10.1016/0009-2509(77)

85004-5.

Ozar, B., Jeong, J. J., Dixit, A., Juliá, J. E., Hibiki, T., & Ishii, M. (2008). Flow structure of gas-liquid two-phase flow in an annulus. *Chemical Engineering Science*, 63(15), 3998-4011. doi: https://doi.org/10.1016/j.ces.2008.04.042.

Pai, S.-I. (1962). One Dimensional Flow in Magnetogasdynamics. In S.-I. Pai (Ed.), *Magnetogasdynamics and Plasma Dynamics* (pp. 99-115). Vienna: Springer Vienna.

Pai, S. (1971). *Fundamental equations of a mixture of gas and small spherical solid particles from simple kinetic theory.* Paper presented at the Int. Sym. on Two-phase Systems, Haifa, Israel.

Panton, R. (1968). Flow properties for the continuum viewpoint of a non-equilibrium gas-particle mixture. *Journal of Fluid Mechanics*, 31(2), 273-303. doi: 10.1017/S0022112068000157.

Park, H.-S., Lee, T.-H., Hibiki, T., Baek, W.-P., & Ishii, M. (2007). Modeling of the condensation sink term in an interfacial area transport equation. *International Journal of Heat and Mass Transfer*, 50(25), 5041-5053. doi: https://doi.org/10.1016/j.ijheatmasstransfer.2007.09.001.

Peebles, F. N., & Garber, H. J. (1953). Studies on the motion of gas bubbles in liquid. *Chem. Eng. Prog.*, 49(2), 88-97.

Phillips, M. C., & Riddiford, A. C. (1972). Dynamic contact angles. II. Velocity and relaxation effects for various liquids. *Journal of Colloid and Interface Science*, 41(1), 77-85. doi: https://doi.org/10.1016/0021-9797(72)90088-4.

Plesset, M. S. (1954). On the Stability of Fluid Flows with Spherical Symmetry. *Journal of Applied Physics*, 25(1), 96-98. doi: 10.1063/1.1721529.

Prigogine, I., & Mazur, P. (1951). On Two-phase Hydrodynamic Formulations and the Problem of Liquid Helium II. *Physica*, 17, 661-679.

Prince, M. J., & Blanch, H. W. (1990). Bubble coalescence and break-up in air-sparged bubble columns. *AIChE Journal*, 36(10), 1485-1499. doi: 10.1002/aic.690361004.

Prosperetti, A. (1999). Some considerations on the modeling of disperse multiphase flows by averaged equations. *JSME International Journal Series B Fluids and Thermal Engineering*, 42(4), 573-585.

Réocreux, M., Barriere, G., & Vernay, B. (1973). Etude Expérimentale des Débits Critiques en Écoulement Diphasique Eau-vapeur à Faible Titre sur un Canal à Divergent de 7 Degrés: CEA Centre d' Etudes Nucleaires de Saclay.

Rayleigh, A. (1917). VIII. On the Pressure Developed in a Liquid during the Collapse of a Spherical Cavity. *The London, Edinburgh, Dublin Philosophical Magazine Journal of Science*, 34(200), 94-98. doi: 10.1080/14786440808635681.

Reeks, M. W. (1991). On a kinetic equation for the transport of particles in turbulent flows. *Physics of Fluids A: Fluid Dynamics*, 3(3), 446-456. doi: 10.1063/1.858101.

Reeks, M. W. (1992). On the continuum equations for dispersed particles in nonuniform flows. *Physics of Fluids A: Fluid Dynamics*, 4(6), 1290-1303. doi: 10.1063/1.858247.

Richardson, J., & Zaki, W. (1954). Sedimentation and fluidization: Part 1. *Trans. Instn Chem. En-*

grs,32,35-53.

Roecreux,M. (1969). *Contribution a l' etude des debits critiques en encoulement diphasique eau-vapeur.* (Ph. D.),Grenoble Scientific and Medical Universities.

Roscoe,R. (1952). The viscosity of suspensions of rigid spheres. *British Journal of Applied Physics*, 3(8),267-269. doi:10.1088/0508-3443/3/8/306.

Rose,S. C. ,& Griffith,P. (1965). *Flow properties of bubbly mixtures.* Paper presented at the MECHANICAL ENGINEERING,345 E 47TH ST,NEW YORK,NY 10017.

Rotta,J. (1972). *Turbulence Stromungen.* Stuttgart,Germany:B. G. Teubner.

Rybczynski,W. (1911). Über die Fortschreitende Bewegung einer Flüssigen Kugel in einem Zähen Medium. *Bull. Int. Acad. Sci. Cracov.* ,1911*A*,40-46.

Saffman,P. G. (1965). The lift on a small sphere in a slow shear flow. *Journal of Fluid Mechanics*, 22(2),385-400. doi:10.1017/S0022112065000824.

Sato,Y. ,Sadatomi,M. ,& Sekoguchi,K. (1981). Momentum and heat transfer in two-phase bubble flow—I. Theory. *International Journal of Multiphase Flow*, 7 (2), 167-177. doi: https: // doi. org/10.1016/0301-9322(81)90003-3.

Schlichting,H. ,& Gersten,K. (2016). *Boundary-layer theory*:Springer.

Schwartz,A. M. ,& Tejada,S. B. (1972). Studies of dynamic contact angles on solids. *Journal of Colloid and Interface Science*, 38 (2), 359-375. doi: https: // doi. org/10.1016/0021-9797(72)90252-4.

Scriven,L. E. (1960). Dynamics of a fluid interface Equation of motion for Newtonian surface fluids. *Chemical Engineering Science*, 12 (2), 98-108. doi: https: // doi. org/10.1016/0009-2509(60)87003-0.

Serizawa,A. ,& Kataoka,I. (1988). *Phase distribution in two-phase flow.* Paper presented at the Transient Phenomena in Multiphase Flow,Washington DC.

Serizawa,A. ,& Kataoka,I. (1994). Dispersed Flow-I. *Multiphase Science and Technology*(Vol. 8, pp. 125-194). New York:Begell House Inc.

Serizawa,A. ,Kataoka,I. ,& Michiyoshi,I. (1975). Turbulence structure of air-water bubbly flow—I. II. III. *International Journal of Multiphase Flow*,2(3),221-259. doi:https://doi. org/10.1016/0301-9322(75)90011-7.

Serrin,J. (1959). *Handbuch der Physik*(Vol. 8):Springer-Verlag.

Sevik,M. ,& Park,S. H. (1973). The Splitting of Drops and Bubbles by Turbulent Fluid Flow. *Journal of Fluids Engineering*,95(1),53-60. doi:10.1115/1.3446958.

Sha,W. ,Chao,B. ,& Soo,S. (1989). Time-and volume-averaged conservation equations for multiphase flow. *Nasa Sti/Recon Technical Report N*,89.

Sha,W. T. ,& Chao,B. T. (2007). Novel porous media formulation for multiphase flow conservation equations. *Nuclear Engineering and Design*,237(9),918-942. doi:https://doi. org/10.1016/j. nucengdes.2007.01.001.

Sha,W. T. ,Chao,B. T. ,& Soo,S. L. (1984). Porous-media formulation for multiphase flow with heat transfer. *Nuclear Engineering and Design*,82(2),93-106. doi:https://doi.org/10.1016/0029-5493(84)90206-1.

Situ,R.,Hibiki,T.,Ishii,M.,& Mori,M.(2005). Bubble lift-off size in forced convective subcooled boiling flow. *International Journal of Heat and Mass Transfer*,48(25),5536-5548. doi:https://doi.org/10.1016/j.ijheatmasstransfer.2005.06.031.

Situ,R.,Ishii,M.,Hibiki,T.,Tu,J. Y.,Yeoh,G. H.,& Mori,M.(2008). Bubble departure frequency in forced convective subcooled boiling flow. *International Journal of Heat and Mass Transfer*,51(25),6268-6282. doi:https://doi.org/10.1016/j.ijheatmasstransfer.2008.04.028.

Slattery,J. C.(1964). Surfaces—I:Momentum and moment-of-momentum balances for moving surfaces. *Chemical Engineering Science*,19(6),379-385. doi:https://doi.org/10.1016/0009-2509(64)80010-5.

Slattery,J. C.(1972). *Momentum,energy,and mass transfer in continua*:McGraw-Hill New York.

Smissaert,G. E.(1963). Two-component two-phase flow parameters for low circulation rates:Argonne National Lab.,Ill.;Associated Midwest Universities,Lemont,Ill.

Soo,S. -l.(1967). *Fluid dynamics of multiphase systems*:Ginn Blaisdell.

Sridhar,G.,& Katz,J.(1995). Drag and lift forces on microscopic bubbles entrained by a vortex. *Physics of Fluids*,7(2),389-399. doi:10.1063/1.868637.

St Pierre,C. C.(1965). Frequency-response analysis of steam voids to sinusoidal power modulation in a thin-walled boiling water coolant channel(Vol. III):Argonne National Lab.

Standart,G.(1964). The mass,momentum and energy equations for heterogeneous flow systems. *Chemical Engineering Science*,19(3),227-236. doi:https://doi.org/10.1016/0009-2509(64)85033-8.

Standart,G.(1968). The second law of thermodynamics for heterogenous flow systems — III Effect of the conditions of mechanical equilibrium and electroneutrality on simultaneous heat and mass transfer and the Prigogine theorem. *Chemical Engineering Science*,23(3),279-285. doi:https://doi.org/10.1016/0009-2509(86)85151-X.

Stefan,J.(1871). über das Gleichgewicht und die Bewegung,insbesondere die Diffusion von Gasgemengen(Vol. 63). Wiss. Wien:Sitzgsber,Akad.

Stewart,C. W.(1995). Bubble interaction in low-viscosity liquids. *International Journal of Multiphase Flow*,21(6),1037-1046. doi:https://doi.org/10.1016/0301-9322(95)00030-2.

Stokes,G. G.(1851). On the effect of the internal friction of fluids on the motion of pendulums. *Trans. Cambr. Phil. Soc.*,9(Part II),8-106.

Sun,X.,Ishii,M.,& Kelly,J. M.(2003). Modified two-fluid model for the two-group interfacial area transport equation. *Annals of Nuclear Energy*,30(16),1601-1622. doi:https://doi.org/10.1016/S0306-4549(03)00150-6.

Sun,X.,Kim,S.,M. and Beus,S. G.,2004a,Modeling of Bubble Coalescence and Disintegration in Confined Upward Two-phase Flow, Nud. Eng. Des. 230:23-26.

Sun,X.,Kim,S.,Ishii,M.,& Beus,S. G.(2004b). Model evaluation of two-group interfacial area transport equation for confined upward flow. *Nuclear Engineering and Design*, 230(1), 27-47. doi: https://doi.org/10.1016/j.nucengdes.2003.10.014.

Taylor Geoffrey, I. (1932). The viscosity of a fluid containing small drops of another fluid. *Proceedings of the Royal Society of London. Series A, Containing Papers of a Mathematical and Physical Character*, 138(834), 41-48. doi: 10.1098/rspa.1932.0169.

Taylor Geoffrey, I. (1934). The formation of emulsions in definable fields of flow. *Proceedings of the Royal Society of London. Series A, Containing Papers of a Mathematical and Physical Character*, 146(858), 501-523. doi: 10.1098/rspa.1934.0169.

Teletov, S. (1945). Fluid dynamic equations for two-phase fluids. *Soviet Physics Doklady, Akademii Nauk SSSR*, 50, 99-102.

Teletov, S. (1958). On the problem of fluid dynamics of two-phase mixtures, I. Hydrodynamic and energy equations. *Bulletin of the Moscow University*, 2, 15.

Theofanous, T. G., Li, G. J., & Dinh, T. N. (2004). Aerobreakup in Rarefied Supersonic Gas Flows. *Journal of Fluids Engineering*, 126(4), 516-527. doi: 10.1115/1.1777234.

Thomas, D. G. (1965). Transport characteristics of suspension: VIII. A note on the viscosity of Newtonian suspensions of uniform spherical particles. *Journal of Colloid Science*, 20(3), 267-277. doi: https://doi.org/10.1016/0095-8522(65)90016-4.

Todreas, N. E., & Kazimi, M. S. (2001). *Nuclear systems II: Elements of thermal hydraulic design* (Vol. 2): Taylor & Francis.

Tomiyama, A., Sou, A., Zun, I., Kanami, N., & Sakaguchi, T. (1995). Effects of Eotvos number and dimensionless liquid volumetric flux on lateral motion of a bubble in a laminar duct flow *Advances in Multiphase Flow* (pp. 3-15): Elsevier.

Tomiyama, A., Tamai, H., Zun, I., & Hosokawa, S. (2002). Transverse migration of single bubbles in simple shear flows. *Chemical Engineering Science*, 57(11), 1849-1858. doi: https://doi.org/10.1016/S0009-2509(02)00085-4.

Tomiyama, A., Zun, I., Sou, A., & Sakaguchi, T. (1993). Numerical analysis of bubble motion with the VOF method. *Nuclear Engineering and Design*, 141(1), 69-82. doi: https://doi.org/10.1016/0029-5493(93)90093-O.

Tong, L., & Tang, Y. (1997). Boiling heat transfer and two-phase flow. Washington DC: Taylor & Francis. Series in chemical and mechanical....

Truesdell, C. (1969). Rational Thermodynamics. NY: McGraw-Hill Book Co.

Truesdell, C., & Toupin, R. (1960). The Classical Field Theories. In S. Flügge (Ed.), *Principles of Classical Mechanics and Field Theory / Prinzipien der Klassischen Mechanik und Feldtheorie* (pp. 226-858). Berlin, Heidelberg: Springer Berlin Heidelberg.

Tsouris, C., & Tavlarides, L. L. (1994). Breakage and coalescence models for drops in turbulent dispersions. *AIChE Journal*, 40(3), 395-406. doi: 10.1002/aic.690400303.

Tsuchiya, K., Miyahara, T., & Fan, L. S. (1989). Visualization of bubble-wake interactions for a stream of bubbles in a two-dimensional liquid-solid fluidized bed. *International Journal of Multiphase*

Flow,15(1),35-49. doi:https://doi.org/10.1016/0301-9322(89)90084-0.

Vernier,P.,& Delhaye,J. (1968). General two-phase flow equations applied to the thermohydrodynamics of boiling nuclear reactors. *Energie Primaire*,4(1),3-43.

von Helmholtz,H. (1868). über discontinuirliche Flüssigkeits-Bewegungen. *Monatsbericht Akademie der Wissenschaftenzu.*

Wallis,G. B. (1969). *One-dimensional two-phase flow*:McGraw-Hill Book Co.

Wallis,G. B. (1974). The terminal speed of single drops or bubbles in an infinite medium. *International Journal of Multiphase Flow*,1(4),491-511. doi:https://doi.org/10.1016/0301-9322(74)90003-2.

Wang,S. K.,Lee,S. J.,Jones,O. C.,& Lahey,R. T. (1987). 3-D turbulence structure and phase distribution measurements in bubbly two-phase flows. *International Journal of Multiphase Flow*,13(3),327-343. doi:https://doi.org/10.1016/0301-9322(87)90052-8.

Weatherburn,C. E. (1927). *Differential geometry of three dimensions*:Cambridge University Press.

Werther,J. (1974). *Influence of the bed diameter on the hydrodynamics of gas fluidized beds.* Paper presented at the AIChE Symp. Ser.

Whitaker,S. (1985). A Simple Geometrical Derivation of the Spatial Averaging Theorem. *Chemical Engineering Education*,19(1),18-21,50-52.

Whitaker,S. (1992). *Introduction to fluid mechanics*:Krieger Pub Co.

White,E. T.,& Beardmore,R. H. (1962). The velocity of rise of single cylindrical air bubbles through liquids contained in vertical tubes. *Chemical Engineering Science*,17(5),351-361. doi:https://doi.org/10.1016/0009-2509(62)80036-0.

Wu,Q.,& Ishii,M. (1996). Interfacial wave stability of concurrent two-phase flow in a horizontal channel. *International Journal of Heat and Mass Transfer*,39(10),2067-2075. doi:https://doi.org/10.1016/0017-9310(95)00299-5.

Wu,Q.,Kim,S.,Ishii,M.,& Beus,S. G. (1998). One-group interfacial area transport in vertical bubbly flow. *International Journal of Heat and Mass Transfer*,41(8),1103-1112. doi:https://doi.org/10.1016/S0017-9310(97)00167-1.

Wundt,H. (1967). Basic Relationships in n-Component Diabatic Flow(R. R. Reactor Physics Department,Trans.):Joint Nuclear Research Center,Ispra Establishment -Italy.

Yoshida,F.,& Akita,K. (1965). Performance of gas bubble columns:Volumetric liquid-phase mass transfer coefficient and gas holdup. *AIChE Journal*,11(1),9-13. doi:10.1002/aic.690110106.

Zhang,D. Z. (1993). *Ensemble Phase Averaged Equations for Multiphase Flows.* (Ph D. Thesis), Johns Hopkins University.

Zhang,D. Z.,& Prosperetti,A. (1994a). Averaged equations for inviscid disperse two-phase flow. *Journal of Fluid Mechanics*,267,185-219. doi:10.1017/S0022112094001151.

Zhang,D. Z.,& Prosperetti,A. (1994b). Ensemble phase-averaged equations for bubbly flows. *Physics of Fluids*,6(9),2956-2970. doi:10.1063/1.868122.

Zuber,N. (1961). The dynamics of vapor bubbles in nonuniform temperature fields. *International*

Journal of Heat and Mass Transfer,2(1),83-98. doi:https://doi. org/10. 1016/0017-9310(61)90016-3.

Zuber,N. (1964a). On the dispersed two-phase flow in the laminar flow regime. *Chemical Engineering Science*,19(11),897-917. doi:https://doi. org/10. 1016/0009-2509(64)85067-3.

Zuber,N. (1964b). *On the problem of hydrodynamic diffusion in two-phase flow media.* The Proceedings of the Second All Union Conference on Heat and Mass Transfer,Minsk USSR.

Zuber,N. (1967). *Flow excursions and oscillations in boiling,two-phase flow systems with heat addition.* Paper presented at the Symposium on Two-phase Flow Dynamics.

Zuber,N. (1971). [Personal Communication at Georgia Institute of Technology.]

Zuber,N. ,& Dougherty,D. (1967). *Liquid metals challenge to the traditional methods of two-phase flow investigations.* Paper presented at the Proc. EURATOM Symposium on Two-Phase Flow Dynamics.

Zuber,N. ,& Findlay,J. A. (1965). Average Volumetric Concentration in Two-Phase Flow Systems. *Journal of Heat Transfer*,87(4),453-468. doi:10. 1115/1. 3689137.

Zuber,N. ,Staub,F. ,Bijwaard,G. ,& Kroeger,P. (1967). Steady state and transient void fraction in two-phase flow systems. Final report for the program of two-phase flow investigation. Volume I(Vol. 1):General Electric Co. ,Schenectady,NY Research and Development Center.

Zuber,N. ,& Staub,F. W. (1966). The propagation and the wave form of the vapor volumetric concentration in boiling,forced convection system under oscillatory conditions. *International Journal of Heat and Mass Transfer*,9(9),871-895. doi:https://doi. org/10. 1016/0017-9310(66)90063-9.

Zuber,N. ,Staub,F. W. ,& Bijwaard,G. (1964). Steady State and Transient Void Fraction in Two-phase Flow Systems(Vol. 1):Atomic Power Equipment Department,General Electric.

Zun,I. (1988). Transition from Wall Peaking to Core Void Peaking in Turbulent Bubbly Flow *Transient Phenomena in Multiphase Flow*(pp. 225-245). Washington DC.

Zwick,S. A. ,& Plesset,M. S. (1955). On the Dynamics of Small Vapor Bubbles in Liquids. *Journal of Mathematics and Physics*,33(4),308-330.